AF573243

Udo Gansloßer
Kate Kitchenham

Hunde Forschung aktuell

ANATOMIE, ÖKOLOGIE, VERHALTEN

KOSMOS

☞ Inhalt

ZU DIESEM BUCH

LIEBE LESER,

seit mehreren Jahrzehnten wird der Hund intensiv erforscht, hunderte von empirischen Verhaltensstudien und genetischen Untersuchungen, aber auch Fragestellungen der Zoologie und Funktionsmorphologie über Hunde sind verfasst worden. Wenn wir all die verschiedenen Ergebnisse zusammenfassen, dann können wir uns vielleicht auf diesen größten gemeinsamen Nenner einigen: Hunde nehmen im Tierreich und besonders in ihrer Beziehung zum Menschen eine Sonderstellung ein.

Ihr natürliches Lebensumfeld ist unser Haus, unser Alltag, unser Leben. Wir teilen ein gemeinsames Habitat, das sich im Laufe der Evolution und Domestikationsgeschichte stark verändert hat, aber an das sich Mensch und Hund gemeinsam immer wieder optimal angepasst haben.

Heute sind Hunde in der Lage, mit uns Menschen genauso gut am Nordpol wie im New Yorker Stadtgetümmel zu leben. Entscheidend für ein erfülltes Leben scheint für sie wie für uns weniger der Wohnort, als vielmehr eine gute, feste soziale Beziehung zu einem verlässlichen Bindungspartner zu sein. Doch wen wir Hundehalter bei unserem Nachdenken über das „Wesen des Hundes" häufig vergessen, sind die 85 Prozent der Welthundepopulation, die nicht gemütlich mit uns in einer Wohnung sitzen, sondern ihr Dasein unter Artgenossen allein bestreiten müssen. Die soziale Organisation der Streunerhunde und ihr spezieller Bezug zum Menschen sind in den letzten Jahren vermehrt in den Forscherfokus gerückt und hat uns mit neuen und faszinierenden Einblicken in das Wesen der Hunde beschenkt.

IM FOKUS ZAHLREICHER FORSCHUNGSGEBIETE

Diese enorme soziale Flexibilität und besonderen sozial-kognitiven Fähigkeiten der Hunde unter unterschiedlichsten Lebensumständen haben das Interesse der Forscher am Hund geweckt: Erst zaghaft, dann immer stärker haben sich Wissenschaftler für diese besondere Spezies zu interessieren begonnen. Mittlerweile gibt es kein anderes Studienobjekt, das so intensiv, vielschichtig und international untersucht worden ist.

Wie wir in unserem ersten Buch „Forschung trifft Hund" zeigen konnten, beschränkt sich die wissenschaftliche Arbeit nicht mehr nur

Hunde bereichern unser Leben!

auf die Verhaltensforschung. Auch Gelehrte anderer Fachbereiche sind auf den Hund gekommen, Psychologen, Genetiker, Kulturwissenschaftler, Soziologen und natürlich auch Evolutionsbiologen. Sie alle untersuchen den Hund an sich als Studientier, nicht nur die Beziehung zwischen Hund und Mensch, und liefern damit spannende Erkenntnisse für unser Leben mit Hund.
Sieben Jahre sind seit unserer letzten Zusammenfassung der aktuellen Forschungserkenntnisse vergangen und die Zeit drängt, ein neues Buch auf den Markt zu bringen, für alle wissenshungrigen Hundeprofis und Hundehalter. Denn in dieser Zeit ist weiter eine derart erkenntnisreiche Kanidenforschung betrieben worden, dass eine Überarbeitung der ersten Ausgabe nicht nötig war. Viel wichtiger war uns, dass ein völlig neues und eigenständiges Buch geschrieben wird, das wieder aktuelle Erkenntnisse für den Leser gut verständlich und übersichtlich zusammenfasst.

Wir haben deshalb über die letzten Jahre Studien und Ideen gesammelt, und auch wenn wir hin und wieder auf alte Studien aus dem ersten Forschungsbuch verweisen müssen, kann dieses Buch doch ohne den Besitz von „Forschung trifft Hund" (künftig im Text abgekürzt mit FTH) gut gelesen und verstanden werden!
In diesem Sinne hoffen wir, dass Ihnen auch unsere neue Sammlung wissenschaftlicher Erkenntnisse viele gute Impulse für ein glückliches Zusammenleben mit Ihrem Hund liefert!
Dank schulden wir den vielen ForscherInnen und AutorInnen der Informationskästen, die uns einen Blick in ihre Werkstatt von Forschung und Praxis gewährt und damit dieses Buch sehr bereichert haben.

Herzlichst,

PD Dr. Udo Gansloßer & Kate Kitchenham

Zu verstehen, wie sie und ihre besonderen Fähigkeiten entstanden sind, ist von großem Interesse.

DOMESTIKATION — *Neue Erkenntnisse aus der Forschung*

PAPA WOLF IST TOT – ES LEBE „PROTODOG"!

Sieben Jahre ist es her, dass unsere letzte Zusammenfassung zum Thema Domestikationsgeschichte des Hundes erschienen ist. Damals galt noch als ziemlich sicher, dass alle Hunde vom Grauwolf abstammen. Sieben Jahre sind in der Wissenschaft eine lange Zeitspanne –, besonders, wenn wir uns wie bei diesem Thema in einem Forschungsgebiet bewegen, in dem Zusammenhänge auf molekularer Ebene untersucht werden. Hier sind nämlich durch neue Techniken feinere Analysen der genetischen Verwandtschaftsverhältnisse möglich geworden, die immer mehr Licht in die noch große Dunkelheit der Domestikationsgeschichte des Hundes werfen. Spannend sind die Studien, die in aller Welt durchgeführt wurden, allesamt. Bevor einige hier präsentiert werden, sei vorangestellt, welche drei der wichtigsten Hypothesen aktuell in der Domestikationsforschung diskutiert werden:

Hypothese 1 Hunde und Menschen leben mutmaßlich viel länger zusammen, als bislang vermutet wurde.

Hypothese 2 Hunde stammen wohl doch nicht vom Wolf ab – sie sind nur am engsten mit ihm verwandt.

Hypothese 3 Hunde sind vermutlich zweimal entstanden – in Asien und Europa.

In Anbetracht dieser neuen Hypothesen wird deutlich, dass die bisherigen Annahmen zum Ablauf der Domestikationsgeschichte überdacht werden müssen. Doch wie immer in der Wissenschaft, ergeben sich mit jeder neuen These viele weitere, offene Fragen. Daraus entbrennen Diskussionen zwischen den Fachleuten und neue Studien stellen alles wieder auf den Kopf. Das ist Wissenschaft und so soll sie sein! Denn nur durch stetiges Hinterfragen und Weiterarbeiten werden Hypothesen zu Thesen und irgendwann zu neuen Erkenntnissen. Der Weg dorthin ist mühsam – aber spannend, wie uns dieses Gebiet der Kanidenforschung deutlich vor Augen führt.

ZUSAMMENLEBEN MENSCH – HUND

Unsere Vorfahren, das steht fest, zeigten eindeutig schon ziemlich früh ein Interesse für diese Kaniden, die sich in ihrer Nähe aufhielten und keine echten Wölfe mehr waren. Auch wenn dieses Interesse an der anderen Spezies mit Sicherheit deutlich andere Motive hatte als unsere heutige Zuneigung zum Familienmitglied Hund, das Leben mit dem Protohund hatte bestimmt Folgen für die Entwicklung neuer Fähigkeiten – bei Hunden und eventuell sogar bei uns Menschen. Ein spannendes Thema, das insbesondere Verhaltensbiologen mit Ideen für immer neue Studien infiziert:
Wie haben Hunde all diese Talente entwickelt, die es ihnen ermöglichen, heute sogar zum „Blindenführhund" ausgebildet zu werden? Und welchen Einfluss hatte die Domestikation unseres ersten Haustieres auf unsere eigene Zivilisierung?

GENETIK UND ARCHÄOZOOLOGIE

Genetiker analysieren – wie der Name schon vermuten lässt – Genmaterial, um neue Erkenntnisse über die Abstammungsgeschichte unserer Hunde zu gewinnen.
Dazu verwenden sie das Erbgut heute lebender Hunde und anderer Kanidenarten und vergleichen dieses miteinander und mit den Genen, die aus fossilen Knochenfunden alter Hunde und Wölfe isoliert werden konnten. An die Überreste alter Kanidenknochen kommen Genetiker nur durch eine enge Zusammenarbeit mit Archäozoologen.
Um den Zeitpunkt, den Ort (oder die Orte) und die Abstammungsverhältnisse von Wolf und Hund eindeutiger bestimmen zu können, ist es hilfreich, wenn Archäozoologen und Genetiker engmaschig zusammenarbeiten. Dass diese Zusammenarbeit zum Glück immer wieder erfolgreich praktiziert wird und für beide Seiten viel Sinn macht, zeigt die Geschichte des „Altai-Hundeschädels“.

SCHÄDELMERKMALE

– Forscher vermessen Schädelmerkmale, um Wolf und Hund zu unterscheiden. Finden Archäozologen bei Ausgrabungen an steinzeitlichen Lagerstätten einen Kaniden-Schädel, dann vermessen sie als Erstes die Schädelhöhe, Länge und das Verhältnis der Schnauzenlänge im Vergleich zur totalen Schädellänge. Durch diese recht zuverlässigen Kriterien zur Unterscheidung von Wolfs- und Hundeschädeln lässt sich identifizieren, ob es sich bei dem gefundenen Skelettteil bereits um einen domestizierten Hund handeln könnte. Grundsätzlich ist die Gesichtsregion von Haushunden verkürzt, sodass es zu einem engeren Stand der Zähne kommt. Genetische Untersuchungen können die Identifikation „Hund oder Wolf“ zusätzlich bestätigen.

DER HUNDESCHÄDEL VON ALTAI

Der relativ gut erhaltene Schädelknochen wurde bereits 1975 bei archäologischen Ausgrabungen in Höhlen des Altai-Gebirges in Kasachstan gefunden. Archäozoologen identifizierten an dem Schädel hundetypische Merkmale wie eine verkürzte Schnauze (siehe Kasten links „Schädelmerkmale“). Diese Veränderung in der Schnauzenregion, so die Vermutung der Archäozoologen, kann nur durch Anpassung an eine neue Lebensweise – in diesem Fall: weg vom Räuber hin zum Restefresser – erklärt werden. Durch die Radiokarbonmethode wurde der Schädel auf ein Alter von 33000 Jahren datiert. Doch viele Forscher bezweifelten, dass der Schädel bereits von einem Hund stammte – sie vermuteten, dass es sich um eine ausgestorbene Wolfsart handeln müsse. Erst durch eine genetische Analyse der Knochenüberreste durch ein internationales Forscherteam um den finnischen Genetiker Olaf Thalmann (Thalmann et al., 2013, siehe Studie S. 13) konnte der Schädel eindeutig als Artgenosse unserer heutigen Hunde identifiziert werden. Die Hypothese der Archäozoologen scheint damit bestätigt: Der einzigartige Haplotyp des „Altai-Hundes“ ist sogar enger mit modernen Hunden und prähistorischen Hunden Amerikas verwandt als mit den Wölfen der damaligen Zeit. **Somit war der Nachweis erbracht, dass die Domestikation des Hundes schon im frühen Pleistozän, vor mehr als 30000 Jahren, ihren Anfang genommen hat.**

AUF SPURENSUCHE IM ERBGUT

Fossile Knochenfunde früher Hunde dokumentieren durch die Jahrtausende eine stete Veränderung der Größenverhältnisse und der Schnauzenregion. Durch die wechselnden Zeitepochen können Archäozoologen auf diese Weise viel über die Geschichte der „Hundwerdung“ erfahren. Genetiker begeben sich dann mit Hilfe dieses Ausgangsmaterials und der gewonnenen Informationen auf Spuren-

RADIO-KARBONMETHODE

Unser Leben lang lagern wir in unseren Knochen radioaktive ^{14}C-Atome an, die natürlich in der Umwelt vorkommen. Das ist für uns nicht schädlich, aber gut für die Wissenschaft. Denn nach dem Tod eines Organismus nimmt diese Menge an gebundenen, radioaktiven ^{14}C-Atomen kontinuierlich ab. Aus diesen Zerfallszahlen können Archäologen deshalb ziemlich genau bestimmen, wie lange ein Lebewesen schon verstorben ist oder, anders formuliert, zu welcher Zeit es gelebt haben muss.

suche der im Erbgut „verborgenen" Geschichten: Durch den Vergleich des in den alten Knochen enthaltenen genetischen Materials auf Verwandtschaftsverhältnisse mit heutigen Hunden, dem Wolf sowie mit anderen prähistorischen Knochenfunden von Wölfen und frühen Hunden, entsteht ein Szenario, wie die Entwicklung zum Haushund abgelaufen sein könnte. Die aktuelle Forschung ermöglicht uns, an der Entstehungsgeschichte der Hunde teilzunehmen, die eng mit der unseren verbunden ist. **Dass sich dabei Ergebnisse teilweise widersprechen zeigt, wie lebendig der Forschungsprozess aktuell ist.**

Wolfs- und Hundeschädel: die Schnauze ist beim Hund kürzer im Vergleich zur Schädellänge, der Zahnabstand enger.

Mitochondrien-DNA als Indiz für Abstammung

Bei der Suche nach Abstammung sind für Genetiker besonders die Zellorganellen Mitochondrien interessant, denn sie verraten ziemlich genau, wie sich die Stammesgeschichte einer Art entwickelt hat. Mitochondrien sind Zellorganellen, die fast nur in der mütterlichen Linie, über die Eizelle, weitervererbt werden. Das Erbgut der Mitochondrien, die sogenannte „mitochondriale DNA", hat eine sehr konstante Mutationsrate, sodass man durch die Anzahl der Veränderungen im Erbgut ziemlich genaue Berechnungen anstellen kann, wann sich zwei Stammeslinien getrennt haben. Mutationen passieren durch Fehler beim Kopieren von DNA oder Schäden an der DNA. Über Zeiträume verändert sich auf diese Weise mit konstanter Rate die mitochondriale DNA und getrennt verlaufene Stammeslinien lassen sich immer besser voneinander unterscheiden. Mitchondriale DNA wird bei der Zeugung nicht zwischen mütterlicher und väterlicher Herkunft geteilt, wie das beim Erbgut anderer Chromosomen der Fall ist. Hier wird bei jeder Verpaarung Erbmaterial neu kombiniert und Mutationen dadurch gleich mit durchmischt. Durch die Eizellen-gebundene Vererbung geschieht dies bei der mitochondrialen DNA nicht. Sie bleibt als besondere Sequenz immer zusammen und zieht sich dadurch wie eine mütterliche Unterschrift durch alle Individuen dieser Abstammungslinie.

HYPOTHESE 1

Hunde und Menschen leben viel länger zusammen, als bislang vermutet wurde.

Mit einem Alter von 33 000 Jahren ist der Altai-Schädel bis heute einer der frühesten archäologischen Hinweise für die Existenz von hundeartigen Kaniden. Gesellschaft hat er bekommen durch weitere Funde fossiler Hundeknochen, z. B. aus Belgien in der Nähe von Andenne. Dort wurde ebenfalls ein Schädel gefunden, der Veränderungen in der Schnauzenpartie aufweist. Er wurde auf ein Alter von 31 700 Jahren datiert. Dies bedeutet, dass diese beiden „Protodogs" zusammen mit dem Cro-Magnon-Menschen gelebt haben müssen. Die ersten phänotypischen

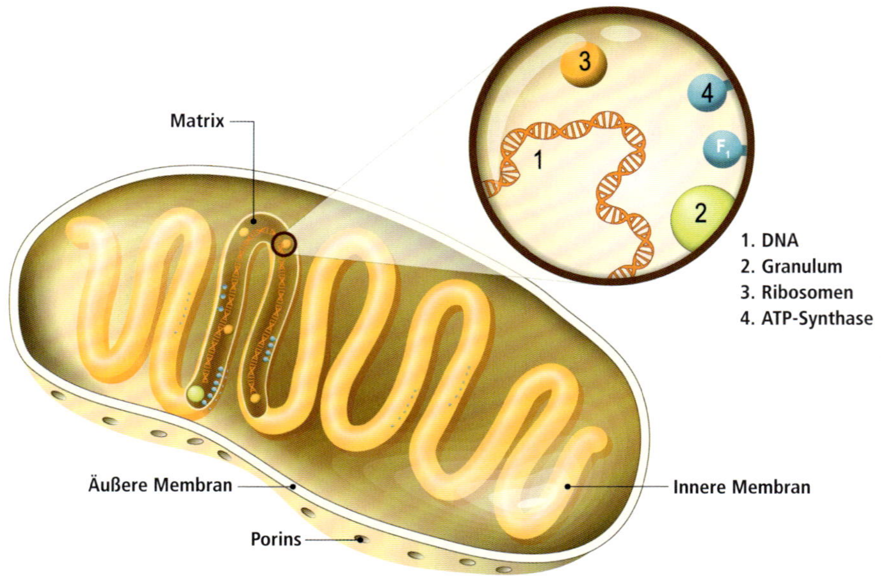

Mitochondrien

Unterscheidungsmerkmale zum Wolf könnten durch die veränderte Lebensart erklärt werden: Während ein Teil der ursprünglichen Wolfspopulation – vielleicht die scheueren Exemplare – es vorzog, weiter vom Menschen unabhängig zu leben und ein Territorium zu besetzen, könnte ein anderer, eher zutraulicherer Teil der Ursprungspopulation das Leben an der Seite des Menschen vorgezogen haben. So könnte man die Veränderungen in der Schädelform erklären, denn die „Menschen-bezogenen" Wölfe werden sich zunehmend von Abfällen des Menschen ernährt haben, während die „freien" Wölfe weiter selbstständig auf die Jagd gingen (Spekulationen von Robert Wayne, Video: www.ucsd.tv/search-details.aspx?showID=28895).
Mit der Zeit wird es wahrscheinlich zu einer Verringerung der Distanz zwischen unseren Vorfahren und diesen „Protohunden" gekommen sein, bis sie vielleicht gemeinsam durch ein Jagdgebiet zogen und eventuell schon Vorteile bei der Beutesuche in Gegenwart der jeweiligen anderen Art finden konnten, was eine weitere optische Veränderung der ersten Hunde nach sich gezogen haben könnte.
Diese Veränderungen werden durch Knochenfunde aus Steinzeitlagerstätten und später ersten Siedlungen deutlich dokumentiert (siehe „Entstehung der ersten Schläge" S. 36, speziell die Studie auf Zhokhov Island, Pitulko et al., 2017). Um den Zeitpunkt und Ort der Hundeentstehung noch präziser erforschen zu können, sind weitere Untersuchungen durchgeführt worden. Hierzu hat sich z. B. der finnische Forscher Olaf Thalmann in einer weiteren Studie auf den Vergleich von Haplotypen (siehe Kasten „Aus der Forschung" und S. 14) konzentriert. Dazu wurden die Haplotypen 18 prähistorischer Kaniden aus Amerika und Eurasien mit den Haplotypen heutiger Hunde und Wölfe verglichen (Thalmann et al., 2013). Das Ergebnis dieser aufwändigen Vergleichsstudie scheint u. a. den frühen Startschuss für den Beginn der Hunde-Domestikation zu bestätigen:

☞ AUS DER FORSCHUNG

— DNA-Analyse identifiziert den 33 000 Jahre alten Kanidenschädel als „Hund"

Vorgehensweise

Mit der Absicht, die genetische Beziehung eines der ältesten Knochenfunde von Hunden richtig einzuordnen, wurde von den amerikanischen Wissenschaftlern Mitochondriale DNA aus den prähistorischen Schädelknochen isoliert. Dazu wurden 413 Nucleotide untersucht (Druzhkova et al., 2013).

Ergebnisse

Der Vergleich mit anderen prähistorischen Hundefossilien und modernen Hunden und Wölfen eurasischen und amerikanischen Ursprungs konnte drei Dinge zeigen:

— Der über 30 000 Jahre alte Schädel war bereits ein Hund, denn der einzigartige Haplotyp des „Altai-Hundes" ist enger mit modernen Hunden und prähistorischen Hunden aus Amerika verwandt, als mit gegenwärtigen Wölfen.
— Hunde sind wahrscheinlich in Europa entstanden, denn es gab eine starke Beziehung der Gen-Sequenzen moderner Hunde mit alten europäischen Hunden und Europäischen Wölfen, aber keine Assoziation moderner Wolf-Gensequenzen aus dem mittleren Osten oder Ostasien mit modernen Hunden.
— Der Vorfahre von Hunden war eine Wolf-Spezies, die heute ausgestorben ist.

— Der Ursprung der Hunde-Domestikation könnte in Europa seinen Anfang genommen haben, ausgehend von einer Wolfspopulation, die heute ausgestorben ist.
— Die erste Domestikation des Hundes könnte in einem Zeitrahmen von vor 32 100 bis 18 800 Jahren stattgefunden haben.

Ein weiteres Indiz für das Auftauchen des Hundes als Jagdgehilfe der Menschen könnten die Mammut-Gräber sein, die man überall in Europa finden kann. Die frühzeitlichen Massengräber der ausgestorbenen Elefantengattung wurden auf eine Zeitspanne von 40 000 – 15 000 Jahren datiert, das ist ein Zeitraum, der aktuell auch für das Auftauchen der ersten Hunde diskutiert wird. Aus den Knochen der Mammuts wurden wohl Unterschlupfe gebaut, an manchen Überresten findet man Nagespuren von Kanidenzähnen. Forscher wie die amerikanische Anthropologin Pat Shipman von der Universität Pennsylvania spekulieren sogar, dass das Aussterben der Mammuts mit dem Beginn des gemeinsamen Jagens von Mensch und Hund in Zusammenhang zu bringen sein könnte. Sie vermutet, dass der plötzliche und enorme Jagderfolg bei großen Säugern nur durch eine veränderte, neue Jagdstrategie erklärt werden könne. Die Hypothese lautet hier, dass die gemeinsame Jagd von Protohund und Mensch derart erfolgreich verlief, dass Großsäuger wie das Mammut diesem Druck nicht standhalten konnten und ausgelöscht wurden (Shipmann, 2015). Für diese Annahme spricht, dass erste Hunde zu dieser frühen Zeit für diese Region ebenfalls nachgewiesen werden konnten (Germonpréz et al., 2009, 2012). Deutlich wird bei all diesen Spekulationen, dass ein Zusammenarbeiten von Protohund und Mensch vielen Forschern bereits in dieser frühen Phase der Menschwerdung möglich erscheint.

WER IST DIESER „HAPLOTYP?"

Im Zellkern befindet sich die DNA, die sich aus einer Kette von vielen Nucleotiden zusammensetzt. Eine Spezies teilt sich bestimmte Nucleotidsequenz-Varianten, die von Genetikern als „Haplotypen" bezeichnet werden. Ein „Haplotyp" ist also kein Persönlichkeitsmerkmal, sondern die spezielle Version einer Nucleotidsequenz auf ein- und demselben Chromosom im Genom. So kann von Genetikern durch entsprechende Analyseverfahren festgestellt werden, ob ein Teil von Individuen eine gemeinsame Abstammungsgeschichte verbindet und wie eng dieser Grad der Verwandtschaft ist.

HYPOTHESE 2

Hunde stammen wohl doch nicht vom heutigen Wolf ab – sie sind nur am engsten mit ihm verwandt.

In den letzten Jahren wurde mit diesem Verfahren von den Genetikern nicht nur intensiv nach einem Zeitfenster der Hundeentstehung geforscht, auch die Abstammung vom heutigen Wolf und Verwandtschaft der Hunderassen untereinander stand im Fokus. **Immer häufiger wurde dabei die Annahme formuliert, dass es einen gemeinsamen Vorfahren von Hund und Wolf gegeben haben muss, der heute ausgestorben ist.**

Diese Ansicht wird durch eine 2014 publizierte Studie weiter unterstützt. Eine internationale Forschergruppe um Adam Freedman von der Universität von California, Los Angeles (UCLA), untersuchte die DNA von drei unterschiedlichen Grauwolfpopulationen aus Gegenden, die als Ursprungsort der Hunde-Domestikation diskutiert werden, nämlich aus Europa, dem mittleren Osten und Ost-/Südasien. Diese Genom-Sequenzen wurden untereinander und mit den Genomen von Dingos und Basenji verglichen, die als sehr ursprüngliche Hundevertreter gelten. Als Vergleichsgruppe dienten die Gene eines Goldschakals. Die gefundenen Daten zeigten, dass keine Wolfspopulation enger mit Hunden verwandt war als andere, dass sie aber jeweils untereinander eine starke Ähnlichkeit aufwiesen (Freedman et al., 2014).

Aus diesen Ergebnissen schließen die Forscher, dass es im Zuge der Wolfsevolution zu einer starken Reduzierung von Individuen gekommen sein muss, aus der sich die bis heute andauernde, enge Verwandtschaft der unter-

Hunde und Wölfe haben sich vermutlich aus wenigen Ursprungsindividuen weiterentwickelt.

schiedlichen Grauwolfpopulationen aus aller Welt erklären lässt.

Gleichzeitig zeigt die Untersuchung, dass sich der gemeinsame Weg von Hunden und Wölfen vor ungefähr 15 000 Jahren endgültig getrennt haben könnte. Danach waren auch die Ur-Hunde durch den Flaschenhalseffekt (siehe Kasten) von einer starken Reduktion der Populationsgröße betroffen, was Mutationen für besondere Körpermerkmale bei Hunden zum Siegeszug verholfen haben könnte.

Hund und Wolf haben sich anschließend zwar immer wieder durchmischt, aber ansonsten unabhängig voneinander aus relativ wenigen Ursprungsindividuen weiterentwickelt. Auch Wölfe haben sich genetisch weiterentwickelt und vom gemeinsamen Vorfahren beider Kaniden entfernt – nur hat diese Veränderung durch das Leben in relativ konstanten Umweltverhältnissen nicht so extreme, sichtbare Ausmaße angenommen wie bei unseren Hunden, die sich immer mehr in unsere Obhut begeben haben (siehe „Soziale Ökologie" von Friederike Range und Sarah Marshall-Pescini, S. 34 ff.). Letztlich sind an den auffälligen Unterschieden der Rassen jedoch nur wenige Gene beteiligt, die sich durch die künstliche Selektion des Menschen massiv ausbreiten konnten, wie eine andere aktuelle Studie zeigt (siehe S. 38, Studie zur Kleinwüchsigkeit).

FLASCHENHALSEFFEKT

Besteht eine Population, z. B. durch einen massiven Populationseinbruch, nur noch aus wenigen Individuen, dann kann es zu einer starken, genetischen Verarmung kommen. Diese äußert sich z. B. darin, dass Allele nicht mehr in der ursprünglichen Vielfalt auftreten und dadurch Erbkrankheiten oder auch Mutationen eine größere Wirkung entfalten können. So gehen alle heute lebenden Hunde auf wenige Individuen zurück, was unter anderem durch diese Studie gezeigt werden konnte.

AUS DER FORSCHUNG

— Neue Erkenntnisse zur Entstehungsgeschichte der Hunde

Ist der heutige Wolf der Urahn unserer Hunde? Oder haben beide nur einen gemeinsamen Verwandten? Bei der Rekonstruktion der frühen evolutionären Geschichte unserer Hunde hilft die Untersuchung von qualitativ hochwertigen Genomsequenzen aus den Mitochondrien von Hunden und Wölfen. Sie machen es möglich, genetische Veränderungen zu identifizieren, die der Domestikation des Hundes zugrunde liegen.

Vorgehensweise

Es wurden gezielt Wolfsindividuen gewählt, die aus drei Gebieten stammen, die als wahrscheinliche Ursprungsorte für die Domestikation des Hundes diskutiert werden. Dazu gehören: der mittlere Osten, Ostasien und Europa. Außerdem wurden die Genome von drei als ursprünglich geltenden Hunderassen (Basenji, Husky und Dingo) analysiert. Als Vergleichswert diente das Erbgut eines Goldschakals.

Ergebnisse

Analysen dieser Sequenzen unterstützen ein Modell, nach welchem Hunde und Wölfe sich nicht abrupt, sondern in einem dynamischen Prozess getrennt haben. Nach einer langen Phase der schrittweise verlaufenden Entfernung, wie sie durch die Funde der Archäozoologen gezeigt werden können, wurde die Entstehung der Unterart Hund rapide durch den Flaschenhalseffekt beschleunigt, der vor ungefähr 14 900 Jahren aufgetreten sein muss.
Flaschenhalseffekte können bei der Populationsentwicklung einer Art eine wichtige Rolle spielen (siehe Info, S. 15). Hier gilt dies für beide Arten, Hunde wie Grauwölfe. Zusätzlich gab es anschließend an die starke Trennung wieder einen Genaustausch in beide Richtungen („Admixture"). Bei Grauwölfen kam es zur starken Populationsreduzierung mit einhergehendem genetischen Flaschenhalseffekt, kurz nach der Trennung von Hunden. Daraus kann geschlossen werden, dass die Vielfältigkeit des Genpools, aus dem Hunde entstanden sind, von der Substanz her größer war, als er heute von modernen Wolfspopulationen repräsentiert wird.

Amylase-Gen als Indikator

Der Initialmoment der Hunde-Domestikation wird normalerweise von Forschern auf ein Intervall von 11 000–16 000 Jahren begrenzt gesehen. Das ist ungefähr die Zeit der Entstehung von Ackerbau und damit der sesshaften Lebensweise unserer Vorfahren. Angesichts dieser Ergebnisse haben die Forscher andere Arbeiten mit einbezogen, die das Auftreten des Amylase-Gens als Indikator für die Hunde-Domestikation gewertet hatten. Die Forscher dieser Studien interpretierten den Anstieg der Amylase-Gene in Hundepopulationen, die eine Verdauung von Stärke erst möglich machen, als Nachweis für eine Domestikation zu Beginn der Sesshaftwerdung, die mit dem Aufkommen des Ackerbaus einherging. Dabei mussten Hunde sich ernährungsbedingt vermehrt mit Stärke in ihrer Nahrung auseinandersetzen, Hunde mit Mutationen für die Herstellung des Amylase-Enzyms hatten dadurch einen Vorteil bei der Umstellung der Ernährung. Gleichzeitig konnte das internationale Forscherteam um Adam Freedman (2014) viele Variationen finden, besonders was die Kopienanzahl des Amylase-Gens bei Grauwölfen betraf. Hingegen gab es keinen bis wenig Anstieg bei der Kopieanzahl bei Dingo- und Huskylinien. Daraus schließen die Forscher, dass die Fähigkeit zur Stärkeverdauung schon bei Wölfen vorhanden war und Rassen wie der Husky, die als Begleiter von Jägern und Sammlern gezüchtet wurden und bis heute hauptsächlich von tierischen Proteinen ernährt werden, dieses Gen bis heute kaum ausgebildet haben. Diese Variation in der Fähigkeit zur Stärkeverdauung spricht für die Hypothese, dass die Domestikation des Hundes schon vor dem Ackerbau begonnen haben kann (Variation des Amylase-Gens, siehe S. 20).

Folgerung

In Verbindung mit der erwarteten Zeit für Hunde-Domestikation bescheren diese Ergebnisse erneut Unterstützung für archäologische Funde, wonach die ersten Hunde nicht erst während des Ackerbaus, sondern bereits als Begleiter für Jäger und Sammler auf der Bildfläche der Menschheitsgeschichte erschienen sind. In Bezug auf die geographische Herkunft der Hunde konnte überraschenderweise festgestellt werden, dass keine der erhaltenen Wolfslinien aus den möglichen Domestikationszentren enger mit dem Hund verwandt ist als die anderen. Im Gegenteil, die untersuchten Wölfe haben eher einen Schwesternzweig gebildet. Dieses Ergebnis zeigt in Kombination mit der Rückvermischung von Wolf und Hund während der Domestikation, dass wir eine neue Bewertung alter Hypothesen zur Hunde-Domestikation benötigen.

Wir müssen uns von vielen Annahmen lösen und alte Domestikationsstudien neu analysieren.

Wo liegt die „Wiege der Hunde"? Europa oder Ost-Asien? (Foto: Altai-Gebirge)

HYPOTHESE 3
HUNDE SIND VERMUTLICH ZWEIMAL ENTSTANDEN – IN ASIEN UND EUROPA

Die Theorie eines relativ abrupten stammesgeschichtlichen Wendepunktes bei Hunden und Wölfen vor ungefähr 15 000 Jahren hat aktuell Gesellschaft bekommen durch eine neue Studie zur Hunde-Domestikation, die eine ganz neue Facette in die Entstehungsgeschichte des Hundes bringt (Frantz et al., 2016). Sie könnte dabei helfen, anscheinend widersprüchliche Ergebnisse und daraus resultierend eine jahrelang andauernde wissenschaftliche Meinungsverschiedenheit zum Ursprungsort der Hunde zu klären.

Besonders kontrovers diskutiert wurde im letzten Jahrzehnt nämlich, wo genau die „Wiege der Hunde" liegt. Auch wenn die ersten Funde aus dem frühen Paläolithikum stammen (36 000 Jahre Belgien, 33 000 Jahre Altai-Gebirge), so kommen die ersten Knochenfunde mit deutlichen Hundemerkmalen aus Europa und sind meistens um die 15 000 Jahre alt. Vergleichbare Knochenfunde aus Asien sind „nur" 12 500 Jahre alt. Auch wenn Archäologen vermuten, dass Hunde mehr als einmal entstanden sein könnten, haben die meisten genetischen Studien einen Ursprung entweder im ostasiatischen oder europäischen Raum vermutet. Besonders zwei Lager waren sich durch scheinbar widersprüchliche Ergebnisse genetischer Vergleichsstudien viele Jahre lang uneinig darüber, ob der Startschuss für die Domestikation in Europa oder in Ostasien gefallen sei (siehe FTH, S. 14 ff.).

Rückblick: Streit um den Ursprungsort der Domestikation

Der amerikanische Genetiker Robert Wayne und sein Team gingen bislang davon aus, dass die Hunde aufgrund genetischer Abstammung europäischen Ursprunges sein müssen (Leonard, 2002). Eine andere Forschergruppe um Peter Savolainen sieht die Herkunft des Hundes in Südostasien (Savolainen et al., 2002). Das internationale Forscherteam um Laurent Frantz von der Universität Oxford hat jetzt die Gensequenz eines vor 4 800 Jahren verstorbenen Hundes aus Irland mit den Genen von 59 Hundefossilien aus Europa und Asien verglichen (Frantz et al., 2016).
Nach diesem genetischen Vergleich prähistorischer hündischer Knochenfunde blieb für die Forscher nur ein Schluss übrig: Noch vor 14 000 – 6 400 Jahren gab es eine tiefe genetische Spaltung zwischen asiatischen Hunden und Hunden europäischen Ursprungs. Eine neuere Studie scheint diese Hypothese

der „Zweifachentstehung" von Hunden und ihrer anschließenden Vermischung zu bestätigen (Wang et al., 2015).
Das internationale Team von Genetikern sammelte mit Hilfe von Blut- und Speichelproben Genmaterial von 58 Kaniden aus aller Welt, darunter 12 Grauwölfe vom eurasischen Kontinent, 11 Hunde, die aus ostasiatischen Regionen stammen, 12 aus dem Norden stammende, ostasiatische Hunde, vier nigerianische Dorfhunde und eine Sammlung von 19 unterschiedlichen Hunderassen aus Europa und Amerika. Die Forscher halten in ihrer Diskussion das Szenario der Ausbreitung und Migration von Asien nach Europa aufgrund der gewonnenen Daten ebenfalls für möglich. Die starke Präsenz der ostasiatischen Gene erklären sich diese Wissenschaftler damit, dass sie den frühen europäischen Hund als „primitiv" bezeichnen. Nach den genetischen Berechnungen entstanden die ersten Hunde im ostasiatischen Raum vor ungefähr 30 000 Jahren und wanderten von dort vor rund 15 000 Jahren von Asien in den Mittleren Osten. Von dort aus, so die Hypothese der Genetiker, eroberten die Hunde erst Afrika und erreichten dann vor ungefähr 10 000 Jahren Europa. Dort kam es zu einer genetischen Verdrängung, sodass heute die Gene ostasiatischer Hunde in der weltweiten Hundepopulation stärker vertreten sind.
Doch die Wanderbewegungen der Hunde über die Erde waren noch nicht beendet: Die Genetiker schließen aus ihren Genproben, dass manche der Asien-Linien wieder den Rückweg angetreten haben und Richtung Osten gewandert sind. Dort kam es zu Rückvermischungen mit den ursprünglichen asiatischen Linien in Nordchina, bevor weitere Hunde aufbrachen, um die neue Welt zu besiedeln. Sollte diese Studie bestätigt werden, könnte damit die außergewöhnliche Ausbreitungsgeschichte entdeckt worden sein, die der Hund über die Erde unternommen und die zur Entstehung der heutigen Hunde geführt hat.

AUS DER FORSCHUNG
— Genetische und archäologische Funde sprechen für eine doppelte Entstehung von Hunden.

Material und Methode
Die britischen Forscher analysierten Gensequenzen aus der mitochondrialen DNA, die aus 59 Knochenfunden von europäischen Hunden (14 000 – 3 000 Jahre alt) stammt, und zusätzlich ein komplettes Genom eines Hundes aus dem späten Neolithikum (ungefähr 4 800 Jahre alt) aus Irland. Diese altertümliche Sammlung wurde ergänzt durch 80 vollständige Genomsequenzen von 605 modernen Hunden aus 49 Rassen und Dorfhunden.

Ergebnisse
Die Analysen offenbarten eine frühe und tiefe genetische Trennung zwischen ostasiatischen und westeurasischen Hunden. Die Forscher erklären sich diese Ungleichheit mit der Hypothese, dass es zwei genetisch unterschiedliche Wolfspopulationen in Ost- und Westeurasien gegeben haben muss, die noch vor der Sesshaftwerdung des Menschen unabhängig voneinander domestiziert wurden und irgendwann ausgestorben sind. Die östliche Hundepopulation hat sich dann in einem Zeitraum von vor 14 000 bis 6 400 Jahren Richtung Westeuropa ausgebreitet, wahrscheinlich an der Seite von Menschen. Dort haben sie die ansässige, paläolithische Hundepopulation ersetzt. Diese Hypothese könnte von anderen genetischen Studien unterstützt werden, die eine Herkunft des Hundes in Ostasien oder Europa lokalisiert und sich damit scheinbar widersprochen hatten. Die kombinierten Studien aus der Genetik und Archäozoologie lassen vermuten, dass Hunde – ähnlich wie Schweine – unabhängig voneinander doppelt entstanden sind und sich erst später vermischt haben.

ODER: SIND HUNDE DOCH NUR EINMAL DOMESTIZIERT WORDEN?

Ganz neue Daten lassen jetzt wiederum vermuten, dass sich Hunde und Wölfe vor 20 000 und 40 000 Jahren getrennt haben. Danach haben sich vor 17 000 bis 24 000 Jahren zwei genetisch verschiedene Hundegruppen in Europa und Asien gebildet. Dies bedeutet, dass die Domestikation doch nur an einem Ort stattgefunden haben könnte – im Gegensatz zur Hypothese, dass Hunde getrennt voneinander in Europa und Asien entstanden sind und die europäischen anschließend von den asiatischen Hunden genetisch „überrannt" wurden. **Nach dieser neuen Studie ist die „Wiege des Hundes" in Südostasien beheimatet und von dort aus haben sich Hunde ausgebreitet** (Saey, 2017; Botigué et al., 2017). Erst danach kam es zu einer deutlichen Trennung europäischer und asiatischer Hunde. Die Daten konnten gewonnen werden, weil Forscher das komplett erhaltene Genmaterial aus verschiedensten fossilen Knochenfunden früherer Hunde miteinander verglichen. Mit dabei war ein 7 000 Jahre alter Hund aus Herxheim, ein 4 700 Jahre alter Hund aus der Kirschbaumhöhle in Deutschland und der 4 800 Jahre alte Hund aus Newgrange in Irland, der bereits für die Studie untersucht worden war, die zwei Domestikationsherde festgestellt hatte.

Amylase-Gen bei Hunden

Die Ergebnisse der Genanalyse haben ebenfalls die relativ neu propagierte Hypothese zur Stärkeverdauung bestätigt (Ollivier et al., 2016; Axelsson et al., 2013; siehe S. 32). Die Genetiker hatten die Theorie aufgestellt, dass Hunde parallel zur Sesshaftwerdung und mit Beginn des Ackerbaus die Fähigkeit entwickelt haben, Stärke besser verdauen zu können als Wölfe, und dadurch in der Lage waren, sich auch von den Körnerabfällen der ersten Bauern zu ernähren. Ermöglicht wird diese Stärkeverdauung durch ein Amylase-Gen AMY2B, von dem die meisten Hunde mehrere Kopien besitzen. Dieses Gen kodiert wiederum ein Enzym, das dabei hilft, Stärke zu verdauen. Wölfe besitzen von diesem Gen nur zwei Kopien, sie sind deshalb auf eine fleischlastige Ernährung angewiesen. In der vorliegenden Studie konnte festgestellt werden, dass die beiden altertümlichen deutschen Hunde ebenfalls nur zwei Kopien dieses Amylase-Gens besaßen, während der jüngere „Newgrange-Hund" bereits drei Kopien des Gens in seinem Erbgut hatte (Saey, 2017). Da diese Hunde viele tausend Jahre nach der Domestikation als Begleiter von Jägern und Sammlern lebten, lassen diese Studien vermuten, dass die ersten domestizierten Hunde genetisch noch keinen Polymorphismus des Amylase-Gens benötigten und dadurch noch nicht darauf vorbereitet waren, Stärke besser zu verdauen als Wölfe. Die genetische Veränderung hat sich erst als Anpassung an die neue, sesshafte Lebensweise des Menschen mit der Zeit als erfolgreich erwiesen und durchgesetzt. Frühzeitliche Hunde hatten bereits andere genetische Variationen, die sie darauf vorbereitet haben, später auf die sich verändernde Lebensweise zu reagieren.

WIE ES GEWESEN SEIN KÖNNTE!

Fasst man all diese Ergebnisse der Genetik und Archäozoologie zur Domestikationsgeschichte des Haushundes zusammen, könnte sich folgendes Szenario abgespielt haben:

1. Trennung in sesshafte und migrierende Wölfe Mehrfach im europäischen und asiatischen Raum könnten heute ausgestorbene, ostasiatische und europäische Wolfsarten auf die Idee gekommen sein, sich in der Nähe eines jagdlustigen Volkes von Zweibeinern, den Cro-Magnon-Menschen, aufzuhalten, eventuell um gemeinsam zu jagen und Reste zu fressen. So teilte sich die jeweilige Wolfspopulation in zwei Lebensweisen auf – ein eher scheuer Teil behielt die territoriale, vom Menschen unabhängige Lebensweise bei, der andere Teil begann, mit den Menschen umherzuziehen und in deren Nähe Junge aufzuziehen.

2. Der Protohund entsteht Über die Jahrtausende kam es so zu einer ersten genetischen Trennung der beiden Populationen, die durch die veränderte Nahrungsaufnahme und Lebensweise zu einer Veränderung im Aussehen führte. Diese erste Abweichung des Phänotyps ist an der abgewandelten Form der Schädel erkennbar, wie wir sie z. B. am 33 000 Jahre alten „Altai-Hundeschädel“ aus Kasachstan finden können.

3. Rückvermischung (Admixture) Diese ersten „Protohunde“ waren wahrscheinlich, außer durch ihre an den Menschen orientierte Lebensweise, äußerlich auf den ersten Blick kaum von Wölfen zu unterscheiden. Gleichzeitig kam es wohl auch immer wieder zur Vermischung mit der territorialen Schwesternart.

4. Flaschenhalseffekt Erst durch eine massive Verkleinerung der Populationsgröße vor etwa 15 000 Jahren konnten sich Mutationen in den ersten „Protohunden“ plötzlich sehr gut durchsetzen, und die beiden Gruppen trennten sich deutlich in zwei unterschiedliche Spezies.

5. Zunehmende Differenzierung Besonders das Aussehen der Ur-Hunde wird sich durch die neue ökologische Nische „Mensch“ mit der Verringerung der Distanz zum Menschen verändert haben, und der optische und genetische Unterschied zwischen Wolf und Hund wurde immer größer.

6. Einfache oder doppelte Entstehung Eine relativ neue Hypothese der Genforscher lautet, dass Hunde nur einmal in Südostasien, eine andere behauptet, dass sie zweimal entstanden sind, in Europa und Ostasien. Hunde ostasiatischen Ursprungs hätten dann durch Einwandern an der Seite von Menschen die europäischen Hunde „überschwemmt“. So könne es gekommen sein, dass heute das asiatische Erbe „dominant“ in den Genen unserer modernen Hunderassen repräsentiert wird, während das genetische Erbe der frühen paläolithischen Hunde Europas beinahe zurückgedrängt wurde. Welche der beiden Hypothesen letztendlich Bestand haben wird, werden zukünftige Studien zeigen.
So weit zur genetischen und archäozoologischen Spurensuche zurück in die Anfänge der Hundwerdung. Doch nicht nur das äußere Erscheinungsbild hat sich verändert –, damit einhergehend gab es eine starke Veränderung der Fähigkeiten und Lebensweise des Hundes, bedingt durch das zunehmend enge Zusammenleben und -arbeiten mit dem Menschen. Deshalb muss parallel zur genetischen Geschichtsanalyse das Verhalten der Tiere verglichen werden, um Rückschlüsse auf die Domestikationsgeschichte ziehen zu können.

Was war der Vorteil für Hunde: gemeinsam jagen oder Reste fressen?

HUNDE IN DER FRÜHEN MENSCHHEITSGESCHICHTE

DAS WELLENMODELL DER DOMESTIKATION

Wenn es „Ur-Hundetypen" also bereits als Begleiter der Jäger und Sammler im frühen Pleistozän gegeben hat, dann müssen wir die Entstehung des Hundes und damit die Anfänge der Hund-Mensch-Beziehung weit nach vorne datieren. Dies wirft natürlich Fragen auf, welche Rolle die Hunde in dieser frühen Zeit der Menschheitsgeschichte gespielt haben könnten. Die neuesten Hypothesen gehen davon aus, dass die Domestikation zunächst vom „Ur-Hund" initiiert wurde und sich in drei Wellen vollzogen hat:

1. Selbst-Domestikation Ganz am Anfang steht die Trennung von der territorialen Lebensweise hin zur migrativen in der Nähe der Jäger und Sammler.

2. Selektion nach Verhalten Die nächste Stufe war erreicht, als der Mensch einen Nutzen in der Nähe der Tiere erkannte. In der Folge fingen die Menschen an, künstliche Selektion zu betreiben, indem zahme und friedfertige Exemplare immer näher am Menschen leben und sich fortpflanzen durften.

3. Selektion nach Funktion Die dritte Stufe stellte die Zucht bestimmter Hundetypen für die Verrichtung spezieller Aufgaben dar – ein Prozess, der wahrscheinlich bereits vor über 9000 Jahren seinen Anfang nahm.

1. WELLE DER DOMESTIKATION

„Protowolf" wird zu „Protodog" als Begleiter der Jäger und Sammler.

In den letzten Jahrzehnten gab es viele Theorien, wie die Trennung vom gemeinsamen Wolfsvorfahren und die „Selbst-Domestizierung" abgelaufen sein könnte. Forscher wie Robert Wayne vermuten, dass die erste Isolation der Wölfe und Hundepopulation durch eine veränderte Lebensweise einer „Protowolfsgruppe" entstanden sein könnte: Normalerweise bilden Wölfe Territorien, in denen sie sesshaft ihr Leben verbringen und ihren Nachwuchs aufziehen. Einige dieser „Vorwölfe" könnten Gefallen darin gefunden haben, sich in der Nähe menschlicher Lagerstätten aufzuhalten, weil hier Abfall zu finden war. Dadurch gaben diese Tiere das sesshafte Leben auf und bewegten sich an der Seite der Jäger und Sammler stetig fort – eine erste Trennung der Reproduktion mit den anderen, sesshaften Wölfen, und damit der Beginn der Entstehung einer neuen Art, könnte so möglich geworden sein.
Diese ersten „Protohunde", so vermuten Forscher, hatten einen Selektionsvorteil, wenn sie weniger furchtsam waren und sich dadurch von den Nahrungsresten der frühen Menschen ernähren konnten (Zimen, 1992; Coppinger, 1998; Clutton-Brock, 1995; siehe FTH S. 18) oder bereits bei der Jagd kooperierten (Pörtl und Jung, 2017; siehe auch S. 31).

2. WELLE DER DOMESTIKATION

Selektion nach Zahmheit und Friedfertigkeit

Frauen könnten ihren Anteil an der Initialzündung zur Mensch-Hund-Beziehung haben, wie manche Forscher vermuten: Sie spekulieren, dass Mütter verwaiste Protohundewelpen adoptiert und aufgezogen haben, indem sie die noch tauben und blinden Tiere gestillt haben (Zimen, 1992). Das Aufziehen von Tieren durch Menschenmütter kann man z. B. bei den Aborigines beobachten (Savishinsky, 1983; FTH S. 19).

Da unsere Vorfahren von Prägungsvorgängen in der frühen Welpenphase wahrscheinlich wenig wussten, werden die ersten Aufzuchten von „Protohundekindern" diesen Hypothesen nach also eher zufällig passiert sein.

Im weiteren Verlauf dieses Gedankenspiels durften von den ausgewachsenen Tieren sicher nur die weniger aggressiven und furchtsamen Individuen weiterleben. Sie dienten der Unterhaltung, halfen bei der Bewachung und Säuberung der Lagerstätten und waren eventuell bereits bei der Jagd auf Wild hilfreich – auf diese Weise könnten unsere Vorfahren weitere Vorteile im Zusammenleben mit der anderen Art erkannt haben.

So entwickelte sich über Jahrtausende hinweg eine neue Unterart der Wolfsfamilie, die fortschreitend zahmer, toleranter und besser darin wurde, menschliche Gesten und Verhaltensweisen zu lesen, sich angepasst zu verhalten und durch ein immer freundlicheres und kooperatives Wesen glänzte.

Doch damit sich die Beziehung zwischen den unterschiedlichen Arten weiterentwickeln konnte, musste am Anfang ein gewichtiger Grund für beide Spezies vorliegen, denn eigentlich besetzten sie die gleiche ökologische Nische und hätten sich auch als Nahrungskonkurrenten sehen können. Dieser Grund lag wahrscheinlich in einer vereinfachten Futtersuche und damit deutlichem Erfolg beim Nahrungserwerb.

3. WELLE DER DOMESTIKATION

Beginn der Mensch-Hund-Kooperation: Eher Jagdbegleiter als Restefresser?

Der Jagderfolg erhöht sich massiv, wenn Jäger mit Hunden zusammenarbeiten – das hat eine finnische Studie aus dem Jahr 2004 erneut zeigen können (Ruusila und Pesonen, 2004, siehe S. 27). Kaniden gehen Jagdgemeinschaften mit anderen Arten ein (siehe S. 26), für die Protohunde war der Zusammenschluss also keine neue Erfindung.

Ursprüngliches, vertrautes Zusammeleben findet sich noch in vielen Kulturen.

Diese Höhlenmalerei in den Acacus-Mountains in Lybien zeigt Menschen, ...

Doch für die frühen Menschen schon, und zwar eine mit wahrscheinlich durchschlagendem Erfolg. Denn beim gemeinsamen Jagen in einer Gruppe von 10 Menschen erhöhen die Hunde den Jagderfolg um bis zu 50 Prozent, hat die Studie von Ruusila und Pesonen zeigen können – der Effekt war umso stärker, wenn es wenig Wild gab. Hunde spüren Wild durch ihre herausragenden Sinne sicher auf und halten es so lange fest, bis der Mensch kommt und die Beute tötet. Auch wenn die Studie in der Gegenwart erhoben wurde – die Variationen der gemeinsamen Jagd und die Arbeitsteilung werden sich seit der Frühzeit bis heute kaum geändert haben. Dieser verbesserte Jagderfolg könnte z. B. erklären, warum die Cro-Magnon-Menschen überhaupt gewillt waren, Hunde im gleichen Territorium zu tolerieren und sogar ihre Beute zu teilen. Unterstützung erfährt diese Hypothese durch das plötzliche Auftreten von Mammut-Massengräbern aus der Zeit um 40 000 – 15 000 vor Gegenwart. Wie schon erwähnt (siehe S. 14), vermuten Forscher wie die amerikanische Anthropologin Pat Shipmann, dass der plötzliche Jagderfolg an großen Säugern wie Mammuts nur durch eine neuartige Jagdstrategie erklärt werden könne. Da die Schädelfunde erster Hunde für den gleichen Zeitraum datiert werden konnten, vermutet die Forscherin der Universität Pennsylvania, dass Hunde maßgeblich am erhöhten Jagderfolg beteiligt gewesen sein könnten (Shipmann, 2015). Dieses Szenario wird weiter glaubhaft durch archäologische Knochenfunde an prähistorischen Lagerfeuerstätten. Der Paläobiologe Gary Haynes hat bereits 1983 Knochen der Beutetiere auf Kauspuren von Raubtieren untersucht. Carnivoren hinterlassen sehr charakteristische Zahnspuren beim Nagen an Knochen. Entsprechend konnten an einigen der archäologischen Fundstellen nicht nur über 30 000 Jahre alte Überreste der ersten Hunde entdeckt werden, sondern auch hundetypische Nagespuren an den Skelettteilen der erbeuteten Tiere. Dies könnte ein Hinweis darauf sein, dass die „Protodogs" mitjagten und Reste der erjagten Beutetiere fressen durften (Haynes, 1983).

Höhlenmalerei

Einen weiteren Hinweis auf die frühe Nutzung von Hunden als Jagdgefährten liefern Höhlenmalereien, die 2017 von Wissenschaftlern des Max-Planck-Institutes für Menschheitsgeschichte in Jena und Evolutionäre Anthropologie in Leipzig näher untersucht wurden. Diese Zeichnungen bieten zum allerersten Mal einen Einblick in die frühe Beziehung zwischen Mensch und Hund, denn

... die gemeinsam mit Hunden auf der Jagd sind.

sie dokumentieren, wie Hunde für das Hüten von Nutztieren und die Jagd eingesetzt und wahrscheinlich auch ausgebildet wurden. Die Zeichnungen befinden sich auf Felsen auf der arabischen Halbinsel Saudi Arabiens und zeigen verschiedene Alltagsszenen mit Haus-, Beute- und Raubtieren. Deutlich wird aber vor allen Dingen, dass Hunde schon vor 9000 Jahren eine herausragende Rolle im Leben der Menschen spielten.

Anders als bei Malereien in europäischen Steinzeithöhlen scheint es sich dabei nicht nur um eine symbolische Darstellung von Tieren zu handeln, sondern hier wurde auf fast 150 Zeichnungen realistisch dargestellt, wie Menschen und Hunde gemeinsam auf die Jagd gehen. Die Malereien sind damit die frühesten menschengemachten Zeugnisse einer kooperativen Zusammenarbeit von Mensch und Hund. Deutlich ist zu sehen, wie Hunde unterschiedlich eingesetzt wurden, je nachdem, welche Tiere bejagt worden sind: kleinere Beutetiere wurden von den Hunden gestellt und auch erlegt, bei großen Tieren halfen die Hunde beim Einkreisen mit, getötet wurden die Beutetiere dann vom Menschen mit Speeren. Die Jäger nutzten die Hunde also wahrscheinlich gezielt für unterschiedliche Aufgaben. Dies wird auch in der großen Zahl der abgebildeten Hunde deutlich. Die Forscher vermuten, dass diese Vielfalt an Szenen zeige, dass Hunde von den frühen Menschen in Saudi-Arabien gezielt gehalten und ausgebildet wurden. Dafür spricht, dass auf manchen Zeichnungen zu sehen ist, wie Hunde an Leinen gehalten werden. Die Forscher interpretieren es so, dass die Hunde entweder noch jung waren und das Jagen lernen mussten, oder die strichförmigen Verbindungen zwischen Mensch und Hund sollten eine besondere Beziehung symbolisieren.

Noch ist nicht sicher nachgewiesen, aus welcher Zeit diese Zeichnungen stammen, aber anhand anderer Funde und Ausgrabungen aus der Region schließen die Forscher für die Entstehung der Malereien auf einen Zeitraum von 9000 Jahren (Guagnin et al., 2017).

Diese Malereien unserer Vorfahren schenken uns einen einzigartigen Einblick in die frühe Bedeutung von Hunden für den Menschen. Ähnliche Einblicke gewähren ansonsten vielleicht nur die Bestattungsrituale für Hunde, die ebenfalls eine bereits besondere Beziehung zwischen Mensch und Hund vermuten lassen können. Erstmals sind solche „Hundegräber" bei Ausgrabungen 1200 Jahre alter europäischer Siedlungen gefunden worden (siehe FTH, S. 13), die auf eine Zeit um 12000 v. Chr. datiert wurden.

RABE-WOLF-BEZIEHUNG

Ein ähnlich kooperatives Verhalten, wie man es bei frühen Hunden und Jägern vermutet, kann man heute noch zwischen Raben und Wölfen beobachten (siehe auch S. 39).

Raben nisten häufig in der Nähe der Rendezvousplätze von Wölfen, über Jahre scheint sie eine soziale Beziehung zu verbinden. Durch Beobachtungen vermuten Ethologen, dass die Tiere sich individuell zu erkennen scheinen, denn sie lassen einander regelrecht am Familienleben teilhaben. So sieht man Raben und Wölfe an den Rendezvousplätzen häufig interagieren, Raben picken Wölfe in die Ruten, necken die Kaniden, diese gehen freundlich darauf ein, lassen eine geringe Distanz sogar zu ihrem Nachwuchs zu (Heinrich, 1999; Bloch, 2010).

Werden die Wölfe hungrig, strecken sie sich, werden unruhig und brechen schließlich zur Jagd auf. Diese Stimmung springt dann auf die Raben über: Sie beteiligen sich an den Spielen, flattern irgendwann auf, fliegen voraus. Lautstark weisen die Vögel dann auf potentielle Beute hin, leiten dadurch die Wölfe schneller zum Ziel.

Die Fähigkeit, sich auf ein enges Zusammenleben mit einer anderen Art einzulassen, ist Wölfen also in die Wiege gelegt und wird vermutlich bei der Selbst-Domestizierung der

Die Fähigkeit, sich auf Interaktionen mit einer anderen Art einzulassen, zeigen u. a. Wölfe und Raben.

ersten „Protohunde" eine Rolle gespielt haben. Alle diese Erkenntnisse sprechen dafür, dass sich Protohunde im frühen Pleistozän nicht nur in der Nähe der Menschen aufhielten, sondern mit ihm bereits auf die Jagd gingen, wenn sich unsere Vorfahren auf die Suche nach Beutetieren machten.

VERÄNDERUNG IM WESEN UND AUSSEHEN

Voraussetzung für gemeinsames Jagen ist eine relativ geringe räumliche Distanz – und das erfordert Vertrauen. Deshalb ist im Prozess der Domestikation davon auszugehen, dass es eine gezielte Selektion auf Zahmheit gegeben hat. Genau an diesen Zeitpunkt der Domestikation dockt die Hypothese der Zuchtauswahl nach Zahmheit an („Silberfuchsstudie" von Trut et al., 2009; Hare und Tomasello, 2005; genauer in FTH ab S. 23), die in der Folge zu weiteren morphologischen und Wesensveränderungen bei Tieren führen kann. Protodogs, die weniger furchtsam waren, hatten einen Selektionsvorteil. Dieses veränderte, zutrauliche Wesen tritt nach dieser Theorie gekoppelt mit morphologischen Veränderungen in Körperbau und Fellfarbe auf. Eine Studie französischer Wissenschaftler wollte mehr über das Aussehen steinzeitlicher Hunde erfahren und hat sich auf die Untersuchung von Genen konzentriert, die Fellfarben bestimmen. Dazu analysierten die Genetiker um Morgane Ollivier von der Universität Lyon das Genmaterial in altertümlichen Kanidenknochen gezielt nach entsprechenden Hinweisen (siehe S. 28). Das Ergebnis: Bereits vor 11 000 – 8 000 Jahren trugen die „Protohunde" kein schlichtes grau als Fell mehr, sondern hatten bereits ein mehrfarbiges Haarkleid (Ollivier et al., 2013). Verschiedene Farben, hängende Ohren oder geringelte Ruten können ein Hinweis auf Domestikation und damit ein verändertes Sozialverhalten sein. Nach dieser Hypothese (Trut et al., 2009; Hare und Tomasello, 2005) führt die Zucht auf Zahmheit parallel zu einer Veränderung des Erscheinungsbildes und öffnet die Türen für die Entwicklung weiterer neuer Fähigkeiten (siehe S. 29), so wie wir das auch bei anderen domestizierten Tieren beobachten können.

☞ AUS DER FORSCHUNG

— Hunde erhöhen den Jagderfolg.

Vorgehen

Die Forscher verglichen die Anzahl von Elchen (*Alces alces*), die von vier Jagdgruppen in Finnland erlegt werden konnten. Die Jagdgruppen unterschieden sich in der Größe und darin, ob sie in Hundebegleitung jagen gingen oder nicht (Ruusila et al., 2004).

Ergebnisse

Die Gruppen mit Hund hatten einen größeren Jagderfolg, egal wie groß die Gruppe war.
Den größten Jagderfolg hatte dabei die kleinste Gruppe (< 10 Jäger) in Begleitung von Hunden – sie erlegten 56 % mehr Beute als die Gruppen ohne Hund.
In den größeren Gruppen war der Jagderfolg gleich gut, unabhängig davon, ob ein Hund anwesend war oder nicht. Erst als die Anzahl der Hunde erhöht wurde, hatte auch die Gruppe mit mehr als 10 Jägern einen gesteigerten Jagderfolg. Das heißt, die Anzahl der erlegten Tiere korrelierte mit der Anzahl der Hunde. Der Vorteil des Jagens mit Hunden hatte ein dichteabhängiges Muster: Der Nutzen steigt an, wenn die Elchdichte niedrig ist.

Fazit

Diese Ergebnisse stützen die Hypothese, dass kooperatives Jagen von Mensch und „Protohund" ein wichtiger Faktor war im Prozess der Domestikation des Haushundes.

AUS DER FORSCHUNG

— Fellfarben prähistorischer Hunde

Die verschiedenen Fellfarben prähistorischer Hunde könnten ein Hinweis auf frühe Domestikationsprozesse sein.

Vorgehen

Die Forscher nutzten in dieser Studie eine paläogenetische Annäherung, um die Vielfalt der Fellfarben-Variationen in alten, eurasischen Hunde- und Wolfspopulationen ermitteln zu können (Ollivier et al., 2013). Dazu konzentrierten sie sich auf die Analyse von DNA-Fragmenten, die aus Knochenfunden von 15 prähistorischen Hunden und 19 Wölfen extrahiert werden konnten.
Die Kanidenfossilien stammten von 14 unterschiedlichen archäologischen Ausgrabungsstätten aus Europa und Asien und waren zwischen 12 000 (Ende des oberen Paläolithikums) und 4 000 Jahre (Bronzezeit) alt. Im Fokus der Analyse standen dabei zwei Gene, die Fellfarben kontrollieren: Mc1r (Melanocortin-1-Rezeptor) und CBD103 (canine-β-defensin).

Ergebnisse

Dabei konnten die Forscher schon für diese frühe Phase der Domestikation die Präsenz der Beta-defensin-melanistin-Mutation (CDB103-K-locus) nachweisen. Sie konnten zeigen, dass ein dominantes Allel, das für Schwarzfärbung verantwortlich ist (CBD103), aber auch die Variante, die die helle Farbe verleiht, bereits am Anfang des Holozäns, also vor 10 000 Jahren, bei den frühen Hunden vorkamen.

Fazit

Die Ergebnisse unterstreichen die genetische Vielfalt, die prähistorische Hunde bereits gehabt haben müssen. Diese Diversität, so vermuten die Forscher, stammt nicht nur aus dem Genpool des Wolfes.
Die Vielgestaltigkeit könnte auch dem bekannten Effekt zugrunde liegen, der eintritt, wenn Tiere aus dem Prozess natürlicher Selektion herausgenommen werden. Durch eine kleinere Population und die veränderten Lebensbedingungen bekommen Genmutationen wie „Weiß" in der Fellfarbe die Chance, sich durchzusetzen, ein Merkmal, das in „freier Wildbahn" meist von Nachteil für das Individuum wäre.

UNTERSCHIEDE VON WOLF UND HUND

Einige Institute haben in den letzten Jahren Hunde und Wölfe unter vergleichbaren Bedingungen mit der Flasche aufgezogen und dann in verschiedenen Lebensphasen mit gleichen Aufgabenstellungen konfrontiert. Dabei wurde erforscht, wie die beiden nah verwandten und doch so unterschiedlichen Spezies Probleme lösen. Kerninteresse dieser vergleichenden Studien ist immer, eine Veränderung im Verhalten wissenschaftlich zu erfassen, zu dokumentieren und sich dadurch den Ablauf der Domestikation besser vor Augen zu führen.
Die Tradition der vergleichenden Verhaltensforschung auf diesem Gebiet geht viele Jahrzehnte zurück; Eberhard Trumler (Trumler, 1984) und Erik Zimen (Zimen, 1987) hielten Wölfe und Hunde in Gehegen und studierten das gezeigte Verhalten. Dabei konnten durchaus spannende Beobachtungen gemacht werden, was jedoch in verstärkter Weise bei beiden Spezies auftrat, war – wie wir heute wissen – eine erhöhte Aggressionsbereitschaft in der Gruppe. Durch eine strikte Hierarchie von oben nach unten und sehr häufigen agonistischen Auseinandersetzungen in den Gehegen, führten diese Studien leider auch zu der Annahme, dass Hunde gern die Herrschaft im Rudel an sich reißen und deshalb mit Härte nach dem „Dominanzmodell" unterdrückt, erzogen und dem Menschen strikt unterworfen werden müssen. Heute wissen wir unter anderem durch Langzeit-Freilandstudien von David Mech (vgl. Mech, 2000) oder Günther Bloch (vgl. Bloch, 2012), wie selten ernsthafte, aggressive Auseinandersetzungen bei Wölfen innerhalb der Gruppe stattfinden. Das Familienleben ist eher geprägt von Harmonie und Gelassenheit; die Eltern haben es schlicht nicht nötig, beständig ihre gehobene Stellung deutlich zu machen. Wer mit einer untergeordneten Rangposition ein Problem hat, wandert ab und gründet eine eigene Familie.

Wölfe sind mehr mit sich selbst zufrieden, für Hunde ist die Zuwendung durch den Menschen sehr attraktiv.

So einfach ist das, wenn keine Gehegezäune einen am Weglaufen hindern. Im Institut für Haustierkunde in Kiel untersuchte Dorit Feddersen-Petersen viele Jahrzehnte lang das abweichende Verhalten von Hunden und Wölfen in Kleingruppen. Dabei war der Kontakt zum Menschen bei beiden Spezies limitiert. Trotzdem zeigten sie ein sehr unterschiedliches Verhalten, insbesondere in Bezug auf den Menschen: Die Hunde unterbrachen sofort jede Interaktion untereinander, sobald ein Pfleger oder wissenschaftlicher Mitarbeiter am Zaun zu sehen war, und versuchten, zum Menschen Kontakt herzustellen. Wölfe hingegen zeigten in vergleichbaren Situationen kaum Reaktion – sie waren eher mit sich selbst zufrieden (vgl. Feddersen-Petersen, 2007). Die Erkenntnisse aus Kiel wurden von Studien aus Amerika ergänzt, in denen Wölfe mit der Flasche aufgezogen und ihre Fähigkeiten mit denen von Hunden verglichen wurden (vgl. Frank, Hasselbach und Littleton, 1989). Allerdings wurden diese Untersuchungen immer nur mit einzelnen Individuen durchgeführt, sodass keine statistisch relevanten Aussagen getroffen werden konnten. Anfang 2000 griffen Forscher aus Budapest deshalb die Vergleichsstudien wieder auf (Gácsi et al., 2005). Sie ließen dieses Mal 13 Wolfs- und 11 Hundewelpen mit der Flasche aufziehen und unter identischen Bedingungen in der menschlichen Umgebung sozialisieren. Ab dem frühen Alter von drei bis vier Wochen wurden mit den Hunden und Wölfen Vergleichstests durchgeführt, um zu sehen, wie unterschiedlich die beiden Spezies in seltsamen Situationen reagierten und wie wichtig für sie der Mensch als Bindungspartner in diesen Versuchen ist. Dabei wurde geschaut, wie sich die Welpen beider Spezies im Alter verschiedener Lebenswochen gegenüber neuen Objekten, fremden Menschen und Hunden verhielten. Das Ergebnis: Hundewelpen zeigten weniger Meideverhalten und Aggression gegenüber Menschen, gleichzeitig stieg die Anzahl der Kommunikationssignale wie Vokalisation, Schwanzwedeln und Ansehen – dies könnte eine Basis für positives Feedback in der interspezifischen (zwischenartlichen) Mensch-Hund-Beziehung bewirkt haben (Gácsi et al., 2005; Topál et al., 2005). Interessanterweise konnte auch in der Silberfuchsstudie gezeigt werden, dass mit dem Grad der Zahmheit das Schwanzwedeln und Beobachten menschlicher Handlungen vermehrt gezeigt wurde (Hare et al., 2005).

DOMESTIKATIONSBEDINGTE FÄHIGKEITEN

Diese Verhaltensunterschiede wurden in den letzten Jahren intensiv von vielen Forschern, besonders in Budapest (www.familydog-project) und Wien (www.wolfsforschungs-zentrum-ernstbrunn) untersucht (siehe auch FTH ab S. 20).

Eine Domestikationshypothese der Biologen ist, dass Menschen bestimmte Fähigkeiten selektiert haben:

1. eine reduzierte Angst- und Aggressionsbereitschaft im Umgang mit Menschen (Hare et al., 2005),
2. ein zahmeres Temperament (Hare et al., 2012),
3. ein erhöhtes Interesse am Menschen (Miklósi et al., 2003),
4. Menschen als soziale Partner zu akzeptieren (Gácsi et al., 2009).

Diese abweichenden Verhaltensweisen zwischen Hund und Wolf werden vor allen Dingen auf den Einfluss von Selektion im Zuge der Domestikation zurückgeführt und haben letztendlich zu dem geführt, was das Hund-Mensch-Team heute so erfolgreich macht: Hunde zeigen eine erhöhte soziale Toleranz und Bindungsbereitschaft an den Menschen (Miklósi und Topal, 2013) und tragen das Potenzial für Kooperation mit uns auf sehr hohem Niveau in sich (Range und Viranyi, 2015). Doch besonders eine neue, bislang unbeachtete Verhaltensveränderung könnte für die „Hundwerdung" von entscheidender Bedeutung gewesen sein: das Sozialspiel mit dem Menschen. Eine Forschergruppe um Christina Hansen Wheat (2018) von der Universität Stockholm hat sich den Verhaltensveränderungen gewidmet, die im Zuge der Domestikation aufgetreten sein könnten.

Auch beim Kontaktverhalten mit Artgenossen hat es auf dem Weg zur „Hundwerdung" eine Veränderung gegeben: Fremden Artgenossen gegenüber zeigen sich Hunde meist sehr viel toleranter als Wölfe.

Dazu verglich sie das Verhalten von Hunden mit Wolf-Hund-Hybriden in standardisierten Verhaltenstests. Interessanterweise konnten keine großen Unterschiede in den Bereichen Geselligkeit und Aggressionsverhalten festgestellt werden. Stattdessen wurde deutlich, dass Hunde, wie vermutet, weniger Furcht in merkwürdigen Situationen zeigten, aber – und das wurde in diesem Ausmaß nicht erwartet – viel mehr Freude an der spielerischen Interaktion mit Menschen hatten als die Hybriden. **Die Ergebnisse der Studie machen deutlich, dass nicht nur ein reduziertes Furchtverhalten in merkwürdigen Situationen, sondern besonders auch das Spielverhalten mit Menschen ein wichtiger Selektionsfaktor im Zuge der Domestikation des Hundes gewesen sein könnte.** Hunde haben sich im Zuge ihrer Stammesgeschichte also nicht nur äußerlich stark verändert. Einhergehend damit hat auch ein Wandel der kognitiven und sozialen Fähigkeiten in der Interaktion mit Artgenossen und Menschen und im Problemlöseverhalten stattgefunden, in denen sich Wolf und Hund heute teilweise sehr deutlich unterscheiden.

GENETISCHE GRUNDLAGEN FÜR UNTERSCHIEDE

In den letzten Jahren haben sich Genetiker auf die Teile der genetischen Ausstattung der beiden Kanidenarten Wolf und Hund konzentriert, die sich zwischen den beiden Spezies unterscheiden. Dabei wurden Abweichungen in Genregionen gefunden, die das Verhalten beeinflussen und eine eindeutige Trennung von Wolf und Hund erkennbar machen. So entdeckte eine österreichisch-ungarische Gruppe um Zsofia Banlaki, dass es im epigenetischen Code von Hundezellen Veränderungen gibt, die das Temperament beeinflussen. Diese Regionen standen also eindeutig unter dem Einfluss des Domestikationsprozesses (Banlaki et al., 2017).
Auch Daniela Pörtl und Christoph Jung sehen in der genetisch bedingten Veränderung des Stresshaushaltes einen wesentlichen Grund für die Annäherung zwischen Wolf und Mensch. Wolfclans mit niedrigerem Cortisolpegel war es laut der Autoren möglich, ihre sozialen Fähigkeiten auf Interaktion mit Menschen auszuweiten (Pörtl und Jung, 2017). Andere Studien zeigen, dass sich Erbregionen verändert haben, die die Anzahl von Oxytocin-Rezeptoren und die Umsetzung von Dopamin im Gehirn beeinflussen und dadurch entscheidende Verhaltensveränderungen im sozialen Verhalten Menschen gegenüber bewirken (siehe auch S. 75 ff., S. 184 ff.). Aber die Suche offenbarte auch die Erhöhung einer Anzahl von Genvariationen, die Stärkeverdauung und Nutzung von Fetten ermöglichen. Die Variationen in diesen beiden Bereichen (Verhalten und Verdauung) scheinen entscheidend dazu beigetragen zu haben, dass Hunde mit Menschen zusammenleben können.

Wahrscheinlich wurde auch die Freude am Sozialspiel mit dem Menschen im Zuge der Domestikation selektiert.

FOLGEN DER GENVERÄNDERUNG

Der „hypersoziale Hund"

Die meisten Hunde freuen sich nicht nur über ihre eigenen Menschen, sondern auch über Besuch von Fremden. Diese extreme Freundlichkeit vieler Rassen mag manch einen nerven, aber sie gehört zum Wesen von Labrador & Co. und unterscheidet den Hund damit deutlich vom Wolf, der fremden Artgenossen und Menschen oder neuen Situationen eher skeptisch gegenübersteht. Wir wissen bereits einiges über die Zusammenhänge zwischen Zahmheit und morphologischen Veränderungen in Fellfarbe, Schnauzenform oder Ohrenstellung (siehe S. 28). Doch die genetischen Grundlagen für die Verhaltensunterschiede zwischen Wolf und Hund lagen bislang noch weitgehend im Dunkeln.

Einige Studien haben untersucht, wie die Vielgestaltigkeit des Gens, das die Oxytocin-Rezeptorzellen kodiert, die Bindung an Menschen oder Veränderungen im Polymorphismus des Dopamin-Gens das Lernverhalten beeinflussen könnte. Eine neue Studie der Princeton Universität rund um die amerikanische Forscherin Bridgett vonHoldt hat sich mit genetischen Veränderungen beim Hund befasst, die extremes, soziales Verhalten auslösen (vonHoldt et al., 2017). **Denn dieses für Hunde typische, „überfreundliche" Verhalten kommt manchmal auch bei Menschen vor: Das sogenannte „Williams-Beuren-Syndrom" programmiert das Sozialverhalten der betroffenen Menschen derart, dass diese extrem freundlich auftreten.** Die Genträger kennen keine Angst vor Fremden, sind sehr fürsorglich und vergeben sofort jeden Streit. Diese „Hypersoziabilität" sorgt dafür, dass diese „Patienten" pathologisch freundlich sind. Ein Charakteristikum, das bei entsprechender Sozialisierung auch auf viele Hunderassen zutrifft. Bridgett vonHoldt hat nach genau dieser Genveränderung gezielt im Genom bei Hunden gesucht, um zu überprüfen, ob das extrem freundliche Verhalten von vergleichbaren Genen ausgelöst wird. VonHoldt verglich zunächst die Freundlichkeit und soziale Aufgeschlossenheit von 18 Hunden mit der von 10 Wölfen, die unter vergleichbaren Bedingungen von Menschen aufgezogen worden waren. Wie schon in anderen Studien gezeigt werden konnte (Gácsi et al., 2005, S. 29), verbrachten Hunde mehr Zeit damit, einen ihnen fremden Menschen anzusehen und mit ihm zu interagieren, als Wölfe. Das zeigte, laut der Forscher, dass Hunde sozialer gegenüber den Menschen handelten als Wölfe. Parallel dazu analysierten die Wissenschaftler die DNA dieser Tiere und weiterer Hunde und Wölfe. Dabei wurde deutlich, dass es drei Gene gab, die mit den gegenüber Menschen gezeigten sozialen Verhaltensweisen in Verbindung gebracht werden konnten: BSCR17, GTF2I und GTF2IRD1. Alle drei Gene sind Genetikern durch das „Williams-Beuren-Syndrom" beim Menschen gut bekannt. Das hypersoziale Wesen der Patienten kommt durch das Löschen eines Abschnitts auf dem Chromosom Nr. 7 zustande, davon sind insgesamt 29 Gene betroffen. Das Resultat der genetischen Vergleichsstudie im Hundegenom: Auf dem Hunde-Chromosom Nr. 6 findet sich das gleiche Phänomen wieder! Die Genetiker schließen daraus, dass nur wenige Gene für die Veränderung im Verhalten verantwortlich sind und die Wesensveränderung des Hundes neu betrachtet werden müsste: Demnach könnte das erhöhte freundliche Verhalten dafür gesorgt haben, dass Hunde mehr Zeit in der Nähe von Menschen verbracht haben und sich bevorzugt miteinander verpaaren durften – und damit munter die Genveränderung an ihre Nachkommen weitervererbt haben.

Verdauung von Stärke

Im Zuge der Domestikation sind weitere Gen-Mutationen für Hunde von Vorteil gewesen. So scheint eine wichtige Fähigkeit zu sein, Kohlenhydrate verdauen zu können. Eine Energiequelle, die Wölfe fast gar nicht, die meisten Hunde ohne Probleme nutzen können.

Die Fähigkeit, Stärke zu verdauen, war ein wichtiger Schritt in der Domestikation.

Die Umstellung vom Dasein als Jäger und Sammler zu einer sesshaften Lebensweise war ein revolutionärer Entwicklungsschritt in der Geschichte der Menschheit und hatte viele weitere Entwicklungen und Umwälzungen der Lebensweise und sozialen Organisation zur Folge. Hunde erlebten diese massive Veränderung an der Seite der Menschen und mussten sich anpassen. Ein wesentlicher Schritt dabei war die Fähigkeit, sich der verändernden Ernährungsweise des Menschen anzupassen, denn mit der Entstehung des Ackerbaus nahm der Stärkeanteil in der Nahrung des Menschen rapide zu. Der Hund als Abfallverwerter musste ebenfalls in der Lage sein, Stärke zu verdauen – die Folge war wahrscheinlich ein starker Selektionsdruck auf Hunde, die genetisch darauf vorbereitet waren. Nur Hunde, die in der Lage waren, ihre Ernährungsweise von fleischlastig zu Pflanzenkost umzustellen, konnten sich weiterhin in der Nähe von Menschen aufhalten und sich zu den Hunden weiterentwickeln, die wir heute an unserer Seite haben.

In jüngeren Studien haben sich Genetiker besonders dafür interessiert; sie untersuchten die genetischen Unterschiede zwischen Hunden und Wölfen in Bezug auf die Verdauung. Der schwedische Evolutionsgenetiker Erik Axelsson analysierte dazu die DNA von 60 Hunden aus 14 verschiedenen Rassen und 12 Wölfen aus aller Welt auf die Existenz eines „Stärke-Gens“ (Axelsson et al., 2013). Das Ergebnis: Hunde sind optimal an die Nutzung einer kohlenhydratreichen Nahrung angepasst. Sie haben mehr Kopien des Amylase-Gens AMY2B, welches ein Enzym produziert, das Stärke in leicht verdauliche Zucker umwandelt. Andere genetische Varianten ermöglichen die Herstellung von Enzymen, die es ihnen ermöglichen, die Zuckerform Maltose in die von Zellen leicht in Energie umsetzbare Glukose umzuwandeln. Hinzu kommt, dass Hunde durch weitere genetische Veränderungen in der Lage sind, diese Glukose in ihre Zellen aufzunehmen.

Es waren also zwei Schlüsselqualifikationen, die dafür sorgten, dass Wölfe zu Hunden werden konnten: die Selbst-Domestikation durch die zunehmende Zahmheit und die Anpassung an die stärkereiche Ernährung zur Zeit der Sesshaftwerdung des Menschen.

SOZIALE ÖKOLOGIE

Verhaltensdifferenzen und abweichende Fähigkeiten zwischen Wolf und Hund wurden bislang meist als ein Ergebnis der menschlichen Selektion auf bestimmte Anlagen erklärt, wie z. B. hypersoziales Verhalten, Zahmheit oder eine Zunahme der Aufmerksamkeit gegenüber Menschen.
Diese Herangehensweise kritisieren zwei der führenden Kanidenforscherinnen unserer Zeit, Friederike Range und Sarah Marshall-Pescini (2017), in einer Stellungnahme in der Zeitschrift „Behavioural Sciences". Sie fordern dazu auf, besonders die veränderten Lebensbedingungen der beiden Arten zu untersuchen, um die veränderten Verhaltensweisen voll und ganz verstehen zu können. Denn nicht nur in ihrem Verhalten gegenüber Menschen unterscheiden sich Hunde und Wölfe. Besonders auffällige Unterschiede gibt es im sozialen Verhalten mit Artgenossen und bei der Nahrungssuche. Range & Marshall-Pescini stellen die Hypothese auf, dass nicht nur die Selektion das Verhalten von Hunden verändert hat, sondern auch die veränderte Lebensweise Einfluss auf Hundeverhalten nimmt. Diese Aspekte sollten deshalb immer bei der Analyse oder der Erstellung neuer Forschungsstudien berücksichtigt werden.

Studien an Streunerhunden bringen neue Erkenntnisse.

Nur so könnten die Unterschiede im Verhalten gegenüber Artgenossen und in der sozialen Organisation vollständig verstanden werden, die sich mittlerweile zwischen Wolf und Hund ergeben haben.
Genau das macht die vergleichende Verhaltensforschung nämlich normalerweise: Sie untersucht Unterschiede und Ähnlichkeiten zwischen Arten, indem sie besonders auch die Ökologie, also Lebensraumnische, und die soziale Organisation der Tiere vergleicht. Genau diese Lebensraumnische hat sich beim Hund im Zuge der Domestikation stark verändert –, was starke Veränderungen in seiner sozialen Organisation nach sich gezogen hat. Um erkennen zu können, warum sich die Lebensweise von Hunden, und dadurch ihre sozialen Fähigkeiten, so stark verändert haben könnte, analysierten und verglichen die Forscherinnen aktuelle Studien rund um die Ökologie des Hundes. Besonders hilfreich waren dabei neue Studien zum Leben von Streunerhunden, die verschiedene, wahrscheinlich ursprünglich anmutende Nahrungserwerbsstrategien an den Tag legen und lockere soziale Gruppen bilden. Dabei konnten die Forscherinnen deutliche Wechselwirkungen zwischen Futtererwerb und verändertem Sozialverhalten sichtbar machen, die sie als „soziale Ökolgie" der Hunde bezeichnen.

1. Die Unterschiede in der Futterökologie von Hunden und Wölfen stehen am Anfang.

Die Gruppenjagd der Wölfe auf große, teilweise gefährliche Beutetiere wird beim Hund durch die Futtersuche in Abfällen des Menschen ersetzt. Dadurch nimmt die Gefahr beim Nahrungserwerb deutlich ab und der Hund ist nicht auf eine enge und vertrauensvolle Zusammenarbeit mit Artgenossen angewiesen. Im Gegenzug dazu steigt bei Hunden die Vorhersagbarkeit von Futterquellen, die Abhängigkeit zum Menschen und der Wettstreit um wertvolle Futter-Ressourcen mit Artgenossen.

2. Daraus erklären sich die Unterschiede in der sozialen Organisation. Während bei Wölfen in den allermeisten Fällen ein Paar Nachwuchs zeugt und mit Unterstützung der Jungtiere aus dem vorigen Jahr aufzieht, verhalten sich Hunde durch die ständige Futterverfügbarkeit promiskuitiv und die Welpenaufzucht wird hauptsächlich von der Mutterhündin übernommen (allerdings gibt es auch Babysitter, siehe S. 115 ff.). Auch bei der Aufzucht von Welpen sind Hunde also weniger auf die Unterstützung von Artgenossen und mehr auf die Unterstützung von Menschen angewiesen.

3. Dadurch erklären sich die Unterschiede im Verhalten mit Artgenossen. Prosoziales Verhalten, soziales Lernen, Toleranz, Kooperation mit Artgenossen hat für Hunde an Bedeutung verloren. Die Angst vor Neuem hat abgenommen, was im Zusammenleben mit Menschen von Vorteil ist. Auch die Risikobereitschaft und Zielstrebigkeit bei der Lösung von Problemen wird weniger, da Futterquellen meist keine Gefahr darstellen und man keine gemeinschaftlichen, kooperativen Strategien entwickeln muss, um satt zu werden. Veränderungen in der Futterökologie haben also Veränderungen in der sozialen Organisation von Hunden nach sich gezogen, was wiederum zu Veränderungen im Verhalten gegenüber Artgenossen und der Umwelt geführt hat. **Die Entstehung neuer Fähigkeiten beim Hund lässt sich also nicht nur durch künstliche Selektion, sondern auch durch eine veränderte soziale Ökologie beim Hund erklären.** Wichtig ist uns, in diesem Zusammenhang darauf hinzuweisen, dass Studien an Streunerhunden zeigen konnten, dass ältere Töchter oder der Vaterrüde sich zuweilen sehr wohl bei der Jungenaufzucht engagieren. Streunerhunde leben in Gruppen mit altersbedingten Dominanzhierarchien und verteidigen ein Revier gegen konkurrierende Gruppen (S. 120) – Kooperation mit Artgenossen kommt also vor, wenn auch in anderer Form.

DR. SARAH MARSHALL-PESCINI ist eine der weltweit führenden Wissenschaftlerinnen im Bereich des Sozialverhaltens unserer Haushunde. Nach ihrem Abschluss in Psychologie blieb sie zunächst weiter an der St. Andrews Universität, um dort zu promovieren. Ihre Doktorarbeit befasste sich mit den Fähigkeiten des sozialen Lernens bei Schimpansen und Kindern. Die meiste Zeit ihrer Verhaltensbeobachtungen verbrachte sie in Uganda mit der Erforschung von Schimpansen sowohl in Gehegehaltung als auch in freier Wildbahn. Nach ihrer Doktorarbeit kehrte sie in ihr Heimatland Italien zurück und arbeitete für acht Jahre gemeinsam im Team mit Emanuela Prato-Previde an der Universität Mailand. Hier gründeten die beiden Forscherinnen ein Hunde-Kognitions-Labor.
Seit 2013 gehört Sarah zum Team des Messerli Research Instituts des Wolf Science Center in Österreich (www.wolfscience.at). Als leitende Wissenschaftlerin arbeitet sie gemeinsam mit anderen Forschern an Projekten, die Hund-Wolf-Unterschiede untersuchen, speziell in ihren sozialen Verhaltensweisen und kooperativen Fähigkeiten mit Artgenossen. Momentan ist, angeregt durch spannende Ergebnisse anderer Studien (z. B. Nagasawa et al., 2015, S. 51 ff.), die Rolle des Bindungshormons Oxytocin in der Mensch-Hund-Beziehung für die Forscher von Interesse.

VOM TYPUS ZUM HUND MIT AHNENTAFEL

Aktuell gibt es mehr als 350 von der „Féderation Cynologique International" (FCI) anerkannte Hunderassen. Die Fähigkeiten der Hunde wurden über tausende von Jahren von Menschen immer weiter spezialisiert. Hunde sind bis heute unersetzlich beim Hüten und Jagen, bewachen Häuser, suchen nach vermissten Personen oder helfen behinderten Menschen, den Alltag zu bewältigen. Sie bieten eine ungeheure Diversität an Unterstützung für verschiedene Lebensbereiche und Einsatzgebiete – sei es als Familienhund, oder wie der fünfzehige norwegische Lundenhund, der besonders gut über Felsen klettert und beim Aufsuchen der Vogelnester hilft, oder ein Husky, der wahrscheinlich schon seit 15 000 Jahren dem Menschen dabei hilft, Waren über weite Winterlandschaften zu transportieren. Jede Rasse hat aufgrund ihres Einsatzgebietes ihre einzigartige, teilweise sehr alte Geschichte, jede trägt ein unverwechselbares, genetisches Profil, durch das sie deutlich zugeordnet werden kann. Damit ist sie wie eine kleine, eigene Population zu sehen, deren einzigartiges, genetisches Erbgut ihre besonderen Eigenarten reflektiert.

Unsere Vorfahren haben jedoch durch eine erste künstliche Selektion noch recht grobe „Typen" hervorgebracht, die ihnen in ihrem täglichen Überlebenskampf hilfreich sein konnten.

ENTSTEHUNG VON HUNDETYPEN

Zwei dieser ersten „Hundetypen" konnten 2017 archäologisch durch Ausgrabungsfunde auf einer sibirischen Insel nachgewiesen werden: Dort entdeckten Archäozoologen insgesamt 13 Hundeskelette mit deutlichen morphologischen Veränderungen an Schädel und Körperbau, die durch gezielte Zucht entstanden sein müssen.
Die genaue Analyse der Knochen zeigte, dass es vor 9 000 Jahren domestizierte Hunde auf der kargen und sehr kalten, sibirischen Insel gegeben haben muss, die eindeutig keine Wölfe mehr waren. Aber auch die Hunde untereinander wiesen deutliche Unterschiede im Körperbau auf, denn sie waren bereits perfekt für verschiedene spezielle Arbeitsein-

Huskys sind wahrscheinlich seit 15 000 Jahren für Menschen im Einsatz.

sätze gebaut, wie das Ziehen von Schlitten oder die Unterstützung bei der Jagd auf Eisbären. Damit meinen die Archäozoologen den ersten Hinweis auf eine gezielte Zucht zweier für die Menschheitsgeschichte wichtiger Hundetypen gefunden zu haben: Schlittenhunde und Jagdhunde (Pitulko et al., 2017).

VERLÄSSLICHE HELFER

Der Einsatz dieser beiden Hundeschläge könnte für die Menschen damals viel Sinn gemacht haben, denn das Leben auf „Zhokhov Island" war hart und Hilfe beim Überleben willkommen. Das ganze Jahr herrschte hier klirrende Kälte, der Überlebenskampf war so unerbittlich, dass diese Menschen lange vor der Erfindung von Schusswaffen Eisbären erlegten, was durch Knochenfunde belegt werden konnte. Für diese aufwendige und gefährliche Jagd brauchten die „Zhokovianer" unerschrockene, zähe Hunde. Aber auch der Transport der erlegten Beute über Eis und Schnee erforderte verlässliche Helfer. Manche Forscher vermuten durch die klare morphologische Ausgestaltung dieser Linien, dass der Prozess der Entstehung der verschiedenen Hundeschläge deshalb vermutlich schon viel länger im Gange ist. Schlittenhunde könnten demnach eventuell schon vor 15 000 Jahren eingesetzt worden sein. Diese Hypothese setzt einen neuen Startpunkt für den Beginn gezielter Hundezucht zur Diskussion, der vor der bislang angenommenen Ära liegt.

ENTSTEHUNG DER RASSEN

Verschiedene Studien im letzten Jahrzehnt beschäftigten sich mit der Untersuchung des Erbgutes einzelner Rassen. Hier konnte gezeigt werden, dass sich die funktionale Einteilung der Rassen nach Aufgaben wie z. B. Hüten, Bewegungssehen, Apportieren oder Baujagd tatsächlich in der genetischen Struktur der Tiere widerspiegelt. Hunde der gleichen Rasse teilen Allele in den Chromosomen und können dadurch deutlich einer Rasse-Gruppe zugeordnet werden (Boyko et al., 2010, siehe auch FTH S. 27). Andere Rassen sind vielleicht zu ähnlichen Zwecken gezüchtet worden und zeigen deshalb vergleichbare Talente, aber Unterschiede in den Genen. So können Genetiker heute immer detaillierter die Entstehungsgeschichte von Rassen nachvollziehen. Eine Ausnahme bildet die relativ junge Gruppe der Gesellschaftshunde wie Mops und Chihuahua: Sie sind vergleichsweise erst spät auf der Bühne der Rassehundezucht aufgetreten und in ihren Genen findet sich ein bunter Mix aus vielen unterschiedlichen Gruppen. Domestikationsforscher vermuten, dass diese Genmischung aus dem ersten, groben Zuchtziel „Klein" entstanden ist. So wurden vermutlich alle kleinen Vertreter der unterschiedlichen Schläge miteinander vermischt, um immer kleinere Exemplare zu erhalten.

GRÖSSENVIELFALT

Die deutlichen Unterschiede, die wir beim Betrachten eines Whippets und Dackels wahrnehmen, beruhen jedoch häufig auf nur wenigen Genvariationen für Beinlänge, Fellschattierung oder besondere Talente wie die hochspezialisierte Nase der Bloodhounds.
Ein gutes Beispiel ist die Variation des Gens, das die Größenordnung bestimmt, die ein Hund einmal erreichen wird. Dieses Gen ist wahrscheinlich schon sehr alt und hat sich – ausgehend aus dem Nahen Osten – in den Rest der Welt verborgen ausgebreitet. So zumindest lautet eine Hypothese, die aufgrund einer Forschung unter der Leitung der US-Amerikanerin Melissa Gray aufgestellt wurde.
Sie konnte einen Genort identifizieren, der aufgrund seiner chemischen Struktur als insulinartiger Wachstumsfaktor „IGF1" bezeichnet wurde. Er lässt sich nur in kleinen Hunderassen finden. Spannend ist, dass der lokale Bezug keine Rolle spielt: Ganz egal, ob der kleine Hund aus Amerika oder vom eurasischen Kontinent stammt, die kleinen Vertreter der Hunde tragen in ihren Genen immer Varianten dieses Wachstumsfaktors IGF1, die größeren Hunden und anderen Wolfsarten meistens fehlen (Sutter et al., 2007). Ansonsten verbindet die kleinen Hunderassen nichts – sie teilen keine enge Verwandtschaft untereinander. Wenn überhaupt, sind sie eng verwandt mit größeren Hunderassen, aus denen sie hervorgegangen sind (Parker et al., 2017). Daraus könnte man schließen, dass der Wachstumsfaktor IGF1 einen gemeinsamen Ursprung hat und sich dann „versteckt" in anderen, großen Hunden über den Erdball mit ausbreiten konnte.

Entstehungsort der Kleinhunderassen

Um die regionale Abstammung unserer heutigen kleinen Begleiter zu ermitteln, konnte dieser, ihnen allen gemeinsame Wachstumsfaktor IGF1 helfen. Denn nur in der Wolfspopulation des Nahen Ostens konnten die Genetiker um Melissa Gray eine ähnliche IGF1-Variante finden (Gray et al., 2010). Dabei handelt es sich zwar nicht um exakt dieselbe Form des IGF1 der kleinen Hunde, doch die Basenpaar-Variationen sind sehr ähnlich. Gray und ihr Team spekulieren deshalb, dass die Menschen im Nahen Osten Wölfe domestiziert haben könnten, die dann die spezielle Genmutation weiterentwickelten. So könnten die kleinen Hunde Mesopotamiens entstanden sein, die man bei Ausgrabungen entdeckt hat und die auf ein Alter von 12 000 Jahre datiert werden. Der Ort der Entstehung der Kleinhunderassen könnte für die Forscher deshalb in der Nähe der Ausgrabungsstelle in Mesopotamien verortet werden.
Im Gebiet zwischen Euphrat und Tigris finden sich Siedlungen, die aus der Zeit um 11 000 v. Chr. stammen. Durch die Fruchtbarkeit dieser Region um Mesopotamien konnte dort bereits um 9 000 v. Chr. eine der ersten Formen von Ackerbau entstehen. Doch nicht nur Felder haben diese Menschen bestellt. Gleichzeitig wurden verschiedene Tierarten domestiziert, von denen die kleinwüchsigen Hunde die ältesten gefundenen Exemplare darstellen.
Wie wir bereits wissen, gab es lange vor 12 000 Jahren schon hundeartige Vertreter in Europa und im Westen Russlands. Die Knochenreste dieser „Protohunde" wurden sogar auf ein Alter zwischen 36 000 und 13 000 Jahren datiert (siehe S. 10 ff.). Dies spricht dafür, dass die besondere Genmutation für „Klein" zeitlich erst nach der „Hundwerdung" aufgetreten ist, wie auch die Sequenzierung der Gene zeigen konnte.
Damit entwirft Gray einerseits ein neues Szenario für die erste Entstehung einer morphologischen Vielfalt in der Erscheinungsform von frühen Hunden. Gleichzeitig unterstützt ihre Hypothese die Ergebnisse anderer Domestikationsforscher, die eine mehrfache Domestikation des Hundes in verschiedenen Regionen der Erde vermuten (Frantz et al., 2017; Wang et al., 2016).
Die Hypothese der Wissenschaftler lautet: Kleine Hunde sind lokal wahrscheinlich zu

einer Zeit in der Region um Mesopotamien entstanden, als es schon andere Hunde gab. Diese Hunde haben sich durch Migration beständig weiter vermischt und so den Genfaktor „Klein" über die Erde in andere Hundepopulationen weitergetragen. Wenn der Kleinwuchs dann durch günstige Verpaarung in Erscheinung trat, wurde er gezielt von Menschen immer stärker züchterisch hervorgehoben, bis schließlich die kleinen Schoß- und Begleithunde entstanden.

NEUE ERKENNTNISSE ZUR RASSEN-HISTORIE

Auf eine ausführliche genetische Spurensuche zur Entstehungsgeschichte der Rassen hat sich eine Gruppe um die US-Forscherin Heidi Parker (siehe rechts) begeben. Sie untersuchten, welche Mechanismen zur Entstehung der Rassenvielfalt beigetragen haben (Parker et al., 2017). Dazu hat sich eine internationale Gruppe von Wissenschaftlern zusammengefunden, die schon seit Jahrzehnten sehr erfolgreich die Domestikationsgeschichte und genetischen Unterschiede und Gemeinsamkeiten der Rassehunde unter die Lupe nimmt. Der Vorteil der bewährten, langjährigen Zusammenarbeit ist der Zugang und Austausch aktueller, weltweit erhobener Zahlen und Datenmengen, die bislang rund um das Hundegenom erhoben werden konnten. Insgesamt waren die Forscher deshalb in der Lage, die Genstruktur von 1 346 Hunden aus 161 verschiedenen Rassen sehr unterschiedlicher Zuchtgeschichte und aus allen Teilen der Erde – ausgenommen der Antarktis – vergleichend zu analysieren.

Das ehrgeizige Ziel der Wissenschaftler lautete: zu erkennen, wie Migration, geographische Trennung und Wiedervermischung zur Entstehung der heutigen Rasse-Vielfalt beigetragen haben. Bei der Datenerhebung und -auswertung setzte das erfahrene Team auf eine Analyse der genetischen Distanz, der Migrationsbewegungen und eine genomweite Analyse der geteilten Haplotypen (S. 14).

DR. HEIDI PARKER

Während ihres Studiums an der Universität von Washington lernte Heidi Parker Dr. Elaine Ostrander kennen, die gerade dabei war, das Hundegenom zu entschlüsseln, um mit dem Wissen grundlegende Unterschiede zwischen den Rassen verstehen zu können. Heidi Parker wurde in das Team aufgenommen und es entstand eine sehr erfolgreiche Partnerschaft, aus der im Laufe der Zeit fast 50 gemeinsame Artikel und Buchkapitel bis heute entstanden sind. Die Forschungen drehen sich rund um das Hundegenom, sie analysieren die Zuchtstruktur der Rassen und versuchen, die genetischen Hintergründe rassespezifischer Fähigkeiten zu ergründen. Im Jahr 2004 veröffentlichten sie die erste genetische Kategorisierung von Hunderassen. Heute ist Dr. Heidi Parker leitende Wissenschaftlerin des „Hundegenom-Projektes" am „National Human Genome Research Institute of the National Institutes of Health" der Vereinigten Staaten von Amerika. Die aktuellen Studien befassen sich mit der Analyse der Verwandtschaft weltweit verbreiteter moderner Hunderassen zueinander. Zudem erforscht sie mit ihrem Team die molekularen Grundlagen der Entstehung von Krebs bei Hunden.

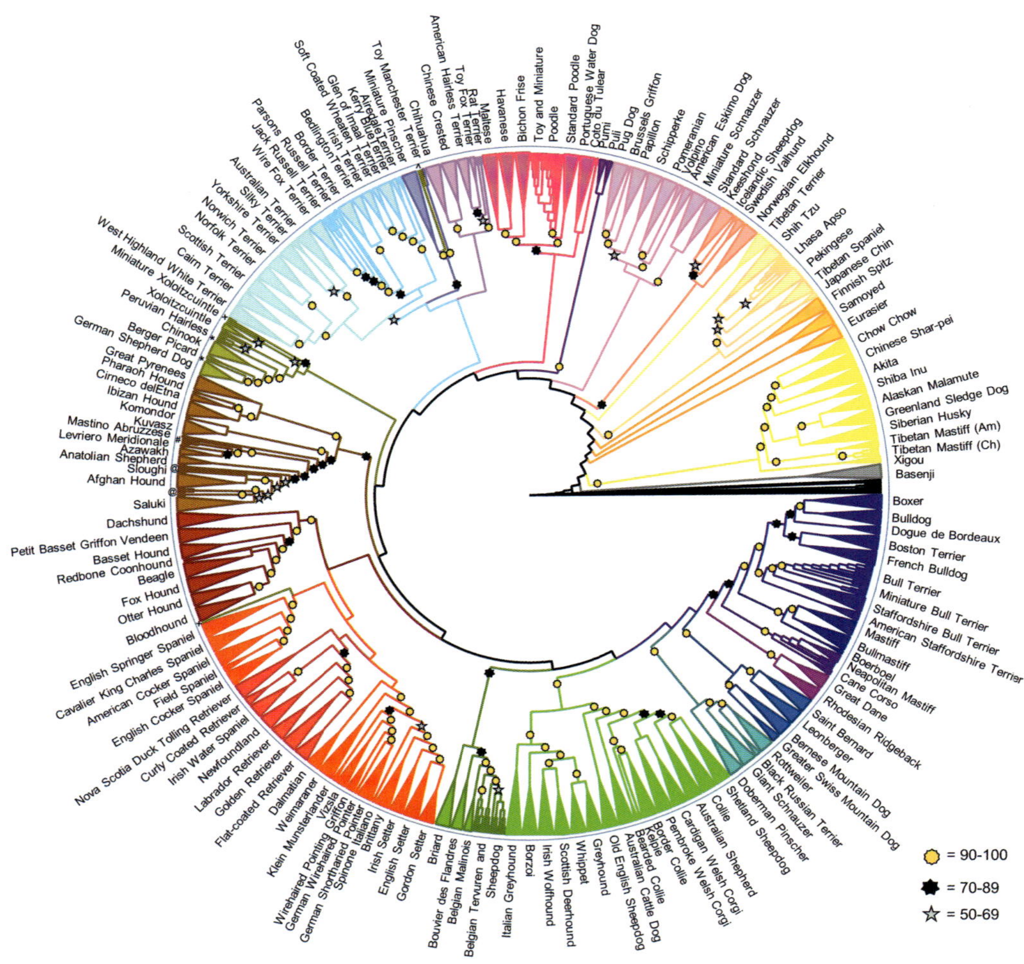

Die Genetiker konnten anhand der Genanalysen 23 Rassegruppen bestimmen (Parker et al., 2017).

Dabei wurde deutlich:

1. Die Analysen charakterisieren die Komplexität der Rassenentstehung,
2. beantworten Fragen zur Herkunft der verschiedenen Rassen,
3. den Effekt von Migration für geographisch besondere Rassen und auch
4. den Transfer von besonderen Fähigkeiten aber auch Krankheitsallelen unter den Rassen.

Mit Hilfe der gewonnenen Daten konnte die Quelle für gemeinsame Mutationen in unterschiedlichen Populationen bestimmt werden. So wurde es möglich, einen Weg zurückzuverfolgen, der deutlich machte, wie alle unsere heutigen Rassen durch Trennung und anschließende Wiedervermischung entstanden sind. Die Analyse der Gene lässt ungefähre Datierungen für die zugrunde liegenden Prozesse der Rassenentstehung zu und gibt so einen guten Rückblick in die Geschichte der Rassehundezucht. Auf diese Weise konnten die Genetiker das „Wollknäuel der Rassenentstehung“ entwirren. Letztlich ergab diese aufwändige Spurensuche insgesamt 23 genetische Rassegruppen, die von den Genetikern als „Clades“ bezeichnet wurden.

AUS DER FORSCHUNG

— „Urtümliche Rassen" sind nicht urtümlich, sondern nur lange Zeit vom Rest der Hundewelt isoliert gewesen.

Die Gruppe um den britschen Forscher Greger Larson von der Universität Durban in Südafrika wollte durch ihre genetische Vergleichsstudie eigentlich Licht in die Anfänge der Hunde-Domestikation bringen (Larson et al., 2012). „Nebenbei" haben die Wissenschaflter unerwarteterweise entdeckt, dass als ursprünglich bezeichnete Hunderassen gar nicht so besonders alt sind, sondern nur lange Zeit vom Rest der Kanidenpopulation isoliert gelebt haben.

Material und Methoden

Dazu analysierten die Genetiker 49 024 „Autosomale Single Nucleotid Polymorphismen" (= SNPs) von 1 375 Hunden aus 35 Rassen und von 19 Wölfen. SNPs sind geerbte und vererbbare, genetische Varianten, die aber noch keine Auswirkungen für das Individuum haben müssen, sondern im Verborgenen weitervererbt werden. An ihnen kann man gut Verwandtschaftsverhältnisse analysieren und dadurch Rückschlüsse auf die stammesgeschichtliche Entwicklung einer Art ziehen. Nachdem die Forscher die gewonnenen Daten mit denen von vorherigen Studien verglichen hatten, wurden in einem zweiten Schritt die genetischen Signaturen von 121 Rassen einer weltweiten archäologischen Datenerhebung der frühesten Überreste von Hunden gegenübergestellt.

Ergebnis

Ein unerwartetes Ergebnis stellte sich ein, als man die frühesten archäologischen Hundeknochen mit den geograpischen Orten der 14 sogenannten „alten Rassen" und ihr besonderes genetisches Muster verglichen hat:

1. Seltsamerweise stammt keine der „alten" Rassen aus Regionen, in denen auch die ältesten archäologischen Überreste von Hunden gefunden werden konnten.
2. Drei der ältesten Rassen (Basenji, Dingo, New Guinea Singing Dog) kommen aus Regionen, die weit entfernt vom natürlichen Habitat des Grauwolfs liegen. Diese Regionen sind Gegenden, in denen Hunde erst vor mehr als 10 000 Jahren nach der Domestikation eingeführt wurden.

Diese Ergebnisse demonstrieren, dass die einzigartigen phänotypischen und genetischen Charakteristika der sogenannten „alten Rassen" ein Zeichen dafür sind, dass es durch geographische und kulturelle Trennung kaum zum Austausch mit anderen Hunde- oder Wolfspopulationen gekommen ist. Diese Hunderassen sind also in relativer Isolation über die Jahrtausende relativ konstant erhalten geblieben, sind dadurch aber nicht ursprünglicher als moderne Rassen.

Wenn sich die Genetik auf die Sequenzierung und den Vergleich des Genoms moderner Hunderassen und alter, prähistorischer Hundefunde konzentriert, wird die Geschichte der Domestikation des Hundes noch deutlicher werden, vermuten die Forscher.

Einer der ältesten Rassehunde – der Basenji.

DIE MENSCH-HUND BEZIEHUNG

Der erste Nachweis einer besonderen Beziehung zwischen Hund und Mensch könnte neben den Felsmalereien (siehe S. 25) in Bestattungsritualen gesehen werden, die Menschen auch vor 14 000 – 12 000 Jahren normalerweise nur engen Familien- oder wichtigen Stammesmitgliedern zuteilwerden ließen (siehe auch FTH S. 13). Aus dieser Zeit gibt es auf vielen Kontinenten Grabungsfunde von Hundeskeletten, die eindeutig rituell von oder sogar mit ihren Besitzern bestattet wurden. Eine Studie der Universität Kansas hat genau diese Bestattungspraxis näher untersucht und kommt zu dem Schluss, dass das Beerdigen von Hunden kein lokales Phänomen, sondern bereits weltweit verbreitet war. Dadurch wird deutlich, dass eine besondere und emotionale Beziehung zum Hund bereits sehr früh in der Menschheitsgeschichte existiert hat.

PARALLEL- ODER KOEVOLUTION VON HUND UND MENSCH?

Die frühe Vorform des Hundes hat also wahrscheinlich an der Seite des Menschen eine stetige Veränderung der Lebensweise und steigende Wertschätzung erlebt. Der „Frühhund“ ist in der Nähe der „Cro-Magnon-Menschen“ über die verschiedenen Erdteile gezogen, hat die Erde besiedelt und lange Zeit an seiner Seite ein Hundeleben als Nomade geteilt. Früher als bislang vermutet hat er wahrscheinlich den Menschen bei der Jagd unterstützt und vor Gefahren gewarnt. Irgendwann wurden besonders talentierte Hundeindividuen zu bestimmten Arbeitszwecken genutzt und bestimmt auch ausgebildet und erfuhren emotionale Wertschätzung, wie die verschiedenen Bestattungsriten aus aller Welt vermuten lassen. Die Nachkommen dieser ersten Schläge haben dann miterlebt, wie der Mensch Dörfer, befestigte Straßen, Entwässerungsgräben gebaut und andere Tiere domestiziert hat. Der Hund war dabei, als schließlich die Anfänge der Zivilisation den Menschen befähigte, in immer größeren Dörfern, schließlich in großen Städten gemeinschaftlich und in bestmöglichem Frieden zu leben.
Hunde haben sich mit uns parallel „mitentwickelt“ und sich, wie wir, ständig den veränderten Lebensgegebenheiten angepasst. Heute ist der Hund deshalb in der Lage, mit uns ins Büro zu gehen und im Großstadtdschungel zu überleben – zumindest solange wir seinen hundlichen Bedürfnissen gerecht werden und ihn ausreichend auf dieses Leben vorbereitet haben. Mensch und Hund haben gemeinsam eine große Veränderung vom Stammesdenken bis hin zur modernen, offenen Gesellschaft absolviert, was sich in den enormen Veränderungen der sozialen und kognitiven Fähigkeiten widerspiegelt – bei beiden Arten. Diese „konvergente Entwicklung“ ist ein Grund dafür, warum viele Wissenschaftler unterschiedlichster Fachrichtungen so großes Interesse an der Erforschung der hündischen Fähigkeiten haben. Sie sehen den Hund als eine Art „Modell“, um die menschliche Evolution, also die Entwicklung neuer Fähigkeiten, besser verstehen zu können. Außerdem vermuten manche Forscher, dass nicht nur der Mensch Einfluss auf die Entwicklung des Hundes genommen hat, sondern

---

KONVERGENZ

Entwickeln sich ähnliche Merkmale bei nicht verwandten Arten, wird dies als konvergente Evolution (auch konvergente Entwicklung oder Parallelevolution) oder kurz als Konvergenz bezeichnet. Die Existenz von Konvergenz bedeutet, dass die bloße Ähnlichkeit eines Merkmals noch keinen Rückschluss auf Verwandtschaft erlaubt. Ähnliche Merkmale deuten möglicherweise nur auf dieselbe oder eine ähnliche Funktion hin (vgl. Wehner und Gehring, 1995).

Hunde lieben das Zusammenleben mit Menschen, aber sie müssen auch „Hund" bleiben dürfen.

dass umgekehrt auch der Hund durch das frühe Zusammenleben seinen Teil zur Menschwerdung beigetragen haben könnte (Schleidt & Shalter, 2003). Andere Forscher sehen diese Hypothese der „Koevolution" kritisch und bevorzugen Begriffe wie „Parallelevolution" oder sehen die Mensch-Hund-Entwicklung durch die Zeiten als einen Ablauf der „symbiotischen Gegenseitigkeit" (Kaminski und Marshall-Pescini, 2014). Ob der Hund durch den Zusammenschluss mit dem Menschen tatsächlich neue Fähigkeiten erworben hat, wird in vielen weiteren Studien untersucht.

Deutlich wird: Hunde leben schon viel länger mit uns zusammen und auch die Zusammenarbeit bei der Jagd hat viel früher begonnen, als bislang angenommen. Im Zeitraum der letzten 40000 Jahre hat sich eine auf das Zusammenleben mit uns spezialisierte Art entwickelt, die in der Lage ist, auf hohem Niveau mit uns Menschen zu kooperieren und vertraut zusammenzuleben. Hunde leben am Nordpol, in der Wüste und in Großstädten an unserer Seite, sie wurden gezielt nach Talenten gezüchtet, sind heute geliebtes Familienmitglied und oft unersetzlicher Helfer im Arbeitsalltag. Keine Frage, dass sie keine Wölfe mehr sind. Aber sie sind Tiere mit einer Art „Doppelexistenz" (siehe S. 45 ff.). Wir Menschen sind dafür verantwortlich, dass Hunde ihre Kaniden-Bedürfnissen ausleben dürfen. Nur so können sie glücklich an unserer Seite leben und unser Leben wunderbar mit Hundsein bereichern.

DAS SOZIALE LEBEN DER HUNDE

— *mit uns Menschen*

LEBEN IN ZWEI WELTEN

Hunde führen eine Doppelexistenz. Sie müssen – um es mit den Worten des britischen Zoologen und Kaniden-Experten John Bradshaw zu sagen – „eine Doppelsprachigkeit erwerben“. Zum einen müssen Hunde uns und die Regeln der Menschenwelt verstehen lernen, in der wir mit ihnen leben. Zum anderen gibt es für sie das Leben unter Artgenossen, mit denen sie sich optimalerweise täglich und viel treffen und toben dürfen, wenn sie denn sozialverträglich sind. „Hund sein“ erfordert also eine große Portion sozialer Kompetenz! Stellen Sie sich vor, Sie müssten zwei Gesellschaften mit sehr unterschiedlichen Regeln und vollkommen verschieden tickenden Bewohnern mit unterschiedlicher Ausdrucksweise verstehen lernen. Um gut in beiden Welten zu bestehen, wäre es nötig, die Gepflogenheiten des Umgangstons zu kennen und zudem noch Strategien zu entwickeln, um mit den unterschiedlichen Charakteren der beiden Spezies sozial flexibel interagieren zu können. Ein täglicher Wahnsinn, denn da beide Gesellschaften parallel existieren, müssten Sie auch noch ständig hin und her schalten!

Hunde machen genau das: Sie lernen von Welpenbeinen an nicht nur, mit uns zu kommunizieren, vorauszuahnen, was wir vorhaben, und wie man sich uns mitteilen kann, damit wir sie verstehen. Sie müssen ähnlich einfühlsame und angepasste Talente auch innerhalb der sozialen Organisation der Hundepopulation vor Ort aufweisen. Überraschenderweise gelingt dies vielen Hunden sehr gut, obwohl die Startbedingungen zum Entwickeln sozialer Verhaltensweisen nicht immer optimal sind. Viele Menschen verhindern ein Hineinwachsen in die soziale Hunde- oder Menschengruppe durch überängstliches oder vorsichtiges Verhalten oder wissen schlicht nicht, wie wichtig für das hochsoziale Lebewesen Hund die Möglichkeit zur spielerischen und sonstigen sozialen Auseinandersetzung mit seiner Welt, besonders im ersten Lebensjahr, ist. Damit Hunde das große, soziale Potenzial, das in ihnen schlummert, voll entfalten können, sind wir als ihre Bezugspersonen gefragt. Wie gut, dass es so viel Forschung rund um den Hund und die im Tierreich einzigartige Hund-Mensch-Beziehung gibt! Denn sie kann uns viele Anregungen geben, wie eine optimale Sozialisation in den ersten Lebenswochen und Monaten aussehen könnte (siehe S. 199 ff.).

In welchem Ausmaß Hunde in der Lage sind, sich in unsere Perspektive hineinzuversetzen, was sie über unsere sinnlichen Fähigkeiten wissen und welchen Einfluss eine gute Sozialisation auf ihre sozialen Fähigkeiten und eine gute Mensch-Hund-Beziehung hat, ist viel erforscht worden und es wird aktuell weiter daran gearbeitet. Dabei stellen Forscher immer wieder erstaunliche Fähigkeiten fest, die sich im direkten Vergleich mit dem Wolf allerdings häufig etwas relativieren. Denn entsprechende Veranlagungen sind beim nächsten Verwandten des Hundes aus der Wildnis teilweise bereits vorhanden (siehe S. 28). Die großen, sozialen Talente müssen also auf ein sehr altes, gemeinsames Erbe der beiden Spezies zurückgehen.

ELTERN-KIND-BEZIEHUNG

Beziehung zwischen Mensch und Hund gleicht der Eltern-Kind-Beziehung.

Wie glücklich wir im Zusammenleben mit unseren Hunden sind, kann einen erheblichen Einfluss auf das Wohlbefinden haben – für uns als Halter, aber natürlich auch für den Hund. Doch was charakterisiert eine gute Mensch-Hund-Beziehung? Jacob Cohen definiert Bindung als „eine besondere, liebevolle, einzigartige Beziehung zwischen zwei Individuen, die Zeitläufe überdauert" (Cohen, 1974). Wichtige Kriterien einer Bindung werden beschrieben als die Fähigkeit,

- zu unterscheiden und unterschiedlich auf den Bindungspartner zu reagieren (Sichere-Basis-Effekt),
- eine Präferenz für den Bindungspartner (Kontaktsuche, Nähe und Aufrechterhaltung von Nähe zum Bindungspartner) zu entwickeln,
- eine Reaktion auf Trennung und Wiedervereinigung mit dem Bindungspartner zu zeigen, die sich unterscheidet von der Reaktion in gleichen Situationen auf andere Individuen (Vergleich Topál et al., 1998) und
- den „sicheren Hafen" zu bieten, von dem aus der Bindungspartner die Welt erkunden kann.

Hunde sind in der Lage, zu einem Menschen eine feste, innige Beziehung aufzubauen – diese alltägliche Beobachtung wird durch vielfältige Studien immer weiter unterstützt.
So wird bei Mensch und Hund während der Interaktion, aber auch schon beim Sich-Ansehen das Bindungshormon „Oxytocin" ausgeschüttet (siehe S. 78 ff.). Aufzeichnungen der Gehirnreaktivität im funktionellen Magnetresonanztomographen haben gezeigt, dass Großhirnbereiche des Hundes im Bereich des Belohnungssystems reagieren, wenn der Hund „seinen" Menschen akustisch oder geruchlich wahrnimmt – nicht aber oder weniger, wenn er mit dem Duft eines bekannten Artgenossen oder anderer Menschen in Kontakt kommt (Berns et al., 2015, siehe mehr dazu ab S. 173).
Um die Art und Qualität der Beziehung zwischen Mensch und Hund besser verstehen zu können, wurden in den letzten Jahren viele Studien durchgeführt. Eine Erkenntnis eint alle Untersuchungen: **Die Mensch-Hund-Beziehung scheint mehrere Kennzeichen einer Eltern-Kind-Beziehung aufzuweisen.** So zeigen Hunde wie Kleinkinder eine Trennungsreaktion und Wiedersehensfreude, wenn der Bindungspartner für kurze Zeit das Haus verlassen musste, suchen unsere Nähe und unterscheiden deutlich zwischen uns und fremden Menschen, verhalten sich also deutlich vertrauter gegenüber ihren Besitzern als gegenüber anderen menschlichen Individuen. Menschen sind für Hunde im Idealfall sicherer Hafen und sichere Basis, von der aus die aufregende Welt erkundet und bewältigt werden kann.
Eine beliebte, methodische Möglichkeit, um die Art und Qualität von Bindung untersuchen zu können, ist der sogenannte „Strange-Situation-Test", der uns in diesem Kapitel immer wieder in verschiedenen Versionen begegnen wird. Er wurde von Mary Ainsworth und John Bowlby entwickelt, um die Wertigkeit der Bindung zwischen Mutter und Kind zu untersuchen. Deshalb wird er als „Ainsworth-Strange-Situation-Procedure" (ASSP) bezeichnet (siehe rechts).

AUS DER FORSCHUNG

— Ainsworth-Strange-Situation-Procedure (ASSP)

Der Test zeigt: Sicher gebundene Kinder sehen ihre Mütter als „sicheren Hafen". Die Bindungstheorie wurde in den 1960er Jahren vom britischen Psychoanalytiker John Bowlby zusammen mit der amerikanischen Entwicklungspsychologin Mary Ainsworth entwickelt (Bowlby, 1969; Ainsworth, 1978). Grundlage bildete ein Versuch mit Müttern und Kleinkindern, der das Bindungsverhalten von Kindern zu ihren Eltern untersuchen sollte.

Material und Methoden

Dazu wurden die Kinder mit ihrer Mutter in einen unbekannten Raum gebracht, in dem sich zwei Stühle und mehrere Spielsachen befanden. Der Ablauf war immer gleich: Nach einer kurzen Eingewöhnung vom Schoß der Mutter aus, haben die Kleinkinder damit begonnen, den Raum neugierig zu erkunden. Dann kam ein weiterer, unbekannter aber freundlicher Mensch in den Raum. Als Reaktion suchten die Kinder sofort Kontakt zur Mutter. Nach einer Zeit der Gewöhnung fingen die Kleinkinder an, mit dem netten Menschen zu interagieren, indem sie gemeinsam mit den Spielsachen spielten. Dann verließ die Mutter den Raum, worauf das Kind jede Interaktion sofort unterbrach und an der Tür auf die Mutter wartete oder weinte. Erst als sie sich wieder zurück im Raum befand und das Kind sich beruhigt hatte, konnte es sich wieder mit den Spielsachen und dem fremden Menschen beschäftigen.

Ergebnis

In Anwesenheit der Mutter zeigen Kleinkinder, nach einer kurzen Phase der Gewöhnung an die neue Umgebung, Erkundungsfreude und sind offen gegenüber Fremden. Geschieht etwas Unerwartetes, suchen sie erneut den sozialen Rückhalt der Mutter. Ohne ihre Gegenwart brechen sie jegliches Spiel oder soziale Interaktion mit anderen ab, zeigen Trennungsreaktionen und lassen sich zwar vom Fremden trösten, aber entspannen sich erst wieder, wenn die Mutter anwesend ist.

Interessant war, dass die Kinder je nach Beziehung zur Mutter unterschiedliche Reaktionen in den verschiedenen Situationen zeigten. Aufgrund dieser und weiterer Studien entwickelten die Psychologen die Bindungstheorie, die Eltern-Kind-Bindungen in vier verschiedene Typen einteilt:

1. **Sichere Bindung**
   Das Kind reagiert auf die Trennung, indem es deutliche Signale des Vermissens zeigt, den Elternteil freudig bei der Rückkehr begrüßt, sich dann aber beruhigt und wieder weiterspielt.

2. **Unsicher-vermeidende Bindung**
   Das Kind zeigt wenig oder keinen Stress bei der Trennung vom Elternteil, meidet und ignoriert die Mutter sogar bei deren Rückkehr.

3. **Unsichere, ambivalente Bindung**
   Das Kind ist extrem gestresst bei der Trennung und sucht Kontakt bei der Wiedervereinigung, kann aber von der Mutter nicht beruhigt werden und zeigt eventuell sogar eine starke Abwehrreaktion.

4. **Desorganisiert-chaotische Bindung**
   Emotionslosigkeit oder stereotype Verhaltensäußerungen wie Schaukeln oder Sich-im-Kreis-Drehen.

BINDUNGSTYPEN BEIM HUND

Nicht nur manche Menschen erleben die Beziehung zum Hund als „Eltern-Kind", auch Hunde scheinen ihre Besitzer als „Eltern" wahrzunehmen, im Idealfall als „soziale Unterstützer" in aufregenden Situationen und Quelle von Sicherheit, Orientierung und Zuneigung. Diese Wahrnehmung wurde in den 1990er Jahren zum ersten Mal wissenschaftlich durch ein Team aus Budapest um József Topál und Ádám Miklósi untersucht. Dazu kopierten die Forscher die Versuchsanordnung von Mary Ainsworth aus den 1960er Jahren und führten den Test im gleichen Arrangement mit 51 Hunden und ihren Besitzern durch (Topál et al., 1998). Die Hunde gehörten insgesamt 20 Rassen an, sieben waren Mischlinge. Die Besitzer hatten ein Alter von 13 – 60 Jahren und die Mischung von Hündinnen zu Rüden war nahezu ausgeglichen. Als neue Umgebung wählten die Forscher einen sechs Meter langen und drei Meter breiten, ziemlich leeren Raum, in dem sich zwei Stühle und gegenüber der Tür einige Hundespielzeuge befanden. Der 14,5 Minuten lange Test wurde in eine Eingewöhnungsphase und dann in sieben experimentelle Phasen unterteilt. Das Verhalten der Hunde wurde über eine Videokamera aufgenommen und anschließend analysiert.

ASSP MIT HUNDEN

Wie in der ASSP (siehe S. 47) durfte der Hund zunächst den Raum erkunden, dann kam ein fremder Mensch in den Raum und setzte sich auf den Stuhl, versuchte dann, mit dem Hund Kontakt aufzunehmen und mit ihm zu spielen. Der Besitzer verließ zu genau vorgegebenen Zeitpunkten den Raum und ließ Hund und Fremden zurück. Dann kam er wieder und setzte sich nach einer Begrüßung auf den Stuhl. Zur gesamten Zeit wurde das Verhalten des Hundes mittels Videokamera aufgenommen und anschließend analysiert.

Das Ergebnis zeigte deutlich, dass sich erwachsene Hunde, die in merkwürdigen Situationen von ihren Menschen getrennt werden, äquivalent zu Kindern verhalten. Sogar ähnliche verschiedene Bindungstypen lassen sich wiederfinden (siehe S. 47), allerdings gab es außer Rüpeligkeit bei der Begrüßung keinen Hund, der sich eindeutig ablehnend gegenüber seinem Menschen bei dessen Rückkehr verhielt. Dies führten die ungarischen Forscher auf die gute Sozialisation der Hunde zurück. Topál und sein Team konnten keinen Effekt von Geschlecht, Alter oder Rasse/Mischling auf die Bindung finden. Hunde, die in Familien lebten, zeigten tendenziell eine leicht geringere Trennungsreaktion als Hunde, die nur von einem oder zwei Menschen gehalten wurden. Dies stimmt mit den Ergebnissen von Iben Meyer und Björn Forkman überein (siehe S. 62), die eine geringere emotionale Bindung von Familien an den Hund feststellen konnten. Die ungarischen Forscher vermuten, dass die Familienhunde Bindungen zu mehreren Menschen etabliert haben und dadurch weniger fixiert auf eine Person sind. Aus den beobachteten Trennungsreaktionen und der gleichen Klassifizierung in den Verhaltensabläufen schließen die Forscher, dass die Beziehung eines Hundes zu seinen Menschen analog ist zum Bindungsverhalten zwischen Eltern und Kind. **Für den Hund erfüllen wir damit die Funktion des „sicheren Hafens", von dem aus er die Welt erkunden und das Leben genießen kann – wenn die Bindung zum Menschen innig und stabil ist.**

Forscher wie József Topál vermuten, dass der Grund für die Ähnlichkeit der Mensch-Hund- zur Eltern-Kind-Beziehung auf der Asymmetrie in der Beziehung beruht (Topál, 1998). Hunde sind ähnlich wie Kinder auf unsere soziale Unterstützung und Versorgung mit Nahrung und Nähe angewiesen. Sie befinden sich also in einer Art Abhängigkeitsverhältnis, das dem vom Kind gegenüber seinen Eltern gleicht.

PULSMESSUNG WÄHREND EINES „STRANGE-SITUATION-TESTS"

Auch Márta Gácsi aus Budapest untersuchte, ob für Hunde der Besitzer als sozialer Unterstützer wichtig ist. Allerdings konzentrierte sie sich bei ihren Versuchen nicht nur auf Verhaltensbeobachtung, sondern zusätzlich auf die Messung der Herzschlagrate und -varianz in einer für den Hund stressigen Situation (Gácsi et al., 2013).

Sie und ihr Team konfrontierten dazu 30 Hunde mit einer unangenehmen Kontaktperson in einem fremden Raum. Dabei gab es zwei Gruppen von Hunden und zwei Testdurchläufe: Die eine Gruppe hatte im ersten Kontakt mit dem merkwürdigen Fremden ihren Besitzer zur Seite, die zweite Gruppe musste die stressige Situation ganz allein bewältigen. Im zweiten Durchlauf wurde getauscht: Nun musste die erste Gruppe die Begegnung mit dem unangenehmen Menschen allein meistern, die zweite Gruppe bekam dieses Mal den Besitzer zur Seite gestellt.

Einfluss auf den Herzschlag

Die Erhöhung und Absenkung des Herzschlages ist ein gutes Instrument, um die Reaktion des Nervensystems zu messen.

In allen Versuchsdurchläufen wurde deshalb die Variabilität des Herzschlags aufgezeichnet. Diese Reaktion des Körpers in den stressigen Situationen verglichen sie außerdem mit den Werten, die vor und nach dem Zusammentreffen mit dem bedrohlichen Menschen gemessen worden waren, um individuelle Unterschiede mit einzubeziehen.

Die Analysen der Reaktion durch den Herzschlag zeigten, dass die Abwesenheit des Menschen keinen Einfluss auf die durchschnittliche Herzschlagrate hatte, wohl aber auf die Variabilität des Herzschlages, die bei allen alleingelassenen Hunden deutlich höher ausfiel. 17 Hunde reagierten mit Jaulen auf die Trennung vom Halter und zeigten Knurren (18) auf den sich bedrohlich nähernden Menschen. Sie wurden deshalb als „verhaltensreaktiv" in der Situation klassifiziert. Deutlich wurde, dass die Reaktion des Herzschlages weniger stark war, wenn der Hund in Anwesenheit des Halters mit dem fremden, bedrohlichen Menschen konfrontiert wurde. Auch der Testablauf hatte einen Einfluss auf die Stressreaktion des Hundes: Die Herzschlagreaktion im zweiten Testdurchlauf ohne Halter an der Seite war beim Hund geringer, wenn der Hund beim ersten Kontakt mit dem Fremden seinen Besitzer dabeigehabt hatte. Hunde, die beim ersten Mal die Situation allein bewältigen mussten, reagierten auch beim zweiten Mal mit ihrem Besitzer an ihrer

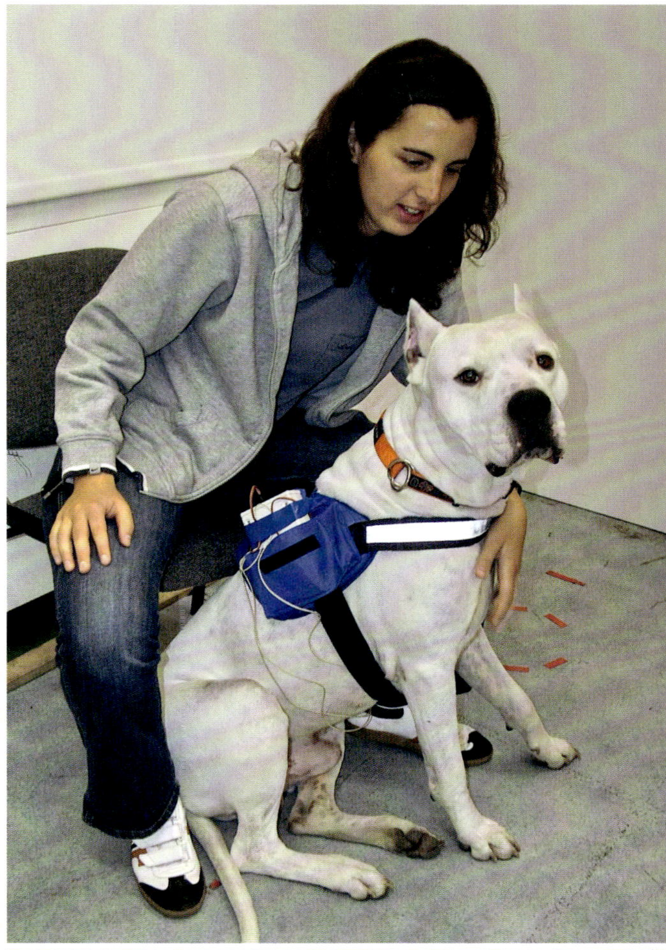

Der Gürtel am Brustkorb misst den Herzschlag des Hundes.

DR. IRIS SCHÖBERL
studierte Biologie mit dem Schwerpunkt Zoologie und Verhaltensbiologie. Ihre Diplomarbeit schrieb Iris Schöberl über das Thema Interaktionsstil und Stressmanagement im Mensch-Hund-Team in der Forschungsgruppe Mensch-Tier-Beziehung unter der Leitung von Prof. Dr. Kurt Kotrschal (siehe S. 54 ff.). Als Hundetrainerin widmete sie sich immer mehr der Beratung und dem Verhaltenstraining von Hundehaltern und schloss eine Coachingausbildung ab. Seit 2009 ist Iris Schöberl auch in der Erwachsenenbildung tätig und hält Seminare, Workshops und Vorträge für Praktiker und Hundehalter.
Im Rahmen ihrer Doktorarbeit am Department für Verhaltensbiologie und im Doktoratskolleg Kognition und Kommunikation der Universität Wien konnte sie das Thema Stressmanagement und Mensch-Hund-Bindung weiter vertiefen. Durch die enge Zusammenarbeit mit den Bindungsexperten Judith Solomon und Andrea Beetz war das Interesse rund um das Thema Bindung und vor allem Prävention gewachsen. Somit hat sich Iris Schöberl entschieden, eine zusätzliche Weiterbildung zur Förderung der Entwicklung von Kindern und Unterstützung von Familien abzuschließen. Das Ziel bzw. der Wunsch der künftigen Tätigkeit ist es, in eigener Praxis Familien zu begleiten und zu unterstützen, damit die Kinder eine möglichst sichere Bindung aufbauen können. Natürlich berät und schult sie auch weiterhin Hundehalter und -trainer, vor allem bei Themen rund um Angst, Panik, Hyperaktivität und kranke Hunde.

Seite intensiver mit der Herzschlagrate auf die gefährliche Situation. Damit bietet diese Studie ebenfalls einen Nachweis für den „Sicheren-Hafen-Effekt", den Hundebesitzer in potenziell gefährlichen Situationen für ihren Hund haben können. Ähnlich wie Eltern bei ihren Kindern, können Hundebesitzer einen Puffer gegen Stress bei Hunden darstellen, der sogar einen Langzeiteffekt bei einem wiederholten Treffen mit derselben beängstigenden Person hat, selbst wenn der Besitzer nicht mehr anwesend ist.

Beziehung auf Gegenseitigkeit

Doch in den meisten Fällen ist es eine Beziehung auf Gegenseitigkeit, denn für viele Menschen scheinen Hunde ebenfalls emotional die Stellung eines Kindes einzunehmen: Sie werden wiederum als Quelle von Liebe und Unterstützung wahrgenommen, wie andere Studien zeigen konnten (Schöberl et al., 2017, siehe Porträt). Durch die „Neotonie", die im Zuge der Domestikation entstandene, dauerhafte „Verjugendlichung", zeigen die meisten Hunderassen außerdem zeit ihres Lebens kindliche Verhaltensweisen und in stabilen Mensch-Hund-Beziehungen auch nach der Pubertät selten die Tendenz, sich von ihrem Menschen zu distanzieren und eigene Wege zu gehen. Sie verharren also im Stadium der kindlich-abhängigen Position, was wiederum in einer Art Rückkopplungsprozess die Bindungsbereitschaft des Menschen an den Hund ebenfalls positiv beeinflussen könnte. Bestärkt werden diese infantilen Merkmale durch züchterische Bestrebungen, die Hunde mit runden Gesichtern, mit abgeflachten Nasen und nach vorne ausgerichteten Augen auf dem Schädel selektieren und damit das „Kindchenschema" bedienen (siehe S. 95 ff.).
Doch jeder von uns weiß, dass die Qualität der Bindung zwischen Hunden und Menschen sehr unterschiedlich sein kann. Forscher interessieren sich deshalb auch dafür, welche Faktoren zu einer besonders stabilen Mensch-Hund-Bindung führen könnten.

FAKTOREN FÜR EINE STABILE BINDUNG

Iben Meyer und Björn Forkman von der Universität Kopenhagen wollten herausfinden, welche Merkmale einen Einfluss auf die Qualität der Mensch-Hund-Beziehung haben können (Meyer, 2014). Dazu untersuchten sie mit Hilfe eines Tests die Beziehungsintensität und glichen diese Ergebnisse mit den Resultaten eines Persönlichkeitstests für die gleichen Hunde ab.

PERSÖNLICHKEIT DES HUNDES UND BEZIEHUNGSQUALITÄT

Mit Hilfe dieser Parameter wollten sie herausfinden, wie stark die Persönlichkeit des Hundes einen Einfluss auf die vom Halter beschriebene Hund-Mensch-Beziehung hat. Für ihre Analyse kontaktierten Meyer und Forkman 842 dänische Hundebesitzer, die bereits an einem Persönlichkeitstest ihrer Hunde im Rahmen einer anderen Studie teilgenommen hatten, und baten sie, einen Online-Fragebogen auszufüllen. Der Online-Fragebogen bestand aus zwei Teilen. Im ersten sollte der Halter generelle Fragen über sich selbst und seinen Hund beantworten, im zweiten Teil kam ein in Australien und Schweden bereits erfolgreich eingesetzter Fragenstandard zur Ermittlung der Beziehungsqualität von Mensch und Hund, der „Monash Dog Owner Relationship Scale (MDORS)“, zum Einsatz.

Blickkontakt zum Menschen dient oft der Absicherung in neuen Situationen.

Synchrones Verhalten im freien Raum kann ein weiteres Merkmal für eine sichere Bindung sein.

Diese Messmethode geht von der Grundhypothese aus, dass Kosten und Nutzen in einer Beziehung ausgeglichen sein müssen, damit Beziehungen als positiv wahrgenommen werden können. Beim MDORS wird

1. die emotionale Nähe des Besitzers zum Hund,
2. die Anzahl der Interaktionen des Besitzers mit seinem Hund gemessen und
3. erfragt, wie stark der Besitzer den Aufwand als Einschränkung wahrnimmt, der mit der Hundehaltung verbunden ist.

Die Ergebnisse der Untersuchungen aus Schweden und Australien hatten bereits gezeigt, dass die erzielte Punktzahl mit dem Level von Stress-(Cortisol)- und Bindungs-(Oxytocin)-Hormonen korreliert, und zwar bei Haltern ebenso wie bei den Hunden (Handlin et al., 2012). Den Fragebogen füllten 426 dänische Hundehalter aus und schickten ihn anonym an Meyer und Forkman zurück. In ihrer Analyse untersuchten die Forscher dann, ob es einen Zusammenhang zwischen den Ergebnissen des Persönlichkeitstestets des Hundes, den persönlichen

Angaben des Besitzers und der erzielten Punktzahl beim MDORS gibt.
Tatsächlich konnten sie signifikante Verbindungen zwischen Halterpersönlichkeit und der Punktzahl des MDORS finden. Allerdings schien die Persönlichkeit des Hundes nicht mit der Beziehungsqualität zu korrelieren – vier von fünf der Persönlichkeitseigenschaften erzielten keinen vorhersagbaren Wert für die Mensch-Hund-Beziehung.
Iben Meyer vermutet, dass der Charakter des Hundes für die Wahrnehmung einer guten Beziehung weniger wichtig ist. Bedeutsamer scheint zu sein, dass der Lebensstil des Menschen und das Wesen des Hundes gut zusammenpassen (die sogenannte „Soziale Passung", untersucht u. a. von Silke Wechsung, siehe FTH S. 210).
Der einzige Persönlichkeitsparameter des Hundes, der einen vorhersagbaren Einfluss auf die Beziehung hatte, war „Ängstlichkeit des Hundes". Halter mit Hunden, die ängstlich-aggressiv auf soziale Stimuli reagierten, beschrieben die Beziehung zu ihren Hunden als emotional enger als Halter von Hunden, die offen und freundlich auf soziale Kontakte reagierten. Meyer vermutet, dass dies daran liegen könnte, dass ängstliche Hunde häufiger körperlichen Kontakt zu ihren Besitzern suchen. Eventuell wird gerade diese verstärkte Abhängig- und Anhänglichkeit von manchen Menschen als positiv, eben bindungsintensivierend, erlebt. Dies stimmt mit den Ergebnissen der Studie eines japanischen Forscherteams überein (Nagasawa, 2015), die gezeigt hat, dass vermehrte körperliche Nähe und häufiger Blickkontakt zwischen Hund und Mensch zu einem verstärkten Ausstoß des Bindungshormons Oxytocin führt (siehe S. 78 ff.). Mit mehr Oxytocin im Blut fühlen wir uns enger verbunden – dies könnte das Ergebenis erklären.

HALTERPERSÖNLICHKEIT UND BINDUNG ZUM HUND

Doch neben dem Aspekt der Zeit und der gemeinsamen Aktivitäten, die wir zusammen verbringen, liegt die Vermutung nahe, dass auch wir mit unserer Persönlichkeit einen tieferen Einfluss auf die Entwicklung der Hundepersönlichkeit haben könnten. Einige Studien haben in den letzten Jahren deshalb gezielt untersucht, welchen Einfluss die Persönlichkeit des Menschen und daraus resultierend die Qualität der sozialen Unterstützung auf den Bindungstyp und das Verhalten von Hunden nehmen kann.
Auch in diesem Zusammenhang greifen Forscher gern auf „Strange-Situation-Tests" zurück. Der Grund: In ungewohnten, leicht beängstigenden Situationen geraten wir in Stress. Wenn wir dann aber jemanden an unserer Seite haben, dem wir vertrauen, können wir solche aufregenden Augenblicke meist souveräner handhaben, als wenn wir ganz auf uns allein gestellt sind oder einen Partner an unserer Seite haben, von dem wir wissen, dass wir uns nicht auf ihn oder sie verlassen können. Wie wir uns in diesen Stresstests verhalten – hektisch und unsicher oder relativ entspannt –, kann also nicht nur viel über unsere eigene Persönlichkeit aussagen, sondern im Teamtest auch viel über die Beziehung, die wir mit unserem Gegenüber führen.
„Strange-Situation-Tests" sind deshalb zwar manchmal ein kleines bisschen gemein, geben uns aber Einblicke in die Qualität von Beziehungen und Bindungen. Genau deshalb werden sie so gern auch in der Hundeforschung eingesetzt. **Natürlich haben Halter jederzeit das Recht, den Versuch abzubrechen, und die Art des Stresses wird moderat gehalten. Die hier geschilderten Versuchsphasen erstrecken sich oft über mehrere Tage, sodass der Hund (und Mensch) Pausen bekommt, in denen er sich erholen kann.**

UMGANG MIT STRESSIGEN SITUATIONEN

Unter all den „Stress-Test-Tests", die in den letzten Jahren auf diesem Gebiet durchgeführt wurden, hat sich besonders eine interdisziplinär arbeitende Gruppe aus Rostock und Wien um Kurt Kotrschal, Andrea Beetz und Iris Schöberl intensiver mit diesen Fragestellungen befasst und mehrere Studien dazu veröffentlicht. Unter Leitung von Schöberl haben sich die Forscher aus dem Bereich Verhaltensbiologie und Psychologie unter anderem in einer 2016 veröffentlichten Studie zunächst auf die Hunde konzentriert und untersucht, ob unterschiedliche Bindungstypen und die Persönlichkeit des Halters auf die Fähigkeit des Hundes Einfluss nehmen kann, mit stressigen Situationen gut umzugehen (Schöberl et al., 2016).

Insgesamt nahmen an den beiden hier vorgestellten Studien von Iris Schöberl 132 Hund-Mensch-Teams teil. Die Forscher achteten darauf, die vier möglichen Hund-Halter-Konstellationen gut zu repräsentieren (Mann – Rüde, Frau – Rüde, Mann – Hündin, Frau – Hündin), um auch hier eventuelle Unterschiede untersuchen zu können. Weiterhin wurde beachtet, dass keine Rasse zu sehr präsent war und die Aufzuchtbedingungen vergleichbar waren. Alle untersuchten Hunde waren als Welpen aufgenommen worden und nicht kastriert. Diese ausgewählten Hund-Mensch-Teams nahmen an zwei Testdurchläufen Teil, einem positiven („Play") und einem stressigen („Threat").

Ablauf der Testphasen

In der positiven Phase durfte der Hund fünf Minuten mit seinem Menschen spielen, dabei wurde den beiden vollkommen freigestellt, wie sie diese Spielphase gestalteten. In der stressigen Testphase hingegen musste der Hund einmal mit und einmal ohne seinen Besitzer die Konfrontation mit einem merkwürdig verkleideten Menschen ertragen, der sich ihm bedrohlich näherte und an eine Tür klopfte. Während allen experimentellen Phasen wurde dabei die Situation gefilmt und das Verhalten analysiert. Zusätzlich sollten alle 132 Halter mit Hilfe eines Fragebogens die eigene Persönlichkeit, die Persönlichkeit des Hundes und die Qualität der Mensch-Hund-Beziehung einschätzen.

Von den 132 Mensch-Hund-Teams nahmen 59 noch an einem dritten Testdurchlauf teil, in dem auch hier die Hunde mit der ASSP (siehe S. 47) konfrontiert wurden. Mit diesem dritten Durchlauf nach der Ainsworth-Methode wollten die Forscher die Bindungstypen analysieren und mit den Auftritten der Teams in den Testphasen abgleichen. Anders als in der Budapester Studie von 1998 wurde zusätzlich in allen experimentellen Phasen (Trennung vom Besitzer, Wiedervereinigung, Spielphase, merkwürdige Situation etc.) der Gehalt des Stresshormons Cortisol im Speichel der Hunde gemessen.

Die Analyse zeigte deutliche Zusammenhänge zwischen Besitzerpersönlichkeit und Bindungstyp auf den Ausstoß von Stresshormonen.

Stresstoleranz und Bindung

Hunde, die in der ASSP (siehe S. 47) als „sicher gebunden" klassifiziert worden waren, stießen weniger Cortisol während der „Spiel"-Phase aus. Gleichzeitig zeigten diese Hunde tendenziell eine höhere Stressreaktion durch vermehrte Ausschüttung von Cortisol in den stressigen Situationen, die sie ohne ihre Besitzer bewältigen mussten, als Hunde, die als „unsicher gebunden" eingestuft worden waren. Die sicher gebundenen Hunde hatten zudem eine höhere Varianz in der Reaktion mit Cortisol (iCV), was gekoppelt mit einer effektiven und spontanen Fähigkeit des Individuums auftritt, schwierige Situationen zu meistern. Schon während der ASSP stieg der Cortisollevel im Speichel derjenigen Hunde an, die von ihren Menschen im Fragebogen als für sie persönlich wichtige soziale Unterstützer beschrieben worden waren, und/oder deren Beziehung als nicht sehr stabil eingeschätzt wurde. Dies könnte daran liegen, dass diese Besitzer von ihren Hunden wohl nicht als verlässliche und dadurch beruhigende Partner in stressigen Situationen angesehen werden. Aber es wurden weitere spannende Reaktionen je nach Bindungstyp deutlich: Menschen, die in der Auswertung des Fragebogens zur eigenen Persönlichkeit hohe Werte in Neurotizismus (Ängstlichkeit, Launenhaftigkeit, Nervosität) erzielt hatten, besaßen Hunde, die wenig Cortisolvarianz zeigten. Eine Cortisolvarianz bedeutet, dass das Stresssystem des Hundes variabel auf aufregende Situationen reagieren kann. Dadurch ist das Individuum in der Lage, sozial flexibel zu reagieren und sich schnell im Verhalten anzupassen – ein Anzeichen für eine gute Resilienz. Ist dies nicht gegeben, könnte das ein Hinweis auf Überforderung und ein wenig ausgleichendes Stresssystem sein (siehe auch „Aus der Forschung", S. 57). Menschen, die im Fragebogen hohe Werte in puncto sozialer Verträglichkeit erzielt hatten, befanden sich in Begleitung von Hunden, die mit wenig Stress auf komische Situationen reagierten. Hier scheint die Gelassenheit und Offenheit der Besitzer auf den Hund abzufärben, denn auch diese Hunde reagierten in belastenden Situationen eher gering mit der Ausschüttung des Stresshormons.

Körperliche Nähe kann für Entspannung und Wohlgefühle in sicheren Bindungen sorgen.

Spielerisch die Welt mit allen Sinnen erkunden dürfen, macht stark fürs Leben!

Stresstoleranz und Geschlecht

Bestätigt werden konnten die Ergebnisse von Studien, die schon vorher einen Effekt der Geschlechtskombination von Mensch und Hund auf die Fähigkeit zur Stressbewältigung untersucht hatten. Kurt Kotrschal hatte – allerdings an einer sehr kleinen Untersuchungsgruppe – beobachtet, dass Rüden, die von Frauen gehalten werden, eher zurückhaltend in der Öffentlichkeit auftreten, während Rüden, die im Besitz eines Mannes sind, offener und erkundungsfreudiger auf der Hundewiese in Erscheinung treten (Kotrschal, 2009). In dieser Untersuchung konnte diese Verhaltensbeobachtung bestätigt werden: Rüden von männlichen Besitzern hatten die niedrigste Cortisolreaktion im Vergleich mit allen anderen Kombinationen von Geschlechtern zwischen Mensch und Hund. **Zusammenfassend lassen die Resultate vermuten, dass die Stressresistenz eines Hundes durch die Art der Beziehung und der Persönlichkeit des Menschen beeinflusst wird. Ein gelassener und sozial aufgeschlossener Besitzer, mit dem der Hund eine sichere Bindung hat, erhöht die Stressresistenz.**

STRESSERLEBNIS UND AUFTRITT DES HUNDEHALTERS

Doch die Ergebnisse haben die Forscher noch neugieriger auf das Zusammenspiel von Halterpersönlichkeit und Beziehung zum Hund gemacht. In einem zweiten Durchlauf des Versuches ein Jahr später untersuchte das Wiener Team, wieder unter Leitung von Iris Schöberl, deshalb den Einfluss der Situation auf den Menschen (Schöberl et al., 2017). Hier wurde auch beim Besitzer das Verhalten analysiert und mit seinen Cortisolwerten abgeglichen. Es wurde also der gemeinsame Auftritt in stressigen oder entspannten Situationen in den Blick genommen, um Wechselwirkungen zwischen Hund und Mensch besser wahrnehmen zu können. Auch hier bedienten sich die Forscher wieder der ASSP mit dem Vorsatz, Erkenntnisse zur Beziehungsqualität zu erlangen, wenn Hund und Halter in Stresssituationen gebracht werden. Ebenfalls sollten die Menschen zunächst Angaben zu ihrer eigenen Person machen und die Beziehung zum Hund einschätzen. Anschließend wurden Mensch und Hund mit mehr oder weniger aufregenden Situationen konfrontiert (siehe „Aus der Forschung", rechts).

AUS DER FORSCHUNG

— Psychobiologische Faktoren beeinflussen den Stresshaushalt bei Mensch und Hund.

Warum reagieren manche Menschen und Hunde schon auf kleine Probleme überfordert, während andere problemlos die aufregendsten Abenteuer gemeinsam meistern?

Material und Methoden

Die Verhaltensbiologen aus Österreich und Deutschland um Iris Schöberl (siehe Porträt S. 50) wollten herausfinden, ob Persönlichkeitsstrukturen einen Einfluss auf die Stressresistenz von Menschen und Hunden haben können, und luden 132 Hundebesitzer und ihre Hunde in ihr Forschungslabor nach Wien ein.
Dort wurden die Teams mit verschiedenen Herausforderungen konfrontiert, parallel wurde der Gehalt des Stresshormons „Cortisol" im Speichel von Mensch und Hund gemessen, speziell der individuelle Koeffizient der Varianz (iCV). Außerdem wurden die Halter gebeten, in einem Fragebogen Fragen zur eigenen und der Persönlichkeit des Hundes, zur Beziehungsqualität und zur sozialen Einstellung des Besitzers gegenüber anderen Menschen zu beantworten. Die Hypothese lautete, dass eine hohe Varianz des iCV gekoppelt mit einer effektiven und spontanen Fähigkeit des Individuums auftritt, schwierige Situationen zu meistern und dabei eine gute, gegenseitige, soziale Unterstützung im Teampartner zu erleben.

Ergebnisse

Weibliche Besitzer von Rüden hatten den niedrigsten Cortisollevel im Vergleich zu allen anderen Besitzer-Hund-Kombinationen. Aber auch Besitzer, die mit ihren Hunden sehr zufrieden waren, verfügten über einen sehr niedrigen Stresshormongehalt im Blut. Hunde, deren Besitzer eine hohe Punktzahl bei Neurotizismus (Info S. 60) erreicht hatten oder die eine unsicher-ambivalente Bindung zu ihrem Hund angaben, hatten einen niedrigen iCV. Einen ähnlich niedrigen iCV hatten Hunde von Menschen mit Trennungsangst oder Hunde von Menschen mit einem starken Drang zur Unabhängigkeit.
Deutlich wurde erneut, dass die Beziehungsqualität und Persönlichkeit von Mensch und Hund einen großen Einfluss auf die Fähigkeit hat, gut mit stressigen Situationen umzugehen, was sich auch in einer erhöhten Varianz des Cortisollevels bei beiden Arten widerspiegelte. Die Wissenschaftler vermuten, dass die sozialen Charakteristika von Mensch und Hund die Cortisolvariabilität beeinflussen, und dass bei der Ausbildung dieser Persönlichkeitsmerkmale der Mensch einen größeren Einfluss auf den Hund nimmt als umgekehrt.

Erkundungsfreude: neue Objekte sind spannend!

EINFLUSS VON TRAININGS-METHODEN AUF DAS VERHALTEN

Eine neuere Studie hat eine mögliche Verkettung von Verhaltensproblemen bei Hunden mit einer schlechten psychischen Verfassung des Besitzers und seiner Trainingsmethoden in den Blick genommen. Was uns im ersten Augenblick offensichtlich erscheint, konnten Studien bislang nicht eindeutig belegen (vergleiche Rooney et al., 2011). Andere Studienergebnisse lassen vermuten, dass es Verbindungen gibt zwischen der Persönlichkeit des Besitzers, seines Interaktionsstiles und dem gemeinsamen Auftreten in von Forschern konstruierten, stressigen Situationen (Cimarelli et al., 2016; siehe auch S. 59 ff.). Die für diesen Zusammenhang verantwortlichen Mechanismen sind aber noch unbekannt.
In der britischen Studie um das Team von James Serpell wurde dieser mögliche Zusammenhang erneut in den Blick genommen (Dodman et al., 2018). Dazu „mischten" die Forscher Untersuchungsschwerpunkte der vorangegangenen Studien, um mögliche Verbindungen herstellen zu können, und legten den Fokus sowohl auf die Trainingsmethode, als auch auf Persönlichkeit und psychische Verfassung des Halters. Um die nötigen Ergebnisse

Die Umgangsformen mit Hund ähneln denen von Eltern mit Kindern.

zu erhalten, wurden 1 564 Hundebesitzer gebeten, einen Online-Fragebogen auszufüllen. So versuchten die Forscher z. B. zu erfassen, wie gut die Besitzer darin waren, ihre eigenen Emotionen zu regulieren, ob sie möglicherweise Anzeichen einer psychischen Erkrankung wie einer Depression zeigten und welcher Art von Erziehungsmethode sie den Vorrang gaben. Die Ergebnisse zeigten, dass besonders depressive Männer dazu neigten, aversive Trainingsmethoden zu wählen. Ebenfalls konnte eine leichte gegenseitige Bestärkung der Nutzung aversiver Trainingsmethoden und der Häufigkeit von Verhaltensproblemen festgestellt werden. Dieses aber eher schwache Ergebnis zeigt deutlich, dass weitere Studien nötig sind, um mögliche kausale Zusammenhänge zwischen Verhaltensproblemen beim Hund, Trainingsstil und psychischer Verfassung des Besitzers untersuchen zu können.

INTERAKTIONSSTIL BEEINFLUSST RESILIENZ

In zwei weiteren Studien der Gruppe des Clever Dog Lab aus Wien aus den Jahren 2016 und 2017 ging es darum, zu schauen, wie der alltägliche Umgang des Menschen, also sein „Interaktionsstil" in unterschiedlichen Situationen mit seinem Hund, das Verhalten des Hundes beeinflussen könnte (Cimarelli et al., 2016; Cimarelli et al., 2017). Für diese Studien wurden 220 Border Collies und ihre Halter getestet. In insgesamt acht standardisierten Situationen wurde beobachtet, wie die Menschen mit ihren Hunden umgingen. Diese acht Situationen setzten sich zusammen aus Spieleinheiten wie Zerrspiele oder dem Lernen, wie man einen Behälter öffnet, um an Futter zu gelangen. Aber die Halter wurden auch gezielt dazu aufgefordert, für die Hunde tendenziell stressige Aktionen durchzuführen, wie das Anziehen eines T-Shirts, der Abnahme von Speichelproben oder das Beachten von Kommandos während einer ablenkenden Situation. Diese Tests wurden mit Videokameras aus verschiedenen Perspektiven aufgezeichnet und anschließend Bild für Bild analysiert. Die Analyse sollte dabei möglichst objektiv erfolgen. Deshalb wurden die Aufnahmen mit Hilfe eines speziell hergestellten Codierungsschemas dekodiert.

Drei Interaktionsstile der Besitzer

Es wurden Punktzahlen vergeben für soziale Unterstützung, Wärme, Enthusiasmus, Spielstil, Häufigkeit von Verhaltensweisen wie Streicheln und Loben, das Geben von Kommandos und das Nutzen von Geräuschen, um die Aufmerksamkeit des Hundes zu gewinnen. Eine Analyse der insgesamt gemessenen 20 Verhaltensvariablen ergab drei Interaktionsstile von Hundehaltern:

1. warm/herzlich,
2. sozial unterstützend,
3. kontrollierend.

Diese gefundenen Umgangsformen mit Hund entsprechen interessanterweise den gängigen Umgangsformen von Eltern mit Kindern.

In die Interaktionskategorie **„warm/herzlich"** fielen Halter, die dem Hund gegenüber offen ihre Zuneigung zeigten und in positiven Situationen enthusiastisch den Hund zum gemeinsamen Spiel oder dem Lernen einer neuen Aufgabe ermunterten. Nach der Trennung zeigten diese Besitzer ein besonders herzliches Begrüßungsverhalten. Zum Faktor **„Soziale Unterstützung"** gehörte eine Gruppe von Hundebesitzern, die während der stressigen Situation (T-Shirt anziehen oder DNA-Probe entnehmen) ihre Hunde aktiv beruhigten und darin unterstützten, die Situation meistern zu können.
Die Hundehalter, die als **„kontrollierend"** eingestuft worden waren, nutzten im Umgang viele Kommandos und forderten beständig, z. B. auch während des Zerrspiels oder der Gehorsamsübung, die Aufmerksamkeit des Hundes ein.

Bei der Auswertung wurden diese Faktoren mit der Persönlichkeit des Halters abgeglichen. Dabei konnten keine Übereinstimmungen zwischen Geschlecht und Interaktionsstil gefunden werden. Eine zu beobachtende Tendenz war, dass ältere Besitzer dazu neigten, sich dem Hund gegenüber weniger warm im Umgang und weniger sozial unterstützend in stressigen Situationen zu verhalten. Weitere Zusammenhänge wurden beim Interaktionsstil Herzlichkeit und Offenheit deutlich: Menschen die gern kontrollierten, hatten weniger Punkte im Persönlichkeitsbereich „Offenheit", junge Halter erzielten höhere Werte bei Herzlichkeit und sozialer Unterstützung, ältere Halter höhere Punkte bei „Kontrolle". Besitzer mit geringer Punktzahl im Persönlichkeitsfaktor „Gewissenhaftigkeit" konnten häufig im Umgangston dem Hund gegenüber in der Kategorie „warm/herzlich" eingeordnet werden.

PERSÖNLICHKEIT UND BEZIEHUNGSQUALITÄT

1. Beziehungsqualität hat großen Einfluss auf Stresstoleranz.
2. Wärme und Herzlichkeit des Besitzers sorgen für guten gemeinsamen Auftritt in stressigen Situationen.
3. Besitzerinnen von Rüden und Rüden von Männern hatten den niedrigsten Cortisollevel.
4. Menschen mit hoher Punktzahl in „sozialer Toleranz" haben entspannte Hunde.
5. Hohe Varianz des Cortisollevels tritt gekoppelt mit gutem Stressmanagement auf.
6. Eine niedrige Varianz des Cortisollevels hatten Hunde von Menschen mit
   - hoher Punktzahl in Neurotizismus (Launenhaftigkeit, Ängstlichkeit, Nervosität),
   - Drang zur Unabhängigkeit,
   - unsicher-ambivalenter Bindung zum Hund.

Interaktionsstile in seltsamen Situationen

Schließlich untersuchten die Forscher, ob die Reaktion der Hunde in einer seltsamen Situation in Zusammenhang mit einem der drei Interaktionsstile gebracht werden konnte. Dazu wurden die Hunde gemeinsam mit ihren Menschen mit einer sich seltsam verhaltenden, fremden Person in Kontakt gebracht. Die Reaktionen der Hunde zeigten, dass Hunde während der seltsamen Situationen mehr Nähe zu Besitzern suchten, die hoch im Bereich „Herzlichkeit" abgeschnitten hatten. **Nicht nur unsere Persönlichkeit, sondern auch die Art und Weise, wie wir im Alltag mit unseren Hunden umgehen, also unser Interaktionsstil, scheint einen Einfluss darauf zu haben, wie gut die „Resilienz" eines Hundes ausgebildet ist. Also seine Fähigkeit, sich in herausfordernden Situationen angemessen zu verhalten.**
Die Forscher betonen am Ende ihrer Studie, dass die hier durchgeführte experimentelle Prozedur die erste standardisierte Messung von Interaktionsstilen von Hundebesitzern mit ihren Tieren sei. Die vorgestellte Methode, so hoffen die Verhaltensbiologen, könnte durchaus Bedeutung für den Alltag bekommen, denn sie könnte eine geeignete Messmethode sein, um Unterschiede in Mensch-Hund-Beziehungen durch individuelle Variationen im Interaktionsstil von Hundehaltern zu verstehen. Daraus könnte dann wiederum die Entstehung von Stressbewältigungsstrategien bei und das allgemeine Alltagsverhalten von Hunden besser verstanden werden. Ein schönes Beispiel, wie Forschungsstudien eine Relevanz für Trainer und Halter im Alltag entwickeln können.

Die Liebe zum Hund

Wie Eltern-Kind-Studien zeigen konnten, wird die emotionale Entwicklung von Kindern im Bereich soziales Verhalten, Ausbildung der Ausdrucksmöglichkeiten und ihrer Fähigkeit, mit stressigen Situationen umzugehen, stark

Mensch und Hund verbindet im Idealfall tiefe und vertrauensvolle Zuneigung.

von der Qualität der Bindung zum Elternteil beeinflusst. Auch für Hunde haben wir diesen Einfluss eines Hundehalters beschreiben können: Wie gut und auf welche Art und Weise Hunde mit stressigen Situationen umgehen, hängt maßgeblich von der Persönlichkeit des Besitzers ab. Wenn wir also in unserer Beziehung zum Hund elterliche Gefühle wahrnehmen, dann ist diese Emotion überhaupt nicht verwerflich, sondern liegt sogar in der Natur der Sache. Das oft infantile Verhalten von Hunden weckt in uns Beschützergefühle oder das Bedürfnis nach Nähe und deckt sich damit mit den „Erwartungen" des Hundes an uns als „Elternteil", ihm wiederum in aufregenden sozialen Situationen Orientierung zu bieten oder Zuneigung und Nähe zu schenken. Die gute Nachricht lautet also: **Es ist alles im grünen Bereich mit unserer großen Liebe für den eigenen Hund, solange sie den Hund nicht zum Menschen machen möchte, sondern ihn von Herzen gern Hund sein lässt.**

EINFLUSS DER LEBENSSITUATION

Bislang haben wir uns mit dem Einfluss der Persönlichkeit und des Interaktionsstils der Menschen auf die Entwicklung des Hundes befasst. Doch jeder von uns weiß, dass auch die Lebenssituation von Hunden sehr unterschiedlich sein kann. Manche leben als ein Teil der Familie unter vielen Menschen, manche teilen die Wohnung nur mit einem Menschen, oder Hunde teilen sich bei Mehrhundehaltung einen oder mehrere Menschen. Haben diese unterschiedlichen Lebensstile ebenfalls eine Auswirkung auf die Bindungsqualität zum Menschen oder die Entstehung von Verhaltensstrategien und Persönlichkeit beim Hund?

Einzelhund oder Familienmitglied

Die meisten Hunde leben in Familien und werden dort als Familienmitglied geschätzt und geliebt. Aber gibt es Unterschiede in der Bindungsqualität, je nachdem, ob wir uns die Aufmerksamkeit der „Eltern" mit anderen Kindern teilen müssen? Die dänische Studie von Iben Meyer scheint diese Annahme zu unterstützen, denn ihre Teilnehmer vergaben signifikant weniger Punkte im Bereich „emotionale Nähe" zum Hund, wenn sie in Familien lebten (siehe S. 51 ff.). Dieses Ergebnis passt zu den Erkenntnissen vorheriger Studien, die ergaben, dass in Familien die Erwachsenen weniger Zeit mit dem Hund verbringen, weniger Aktivitäten mit ihm unternehmen und weniger Geld in Gesundheit und Accessoires investieren. Die verringerte Aufmerksamkeit scheint auf Gegenseitigkeit zu beruhen, wie die Studie aus Budapest um József Topál und Ádám Miklósi vermuten lässt: Dort zeigten die Familienhunde im Strange-Situation-Test eine geringere Trennungsreaktion (siehe S. 48), was sich die Budapester Forscher mit der Vielzahl von Bindungspartnern in Familien erklären. Iben Meyer vermutet dagegen, dass Eltern schlicht weniger Zeit für ihren Hund zur Verfügung haben und sich durch die Ablenkung durch Kinder dem Hund auch weniger eng emotional verbunden fühlen.

Gemeinsame Aktivitäten

Diese Annahme würde zu einem weiteren Ergebnis ihrer Studie passen: Gemeinsame Aktivitäten wie Agility, Jagdhundeausbildung oder sonstige gemeinsame „Hobbys" scheinen einen positiven Einfluss auf die Beziehungsqualität zu haben, denn diese Tätigkeiten korrelierten mit einer hohen Punktzahl. Ist der Hund für den Besitzer nicht nur Alltagsbegleiter, sondern auch Teampartner beim Erlernen und Durchführen gemeinsamer Aktivitäten, könnte dies also einen positiven Einfluss auf die Bindung haben. Allerdings muss man hier mit Pauschalisierungen wie überall sehr vorsichtig sein: Eine Studie von Chiara Mariti (Mariti et al., 2013) hat die Qualität der Mensch-Hund-Bindung zwischen Rettungs- und Familienhunden verglichen. Untersuchungsparameter waren hier „Nähe suchen", „Sicherer-Hafen-Effekt" (weniger Stress) und „Sicherer-Basis-Effekt" (erhöhtes Erkundungsverhalten) in Versuchssituationen

Die meisten Hunde lieben Lernen.

nach dem Strange-Situation-Test. Die Ergebnisse zeigten, dass es keinen Einfluss auf die Bindungsqualität hatte, ob ein Hund ein Leben als Begleiter für mehrere Ansprechpartner in einer Familie führte oder gemeinsam mit seinem Besitzer einem „Job" nachging. Zwar war die Untersuchungsgruppe in der italienischen Studie wesentlich kleiner (40 Hunde, davon 26 Familien- und 14 Such- und Rettungshunde), dafür verließ man sich nicht auf das Ausfüllen von Fragebögen durch die Besitzer, sondern testete die Hunde in einer Versuchssituation, die die entsprechenden Verhaltensreaktionen hervorrief. Doch die Forscher vermuteten hier, dass es durchaus die Bindung verbessern könnte, wenn Hundebesitzer gemeinsam mit ihrem Hund einem Hobby/einer Ausbildung nachgehen, nur dass diese Unterschiede nicht so groß sind, dass sie statistisch relevante Ergebnisse erbringen. In einer weiteren Studie konnte dagegen gezeigt werden, dass eine besonders gute Ausbildung jedoch mit einem ausgeglicheneren Wesen zu korrelieren scheint (Hare et al., 2018, siehe S. 66), was wiederum eine Auswirkung auf die Qualität einer Beziehung haben könnte.

Mehrhundehaushalte

Mehrere Hunde zu halten, hatte überraschenderweise keinen negativen Einfluss auf die vom Halter wahrgenommene Beziehungsqualität. Dies hatten die Forscher eigentlich erwartet, denn mit jedem weiteren Hund sinkt die Zeit, die man mit einem einzelnen verbringen kann. Sie vermuten, dass dies darin begründet werden könne, dass sich Menschen sehr bewusst für die Anschaffung eines weiteren Hundes entscheiden und von vornherein bereit sind, Zeit, Geld und emotionales Engagement in die Beziehung zu investieren. Udo Gansloßer gibt jedoch zu bedenken, dass es einen Unterschied machen könnte, wenn der Erst-, Zweit- oder Dritthund vergleichend getestet worden wäre.

Hat Mehrhundehaltung und eine gute Ausbildung einen Einfluss auf die Bindung zum Menschen?

Die eigene Kraft einzuschätzen, das lernen Hunde im Spiel.

KÖRPERGRÖSSE DES HUNDES

Während der Domestikation haben Hunde einer sehr starken Selektion unterlegen, die zu mehr als 350 von der Féderation Cynologique International (FCI) anerkannten Hunderassen und einer entsprechend hohen Vielfalt in Aussehen und Rasseeigenschaften geführt hat (siehe S. 36 ff., S. 142 / Hall and Wynne, 2012; Duffy et al., 2008). Doch bei aller offensichtlichen Unterschiedlichkeit, teilen Rehpinscher und Irischer Wolfshund noch wesentliche Verhaltensweisen, die es ihnen ermöglichen, zu kommunizieren und sogar trotz des enormen Größenunterschiedes enge Freundschaften untereinander zu schließen. Doch wie sieht es mit der Bindung zum Hund aus – gibt es eventuell einen Zusammenhang zwischen der Größe des Hundes und der Art der Beziehung, die wir zum Hund führen? Studien der letzten Jahre haben z. B. gezeigt, dass Menschen eher dazu neigen, kleine und hellfarbene Hunde aus dem Tierheim zu adoptieren, als große oder schwarzfellige Hunde, die als unkontrollierbar eingeschätzt wurden (DeLeeuw, 2010; Gazzano et al., 2013). Ein Team von Forscherinnen aus Italien wollte deshalb herausfinden, ob die Größe eines Hundes tatsächlich einen Einfluss auf die Beziehung zum Hund haben kann (Bassi et al., 2016), also als besser bewertet wird. Dazu entwickelten sie einen Fragebogen zum Verhalten der Menschen beim Kontakt mit fremden Hunden auf Gassirunden (siehe Tabelle rechts).
240 Besitzer von Hunden verschiedener Rassen und Geschlechter beantworteten die Fragen. Die Hunde wurden für die Analyse eines Zusammenhanges von Besitzerverhalten auf Spaziergängen und Größenordnung des Hundes in drei Größenkategorien eingeteilt: Kleine Hunde (2 – 10 Kilogramm), mittlere (10 – 20 Kilogramm) und große Hunde (über 20 Kilogramm). Bei der statistischen Auswertung wurde deutlich, dass sich Menschen beim Kontakt mit fremden Hunden sehr unterschiedlich verhalten, je nachdem, welche Größenordnung an Hund sie an ihrer Seite spazieren führen. Die Mehrheit der Hundehalter war der Meinung, dass sich kleine Hunde im Kontakt mit anderen Hunden am ängstlichsten verhalten würden. Ein interessanter Zusammenhang ergab sich dahingehend, dass die Besitzer kleiner Hunde seltener ihre Tiere freilaufend mit anderen Hunden spielen ließen und häufiger der Meinung waren, dass ihre Hunde nicht mit anderen Hunden sozialisiert werden müssten. Die Forscherinnen fordern deshalb dazu auf, dass Trainer und Verhaltensberater sehr früh besonders Halter kleiner Hunde dafür sensibilisieren sollten, wie wichtig eine gute Sozialisation mit allen Größenordnungen und Geschlechtern von Artgenossen für den eigenen Hund ist.

EINFLUSS DER LEBENSWEISE

Doch nicht nur die Persönlichkeit und der Interaktionsstil des Menschen, die Anzahl der menschlichen oder hündischen Beziehungspartner oder seine Körpergröße könnte die Bindungsqualität, die Entstehung von Verhaltensbesonderheiten oder Persönlichkeitseigenschaften prägen. Auch die Lebensweise scheint einen Einfluss auf Verhalten und Wesensmerkmale bei Hunden zu haben, wie zwei neuere Studien zeigen konnten.

THEMEN DES FRAGEBOGENS

ANGABEN ZUM BESITZER

Geschlecht	□ weiblich □ männlich
Alter	□ 18–30 □ 31–40 □ 41–50 □ 51–60 □ >60 Jahre alt

ANGABEN ZUM HUND

Größe	□ klein (< 10 kg) □ mittel (10–20 kg) □ groß (> 20 kg)
Alter	□ 1–3 □ 4–8 □ >8 Jahre alt
Geschlecht	□ vollständige Hündin □ kastrierte Hündin □ vollständiger Rüde □ kastrierter Rüde
Rasse	□ Mischling .... □ Rasse ....

EINSTELLUNG UND VERHALTEN DES BESITZERS IM UMGANG MIT DEM EIGENEN HUND UND BEI KONTAKTEN ZU ANDEREN HUNDEN

Was machen Sie normalerweise, wenn Sie auf dem Spaziergang mit Ihrem Hund ...	
... einen kleineren, freilaufenden Hund treffen?	□ Ich vermeide den Kontakt. □ Ich nähere mich vorsichtig. □ Ich nähere mich nur, wenn der Hund das gegenteilige Geschlecht von meinem Hund hat.
... einen größeren, freilaufenden Hund treffen?	□ Ich vermeide den Kontakt. □ Ich nähere mich vorsichtig. □ Ich nähere mich nur, wenn der Hund das gegenteilige Geschlecht von meinem Hund hat.
Glauben Sie, dass ...	
... Ihr Hund vor kleineren Hunden Angst hat?	□ Ja □ Nein
... Ihr Hund vor größeren Hunden Angst hat?	□ Ja □ Nein
... Ihr Hund mit anderen Hunden sozialisiert werden sollte?	□ Ja □ Nein
Hat Ihr Hund die Möglichkeit, unangeleint mit anderen Hunden zu spielen?	□ Ja □ Nein □ Nur mit Hunden des gegensätzlichen Geschlechtes

Tabelle nach Bassi et al., 2016

In der einen Studie wurden die Wesenseigenschaften von Familien- mit Rettungshunden und in der anderen das Verhalten freilebender Hunde mit dem Auftreten von Familienhunden in bestimmten Situationen verglichen. Elisabeth Hare hat im Team um James Serpell an der Universität Pennsylvania/USA C-BARQ-Fragebögen (C-BARQ, siehe S. 130) an Halter von Such- und Rettungshunden und an Familienhundehalter verschickt (Hare et al., 2018). Hier sollten die Menschen Angaben zum Verhalten ihrer Hunde gegenüber fremden Menschen, Artgenossen oder Gegenständen machen, aber auch zur Trainierbarkeit und dem täglichen Energielevel ihres Tieres. Die Ergebnisse zeigten, dass Hunde, die eine aufwändige Ausbildung des Such- und Rettungshundes erhalten hatten, höhere Werte in Trainierbarkeit und Energie erzielten. Eine niedrigere Punktzahl bekamen sie dagegen in den Bereichen Furcht und Aggression: Egal ob Angst vor fremden Artgenossen oder Menschen, Aggression gegenüber Artgenossen oder fremden Personen oder Furcht vor unbekannten Gegenständen – in allen Bereichen waren die Hunde mit hohem Ausbildungsniveau gelassener als die Familienhunde. Unklar bleibt, welchen Einfluss auf das Ergebnis die strenge Auswahl für das Ausbildungsprogramm hat, das ja von vornherein den Fokus auf bestimmte Wesenseigenschaften der Hunde legt. Doch die Wahrscheinlichkeit, dass die Art und Weise des Umgangs das Wesen beeinflussen könnte, haben schon vorherige Studien gezeigt (siehe S. 59 ff.).

EINFLUSS DER PERSÖNLICHKEITS-ENTWICKLUNG

Doch könnte das Zusammenleben mit Menschen grundsätzlich einen positiven oder negativen Einfluss auf das Verhalten von Hunden haben?

Diese Frage hat sich ein Team aus Budapest um Ádám Miklósi gestellt und das Verhalten von freilebenden Hunden auf Bali mit dem Verhalten von Familienhunden am gleichen Ort verglichen (Corrieri et al., 2018). „Wild“ erschienen die freilebenden Hunde dabei nur auf den ersten Blick. Beim genaueren Hinsehen zeigte sich, dass Hunde, die sich auf Bali ohne große Kontrolle des Menschen frei bewegen durften, entspannter waren als Hunde, die von Menschen adoptiert worden waren und sich in der Folge um ihre Versorgung und einen gemütlichen Schlafplatz keine Sorgen mehr machen mussten.

Die Hunde auf Bali leben seit tausenden von Jahren neben der menschlichen Bevölkerung ein relativ freies Leben, erst in den letzten Jahrzehnten haben Ausländer damit begonnen, Hunde, wie in westlichen Industrienationen üblich, als Haustiere zu halten. Damit einhergehend tragen diese Hunde Halsbänder, werden an Leinen ausgeführt und können sich im Garten hinter hohen Zäunen sicher aufhalten. Dieser relativ neue Trend, wilden Hunden ein Zuhause zu geben, sie zu adoptieren, hat den Wissenschaftlern die einmalige Möglichkeit beschert, genau zu untersuchen, ob die Persönlichkeitseigenschaften einer ursprünglich einheitlichen Population durch unterschiedliche Lebensweisen voneinander abweichen. Um dies herauszufinden, waren die Forscher wieder einmal auf die Mitarbeit der Halter, aber auch die Hilfe derjenigen Menschen angewiesen, die sich seit mindestens zwei Jahren um die freilebenden Bali-Hunde kümmerten und sie beobachteten. Auf diese Weise konnten insgesamt 75 Fragebögen zur Persönlichkeit der Hunde ausgefüllt und ausgewertet werden (60 von freilebenden und 15 von im Haus lebenden Hunden). Zusätzlich zum unterschiedlichen Lebensumfeld nahmen die Wissenschaftler dabei weitere demografische Daten wie das Alter, den Kastrationszustand und das Geschlecht der Hunde in den Fokus. Rasseeigenschaften spielten keine Rolle, da alle Hunde auf die gleiche Stammpopulation der Bali-Hunde zurückgingen und erst vor kurzer Zeit getrennt worden waren.

Freilebende Hunde verbringen die meiste Zeit des Tages mit Schlafen, Dösen und Gucken.

Selbstständigkeit und Verhalten

Die gesammelten Ergebnisse zeigen, was Feldforscher wie Roberto Bonanni in Italien, Anindita Bhadra in Indien oder Andrej Poyarkov in Russland immer wieder beschrieben haben: Freilaufende Hunde sind faul und entspannt. Sie hängen viel herum, liegen, schlafen oder gucken in die Umgebung. Hin und wieder begeben sie sich auf Futtersuche oder spielen. Auch auf Bali waren die Streuner viel weniger aktiv als ihre im Haus lebenden Artgenossen. Das beinhaltete auch, dass sie viel weniger problematisches Verhalten zeigten, sie waren weniger interessiert daran, andere Tiere oder Menschen zu jagen, weniger aggressiv gegen andere Tiere und weniger erregbar. Unter den freilebenden Hunden zeigten sich die Hündinnen schneller erregbar, insgesamt zeigte die gesamte Untersuchungsgruppe bei den weiblichen Tieren eine größere Furcht gegenüber Menschen. Natürlich ist die Gruppe der hier untersuchten Haushunde sehr klein. **Aber es lässt sich eine Tendenz erkennen, dass ein durch den Menschen stark kontrolliertes Leben negative Effekte auf Hundeverhalten haben könnte.** Speziell werden in der Studie ein erhöhter Aktivitätslevel, Erregbarkeit, Aggression gegenüber Menschen und anderen Tieren und eine erhöhte Jagdpassion genannt, alles „Problemverhaltensweisen“, die das Tagesgeschäft in unseren Hundeschulen prägen.

Vielleicht sollten wir darüber nachdenken, ob diese „Probleme" bedingt werden durch das Unterbinden jeglicher selbstständiger Erkundungs- und Gestaltungsmöglichkeit wohlbehüteter Hunde? Erkunden, selber erleben, eigene Erfahrungen in der Hundewelt sammeln – all dies, gepaart mit maßvoller geistiger Auslastung, sorgt erfahrungsgemäß für entspannte Hunde, wie schon die tschechische Parkstudie (siehe S. 131) oder die Studie von Emily Blackwell zeigen konnte: Sie stellte fest, dass weniger der Besuch formaler Unterrichtsstunden die Entstehung von Verhaltensproblemen verhindern konnte, wohl aber die Tatsache, ob ein Welpe in der Sozialisierungsphase an Spielkursen teilnehmen durfte (Blackwell et al., 2008). Diese Hunde hatten eindeutig weniger Problemverhalten im Alltag mit anderen Hunden. Daraus schließt die Verhaltensbiologin, dass eine gute Sozialisation wichtig für positives Sozialverhalten eines Hundes sei. Um all diese Ergebnisse zum Wohle unserer Hunde lebendig diskutieren und weiter analysieren zu können, sind weitere Studien mit einer größeren Anzahl untersuchter Hunde erforderlich. Die hier vorgestellten Studien lassen aber bereits vermuten, was für einen starken Einfluss wir auf die Persönlichkeitsentwicklung unseres Hundes nehmen können. Bei allem Bemühen um ein möglichst stress- und sorgenfreies Leben unserer Hunde sollten wir also nicht vergessen, ihnen genug Zeit und Freiraum zu lassen, weniger alles kontrollieren zu wollen, was sie tun, stattdessen freien Kontakt zu Artgenossen pflegen lernen lassen und einfach mal nur Hund sein zu dürfen. Abschließen möchten wir deshalb mit Gedanken des amerikanischen Verhaltensforschers Marc Bekoff zum Ergebnis der Bali-Studie:

Eigene Erfahrungen machen zu dürfen, ist sehr wichtig.

„Denkt mal darüber nach. Wir bringen Hunden bei, dass sie nicht überall pinkeln oder kacken dürfen, wo sie möchten. Um rausgehen zu können, müssen sie unsere Aufmerksamkeit erregen und uns um Erlaubnis bitten. Wenn wir mit ihnen vor die Tür gehen, dann beschränken wir häufig ihren Bewegungsradius, indem wir sie hinter Zäunen im Garten oder Hundeauslauf kontrolliert halten oder an der Leine laufen lassen. Hunde essen, was und wann wir sie füttern, sie werden ausgeschimpft, wenn sie essen, was wir ihnen verboten haben. Hunde spielen mit Spielzeug, das wir für sie ausgesucht haben, und sie bekommen Ärger, wenn sie unsere Schuhe oder Möbel als Spielzeug auserkoren haben. Meistens bestimmen unser Terminkalender und unsere Freundschaften, mit wem sie spielen und wer ihre Freunde werden."

NACHMACHEN, WAS WIR VORMACHEN

Stimmungsübertragung und Verhaltenssynchronisation

Menschen können durch ihre Persönlichkeit und ihr Verhalten in verschiedenen Situationen also wesentlichen Einfluss auf die Beziehungsqualität und Entwicklung sozialer Kompetenz des Hundes nehmen. Wir sind als „Elternteil“ in der Rolle eines Vorbildes, leben dem Hund vor, wie man sich in bestimmten Situation benehmen sollte.

Diese Erkenntnis spielt eine wichtige Rolle für die Sozialisation des jungen Hundes, denn die Art und Weise, mit welchen Emotionen wir Dingen oder Situationen begegnen, scheint jedenfalls einen großen Einfluss auf die Wahrnehmung der Welt durch den Hund zu haben. Schon Anfang des zwanzigsten Jahrhunderts konnte in einer Studie aus Budapest beobachtet werden: Hunde sichern sich im Unterschied zum Wolf ab, indem sie, vor ein unlösbares Problem gestellt, den „Blick zurück“ zum Menschen zeigen, so als würden sie ihn um Hilfe oder Unterstützung bitten. Die unter vergleichbaren Bedingungen aufgezogenen, zahmen Wölfe dagegen versuchten sich kurz an der Lösung der Aufgabe und gaben auf, sobald sie merkten, dass sie nicht weiterkamen (Miklósi et al., 2003). Daraus schließen die Verhaltensforscher, dass Hunde im Zuge der Domestikation die Fähigkeit entwickelt haben, mit uns zu kooperieren, sich gegenseitig zu unterstützen, während der Wolf dies bevorzugt – und, wie wir heute wissen, auch viel besser als der Hund – mit Artgenossen tut (siehe S. 126). Aber nutzen Hunde den Blick zurück zu uns auch, um adäquates Verhalten für neue Situationen zu erkennen und nachzumachen?

SOCIAL REFERENCING = „SOZIALES RÜCKVERSICHERN“

Das Absichern zeigen soziale Tierarten, die sich dadurch am Verhalten eines erfahrenen Beziehungspartners in einer ungewohnten Situation orientieren. Dadurch können die zumeist jungen Individuen in potenziell gefährlichen Situationen angebracht reagieren und vermeiden Risiken, die durch die Methode „Versuch und Irrtum“ entstehen würden.

ORIENTIERUNG AN DER BINDUNGSPERSON

Auch Kinder schauen hilfesuchend zu ihrer Bindungsperson, wenn sie eine Situation, eine Aufgabe oder ein neuer Gegenstand verunsichert. Ethologen vermuten, dass Hunde und Kinder damit entweder auf Hilfe bei der Lösung hoffen oder weil sie, falls die Situation unbekannt ist, sichergehen wollen, wie sie sich verhalten sollen, um Gefahren zu vermeiden. Hier lernen Hunde und Kinder also nicht durch Versuch und Irrtum, sondern indem sie bei einer Bezugsperson nach Orientierung suchen und um Informationen zu erlangen, wie man mit der Situation am besten umgeht. Die Anwesenheit des Besitzers dient damit als „sicherer Hafen", von dem aus Hunde die Welt erkunden können, aber auch als „sichere Basis", denn Hunde können Probleme auch besser lösen, wenn der Besitzer statt eines freundlichen Fremden vor Ort ist und sie motiviert (siehe S. 184).

Mutterhündinnen, ihre 8 Wochen alten Welpen sowie fremde Artgenossen und Menschen nahmen an den Versuchen teil.

VERHALTEN SPIEGELN

Ein Forscherinnen-Team der Universitäten Lincoln, Wien und Mailand hat sich bereits 2012 zusammengetan, um dieses Verhalten von Hunden zu untersuchen (Merola et al., 2012). Sie konfrontierten die Hunde mit einem ihnen bis dahin unbekannten, eingeschalteten Ventilator und beobachteten, ob die Hunde in der potenziell gefährlichen Situation Blickkontakt zu ihrem Besitzer suchten und ob dessen Reaktion ihr weiteres Verhalten beeinflussen würde. 86 Prozent der 75 getesteten Hunde wandten sich zum Menschen um. Von diesem bekamen sie dann eine entweder positive oder negative emotionale Bewertung des unbekannten Gegenstandes, indem der Besitzer sich mit fröhlichen Begriffen und Intonation und Gesichts-Mimiken gegenüber dem Ventilator zeigte (positive Gruppe) oder sich im Gegensatz dazu ängstlich und zurückhaltend verhielt (negative Gruppe). Dadurch wurde der Ventilator von der Bindungsperson des Hundes entweder als „toll" oder als „unheimlich" bewertet. Die Bewertung durch den Menschen hatte einen signifikanten Effekt auf das Verhalten der Hunde: Die Hunde mit der positiven Rückmeldung näherten sich dem Ventilator, während die Hunde mit der negativen Rückmeldung sich von dem Gerät distanzierten. Damit spiegelten die Hunde jeweils das Verhalten ihres Besitzers.

Studie: Absicherndes Schauen

Claudia Fugazza hat gemeinsam mit einem Team der Universität Budapest diesen Versuch mit Welpen wiederholt, um zu sehen, ab welchem Zeitpunkt in der Ontogenese, also der Individualentwicklung eines Hundes, dieses Verhalten zu beobachten ist (Fugazza et al., 2018). Dazu wurden 48 acht Wochen alte Welpen verschiedener Rassen mit ungewohnten Objekten wie einem Ventilator konfrontiert. Im Raum befanden sich ebenfalls entweder die Muttertiere der jeweiligen Welpen oder aber eine dem Hund noch

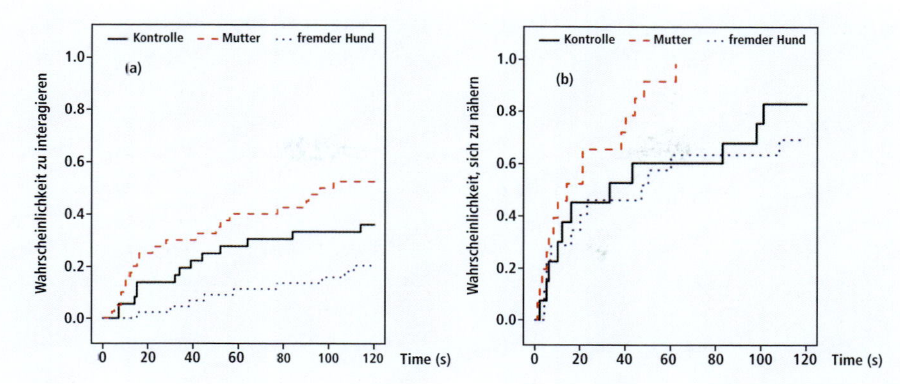

Mütter machen Welpen mutig!

Sie interagierten mehr mit ihr und näherten sich dem Ventilator schneller.

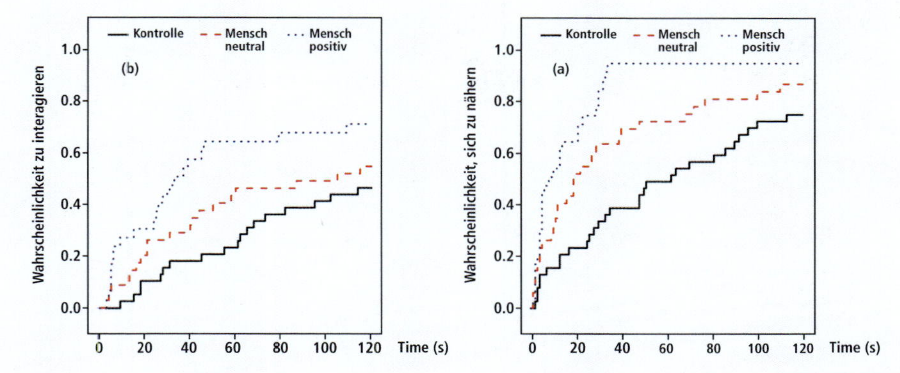

Auch fremde Menschen machen Mut, …

… wenn sie sich ermunternd verhalten. (Fugazza et al., 2018)

unbekannte Person oder ein fremder Artgenosse. Die Personen wurden vom Forscherteam dazu aufgefordert, die Situation unterschiedlich emotional zu bewerten: eine Gruppe sollte den Welpen positiv ermutigen, die andere sollte sich neutral verhalten. Alle Reaktionen der Welpen wurden via Video aufgezeichnet und anschließend ausgewertet. Dabei wurde deutlich, dass Hunde schon in diesem frühen Alter mit ihren Sozialpartnern – egal ob Mutterhündin oder Mensch – durch Blickkontaktsuche ihr Verhalten gegenüber dem unbekannten Objekt abstimmen (referential looking = „absicherndes Schauen"). Bei diesem Erkundungsverhalten spielte die Reaktion der Menschen eine wichtige Rolle: Zeigten die Menschen positive Reaktionen gegenüber dem Objekt, dann näherten sich die Welpen deutlich schneller an, als wenn der Mensch nur eine neutrale Reaktion zeigte. Um den Langzeiteffekt der Bewertung durch den Menschen zu testen, wurden die Welpen nach einer Stunde erneut in den Raum zum Ventilator gelassen. Auch hier war der Effekt der positiven Reaktion immer noch zu sehen: Die entsprechende Welpengruppe zeigte wieder erhöhtes Interesse und mutigeres Erkunden als die Gegengruppe, deren Menschen den mysteriösen Gegenstand neutral behandelt hatten. Hunde können also bereits im Alter von 8 Wochen unser Verhalten interpretieren!

Studie: Bewertung von Gegenständen

Ein Team um die ungarische Forscherin Borbála Turcsán hat eine weitere Studie zur Bewertung von Gegenständen durch den Menschen entwickelt (Turcsán et al., 2015). In dem Experiment beobachteten Hunde ihre Besitzer dabei, wie sie sich zwei identischen Plastikflaschen gegenüber verhielten, die in dem Testraum auf dem Boden lagen. Insgesamt wurden fünf Gruppen von Hunden gebildet, deren Halter angewiesen wurden, sich folgendermaßen den beiden Flaschen gegenüber zu verhalten:

1. fröhlich oder neutral,
2. fröhlich oder angeekelt,
3. neutral oder angeekelt,
4. und 5. neutral und neutral als Kontrollgruppen.

Anschließend wurden die Hunde mit dem Auftrag zu den Flaschen geschickt, eine davon zu apportieren. Die Hunde in den zwei Kontrollgruppen ohne emotionale Bewertung einer der beiden Flaschen unterschieden sich nicht in der Wahl der Flaschen – sie wählten nach dem Zufallsprinzip ein Objekt der beiden aus und brachten es brav zum Besitzer. Dagegen waren die anderen Hunde sehr wohl in der Lage, zwischen dem fröhlichen oder neutralen Ausdruck ihres Besitzers zu unterscheiden: Sie brachten bevorzugt die Flasche, die mit positiver Aufmerksamkeit vom Besitzer bedacht worden war. In den Gruppen, in denen die Halter Ekel gegenüber einer der Flaschen geäußert hatten, näherten sich die Hunde den Objekten wahllos an – vermutlich fanden sie die „ekligen“ und „neutralen“ Objekte gleichwertig attraktiv. Trotzdem bevorzugten es die Hunde, Objekte zum Besitzer zu bringen, die vorher von ihm oder ihr mit einer eher positiven Emotion besetzt worden waren (fröhlich oder neutral).

Diese Ergebnisse zeigen, dass Hunde in der Lage sind zu erkennen, welche Emotion die positivere von beiden ist. Ekel oder neutrale Bewertungen scheinen ihnen schwerer zu fallen, zu erkennen oder zu unterscheiden. In der Apportieraufgabe bevorzugten sie, die Flaschen zu bringen, die der Besitzer in seiner Reaktion vorher als neutral oder positiv bewertet hatte, die „eklige“ Flasche wurde weniger beachtet.

Diese Studien zeigen deutlich, dass wir für Hunde als „Vorbilder“ funktionieren, unser Verhalten dient ihnen als Beispiel für angemessenes Verhalten in aufregenden, neuen Situationen. Dabei entsteht die Fähigkeit zur sozialen Orientierung und Absicherung schon sehr früh in der Individualentwicklung von Hunden. Die Präsenz eines vertrauten Beziehungspartners (Mutterhündin) oder eines fremden Menschen, der die Situation für den unerfahrenen Hund oder Welpen emotional bewertet, kann für das Bewältigen der merkwürdigen Situation und auch das zukünftige Verhalten eines Hundes eine große Rolle spielen. Hunde bewerten Situationen demnach also ähnlich wie wir und passen sich damit unserer Sicht von der Welt an.

Positiv bewertete Flaschen …

SYNCHRONISATION ALS BINDUNGSINDIKATOR

Die Fähigkeit, das eigene Verhalten an das Verhalten des Bindungspartners anzupassen, wurde vielfach von der Verhaltensforschung an verschiedenen Spezies untersucht und beschrieben. So kann man z. B. beobachten, wie sich gute Freunde im Café synchron der Sitzposition des anderen immer wieder unbewusst anpassen. Forscher vermuten, dass Verhaltenssynchronisation auf eine vertraute Beziehung hinweist und dazu dient, diese Bindung zu bestätigen und dadurch die eigene Lebenssicherheit zu erhöhen. Zwischen Hunden ist diese Synchronisation vertrauter Spielpartner während des Spielens schon untersucht worden (siehe Palagi et al. S. 134 ff.). Doch wie sieht es in sozialen Beziehungen zwischen zwei verschiedenen Arten aus, wie der zwischen Hund und Mensch: Lässt sich auch hier Verhaltenssynchronisation beobachten? Charlotte Duranton und Florence Gaunet vom Psychologischen Laboratoire der Universität Marseille trugen für ihren Artikel „*Canis Sensitivus*: Bindungsbereitschaft und die Sensibilität der Hunde für das Verhalten des Gegenübers als Basis für eine Verhaltenssynchronisation mit Menschen" Daten zusammen, die über die Sensibilität von Hunden gegenüber dem Verhalten anderer Hunde und Menschen erhoben wurden (Duranton und Gaunet, 2015).
Ihre Analysen der vorhandenen Studien ergaben drei wichtige Erkenntnisse:

1. Hunde nehmen das ihnen gegenüber geäußerte Verhalten von Hunden und Menschen wahr und passen ihr Verhalten entsprechend an.
2. Hunde nutzen Information aus Interaktionen, die sie zwischen anderen Partnern beobachten, und passen ihr Verhalten im Zuge dieser Erkenntnisse an.
3. Studien wie die von Borbála Turcsán legen den Verdacht nahe, dass Hunde auch in der Lage sind, emotionale Bewertungen gegenüber Gegenständen als Information zu nutzen und sich entsprechend ähnlich den Objekten gegenüber zu verhalten.

... wurden bevorzugt apportiert,

eklige Flaschen ...

... meist links liegengelassen.

TEMPOANPASSUNG

Sich im Verhalten zu synchronisieren, ist oft auch bei Spaziergängen gut zu beobachten: Man passt sich einander im Tempo an, bleibt stehen, wenn der Partner stehen bleibt, oder „marschiert" irgendwann „wie von allein" synchron in der Schrittfolge. Charlotte Duranton hat mit ihren Kolleginnen deshalb das „Gassigehen" in den Blick genommen und geschaut, ob sich auch hier eine Tendenz zur Synchronisation im Mensch-Hund-Team beobachten lässt.

Dazu ließen die Wissenschaftlerinnen zunächst Hund und Besitzer in einem unbekannten, geschlossenen Raum die Möglichkeit, sich frei zu bewegen und beobachteten, dass die Hunde dort ihren Aufenthaltsort deutlich am Menschen orientierten (Duranton et al., 2015). Bewegte sich der Besitzer von einer Stelle zur nächsten, folgte der Hund, schaute er in eine bestimmte Richtung, wurde sogar dies aufgegriffen und kopiert. Sogar das Bewegungstempo passten die Hunde dem Menschen an und verhielten sich auch hier wieder wie Kinder es in vergleichbaren Studien in Beziehung zu ihren Müttern getan hatten. Doch gilt diese Orientierung an der Bewegung des Menschen auch, wenn wir uns unter freiem Himmel bewegen und der Hund nicht durch Wände in seinem freien Erkunden eingeschränkt wird?

DR. CHARLOTTE DURANTON

leitet das französische Institut „Ethodog" (www.ethodog.fr), das eng mit dem Institut von Alexandra Horowitz in New York (www.dogcognition.weebly.com) zusammenarbeitet. Charlotte interessiert sich besonders für die geistigen Fähigkeiten der Hunde, im Speziellen für Mensch-Hund-Interaktionen. Aktuell widmet sie sich der Erforschung der Existenz und Begebenheiten von Verhaltenssynchronisation von Hunden gegenüber Menschen und anderen Hunden, außerdem den Effekten der olfaktorisch basierten Aktivitäten in Mensch-Hund-Interaktionen. Besonders fasziniert es sie zu verstehen, wie Hunde es schaffen, sich so gut in die verschiedensten menschlichen Gesellschaften zu integrieren und wie es ihnen gelingt, mit uns zu kommunizieren.

Tempoanpassung auf dem Spaziergang

In einem weiteren Versuch sollten die Menschen deshalb in einem Park mit dem freilaufenden Hund über die Wiese gehen und dabei das Tempo und die Richtung wechseln oder längere Zeit an einem Ort verweilen. Die Besitzer wurden instruiert, keinen Blickkontakt zum Hund aufzunehmen, über Kopfhörer wurde ihnen dann mitgeteilt, wann sie sich wie bewegen oder stehen bleiben sollten. Auf den Forschungsvideos sieht man Hunde, die immer wieder Blickkontakt suchen, sich aber ständig in der unmittelbaren Umgebung des Menschen aufhalten, am Boden schnuppern oder sich wälzen, wenn der Mensch stehen bleibt, aber sofort aufspringen, wenn es weitergeht. Dies zeigt erneut, dass Hunde auch bei freier Bewegung bevorzugt in der Nähe ihres Menschen bleiben, sich an seinem Bewegungsbild orientieren und sich diesem anpassen. Hunde zeigen also auch durch diese Verhaltenssynchronisation mit ihrem Menschen eine sehr starke Zugehörigkeit (Duranton et al., 2017).

OXYTOCIN IN DER MENSCH-HUND-BEZIEHUNG

Bindungen machen uns glücklich, fit fürs Leben und lassen uns Stress leichter ertragen. Positive soziale Interaktionen können Stress reduzieren und den Ausstoß von Oxytocin erhöhen, was sich in Kleinkind-Eltern-Bindungen, aber auch in stabilen Hund-Mensch-Beziehungen durch anhängliches, weniger ängstliches oder aggressives Verhalten und vertrauensvolle Aktivitäten gegenüber dem Elternteil/Hundehalter deutlich zeigt. **Oxytocin ist ein Neuropeptid, also ein Hormon, das im Zwischenhirn (Hypothalamus) von Säugetieren gebildet wird und viele soziale Verhaltensweisen bei Menschen und nichtmenschlichen Tieren beeinflusst.** Verhaltensbiologen und Psychologen meinen, in dieser sozialen Unterstützung durch einen verlässlichen Partner einen wesentlichen evolutionären Grund für die Entstehung und Etablierung von Bindungen zu sehen. Doch was sind die geheimen Kräfte, die im Hintergrund all dieser positiven Effekte wirken? Neuro- und molekularbiologische Studien haben sich darauf konzentriert, die Botenstoffausschüttung, aber auch die Varianz in den genetischen Bedingungen für Botenstoffherstellung zu untersuchen. Schon länger bekannt ist die Wirkung, dass sowohl beim Mensch als auch beim Hund beim Streicheln und Kuscheln das Bindungshormon „Oxytocin" ausgeschüttet wird (siehe FTH S. 202). Neuere Studien gleichen den Gehalt von Botenstoffen mit genetischen Unterschieden zwischen Rassen und dem gezeigten Verhalten mit dem Ziel ab, die neurochemischen Grundlagen der Bindungsintensität und des Interaktionsverhaltens zwischen Mensch und Hund besser zu verstehen. Dabei kristallisiert sich besonders durch genetische Untersuchungen immer mehr heraus, welche große Bedeutung eine Vielgestaltigkeit der Rezeptorgene für Botenstoffe wie Oxytocin, Endorphine oder das Dopamin für die Bindung zwischen Mensch und Hund haben könnte (siehe S. 80 ff.).

OXYTOCIN-WIRKUNG IM KÖRPER

Einige der ersten Studien zur Wirkweise neurochemischer Botenstoffe auf die Bindung zwischen Mensch und Hund stammen von einem südafrikanischen Forscherteam der Universität Pretoria (Odendaal and Meintjes, 2003). Die Wissenschaftler konnten feststellen, dass während der innigen Interaktion zwischen Hund und Mensch bei beiden Arten die Menge des Peptidhormons Oxytocin im Blut ansteigt. Aber nicht nur dieser Botenstoff ließ sich nach dem Körperkontakt erhöht in der Blutbahn nachweisen: Die Herzschlagrate sank deutlich ab, dazu kamen erhöhte Werte der rauschhaften Botenstoffe der Endorphingruppe und Dopamin. Dieses Gemisch an Wohlfühlbotenstoffen sorgt dafür, dass Mensch und Hund während des vertrauten Zusammenseins nicht nur subjektiv Wohlfühlanzeichen im Verhalten von sich geben, sondern dass sich dieser Effekt auch im Kreislaufsystem auf neurochemischer Ebene nachweisen lässt.

EINFLUSS AUF SOZIALES VERHALTEN

Theresa Romero hat mit einem Team von Wissenschaftlern der Universität Tokyo das Sozialhormon Oxytocin genauer untersucht (Romero et al., 2014). Interessant in Bezug zur Mensch-Hund-Beziehung ist für die Forscher in diesem Zusammenhang, ob das Hormon auch soziale Bindungen außerhalb einer Fortpflanzungsgemeinschaft beeinflusst. Dazu setzten die Wissenschaftler künstliches Oxytocin ein, das sie die Hunde durch Sprühen über die Atemwege aufnehmen ließen. Für eine Vergleichsgruppe wurde ein Placebo genommen. Danach wurde 60 Minuten gewartet und dann mit den Versuchen begonnen. Die Besitzer sollten relativ unbeteiligt auf einem Stuhl sitzen. Im Raum anwesend war auch ein dem Hund vertrauter Artgenosse. Parallel dazu wurde der Oxytocingehalt im Urin des Hundes gemessen, und zwar vor der Behandlung mit dem Nasenspray und nach Abschluss des Versuches. Dadurch wollten die Forscher feststellen, ob zusätzlich auch körpereigen hergestelltes Oxytocin ausgeschüttet worden war. Es wurde deutlich, dass die mit Oxytocin behandelten Hunde ein größeres soziales Interesse an ihrem Besitzer zeigten und ihm mehr Zuneigung schenkten, als die Hundegruppe, die mit dem Placebomittel in Kontakt gekommen war. Sie suchten häufiger die Nähe und hielten diese körperliche Nähe auch längere Zeit aufrecht. Die Oxytocin-Gruppe näherte sich im Vergleich mit der Placebo-Gruppe auch aktiver und freundlicher Artgenossen an, auch der Gehalt an körpereigenem Oxytocin war in der Urinprobe am Ende erhöht.

In einer weiteren Studie nahm Romero die Spielsignale in den Blick und konnte feststellen, dass nach dem Besprühen mit Oxytocin die Hunde versuchten, ihre Besitzer, aber auch vermehrt Artgenossen, z. B. durch häufiges Zeigen der Vorderkörpertiefstellung („Play Bow") zum Spielen zu animieren (Romero et al., 2015). Damit konnte ein Nachweis erbracht werden, dass Oxytocin positive soziale Verhaltensweisen nicht nur gegenüber Artgenossen, sondern auch gegenüber dem menschlichen Bindungspartner auslöst. Zusätzlich konnte durch die Urinwerte gemessen werden, dass der Austausch von soziopositiven Verhaltensweisen mit bekannten Artgenossen wiederum den Ausstoß von körpereigenem Oxytocin auslöst – es handelt sich also um einen Rückkopplungseffekt, ähnlich wie ihn auch Nagasawa in seiner Studie beobachten konnte (siehe S. 78 ff.).

Diese Wechselwirkung macht die Bedeutung des Botenstoffes für die Entwicklung sozialer Beziehungen bei Hunden deutlich. Daraus schließen die Forscher, dass Oxytocin nicht nur in der zwischenartlichen Kommunikation und Etablierung von Bindung eine Schlüsselrolle zukommt, sondern dass diese Effekte auch in der erfolgreichen Mensch-Hund-Bindung sowie für die Erkundung der Umwelt eine große Rolle spielen (siehe auch S. 184). Oxytocin könnte durch die stärkere Kontaktsuche zum Menschen auch eine besonders gute Kooperation ermöglichen. Ein Grund,

---

WIRKWEISE DER BOTENSTOFFE

Endorphine wirken wie Opiate, versetzen uns also in einen schönen Rauschzustand. **Oxytocin** ist das Glücks- und Bindungshormon, es wird in der Hypophyse gelagert und bei positiven Interaktionen (Blickkontakt, Streicheln) mit vertrauten Bindungspartnern vermehrt ausgeschüttet. Es bestärkt durch das gemeinsame Erleben schöner Emotionen das Band der Bindung. **Dopamin** wird auch als „Selbstbelohnungssubstanz" bezeichnet und bereits in der Erwartung einer positiven Aktion im Vorfeld ausgeschüttet. Bei monotoner Beschäftigung oder starken Erfolgserlebnissen wird Dopamin vermehrt ausgeschüttet und beschleunigt damit sowohl Lernen als auch die Entstehung von Suchtverhalten.

Hunde schauen vertrauten Menschen lange in die Augen – und fühlen sich gut dabei!

warum sich Genetiker vermehrt für die Oxytocin- und Dopaminrezeptorgene bei verschiedenen Rassen im Vergleich interessieren (siehe S. 80 ff.).

BINDUNGSFÖRDERNDE VERHALTENSWEISEN

Doch ist es nur die körperliche Berührung, wie wir es z. B. aus den Untersuchungen der Studie aus Pretoria (Odendaal and Meintjes, 2003, siehe S. 75) und der schwedischen Biochemikerin Kerstin Uvnäs Moberg erfahren haben (siehe FTH S. 202), die bindungsfördernde Gefühle auslösen? Oder reicht schon der Anblick eines vertrauten Bindungspartners, um die Ausschüttung des Glücksbotenstoffes zu befeuern? Viele von uns werden dieses Phänomen hoffentlich aus persönlicher Erfahrung gut kennen: Wenn wir einen geliebten Bindungspartner in einer Menschenmenge entdecken, erhöht sich sofort unser Pulsschlag, wir erleben Glücksgefühle. Aber tritt dieser Zustand auch ein, wenn unser Hund uns und wir unseren Hund ansehen? Natürlich sitzen Hund und Mensch auf dem Abstammungsbaum der Evolution auf sehr weit voneinander entfernten Ästen. Doch im Zuge der Domestikation könnte es durch Änderungen im neuronalen System zur Entstehung neuronaler Verarbeitungsmechanismen und Verhaltensweisen gekommen sein, die es möglich machen, bei der Bindung die Artgrenze zu überspringen (siehe S. 79).

Blickkontakt

Ein Beispiel für solch eine Verhaltensweise ist der Blickkontakt zwischen Hund und Mensch: **Hunde halten mit vertrauten Beziehungspartnern dem langen Blick in die Augen stand und erleben dies scheinbar nicht als bedrohlich, sondern als Geste des Vertrauens.** In stressigen Situationen oder um Hilfe für die Lösung eines Problems zu bekommen, zeigen sie ebenfalls den für Hunde typischen „Blick zurück" zum Menschen (siehe S. 69 ff. und S. 184).

Forscher vermuten, dass eine konvergente Evolution zwischen Hunden und Menschen dazu geführt haben könnte, dass Hunde menschliche Kommunikationsmittel entwickelt haben, um effektiv zusammenleben und -arbeiten zu können. Diese neuen Fähigkeiten könnten im Zuge einer durch die Selektion auf Zahmheit entstandenen Veränderung des Temperamentes entstanden sein (siehe Domestikation, S. 27 ff. und FTH S. 22).
Für Menschen hat der Blick zueinander bindungsbefeuernde Wirkung: Während des Blickkontaktes kommt es zum erhöhten Ausstoß von Oxytocin aus dem Hypothalamus, besonders zwischen Mutter und Kind und zwischen Sexualpartnern in monogamen Beziehungen ist dieser Effekt sehr stark. Auch bei Hundehaltern kann man sehr häufig beobachten, dass sie nicht nur kindlich mit ihren Hunden reden (siehe S. 162), sondern dass sie ihren Hund auch sehr gerne sehr lange ansehen. Vom Hund wird dieses Verhalten oftmals gespiegelt und wahrscheinlich wird genau dann eine Bindung häufig als besonders ergiebig erlebt. Könnte es also sein, dass sich die Fähigkeit zum Blickkontaktaustausch als Mittel der Kommunikation und Demonstration von Vertrautheit bei Hunden als angepasstes Verhalten mit dem Menschen entwickelt hat?
Genau das wollte ein Team japanischer Wissenschaftler herausfinden und hat untersucht, ob sich ein Zusammenhang zwischen Blickkontakt und Oxytocinausschüttung zwischen Hundebesitzer und Hund finden lässt (Nagasawa et al., 2015).

Das Ansehen bei Ansprache ist eine auffällige Reaktion bei Hunden und erleichtert die Kommunikation.

Um dies zu überprüfen, führten die Forscher zwei Testdurchläufe durch.
Am ersten Test nahmen 27 Hunde und 11 handaufgezogene Wölfe teil, die unter ähnlichen Bedingungen lebten und Besitzer hatten. Sie teilten die Besitzer in zwei Gruppen auf: Die eine Hälfte sollte gezielt und lange den Blickkontakt zum Hund suchen, die zweite ihren Hund immer nur kurz ansehen. Parallel zur Verhaltensbeobachtung maßen die Forscher die Konzentration von Oxytocin im Urin von Besitzer und den jeweiligen Kaniden vor dem Test und dreißig Minuten nach Ende des Versuches. Die Verhaltensanalyse zeigte, dass die Hunde, die von ihren Menschen lang angesehen wurden, dieses Verhalten spiegelten und am längsten zu ihrem Menschen schauten. Ebenso konnte mehr körperliche Interaktion und Ansprechen beobachtet werden. Wölfe zeigten dagegen das gemeinsame Ansehen nur selten. Nach 30 Minuten war der Oxytocinpegel in der Langes-Ansehen-Gruppe bei Hund und Mensch am höchsten, aber auch in der anderen Hund-Mensch-Gruppe war er erhöht. Bei Wölfen konnten keine signifikanten Zusammenhänge festgestellt werden.
Am zweiten Test nahmen nur Hunde und Menschen teil. Hier verabreichten die Forscher Hunden Oxytocin mit Hilfe eines Nasensprays und beobachteten dann, ob diese künstliche Zufuhr des Botenstoffes eine Auswirkung auf die Dauer des Blickkontaktes des Hundes hatte und ob dieses Verhalten eventuell eine Wirkung auf den Oxytocingehalt im Urin des Menschen hatte. Tatsächlich traten die Effekte teilweise ein: Hündinnen verlängerten die Dauer des Ansehens nach der Aufnahme des Hormons über die Nase, was zu einer Ausschüttung an Oxytocin und Erhöhung der Ansehensdauer beim Menschen führte. Dies hatte wiederum einen Anstieg des Oxytocingehaltes im Urin des Hundes zur Folge. Die Forscher schließen daraus, dass es eine positive Rückkopplung zwischen Blickkontakt von Hund und Mensch und dem Oxytocinausstoß gibt, der die Bindung zwischen den beiden artfremden Individuen intensiviert.
In der Entwicklung der Mensch-Hund-Beziehung könnte diese Anpassung an das Sozialverhalten des Menschen (Zulassen und Suchen des Blickkontaktes) zu einer Erweiterung der Kommunikationsmöglichkeit und dadurch einer Steigerung des Grads der Zusammenarbeit und einer erhöhten Bindungsintensität geführt haben.

VERÄNDERUNG WÄHREND DER DOMESTIKATION?

All diese Studien lassen Forscher also spekulieren, ob der Anpassung des Oxytocinsystems bei der Entstehung der Mensch-Hund-Beziehung eine Schlüsselrolle zukommen könnte. Diese Hypothese findet Unterstützung in dem Vergleich der Oxytocinreaktion bei Wölfen, die in vergleichbarer Weise aufgezogen wurden wie die Hunde. Die Wölfe zeigten im Versuchsablauf weniger Blickkontakt zu ihren Menschen und kaum eine Reaktion im Oxytocinhaushalt beim Kontakt mit ihrer Bezugsperson. Kritiker mahnen zur Vorsicht bei einer zu vorschnellen Interpretation dieser Ergebnisse, da die Anzahl der getesteten Wölfe gering sei, Aufzucht- und Haltungsbedingungen nicht identisch waren und man mehr Studien und Berechnungen bräuchte, um diese Hypothese zu bestätigen. Trotzdem zeigen die Ergebnisse der Untersuchung, dass bei Hunden eine veränderte Verarbeitung von Oxytocin stattfindet, die eine Voraussetzung für die Entwicklung besonderer Fähigkeiten des Hundes gewesen sein könnte, und dass das Oxytocinsystem eindeutig eine wichtige Rolle in der Hund-Mensch-Interaktion spielt. Um diese Zusammenhänge genauer verstehen zu können, haben sich Wissenschaftler dem genetischen Ursprung des Oxytocinsystems gewidmet und untersucht, ob es zwischen Wolf und Hund und sogar zwischen verschiedenen Hunderassen unterschiedliche Verarbeitungssyteme für Oxytocin geben könnte.

Polymorphismus des Oxytocin-Rezeptor-Gens (OXTR) bei Hunden

Auch wenn bei Hunden die Persönlichkeit und Umwelterfahrungen eine entscheidende Rolle spielen, gibt es rassebedingte Verhaltensunterschiede. So ist davon auszugehen, dass Labrador Retriever fremde Personen auf dem Grundstück tendenziell anders begrüßen als ein ungarischer Kuvasz, der als Herdenschutzhund sein Territorium bewachen soll. Verschiedene Studien haben in den letzten Jahren den genetischen Hintergrund von Verhaltensunterschieden innerhalb der Rassen und im Wolf-Hund-Vergleich untersucht (siehe S. 177 und S. 179).

Eine Schlüsselkomponente des Oxytocinsystems kommt dem Oxytocin-Rezeptor-Gen (OXTR) zu. Bei Hunden konnte eine große Vielfalt (Polymorphismus) dieses Gens gefunden werden, was in Zusammenhang mit dem hohen sozialen Verhalten des Hundes Menschen gegenüber stehen könnte. Zahlreiche Studien haben sich deshalb mit dem OXTR beschäftigt und feststellen können, dass es sowohl zwischen Hunden und Wölfen als auch bei den Hunderassen untereinander große Unterschiede in der Art der Vielgestaltigkeit des Allels gibt, das OXTR kodiert. Daraus könnte man auf ein unterschiedlich starkes Bindungspotenzial der Hunderassen schließen. Mit derartigen Verallgemeinerungen muss man jedoch sehr vorsichtig sein, da Umweltfaktoren, also Prägung, Sozialisation und Beziehungsqualität auf die Entwicklung der Bindungsbereitschaft des einzelnen Hundes den größten Einfluss nehmen. Studien müssen deshalb immer eine ausreichend große Anzahl entsprechender Rassevertreter testen, um zu allgemeingültigen Aussagen kommen zu können. Nóra Bence vom Fachbereich für Medizinische Chemie, Molekularbiologie und Pathobiochemie der Semmelweis Universität in Budapest hat mit ihrem Team eine große genetische Vergleichsstudie an 700 Hunden 10 unterschiedlicher Rassen, 45 asiatischen Straßenhunden und 42 Wölfen durchgeführt (Bence et al., 2017). Die Unterschiede konnten hier bestätigt werden: Es gab signifikante Varianzen im Polymorphismus des OXTR zwischen den Rassen und von Rassehunden zu Straßenhunden, aber noch größer waren die Unterschiede zwischen Wölfen und Hunden. **Die Forscher vermuten, dass OXTR tatsächlich ein Zielgen während der Domestikation und Selektion für von Menschen bevorzugte Aspekte des Temperamentes und sozialen Verhaltens gewesen sein könnte.**

Einfluss von Oxytocin auf rassespezifische Merkmale

Die unterschiedliche Anzahl der Rezeptoren für Oxytocin im Gehirn von Hunden kann also nicht nur in der Prägephase durch ein optimales Pflegeverhalten der Mutterhündin und einen guten Züchterumgang bewirkt werden (siehe S. 201), sondern ist wahrscheinlich auch, bedingt durch unterschiedliche Entstehungsgeschichten der Rassen, genetisch gegeben verschieden hoch. Womöglich könnte als Grund die unterschiedliche Arbeitserwartung bei der Entwicklung bestimmter Kompetenzen gespielt haben. Ein Team der Eötvos Lorand Universität in Budapest unter Leitung von Krisztina Kovács hat diesen Zusammenhang näher untersucht. Dazu wurden zwei Arbeitsrassen mit sehr unterschiedlichen ursprünglichen Ansprüchen ausgewählt: Sibirische Huskys, die auf selbstständiges Arbeiten selektiert wurden, und Border Collies, die auf hohe Kooperationsbereitschaft mit Menschen selektiert wurden. Dabei wurde deutlich, dass es zwischen den Rassen, aber auch zwischen den Geschlechtern unterschiedliche Verarbeitungssysteme für eine künstlich zugeführte Dosis des Bindungshormons Oxytocin zu geben scheint. Deutlich wurde auch, dass die Zusammenhänge kompliziert sind und sehr unterschiedlich ausfielen, je nachdem, ob die Hunde Hilfe für das Erreichen von Futter brauchten oder einen fremden Menschen lange ansehen sollten.

Die Rasse, aber auch Persönlichkeit, entscheidet darüber, ob ein Hund sich für solche Kunststücke begeistern lässt.

Letztlich führte nicht die Behandlung mit Oxytocin, sondern die unterschiedlichen Situationen dazu, dass die Hunde unterschiedlich häufig den Blickkontakt zum Menschen gesucht haben. Diese Ergebnisse machen erneut deutlich, dass hier noch viele weitere Studien notwendig sind, um die Bedeutung der Gene für das Verhalten wirklich verstehen und einordnen zu können.Zusammenfassend lässt sich festhalten: Der Blickkontakt zwischen Hund und Mensch ist ziemlich sicher im Zuge der Selektion auf besondere Fähigkeiten in Anpassung an das menschliche Bindungsverhalten selektiert worden. Der Blick zum Besitzer dient also nicht nur dem Informationsaustausch, sondern meist der Etablierung und gegenseitigen Befeuerung von Bindung. Beim Anblick unseres Hundes Liebe zu empfinden, ist also nicht verwerflich, sondern genau richtig so – und wunderschön!

Wir freuen uns über das Wiedersehen nach einer Trennung, der Hund offensichtlich auch.

BEGRÜSSUNGSRITUALE UND OXYTOCIN

Kommen Hundebesitzer nach Hause, werden sie von ihren Tieren meist sehr euphorisch begrüßt. Dieses Begrüßungszeremoniell ist individuell und wird durch das Temperament der beteiligten Menschen und Hunde bestimmt – es reicht von großer Aufregung bis hin zum ruhigen Kontaktsuchen. Das Schöne in diesen Momenten ist, dass die Freude beiderseitig ist – denn genau wie Hunde haben auch wir Menschen die Angewohnheit, Gruppenmitglieder fröhlich willkommen zu heißen, wenn wir eine gute Beziehung zueinander haben. Da diese Begrüßungszeremonien von allen sozial lebenden Tierarten gezeigt werden, vermuten Verhaltensforscher, dass dieses Verhalten gruppen- und bindungsstabilisierend wirkt (siehe S. 84).

Leider wurde in den letzten Jahren von einigen Hundetrainern dazu geraten, den Hund nach der Heimkehr erst einmal zu ignorieren. Welche Auswirkungen dieser Ratschlag auf den Stresshaushalt des Hundes haben kann, wurde in einer Studie der schwedischen Tiermedizinerin Theresa Rehn (2014) untersucht. Dabei konnte sie feststellen, dass Hunde sehr wohl ein unterschiedliches Begrüßungsverhalten zeigen, je nachdem, ob sie vom Menschen für wenige Minuten oder mehrere Stunden allein gelassen wurden – Hunde haben also scheinbar doch die Möglichkeit, Zeiträume einzuschätzen. Dies deckt sich auch mit den Ergebnissen einer Studie der Forscherinnen Theresa Rehn und Linda Keeling (siehe mehr dazu ab S. 187).

In diesem Kapitel befassen wir uns jedoch mit dem Stress- oder eben Glückserlebnis für den Hund bei der Rückkehr des Menschen. Genau diesen Aspekt nahm Rehn in ihrer Doktorarbeit ebenfalls in den Fokus. Denn auch wenn das Alleinbleiben gut trainiert vom Hund relativ schnell gelernt werden kann, ist davon auszugehen, dass spätestens ab dem Zeitraum des erwarteten Nachhausekommens der Bezugsperson beim Hund eine leichte Dosis Stresshormone ausgeschüttet wird. Dieser Stress ist nicht schädigend, sondern vom Individuum gut zu managen. Denn durch die erhöhte Aufmerksamkeitshaltung kommt es nur zu einer leichten Ausschüttung der Stresshormone Noradrenalin und Cortisol. Ein Gegenspieler von Stresshormonen ist das Oxytocin, das Glücks- und Bindungshormon, das bei Kontakt zu vertrauten Personen ausgeschüttet wird.

Versuchsaufbau

Rehn wählte als Untersuchungsgruppe Laborbeagles eines Institutes aus, die von Pflegern individuell betreut werden. Somit stellte sie sicher, dass eine persönliche Beziehung zwischen den Menschen und den Hunden existierte. Sie interessierte sich bei der Reaktion der Hunde für zweierlei: einmal das Verhalten der Tiere und die nicht sichtbare, physiologische Reaktion im Blutbild, gemessen in Form des Bindungshormons Oxytocin. Um möglichst stressfrei Blut abnehmen zu können, wurde an einer Stelle des Vorderlaufes die Haut betäubt und eine Kanüle in die Vene der Hunde geschoben. Das Verhalten der Hunde wurde mit Hilfe einer im Raum installierten Kamera videodokumentiert. Der Versuch wurde in fünf Phasen eingeteilt, in fast jeder wurde den Hunden Blut abgenommen, insgesamt sieben Mal. Der Referenzwert wurde dem Hund am Ende der ersten Phase, der Gewöhnung an die Situation nach 35 Minuten, entnommen. Während der Trennung und direkt bei der Wiedervereinigung nach 25 Minuten wurde kein Blut abgenommen, um die Verhaltensabläufe nicht zu unterbrechen. In der Entspannungsphase wurde der letzte Wert 56 Minuten nach der Zusammenführung von Hund und Mensch genommen, um zu sehen, inwieweit sich der Hormongehalt wieder normalisiert hatte.

☞ BEGRÜSSUNGSRITUALE / OXYTOCIN

PHASE	DAUER	EREIGNISSE	BLUTPROBEN
„Basal" = Gewöhnung, Entnahme des Referenzwertes	35 Minuten	Der Hund hält sich mit der Person in der Test-Arena auf, der Mensch verhält sich passiv.	Blutprobe 1 zu Beginn und 2 am Ende = Referenzwert
Phase 2 „Trennung"	25 Minuten	Der Mensch verlässt den Raum, der Hund ist alleine.	Keine Blutprobe
Phase 3 „Annäherung"	15 Sekunden	Der Mensch nähert sich der Test-Arena, für den Hund sichtbar.	Keine Blutprobe
Phase 4 „Wiedersehen"	4 Minuten	Der Mensch betritt den Raum und verhält sich nach Vorgabe des Versuches auf drei verschiedene Weisen gegenüber dem Hund (siehe TU).	Blutprobe 3 und 4
Phase 5 „Entspannung"	56 Minuten	Passive Phase, der Mensch ist anwesend, aber interagiert nicht mehr mit dem Hund.	Blutprobe 5, 6 und 7

TU: 1. Der Mensch begrüßt den Hund körperlich und verbal. 2. Der Mensch begrüßt den Hund mit der Stimme (verbal). 3. Der Mensch ignoriert den Hund (Tabelle nach Rehn (2013), S. 31).

Die Laborbeagles wurden von ihr in drei Gruppen unterteilt. Diese drei Gruppen sollten von den Pflegern nach einer Trennungszeit auf unterschiedliche Art und Weise behandelt werden: Die erste Gruppe wurde nach der Rückkehr des Pflegers angesprochen und gestreichelt, die zweite Gruppe nur angesprochen ohne durch vom Menschen initiierten Körperkontakt, die dritte Gruppe wurde nach Trainermanier komplett ignoriert.

Ergebnisse

Die Ergebnisse zeigten deutlich, dass es für Hunde einen großen Unterschied im Wohlbefinden macht, auf welche Weise sie nach der Rückkehr begrüßt oder sogar ignoriert werden. Die dritte Gruppe zeigte zwar deutliches Begrüßungsverhalten gegenüber dem Menschen, doch da dieses nicht erwidert wurde, konnte sich anscheinend der Stresshormongehalt über lange Zeit nicht normalisieren – er blieb lange hoch. Anders bei der Gruppe, die zumindest verbal angesprochen werden durfte, allerdings blieb die segenreiche Wirkung eines Oxytocinschubes aus. Rehn vermutet, dass nur der Anblick und die Ansprache allein offensichtlich nicht reichen, um die Botenstoffausschüttung ausreichend zu aktivieren. Nur die Hunde der ersten Gruppe, die körperlich und mit der Stimme intensiv begrüßt wurden, konnten relativ schnell wieder in ihren hormonellen Normalbereich zurückkehren. Oxytocin als Gegenspieler von Cortisol wird, wie wir bereits gesehen haben, in der Interaktion mit einem vertrauten Beziehungspartner ausgeschüttet und sorgt für Glücksgefühle und Entspannung. Besonders intensiv wirkt dieses „Bindungshormon" bei Berührung und positiver, körperlicher Interaktion, was durch diese Studie erneut gezeigt werden konnte.

Wiedersehensfreude auf beiden Seiten!

Es ist also wichtig, wie wir unseren Hund begrüßen! Ignorieren verunsichert den Hund, da er dieses Verhalten nicht einordnen kann. So kann sich dieser Trainertipp fatal als Beziehungskiller auswirken und bestehende Trennungsängste sogar noch verstärken.

Auch wenn auf diesem Feld noch weitere Forschung nötig ist, lassen die bisherigen Studien vermuten, dass Oxytocin eine Schlüsselrolle in der Entwicklung der Mensch-Hund-Beziehung zukommt. Dieses Hormon bleibt bestimmt noch lange im Fokus der Forscher. Denn die Vermutung, dass die Vielgestaltigkeit der Rezeptorgene für Oxytocin und Dopamin durch die Anpassung an das Zusammenleben mit uns entstanden ist, was zu neuen Fähigkeiten im Bereich der sozialen Kognition geführt hat, braucht noch einige weitere Studien.

KOMPLEXE GEFÜHLE IN DER MENSCH-HUND-BEZIEHUNG

Gefühle der Liebe beim Ansehen unseres Hundes sind für die Mensch-Hund-Bindung also essentiell und wir können davon ausgehen, dass unser Hund unseren Anblick mit ähnlichen Empfindungen verknüpft. Doch es ist noch nicht allzu lange her, da war es üblich, nichtmenschlichen Tieren Emotionen wie Freude, Trauer, Wut, Traurigkeit und Angst abzusprechen. Diese Zeiten sind heute zum Glück vorbei; nicht zuletzt durch die neuen wissenschaftlichen Methoden, die es uns möglich machen, emotionale Zustände auch auf molekularbiologischer oder elektronischer (Pulsschlag) Ebene untersuchen zu können. Menschen und Hunde teilen grundsätzliche Hirnfunktionen und Hormonsysteme. Botenstoffe der sogenannten primären Emotionen entstehen hauptsächlich im Hypothalamus und werden dort verarbeitet. Dieser wichtige Teil des limbischen Systems ist eine evolutionsbiologisch betrachtet alte Entwicklung, die bei allen Säugetieren auf vergleichbare Weise arbeitet. So verlassen sich Ethologen nicht mehr nur auf das beobachtbare Verhalten, sondern analysieren parallel, wie wir schon sehen konnten, auch Reaktionen des Körpers wie Herzschlagvariation oder den Ausstoß von Botenstoffen in Urin, Blut und Speichel. Durch diese Kombinationen von verschiedenen Methoden bekommen wir ein vielschichtigeres Bild über das innere Erleben unserer Hunde und anderer Tiere. „Beweise" für ein identisches Erleben von Situationen oder Bindungen liefern diese Studien aber niemals. Immerhin wissen wir häufig nicht einmal, wie unser menschliches Gegenüber Gefühle erlebt und ob es unserer Sicht auf die Welt und Vorstellung von Liebe gleicht. Auch Hunde werden Emotionen auf unterschiedliche Art und Weise erleben und verarbeiten, aber die Unterschiede zwischen Mensch und Hund sind unseres Erachtens eher gradueller als grundsätzlicher Natur.

Doch wie sieht es mit komplexeren, emotionalen Zuständen wie Ungerechtigkeit-, Scham-, Schuldgefühle oder Eifersucht aus? Diese Zustände erfordern häufig, dass wir vergleichend und zusammenhängend denken können – sind Hunde dazu in der Lage? Die Verarbeitung komplexer Vorgänge findet im Cortex, in der Hirnrinde, statt. Diese ist beim Menschen deutlich weiterentwickelt als bei anderen Säugetierarten. Aus diesem Grund ist es immer noch ziemlich umstritten, ob Hunde zum Empfinden dieser „sekundären Gefühle" in der Lage sind.
Ein Grund könnte auch darin liegen, dass sekundäre Emotionen im Gegensatz zu primären Emotionen nicht so leicht zu erkennen sind. Freude, Ekel, Angst, Wut, Überraschung und Traurigkeit können wir ziemlich treffsicher im Gegenüber identifizieren, bei sekundären Emotionen wie Scham, Eifersucht, Enttäuschung und Mitgefühl fällt uns dies schon bei der eigenen Art sehr viel schwerer.

EIFERSUCHT

Kennen Sie das? Sie treffen auf der Hundewiese auf einen sehr netten, fremden Hund und weil das Interesse beiderseitig ist, fangen Sie an, mit ihm zu reden oder sogar ihn zu streicheln. Und schwups ist der eigene Hund da und drängelt sich aktiv dazwischen oder versucht, Ihre Aufmerksamkeit durch Bellen vom Artgenossen abzulenken. Ein Beziehungspartner ist immer wertvoll und diesen nicht zu verlieren, ist das Streben aller sozialen Wesen, inklusive uns Menschen. Die Reaktion ist also nicht nur verständlich, sondern normal. Allerdings kann die Intensität stark schwanken, mit der ein Hund sein „Eigentum" verteidigt. Die Art und Weise, wie ich in der Lage bin, mit dieser Situation umzugehen, variiert von Persönlichkeit zu Persönlichkeit, je nach Faktoren wie Lebenserfahrung und Bindungsqualität.

EIFERSUCHT HÄLT BINDUNGEN AUFRECHT

Dem grundsätzlichen Phänomen der Eifersucht bei Hunden haben sich zwei neue Studien angenommen. Die australischen Forscherinnen Caroline Prouvost und Christine Harris von der Universität California in San Diego (Prouvost und Harris, 2014: Jealousy in dogs) haben dazu eine Studienanordnung aus der wissenschaftlichen Arbeit mit Kindern übernommen und diese auf Hunde übertragen. Hier sollte der Besitzer entweder gegenüber einem Spielzeughund oder einem anderen, nicht sozialen Objekt wie einem Ball mit Aufmerksamkeit und Zuneigung begegnen, während der eigene Hund ignoriert wurde. Die amerikanischen Wissenschaftlerinnen konnten beobachten, dass Hunde signifikant mehr Eifersuchtsverhalten (wie z. B. Schnappen, Zwischendrängen zwischen Besitzer und Objekt, Berühren/Schubsen des Objektes oder des Besitzers) zeigten, wenn der Hundehalter das Objekt mit Aufmerksamkeit wie Berühren oder Ansprechen bedachte. Dabei waren sie in der Lage, zwischen Stoffhunden und Gegenständen zu unterscheiden, die keine Artgenossen darstellten, bei denen sie viel weniger reagierten. Die Forscherinnen schließen daraus, dass Hunde in der Lage sind, Eifersucht zu empfinden, und dieses komplexere Gefühl sich nicht nur bei Primaten, sondern schon früher entwickelt haben muss, um soziale Bindungen aufrechtzuerhalten und zu kontrollieren.

AGGRESSIVES ERREGUNGS-POTENZIAL UND EIFERSUCHT

Zum Glück haben Forscher damit begonnen, Hunden das Stillliegen im funktionellen Magnetresonanztomographen (fMRI, siehe S. 148) beizubringen, und sind dadurch in der Lage, diese offensichtlich aufwühlende Situation für Hunde auch mit Hilfe des sogenannten „Neuroimaging" sichtbar zu machen. Forscher der Universität Atlanta ermittelten bei 13 Testhunden im ersten Schritt mit Hilfe der Besitzer und eines Fragebogens „C-BARQ" (siehe S. 130) das

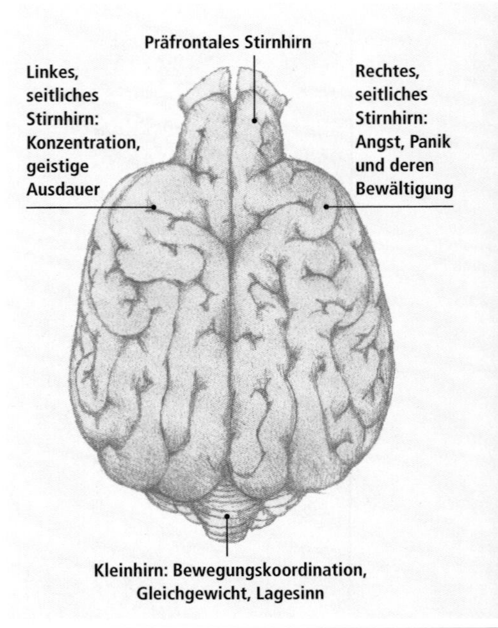

Blick auf das Schädeldach.

„aggressive Erregungspotenzial" der unterschiedlichen Testhunde (Cook et al., 2018). Dann mussten diese armen Hunde beim Stillliegen zusehen, wie ihre Besitzer leckere Belohnungshappen entweder in einen Kasten steckten oder eine sehr realistisch aussehende Hunde-Attrappe damit fütterten. Das Ergebnis zeigte, dass es einen Zusammenhang zwischen den Ergebnissen der Befragung des Besitzers zum Aggressionspotenzial und der Reaktion im emotionalen Zentrum des Gehirns der Hunde gibt: „Aggressivere" Hunde hatten eine erhöhte Aktivität in der Amygdala, wenn sie ihren Besitzer den künstlichen Hund füttern sahen. Die Reaktion fiel aber bei allen Hunden viel geringer aus, wenn das Futter in den Behälter gesteckt wurde. Damit wurde erneut gezeigt, dass Hunde einerseits differenzierte Gefühle wie Eifersucht wahrscheinlich auf vergleichbare Weise wie wir empfinden können, andererseits aber auch das Temperament des Hundes sich in der Gehirnaktivität widerspiegelt, was bereits bei Versuchen des gleichen Teams zur Impulskontrolle und beim Anblick einer fremden oder vertrauten Person festgestellt wurde (auch hier zeigten schnell erregbare Hunde eine stärkere Reaktion in der Amygdala, siehe S. 150).

EINFLUSS AUF DAS TRAINING

Spannend für ein modernes Hundetraining sind alle diese Erkenntnisse, hier jedoch besonders, dass ein wiederholtes Ansehen der gleichen Situation (mein Mensch kümmert sich um einen anderen Artgenossen) zu einer Reduktion der Reaktionsintensität im Gehirn führte. **Das Wiederholen von problematischen Situationen kann also durchaus den gewöhnenden Effekt haben, sodass der Hund lernt, sie auszuhalten** – besonders natürlich in Kombination mit anderen Trainingsaspekten wie z. B. einem kreativen Impulskontrolltraining. Hunde reagieren also je nach Temperament unterschiedlich stark, aber dennoch eifersüchtig, wenn ihr Bindungspartner einem Konkurrenten Aufmerksamkeit und Leckerlies schenkt. Aber nehmen sie auch wahr, wenn sie ungerecht behandelt werden?

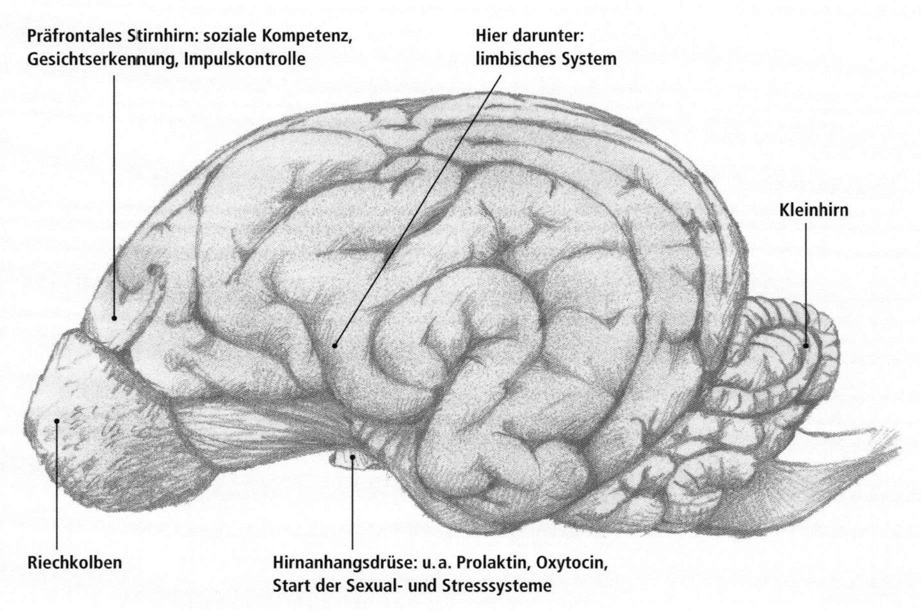

Das Riechhirn macht beim Hund 10 %, beim Menschen nur 1 % des Gehirns aus.

Verstehen Hunde, wann sie ungerecht behandelt werden?

UNGERECHTIGKEIT

Tiere, die in sozialen Gruppen leben, sind meist mehr oder weniger auf Kooperation angewiesen. Die Fähigkeit, Ungerechtigkeit wahrzunehmen, könnte also in Gemeinschaften dazu dienen, Kooperation aufrechtzuerhalten. Hunde nehmen hier einen interessanten Stellenwert ein, denn sie leben häufig in einer Gruppe mit Menschen, mit denen sie kooperieren und von denen sie für ihre Kooperation meistens durch Zuwendung oder Futter (Leckerli) entlohnt werden. Nehmen sie deshalb wahr, wenn sie von uns – im Vergleich mit einem Artgenossen – ungerecht behandelt werden? Wenn sie z. B. für die gleiche Leistung ein unterschiedlich wertiges Futter als Belohnung bekommen oder die Belohnung ganz wegfällt, während der Nachbarhund ein Würstchen für die gleiche Leistung bekommt? Und was ist, wenn der Hund allein mit dem Menschen ist und zusammenarbeiten soll – ist dann die Belohnung wichtig oder ist ihm vielleicht die soziale Betätigung mit seinem Menschen allein schon Motivation genug? Bereits im Jahr 2009 führten Friederike Range und ein Team des „Clever Dog Lab" der Universität Wien eine spannende Versuchsreihe mit Hunden zu einigen dieser Fragen durch: Sie wollten untersuchen, ob Hunde merken, wenn sie „ungleich behandelt" werden (Range et al., 2009).
Aus ähnlichen Forschungen mit Kapuzineraffen (Cebus apella) wissen wir, dass diese Primaten sehr deutlich auf Ungerechtigkeit in der Entlohnung für eine Aufgabe reagieren, die Kooperation unterbrechen und den Versuchsleiter am Ende sogar mit der „ungerechten Entlohnung" (in diesem Fall Gurkenscheiben statt der begehrten Weintrauben, die der „Rivale" im Käfig nebenan bekam) beworfen haben.

WIE REAGIEREN HUNDE AUF BELOHNUNG

So extrem verhalten sich Hunde nicht, wie die Wiener Forscher feststellen konnten. Aber wahrnehmen taten die getesteten Hunde die Ungleichbehandlung sehr wohl. Allerdings schien ihnen nur das Ausbleiben jeglicher Belohnung zu missfallen, die Qualität der Belohnung hat für Hunde anscheinend keine so große Bedeutung. In diesem Versuch saßen zwei Hunde nebeneinander vor einem Versuchsleiter, der von den Hunden abwechselnd verlangte, dass sie „Pfötchen geben". Für diese „Tat" belohnte der Versuchsleiter die Hunde unterschiedlich: Sie erhielten entweder unterschiedlich wertiges Futter (Wurst versus Trockenfutter) oder der eine bekam kein Futter, der andere Hund Wurststücke oder Trockenfutterbröckchen. In einer Vergleichsgruppe wurden die Hunde gleichwertig mit Futter belohnt oder der Hund war allein und bekam nichts für seine Aktion, es gab aber auch keinen Partner, der belohnt wurde. Friederike Range und ihr Team konnten deutliche Unterschiede feststellen, wenn Hunde in Anwesenheit eines Artgenossen nicht belohnt wurden, wenn dieser fürs Pfötchengeben eine Belohnung bekam. Dabei war es egal, wie wertig die Belohnung war. **Wurden sie nicht belohnt, stellten die Hunde entweder die Kooperation ein oder reagierten zunehmend nervös und „ungehalten".** Diese Effekte waren so nicht zu beobachten, wenn beide Hunde belohnt wurden (auch wenn das Futter unterschiedlich „wertvoll" war) oder wenn kein anderer Hund anwesend war – in diesem Fall vollführten die Hunde weiterhin das Pfötchengeben. Daraus schließen die Forscher, dass der anwesende Hund, der als einziger eine Belohnung bekam, das beschriebene „neidische" Verhalten auslöste. Weiterhin zeigte sich, dass im Gegensatz zu Studien mit Primaten, Hunde die Kooperation nicht einstellten, wenn sich die Qualität der Belohnung unterschied (z. B. Würstchen gegenüber Trockenfutter). Wohl aber reagierten sie darauf recht unterschiedlich – einige wenige unterbrachen die regelmäßige Kooperation, andere machten weiter, zeigten jedoch Stresssignale. Umstritten unter Forschern war allerdings, ob diese unterschiedliche Reaktion aus Ärger geschah oder ob die Hunde wirklich wahrnahmen, dass sie ungleich behandelt wurden. Deshalb wurden in den letzten Jahren weitere Studien durchgeführt, insgesamt wurden über 140 Hunde getestet.

Hat die Impulskontrolle Einfluss darauf?

In einer weiteren Studie aus Wien haben die Forscherinnen Désirée Brucks, Friederike Range und Sarah Marshall-Pescini die individuell sehr unterschiedlichen Reaktionen der Hunde in den Fokus genommen (Brucks et al., 2017). Sie interessierten sich dafür, ob es einen Zusammenhang zwischen der Fähigkeit zur Impulskontrolle eines Individuums und der Wahrnehmung von ungerechter Behandlung gibt. Aus Studien aus Amerika (siehe S. 152) wissen wir, dass Hunde unterschiedlich gut darin sind, sich selbst zu kontrollieren und ihre Bedürfnisse aufzuschieben. Deshalb ließen die Forscherinnen Halter von 24 Hunden Fragebögen ausfüllen, in denen diese die Fähigkeit der eigenen Hunde, sich selbst zu kontrollieren, also in aufregenden Situationen ruhig und ansprechbar zu bleiben, einschätzen sollten. Nach der Auswertung der Fragebögen kategorisierten sie die Hunde entsprechend und konfrontierten sie zusätzlich mit einer Reihe von unterschiedlichen Tests, in denen die Fähigkeit zum sogenannten „Bedürfnisaufschub" untersucht wurde – also zu widerstehen, einem ersten Impuls zu folgen und etwas sehr Verführerisches zu tun. So mussten sie z. B. einen Buzzer mit der Pfote betätigen, um an ein Würstchen zu kommen – der Buzzer stand aber weit vom Würstchen weg. Gelang es dem Hund nicht, innerhalb von 60 Sekunden den Umweg zum Buzzer zu laufen – also Bedürfnisaufschub zu praktizieren –, galt die Runde als verloren.

In anderen Tests wurde geschaut, ob die Individuen trotz der Präsenz einer gleich zu erwartenden Belohnung noch in der Lage waren, sich zu konzentrieren und die Lösung für eine Aufgabe zu bewältigen, ob sie sich also Zeit nehmen konnten, ein Problem anzugehen. Anschließend an diese Ergebnisse sollten die Hunde an den Versuchen zur Ungleichbehandlung teilnehmen. Ihre Reaktionen wurden genau dokumentiert und mit den anderen Ergebnissen verglichen. Die Resultate zeigen erneut, dass es starke, individuelle Unterschiede in der Fähigkeit zu geben scheint, ungerechte Behandlungen wahrzunehmen und wie darauf reagiert wird. Auch scheint es tatsächlich eine Verbindung zur Selbstkontrolle zu geben. Hunde, die laut Fragebogen dazu neigten, stereotypes, zwanghaftes Verhalten zu zeigen (bei dem ein soziales Feedback unwichtig wird), schienen z. B. grundsätzlich motivierter zu sein, und nahmen stetig weiter an der Aufgabe teil, auch wenn diese ungerecht entlohnt wurde.

Übertriebene Gesten gehören zu jedem echten Spiel dazu.

Hunde, die in den Impulsivitäts-Tests weniger Durchhaltevermögen und mehr Impulsivität an den Tag legten, reagierten dagegen sehr viel sensibler auf Ungerechtigkeit bei der Entlohnung und zeigten eine viel stärkere Reaktion auf diese Gemeinheit. Auch Hunde, die sich bei den Frustrationstoleranzversuchen längere Zeit zum Nachdenken nahmen und sich weniger impulsiv zeigten, waren sehr aufmerksam für ungleiche Behandlung und reagierten wiederum intensiver als Hunde, die gern schnelle Entscheidungen fällten. Daraus könnte man schließen, dass Hunde, die sich für das Fällen einer Entscheidung mehr Zeit nehmen, also weniger impulsiv handeln, Unterschiede in der Belohnungsqualität leichter wahrnehmen können als Hunde, die weniger Interesse für ihr Umfeld haben, einfach schnell reagieren und dadurch verpassen, dass es hier eine Diskrepanz in der Entlohnung gegeben haben könnte.

Diese Fähigkeit könnte bedingt werden durch eine erhöhte Aufmerksamkeit bei der Beobachtung von Interaktionen zwischen dem Versuchsleiter und dem Partnerhund. Ein Zusammenhang, der auch schon bei anderen Untersuchungen vermutet wurde (siehe S. 152) und für Studien mit Menschen bereits festgestellt werden konnte. **Dies zeigt, dass auch bei Hunden Schnelligkeit und Entscheidungssorgfalt mit Persönlichkeitseigenschaften wie Impulsivität und Reflektion zusammenhängen könnte.** Das Ergebnis macht aber auch deutlich, dass wir mit der pauschalen Zu- oder Abschreibung von Fähigkeiten bei Tierarten vorsichtig sein müssen. Die Fähigkeiten sind individuell unterschiedlich gut ausgeprägt, können jedoch durch Training wahrscheinlich verbessert werden.

Auf Augenhöhe albern sein – Hunde lieben Menschen mit Humor!

HUMOR

Verstehen Hunde Spaß? Und können sie unsere Persönlichkeit einschätzen? Meine (Kate Kitchenham) Hunde reagieren sicher auf Rückruf oder das Signalwort „Aus", wenn sie einen Gegenstand abgeben sollen. Bin ich allerdings in Spielstimmung, dann nutze ich genau die gleichen Wörter – „Komm" und „Aus" und meine Hunde ignorieren diese Ansage, laufen sogar noch weg und scheinen es sehr spaßig zu finden, wenn ich dann hinterherstolpere und sie nicht machen, was ich möchte. Verstehen Hunde also Spaß? Spielstudien zeigen, dass Hunde spielerisch alle ernsten Dinge des Lebens nachspielen – da wird sich gejagt, gekämpft, sich gegenseitig erlegt und auch aufgeritten. Entscheidend ist die Spielmimik, die beiden Spielpartnern immer wieder versichert: hier ist alles nicht ernst gemeint. Dies gelingt umso besser, je vertrauter sich die „Hundefreunde" sind (siehe S. 134 ff.). Doch was ist mit Menschen – sind Hunde hier auch in der Lage, zwischen Ernst und Spaß zu unterscheiden, so wie ich (Kate) es bei meinen Hunden scheinbar erlebe? Borbála Győri und Ádám Miklósi von der Eötvös Lorand Universität Budapest führten eine Studie durch, wie Hunde auf die Signale eines Menschen in verschiedenen Situationen reagieren. Sie wollten überprüfen, ob sie das Verhalten von Menschen in verschiedenen Kontexten unterschiedlich bewerten können. Dazu teilten sie 37 Familienhunde in zwei Gruppen ein. Mit der ersten Gruppe wurde mit dem Versuchsleiter gespielt, mit der zweiten Gruppe nicht. Dann wurden den Hunden Gürtel umgeschnallt, die ihre Herzschlagfrequenz und -variation maßen. Der Versuchsleiter zeigte im zweiten Testlauf für Hunde bedrohlich wirkende Gebärden, er lief ruckartig durch den Raum, beugte den Oberkörper vor und starrte mit den Augen. Die „Spielgruppe" schien das merkwürdige Verhalten auf die leichte Schulter zu nehmen – die Forscher vermuten, dass sie die Signale als Teile des Spiels interpretierten. Die andere Gruppe, ohne Spielerlebnis mit der Testperson, reagierte dagegen unsicher und ängstlich, was in der erhöhten Herzschlagrate deutlich messbar war. **Für Hunde scheint Spiel eine vertrauensfördernde Maßnahme zu sein, die es ihnen ermöglicht, im Verhalten des Gegenübers „Spaß" zu erkennen: sie scheinen zu verstehen, dass die Aktionen von Menschen im jeweiligen Zusammenhang interpretiert werden müssen (Győri, 2010).**

ERKENNEN HUNDE GROSSZÜGIGKEIT?

Diese Fähigkeit, vom Verhalten auf die Situation und auch die Persönlichkeit des Menschen zu schließen, haben Hunde ebenfalls in einem anderen Versuch gezeigt, der von der Verhaltensbiologin Sarah Marshall-Pescini durchgeführt wurde: Dort konnten Hunde Menschen beobachten, die ein leckeres Futter hatten und dieses entweder freizügig mit einem „bettelnden" Menschen teilten oder diesen strikt abwiesen. Anschließend durften die Hunde entscheiden, zu welchem Menschen sie gehen wollten – und fast alle entschieden sich für den großzügigen Futterspender (Marshall-Pescini, 2011, siehe auch FTH S.145). Emily Bray hat diese Studie in einem anderen Zusammenhang wiederholt und den „großzügigen" Menschen statt leckerer Wurststücke nur langweilige Trockenfutterbröckchen gegeben – trotz der Konkurrenz der gut riechenden Wurst beim „geizigen" Menschen, sparten die Hunde sich den Bettelversuch und setzten sich in der Mehrheit gezielt zum freigiebigen Menschen mit dem eher langweiligen Futter (Bray et al., 2013, siehe mehr zu dieser Studie ab S. 152).

Hunde beobachten also unser soziales Verhalten und scheinen nicht nur zu erkennen, wann wir Spaß machen und wann ernst, sondern sie sind womöglich in der Lage, sich dabei auch ein Bild von unseren Persönlichkeitseigenschaften zu machen. Dies bestätigt auch eine Studie der Briten John Bradshaw und Nicola Rooney, in der Hunde beobachten sollten, wie andere Menschen und Hunde miteinander spielten (Rooney et al., 2006). Dabei wurden die Menschen in zwei Gruppen unterteilt: Die eine Hälfte sollte ausgelassen und albern spielen, die andere Gruppe immer wieder im Spiel den Hund kontrollieren. Auch hier zeigte sich: Die „Beobachter-Gruppe" die nach der Spielbeobachtung zwischen den beiden Menschentypen wählen durften, entschieden sich bevorzugt für den „albernen" Spielpartner.

SCHULDBEWUSSTSEIN

Viele Hundehalter kennen das: Kaum sind sie aus dem Haus, werden Verbote von Hunden scheinbar gezielt gebrochen. Da wird in Betten gelegen, Fressen vom Tisch geklaut oder der Mülleimer ausgeräumt. Kommen wir dann nach Hause, werden wir nicht wie sonst üblich begeistert begrüßt, sondern der Hund zeigt den „schuldigen Blick". Tatsächlich erinnert uns dieser Anblick sofort an eigene Missetaten: Der Hund vermeidet direkten Blickkontakt – begrüßt uns nicht oder nur sehr verhalten, um sich dann gleich wieder von dannen zu schleichen. Hundehalter neigen dazu, dieses Verhalten als Zeichen von „Schuldbewusstsein" zu deuten. Aber ist das wirklich so? Diese Frage hat in den letzten Jahren Halter und Forscher gleichermaßen beschäftigt und für viele Diskussionen gesorgt.

KLAUEN VON FUTTER

Schuld ist ein Gefühl, das eine höhere geistige Leistung voraussetzt, nämlich, dass wir wissen, etwas Falsches gemacht zu haben, dass wir mit unserer Handlung also gegen geltende Regeln verstoßen haben. Alexandra Horowitz und ihr Team haben dieses Phänomen erstmals näher untersucht (Horowitz, 2009). Sie führten die Studie im Zuhause der Hunde durch und forderten die Besitzer auf, ein Stück Futter mit einem deutlichen Verbot zu belegen. Dann sollten die Besitzer das Haus verlassen. Während der Abwesenheit haben manche Hunde die Wurst geklaut, andere haben sie liegenlassen. Auch die Forscher mischten sich ein: Bei manchen „braven" Hunden wurde die Wurst vom Forscher geklaut, bei anderen „Tätern" wurde das Futterstück ersetzt. Bei ihrer Rückkehr sollten dann die Menschen anhand des Verhaltens ihres Hundes erraten, ob er die Leckerei gefressen hatte oder nicht. Die Trefferquote der Hundehalter lag bei 50 Prozent – es schien also nicht deutlich zu sein, bei den Hunden „Schuldgefühle" erkennen zu können. Außerdem zeigten auch

Hunde Demutsverhalten, die gar kein Futter geklaut hatten. Daraus schlossen die Forscherinnen, dass der Mensch mit seiner Erwartungshaltung bei Hunden das vorsorglich beschwichtigende Verhalten auslöst. Das durch die Besitzer attestierte „Schuldbewusstsein“ der Hunde wird laut dieser Studie also unabhängig von einer tatsächlichen Missetat gezeigt. Horowitz schließt daraus, dass die gezeigten Unterwürfigkeitsgesten nicht direkt etwas mit dem Vergehen zu tun haben, sondern gezeigt werden, weil die Erfahrung die Hunde gelehrt hat, dass Menschen wütend reagieren und man sie mit Beschwichtigungssignalen am besten besänftigen kann.
Das „schlechte Gewissen“ wird also in der Erwartung einer wütenden Reaktion des Besitzers, sozusagen als vorsorgliche Maßnahme, gezeigt. Diese Ergebnisse wurden durch eine weitere, ähnlich arrangierte Studie bestätigt (Ostojić et al., 2015).
Grundsätzlich gilt: Um sich schuldig fühlen zu können, ist es nötig, über eine zusammenhängende Denkweise zu verfügen. Ich muss also verstehen, dass ein anderes Individuum über meine selbst vollbrachte Missetat nicht begeistert sein und sie sogar verurteilen wird. Um trotzdem noch Mitglied der Gemeinschaft zu bleiben, macht es Sinn, die wütende Person durch entsprechend „unterwürfiges“ Verhalten zu besänftigen. Diese Fähigkeit, komplizierte Zusammenhänge zu analysieren, ist, wie schon erwähnt, bei uns in der Großhirnrinde angesiedelt, die beim Menschen sehr gut, bei anderen Säugetieren wie dem Hund weniger gut ausbildet ist. Nun haben andere Futterklauversuche gezeigt, dass Hunde unseren Aufmerksamkeitsstatus und

Wissen Hunde, dass Klauen verboten ist und haben deswegen ein schlechtes Gewissen?

unsere Perspektive mit einberechnen (siehe FTH ab S. 136, Studien von Juliane Kaminski, S. 95). Hunde nehmen verbotenes Futter am ehesten, wenn sie sehen können, dass wir abgelenkt sind oder die Leckerei von unserer Position aus nicht im Blick haben. Wenn sie über diese Fähigkeiten verfügen, könnte man daraus schließen, dass sie auch in dem Moment des Klauens realisieren, dass sie etwas Verbotenes tun.

PULSFREQUENZ BEIM FUTTERKLAU

Carla Torres-Perreira und Donald Broom von der Universität Cambridge haben sich genau das gefragt und sich deshalb eine ganz andere Methode überlegt, um diese Situation zu untersuchen: Zusätzlich zur Verhaltensbeobachtung legten sie den Hunden Gürtel um, die den Puls während des Versuchsablaufes aufzeichneten (Torres-Perreira, 2010). Dann wurde von den Besitzern ein klares Verbot ausgesprochen, eine Wurst vom Boden zu fressen. Anschließend verließen die Menschen für 30 Sekunden den Raum. Einige Hunde klauten das Futter, andere hielten der Versuchung stand und ließen die Wurst liegen. Die Analyse der Herzschlagfrequenz zeigte: Hunde, die das Futter klauten, hatten einen erhöhten Herzschlag gegenüber den Hunden, die brav blieben. Als die Besitzer nach einer halben Minute in den Raum zurückkehrten, wurden sie angewiesen, die Hunde nicht anzusehen. Auf diese Weise wollten die Forscher verhindern, dass die Hunde in ihrem Verhalten auf das Verhalten der Menschen reagierten. Anders als bei Horowitz konnte bei der Auswertung in dieser Studie ein deutlicher Unterschied in der physiologischen Reaktion (Herzschlag) und Verhaltensreaktion festgestellt werden. Hunde, die nicht geklaut hatten, verhielten sich ausgelassener und begrüßten ihren Menschen. Hunde, die der Versuchung nicht widerstehen konnten und das Futterstück genommen hatten, zeigten während des Klauens und bei der Rückkehr des Besitzers einen erhöhten Pulsschlag und mehr devotes Verhalten. Diese Ergebnisse legen nahe, dass Hunde über eine Vorstellung von „Unrichtigkeit“ verfügen, dass sie also damit rechnen, dass ihre Handlung eventuell negative Konsequenzen zur Folge haben könnte.
Daraus könnte man schließen: Hunde könnten eventuell ein Gefühl dafür haben, was richtig und was falsch ist. Sie kennen die Regeln, „wissen“, dass sie ein Verbot brechen – aber sie können manchmal eben nicht anders. Vielleicht ist dieses „Wissen“ um die Straftat auch der Grund für das „Zögern“, das viele Hunde vor dem Klauen zeigen. Fast alle Hunde laufen nämlich einen Bogen, bevor sie das verbotene Futter verschlingen. Als wollten sie testen, wie groß unser Grad der Ablenkung ist – um dann sehr schnell die Gelegenheit zu ergreifen und zu fressen. Dieses Verhalten konnte bei Futterklauversuchen immer wieder beobachtet werden (siehe nächste Seite).

BESITZRESPEKTIERUNG

Dazu muss man wissen: Unter Hunden gilt Besitzrespektierung nur so lange, wie ein Individuum sich um einen Knochen oder ein Spielzeug kümmert. Wendet er oder sie sein/ihr Interesse anderen Dingen zu, ist das begehrte Stück „frei“ – ganz nach dem Motto „Weggegangen, Platz vergangen“. Hunde fressen deshalb Futter erst, wenn wir weggehen oder wegsehen. Dieser Versuchung zu widerstehen, nur weil wir ein Futter mit einem Verbot belegt haben, gelingt nur den wenigsten Hunden. Weil sie aber gelernt haben, wie wir auf das Brechen von Verboten reagieren, zeigen sie aktives Beschwichtigungsverhalten bei unserer Heimkehr. Ob diese Reaktion ein Zeichen dafür ist, dass sie sich „schuldig“ fühlen, muss weiter erforscht werden, um es sicher ausschließen zu können. Fest steht, es ist ein Verhalten, das uns häufig zum Lachen bringt oder uns zumindest milde stimmt und damit für den Hund Erfolg bringt.

WAS HUNDE ÜBER UNSERE PERSPEKTIVE WISSEN

Hunde haben wahrscheinlich eine ziemlich gute Vorstellung davon, was wir von unserer Position aus sehen können oder nicht. Alles deutet darauf hin, dass sie sich in unsere Perspektive „hineindenken" können, denn sie klauen verbotenes Futter nur dann, wenn sie ziemlich sicher sind, dabei nicht erwischt zu werden. Sie scheinen also eine Vorstellung davon zu haben, was wir von unserer Position aus sehen oder auch hören können (FTH S. 136 ff.).

WAS WISSEN HUNDE ÜBER UNS?

Die deutsche Verhaltensbiologin Juliane Kaminski hat zuerst in Leipzig und jetzt in Portsmouth untersucht, wie weit das Wissen der Hunde über unsere sinnlichen Fähigkeiten geht.

WISSEN HUNDE, DASS WIR IM DUNKELN SCHLECHTER SEHEN?

Dazu hat das Team um die deutsche Forscherin Hund und Mensch in einem Raum gegenüber platziert und die Lichtverhältnisse in der ansonsten dunklen Umgebung variiert: Einmal gab es gar kein Licht, dann wurde das Gesicht des Forschers, das verbotene Futter oder Gesicht und Futter beleuchtet. Die Ergebnisse zeigten deutlich: Hunde brechen das Fress-Tabu am schnellsten, wenn es ganz dunkel ist. Wurde nur das Gesicht des Menschen beleuchtet, zögerten sie länger und nicht alle Kandidaten trauten sich, das Futter zu klauen. Aber bei vielen Hunden siegte dann doch die Dreistigkeit. Wurde hingegen das Futter angestrahlt, klaute kein Hund, genauso wie beim gleichzeitigen Bestrahlen von Gesicht und Futterstück. Daraus schließen die Forscher, dass Hunde eine Vorstellung davon haben, wann wir Fressen sehen können, und dass unser Sehvermögen im Dunkeln sehr schlecht ist (Kaminski et al., 2013).

WISSEN HUNDE, WIE WIR SCHWACH WERDEN?

Hunde möchten ihre tägliche Futterration erhöhen und ergreifen verschiedene Strategien; sie brechen Verbote im richtigen Moment und klauen heimlich und leise, damit wir es nicht bemerken.

Doch was ist, wenn wir etwas Leckeres essen und der Hund diese Delikatesse auch probieren möchte? Dann setzen viele Hunde den „Bettelblick" auf. Ein Gesichtsausdruck, der gestandene Männer zum Dahinschmelzen bringen kann. Doch haben Hunde auch eine Vorstellung von unserer großen Schwäche für diesen süßen, sehnsüchtigen Blick? Scheinbar scheinen Hunde ihn bevorzugt einzusetzen, wenn sie etwas vom Tisch abhaben möchten. Tatsächlich gibt es eine Tendenz bei Menschen, irrational auf große, traurige Augen von Welpen zu reagieren.

Dies sind keine Einzelfälle: Videos von süßen Babykätzchen oder knuffigen Welpen werden millionenfach auf Youtube angesehen. Ein Team der britischen Universität Lancashire wollte untersuchen, welche Merkmale genau Menschen dazu verleiten, Haustiere „niedlich" zu finden. Ihre Ergebnisse zeigen, dass klassische kindliche Elemente wie eine runde

Schädelform, kleine Nasen und große Augen im Verhältnis zum Kopfumfang, die hundeuntypisch nach vorne ausgerichtet waren (wie bei vielen Hunden im Miniaturformat oder Kurzschnäuzern zu finden), bei den Versuchsteilnehmern zu deutlich emotionaleren Reaktionen führten als bei gleich großen Hunden anderer Rassen, denen das „babyhafte" als erwachsener Hund fehlte (Archer und Monton, 2011).

Einfluss auf die Domestikation

Juliane Kaminski fragte sich nun, ob diese Empfänglichkeit für niedliche Merkmale eventuell sogar zu einem Selektionsvorteil für diejenigen Hunde führen könnte, die besonders häufig entsprechend „rührige" Mimiken aufsetzen. Viele Hundebesitzer kennen diesen Blick: Die Augenbrauen werden winklig nach innen und nach oben gezogen, der Blick erscheint dadurch dramatisch traurig, die Augen vergrößert, die Stirn wird in schwermütige Falten gelegt. Die Profis unter den Hunden halten den Blick in unsere Richtung und drücken damit scheinbar all den Weltschmerz aus, der jeden von uns hin und wieder erfassen kann und dadurch sofort eine emotionale Nähe und sehr viel Mitgefühl mit dem armen Hund erzeugt. Manche Hundehalter gehen so weit und unterstellen ihren Hunden indirekt, sie ganz bewusst emotional manipulieren zu wollen, wenn sie mit diesem so verdammt traurig-schönen Blick neben dem Esstisch sitzen und das Stück Fleisch an der Gabel des Menschen hypnotisieren. So ganz frei machen von dieser Wirkung kann sich wahrscheinlich niemand von uns. Mehr oder weniger reagieren wir alle auf das sogenannte „Kindchenschema" und finden Tiere niedlich, die sich trottelig verhalten und wie Babys aussehen. Der „traurige Blick" unserer Hunde könnte sich als Vorteil im Laufe der Domestikation erwiesen haben und unbewusst von uns Menschen bei der Zuchtauswahl „lieber" Hunde gefördert worden sein. Vielleicht hat also unser Faible für Niedliches dazu geführt, dass Hunde viele kindliche Eigenschaften über das Erwachsenwerden hinaus beibehalten haben. So wedeln erwachsene Hunde viel mehr und verhalten sich Menschen gegenüber unterwürfiger als dies Wölfe untereinander in der Adoleszenz machen würden (Gácsi et al., 2009).

Hunde suchen zu vertrauten Menschen häufig den …

WIE MIMIK MENSCHEN BEEINFLUSST

In einer Studie nahm Juliane Kaminski mit einem Team der Universität Portsmouth die Mimik unserer Hunde zum ersten Mal genauer ins Visier und ordnete jeder Muskelbewegung im Gesicht eine Nummer zu (Waller et al., 2013). Diese verschiedenen Mimikbewegungen wurden als „Facial Action Units" (FACS, siehe Kasten) identifiziert, mit verschiedenen Zahlen deutlich gekennzeichnet und damit voneinander unterschieden. So war es möglich, diese Gesichtsbewegungen voneinander zu unterscheiden und ihre Wirkung auf uns Menschen nüchtern zu analysieren.

... direkten Blickkontakt.

Möchten sie uns dadurch auch manipulieren?

Mit diesen klaren Zuweisungen für einzelne Mimikbewegungen im Gesicht unserer Hunde begaben sich die Forscher in Tierheime und filmten die heimatlosen Tiere dabei, wie sie Besucher ansahen. Schließlich werteten sie aus, ob diese Art des Blickkontaktes eine Auswirkung auf den Vermittlungserfolg hatte. Tatsächlich: Besonders die Anwendung der Action Unit „AU 101" sorgte signifikant häufig dafür, dass Menschen einen Hund adoptierten. „AU 101" war das Anheben der Augenbraue nach innen, in deren Folge sich die Augen vergrößerten und die Stirn in wulstige Falten legte – alles Kennzeichen eines welpenhaften Gesichtsausdruckes. Das Ergebnis: Die Adoption des traurig guckenden Hundes gelang umso schneller, je häufiger der Kandidat die „AU 101" im Kontakt mit dem Interessenten zeigte. Welpenhaftes Verhalten kann für erwachsene Hunde im Zusammenleben mit Menschen also von Vorteil sein.

WAS SIND FACS?

DogFACS (Dog Facial Action Coding System) bedeutet übersetzt „Hunde-Gesichts-Aktions-Kodierungs-System". Diese Methode wurde ursprünglich in den 70er Jahren für Menschen entwickelt, um die anatomischen Grundlagen für menschliche Gesichtsausdrücke zu ermitteln (FACS). Mit Hilfe dieser Untersuchungsmethode konnten Muskeln identifiziert werden, die Veränderungen in der Gesichtsmimik bewirken. Diese Muskeln und ihre Wirkweise wurden beschrieben (AU = „Action Unit") und eine Nummer zugeordnet. Die Forscher hoffen, durch diese Nummerierung und genaue Beschreibung eine objektive, verlässliche und standardisierte Messung von menschlichen Gesichtszügen gefunden zu haben. Für die Studie an Hunden analysierten Waller und ihr Team die hündischen Gesichtsmuskelgruppen und entwickelten so die „DogFACS" (Waller et al. 2013; mehr Infos: www.dogfacs.com).

MÖCHTEN HUNDE UNS MANIPULIEREN?

Menschen scheinen also kindliche Gesichtszüge und wahrscheinlich auch den verstärkt gezeigten Blickkontakt (siehe S. 77) besonders anzusprechen, wenn sie sich einen Hund aussuchen. Forscher vermuten, dass ab der Sesshaftwerdung das Zusammenleben enger und der „traurige Blick" erfolgreicher geworden sein könnte und dadurch unbewusst selektiert worden ist. Doch können wir andersherum so weit gehen, zu behaupten, dass Hunde uns mit diesen Ausdrücken gezielt emotional manipulieren möchten? Wahrscheinlich nicht, aber aus diesen Erkenntnissen ergibt sich, dass die anfängliche Domestikation des Hundes wohl ein ziemlich komplexer Prozess war, in welchem sich die Beziehung zwischen Mensch und Hund wechselseitig verstärkend entwickelt hat. Doch unsere Vorliebe für alles Kindliche hat dem Hund nicht nur gut getan: Heute leben wir mit Hunderassen, die kindliche Merkmale wie runde Köpfe, kleine Nasen und große, nach vorne gerichtete Augen ihr Leben lang beibehalten und in der Folge häufig ebenso lebenslang mit schweren gesundheitlichen Problemen zu kämpfen haben (siehe S. 339 ff.).

BORN TO BETTEL

Doch was sich bei Hunden wahrscheinlich ebenfalls immer weiter perfektioniert hat, ist der „Bettel-Blick", den Hunde aller Rassen zeigen, wenn sie gerne ein bisschen was von unserem Essen abbekommen würden. Juliane Kaminski beobachtete wie alle anderen Hundehalter auch, dass ihr Rhodesian Ridgeback „Ambula" häufiger den traurigen „Ich-habe-Hunger-Blick" aufsetzte, wenn sie die Hündin aufmerksam ansah, während sie in ihr Sandwich biss. Deshalb fragte sie sich, ob Hunde diesen Gesichtsausdruck gezielt einsetzen, um mit dem menschlichen Gegenüber zu kommunizieren (siehe „Aus der Forschung", rechts).

Das Anhebend der Augenbraue nach Innen scheint eine sehr effektive Muskelbewegung in der Kommunikation mit uns zu sein.

AUS DER FORSCHUNG

— Haben Hunde die Fähigkeit, ihre Gesichtsausdrücke gezielt zu kontrollieren?

Nicht nur der Mensch drückt mit seiner Gesichtsmimik seine Stimmung und Reaktionen aus – auch andere Säugetierspezies nutzen für die feine Kommunikation im Nahbereich ihre Gesichtsmuskeln. Diese Form, mit dem Sozialpartner zu kommunizieren, scheint auf ein altes, evolutionäres System zurückzugehen, das wir mit heutigen sozial lebenden Tierarten teilen. Werden wir durch ein Ereignis überrascht, reagieren auch wir Menschen unreflektiert und zeigen damit direkt unsere individuelle Emotion. Doch erwachsene Menschen versuchen normalerweise, ihre Mimik zu kontrollieren, um das Gefühlsleben zu verbergen, oder setzen Gesichtsausdrücke gezielt ein, um eine bestimmte Reaktion bei ihrem Gegenüber zu bewirken. Von anderen Primaten ist ebenfalls bekannt, dass sie bestimmte Gesichtsausdrücke einsetzen, weil sie wissen, dass sie angesehen werden. Doch bislang gab es keinen wissenschaftlichen Nachweis, dass auch andere Säugetiere dazu in der Lage sind, über das Gesicht bewusst zu kommunizieren. In einer Gemeinschaftsarbeit aus Leipzig und Portsmouth wollten Wissenschaftler in dieser Studie untersuchen, ob Hunde wissen, wann wir aufmerksam sind (Kaminski et al., 2017).

Material und Methoden

Die Forscher luden 24 Familienhunde unterschiedlicher Rassen und Altersstufen in das Leipziger Labor des Max-Planck-Institutes ein und konfrontierten die Hunde mit einer simplen Situation in vier verschiedenen Variationen:

1. Aufmerksam, mit Futter: Die Menschen standen vor den Hunden mit Blick in ihre Richtung und hielten Futter in der Hand.
2. Aufmerksam, kein Futter: Die Menschen standen vor den Hunden mit Blick in ihre Richtung und hielten kein Futter in der Hand.
3. Nicht aufmerksam, mit Futter: Die Menschen kehrten den Hunden den Rücken zu und hielten die Hände so hinter den Rücken, dass ihre Hand eine Schale bildete. In den Händen lag ein Stück Futter.
4. Nicht aufmerksam, kein Futter: Die Menschen kehrten den Hunden den Rücken zu und hielten die Hände so hinter den Rücken, dass ihre Hand eine Schale bildete. In den Händen lag kein Futter.

Der Mensch wurde angewiesen, keinen Augenkontakt mit dem Hund zu suchen und auf eine Stelle an der gegenüberliegenden Wand zu schauen. Die Hunde bekamen Pausen zwischen den verschiedenen Durchgängen und auch der Mensch interagierte kurz mit den Hunden, bevor die nächste Testrunde gestartet wurde. Die Gesichtsmimik der Hunde wurde mit Hilfe von FACS (siehe S. 97) codiert und ausgewertet.

Ergebnisse

Die Aufmerksamkeitshaltung des Menschen hatte einen Einfluss auf den Gesichtsausdruck der Hunde. Die Hunde zeigten weniger Reaktionen, wenn der Mensch mit dem Rücken zu ihnen stand, und mehr Reaktionen im Gesicht, wenn der Mensch in ihre Richtung schaute. Am stärksten konnten die Action Units AU 101 (Augenbrauen werden gehoben, Augen erscheinen größer, Stirn legt sich in Falten) und AD19 (Zunge wird gezeigt = eine Art „Intentional Licking", das aus dem Unterwürfigkeitsverhalten der Welpen gegenüber ihrer Eltern stammt) beobachtet werden. Auch andere Verhaltensveränderungen waren sichtbar, wenn die Menschen dem Hund zugewandt standen: Sie gaben Laute von sich, wedelten und veränderten ihre Stellung (von Sitzen zu Stehen und umgekehrt). Die Sichtbarkeit des Futters hatte keinen Einfluss auf die Gesichtsmimik und das sonstige Verhalten des Hundes, obwohl es für die Hunde sehr interessant war. Dies bedeutet, dass Hunde erkennen, wann wir bereit zur Kommunikation sind. Nur in diesen Momenten versuchen sie, uns dezent darauf hinzuweisen, dass sie ebenfalls Interesse an dem Stück Futter in unserer Hand hätten.

Ein interessantes Ergebnis der Studie: Genau wie bei der Untersuchung im Tierheim, war es die Action Unit AU 101, die besonders häufig von den Hunden gezeigt wurde. Eine Erklärung Kaminskis dafür lautet, dass die Hunde durch die Anhebung der Augenbraue (AU 101) einen traurigen Blick bekommen, der wiederum im Menschen Mitgefühl diesem Hund gegenüber auslöse und deshalb, evolutiv betrachtet, eine erfolgreiche Maßnahme des Hundes sei. Zusätzlich sei es möglich, dass durch die Anhebung der Braue die Augen größer erscheinen und dadurch der Hund einen kindlichen Ausdruck bekommt – was die Vorliebe von Menschen für kindhafte Gesichtsformen, also niedliches Aussehen, anspricht.
Die Hunde haben also recht: Wie die Studie von Juliane Kaminski und Bridget Waller an Tierheimhunden gezeigt hat, sticht gerade die AU 101 Menschen „mitten ins Herz" und sorgt nicht nur dafür, dass Hunde mit dieser Mimik schneller aus dem Tierheim adoptiert werden, sondern eventuell auch eher etwas vom Teller abbekommen (Waller et al., 2013).

ERKENNEN HUNDE UNSERE EMOTIONEN?

Hunde wissen also, wann wir aufmerksam sind. Aber haben sie auch eine Vorstellung davon, was in uns vorgeht, erkennen sie unsere Gefühle und reagieren entsprechend darauf? Auch diese Frage hat nicht nur uns Hundehalter, sondern viele Wissenschaftler in den letzten Jahren beschäftigt.

„ANGST RIECHEN"

Die Nase eines Hundes ist ein Wunderding; die Anzahl der Riechzellen ist dramatisch gegenüber unseren erhöht (Hund: ca. 220 Millionen; Mensch: 5 Millionen), der auffällig große „*Bulbus Olfaktorius*" im Gehirn des Hundes ist ein klares Statement, das die Bedeutung der Welt der Gerüche im Leben von Hunden erklärt. Während wir nur wahrnehmen, was besonders lecker, gut oder unangenehm bis eklig riecht, hat der Hund ganz andere Möglichkeiten der Analyse. Das Riechzentrum ist der „Hochleistungscomputer" eines Hundes, es ermöglicht ihm, Tumore und sogar die DNA in Urinproben oder an Gegenständen zu erschnüffeln und richtig zuzuordnen (siehe ab S. 240 ff.). Hunde sind in der Lage, Epilepsie oder Unterzuckerung bei Epileptikern oder Diabetes-Patienten vorwarnend anzuzeigen – vermutlich, weil sich in diesen Momenten die chemische Ausdünstung der Haut verändert. Das gelingt ihnen wahrscheinlich, weil sie diesen Wechsel mit dem merkwürdigen Krampfverhalten ihres Besitzers assoziieren, das sie beunruhigt hat und dadurch zum „Vorwarnen" führt. Kein Wunder also, dass die meisten Hundebesitzer der festen Überzeugung sind, Hunde könnten auch „Angst" riechen. Doch wie immer glauben Wissenschaftler erst an etwas, wenn es mittels einer Studie bestätigt werden konnte. Ein Forscherteam aus Italien und Portugal hat untersucht, ob es zu einer Informationsübertragung über die emotionale Gestimmtheit von Mensch zu Hund über

Chemosignale kommen kann (D'Aniello et al., 2018). Dass eine Stimmungsübertragung über Verhalten stattfindet, wurde bereits untersucht (siehe S. 70). Doch wie testet man die Wirkung von Geruchssignalen? Dazu ließen die Forscher zunächst Freiwillige Videos anschauen, die entweder Angst machten oder die Teilnehmer zum Lachen brachten oder gar keine Gefühle erzeugten. Aus allen Situationen sammelten die Forscher Schweißproben aus dem Achselbereich.

Dann wurden 40 Golden und Labrador Retriever an die Universität Neapel Frederiko II. eingeladen. Hier sollten sich die Hunde in einem Versuchsraum zusammen mit ihren Besitzern und einer fremden Person aufhalten. Der Fremde wurde angewiesen, sich neutral zu verhalten, also nicht mit dem Hund zu interagieren. Die drei verschiedenen Schweißproben wurden über einen Zerstäuber in die Raumluft abgegeben, parallel dazu das Verhalten des Hundes beobachtet und seine Herzschlagrate über einen Brustgürtel gemessen. Drei Variablen hatten die Forscher in den Fokus genommen: das Verhalten des Hundes (Annäherung, Interaktion und Ansehen), das gegenüber den drei Objekten gezeigt wurde (Besitzer, Fremder, Zerstäuber) und die dabei aufgezeichnete Herzschlagfrequenz.

Das Ergebnis: Mit dem „glücklichen Duft" im Raum, zeigten die Hunde mehr Interesse an dem Fremden und weniger am eigenen Besitzer, verglichen mit den Düften „Angst" und „Neutral". Bei der „Angstduft"-Situation verhielten sich die Hunde gestresst, die Herzschlagrate erhöhte sich signifikant im Vergleich zur Konfrontation mit dem „neutralen" oder „glücklichen" Geruch. Zusätzlich suchten die Hunde häufiger Blickkontakt zu Herrchen oder Frauchen und traten weniger in Kontakt mit dem Fremden. **Daraus schließen die Forscher, dass Hunde ihre Geruchswahrnehmung dazu nutzen, unsere Gefühle zu analysieren und entsprechend darauf zu reagieren.**

Was lernen wir Menschen daraus?

Erstens, dass wir keinem Hund etwas vormachen sollten. Große Freude vorzuspielen, wenn wir Fifi eigentlich gerade zum Mond schießen möchten, weil er mal wieder auf Hasenjagd war, statt unserem Ruf zu folgen und zu uns zu kommen, ist keine gute Idee. Er wird riechen, dass wir nicht fröhlich, sondern gestresst und wütend sind – uns aber genau gegensätzlich verhalten. Dieser Widerspruch ist für Hunde höchst verunsichernd und führt nicht zu einem Gewinn an Glaubhaftigkeit in unsere Person. Besser: wütend vor sich hinmurmelnd nach Hause stapfen und morgen eine Schleppleine dranmachen (denn jedes Erfolgserlebnis wird als schöne Lernerfahrung abgespeichert und mit Sicherheit wiederholt werden, siehe S. 149).

Zweitens macht das Forschungsergebnis deutlich, dass die Rolle der geruchlichen Kommunikation des Hundes mit dem Menschen lange vernachlässigt wurde – wahrscheinlich, weil es für uns einfacher ist, wenn wir uns auf Hundeverhalten und Lautäußerungen konzentrieren. Doch für Hunde spielt dieser zusätzliche Kommunikationskanal eine so große Rolle, dass wir versuchen sollten, ihn bei der Gesamtbewertung des Verhaltens unserer Hunde mit zu berücksichtigen.

Chemosignale verschaffen Hunde wichtige Informationen über unsere innere Gestimmtheit.

Eigene Gefühle im Gegenüber gespiegelt zu bekommen, könnte wie ein sozialer Klebstoff wirken.

AUS DER FORSCHUNG
— Gemeinsam erlebte Gefühle als sozialer Klebstoff?

Forscher der Universität Maastricht fragten sich, was genau das Zuschreiben von Gefühlen beim Hund mit uns und unserer Beziehung zum Hund macht: Wenn wir emotionale Regungen im Gegenüber wahrnehmen, die wir selber schon erlebt haben und vielleicht in diesem Moment teilen, sorgt diese von uns wahrgenommene „Spiegelung" für eine Stabilisierung der Bindung zwischen zwei Individuen, in dem Fall also Hund und Mensch? Anders gefragt: Ist es also auch bindungsbefeuernd, wenn man sich nicht nur synchron verhält (siehe S. 73 ff.), sondern auch synchron fühlt?
Die chinesische Wissenschaftlerin Bingtao Su beschäftigt sich seit längerer Zeit mit der Zuschreibung von Emotionen von Menschen gegenüber nichtmenschlichen Tieren und hat in einer neuen Studie untersucht, ob es einen Zusammenhang zwischen Bindungsintensität und Erkennen von Emotionen in der Tier-Mensch-Beziehung gibt (Bingtao Su et al., 2018). Dazu hat sie gemeinsam mit niederländischen und japanischen Forscherkollegen untersucht, ob es bei tierhaltenden Japanern einen Zusammenhang gibt mit der Zuschreibung von Gefühlen für Hunde und Katzen und der jeweiligen Bindungsintensität.
Um den Grad der Bindung zwischen japanischen Tierhaltern und ihren Hunden und Katzen zu messen, nutzten die Forscher den „Pet Bonding Scale" (PBS), der von David Anders entwickelt wurde. Er wird verwendet, um den Grad der Bindung zwischen Menschen und Tieren erfassen zu können.

Material und Methoden

Es wurden 546 Fragebögen von japanischen Tierbesitzern ausgewertet, nahezu 50 Prozent je Männer und Frauen hatten sich beteiligt. Die Forscher wollten herausfinden, ob die Tierbesitzer bei ihren Hunden und Katzen sechs primäre Emotionen (Angst, Freude, Traurigkeit, Wut, Überraschung, Ekel) und vier sekundäre Emotionen (Scham, Mitgefühl, Eifersucht, Enttäuschung) wahrnehmen und ihnen dieses Erleben zugestehen. Parallel dazu wurde die Intensität der Bindung zwischen Mensch und Haustier durch weitere Fragen ermittelt. Durch diese vergleichende Analyse der beiden Fragebögen wollten die Forscher herausfinden, ob die Zuschreibung ähnlicher Gefühle bei Hund oder Katze durch den Haustierhalter dazu führt, dass wir uns durch diese „Synchronisierung" noch enger verbunden fühlen.

Auswertung

Die Teilnehmer der Studie glauben, dass ihre Tiere eine Vielzahl an primären und sekundären Emotionen erleben können. Dabei überwiegen die primären Emotionen: Besonders häufig nahmen die Japaner bei ihren Tieren primäre Emotionen wie Freude (96,2 %), Überraschung (85,9 %), Wut (80,6 %), Angst (75,7 %), Traurigkeit (61,9 %) und Ekel (57,7 %) wahr. Erstaunlich war für die Forscher, dass besonders das Erleben der sekundären Emotionen Mitgefühl (73,1 %) und Eifersucht (56,2 %) relativ häufig von den japanischen Tierbesitzern beschrieben wurde. Frauen tendierten im Vergleich eher dazu, ihren Tieren Emotionen wie Angst, Freude, Wut, Überraschung, Ekel, Eifersucht und Enttäuschung zuzuschreiben, als Männer. Doch es gab auch Unterschiede zwischen Hunde- und Katzenhaltern: Freude und Wut wurde bei Hunden von ihren Haltern häufiger wahrgenommen als bei Katzen, gleichzeitig sind nach dieser Auswertung Hundehalter anscheinend mehr an ihre Hunde gebunden als Katzenbesitzer an ihre Katzen. Interessanterweise gab es unter Katzenbesitzern ebenfalls eine starke Korrelation zwischen der Zuschreibung von Freude beim Tier und dem Grad der Bindung. Daraus könnte man schließen, dass die Wahrnehmung ähnlicher Emotionen ein sozialer Klebstoff sein könnte, der Menschen nicht nur an ihre menschlichen Beziehungspartner bindet, sondern auch in der Beziehung zum Haustier für eine stabile Bindung sorgt. Die Forscher betonen zum Abschluss der Studie, dass es kulturelle Unterschiede zwischen der Zuschreibung von Emotionen und dem Grad der Bindung je nach Herkunftsland des Tierbesitzers geben könnte. Ähnliche Studien aus China hatten abweichende Ergebnisse erbracht.

„WEINEN"

Gerade mit dem Wissen um die Fähigkeit des Hundes, unseren emotionalen Status „riechen" zu können, muss die Methodik der nächsten Studie nicht ganz unkritisch betrachtet werden. Die kanadischen Forscherinnen Deborah Custance und Jennifer Mayer wollten herausfinden, ob Hunde anders reagieren, wenn Menschen weinen, und eventuell dann sogar so etwas wie „Empathie" demonstrieren (siehe „Aus der Forschung", S. 106). So manch einer von uns kennt diese Reaktion von Hunden aus eigener Erfahrung – in aufwühlenden, emotionalen Momenten, in denen wir die Fassung verlieren und weinen müssen, suchen manche Hunde unsere Nähe. Die Frage lautet nun, ob sie tatsächlich unsere seelische Not wahrnehmen und uns trösten möchten, oder ob sie nur kommen und sich anschmiegen, weil sie unser verändertes Verhalten verunsichert. Um dies zu untersuchen, wurden die Besitzer und ein Fremder im vertrauten Umfeld aufgefordert, zu weinen, zu summen oder sich zu unterhalten. Das Verhalten der Hunde wurde dabei beobachtet und analysiert. Wir wissen nun, dass ein entscheidender Kommunikationskanal der Hunde bei diesem Versuch nicht angesprochen wurde: der olfaktorische, also der Geruchssinn, der es ihm ermöglicht, Stress über die Riechschleimhaut zu erkennen und entsprechend darauf zu reagieren. Auch andere Versuche zum Thema „Mitgefühl" bei Hunden hatten gezeigt, dass Hunde realistische Situationen brauchen, damit ihr Mitempfinden untersucht werden kann. In dieser Studie wurde ein Herzinfarkt simuliert oder ein Unfall vorgetäuscht, worauf die Hunde nicht reagierten (Macpherson und Roberts, 2006). Doch davon abgesehen schien bei der Studie von Custance und Mayer (2012) schon das Weinen ausreichend genug gewesen zu sein, um eine scheinbar „empathische" Reaktion beim Hund hervorzurufen. Denn die getesteten Hunde suchten nur die Nähe des Fremden oder des Besitzers, wenn diese weinten, nicht aber, wenn diese summten oder sich unterhielten. Daraus schließen die Forscherinnen, dass die Hunde wahrscheinlich auf die Laute und das Verhalten einfühlsam reagieren, aber es eventuell auch sein könnte, dass sie durch vorherige Erfahrung gelernt haben, dass in dieser Situation das Kontaktsuchen mit Aufmerksamkeit durch den weinenden Menschen belohnt werden könnte.

Intonation von Gefühlen

Abgesehen davon ist es sehr wahrscheinlich, dass Hunde allein aufgrund der akustischen Wahrnehmung eine Vorstellung davon haben, was in uns vorgeht. Ähnlich wie auch wir die emotionale Gestimmtheit von Hunden an ihren Lauten wahrnehmen können. Der Grund liegt in der ähnlichen Intonation von Gefühlszuständen: Wenn wir lachen oder uns freuen, dann machen wir das meist in hohen Frequenzen (Spielbellen – Quietschen), wenn wir uns ärgern, dann äußern wir dies in tieferen Tönen (Knurren – Tadeln), sind wir unglücklich, dann stoßen wir ganz andere Laute aus (Winseln – Weinen, Schluchzen). All diese Laute ähneln sich also und könnten deshalb vom „Sozialpartner" Hund entsprechend wahrgenommen und richtig eingeordnet werden.

Bedingt Weinen einen Anstieg des Cortisolwertes?

Forscher aus Neuseeland haben das von Custance & Mayer untersuchte hündische Mitgefühl auf weinende Laute ebenfalls in einem Experiment untersucht. Sie legten allerdings neben der reinen Verhaltensbeobachtung zusätzlich den Fokus auf die neurochemische Reaktion, indem sie parallel den Gehalt des Stresshormons Cortisol im Blick behielten (Yong und Ruffman, 2014). Von Menschen wissen wir bereits, dass sie auf ein weinendes Kind mit einem Anstieg der Cortisolkonzentration und einer erhöhten Alarmbereitschaft reagieren. Diese neurochemische Antwort wird als primitive Form von Empathie klassifiziert. Um zu sehen, ob es bei Hunden eine ähnliche Reaktion geben könnte, setzten Min Hooy Yong und Ted Ruffman 75 Hunde und 74 Menschen drei verschiedenen Geräuschen aus: weinenden Kindern, brabbelnden Kleinkindern und einem neutralen computergenerierten Geräusch. Den Gehalt an Stresshormonen maßen sie vor und nach dem Testverlauf. Die Auswertung zeigte, dass nur bei der Konfrontation mit den Lauten weinender Kinder bei Hund und Mensch der Cortisolgehalt signifikant anstieg. Parallel dazu zeigten die Hunde eine einzigartige Reaktion, sie kombinierten nämlich im Verhalten Signale der Unterwürfigkeit (Schnauzenlecken, gekrümmte Haltung) mit Zeichen der Alarmbereitschaft (Unruhe). Diese Ergebnisse lassen vermuten, dass wir bei Hunden eine primitive Form der speziesübergreifenden Empathie vorfinden, denn sie reagieren auf das Kinderweinen durch verändertes Verhalten und eine neurochemisch ähnliche Reaktion wie Menschen. Eine Studie aus Wien scheint diese Annahme zu bestätigen: Ludwig Huber und sein Team von Clever Dog Lab spielten Hunden negative, positive und neutrale Lautäußerungen von Menschen und Artgenossen vor und beobachteten, wie die Testhunde reagierten (Huber et al., 2017). Deutlich wurde, dass Hunde viel stärker auf „Lachen/Spielbellen" und „Schimpfen/Knurren" reagierten als auf die neutralen Geräusche, was dafür spricht, dass sie sich „emotional anstecken" lassen. In Budapest, unter Leitung von Attila Andics, wurde dieses Phänomen an Hunden auf neuronaler Basis genauer untersucht. Hier lagen entsprechend trainierte Hunde über mehrere Minuten still im Magnetresonanztomographen (siehe Interview mit Márta Gácsi, S. 158). Ihnen wurden über Kopfhörer Laute wie Weinen und Winseln, Spielbellen oder Lachen vorgespielt. Die neuronale Aktivität in den Gehirnarealen lässt vermuten, dass die Hunde die Laute den entsprechenden Befindlichkeiten zuordneten – egal ob sie von Hund oder Mensch stammten (Andics et al., 2014).

Hunde verschaffen sich ein Bild über unsere Stimmung und reagieren oft emotional passend.

 **AUS DER FORSCHUNG**

— Erkennen Hunde, wenn wir traurig sind und wollen uns trösten?

Einfühlungsvermögen ist ein Sammelbegriff für eine große Anzahl von Phänomenen, angefangen bei dem Vermögen, sich eine mentale Vorstellung des Gefühlslebens seines Gegenübers zu machen, bis hin zu emotionaler Ansteckung oder automatischen Reflexen auf emotionale Reaktion unseres sozialen Gegenübers. In dieser Studie (Custance und Mayer, 2012) wurde eine Versuchsanordnung übernommen, mit der man vorher die Fähigkeit von Kindern zur Empathie untersucht hatte. Dabei war es für die Forscherinnen besonders interessant, herauszuarbeiten, ob es sich bei der Reaktion der Hunde wirklich um Anteilnahme oder aber nur um persönliches Unbehagen handelte, das eine ähnliche Reaktion – nämlich das Kontaktsuchen – zur Folge haben kann. Um dies auszuschließen, sollte nicht nur die Bindungsperson, also der Besitzer, sondern auch ein Fremder das Gefühl (Traurigkeit/Weinen) dem Hund gegenüber demonstrieren.

Material und Methoden

18 Familienhunde aus den USA (jeweils neun Hündinnen/neun Rüden, davon zwei Golden Retriever, drei Labrador Retriever, ein Magyar Vizsla, ein Belgischer Schäferhund, ein Beagle und 10 Mischlinge, im Alter von acht Monaten bis 12 Jahren) wurden im Wohnzimmer ihres Zuhauses getestet. Es gab vier jeweils 20 Sekunden andauernde Versuchssituationen:

1. Der Besitzer weint,
2. der Fremde weint,
3. der Besitzer summt das Kinderlied „Mary had a little lamb",
4. der Fremde summt das Kinderlied „Mary had a little lamb".

Summen war der Test, ob der Hund nicht nur auf ein merkwürdiges Geräusch und weniger auf das Weinen an sich reagiert. Zwischen jeder Versuchssituation gab es eine Pause von zwei Minuten, in der sich der Fremde und der Besitzer unterhielten. Die fremde Person war angewiesen worden, die Hunde nicht zu beachten. Deshalb zeigten alle getesteten Hunde vor dem Versuchsstart wenig Interesse aber auch keine Aggression gegenüber dem Besuch in ihrem Zuhause. Die gesamte Sitzung wurde mit einer Kamera aufgezeichnet.

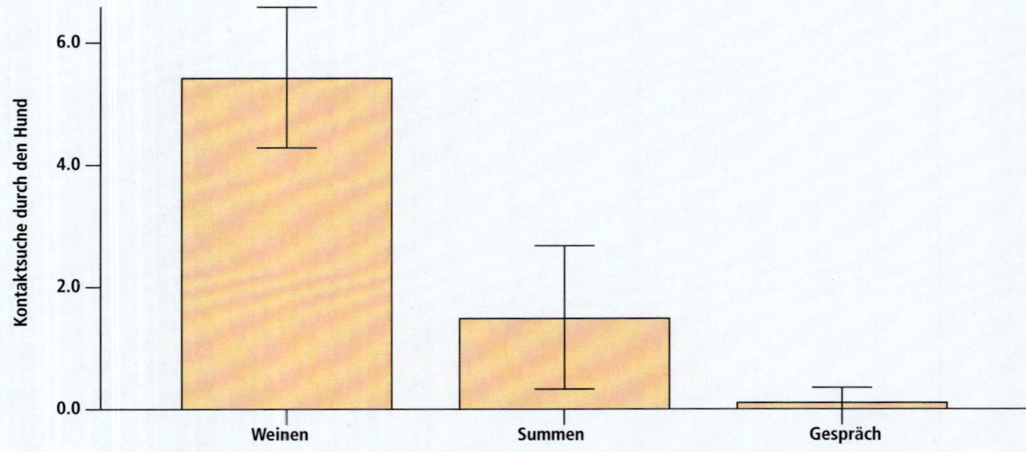

Das „Weinen" erregte bei Hunden die größte Aufmerksamkeit (Custance and Mayer, 2012).

Ergebnisse

Die Mehrheit der Hunde reagierte signifikant anders auf das Weinen ihres Besitzers oder des Fremden als auf das Summen: Sie schauten die Person an, näherten sich und berührten sie mit ihrem Körper, manche leckten das Gesicht. Dabei näherten sie sich dem Fremden genauso an wie dem eigenen Besitzer – für die Forscherinnen ein Hinweis, dass sie sich mit der Kontaktsuche nicht selbst beruhigen, sondern tatsächlich Trost spenden wollten. Denn wären sie verunsichert gewesen, dann hätten sie beim Besitzer „Schutz gesucht". Alle Hunde zeigten in der „Wein-Situation" eher unterwürfiges statt aufgeregtes oder spielerisches Verhalten. Der Fakt, dass die Hunde anders als auf das Summen reagierten, zeigt, dass ihr Verhalten nicht nur aus Neugierde geschah. Trotzdem schauten die Hunde die summenden Menschen länger an als die in die Unterhaltung vertieften Menschen – sie nahmen das Geräusch also durchaus als neu und eventuell merkwürdig wahr. Zwei Hunde fiepten während der „Wein-Situation". Daraus schließen die Forscher, dass „Weinen" eine größere emotionale Bedeutung für Hunde hatte als Summen oder Sprechen.

Fazit

Die Reaktionen der Hunde auf das Weinen scheinen die Fähigkeit zum Einfühlungsvermögen zu zeigen. Doch nüchtern betrachtet, könnte es sich hier um emotionale Ansteckung handeln, verbunden mit der vorher gemachten Erfahrung, dass die Annäherung an eine gestresste, traurige Person mit Aufmerksamkeit belohnt wird. Weitere Studien sind notwendig, um das beschriebene Verhalten zu bestätigen oder zu widerlegen.

UNTERSCHIEDLICHE CHARAKTERE

Für meine (Kate Kitchenham) Hunde kann ich aus Erfahrung sagen: Ob ein Tier sich für den emotionalen Zustand des Menschen interessiert, hat viel mit der individuellen Persönlichkeit zu tun. Manche reagieren überfordert und ziehen sich zurück – andere suchen die körperliche Nähe. Meine beiden Rüden „Rupert" und „Knox", bei Gefahr und Spaß immer zur Stelle, um mich zu beschützen oder ihn mit mir zu teilen, haben sich in aufwühlenden Momenten eher zurückgezogen. Meine Hündin „Erna" wird von meinem Mann, der in einer Einrichtung für Menschen mit seelischer Behinderung arbeitet, gezielt eingesetzt, wenn Worte depressive Klienten nicht mehr erreichen können. Betritt die Hündin den Raum, dann „spürt" sie sofort, wem es nicht gut geht, läuft zu der betreffenden Person, lässt sich streicheln und legt sich irgendwann zu deren Füßen hin. Auf diese Weise gelingt ihr in kurzer Zeit, was vielen gut ausgebildeten Psychologen und Sozialarbeitern vorher nicht gelingen mochte: Sie bekommt Zugang zu den Menschen, sie fangen an zu reden, und es ergibt sich für die Betreuer eine Möglichkeit, ins Gespräch zu kommen. Ob „Erna" diese Reaktion zeigt, weil sie gelernt hat, dass sie hier die meiste Aufmerksamkeit bekommt, oder weil sie tatsächlich „mitfühlend" ist, vermag ich natürlich nicht zu sagen. Ich weiß nur, dass mein Hund „Knox" in der gleichen Situation eher fliehen als sich einer wenig vertrauten Person zur Kontaktaufnahme nähern würde. Pauschal kann diese Fähigkeit und Wirkung also meines Erachtens keinem Hund zugeschrieben werden, es muss bei bestimmten Individuen wohl eine Art „Sozialarbeiter-Motivation" vorhanden sein – aus welchen Gründen auch immer – genau wie bei uns Menschen, um anderen „helfen" zu wollen und zu können (siehe S. 230). Doch ganz abgesehen von dem Bedürfnis, zu reagieren, zu trösten: Wäre auch „Knox" in der Lage, die leidenden Gefühle des Gegenübers richtig einzuordnen?

GESICHTSAUSDRÜCKE RICHTIG ZUORDNEN

Lange Zeit galt die Fähigkeit, den inneren Gemütszustand eines Gegenübers richtig zu deuten, nur nichtmenschlichen Primaten vorbehalten. Doch wie die vorangegangenen Studien zeigen konnten, nutzen auch andere sozial lebende Tiere Informationen aus Lauten und Verhaltensweisen, um sich ein Bild der inneren Verfassung ihres Gegenübers zu machen. Doch was ist mit der Analyse von Gesichtsausdrücken – sind Hunde auch in der Lage, Gemütszustände anhand von Mimiken richtig zuzuordnen? Die Italienerin Elisabetta Palagi hat dies in einer umfassenden Studie zur „emotionalen Ansteckung" unter Hunden untersucht (siehe S. 134 ff.). Dass sie dazu wahrscheinlich ähnlich wie Menschen und nichtmenschliche Primaten verschiedene Bereiche ihres Gehirns nutzen, war ein Untersuchungsgegenstand in der Studie des Teams um den Italiener Siniscalchi (siehe S. 112).

EINSCHÄTZEN DER GEMÜTSLAGE BEI HUNDEN

Auch für Hunde könnte es sehr viel Sinn machen, unsere Gefühle nicht nur „riechen" und in der Körpersprache erkennen zu können, sondern auch in der Gesichtsmimik abzulesen. Das Lesen der Gesichtsmimik wird in der Welpenzeit intensiv geübt (siehe S. 205), denn diese Kommunikation im Nahbereich spielt sowohl für die innerartliche als auch die Kommunikation mit dem Menschen eine große Rolle. Je besser sich zwei Individuen kennen, desto schneller sind sie in der Lage, synchron und fein abgestimmt, sozial zu interagieren (Palagi et al., 2015). Doch wie gut sind Hunde tatsächlich in der Lage, unsere in der Gesichtsmimik gespiegelten Gefühle und die von Hunden richtig zuzuordnen? Können sie abstrahieren, also z. B. ein Knurrgeräusch einem drohenden Hundegesicht und eine Schimpftirade einem wütenden Menschen zuordnen? Und verarbeiten sie unterschiedliche Informationen vielleicht auch in verschiedenen Gehirnbereichen?

Versuchsaufbau

In dieser Studie konnten Wissenschaftler zum ersten Mal zeigen, dass Hunde emotionale Informationen aus Mimik und Lauten passend kombinieren, um auf das Gefühlsleben nicht nur von Artgenossen, sondern auch von Menschen, Rückschlüsse zu ziehen. Dabei wurden sie nicht simpel auf das Berühren bestimmter Bilder auf einem Touchscreen konditioniert, sondern sie wurden mit dem Apparat vertraut gemacht, den Bildern und den Tonbandaufnahmen konfrontiert und ihre natürliche Reaktion auf das, was sie sahen und hörten, wurde gefilmt. Diese Studie ist einfach strukturiert und hat vielleicht gerade dadurch schöne Ergebnisse erbringen können. Den Studienaufbau haben Verhaltensforscher und Psychologen der britischen Universität Lincoln und der brasilianischen Universität Sao Paulo unter Leitung von Natalia de Souza Albuquerque (2016) entwickelt. Sie präsentierten 18 gut sozialisierten Familienhunden unterschiedlicher Rassen und gemischten Geschlechts (neun Hündinnen : neun Rüden) auf einem Fernsehbildschirm zwei emotionale Informationsquellen: je ein Hund oder Mensch mit einem wütenden und einem fröhlichen Ausdruck und eine jeweils dazu passende oder nicht passende akustische Lautäußerung.
Dabei waren die Menschen oder Artgenossen dem Hund unbekannt, zusätzlich sprachen die Menschen eine dem Hund fremde Sprache, in diesem Fall Portugiesisch. Damit wollten die Forscher verhindern, dass der Hund auf bestimmte vertraute Gesichter oder Markerwörter statt auf die Intonation, also Stimmlage, reagiert. In den verschiedenen Testdurchläufen wurde die Blickrichtung der Hunde aufgezeichnet, um feststellen zu können, welche Kombinationen von Bildern und Lautäußerungen sie besonders interessant fanden.

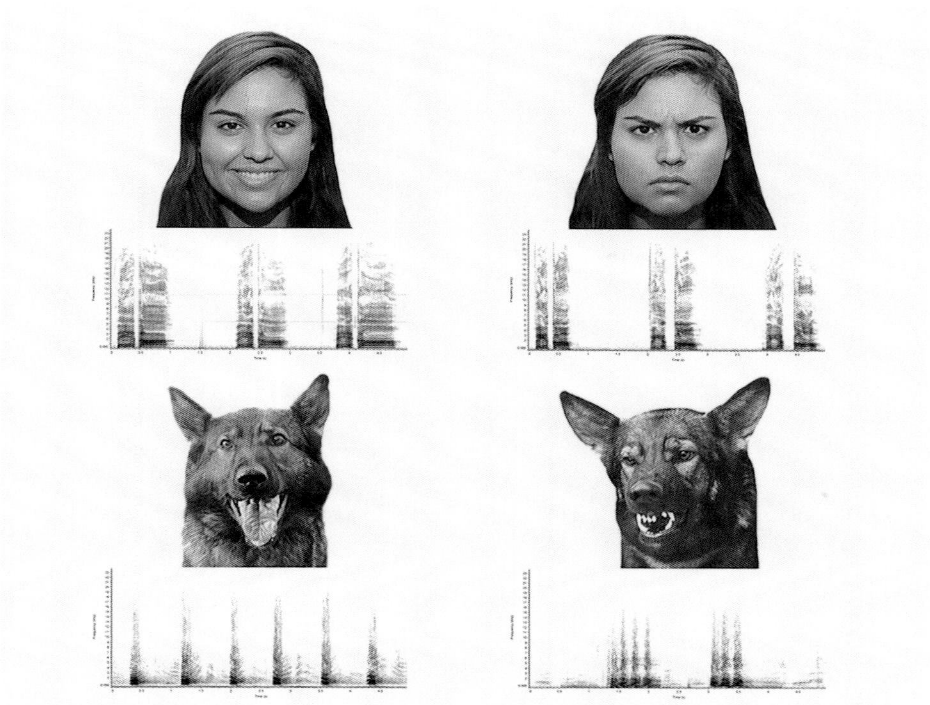

Die Diagramme zeigen, wo die Hunde bevorzugt hingeschaut haben (Albuquerque et al., 2016).

In 67 Prozent der Durchläufe schauten Hunde signifikant länger auf das Gesicht, das zu der gleichzeitig eingespielten Lautäußerung passte. Dabei interessierten sich die Hunde mehr für die Abbildungen und Laute von Artgenossen. Interessanterweise zeigten die Hunde bei negativen Signalen die sogenannten „licking intentions", also das Herausstrecken der Zunge, und dies beim Anblick negativer Gesichtsausdrücke und Lautäußerungen des Menschen mehr als von Artgenossen. Dieses Verhalten wird mit Stress in Verbindung gebracht und könnte auf eine emotionale Reaktion im Hund auf den negativen emotionalen Stimulus hindeuten.

Ergebnisse

Die Ergebnisse zeigen laut der Forscher, dass Hunde in der Lage sein könnten, zwei verschiedene Quellen sinnlicher Information zu nutzen und diese einer richtigen Wahrnehmung des Gefühls von Artgenossen aber auch Menschen zuzuweisen. Um dies zu können, benötigt man ein System interner Kategorisierung emotionaler Zustände. Diese kognitive Fähigkeit ist bis jetzt nur an Primaten festgestellt worden, und die Fähigkeit, die Zuweisung von Emotionen auch bei anderen Spezies zu vollbringen, ist bisher sogar nur bei uns Menschen bekannt. **Die Hunde waren in diesem Test also in der Lage, Gefühle bei Hunden und Menschen aufgrund der akustischen und visuellen Informationen richtig zuzuordnen.** Die Forscher vermuten ähnlich wie Elisabetta Palagi und andere zuvor, dass Hunde als hochsoziale Spezies darauf angewiesen sind, die Gemütslage ihres Gegenübers in Sekundenschnelle richtig einzuschätzen. Wie das oft sehr harmonische Zusammenleben von Tierarten unter einem Dach zeigt, ist die Fähigkeit auch bei anderen Tieren wahrscheinlich vorhanden. Jedoch ist es beim Hund durch das enge Zusammenleben mit Menschen vermutlich besonders stark ausgeprägt.

EINSCHÄTZEN DER GEMÜTSLAGE BEI WÖLFEN

Vorhanden ist diese Fähigkeit mit ziemlich großer Wahrscheinlichkeit aber bereits bei Wölfen; untersucht haben z. B. Elisabetta Palagi und Giada Cordoni von der Universität Pisa, wie sich Wölfe nach Konflikten gezielt gegenseitig beruhigen – zum einen „von oben nach unten", also der Gewinner des Konfliktes sucht die Nähe zum „Verlierer", aber auch, dass sich eine dritte Partei nach Beendigung der Auseinandersetzung einmischt und den unterlegenen Kandidaten durch Kontaktaufnahme zu beruhigen scheint (Cordoni und Palagi, 2015). Die Forscherinnen vermuten, dass dadurch nach Konflikten die Beziehungen untereinander wieder stabilisiert werden sollen. Gleichzeitig ließe sich daraus aber auch schließen, dass auch Wölfe über ein System interner Kategorisierung emotionaler Zustände verfügen. Mit Sicherheit kennen sie den Zustand des Verlierens aus eigener Erfahrung und wahrscheinlich auch, dass Zuwendung die emotionale Gestimmtheit verbessern kann.

Die Fähigkeit zur emotionalen Anteilnahme ist angesichts der Erkenntnisse der Universitäten Lincoln und dieser Untersuchung an Wölfen definitiv nicht nur Primaten inklusive uns Menschen vorbehalten, sondern scheint bei sozial lebenden Tieren weiter verbreitet zu sein.

Für Hunde glaube ich (Kate Kitchenham) persönlich, dass im Zuge der Domestikation die Veranlagung, Gefühle auch beim andersartlichen Gegenüber lesen zu wollen, verstärkt ausgebildet wurde – eben weil es für das enge Zusammenleben bei Hund und Mensch viel Sinn macht. Aber diese Fähigkeit muss wie alle anderen sozialen Fähigkeiten im Laufe des Lebens individuell erworben und kann beständig verbessert werden. Dies gelingt nur durch eine gute Sozialisation und viele Erfahrungen im Umgang mit vertrauten Bindungspartnern, egal ob sie der Spezies Mensch oder Artgenosse angehören.

Wölfe beruhigen sich nach Konflikten oft durch Kontaktaufnahme mit dem Verlierer.

PROF. DANIEL MILLS

Seit 20 Jahren hat Professor Daniel Mills mit seiner Arbeitsgruppe für „Verhalten, Kognition und Tierethik" der Universität Lincoln (www.lincoln.ac.uk/home/life-sciences/research/animalbehaviourcognitionandwelfare/) bahnbrechende Studien entwickelt. Die gewonnenen Erkenntnisse können uns dabei helfen, die emotionale Erlebniswelt unserer Hunde besser zu verstehen. Die Arbeit von Daniel Mills lässt sich dabei in zwei Bereiche unterteilen:

1. Der erste Bereich konzentriert sich darauf, zu ergründen, welchen Einfluss Emotionen bei er Entwicklung von Problemverhalten haben können. Als einer der ersten Forscher hat Mills einen systematischen, wissenschaftlichen Weg entwickelt, die Rolle der Emotionen in Verhaltensäußerungen nachvollziehen zu können (Mills, 2017). Dazu werden verschiedene Nachweise aus unterschiedlichen Verhaltensbereichen genutzt, um das Gefühl richtig einzuordnen. Dies können sein: eine deutliche Erfassung der Stimuli aus der Umwelt, die die emotional signifikante Reaktionen des Hundes ausgelöst haben; die Erfassung der physiologischen Erregung z. B. über einen Brustgurt, der die Herzschlagrate aufzeichnet; die Verhaltensreaktionen des Tieres und die genutzten kommunikativen Signale. Im Ergebnis hat das britische Team nun damit begonnen, charakteristische emotionale Äußerungen von Hunden zu spezifizieren und damit unser Verständnis der genutzten Signale neu zu definieren (e.g. Caeiro et al., 2017).

2. Der zweite Arbeitsbereich fokussiert mehr auf die Kernfähigkeiten von Hunden in Hinblick auf ihre Wahrnehmung und Reaktion auf emotionale Signale. Obwohl es schon lange bekannt ist, dass Hunde in der Lage sind, emotionale Ausdrücke von anderen unterscheiden zu können, war das Ausmaß, inwieweit sie den Informationsgehalt der geäußerten Emotion tatsächlich verstehen, bislang unbekannt. In einer neuen Pionierstudie hat die Gruppe zum ersten Mal zeigen können, dass Hunde ein zentrales Konzept von Emotionen haben müssen, da sie in der Lage waren, Informationen sowohl vom visuellen als auch auditorischen Kanal zu kombinieren, die nur über ihren emotionalen Inhalt miteinander verknüpft waren (Albuquerque et al., 2016, siehe S. 108 ff.). Die Studie konnte ebenfalls zeigen, dass Hunde anscheinend in der Lage sind, diese Inhalte nicht nur bei der eigenen Spezies zu erkennen, sondern auch beim Anblick oder Hören von menschlichen Signalen diese richtig der jeweils passenden bildlichen oder auditiven Information zuzuordnen. Diese Fähigkeit der artübergreifenden Emotionserkennung konnte bislang nur bei Menschen nachgewiesen werden. Damit tragen Forschungsarbeiten wie diese dazu bei, unser Wissen über die Wahrnehmungswelt der Hunde beständig zu erweitern. Wir bekommen eine Vorstellung davon, was Hunde von den Aktionen anderer Artgenossen oder Menschen und insbesondere ihrer Besitzer tatsächlich verstehen, wenn diese mit ihnen kommunizieren.

LERNEN MIT POSITIVEN GEFÜHLEN

Eine Studie aus Wien (Müller et al., 2015) scheint diese Vermutung zu bestätigen: Auch hier haben die Forscher den Hunden Bilder von wütenden oder fröhlichen Menschengesichtern gezeigt. Allerdings wurden die Fotos in der Gesichtsmitte durchgeschnitten, so dass entweder nur die Augen- oder die Mundpartie zu sehen war. Diese zweiteiligen „Gesichtspuzzle" wurden jetzt auf verschiedene Arten kombiniert: Die Hunde lernten zunächst, entweder glückliche und wütende menschliche Gesichter von 15 Personen zu unterscheiden, wobei der einen Gruppe nur die obere Gesichtshälfte, der anderen Gruppe die untere Gesichtshälfte gezeigt wurde. Dann mussten die Hunde vier verschiedene Testdurchläufe absolvieren:

1. Sie wurden mit neuen Gesichtern konfrontiert und mussten die Emotionen richtig zuordnen.
2. Sie sollten die anderen Gesichtshälften den passenden Gefühlen zuordnen.
3. Sie sollten die andere Hälfte von neuen Gesichtern korrekt zuordnen.
4. Sie sollten die linke Gesichtshälfte der im Training gelernten Gesichter richtig zuordnen.

Bei der Auswertung wurde deutlich, dass Hunden, die mit Bildern „glücklicher Gesichter" trainiert worden waren, die Unterscheidung zwischen anderer Gesichtshälfte oder anderer Emotion schneller gelang als Hunden, die mit Bildern wütender Gesichtshälften lernen mussten. Dieses Ergebnis könnte die Hypothese Nadja Affenzellers unterstützen, dass Hunde schneller lernen, wenn die Übung mit positiven Gefühlen verknüpft wird (siehe Studie S. 169). Vor allen Dingen aber gelang es allen Hunden in den vier Durchgängen signifikant häufig, die Gesichtsausschnitte richtig zuzuordnen. Dadurch demonstrierten sie, dass Hunde in der Lage sind, gelernte Emotionen auf neue Gesichter oder Gesichtsausschnitte zu übertragen, die mit den Trainingsfotos nur die Emotionen teilten und ansonsten neu für den Hund waren. Die Forscher vermuten, dass die Hunde ihre Erinnerung an reale menschliche Gesichter nutzen, um die Zuordnung leisten zu können. Hunde sind also anscheinend in der Lage, Emotionen von Menschen und Artgenossen in Gesichtern, am Geruch (S. 101) und als Lautäußerung (S. 104 ff.) zuordnen zu können.

VERARBEITUNG IN VERSCHIEDENEN GEHIRNHÄLFTEN

Die Forscher Marcello Siniscalchi, Serenella d'Ingeo und Angelo Quaranta von der Universität Bari Aldo Moro in Italien wollten herausfinden, ob Hunde unterschiedliche Informationen auch ähnlich wie Menschen in verschiedenen Teilen des Gehirns verarbeiten (Siniscalchi et al., 2018). Dazu fütterten sie 26 Hunde und präsentierten ihnen gleichzeitig Fotos von zwei unterschiedlichen menschlichen Gesichtern (ein Mann und eine Frau). Die Fotos zeigten die sechs wichtigsten Emotionen (Wut, Furcht, Freude, Traurigkeit, Überraschung, Ekel oder Neutral) und wurden bewusst auf der linken oder rechten Seite vor dem fressenden Hund platziert. Parallel maßen die Forscher die Herzschlagrate der Hunde und dokumentierten mit Hilfe von Videoaufnahmen, ob und wie die Hunde auf die Präsentation der Gesichter und ihrer verschiedenen Gesichtsausdrücke reagierten. Waren emotional besonders erregende Gesichtsausdrücke wie Wut, Furcht oder Freude zu sehen, zeigten die Hunde eine größere Verhaltensreaktion sowie eine Erhöhung der Herzschlagaktivität. Außerdem brauchten sie länger, um mit dem Fressen fertig zu werden, nachdem sie diese Bilder gesehen hatten. Die Erhöhung der Herzschlagrate lässt vermuten, dass die Hunde in dieser Versuchsanordnung einen höheren Stresslevel erlebten. Die Forscher konnten ebenfalls feststellen, dass die Hunde dazu neigten, ihren Kopf nach links zu drehen, wenn ihnen menschliche Gesichter mit Ausdrücken von Furcht, Angst oder Freude präsentiert wurden. Das Gegenteil geschah, wenn das Gesicht den überraschten Ausdruck zeigte: Vielleicht weil Hunde diese Situation als nicht gefahrvoll erkannten. Diese Ergebnisse unterstützen die schon in anderen Studien gewonnene Annahme, dass auch bei Hunden das Gehirn die visuellen Informationen asymmetrisch, also in den beiden Gerhirnteilen, verarbeitet, um die grundlegenden menschlichen Emotionen erkennen und einordnen zu können (siehe S. 143). Eine andere Studie des Teams hatte gezeigt, dass Hunde negative Emotionen anscheinend mehr mit der rechten und positive eher mit der linken Hemisphäre verarbeiten (Siniscalchi et al., 2010). **Durch das enge Zusammenleben mit Menschen könnten Hunde also die Fähigkeiten verbessert haben, die es ihnen ermöglichen, Emotionen einer anderen Art – also unserer – zu erkennen, einzuordnen, um dann effizient mit uns interagieren und kommunizieren zu können.**

VERANTWORTUNG FÜR DEN HUND

In seinem berühmten Werk „Der kleine Prinz" mahnt Antoine de Saint-Éxupery, wir seien zeitlebens verantwortlich für das, was wir uns vertraut gemacht haben. In diesen Worten schwingt die Gegenseitigkeit, das Sich-Öffnen, Aufeinander-Einlassen und In-Abhängigkeiten-zueinander-Begeben, das eine große Verantwortung mit sich bringt. Sich vor dieser Aufgabe zu schützen und keine Bindungen einzugehen, wäre aber keine gute Idee. Denn wie viele Studien der letzten Jahre zeigen konnten, vermittelt uns die stabile, vertraute Beziehung zu anderen Lebewesen Sicherheit und macht uns stark für stressige Momente des Alltagslebens. Auch gesundheitsfördernde Effekte konnten immer wieder festgestellt

Er ist bereit für ein Leben an unserer Seite.

werden (siehe FTH S. 202 und S. 266 ff.). Innige Interaktionen mit einem vertrauten Beziehungspartner haben das Potenzial, stressmildernd und beruhigend zu wirken und für Wohlgefühl auf beiden Seiten zu sorgen. Ein stabiler seelischer Zustand wiederum hat positive Auswirkungen auf unser Immunsystem. Diese Auswirkungen stabiler Bindungen gelten nicht nur für Beziehungen, die wir zu unserer eigenen Spezies aufbauen, sondern eben auch für nichtmenschliche Tiere und ganz besonders für die Beziehung zwischen Mensch und Hund, die sich im Laufe der langen Domestikationsgeschichte wechselseitig verstärkend entwickelt und dadurch einen Sonderstatus erreicht hat. Das Vertrauen zwischen uns und unserem Hund ist durch gemeinsame, bestärkende Erlebnisse gewachsen, die zusammenschweißen und uns fit machen fürs Leben. Als ein derart fester Bindungspartner sind wir für einen Hund nicht austauschbar. Gehen wir sorgsam mit dieser Verantwortung um.

DAS SOZIALE LEBEN DER HUNDE

— *mit Artgenossen*

LEBEN OHNE MENSCHLICHE BEZUGSPERSON

Bislang haben wir uns viel mit den bei Hunden im Zuge der Domestikation forcierten Fähigkeiten beschäftigt, die es ihnen ermöglichen, vertraute Bindungen zu uns Menschen aufzubauen, mit uns zusammen in einem Haus zu leben und auf hoher Ebene zu kooperieren. Doch welche Auswirkungen hatte die Domestikation auf das Verhalten mit Artgenossen? Sind Hunde nach all den Jahrtausenden des immer engeren Zusammenlebens mit Menschen überhaupt noch in der Lage, Gruppen zu bilden, Konflikte zu lösen oder gemeinsam Welpen aufzuziehen?
Lange Zeit galt die Vermutung, dass durch die Selektion auf eine lebenslange Jugendlichkeit („Neotonie“) in Aussehen und Verhaltensweisen (siehe S. 50) der Hund nicht nur niedlicher aussieht, sondern sich auch bis ins hohe Alter kindlich verhält und dadurch in einer Abhängigkeit zu uns steht. Im gleichen Zuge sei ihm mit der Anpassung an ein Dasein in unserer Nähe also die Fähigkeit abhandengekommen, ein „ernsthaftes“, erwachsenes, von Menschen unabhängiges Leben zu führen, Nachwuchs alleine großzuziehen und in einer familiären Gruppe zu leben. Doch was uns als Halter von gut genährten und umsorgten Familienhunden schwer vorstellbar scheint, ist für 85 Prozent der Welthundepopulation (vgl. Hughes und Macdonald, 2013) normal. Denn die Mehrheit aller Hunde kann es sich nicht in einem fürsorglichen Zuhause auf dem Sofa gemütlich machen, sondern verbringt ihr Dasein auf der Straße. Diese Hunde leben zwar in der Nähe des Menschen, müssen aber doch mehr oder weniger auf sich alleine gestellt für ihr Überleben und das ihrer Welpen sorgen. Um wirklich erfassen zu können, wie stark die Domestikation das soziale Leben der Hunde mit Artgenossen verändert hat, macht es deshalb Sinn, dass wir genau dorthin schauen, wo Hunde noch Beziehungen zueinander ohne große menschliche Steuerung pflegen. Ein möglichst realistisches Bild der Möglichkeiten kann am besten durch Studien an freilebenden Hundegruppen gewonnen werden. Wie gut, dass sich in den letzten Jahren Wissenschaftler auf der ganzen Welt vermehrt diesem Thema gewidmet, viele Stunden mit intensiven Beobachtungen verschiedenster Populationen von Straßenhunden verbracht und ihr intraspezifisches Verhalten (also das unter Artgenossen) dokumentiert haben.

WIE LEBEN STRASSENHUNDE?

Die große Gruppe der Kaniden zeigt insgesamt bereits eine beeindruckende Vielfalt an möglichen sozialen Systemen: Sie leben einzelgängerisch, zu zweit oder in Gruppen verschiedenster Größenordnung und dienen damit als gutes Modell, wie die soziale Organisation einer Art von der jeweilig gebildeten ökologischen Nische beeinflusst wird. Bei Wölfen, den nächsten Verwandten unserer Hunde, zieht ein monogam lebendes Elternpaar gemeinsam mit den Jungwölfen aus dem vorigen Jahr Welpen auf und besetzt für diese Familiengruppe ein, abhängig von der Beutedichte, großes Territorium. Der Lebensraum freilebender Hunde liegt in der Nähe von Menschen, sie ernähren sich sehr selten von der Jagd auf Beutetiere, sondern hauptsächlich von unseren Essensresten, die sie an Straßenrändern, in Mülltonnen, auf Müllkippen oder Futterplätzen von Tierschützern finden. Futter ist also theoretisch permanent verfügbar, was die Notwendigkeit der Etablierung eines anderen Kanidenarten vergleichbaren Territoriums, aber auch Kooperation bei der Nahrungssuche für diese Hunde in den meisten Fällen unnötig macht (vergleiche Marshall-Pescini und Range, S. 34 ff.).

Auch Hunde haben individuelle Vorlieben, die ihren Lebensstil prägen.

Verschiedene Studien zeigen, dass herrenlose Hunde, die in städtischen Gegenden leben, entweder einzeln umherziehen oder sich zu kleinen Gruppen von zwei bis drei Individuen zusammenschließen, in anderen Gegenden wiederum konnten größere Gruppen beobachtet werden, die gemeinsam ihre Jungen aufziehen sowie Territorien und Futterstellen verteidigen. Der Vergleich der Feldforschungen zeigt, dass das soziale Verhalten der Straßenhunde sehr variabel zu sein scheint und wahrscheinlich maßgeblich beeinflusst wird vom Nahrungsangebot, dem Verhältnis zu den ortsansässigen Menschen, aber auch von individuellen Vorlieben der Tiere.

GRUPPENGRÖSSE UND GRUPPENSTRUKTUR

Der italienische Verhaltensbiologe Roberto Bonanni von der Universität Parma (siehe Portrait, S. 118) beschäftigt sich seit vielen Jahren mit diversen Populationen freilebender Streunerhunde in Italien. In einem Außenbezirk von Rom konzentrierte er sich zusammen mit Simona Cafazzo und anderen Kollegen/innen darauf, zu untersuchen, wie sich freilebende Hunde in Gruppen sozial organisieren (Bonanni et al., 2017). Die beobachteten Gruppen von Straßenhunden aus Rom lebten zwar in der Nähe von Menschen, waren mit ihnen aber nicht sozialisiert und hielten deshalb immer Abstand. Sie wurden aus dem Auto beobachtet oder, so gut es ging, zu Fuß verfolgt. Das Team um Bonanni konnte in den langjährigen Untersuchungen Gruppenzusammensetzungen beobachten, die stabil waren und durch lineare Hierarchien abhängig vom Alter, aber unabhängig von der Körpergröße gebildet wurden. Diese Dominanz der jeweiligen Individuen wurde nicht durch aggressive Interaktion, sondern durch wiederholt auftretende, unterwürfige Verhaltensweisen der Rangtieferen gegenüber den dominanten Tieren etabliert und aufrechterhalten. Das Unterwürfigkeitsverhalten wurde vor allen Dingen in friedlichen Situati-

Das Leben in einer stabilen Gruppe kann das Sicherheitsgefühl erhöhen.

onen wie der rituellen Begrüßungszeremonie oder bei Annäherungsversuchen und nur selten in aggressiven Auseinandersetzungen gezeigt. Diese Hierarchie spiegelte sich auch in der Anführung der Gruppe bei gemeinsamen Aktivitäten wider: Meist – aber nicht immer – waren es die dominanten Tiere, die die Initiative ergriffen, um auf Futtersuche zu gehen oder den Ort zu wechseln (Bonanni, 2014). Die „Vorangeher" sind dabei meist die älteren, dominanten Tiere, denen die „Hinterhergeher" locker folgen. Als Vorteil des sozialen Gruppenlebens für die rangtieferen, meist jungen Hunde vermutet Roberto Bonanni, die Nähe zu den älteren Leittieren aufrechtzuerhalten und von ihrer Erfahrung zu profitieren. Alles, was die „Anführer" machen, scheint für die „Youngsters" interessant zu sein, und sie bezeugen ihnen gegenüber ihre Anhänglichkeit gerne und oft durch unterwürfiges Verhalten. Sie verhalten sich damit sehr ähnlich wie Junghunde und auch erwachsene Exemplare gegenüber ihren menschlichen Besitzern, wie eine Studie von Lisa Horn zeigen konnte: Hier interessierten sich Hunde auch mehr für das, was ihre Halter machten, als für das, was andere Menschen so anstellten (Horn et al., 2013). Für die anführenden Hunde könnte der Vorteil in der Gruppengröße liegen, denn Simona Cafazzo und Roberto Bonanni konnten beobachten, dass Hunde anscheinend in der Lage sind, die eigene Gruppengröße mit der Kopfzahl des gegnerischen Rudels abzugleichen und dann situativ zu entscheiden, ob sich eine Auseinandersetzung im Territorium oder an einer begehrten Futterstelle lohnt (Bonanni et al., 2011). Zwischen den Tieren scheint es also Beziehungen zu geben, die sich in Anführer und Gefolgschaft aufteilen. **Dabei beschreibt Bonanni den Führungsstil der Hunde als „toleranten Dominanzstil", der nicht despotisch ist, wie lange angenommen wurde, sondern hauptsächlich durch demonstrative Anhänglichkeit und Unterwürfigkeit der anderen Gruppenmitglieder ihm oder ihr gegenüber bestätigt wird.** Diese Gruppenstruktur sorgte durchaus auch für Kooperation, z. B. beim gemeinsamen Verteidigen des Territoriums oder von Futterressourcen gegenüber anderen Hundegruppen (Bonanni et al., 2011).

DOMINANZHIERARCHIEN IN SOZIALEN GRUPPEN

Der Dominanzbegriff wird leider sehr häufig in falschen Zusammenhängen genutzt, z. B., indem er als Charakterbeschreibung für ein Individuum verwendet wird. Hier wird dann

DR. ROBERTO BONNANI
arbeitet als freier Forscher, Verhaltensbiologe und Publizist. Er studierte Biologische Wissenschaften an der „La Sapienza" Universität in Rom und hat 2002 mit einer experimentellen Arbeit über das soziale Verhalten von Streunerkatzen seine Studienzeit mit Auszeichnung abgeschlossen.
Von 2006–2007 hat er am „Leibniz Institut für Zoo- und Wildtierforschung" in Berlin gearbeitet und sich an Forschungen zur hormonellen Auswirkung von sozialen Stellungen in Hyänengruppen beteiligt. Seinen Doktortitel bekam er 2009 im Fachbereich „Verhaltensbiologie" an der Universität in Parma, mit einer Arbeit über Kooperation, Leadership und Wettstreit in Gruppen freilaufender Hunde. Seit mehreren Jahren ist er in das Management und die Erhebung von freilaufenden Hunde- und Katzenpopulationen in Zusammenarbeit mit der „Öffentlichen Vereinigung für Tiergesundheit" in Rom (Public Veterinary Health Unit of Rome) involviert. Zusätzlich hat er als statistischer Berater mit verschiedenen italienischen Universitäten zusammengearbeitet, um unterschiedliche Gruppen von Tieren zu erfassen, z. B. Ameisen, Vögel, Oktopus oder Tintenfische. Im Moment interessiert er sich hauptsächlich für die soziale Organisation von freilebenden Streunerhunden. Während der Zeit, die er bislang draußen im Feld bei Beobachtungen von Straßenhunden verbracht hat, ist er den Hunden sehr nahegekommen und hat eine große Leidenschaft für diese Tiere entwickeln können. Von einigen fantastischen Individuen kennt er mittlerweile ganze Lebensgeschichten, zu ein paar der Streunerhunden konnte er freundschaftliche Beziehungen entwickeln. Er glaubt, dass Straßenhunde von vielen Menschen missverstanden werden, und setzt sich auch deshalb sehr für Aufklärung ein.

häufig behauptet, das betreffende Tier trete „dominant" auf. Dominanz beschreibt jedoch keine Eigenschaft, sondern immer nur einen Beziehungsstatus zwischen zwei Individuen. Von Ethologen wird „Dominanz" zwischen zwei Beziehungspartnern festgestellt, wenn sich eines der beiden Tiere konstant und häufiger gegenüber dem anderen in verschiedenen Interessenkonflikten durchsetzt, während das andere Tier dies akzeptiert, sodass eine aggressive Eskalation verhindert werden kann. Existiert in einer sozialen Gruppe Dominanz zwischen den meisten Individuen, dann müsste sie demnach linear von oben nach unten verlaufen mit einem „Anführer" und einem „Letzten", der von allen anderen dominiert wird.

Viele Regeln im Zusammenleben

Wie wir heute wissen, ist es so einfach nicht – es gibt viele weitere Regeln im Zusammenleben von Kaniden, und häufig lassen Chefs auch mal „Fünfe gerade sein" – sie setzen sich nur dann durch, wenn ihnen eine Situation besonders wichtig oder eine Ressource besonders wertvoll ist. Die Stellung in der Gruppe ergibt sich sehr häufig durch das Alter des Individuums, besonders bei Tieren, die in Familienverbänden leben, so wie Elefanten und Wölfe. Bei sozial lebenden Primaten und Kaniden findet man selten aggressive Interaktionen – viel häufiger sieht man unterwürfiges Verhalten der untergeordneten Individuen gegenüber den dominanten Tieren. Diese Beobachtung für die Etablierung und Aufrechterhaltung von Dominanzbeziehungen durch submissive, agonistische Signale bestätigt sich auch durch Forschungen wie die von Simona Cafazzo und Roberto Bonanni an freilebenden Streunerhunden (Cafazzo et al., 2010).

ZUSAMMENSETZUNG UND FORTPFLANZUNGSSTATUS

Freilebende Hunde scheinen saisonal und individuell zu entscheiden, wann sie lieber alleine oder in der Gruppe leben, wie eine indische Studie feststellen konnte (Majumder et al.,

2014). An den Universitäten Kalkutta und Bangalore gibt es sehr aktive Forschergruppen um die Ethologen Anindita Bhadra (siehe Portrait, S. 121) und Sunil Kumar Pal, die seit Jahren das Leben mehrerer Populationen von indischen Straßenhunden beobachten und dokumentieren, um die ökologischen Einflüsse auf das Verhalten von Hunden besser zu verstehen. Die über einen langen Zeitraum andauernden Untersuchungen der Gruppenzusammensetzung verschiedener Populationen von Hunden, die in städtischen Gegenden Indiens leben, zeigen, dass die Gruppenzusammensetzung keine zufällige Konstellation war, sondern dass sich Individuen gezielt zusammentun oder durch verwandtschaftliche Verhältnisse verbunden sind. Dabei gibt es anscheinend saisonale Schwankungen, die vom Fruchtbarkeitsstatus der leitenden Tiere beeinflusst werden. Die indischen Hunde zeigten hier eine Tendenz von erwachsenen Individuen, sich besonders zu Fortpflanzungszeiten mit dem gegenteiligen Geschlecht als Paar zusammenzutun. Zu dieser Zeit hielten sich jüngere Gruppenmitglieder von dem jeweiligen Paar eher fern, wahrscheinlich, um Auseinandersetzungen zu vermeiden. Sobald die Läufigkeit vorüber war, zeigten junge Hunde aber die Neigung, sich den erwachsenen Artgenossen wieder anzuschließen. Dadurch bleibt die Gruppenzusammensetzung, über lange Zeit betrachtet, relativ stabil, unabhängig davon, dass es kurzzeitig zur Verkleinerung der Gruppengröße durch Läufigkeit kommen kann. Aus diesen Beobachtungen schließen die Forscher, dass freilebende Hunde individuell entscheiden, ob und wann sie sozial in einer Gruppe oder zeitweilig allein oder zu zweit leben möchten.

Futter ist für freilebende Hunde oft permanent verfügbar, was ihre soziale Organisation beeinflusst.

WELPENAUFZUCHT

Freilebende Hunde können uns einen Einblick geben, wie Hunde ohne großen menschlichen Einfluss ihre Jungen aufziehen. Roberto Bonanni konnte dokumentieren, dass die gemeinsame Aufzucht von Nachwuchs den Hunden weniger wichtig zu sein scheint. Er vermutet, dass Hunde eher in der Lage sind, stabile Rudel zu bilden, wenn der Einfluss des Menschen abnimmt, sie also nicht an Menschen sozialisiert werden, und wenn weniger Futter zur Verfügung steht.

Eine Langzeitstudie der indischen Forscher hat sich auf Familienverhältnisse und das Brutpflegeverhalten von indischen Straßenhunden konzentriert und konnte dokumentieren, dass es durchaus zur Unterstützung bei der Welpenaufzucht kommen kann (Paul und Bhadra, 2018). Die Forscher konnten dabei eine weit verbreitete Hilfe bei der Aufzucht sowohl von erwachsenen Rüden als auch anderen Hündinnen beobachten. Die Fürsorge der Mutter war dabei größer als die ihrer Helferin, aber das Umsorgen der Väter kam dem Pflegeverhalten durch die Mutter sehr nahe.

Gemeinsame Fürsorge

Es variierte jedoch die Art und Weise der Versorgung: Mutterhündinnen investierten mehr Aufwand in das Füttern und Grooming, während die potenziellen Väter sich mehr im Spiel und Verteidigen der Jungen engagierten. Die Verwandtschaft mit den umsorgenden Rüden konnte nicht sichergestellt werden, aber durch die Langzeitbeobachtung wussten die Forscher, dass die Helferinnen Töchter von den Mutterhündinnen waren. Auch Großmütter engagierten sich bei der Aufzucht ihrer Enkel. Doch nicht nur die erwachsenen Individuen, auch Welpen haben Strategien entwickelt, um besser auf der Straße zu überleben: Sie begehen „Milchdiebstahl" bei anderen Müttern der Gruppe und fordern das Säugen bei der eigenen Mutter mit zunehmendem Alter massiv ein, wodurch die Phase der Entwöhnung und damit die Versorgung mit Nahrung für die Welpen verlängert werden kann (siehe „Aus der Forschung", S. 122). Diese Beobachtungen zum gemeinsamen Aufziehen von Welpen in Hundegruppen unterstützt die Hypothese, dass gemeinsame

In familienähnlichen Gruppen kann es zur Kooperation bei der Jungenaufzucht kommen.

Fürsorge gegenseitigen Nutzen bringt, denn man erhöht die Überlebenschancen der eigenen Verwandtschaft und sammelt als große Schwester wichtige Erfahrungen in mütterlicher Fürsorge, die den eigenen Welpen zugutekommen wird. Die Datensammlungen der Freilandforscher zeigen, dass die Nachwuchsversorgung von freilaufenden Hunden zwar nicht mit der kooperativen Jungenaufzucht bei Wölfen verglichen werden kann, aber sozial flexibel in unterschiedlichem Maße ähnlich ist zur gemeinschaftlichen Aufzucht bei anderen Arten wie Erdmännchen, Präriehunden oder Rennmäusen.

All diese Strategien zeigen eine hochflexible, soziale Struktur der freilebenden Straßenhunde. Zusammenfassend lässt sich als derzeitiger Kenntnisstand festhalten: **Hunde sind in der Lage, unter geeigneten ökologischen Bedingungen Gruppen zu bilden. Diese zeigen eine altersorientierte, lineare Hierarchie und sind durch stabile Bindungen untereinander gekennzeichnet.** Agonistisches Verhalten in der Gruppe besteht selten aus aggressiven Auseinandersetzungen und häufig aus Bekunden von Unterwürfigkeitssignalen in friedlichen Kontexten durch rangtiefe gegenüber den dominanten Tieren. Die soziale Toleranz scheint durch die Domestikation nicht reduziert worden zu sein, Hunde leben kooperativ zusammen, wenn auch nicht vergleichbar wie Wölfe. Die ökologischen Gegebenheiten können die Unterschiede in der sozialen Organisation erklären (siehe S. 116). Die Flexibilität dieser sozialen Organisation scheint in Zusammenhang zu stehen mit den jeweiligen ökologischen Bedingungen vor Ort und der Kontrolle des Menschen, unter der die Hunde leben. Je mehr Beziehung zum Menschen, desto kleiner sind die Gruppen und weniger soziales Gruppenleben lässt sich beobachten. Diese erste Tendenz, die sich aus den Freilandforschungen ableiten lässt, zeigt, wie sozial flexibel Hunde auf ihre jeweiligen Lebensbedingungen reagieren, um die passende Überlebensstrategie zu wählen.

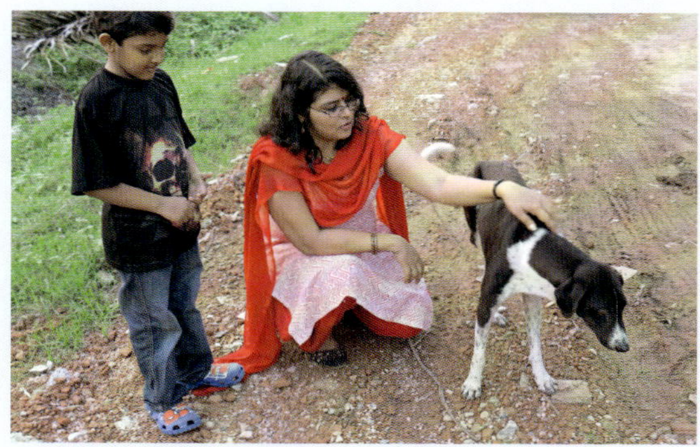

DR. ANINDITA BHADRA

Die indische Verhaltensbiologin Anindita Bhadra beschäftigt sich hauptsächlich mit freilebenden Hunden in Indien und hat maßgeblich dazu beigetragen, dass wir viele spannende, neue Erkenntnisse über das Leben und die soziale Organisation von Streunerhunden gewinnen konnten. Sie hat ihr Studium am Zentrum für Ökologische Wissenschaften in Bangalore/Indien (Centre for Ecological Sciences, Indian Institute of Science) mit einer Arbeit über die gesellschaftliche Organisation von Wespen abgeschlossen. Für ihre Arbeit wurde sie mit dem prestigeträchtigen indischen Award „INSA Medal" für junge Wissenschaftler ausgezeichnet. Nach weiteren anderthalb Jahren der Forschungsarbeit im gleichen Institut schloss sie sich der IISER Kolkata als Fakultätsmitglied an. Hier wechselte sie zu einer anderen Gesellschaftsform im Tierreich – von nun an galt ihr Interesse der sozialen Organisation und Ökologie freilebender Hunde. Sie gründete das „Dog Lab IISER Kolkata", das über das Verhalten, die Kognition und Ökologie von Hunden in ihrem gebürtigen Habitat forscht.

Für ihre wissenschaftliche Arbeit wurde Anindita in ein Elitekomitee berufen, das „Standing Consultative Committee of young scientists", sie ist ebenfalls Mitglied der „Education committee of the Animal Behaviour Society" und wurde mehrfach mit der Durchsicht wissenschaftlicher Fachbeiträge für vier verschiedene Journale wie „Science" oder „PNAS" beauftragt. Doch am liebsten forscht sie draußen mit Hunden und wird dabei hin und wieder von ihrem Sohn Ujaan Banerjee begleitet – er kümmert sich um die Hunde, macht Fotos und hilft bei den Beobachtungen – so sieht gezielte Nachwuchsförderung aus!

AUS DER FORSCHUNG

— Milchdiebe und Entwöhnungskonflikte bei Welpen von Straßenhunden.

Bei vielen Kaniden wird die Fähe nach dem Werfen am Bau vom Vaterrüden und den restlichen Rudelmitgliedern mit Futter versorgt. Sobald die Welpen den Höhlenkomplex verlassen, beteiligen sich auch die restlichen Rudelmitglieder durch Hervorwürgen vorverdauter Nahrung an der Versorgung der Welpen. Durch diese Unterstützung hat auch der Entwöhnungsprozess keine Brisanz, denn die Fähe ist im Optimalfall trotz der Milchgabe gut mit Futter versorgt und die Entwöhnung konzentriert sich nicht nur auf sie, sondern wird als Erziehungsmaßnahme mit auf die anderen Gruppenmitglieder verteilt. Straßenhunde organisieren sich sozial sehr flexibel und es findet durchaus Unterstützung bei der Jungenaufzucht statt (Paul und Bhadra, 2018). Doch die Versorgung der Mutterhündin am Bau in den ersten Lebenswochen der Welpen durch den Vater oder Jungtiere aus dem Vorjahreswurf konnte nur in Einzelfällen beobachtet werden. Die Mutterhündinnen sind deshalb gezwungen, ihre Welpen allein zu lassen und selbst nach Futter zu suchen. Langzeitstudien inklusive Führung eines Abstammungsbuches haben gezeigt, dass Gruppenmitglieder oft miteinander verwandt sind. In manchen Fällen kommt es zur Synchronisierung der Läufigkeit, sodass dadurch gemeinsam Welpen zur gleichen Zeit aufgezogen werden.

Beobachtung und Methode

Anindita Bhadra und Manabi Paul haben bei ihren Streunerhundpopulationen in Indien gezielt die Entwöhnungsstrategien der erwachsenen Hunde und der Welpen beobachtet. Dabei untersuchten sie insgesamt 15 Hundegruppen mit Welpen. Diese Gruppen bestanden aus einer oder mehreren erwachsenen Individuen, die gemeinsam eine Höhle oder ein Versteck, Futterquellen und ein Territorium teilten und gegen gruppenfremde Individuen verteidigten. In manchen Gruppen haben Weibchen gleichzeitig gesäugt.
Besonders interessant war für sie dabei die Beobachtung der Versorgung der Welpen mit Milch und hervorgewürgtem Futter ab der 3. bis zur 17. Woche durch die Mütter oder andere Gruppenmitglieder.

Ergebnisse

Bhadra und Paul konnten feststellen, dass ein deutliches Anzeichen für Entwöhnung der Welpen im beginnenden Wettstreit um Futter zwischen der Hündin und ihren Welpen zu erkennen ist (Paul und Bhadra, 2017). Der Konfliktgrad erhöht sich langsam mit dem Alter der Welpen und der Qualität der Futterressource: Je wertvoller die Nahrung und älter der Welpe war, desto potenziell aggressiver agierten die Mutterhündinnen. Doch auch die Welpen blieben nicht passiv: Mit zunehmenden Alter engagierten sie sich wiederum immer aktiver darin, Milch von der Mutter einzufordern. Gleichzeitig konnten die Forscherinnen beobachten, wie sie in dieser Phase zunehmend gezielt „Milchdiebstahl" begingen, indem sie bei den anderen säugenden Hündinnen nuckelten. Diese ließen das Saugen für kurze Zeiträume zu oder vertrieben die Welpen. Die Feldforscherinnen vermuten, dass die Hündinnen hier abwägen zwischen Einschränkung der persönlichen Fitness und Milch für die eigenen Welpen und Verwandtschaftsgrad zu den Welpen der anderen Hündin. So kann es passieren, dass die Mutter oder Großmutter die Welpen der Tochter bzw. Enkelin zumindest unterstützend mitversorgen und umgekehrt. Die Initiative ging jedoch von den Welpen aus, sodass dieser „Milchdiebstahl" als angepasste Überlebensstrategie bei Streunerhundjungtieren zu sehen ist.

Welpen entwickeln Strategien, um ihren täglichen Anteil an Milch zu erhöhen (siehe links).

FUTTERSUCHE UND FUTTERTEILEN

Die Suche nach Nahrung nimmt auch bei freilebenden Hunden einen wichtigen Teil des Tagesprogramms ein, wenn auch der Energieaufwand, der hierzu betrieben werden muss, in den meisten Fällen nicht vergleichbar ist mit dem Einsatz und Gefahrenpotenzial der Beutejagd bei anderen Kanidenarten. Doch wie regeln Hunde den Umgang mit gefundenen Essensresten? Wird friedlich alles geteilt oder nach der Hierarchieordnung gefressen? Auch beim Thema Fressen zeigen Hunde ein hohes Maß an Flexibilität, das sich an der jeweiligen Situation, den Lebensbedingungen, der Qualität des Futters und der Beziehung zum Artgenossen zu orientieren scheint.

Selten auf Jagd

Freilebende Hunde sieht man sehr selten auf Jagd und noch seltener erfolgreich jagen. Sie suchen alleine oder in kleinen, lockeren Gruppen nach Fressbarem in den Abfällen der Menschen (Majumder et al., 2014) und teilen dies auch meist ohne Probleme mit anderen, wie Beobachtungen von Feldforschern wie der indischen Gruppe um Anindita Bhadra oder der italienischen Gruppe um Roberto Bonanni und Simona Cafazzo vermuten lassen. Beim Streit um besonders begehrte Stücke setzen sich ältere und dominante Individuen gegenüber jüngeren und subdominanten Tieren der Gruppe meistens durch, jedoch ohne dass es dabei zu Verletzungen kam. Insgesamt konnten Auseinandersetzungen um Futter unter den freilebenden Gruppen, die Cafazzo und ihr Team beobachtet hat, eher selten dokumentiert werden, was aber auch daran gelegen haben könnte, dass Futter in ausreichender Menge vorhanden war. Wenn es einen Zusammenhang mit Dominanz und Futtersichern gab, dann konnte besonders häufig das Stehlen von besonders begehrten Futterstücken durch die Leittiere beobachtet werden, was aber von den untergeordneten Tieren hingenommen wurde (Cafazzo et al., 2010). Grundsätzlich gilt unter Hunden die „Futterrespektierung", die besagt, dass unabhängig vom sozialen Status ein Stück Futter demjenigen gehört, der es gefunden und für sich gesichert hat. Dies heißt aber nicht, dass ihm sein Fressen von anderen nicht geklaut werden kann oder ein Individuum nicht situationsbezogen freiwillig seine Nahrung mit ausgewählten Beziehungspartnern teilt.

Sind Hunde spendabel?

Beim Phänomen des Futterteilens könnten verschiedene situative und individuelle Faktoren eine Rolle spielen:

1. Freigiebigkeit sieht man vor allen Dingen zwischen vertrauten Bindungspartnern wie Mutterhündin und Welpen oder richtig guten Hundekumpels. Die Beziehungsart und -intensität, die zwei Individuen zueinander pflegen, spielt also eine große Rolle, ob Fressen geteilt wird.
2. Zusätzlich könnten künftige Vorteile eine Rolle spielen. Wer viel abgibt, bekommt in anderen Situationen eventuell auch etwas von den anderen ab und erhält womöglich Zugang zu Nähe, Sicherheit und Sex.
3. Wichtig ist auch die Qualität der Ressource. Steht wenig Nahrung zur Verfügung oder ist das gefundene oder erbeutete Fressen besonders hochwertig oder ist eine Hündin gerade trächtig, dann ist man eher bereit, es für sich allein zu sichern und auch vehementer zu verteidigen. Andererseits könnte bei besonders wertvollen Nahrungsteilen wie reines Fleisch oder Knochen die Bereitschaft zum Verzicht für die in der Rangordnung höhergestellten Individuen sinken und sie könnten versuchen, durch Drohgebärden Zugang zur Futterquelle zu erlangen. Hier wird der Besitzer der Beute je nach Status und Interessenlage abwägen, inwieweit sich eine Auseinandersetzung lohnt, um das gefundene Fressen zu verteidigen.
4. Primatenforscher vermuten, dass das Betteln um Teilhabe am Fressen nicht nur dazu dient, wirklich Futter abzubekommen, sondern auch, um Informationen über die Persönlichkeit des Futterbesitzers zu sammeln oder die Beziehungsqualität zu ihm zu überprüfen (z. B. Goldstone et al., 2016). Auf diese Weise könnte das Futterteilen auch beziehungsbildend oder -intensivierend wirken. Eine Hypothese zum Grund für das Betteln, die wahrscheinlich von Primaten auch auf andere sozial lebende Gruppentiere wie den Hund übertragen werden kann.

Auch Hunde würgen für Welpen vorverdaute Nahrung hoch.

Festzuhalten bleibt bei all diesen Faktoren zum sozialen Futterteilen, dass sozial lebende Tiere sehr situativ entscheiden, wann und wem sie etwas von ihrer Beute abgeben.

Futterteilen im Gehege und bei Menschen

Rachel Dale hat gemeinsam mit dem Team des Wolfsforschungszentrums Ernstbrunn untersucht, wie Wolfs- und Hundegruppen, die unter vergleichbaren Bedingungen in Gehegen leben, das Teilen von Nahrung praktizieren (Dale et al., 2017). Dabei sollte im Moment des Futterteilens nicht nur die Rangposition der einzelnen Tiere, sondern auch der Einfluss besonders guter Beziehungen zueinander betrachtet werden. Um diese Beziehung der untersuchten Wölfe und Hunde sicher ermitteln zu können, untersuchten die Forscher zunächst die jeweiligen Beziehungen der Tiere untereinander: Sie zählten die

Frequenz vertrauter Interaktionen zwischen zwei Individuen und erhielten auf diese Weise einen Einblick in die Qualität der Beziehung zwischen den einzelnen Tieren. Dann wurden verschiedene Formen von Futtertests durchgeführt: Zum einen wurden die Hunde oder Wölfe in Zweiergruppen zum Futter gelassen, um zu sehen, ob die Beziehungsqualität oder Rangordnung einen Einfluss auf die Freigiebigkeit beim Futterteilen hatte. In weiteren Versuchen wurde in der Gruppe gefüttert und zwar entweder mit der Futterquelle am Boden oder einer Beute, die an einen Baum gehängt wurde. Alle Versuche wurden mit Video aufgezeichnet und anschließend genau dokumentiert, wie lange sich welche Individuen am Futter oder davon entfernt aufhielten und wie häufig mehrere Tiere und welche von ihnen Futter aufnehmen durften. Die Ergebnisse zeigen, dass Futterteilen in diesen Gehege-Gruppen von der sozialen Beziehung beeinflusst wurde, aber auch von der Situation, in der geteilt werden sollte, abhängig ist. In den „Zweier-Tests" wurde deutlich: Wer keine gute Beziehung zum dominanten Individuum pflegte, hatte weniger Chancen, etwas abzubekommen. Diese Unterscheidung war weniger gut in den Gruppentests zu erkennen, hier waren jeweils die dominanten Hunde oder Wölfe die ersten und vehementesten am Futter. Es gab aber einen Unterschied: Die dominanten Hunde der Gruppen neigten dazu, das Futter nur für sich zu beanspruchen und es zu sichern, während die dominanten Wölfe der Gruppen zuließen, dass auch rangniedrigere Individuen Beutestücke abbekamen. Während die Wölfe sich wie ihre freilebenden Artgenossen kooperativ verhielten und ihr Futter in der Gruppe teilten, zeigten sich die dominanten Hunde hier wenig freigiebig und versuchten, alles für sich zu sichern. Dieses Ergebnis könnte ein weiterer Hinweis darauf sein, dass im Zuge der Domestikation die Kooperationsbereitschaft des Hundes mit Artgenossen an Bedeutung verloren hat. Gleichzeitig steht dieses Ergebnis im Widerspruch zum problemlosen Futterteilen in freilebenden Hundegruppen (Bonanni et al., 2011; Bloch, 2007). Diesen offensichtlichen Widerspruch gilt es, in den nächsten Jahren durch weitere Studien zu verstehen.

Freilebende Hunde entscheiden situativ, wann und mit wem sie Futter teilen.

KOOPERATION MIT ARTGENOSSEN

Doch was ist, wenn Futter nicht ohne weiteres erreichbar ist? Können Hunde mit einem Artgenossen zum Erreichen eines gemeinsamen Zieles zusammenarbeiten? Sind sie bei der kooperativen Beutejagd, ähnlich wie der Wolf, dazu noch in der Lage, oder ist diese feine Form der kommunikativen Abstimmung mit Artgenossen im Zuge der Domestikation größtenteils verloren gegangen? Genau diese Frage wollte Sarah Marshall-Pescini in einer Studie näher untersuchen (Marshall-Pescini et al., 2017). Grundlage für die Untersuchung bildet die Hypothese, dass, bedingt durch die unterschiedliche Sozialökologie von Hund und Wolf (siehe S. 34 ff.), sich die Fähigkeit zur Kooperation bei Hunden verloren oder verringert hat. Für den Versuch standen 14 Hunde und 12 Wölfe aus dem Wolfsforschungszentrum Ernstbrunn zur Verfügung, die unter vergleichbaren Bedingungen aufgezogen und gehalten wurden. Die Tiere wurden mit einer Apparatur konfrontiert, die über Seile bewegt werden konnte. Hinter einem Zaun lag ein Brett, auf dem verführerisches Futter platziert worden war. Um an dieses Futter zu gelangen, mussten jeweils zwei Tiere gleichzeitig und synchron an den Seilen ziehen, damit das Brett in Richtung einer Öffnung im Zaun bewegt werden konnte, sodass beide Tiere ihre Belohnung bekamen. Diesen Kooperationstest haben bereits andere sozial lebende Tierarten wie Schimpansen oder Elefanten erfolgreich absolviert. Auch Wölfe zeigten sich sehr motiviert und schnell dazu in der Lage, die Seile gemeinsam synchron zu ziehen – und zwar umso besser, je

Wölfe kooperierten und zogen synchron am Seil, um an das Futter zu gelangen.

Hunde scheiterten an der fein aufeinander abgestimmten Koordination des Seilziehens.

stabiler die Bindung zwischen beiden Kooperationspartnern war. Die Hunde zeigten sich auch hochmotiviert, scheiterten aber an der Zusammenarbeit. Sie konnten ihre Handlungen nicht koordinieren, sodass es ihnen kein einziges Mal gelang, simultan am Seil zu ziehen und dadurch zum Erfolg zu kommen. Sarah Marshall-Pescini erklärt sich das schlechte Abschneiden der Hunde mit der Tatsache, dass Hunde untereinander um Futter eher im Wettstreit stehen, während für Wölfe Fressen zu erreichen fast immer eine kooperative Angelegenheit ist.

SPENDIERFREUDIGE HUNDE

Doch wenn keine fein abgestimmte Koordination gefragt ist, können Hunde auch anders: Die Wiener Forschergruppe um Rachel Dale zeigte, dass Hunde sogar spendabel sein können – das Teilen von Futter scheint bei ihnen also sehr von der jeweiligen (Lebens-)Situation abzuhängen.
Rachel Dale untersuchte, ob sich unsere gut umsorgten „Sofa-Hunde" prosozial verhalten können (Dale et al., 2016). Die Verhaltensbiologin des Messerli Forschungsinstitutes der Veterinärmedizinischen Universität in Wien brachte für diese Studie im ersten Schritt insgesamt 15 „Test-Hunden" bei, bestimmte Gegenstände zu erkennen. Wenn sie diese Gegenstände an einem Brett mit der Schnauze berührten, wurde ihnen vom Versuchsleiter über ein Brett am Boden zur Belohnung Futter „geschenkt". Dann wurden im zweiten Schritt den Hunden weitere Gegenstände präsentiert, für die nicht sie selbst, sondern ein Artgenosse Futter bekommen konnte. Dieser Artgenosse saß direkt neben ihnen, nur durch eine durchsichtige Schiebetür getrennt. Die Forscher setzten dabei ganz bewusst vertraute und fremde Artgenossen in die Nachbarzelle, um zu sehen, ob die Anwesenheit und die Identität einen Einfluss auf das prosoziale Verhalten des Testhundes haben könnten. Der Testhund wartete in seinem Abteil auf das Brett mit den Spielmarken und konnte dann entscheiden, ob er ein Leckerli spendieren wollte oder nicht. In weiteren Versuchsdurchläufen blieb das „Partnerabteil" neben dem Testhund leer, aber ein Hund oder kein Hund war im Raum. Damit wollten die Wissenschaftler überprüfen, ob die Anwesenheit und der Aufenthaltsort (direkt neben dem Testhund oder irgendwo im Raum) des

Artgenossen den „Geber-Hund" sozial machte oder nicht. Um die Motivation des „Spenders" zu erhalten, durfte er sich durch das Berühren eines entsprechenden Gegenstandes immer am Ende des Testdurchlaufes selbst belohnen. Wie schon beim Versuch in den Wolfs- und Hundegehegen in Ernstbrunn zeigte sich, dass Hunde auch hier dazu neigen, ihr Futter lieber mit vertrauten Artgenossen zu teilen, denn ein fremder Hund bekam dreimal weniger häufig eine Leckerei ab als ein „guter Bekannter". Im Vergleichsversuch, ohne anwesenden Artgenossen, wurde aber sofort noch weniger „gespendet" – es reichte aus, dass sich ein Hund nur im selben Raum aufhielt, sofort stieg die Spendierlaune des Testhundes deutlich an. Am großzügigsten waren die Testhunde jedoch, wenn der Artgenosse direkt nebenan saß, und noch mehr, wenn er dem Spender vertraut war. Am liebsten spendierten sie also guten Freunden Leckerlis. Für Hunde schien also allein die Anwesenheit eines Artgenossen die Situation sozial zu beflügeln und die Spendierfreude zu erhöhen. Dabei machten die getesteten Tiere nochmal deutliche Unterschiede zwischen vertrauten und fremden Hunden, was Beobachtungen des Futterteilens bei freilebenden Hunden unterstützt, in denen situativ geteilt wurde.

Hunde zeigten sich in diesem Versuch spendierfreudig – besonders gegenüber Freunden (Dale et al., 2016).

Alltagstipps

Die Reaktion, in schwierigen Situationen mehr leisten zu können, wenn ein Artgenosse zu sehen ist, kennen Verhaltensbiologen und Psychologen auch von Versuchen mit anderen sozial lebenden Tierarten einschließlich des Menschen. Man vermutet, dass die Anwesenheit eines Artgenossen eine befeuerndere Wirkung hat, als wenn man in schwierigen Situationen ganz auf sich allein gestellt ist. Die Theorie wird als „Social Facilitation Theorie" („Soziale Erleichterungs-Theorie") bezeichnet und gilt ganz offensichtlich auch für Hunde. Daraus können wir für unseren Alltag mit Hund mitnehmen: **Nicht nur „Model Rival" (siehe S. 158) scheint Lernen zu beflügeln, sondern allein schon die Präsenz eines anderen erfahrenen und bekannten Hundes in schwierigen oder merkwürdigen Übungssituationen (z. B. Bahnhofstraining, Stadttraining) kann bei Hunden positive Effekte für das Meistern von Herausforderungen haben.** Für die Durchführung von Studien mit Hunden bleibt für die Forscher als Erkenntnis stehen, dass es auch hier lohnenswert sein könnte, geeignete, andere Hunde im Raum zu haben, wenn ein Hund an einem schwierigen Versuch teilnehmen soll.

SOZIALE ORGANISATION IN MENSCHLICHER OBHUT

Doch wie sieht es mit den sozialen Beziehungen zu Artgenossen aus, wenn Hunde nicht im Gehege in Ernstbrunn oder auf der Straße, sondern privilegiert in einer menschlichen Behausung mit permanenter Futterverfügbarkeit leben? Werden auch dann noch Hierarchien gebildet, die sich an Parametern wie Alter und Souveränität orientieren und durch submissives Verhalten von unten nach oben legitimiert werden? Auch dazu sind einige spannende Studien durchgeführt worden. Die US-Forscherinnen Rebecca Trisko und Barbara Smuts untersuchten an der Universität Michigan, ob Hunde auch dann Dominanzbeziehungen ausbilden, wenn sie temporär in einer Gruppe leben (Trisko und Smuts, 2014). Die Studie dokumentierte mit Hilfe von Videodokumentation das innerartliche Verhalten einer 24 Kopf starken Gruppe von kastrierten Hunden, die jeden Tag für mehrere Stunden zur Betreuung in eine „Hundetagesstätte" gebracht wurden und die sich in körperlicher Größe, Alter und Geschlecht der Hunde gut gemischt zusammensetzte.

Ähnlich wie andere Studien an freilebenden Hunden und Wölfen zeigen konnten, ließen sich auch hier lineare Dominanzhierarchien feststellen, die nicht durch aggressives Verhalten „von oben nach unten", sondern im Gegenteil hauptsächlich durch das Zeigen von Unterwürfigkeitssignalen der untergeordneten gegenüber den dominanten Individuen etabliert wurden. Unterwürfigkeitsverhalten war die am häufigsten zu beobachtende Verhaltenskategorie und damit besser geeignet, die Dominanzbeziehung zwischen zwei Individuen zu definieren, als dominanzanzeigende oder aggressive Verhaltensweisen. Aggression wurde nur selten und in geringer Intensität gezeigt und war meist geprägt von ritualisierten Abbruchsignalen ohne körperlichen Kontakt. Fand körperlicher Kontakt statt, dann verlief die Auseinandersetzung ohne jegliche Beschädigung. Ähnlich wie Roberto Bonanni schon bei Streunern beobachten konnte, hatten ältere Individuen einen höheren Status als jüngere Hunde, die Körpergröße hatte hingegen keinen Einfluss auf die Stellung in der Gruppe. Zwischen gleichen Geschlechtern wurden dominante Beziehungen häufiger durch Unterwürfigkeits- oder Dominanzdemonstrationen gezeigt als zwischen Hündinnen und Rüden. Das am häufigsten zu beobachtende Signal war dabei das Mundwinkellecken als Unterwürfigkeitszeichen. Bemerkenswerterweise konnte in vielen Zweierbeziehungen kein einziges Mal agonistisches Verhalten beobachtet werden. Die Ergebnisse zeigen deutlich, dass auch ohne Konkurrenz um wertvolle Nahrungsressourcen, wenn also der Mensch die komplette Versorgung übernimmt, Hunde trotzdem immer noch Dominanzhierarchien ausbilden.

Gruppenstrukturen scheinen unter Hunden ein robuster Verhaltensmechanismus zu sein, der trotz Domestikation und jahrhundertelanger Trennung von Rassehundezucht und freilebenden Hundepopulationen erhalten geblieben ist.
Rebecca Trisko und Barbara Smuts vermuten, dass neben einer guten Sozialisation in der Kastration der Hunde ein Grund für das friedfertige Gruppenleben zu sehen sei, da dadurch weniger Konkurrenzsituationen entstünden. Dies darf angezweifelt werden, denn bei Streunerhunden konnten ähnliche Ergebnisse gefunden werden. Andere Wissenschaftler untersuchten einen möglichen Zusammenhang von Kastration und aggressiven Verhaltensweisen genauer.

C-BARQ

(Canine Behavioral Assessment and Research Questionnaire)

C-BARQ ist ein Fragebogen für Hundehalter, der von Forschern der Arbeitsgruppe zur Interaktion zwischen Tieren und Gesellschaft der Universität Pennsylvania entwickelt wurde. Die Ergebnisse sollen Forschern, Trainern und Hundebesitzern zur Verfügung stehen. Die Informationen bereichern Studien zu bestimmten Schwerpunkten und versorgen Trainer und interessierte Hundehalter mit wissenschaftlichen Daten rund um Temperament und Persönlichkeit von Hunden und der Beziehung zwischen Hund und Mensch. Jeder Hundehalter kann teilnehmen und die 100 Fragen beantworten (Dauer: 10 – 15 Minuten: https://vetapps.vet.upenn.edu/cbarq/). Hier werden Angaben abgefragt zum Verhalten des Hundes im Alltag, z. B. seiner Freundlichkeit gegenüber fremden Menschen, Artgenossen oder in aufregenden Situationen. Aber auch der Trainingsstand, das Geschlecht, Alter und die Rasse/Herkunft ist für die statistischen Auswertungen von Interesse. Zurzeit ist diese Erhebung eine der größten Datensammlungen über Hunde unterschiedlichster Rassen und Herkunftsländer.

KASTRATION ALS FRIEDENSSTIFTER?

Ein Forscherteam des Queens College New York hat, unter Leitung der amerikanischen Psychologin und Ethologin Parvene Farhoody, das Aggressionsverhalten gegenüber Fremden und Artgenossen in Verbindung mit Kastration untersucht (Farhoody et al., 2018). Grundlage der Studie bildeten Daten des „C-BARQ" (siehe Info). Insgesamt wurden 13 795 Fragebögen ausgewertet, in denen Hundehalter von aggressivem Verhalten ihrer Hunde gegenüber Fremden oder Artgenossen berichtet hatten. Diese Auskunft wurde mit anderen Parametern wie Geschlecht und Intaktheit/Kastration oder dem Alter zum Kastrationszeitpunkt abgeglichen. Deutlich wurde ein Ergebnis, das auch andere Studien vermuten (siehe S. 211):
Es besteht kein Zusammenhang zwischen Kastration oder Intaktheit und vermehrtem oder reduziertem Aggressionsverhalten.
Wenn überhaupt, konnte eine leichte Tendenz erkannt werden, dass kastrierte Hunde eher dazu neigen, Aggression gegenüber Fremden zu entwickeln. Eine Vergleichsanalyse von Hunden, die in verschiedenen Lebensaltern kastriert wurden (in den ersten sechs Monaten, zwischen 7 – 12 Monaten oder 11 – 18 Monaten und älter als 18 Monate) zeigten, dass es nur beim Kastrationszeitraum 7 – 12 Monate eine um 26 Prozent erhöhte Wahrscheinlichkeit gab, dass der Hund aggressives Verhalten gegenüber fremden Menschen entwickelt.
Grundsätzlich lässt sich also festhalten, dass Kastration keine geeignete Maßnahme ist, Aggressionsverhalten zu therapieren oder seiner Entwicklung vorzubeugen.
Aggressionsverhalten entwickelt sich in den allermeisten Fällen durch ungünstige Lern-

Leinen schränken die Bewegungsfreiheit ein und sorgen so für Stress in der Kontaktsituation.

erfahrungen des Individuums und obliegt damit der Verantwortung des Erziehers (siehe S. 202). In Anbetracht der möglichen negativen Auswirkungen der Kastration auf die individuelle Entwicklung und den Gesundheitszustand von Hunden sollte die Sinnhaftigkeit des Eingriffs für jeden Hund individuell genau abgewogen werden.

LEINEN SORGEN FÜR STREIT

Doch es scheint einen entscheidenden Faktor für das Entstehen von Aggressionsverhalten gegenüber Artgenossen bei Hunden in menschlicher Obhut zu geben, wie eine tschechische Studie ausmachen konnte: die Leine.
Eine tschechische Forschergruppe hat sich ein paar Monate in öffentlichen Parks aufgehalten und insgesamt 1 870 Hund-Hund-Interaktionen beobachtet (Rezác et al., 2011). Dabei wählten die Verhaltensforscher genau aus, wer in den Blick genommen wurde: Hunde aus Mehrhundehaltung wurden ausgeschlossen, nur die Interaktionen zwischen Hunden wurden festgehalten, die jeweils als Einzelhunde gehalten wurden. Dabei wurde die Art und Weise dieser Interaktion genau dokumentiert und mit anderen Faktoren abgeglichen, um mögliche Zusammenhänge erkennen zu können.
Die Art und Weise der Interaktion war z. B.: Spielen, Beschnüffeln, Markierverhalten, Drohverhalten, Beißen.
Zur Einordnung der gezeigten Interaktion wurden diese Faktoren durch eine anschließende Befragung der Besitzer festgehalten: Geschlecht und Alter (junge Hunde waren ungefähr ein Jahr alt, erwachsene Hunde bis sieben Jahre, alte Hunde über sieben Jahre) des Hundes, Geschlecht und Alter des Besitzers, Größe (klein, mittelgroß, sehr groß) und Rasse des Hundes. Außerdem wurde notiert, ob die Interaktion im Freilauf oder an der Leine stattgefunden hat.

Sich entspannt begegnen können, muss gelernt werden dürfen.

GERUCHSKONTROLLE

Die Ergebnisse geben den Optimisten recht: Die absolute Mehrzahl der Interaktionen auf Hundewiesen läuft ohne Komplikationen ab. Die häufigste Form der Interaktion war die Geruchskontrolle und das Spielen. Für ein Drittel der Hunde spielte das Markieren bei der Kontaktaufnahme eine sehr wichtige Rolle, besonders Rüden schienen darauf viel Wert zu legen. Sie markierten signifikant mehr, wenn sie einen Rüden trafen, und auch häufiger als die hündische Damenwelt, wenn sie auf das gegenteilige Geschlecht trafen. Ohne Leine wurden deutlich mehr Geruchskontrollen voneinander vorgenommen, als wenn die Hunde angeleint spazierengeführt wurden.

SPIELEN NUR IM FREILAUF

Spielen spielte ebenfalls offensichtlich eine wichtige Rolle für die Hunde – aber naturbedingt nur im Freilauf, denn es trat signifikant häufiger auf, wenn Hunde nicht angeleint waren. Ein Viertel der Hunde hatte Spaß beim Spiel (es wurde nach einem von Marc Bekoff erarbeiteten Kriterienkatalog nur „echtes Spiel" bewertet, mit Rollentausch und wechselnden Spieleinheiten wie Jagd- und Kampfspiel). Besonders für junge Hunde im ersten Lebensjahr schien die spielerische Begegnung von Bedeutung zu sein, denn zwei Drittel von ihnen spielten miteinander. **Spiel mit gleichaltrigen Artgenossen muss also eine wichtige Bedeutung für heranwachsende junge Hunde haben.** Dies wird auch in der Studie von Elisabetta Palagi (siehe S. 134 ff.) bestätigt. Am häufigsten wählten Spielpartner das gegenteilige Geschlecht aus, aber auch Hündinnen und Rüden spielten jeweils miteinander. Nicht nur das Geschlecht und das Alter, auch die Größe scheint eine wichtige Rolle bei der Wahl des optimalen Spielpartners zu spielen: Gleich große Hunde spielten bevorzugt zusammen.

Drohverhalten konnte bei weniger als einem Sechstel der beobachteten Interaktionen dokumentiert werden. **Die Wahrscheinlichkeit für eine agonistische Verhaltensreaktion war doppelt so hoch, wenn der Hund an der Leine gehalten wurde.** Gleichzeitig scheinen Hunde gegenüber dem gegensätzlichen Geschlecht toleranter zu sein, denn Rüden zeigten gegenüber Rüden und Hündinnen gegenüber Hündinnen mehr aggressive Verhaltensweisen. Gebissen wurde nur bei drei Prozent der beobachteten Interaktionen – und das auch nur, ohne zu verletzen, in sehr milder Form und nur, wenn auf vorheriges Drohverhalten vom Artgenossen nicht adäquat reagiert worden war. Deutlich wurde in Bezug auf Aggressionsverhalten und Beißen

ein Zusammenhang zum Haltergeschlecht: Die aggressiver auftretenden Hunde gehörten häufiger Männern als Frauen. Die Forscher vermuten, dass Männer eher dazu neigen, konfrontative Trainingsmethoden zu nutzen, die dafür bekannt sind, aggressive Verhaltenstendenzen zu fördern.

FREILAUF IM PARK SORGT FÜR ENTSPANNTERE HUNDE

Was schließen die Forscher aus diesen umfangreichen Beobachtungen von Interaktionen zwischen Hunden auf öffentlichen Plätzen? Schnüffeln an Markierungen und Artgenossen sowie altersabhängig viel Zeit zum Spielen scheinen eine große Bedeutung im Leben der Hunde zu haben. Wird dies durch das Führen an der Leine nicht oder nur gehemmt gestattet, steigt die Wahrscheinlichkeit für problematische Interaktionen mit Artgenossen.
Freies Erkunden, Schnüffeln, soziales Auseinandersetzen mit Artgenossen hat im Leben eines Hundes also eine große Rolle, das konnte auch eine aktuelle Studie aus Kanada beschreiben. Die Forscherinnen Melissa Howse, Rita Anderson und Carolyn Walsh vom Institut für Psychologie der Universität Neufundland haben sich bei ihren Beobachtungen auf freilaufende Hunde in öffentlichen Parks konzentriert. Dabei interessierten sie besonders die sozialen Begegnungen innerhalb der ersten 400 Sekunden, die genau dokumentiert und analysiert wurden (Howse et al., 2018). Auch ihr Ergebnis lautet: Aggressive Interaktionen waren sehr selten und verliefen harmlos. Die meisten Kontaktaufnahmen fanden hier innerhalb der ersten Minuten statt und zeigten intensives Beschnüffeln, Mundwinkellecken als häufigstes Begrüßungsritual, danach entspannte sich die Situation, die Häufigkeit und Intensität der Kontaktaufnahme nahm kontinuierlich mit der Zeit der Anwesenheit ab.
Auch Ulla Olsen untersuchte im Rahmen ihrer Dissertation an der Fachbereichs-Veterinärmedizin der Freien Universität Berlin „Zusammenhänge zwischen Hundeverhalten und unterschiedlicher Einschränkung des Hundes durch die Leine". Ihre Ergebnisse decken sich mit den anderen hier vorgestellten Studien: Hunde, die an der Leine geführt wurden, zeigten häufiger drohendes Verhalten gegenüber Artgenossen, es kam häufiger zu Raufereien, Beißereien mit Artgenossen gleichen Geschlechts als bei Hunden, die sich freier bewegen durften. Hier liefen die Hunde freundlicher auf Artgenossen zu. Auch auf den Kontakt zum Menschen hatte die Leine in der Doktorarbeit von Ulla Olsen einen Einfluss. Sie konnte beobachten, dass das Anbellen von Menschen auf Spaziergängen häufiger bei Hunden zu sehen war, die angeleint waren (Olsen, 2008).
Ein Zusammenhang von zunehmender Kontrolle durch den Menschen und einen Anstieg von problematischen Verhaltensweisen konnte auch die Studie an adoptierten Hunden auf Bali feststellen (siehe S. 66).
Eine wichtige Erkenntnis dieser Studien: Wenn wir uns einen sozial flexiblen, ausgeglichenen Hund wünschen, müssen wir ihm die Möglichkeit bieten, Lernerfahrungen machen zu können. Das bedeutet, Hunde einfach mal Hund sein, sie möglichst in Ruhe schnüffeln, erkunden, spielen und sich sozial auseinandersetzen zu lassen.

NACHAHMUNG BEI HUNDEN

Beobachtet man zwei vertraute Hundefreunde beim Spiel, dann fällt auf, wie harmonisch die verschiedenen Spielbewegungen sich abwechseln und angepasst sind auf die individuellen Vorlieben des jeweiligen Hundes. Die Tiere „kennen einander", sie wissen anscheinend, was der andere mag, und gehen schnell auf einen Wechsel seiner Spielstimmung ein. Genau für diese feine Abstimmung und die schnellen Wechsel verschiedener Spielphasen interessierte sich die italienische Verhaltensbiologin Elisabetta Palagi. Sie vermutet, dass das Spielverhalten der ideale Ort ist, um zu untersuchen, ob es Formen der emotionalen Ansteckung und sekundenschnellen Nachahmung (Rapid Mimicri, Gesichtsmimikri) auch bei Hunden gibt (Palagi et al., 2015). Von Menschen und anderen Primaten wissen wir, dass Spiegelneuronen im Gehirn sie befähigen, das emotionale Empfinden ihres Gegenübers „spiegelnd" wahrzunehmen, also Einfühlungsvermögen entwickeln zu können. Doch gibt es diese Fähigkeit auch bei Hunden? Eine grundlegende Form der Empathie ist „Rapid Mimikri" (Gesichtsmimikri), also die unfreiwillige Wiederholung einer Gesichtsmimik innerhalb einer Sekunde. Das hat wahrscheinlich jeder schon einmal erlebt: Beim Gucken eines spannenden Filmes ertappen wir uns dabei, wie wir die Mimik des Protagonisten „mitmachen" – wir spiegeln sein inneres Erleben, erleben es mit. Eine weitere Form der Empathie ist die „emotionale Ansteckung": Wenn wir in einem Raum mit Menschen sitzen, die alle lachen, werden wir irgendwann mitlachen – obwohl wir überhaupt nicht wissen, worüber gelacht wird.

SPIELSIGNALE

Bei Hunden können wir ein ähnliches Phänomen beobachten: Ist ein Hund in Spielstimmung, sein Partner aber nicht, dann wird er sehr häufig anfangen, entsprechende Spielsignale zu senden, um ihn „anzustecken". Das ist in den allermeisten Fällen der „Play Bow", der auf Hunde eine hochinfektiöse Wirkung zu haben scheint. Bleibt ein Junghund penetrant bei der Sache, kann es ihm gelingen, auch die Hundeoma auf diese Weise mit seiner „Spielstimmung" zu infizieren, und sie wird sich zumindest auf ein kurzes Spielchen einlassen. Eine andere hochinfektiöse Spieleinladung ist das leicht bis stark geöffnete Maul – ein Kennzeichen des „Spielgesichtes". Elisabetta Palagi wählte genau diese beiden Spielsignale aus und ergänzte sie durch zwei weitere: Anspringen (= auf zwei Hinterbeinen in Richtung des Spielpartners, mit Abwendung in der Luft oder, wenn der andere darauf eingeht, einem kurzen Stehen der beiden Hunde auf den Hinterbeinen) und Beißen (= angedeutet oder richtig, allerdings spielerisch, ohne dass es schmerzt). Den beiden letzteren Signalen sprach sie aber nicht die gleiche spielansteckende Wirkung zu wie der Spielverbeugung und dem Maulöffnen.

Diese Spielsignale nahmen die Forscher also gezielt in den Blick und schauten, ob sie unter Hunden zur Nachahmung führten und ob diese Nachahmung eventuell einen Effekt auf den Fortgang des Spiels haben könnte. Dazu begaben sich die Forscher in einen Hundepark in Palermo und sammelten insgesamt 50 Stunden Videomaterial über Spieleinheiten zwischen 49 Hunden. Parallel zur Aufnahme der Spiele führten die Wissenschaftler Interviews mit den Besitzern, um weitere Informationen zu Alter, Geschlecht, Rasse oder Mischung und der Qualität der Beziehung zwischen den Spielpartnern zu erhalten.

Sie legten fest, dass eine Spielsituation in dem Moment anfing, wenn ein Partner Spielsignale an einen Artgenossen gesendet hatte, der wiederum passend mit einem Spielsignal als Antwort reagiert hat. Die Session endete, wenn das Spiel verebbte oder ein dritter Spielpartner dazu kam und das Spiel dadurch unterbrochen wurde. Alle Spieleinheiten wurden analysiert auf:

1. Die Identitäten der Subjekte (Alter, Geschlecht, Rasse),
2. die beobachteten Spielsignale, ihr genauer Ablauf und die jeweilige Dauer,
3. die gesamte Länge der Interaktion und
4. die Art der sozialen Beziehung, welche die Hunde miteinander verband.

Dabei wurde die soziale Verbindung in drei Klassen unterteilt:

1. Freunde (treffen sich mindestens drei Mal die Woche, spielen, erkunden gemeinsam, tauschen Sozialverhalten aus),
2. Bekannte (treffen sich mindestens zwei Mal im Monat, spielen miteinander, tauschen Sozialverhalten aus),
3. Fremde (Hunde kennen einander bislang nicht).

Ergebnisse der Videoanalysen von spielenden Hunden

1. Die Vertrautheit der Hunde beeinflusst stark, wie oft die Hunde sich gegenseitig nachahmen.
2. Haben sich die Hunde schneller gegenseitig in Spielbewegung und Mimik nachgeahmt, wurde länger gespielt.

Die Spielmotivation wird also erhöht, wenn Hunde sich nachahmen – je synchroner gespielt wird, desto vertrauter die Handlungen, umso entspannter, echter und länger ist das Spiel. Damit konnte Palagi zeigen, dass emotionale Ansteckung und Gesichtsmimikri auch bei Hunden existiert, auch wenn hier die Beziehung zum Spielpartner einen großen Einfluss auf die Intensität der Ansteckung und Mimikwiederholung hatte. Die Ergebnisse der Studie aus Italien lassen vermuten, wie wichtig viel Kontakt zu Artgenossen und vertraute Bekanntschaften für ein ausgeglichenes Spielerlebnis sein können. Jeder kennt das von eigenen Beobachtungen: Hunde, die sich gut kennen und sehr mögen, müssen sich nichts mehr gegenseitig beweisen. Sie können „sie selbst sein“ und einfach Spaß zusammen haben. Sie zeigen eine sehr entspannte Körpersprache, nehmen Positionen ein, in denen sie verletzbar wären, zeigen das fröhliche Spielgesicht. Innige Freundschaften scheinen eben nicht nur für uns, sondern auch für Hunde eine große Bedeutung zu haben. (Wie man den Hund darin unterstützen kann, ein gutes Einfühlungsvermögen und Freundschaften zu entwickeln, wird im Buch „Gansloßer/Käufer, Auszeit auf Augenhöhe, 2017“ besprochen).

Raufen mit guten Kumpels fördert die Sozialkompetenz.

KONZEPT DER FRIEDFERTIGKEIT

Spielen mit vertrauten Bindungspartnern oder zukünftigen Freunden kann also wahrscheinlich auch bei Hunden die Entwicklung eines guten Einfühlungsvermögens unterstützen. Dies könnte weitergehende Folgen für ein harmonisches Gruppenleben haben, vermutet Palagi in einer Zusammenfassung, die sie 2016 unter anderem gemeinsam mit dem amerikanischen Ethologen Marc Bekoff veröffentlicht hat (Palagi et al., 2016). **Darin präsentieren sie ein philosophisches Konzept des „positiven Friedens", der mehr ist als die Abwesenheit von Konflikten. Er sei verbunden mit Komponenten wie Toleranz, Fairness und sozialer Gerechtigkeit zwischen Individuen, Gruppen oder Gesellschaften.** Lassen sich diese menschlichen Konzepte einer toleranten und friedlichen Gesellschaft auf nichtmenschliche Tiergruppen übertragen? Anders gefragt: Was könnten die evolutionären Grundlagen sein, die den Weg für das Entstehen toleranter Gesellschaften bereitet haben, die in Frieden miteinander leben können? Der Artikel von Palagi sammelt Studien, die zeigen konnten, dass auch andere sozial lebende Spezies Strategien entwickelt haben, um in Harmonie miteinander zu existieren. Das Konzept der Friedfertigkeit ist demnach nicht einzigartig menschlich. So vertragen sich nichtmenschliche Tiere nach Konflikten wieder und beruhigen sich sogar gegenseitig – bei Primaten ebenso wie bei manchen Kanidenarten (siehe S. 110). Die beruhigende und befriedende Kontaktaufnahme erfolgt dabei sowohl vom „Gewinner", der das „Opfer" sogar tröstet, als auch vom „Verlierer", der wieder Anschluss sucht. Besonders offensichtlich werden Vorstellungen von „Fairness" und „Moral" beim Spielen: „Wie wir gesehen haben, passen sich Hunde einander im Spiel an die Fähigkeiten und Vorlieben ihres jeweiligen Spielpartners an, damit das Spiel beiden Seiten Spaß macht und möglichst lange andauern kann. Wer nur gewinnen will oder ständig Grenzen überschreitet, hat irgendwann keine Freunde mehr, die mit ihm spielen möchten – und disqualifiziert sich damit selbst". Eine spannende Studie, die sich zu lesen lohnt!

Albern sein, übertriebene Gesten: Spielen macht Spaß und befeuert Lernen und Bindung.

KOMMUNIKATIONSVERHALTEN MIT ARTGENOSSEN

Hunde kommunizieren also untereinander, indem sie verschiedene Signale nutzen; sie positionieren sich so, dass der Artgenosse sie gut sehen kann, nutzen Spielsignale, um sich „emotional mit ihrer Spielstimmung" anzustecken oder aber auch, um sie in ihrer Bewegungsfreiheit einzugrenzen und Kontakt aufzunehmen oder Interessen zu klären. Zusätzlich zur optischen Kommunikation nutzen Hunde Knurr-, Jaul-, Fiep- oder Belllaute oder bedienen sich Gerüchen und Duftmarken, um zu kommunizieren. Auf diese Weise übermitteln sie ihre innere Stimmung, ihre Absichten und Wünsche im akuten Moment oder über Duftsignale über einen längeren Zeitraum an Artgenossen. Zur Kommunikation mit Artgenossen sind in der letzten Zeit einige interessante Studien durchgeführt worden, von denen hier ein paar vorgestellt werden.

AKUSTISCHE KOMMUNIKATION

In Forscher- und Trainerkreisen hat sich lange Zeit wacker die Ansicht gehalten, dass die Kommunikation über Laute für Hunde keine große Bedeutung hätte. Nur im Zusammenspiel mit dem Verhalten und der Gesichtsmimik sei demnach für den Empfänger zu erkennen, was der Sender eines Signales gern mitteilen würde. Dass Hunde über Laute Inhalte transportieren, die kontextspezifisch über ihre Absichten und inneren Zustände informieren möchten, erschien lächerlich. Heute wissen wir durch die Studien im funktionellen Magnetresonanztomographen, dass das Hundegehirn sehr aktiv auf akustische Informationen reagiert und diese verarbeitet (siehe S. 141). Doch lange vor der Zeit der Sichtbarmachung von Gehirnaktivitäten unserer Hunde war es Dr. Dorit Feddersen-Petersen, die sich der akustischen Kommunikation von Kaniden annahm (Feddersen-Petersen, 2000). Sie zeichnete Laute in verschiedenen Situationen (Jaulen, Fiepen, Bellen, Knurren) auf und machte sie durch Spektogramme sichtbar. Dadurch konnten Unterschiede je nach Kontext deutlich gemacht werden. Doch Hunde werden Schwierigkeiten mit der korrekten Interpretation solcher Bilder haben – verstehen sie trotzdem, was ihnen andere über Bellen, Knurren oder Jaulen mitteilen möchten?

BELLEN – DIE SITUATION BESTIMMT DIE TONLAGE

An der Eötvös Loránd Universität Budapest hat ein Team um den Ethologen Peter Pongrácz eine Studie durchgeführt, in der die Belllaute von Hunden in unterschiedlichen Situationen zuerst aufgezeichnet und dann anderen Hunden in deren Garten vorgespielt wurden (Pongrácz et al., 2014). Dabei stammten die Belllaute von vertrauten und fremden Hunden, und es wurde beobachtet, ob die Hunde unterschiedliche Reaktionen zeigten, je nachdem, was die Ursache des Bellens war und ob sie den Urheber des Bellens kannten oder nicht.

Für die Erzeugung der Belllaute wurden Hunde in zwei verschiedene Situationen gebracht: Sie wurden entweder alleine gelassen oder es näherte sich ein fremder Mensch dem

Der „Mudi" ist in Ungarn eine beliebte Hunderasse bei Schäfern und Familien.

Grundstückszaun. Beide Bellreaktionen wurden aufgezeichnet und Hunden auf dem eigenen Grundstück vorgespielt.

Die Analyse der Verhaltensreaktionen zeigte: Bellte ein fremder Hund einen Fremden an, dann hielt sich der Versuchshund in der Nähe des Zauns auf und stimmte eher in das „Gebell" mit ein, als wenn ein vertrauter Hund den Fremden verbellte. Hörten die Versuchshunde, wie ein ihnen vertrauter Hund das „Alleinsein-Bellen" anstimmte, dann orientierten sie sich zum eigenen Haus hin – sie schienen also der Akustik entnehmen zu können, dass der Bekannte sich in einem geschlossenen Raum aufhalten musste.

Die Ergebnisse zeigen, dass die Hunde in der Lage waren, sowohl den Kontext als auch die Identität der Hunde am Bellen zu erkennen, da die Reaktionen entsprechend unterschiedlich ausfielen, sie also den Ort wechselten oder verschieden auf Bellen von vertrauten und fremden Hunden reagierten.

Auch eine andere Studie aus Budapest unter Leitung von Ana Larrañaga konnte zeigen, dass über Bellen die Identität des Erzeugers erkannt werden kann (Larrañaga et al., 2015). Aber auch das Geschlecht und Alter konnte identifiziert werden – allerdings nicht von anderen Hunden, sondern von einem Computerprogramm. Die Forscher nutzten in dieser Studie nämlich eine Software, um die Bellsituationen zu analysieren. Dazu wurden acht Hunde der ungarischen Hirtenhundrasse „Mudi" mit sechs verschiedenen Situationen konfrontiert, die sie zum Bellen brachten:

1. Sie wurden an einen Baum angebunden und alleine gelassen.
2. Der Besitzer spielte mit dem Hund.
3. Der Besitzer machte sich für die Gassirunde bereit.
4. Die volle Futterschüssel oder ein Ball wurde vor den Hund gehalten.
5. Eine fremde Person ging bedrohlich auf den Hund zu.
6. Eine fremde Person näherte sich dem Grundstück.

Insgesamt entstanden auf diese Weise 800 verschiedene Tonaufnahmen, die der Software zur Analyse überlassen wurden. Das Programm konnte zwar nicht den Kontext des Bellens erkennen, war aber in der Lage, das Alter, Geschlecht und die Identität des Hundes richtig zuzuordnen. Die Hunde waren der Software also darin überlegen, die Situationen zu erkennen. Doch der Grund für das „Versagen" des Computerprogramms könnte auch daran gelegen haben, dass statt ganzer Lautsequenzen nur einzelne Laute ausgewertet worden waren. Die Forscher vermuten, dass Pausen zwischen den Belllauten wichtig sind, um wichtige Informationen über die jeweilige Situation in Erfahrung zu bringen.

KNURREN

Um festzustellen, ob auch das Knurren situationsspezifisch unterschiedlich geäußert wird, nahmen die ungarischen Wissenschaftler unter Leitung von Tamás Faragó Knurrgeräusche von insgesamt 20 Hunden in drei unterschiedlichen Kontexten auf (Faragó et al., 2010):

1. Ein Fremder näherte sich dem Hund auf bedrohliche Art und Weise.
2. Der Hund verteidigte einen leckeren Knochen gegenüber einem Artgenossen.
3. Während des Spielens mit dem Besitzer.

Aufnahmesituation Spielknurren beim Zerrspiel.

Als Erstes analysierten die Forscher mit Hilfe einer speziellen Software für akustische Analyse die verschiedenen Tonaufnahmen. Die Spektogramme zeigten deutlich, dass es zwar individuelle Knurrunterschiede gab, aber im Allgemeinen keine akustischen Unterschiede zwischen der „Knochenverteidigungs-"und der „bedrohlichen" Situation. Sehr wohl waren aber Unterschiede in mehreren Merkmalen zwischen diesen beiden und dem „Spiel"-knurren. Das Spielknurren war z. B. nur halb so kurz und höher in der Tonlage als die beiden „ernsthaften" Knurrsignale.
Danach wurden alle Knurrlaute 41 weiteren Hunden in einer Versuchssituation vorgespielt: Ein Hund wurde in einen Raum gelassen, in dem ein verführerischer Knochen lag – und zwar genau vor dem mit einer Decke verhüllten Lautsprecher, aus dem Knurrgeräusche drangen, sobald sich der Hund bis auf fünf Zentimeter dem Knochen annäherte. Die Reaktion der Hunde zeigte deutliche Unterschiede: Am schnellsten überwanden die Hunde der Gruppe ihre Vorsicht, denen aus den Boxen das Spielknurren vorgespielt wurde. Am längsten brauchten die Hunde, um allen Mut zusammenzunehmen, wenn sie den „Knochenverteidigungslaut" während der Annäherung hörten. Dies zeigt, dass Hunde im Gegensatz zur Technik dazu in der Lage waren, die drei unterschiedliche Kontexte zu unterscheiden.

Verteidigungsknurren eines tollen Knochens.

Abwehrknurren gegen einen Fremden.

Hunde können anhand des Knurrgeräusches die Größe des knurrenden Hundes richtig einschätzen!

Doch Hunde können Knurrgeräusche nicht nur kontextspezifisch einordnen. Sie sind wahrscheinlich sogar in der Lage, sich ein Bild von der Größe des knurrenden Hundes zu machen. Wieder waren es Faragó und sein Team, die sich eine entsprechende Versuchssituation überlegten (Faragó, 2010). Dazu wurde ein Hund mit seinem Besitzer in einen unbekannten Raum gebracht, in dem auf einer Seite eine weiße Leinwand angebracht worden war. Während aus dem Lautsprecher das Knurren eines fremden Artgenossen erklang, wurden gleichzeitig auf diese Leinwand zwei Abbildungen genau dieses Hundes projiziert: eine mit der korrekten Größe und eine, die 30 Prozent vergrößert war. Die getesteten Hunde schauten schneller und signifikant länger zum abgebildeten Hund der korrekten Größenordnung.

Doch nicht nur das: Anscheinend verstehen Hunde auch Spaß (siehe auch S. 91)! Denn wenn statt des „Verteidigungsknurrens" ein „Spielknurren" gespielt wurde, schauten die

Bellen liefert Artgenossen Informationen über die Situation und das Individuum.

Hunde statt zum richtig großen, zum größer dargestellten Artgenossen. Nichtmenschliche Tiere nutzen häufig übertriebene Signale, wenn sie in Spiellaune sind – das sieht dann besonders lustig aus. Die Forscher dieser Studie vermuten, dass anscheinend auch im akustischen Bereich eine Übertreibung stattfindet – nach dem Motto: „Pass auf, ich bin groß und gefährlich!" –, die aber lustig gemeint ist. So erklärt sich das ungarische Team die unterschiedliche Reaktion der Testhunde auf das „ernst gemeinte" und „spielerische" Knurren. Übertreibung im Spielkontext wird demnach bei Hunden auch akustisch betrieben (Bálint et al., 2013).

JAULEN UND WEINEN

Aber wissen Hunde auch, wie sich der Signalgeber fühlt?
Wie im Kapitel „Das soziale Leben der Hunde mit uns Menschen" schon beschrieben, untersuchten Deborah Custance und Jennifer Mayer 2012, wie Hunde auf „Wein"-Geräusche des Menschen reagierten – und konnten feststellen, dass die getesteten Hunde die Nähe des jeweiligen „traurigen" Menschen suchten, auch wenn es sich dabei um eine unbekannte Person handelte (siehe S. 104). Hunde zeigten damit eine „emotional angepasste" Reaktion und die Forscherinnen spekulieren, ob es sich um eine Form von Mitgefühl der weinenden Person gegenüber handeln könnte. Auch Studien des brasilianisch-britischen Teams um Natalia de Souza Albuquerque hatten gezeigt, dass Hunde auf Bilder von fröhlichen oder wütenden Hunden und Menschen mit den dazu passenden emotionalen Lautäußerungen adäquat reagierten (Albuquerque et al., 2016, siehe S. 108). Ludwig Huber, Leiter des Instituts für vergleichende Verhaltensforschung der Universität Wien, hat ein Jahr später mit dem Team des Clever Dog Labs untersucht, wie Hunde auf verschiedene Geräusche reagieren, die ihnen aus einem Lautsprecher vorgespielt werden (Huber et al., 2017). Dabei wurden die Versuchshunde nicht nur mit Lauten von Artgenossen, sondern auch von Menschen in positiven (Spielbellen/Lachen) sowie negativen (Fiepen oder Jaulen in einer Isolationssituation/Weinen) Situationen sowie in Kontrolltests mit vielen neutralen Lauten konfrontiert. Die emotionalen Geräusche sorgten für mehr Aufmerksamkeit und Verhaltensreaktion bei den Hunden. Beim Abspielen positiver oder negativer Laute von Artgenossen erstarrten die Hunde eher als beim Wahrnehmen ähnlicher akustischer Signale von Menschen. Am meisten erregt reagierten die Hunde bei negativen Geräuschen. Aus diesen unterschiedlichen Reaktionsweisen auf negative und positive akustische Stimuli könnte man schließen, dass Hunde in der Lage sein könnten, auf den inneren Zustand ihres Gegenübers zu schließen, weil sie sich „emotional anstecken" ließen (siehe auch S. 105). Der ungarische Forscher Attila Andics hat dieses Phänomen in seinen Studien mit Hunden im Magnetresonanztomographen näher untersucht und konnte feststellen, dass die den Hunden über Kopfhörer vorgespielten Laute wie Weinen und Winseln, Spielbellen oder Lachen zu Reaktionen in entsprechenden Gehirnarealen führten, egal ob sie von Hund oder Mensch stammten (Andics et al., 2014).
Zusammenfassend vermuten Forscher, dass Hunde an verschiedenen Knurr-, Jaul- und Belllauten also nicht nur erkennen können, wie die momentane Stimmungslage des Artgenossen ist, also über eine primitive Form der Empathie verfügen. Sie wissen wahrscheinlich über die Tonlage auch, falls sie es kennen, um welches Individuum es sich handelt. Denn bei vertrauten Bindungspartnern reagierten die Hunde mit erhöhter, neurologischer Aktivität im Belohnungszentrum des Gehirns. Auch die Situation, in der der Laut entstanden ist und womöglich sogar das Alter und Geschlecht eines Artgenossen, könnte für den Hund zu erkennen sein. Damit können Hunde rein aufgrund der akustischen Kommunikation verschiedenste Information über ihr Gegenüber erwerben.

KOMMUNIKATION – VISUELLE SIGNALE

Hunde kommunizieren visuell untereinander, indem sie verschiedenste körperliche Ausdrucksmöglichkeiten nutzen; sie positionieren sich so, dass der Artgenosse sie gut sehen kann, nutzen Spielsignale, um sie „emotional mit ihrer Spielstimmung" anzustecken (siehe S. 134 ff.) oder sie in ihrer Bewegungsfreiheit einzugrenzen und Interessen zu klären. Sie bewegen sich im Spiel übertrieben, bei Entspannung weich und unter Anspannung steif und stelzend, der Einsatz ihrer Gesichtsmimik verrät ihrem Gegenüber ebenfalls viel über ihren inneren Zustand (vgl. z. B. Bradshaw et al., 2016). Durch die große Erscheinungsvielfalt der Hunderassen und Extremzucht ist es natürlich immens wichtig, dass Hunde im Zuge ihrer Sozialisation mit möglichst vielen verschiedenen Hundetypen in allen Größenordnungen in Kontakt kommen, damit hier geübt werden kann, wie man sich am besten gegenseitig verstehen kann. Besonders Kurzschnäuzer sind beispielsweise beim Einsatz ihrer Gesichtsmimik teilweise stark eingeschränkt, andere können vor lauter Fell im Gesicht kaum sehen und vom Gegenüber auch nicht richtig gesehen werden – hier ist also viel Raum für Missverständnisse, sowohl für denjenigen, der etwas mitteilen möchte, als auch für den anderen, der die Botschaft versucht zu verstehen. Auch hier wird wieder deutlich, welch unglaublich hohe soziale Flexibilität und Lernbereitschaft unsere Hunde an den Tag legen können, wenn wir ihnen die Möglichkeit dazu bieten.

DIE RUTE ALS STIMMUNGSBAROMETER

Im Bereich der visuellen Kommunikation konnte ein italienisches Forscherteam um Vito Quaranta (Quaranta et al., 2007) herausarbeiten, dass Hunde auf verschiedene Reize mit Wedeln nach rechts oder links reagieren.

Die meisten Menschen interpretieren Wedeln immer als Ausdruck von Freundlichkeit. Aber in dem scheinbar simplen Signal stecken viel mehr Informationen. So wedeln Hunde entweder in Richtung links oder in Richtung rechts, je nachdem, ob ein Reiz positiv oder negativ ist. Doch nicht nur das: In einer zweiten Studie konnten die Forscher beobachten, dass die Signal empfangenden Artgenossen anscheinend in der Lage sind, dieses Signal auch richtig zu deuten: sie reagierten auf die jeweilige Wedelart unterschiedlich.

Hunde nutzen viele Kommunikationskanäle, um Informationen auszutauschen.

In der ersten Studie konfrontierten die Wissenschaftler 30 Hunde mit einer positiven und einer negativen Situation: In der positiven konnten sie ihren Besitzer sehen, doch sie wurden durch die Leine zurückgehalten und durften sich nicht annähern. In diesem Moment schlug die Rute stark rechts aus.
In der zweiten Situation konnten die Hunde einen Artgenossen sehen, der sich ihnen mit provokantem Imponierverhalten näherte – hier reagierte die Rute mit hektischem Ausschlag nach links.
In dem zweiten Versuch des gleichen Forscherteams ein paar Jahre später wurde untersucht, ob Hunde auf die unterschiedlichen Rutensignale durch entspanntes oder angespanntes Verhalten passend reagieren (Siniscalchi et al., 2013). Dazu wurden ihnen Videos von wedelnden Ruten aus positiven- und negativen Kontexten vorgespielt, gleichzeitig wurde der Herzschlag gemessen und das Verhalten beobachtet. Die Hunde reagierten tatsächlich passend zur Situation und Wedelrichtung im Video entweder aufmerksam–entspannt oder sie zeigten eher ängstliches Verhalten und hatten einen erhöhten Pulsschlag, wenn die Ruten im Video nach links wedelten.
Diese Ergebnisse zeigen, dass Hunde über Wedeln viel feiner kommunizieren als bislang gedacht, und dass es einen Zusammenhang zwischen der Asymmetrie des Gehirns und sozialem Verhalten geben könnte, der sich in den unsymmetrischen Rutenausdrücken spiegelt.

AUFGABENTEILUNG DER BEIDEN GEHIRNHÄLFTEN

Das Gehirn von Wirbeltieren, aber auch von einigen Wirbellosen, ist in zwei Teile geteilt, die als Hemisphären bezeichnet werden. Zwischen diesen beiden Gehirnhälften gibt es anatomische Unterschiede und eine Spezialisation auf jeweils bestimmte Aufgabenbereiche. Stark vereinfacht ausgedrückt, ist bei Menschen die linke Hemisphäre des Gehirns hauptsächlich zuständig für analytische Prozesse und Sprache, während die rechte Gehirnhälfte mit Orientierung, Wahrnehmung und künstlerischen Fähigkeiten beschäftigt ist. Grundsätzlich kontrolliert die linke Hemisphäre die rechte Seite und die rechte Hemisphäre die linke Seite unseres Körpers. Doch wie sehen die Verhältnisse bei nichtmenschlichen Tieren aus: Gibt es auch hier Zuständigkeiten der beiden Hirnhälften? Bei Hunden hat dies die gleiche italienische Forschergruppe untersucht. Dadurch wissen wir, dass Hunde dazu neigen, auf emotionale Stimuli eher mit der rechten Gehirnhälfte zu reagieren. Die Hunde wurden im ersten Durchlauf zunächst optisch getestet, indem sie plötzlich und unerwartet beim Fressen mit Bildern von Katzen und Schlangen konfrontiert wurden (Siniscalchi et al., 2010). Die Bilder wurden auf einer Leinwand vor dem Napf parallel rechts und links gleichzeitig gezeigt, doch die Hunde schauten eher das linke Bild an, bevor sie weiterfraßen. Daraus schließen die Forscher, dass hier die rechte Gehirnhälfte eher aktiviert wird, die für Wahrnehmung und Reaktionsschnelligkeit zuständig zu sein scheint. Zeigte man den Hunden Bilder von Artgenossen, war keine entsprechende Reaktion festzustellen. Auch bei der Aufnahme geruchlicher Information scheint es eine Gehirnhälfte zu geben, die jeweils für emotionale oder sachliche Informationen zuständig ist. Um dies zu untersuchen, konfrontierten die Forscher die Hunde mit verschiedenen Gerüchen und beobachteten, durch welches Nasenloch die Hunde die Information bevorzugt aufnahmen. Auch hier zeigte sich, dass neue und aufregende Gerüche wie eine Duftprobe mit Adrenalin oder der Schweißgeruch des Tierarztes eher mit dem rechten Nasenflügel aufgenommen wurde, Gerüche die der Hund bereits kannte oder

Auch Hunde haben eine angeborene „Links- oder Rechtspfötigkeit".

die alltäglich waren, dagegen eher mit dem linken Nasenloch (Siniscalchi et al., 2011). Doch es gibt nicht nur diese grundsätzlich unterschiedliche Aufgabenverteilung der beiden Großhirnhälften, es scheint ähnlich wie beim Menschen auch bei vielen Tieren die Tendenz zu geben, die eine Seite ihres Körpers mehr zu nutzen als die andere.

Testen Sie selbst

Das können Sie auch gut in einem kleinen Test zuhause durchführen: Geben Sie Ihrem Hund einen mit Futter gefüllten Kong und beobachten Sie, mit welcher Pfote er bevorzugt versucht, das Spielzeug zu manipulieren. Diese „Links- oder Rechtspfötigkeit" ist angeboren und dadurch bedingt, dass bei uns entweder die linke oder rechte Gehirnhälfte bevorzugt zum Einsatz kommt.
Auch die zwei Gehirnhälften von nichtmenschlichen Tieren sind also nicht genau gleich und unterscheiden sich etwas im Aufbau und der Funktionsweise. **Lateralisation** (Aufgabenteilung) ist also scheinbar ein evolutionsbiologisch betrachtet sehr altes Merkmal und weitverbreitet im Tierreich, sowohl bei Wirbeltieren als auch bei Tieren ohne festes Knochengerüst. Wie und warum sich dieses Phänomen entwickeln und so erfolgreich bei so vielen unterschiedlichen Spezies durchsetzen und erhalten konnte, bleibt ein großes Mysterium der Biologie, das bis heute durch viele Hypothesen aus den Bereichen der Neurobiologie, Genetik und Ökologie diskutiert wird.

FAZIT: DAS SOZIALE WESEN HUND

Hunde sind ihr Leben lang „Berufsjugendliche", besonders in unserer Obhut. Die Ernsthaftigkeit des Erwachsenen, z. B. die Fokussierung auf Problemlösung, das territoriale Auftreten, die Kooperation mit Artgenossen bei der Futtersuche, die wir bei Wölfen und anderen wilden Kanidenverwandten des Hundes ab einem bestimmten Alter beobachten können, fehlt oder ist bei Hunden schwächer ausgeprägt. Sie leben „lockerer", anders, eben perfekt angepasst an die Nische „Mensch". Wir nehmen ihnen die Last des gefährlichen und energieintensiven Überlebenskampfes. Diese Freiheit stellt sie aber wiederum vor eine große Vielzahl neuer Herausforderungen: Sie müssen sich in unserer Gesellschaft mit diversen individuellen und gesellschaftlich unterschiedlichen Lebensstilen arrangieren. Das Wesen des Hundes muss dadurch eine enorm hohe soziale Flexibilität an den Tag legen. Nicht nur für die variantenreichen Formen des Zusammenlebens mit unserer Spezies in allen Regionen der Erde, sondern besonders für das Überleben auf der Straße und auch für den Umgang mit den morphologisch oft extrem unterschiedlich auftretenden Artgenossen. Diese besondere soziale Anpassungsfähigkeit und der Menschenbezug der Hunde sorgt für ihre historische und gegenwärtige Erfolgsgeschichte: Egal ob auf dem Sofa, der Hundewiese im Stadtpark oder als lockere Familiengruppe auf dem Müllplatz, Hunde machen sich die Welt, wie sie ihnen gefällt. Sie navigieren dabei zwischen ihren beiden Existenzen, zwischen Hunde- und Menschenwelt, mit beeindruckender sozialer Flexibilität hin und her – wenn sie dies lernen durften.
Mit dem heutigen Kenntnisstand über Hundeverhalten wissen wir: Wer einen Hund halten möchte, sollte es nicht als wichtigstes Ziel sehen, ihm perfekt Sitz, Platz und Bei Fuß beizubringen. Wir sollten ihm in erster Linie ermöglichen, sein Potenzial entfalten und schulen zu können, durch Erkundung der Welt durch die Nase, Spielen und soziales Interagieren, und ihm hier die meisten Lernerfahrungen bieten. Eine gute Ausbildung und ein spannendes Hobby machen ihn klug und wirken sich positiv auf die Beziehung zu uns aus. So kann er ein maximal entspanntes und glückliches Hundeleben führen – in beiden Welten.

LERNEN UND INTELLIGENZ — *Was Hunde leisten*

EINBLICKE IN DAS GEHIRN DER HUNDE

„Das Gehirn kann eines nicht: nicht lernen."
Manfred Spitzer

Der Hund verfügt nicht nur über eine enorme soziale Kompetenz, sondern ihn verbindet mit dem Menschen auch eine lange, evolutionäre Geschichte. Aus dieser engen Verbundenheit sind Analogien erwachsen, die in den letzten zwei Jahrzehnten ein zunehmendes Interesse der Wissenschaft an den geistigen Fähigkeiten von Hunden zur Folge hatte. Im Ergebnis gibt es eine wachsende Datenmenge aus unterschiedlichsten Studien, die uns immer mehr ahnen lässt, was in den Köpfen unserer Hunde vorgehen könnte. Die Methoden, um diesen Zugang in den Kopf des Gegenübers zu finden, sind mannigfaltig. Sie reichen von Verhaltensbeobachtungen bis zu Botenstoffanalysen oder Aufzeichnungen von Gehirnaktivitäten bei Studien aus dem Magnetresonanztomographen. So setzt sich das Puzzle langsam zusammen, das ein Licht in die Erlebnis- und Lernwelt der Hunde wirft. Die gewonnenen Erkenntnisse können eingesetzt werden, um das Training für unsere Hunde und damit auch unsere Beziehung zu ihnen immer weiter zu verbessern. Im Kapitel „Lebenslauf" (siehe ab S. 193) zeigen wir einen Überblick über wichtige Studien, die Voraussetzungen für erfolgreiches Lernen bei Welpen, beim erwachsenen und beim alten Hund untersucht haben. Hier werden Studien vorgestellt, die uns einen Einblick in die grundsätzlichen kognitiven Fähigkeiten, das Lernen, die Gedächtnisbildung und die soziale Intelligenz des Hundes schenken.

Bislang haben sich Wissenschaftler bei der Erforschung kognitiver Fähigkeiten von Hunden vor allen Dingen auf Verhaltensanalysen verlassen müssen. Doch auf welche Weise Hunde Informationen im Hundegehirn verarbeiten, blieb im Dunkeln.

FMRI-STUDIEN

Wie gut, dass einige Forscher Hunde für das Stillliegen im Magnetresonanztomographen trainiert haben! Dies hat uns ein weites Feld an neuen Möglichkeiten eröffnet, um z. B. besser zu verstehen, wie Hunde auf Reize aus der Umwelt reagieren, welche Regionen im Gehirn aktiv werden, wenn sie die Stimme und den Geruch ihres Besitzers wahrnehmen und welche Ähnlichkeiten es in der Funktionsweise ihres Gehirns zu unserem gibt.
Zwei Universitäten haben sich viel mit diesen sogenannten „fMRI-Studies" beschäftigt: ab 2012 Gregory Berns mit seinem Team der Emory Universität in Atlanta/USA und Attila Andics mit der Gruppe des Family Dog Labs der Eötvös Loránd Universität Budapest in Ungarn ab 2014.
Gregory Berns hat sich als Neurowisseschaftler lange Zeit mit der Verarbeitung von Informationen im Menschengehirn beschäftigt und dann begonnen, Hundegehirne bei der Arbeit zu beobachten. Schwerpunkte seiner Arbeiten waren die soziale Reaktion auf den Menschen, die Analyse von Impulskontrolle und Reaktion auf Geruchsinformationen, z. B. den Geruch des Besitzers und den Geruch eines Artgenossen.

FUNKTIONELLE MAGNETRESONANZTOMOGRAPHIE (FMRI)

Mit Hilfe des Magnetresonanztomographen können physiologische Reaktionen aus dem Innern des Körpers bildlich dargestellt werden. Dazu muss das untersuchte Objekt möglichst regungslos auf der Bahre in der Röhre liegen, während dabei durch Außenreize, z. B. Bilder, Sprache oder Gerüche Gehirnareale aktiviert werden. Reagieren Areale des Gehirns auf einen Reiz, kommt es zu einer Steigerung des Stoffwechsels, indem die entsprechende Region mit einem verstärkten Blutfluss reagiert. Das mit Sauerstoff angereicherte Blut hat magnetische Eigenschaften, die letztlich für das Bild auf dem Bildschirm sorgen.

Hunde im fMRI

Die unterschiedliche Aktivierung verschiedener Bereiche im Gehirn kann den Forschern viel über Zuständigkeiten und Fähigkeiten unseres zentralen Nervensystems, aber auch den Verarbeitungsmechanismen in den Gehirnen von nichtmenschlichen Tieren verraten. Das Problem dieser Studien: Die tierischen Probanden müssen während der Untersuchung wach sein, um auf die Reize entsprechend reagieren zu können – aber dürfen sich dabei nicht bewegen. Die Forscher planten besonders für das Training der ersten Hunde viel Zeit ein, denn die Tiere sollten nicht nur lernen, still im Magnetresonanztomographen zu liegen, sondern sie mussten sich auch an den sehr merkwürdigen Ort gewöhnen. Auch die Lautstärke des Gerätes ist nicht jederhunds Sache, entsprechend gehörte auch das Tragen von Kopfhörern zum Pflichttrainingsteil sowie die Akzeptanz von Gewichtskissen auf dem Kopf. Die Forscher trainierten die Hunde mittels „Model Rival" (siehe Interview zum Training mit Márta Gácsi, S. 158) und Clicker-Training (USA) und belohnten die Hunde für jeden kleinen Trainingsschritt sozial mit Aufmerksamkeit und Fröhlichkeit. All dies hat dazu geführt, dass die Hunde unangeleint im Scanner liegen blieben – obwohl sie hätten gehen können. Es muss ihnen offensichtlich Spaß gemacht haben, mitzuarbeiten, denn das Einzige, was permanent in Bewegung war, waren die wedelnden Ruten.

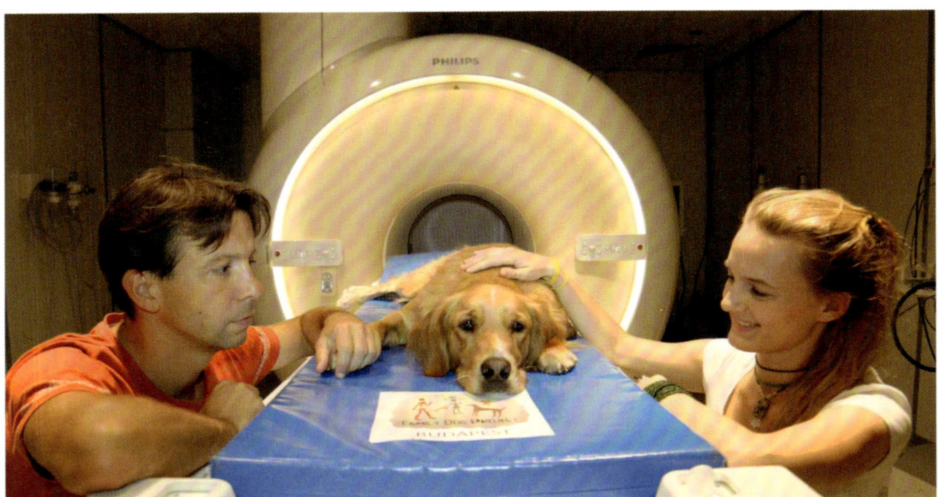

Die Hunde wurden in vielen kleinen Trainingsschritten an die Herausforderung herangeführt.

Nicht nur das regungslose Liegen, auch das Tragen von Kopfhörern musste geübt werden.

BELOHNUNGSSYSTEM IM BLICK

Die erste Region, die im Hundegehirn untersucht wurde, war das Belohnungssystem (Berns et al., 2012). Diese Region ist bereits in vielen Studien an Menschen, Ratten und nichtmenschlichen Primaten untersucht worden, denn sie ist leicht zu erregen. Bei der Aussicht auf eine Belohnung reagiert der *Nucleus Caudatus* im Bereich des Vorderhirns mit der Ausschüttung der Lerndroge Dopamin, die uns in helle Aufregung versetzt. Dies erklärt, warum Hunde vor Freude kaum an sich halten können, wenn wir unsere Stiefel und Hundejacke anziehen: Sie wissen, dass gleich etwas Schönes passieren wird, und zeigen dies durch helle Aufregung (siehe S. 173). Dieser erste Versuch wurde mit zwei Hunden durchgeführt und sollte vor allen Dingen die Durchführbarkeit von fMRI-Studien mit Hunden testen. Als allererste Hunde wurden zwei kastrierte Hündinnen trainiert, eine Mischlingshündin aus dem Tierheim („Carrie") und eine Border Collie-Hündin („McKenzie"). Die Durchführung der Tests stellte die Forscher und Trainer vor eine große Herausforderung: Um dem Belohnungssystem im Hundehirn bei der Arbeit zusehen zu können, müssen sich die Hunde über etwas freuen. Aber sie sollen sich gleichzeitig nicht bewegen. Deshalb mussten den Hunden parallel zum „Stillliegen-Training" im ersten Schritt zwei neue Handsignale beigebracht werden. Das erste Handsignal war eine gehobene Hand, auf die immer sofort ein Stück Futter folgte. Das andere Signal waren zwei Hände, die zueinander zeigten – diese Geste hatte kein Ereignis zur Folge. Die Auswertung der Bilder zeigte, was die Forscher erwartet hatten: Der Anblick der gehobenen Hand sorgte für eine Aktivierung des Belohnungssystems, die aufeinander zeigenden Finger bewirkten keine Reaktion im Gehirn. Um individuelle Unterschiede der Hunde auszuschließen, war aber eine größere Stichprobe nötig. Deshalb trainierten die Forscher für eine zweite Studie 11 weitere Hunde für das Stillliegen im fMRI (Berns et al., 2013). Auch diese Hunde reagierten überdurchschnittlich häufig mit der gleichen Region – allerdings in sehr unterschiedlicher Intensität. Diese individuellen Unterschiede nahmen die Neurologen in einem dritten Durchlauf genauer in den Fokus. Das machte die Forscher neugierig: Was könnte der Grund für die unterschiedlich starke, individuelle Reaktion im Belohnungszentrum der Hunde sein?

Wie werden Gerüche unterschiedlicher Herkunft im Gehirn verarbeitet?

FREMD ODER VERTRAUT MACHT DEN UNTERSCHIED

In der dritten fMRI-Studie des US-Forscherteams wurden alle bislang trainierten 13 Hunde erneut getestet. Dieses Mal kamen die Handzeichen aber nicht nur vom Besitzer, sondern auch von einem Fremden oder wurden von einer Comicfigur auf einem Fernsehschirm gegeben (Cook et al., 2014). Hier konnten große Unterschiede in den Reaktionen der Hundegehirne beobachtet werden. Um diese Abweichungen besser einordnen zu können, wurden von den Hundehaltern zusätzlich standardisierte Fragebögen des C-BARQ (siehe S. 130) zur Persönlichkeit des Tieres ausgefüllt. Im Abgleich mit den Antworten der Hundehalter machten die unterschiedlichen Gehirnaufzeichnungen mehr Sinn: Hunde, denen ein friedfertiges Wesen attestiert worden war, zeigten die stärkste Reaktion im Belohnungssystem, wenn das „Futter-Handzeichen" von ihrem Besitzer kam. Für Hundeindividuen, die im Alltag schneller aggressiv reagierten, gab es dagegen eine besonders starke Reaktion beim Anblick des „Futter-Handzeichens", wenn dieses vom Fremden oder der Comicfigur gegeben wurde. Gregory Berns und sein Team vermuten, dass tendenziell aggressivere Hunde aufgeregter beim Anblick eines fremden Menschen oder einer fremden Figur reagieren, während ruhige und ausgeglichene Hunde nicht so schnell aus der Fassung zu bringen sind und mehr auf den Besitzer reagieren als auf das Signal. Dies lässt vermuten, dass Persönlichkeitseigenschaften von Hunden stärker wirken können als die zu erwartende Belohnung. **Die Studie hat dadurch einerseits deutlich gemacht, dass Hunde unterschiedlich auf gleiche Reize reagieren und damit die Individualität unterstrichen, die im Training beachtet werden sollte. Andererseits hat sie gezeigt, dass für viele Hunde weniger die Aussicht auf Futter, sondern allein der Anblick des Besitzers schon ausreichen könnte, das Belohnungssystem zu aktivieren.** Die Wissenschaftler aus Atlanta haben sich deshalb in einer weiteren Versuchsreihe dem Wahrnehmungssystem des Hundes zugewandt, um Gehirnfunktionen besser verstehen und Unterschiede in den individuellen Reaktionen noch genauer analysieren zu können.

WAHRNEHMUNGS-SYSTEM IM BLICK

In einem weiteren Durchlauf wurden die Hunde im Scanner jetzt mit Sinneseindrücken konfrontiert und beobachtet, wie ihre Gehirne auf diese unterschiedlichen Reize unter verschiedenen Bedingungen reagieren.

GERÜCHE VON ARTGENOSSEN UND MENSCHEN

Das US-Forscherteam um Gregory Berns wollte wissen, ob die Geruchsquelle differenzierte Reaktionen in verschiedenen Gehirnregionen des Hundes auslöst (Berns et al., 2015). Durch einen Zerstäuber wurden Duftproben in Richtung des Hundes abgegeben, dabei gab es verschiedene Herkünfte der Gerüche:

1. Den Duft des Besitzers,
2. den eines fremden Menschen,
3. den eines vertrauten Artgenossen und
4. den eines fremden Artgenossen.

Die Fähigkeit des Hundes, Geruch zu analysieren, ist von großem Interesse für Forscher, da Hunde in diesem Bereich verstärkt eingesetzt werden (siehe S. 241 ff.). Ihre großen Leistungen beim „Erschnüffeln“ von Krebs, aber auch das Anzeigen von Sprengstoff oder als Warnhunde bei einer Stoffwechselveränderung bei Menschen, die an Diabetes oder Epilepsie erkrankt sind, faszinieren und geben immer noch Rätsel auf. In dieser Studie konnte Greogry Berns durch die Konfrontation mit fremden und vertrauten Gerüchen von Artgenossen und Menschen eine deutliche Reaktion im olfaktorischen *Cortex* nachweisen. Hierbei wurden aber, je nach Geruchsherkunft, von den Hunden deutliche Unterschiede in der Reaktion gemacht: Nur beim Geruch des vertrauten Menschen zeigte das ventrale Striatum eine signifikant erhöhte Aktivität. Nur unter dieser Bedingung wurde also das Belohnungssystem aktiviert – und zwar ganz ohne Aussicht auf Futterbelohnung. Dadurch ist sozusagen zum ersten Mal ein neurologischer Nachweis für die einzigartige Verbindung erbracht worden, die zwischen Mensch und Hund möglich ist.

SEHEN: GESICHTER VERSUS OBJEKTE

In dieser Studie untersuchte die Gruppe der Emory Universität Atlanta, ob Hunde wie nichtmenschliche Primaten in der Lage sind, Gesichter zu erkennen (Cuanaya et al., 2016). In der Hirnrinde gibt es eine Gesichtsregion, die neuronal antwortet, wenn man den tierischen Probanden auf einem Bildschirm Gesichter von Artgenossen oder Menschen zeigt. Um auszuschließen, dass der Hund einfach auf irgendetwas reagiert, wurden den Hunden zum Vergleich Objekte präsentiert. Das Resultat war eindeutig: Die Hunde reagierten intensiver auf Gesichter, hier gab es eine eindeutige Bevorzugung. Dieses Ergebnis deckt sich mit den Studien aus Wien, bei denen Hunde sogar in der Lage waren, verschiedene emotionale Ausdrücke in unterschiedlichen Gesichtspartien richtig zuzuordnen (Müller et al., 2015, vergleiche S. 108). Die Resultate dieser verschiedenen Studien unterstreichen damit die Bedeutung, die der Mensch für den Hund einnehmen kann.
Allerdings ist Gesichtserkennung keine spezielle Anpassung des Hundes an die soziale Interaktion mit dem Menschen. Diese Fähigkeit scheint grundsätzlich verbreitet zu sein, wie eine Studie der Neurobiologin Jenny Morton von der Universität Cambridge vermuten lässt. Sie präsentierte acht trainierten Schafen Fotos berühmter Persönlichkeiten wie Barak Obama oder Justin Timberlake und „normaler“ Menschen. Für das Erkennen der Promis gab es eine Futterbelohnung, für unbekannte Zeitgenossen nicht. Das Ergebnis: Die Tiere der Rasse „Welsh-Mountain“ waren in acht von zehn Fällen in der Lage, die menschlichen Gesichter zu unterscheiden (Knolle et al., 2017).

ENTSCHEIDUNGEN FÄLLEN

Was aber ist mit höheren geistigen Leistungen wie dem Fällen einer Entscheidung? Die neuronale Antwort auf diese Prozesse ist schwierig zu untersuchen, weil sie immer mit einer Reaktion im Verhalten, also einer Bewegung des Hundes, verbunden ist. Bewegung darf aber im fMRI nicht stattfinden, will man aussagekräftige Bilder bekommen.

IMPULSKONTROLLE SICHTBAR GEMACHT

Also galt es für Gregory Berns und sein Team, sich eine Trainingseinheit zu überlegen, in der Hunde zwar Probleme lösen, sich aber nicht bewegen dürfen (Cook et al., 2016). Das Team der Emory Universität trainierte die Hunde für diese Studie deshalb folgendermaßen. Im ersten Schritt mussten die Hunde lernen, eine Reaktion zu unterdrücken und sich nicht zu bewegen.

Schritt 1

Sie wurden ganz am Anfang darauf trainiert, auf einen Pfeifton hin eine Fläche mit der Nase zu berühren, während sie mit dem Kopf auf dem Kinnstützkissen des Scanners lagen. Dieser Pfeifton war damit das „Du darfst"-Signal für die Bewegung mit der Schnauze gegen die Fläche. Danach wurde ein neues Handsignal etabliert: Armkreuzen. Dieses Signal bedeutete: „Bewege dich nicht, auch wenn du den Ton hörst." Dieses war das „Du darfst nicht"-Signal. Diese Unterscheidung wurde so lange trainiert, bis die Hunde eine sehr hohe Trefferquote erzielten.

Schritt 2

Das Trainingsergebnis wurde im Scanner getestet. Jetzt wurde es spannend: In beiden Fällen wussten die Hunde, dass sie sich gar nicht oder nur mit der Nase gegen die Zielfläche bewegen sollten, aber das „No-Go"-Signal (Armkreuzen) erforderte eine besonders starke Impulskontrolle von ihnen. Dies wurde auch auf den Bildern deutlich: Als die Gehirnaktivierung in beiden Situationen verglichen wurde, konnten die Forscher klar erkennen, dass eine Gegend im unteren Frontallappen bei der „No-Go"-Situation aktiver war als in der „Go"-Situation. Diese Region gibt es auch im Bereich des präfrontalen Cortex bei Primaten. Es könnte also eine der unsrigen funktionsgleichen Gehirnregion sein, um den Bedürfnisaufschub erfolgreich praktizieren zu können. Besonders interessant fanden die Forscher, dass diese Region mehr Reaktion bei Hundeindividuen zeigte, die sehr gut in der Lage waren, die Selbstkontrollaufgabe auszuführen. Dies lässt vermuten, dass nicht nur diese Gehirnregion für die Impulskontrolle zuständig ist, sondern dass sie besonders aktiv bei einem Individuum ist, das einer Versuchung widerstehen kann. **Eine gute Selbstbeherrschung ist wahrscheinlich zwar auch ein Persönlichkeitsmerkmal, lässt sich womöglich aber auch durch Training verbessern. Denn ältere Hunde sind darin besser als junge (siehe S. 155).**

VERLOCKUNGEN STANDHALTEN

Wie unterschiedlich gut Hunde in verschiedenen Situationen sind, einer Verlockung standzuhalten, hat Emily Bray aus dem Team von Brian Hare vom „Duke University Canine Cognition Lab" untersucht. Als „Impulskontrolle" ist hier die inhibitorische Fähigkeit gemeint, die es sozialen Lebewesen durch Lernen ermöglicht, Handlungstendenzen unterdrücken zu können.
Auch Menschen sind hier sehr unterschiedlich talentiert, wie nicht zuletzt der „Marshmellow-Test" von Walter Mischel von der Columbia Universität New York zeigen konnte (Mischel et al., 1989). Ihm und seinem Team gelang es, nachzuweisen, dass es zwischen der Fähigkeit zum Bedürfnisaufschub und Kompetenzen wie Konzentrationsdauer und eine gute Arbeitsorganisation möglicherweise einen Zusammenhang gibt. Für den Test wurden Kinder in

Versuchung gebracht, einen „Marshmallow“ sofort zu essen – oder mit der Aussicht zu warten, später mehrere zu bekommen. Dann wurden die armen Knirpse allein im Raum mit der Süßigkeit gelassen und es wurde gefilmt, wer der Versuchung widerstehen und den Bedürfnisaufschub praktizieren konnte, und wem dies nicht gelang. Hier muss zu bedenken gegeben werden, dass Bedürfniskontrolle natürlich auch ein Lerneffekt zugrunde liegt: Werden Kinder von Versprechungen erwachsener Personen regelmäßig enttäuscht, werden sie den „Marshmallow“ eher essen, als wenn sie gelernt haben, dass man den Ansagen anderer Menschen vertrauen kann. Deshalb ist der Rückschluss auf die Persönlichkeit bei der Selbstkontrolle in dieser Studie mit Vorsicht zu betrachten. Nach ein paar Jahren konnten die Wissenschaftler feststellen, dass diejenigen Kinder, die mit dem Essen warten konnten, später im Leben eine bessere Selbstkontrolle und Selbstmanagement entwickelt haben, während die „Impulstäter“ von damals auch als Erwachsene weniger in der Lage waren, ihr Leben zu organisieren. Eine vergleichbare Studie an Hunden steht noch aus, aber Trainerbeobachtungen legen nahe, dass Hunde mit einer vielseitigen Impulskontrolle häufig besser in der Lage sind, Ruhe zu bewahren und Probleme konzentrierter zu lösen. Wahrscheinlich ist „inhibitorische Kontrolle“ sowohl individuell unterschiedlich gut ausgebildet, wird aber auch durch Erfahrungen mit der Umwelt geformt. Deshalb ist es so wichtig, hier ein abwechslungsreiches und individuell angepasstes Training zu entwickeln: Manchen Exemplaren fällt das Warten vor dem Verlassen des Hauses leichter als anderen, dafür müssen sie in anderen Situationen wie dem Sitz vorm Fressnapf oder in Angesicht von fliehenden Rehen im Wald stärker mit dem Impuls kämpfen, nicht sofort loszurennen.

Einer Versuchung zu widerstehen, ist schwierig. Aber die Fähigkeit kann trainiert werden.

Krähen führen Artgenossen besonders geschickt in die Irre – sie sind Meister im Täuschen und Tricksen.

Unterschiedliche Situationen erfordern also unterschiedlich intensive Bedürfniskontrolle – genau diese verschiedenen Faktoren wollte das Team des „Duke University Canine Cognition Lab“ bei Hunden untersuchen. Dazu konfrontierten die amerikanischen Forscher 30 Familienhunde mit drei unterschiedlichen Experimenten (Bray et al., 2013).

1. Soziale Aufgabe

Der Hund beobachtete folgende Situation: Im Raum befinden sich zwei Versuchsleiter, einer versorgt einen bettelnden Menschen freigiebig mit langweiligem Futter. Ein geiziger Futterbesitzer, mit attraktiver Leckerei, weist den bettelnden Menschen beständig ab. Jetzt darf der Hund entscheiden, bei wem er um Futter betteln geht. Hier erfordert das „Links-liegen-Lassen“ des tollen Futterbesitzers aufgrund der Beobachtung und das Gehen zum freigiebigen Futterspender mit dem langweiligen Fressen eine gehörige Portion Selbstkontrolle.

2. „A nicht B“-Aufgabe

Den Hunden wird ein tolles Futterversteck hinter einer Barriere gezeigt, aus dem sie sich bedienen dürfen. Dann wird vor ihren Augen ein besonders leckeres Futter an einem anderen Ort versteckt, zu dem sie aber nicht hinlaufen dürfen („Tabu“). Sie wissen, dass das alte Futterversteck leer ist und das neue verboten. Werden sie in der Lage sein, das Tabu zu akzeptieren, oder siegt die Versuchung?

3. Zylinder Aufgabe

Ein durchsichtiger Zylinder wird über gut sichtbares, leckeres Futter gestellt und mit einem Tabu belegt. Ein weiterer, nicht durchsichtiger Zylinder wird viel weiter weg, am anderen Ende des Raumes, ebenfalls mit verstecktem Futter präpariert und freigegeben. Der Hund muss am sichtbaren Futter vorbei einen Umweg laufen, um zum anderen Zylinder zu gelangen.
Die Summe aller Ergebnisse zeigt, dass im Durchschnitt alle Hunde über die Fähigkeit

zum Bedürfnisaufschub verfügen, aber dass es große individuelle Unterschiede bei der erfolgreichen Bewältigung der einzelnen Aufgaben gibt. Es gab außerdem einen deutlichen Zusammenhang zwischen Alter und Leistung. Daraus schließen die Forscher, dass der Kontext aber auch das Alter einen großen Einfluss auf die Fähigkeit zur Selbstkontrolle eines jeden Individuums haben. Daraus können wir für unseren Alltag mit Hund mitnehmen: **Impulskontrolltraining muss variabel, kreativ und abwechslungsreich sein, denn ob ein Hund in der Lage ist, einer Versuchung zu widerstehen, muss für jeden Hund anders und für jede verführerische Situation neu und variationsreich gelernt werden.** Evolutionsbiologisch macht dies auch durchaus Sinn: Katzen können von klein auf Ewigkeiten vor einem Mauseloch ausharren, in Erwartung ihrer Beute. Hunde werden darin wenig Sinn sehen: Sie sind als Beutejäger keine Tiere, die mit einer angeborenen Impulskontrolle auf die Welt kommen. Aber sie verfügen als soziales Lebewesen über die Fähigkeit, diese für ein friedliches Gruppenleben zu lernen – aber sie müssen sie lernen.

SELBSTKONTROLLE UND TÄUSCHUNG …

… um später mehr Fressen zu bekommen! Jeder, der in der Familie kleine Kinder hat, kennt das: Der liebe Nachwuchs soll nicht wissen, wo wir die Schokolade versteckt haben, also müssen wir warten, bis er den Raum verlassen hat, bevor wir uns am Zuckerwerk bedienen können. Diesen Impuls zu unterdrücken, fällt dem einen schwerer als dem anderen. Aber sind auch Hunde zu einem vergleichbar taktischen Manöver in der Lage? Das hat ein Schweizer Forscherteam des Instituts für Evolutionäre Biologie und Umweltstudien aus Zürich untersucht: Sie stellten sich die Frage, ob Hunde in der Lage sind, einen Menschen, der wiederholt bewiesen hat, dass er ein leckeres Stück Futter lieber selbst verschlingt, anstatt es brüderlich mit dem Hund zu teilen, gezielt in die Irre zu führen, um zu einem späteren Zeitpunkt das Futter von einem spendablen Menschen überreicht zu bekommen (Heberlein et al., 2017). Auch zur Bewältigung dieser Aufgabe müssen Hunde in der Lage sein, einen Impuls zu unterdrücken und das Bedürfnis nach Fressen aufzuschieben. Und sie müssen noch eine Fähigkeit unter Beweis stellen: Sie müssen den „bösen" Menschen täuschen. **Wenn wir falsche Hinweise nutzen, um das Verhalten unseres Gegenübers zu beeinflussen, dann nennt man das „Täuschung".** Täuschung kommt im Tierreich besonders bei sozial lebenden Arten häufig vor. So legen Krähen z. B. meistens für ein besonders leckeres Futterfundstück gleich mehrere „Scheinverstecke" an, weil sie immer damit rechnen, dass ein gieriger Artgenosse sie beobachtet und dann hoffentlich an der falschen Stelle nach der Leckerei sucht. Diese Fähigkeit zu „Schummeln", wollte Marianne Heberlein und ihr Team auch bei Hunden in der Interaktion mit Menschen untersuchen.

Aus anderen Versuchen wissen wir bereits, dass Hunde Menschen genau beobachten und Eigenschaften zusprechen – so betteln sie bevorzugt bei freigiebigen Menschen oder spielen lieber mit „lustigen" menschlichen Spielpartnern (siehe S. 91). Außerdem wissen die Forscher aus anderen Versuchen, dass Hunde in der Lage sind zu verstehen, dass manche Menschen von einem Futterversteck „wissen" und andere nicht. In Situationen, in denen sie an ein Versteck nicht selbst gelangen können, machen sie den „Unwissenden" durch anzeigendes Verhalten auf das unerreichbare Spielzeug oder Futter aufmerksam. Der aktuelle Versuch kombiniert diese Erkenntnisse: So wurden 27 Hunde an vier aufeinander folgenden Tagen mit der immer gleichen Situation konfrontiert und hatten demnach die Chance, aus den Erfahrungen der Vortage zu lernen und ihr Verhalten zu modifizieren.
In einer ersten Trainingsrunde wurden die Hunde erst einmal mit Menschen in Kontakt gebracht, die sich unterschiedlich mit Futter verhielten. Der Besitzer und ein Fremder gaben dem Hund immer gerne und freigiebig Futter, ein anderer Fremder aber bereicherte sich jedes Mal selbst am Futter, ohne dem Hund etwas abzugeben. Danach wurden den Hunden von einem Versuchsleiter in einem Raum drei Futterverstecke gezeigt: Ein Versteck war mit einem verführerischen Stückchen Wurst gefüllt, das zweite mit normalem Futter und das dritte war leer. Nachdem der „wissende" Versuchsleiter den Raum verlassen hatte, kam entweder der freigiebige Fremde oder Besitzer oder der gierige Fremde in den Raum und es wurde beobachtet, ob und wenn ja, welches Futterversteck der Hund dem jeweiligen Menschen zeigte. Am ersten Versuchstag führten die Hunde die kooperativen menschlichen Partner signifikant häufiger als zufällig zu den „leckeren" Futterverstecken und häufiger als die „konkurrierenden" Menschen. In den folgenden Tagen fingen die Hunde sogar damit an, die „gierigen" Menschen häufiger zum leeren und seltener zum lecker gefüllten Futtercontainer zu führen. **Diese Resultate machen deutlich, dass Hunde zwischen kooperativen und konkurrierenden menschlichen Partnern unterscheiden können, was zum einen zeigt, dass sie zu taktischen Manövern durchaus in der Lage sind und zum anderen die Flexibilität von Hunden offenbart.** Sie sind in der Lage, ihr Verhalten dem menschlichen Gegenüber so anzupassen, indem sie sein Verhalten beobachten und für künftige Situationen vorhersagen.

EXKURS: MODEL RIVAL

Wie gut Hunde in der Lage sind, sich am sozialen Verhalten anderer zu orientieren und daraus schnell zu lernen, hat z. B. das Training fürs Stillliegen im Magnetresonanztomographen zeigen können. Die Budapester Forscherin Márta Gácsi stand vor der großen Herausforderung, Hunden für die Studien beizubringen, über sieben Minuten regungslos zu liegen. Haben Sie schon einmal dort gelegen? Ich (Kate Kitchenham) ja, und es war furchtbar, es erforderte eine gute Portion Selbstdisziplin, nicht einfach aus der Röhre zu kriechen und die Flucht zu ergreifen. Wenn wir schon diesen Ort so unheimlich finden, wie können wir dann Hunde für diese merkwürdige Herausforderung so begeistern, dass sie freiwillig dort für acht Minuten total stillliegen? Die Kaniden-Forscherin hat sich wahrscheinlich das Gleiche gefragt – und sich dann für einen Methodenmix entschieden. Dabei hat sie vor allen Dingen auf soziale Bestätigung und die Methode „Model Rival" gesetzt. Model Rival bedient sich eines Hundes, der bereits das Stillliegen gelernt hat und damit das „Model" ist. Mit diesem wird dem neuen „Lehrling", der zum Zusehen verdammt ist, die Situation durch gezielt fröhliches Verhalten und freundliche Interaktion vorgespielt. Die „Lehrlinge" mussten zuerst zusehen, wie andere Hunde in die Röhre „durften" und dafür gelobt, gestreichelt und bespaßt wurden – die „Könner" waren also nicht nur „Model", sondern auch „Rivale", denn alle Hunde wollen auch etwas gut können und dafür gelobt werden! Als die Lehrlinge schließlich an der Reihe waren, hatten sie eine hohe Grundmotivation, auch am Training teilnehmen zu wollen. So konnten sie es kaum erwarten und sprangen regelrecht auf die Bahre, um zu zeigen, dass auch sie dort oben liegen können! So erzeugte Márta Gácsi durch dieses Training eine fröhliche Atmosphäre, die den Hunden suggerierte, diese Trainingseinheit sei das Tollste, was sie in ihrem ganzen bisherigen Leben erleben durften. Innerhalb kurzer Zeit gelang es ihr auf diese Weise, Hunde unterschiedlichster Rassen für das Stillliegen im fMRI zu begeistern, sodass spannende Erkenntnisse zur Gehirnreaktivität von Hunden in bestimmten Testsituationen gewonnen werden konnten (siehe Interview mit Márta Gácsi, S. 158). Dieses Beispiel zeigt sehr schön, wie stark sich Hunde von unserer Bewertung einer fremdartigen Situation beeinflussen lassen und welche Wirkung diese Bewertung auf den Trainingserfolg auch sehr schwieriger Aufgaben haben kann.

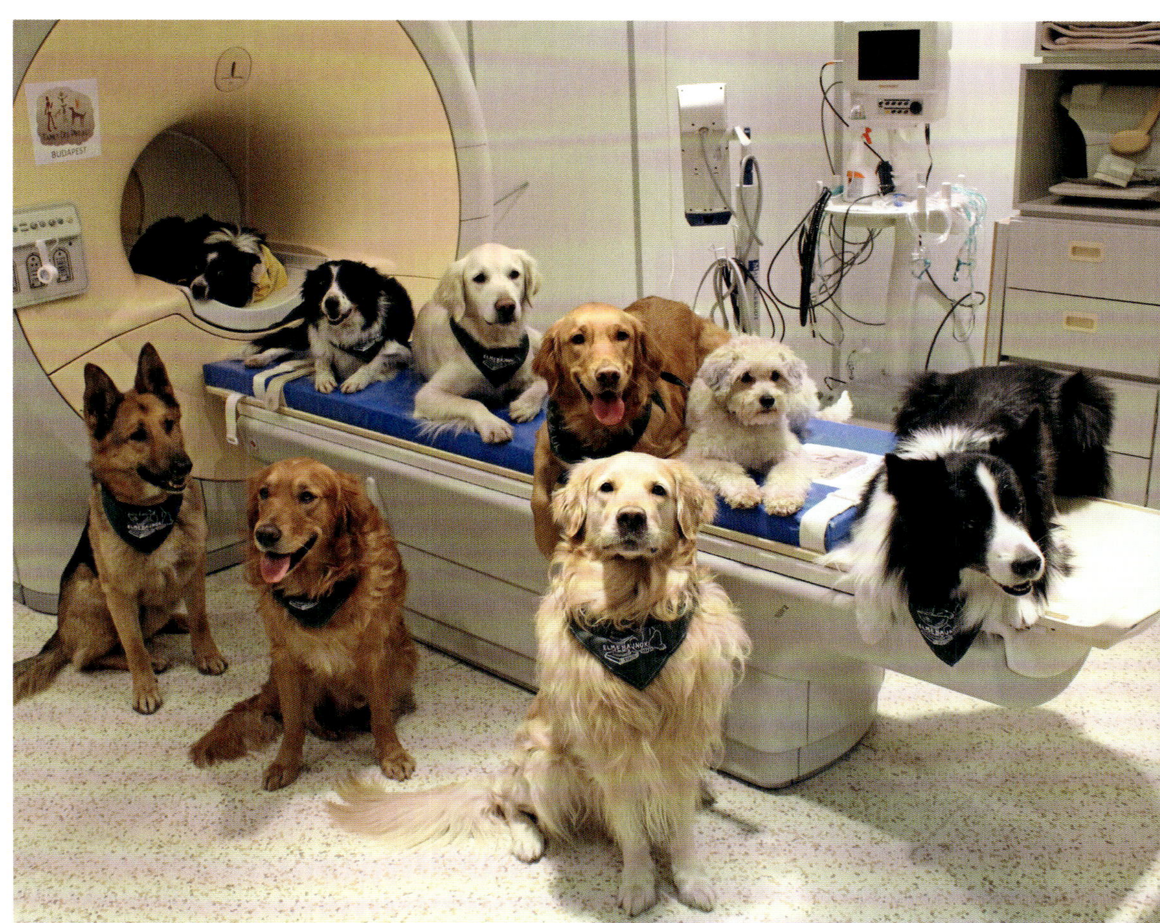

Die Helden der Röhre: Diese ungarischen Hunde können mehr als sieben Minuten regungslos liegen – und es macht ihnen Spaß!

SOZIALES LERNEN
— *Ein Interview mit Márta Gácsi*

HUND UND MENSCH SIND EIN TEAM, NICHT CHEF UND ANGESTELLTER!

Wie lernen Hunde merkwürde Dinge wie das Stillliegen im fMRI?

Heute gibt es die gute Entwicklung, dass im Hundetraining vermehrt auf Belohnung gesetzt wird statt auf Bestrafung, wenn wir Hunden etwas beibringen oder sie kontrollieren möchten. Wenn wir über Lernen reden, dann sollten wir aber neben der operanten Konditionierung, also der Arbeit über Futter und mit Clicker, dringend auch verschiedene Formen des sozialen Lernens anwenden. Denn soziales Lernen ist der natürlichste Mechanismus. Er führt dazu, dass sich sozial lebende Tiere zu einer Veränderung von Verhalten motiviert fühlen.

Was bedeutet dies fürs Hundetraining?

Der Hund ist eine Spezies, die Freude daran hat, von einer anderen Spezies zu lernen – von uns Menschen. Und das, ohne dafür eine konkrete, sofortige Belohnung zu erwarten.

Mehr noch, wenn wir positive Bestärkung nutzen, sollten wir niemals vergessen, dass nicht nur Futter als Belohnung angesehen wird. Den Hund zu loben, mit ihm zu spielen und ihn zu streicheln, kann sehr effizient sein. Besonders, wenn wir in unserer Beziehung zum Hund davon ausgehen, dass Hunde unsere Sozialpartner sind – viel mehr als ein mir Untergeordneter, den ich tatsächlich für eine erbrachte Leistung bezahlen muss.

Wie hast du diesen Ansatz beim Training für den Magnetresonanztomographen umgesetzt?

Natürlich bekommen die Hunde bei uns Leckerlies. Aber wenn wir mit ihnen auf dem Scanner zusammenarbeiten, konditionieren wir sie nicht einfach mit Futter, sondern wir bitten sie um ihre Kooperation.

Das sieht dann so aus, dass wir einen unerfahrenen Hund zum ersten Mal immer in Gegenwart eines erfahrenen Hundes mit dem neuen und merkwürdigen Ort in Kontakt bringen. Wir versuchen, darauf zu achten, dass dieser bereits ausgebildete Hund möglichst ein guter Freund oder ein ihm oder ihr bekannter, übergeordneter Hund ist. Dann loben wir alle den trainierten Hund auf dem Scanner-Bett, während der weniger beachtete Neuling versucht, auch nach dort oben, an diesen tollen Ort zu gelangen. Der „Vorführer" wird zum „Model", wie man alles macht, und ist damit gleichzeitig der „Rivale". Deshalb wird diese Art des Trainings „Model Rival" genannt. Was wir alle gemeinsam mit dem Besitzer dem „Lehrling-Hund" demonstrieren, ist, wie überaus großartig diese Scannerbahre und das Stillliegen ist. Wenn der Hund dann zusätzlich auch noch verschiedene Handlungen von sich aus nachmacht, die er vorher gesehen hat – wie z. B. den Kopf zwischen die Pfoten zu legen –, dann loben wir ihn zusätzlich mit Leckerchen und Streicheln und Stimme.

Warum glaubst du, ist dieses Training so erfolgreich verlaufen?

Hunde bewältigen die merkwürdige Situation an diesem komischen Ort, weil sie uns trauen, also dem Besitzer und dem Trainer und nicht nur, weil sie dafür am Ende eine Scheibe Käse bekommen. Sie bestimmen das Tempo, und alles was sie von sich aus anbieten, wird von uns bestärkt. Und das funktioniert prima!

SPRACHVERSTÄNDNIS

Während der ca. 18 000 bis 40 000 Jahre andauernden Domestikation (siehe S. 9 ff.) hat der Hund mit uns die gleiche Umwelt geteilt und sich an ein Leben mit uns angepasst. Lautäußerungen werden von vielen Tierarten in vergleichbaren Kontexten ähnlich betont – ein tiefes Grummeln oder freudiges Jiepen können wir über Artgrenzen hinweg meist richtig interpretieren, weil es sich mit unserer Lautäußerung in entsprechender Stimmung deckt. Menschen und Hunde scheinen dabei die Spezies zu sein, die besonders spezialisiert für die Kommunikation mit einer anderen Art erscheinen (siehe S. 108). Doch wie weit geht bei Hunden dieses „Verstehen" unserer Sprache? Immerhin reden wir permanent auf unsere Hunde ein. Im Laufe ihres Lebens erwerben sie wahrscheinlich dadurch einen gewissen Wortschatz. Doch gibt es im Gehirn Regionen, die ähnlich wie bei uns Menschen die Bedeutung von Wörtern verarbeiten können? Beim Menschen wissen Neurobiologen bereits, wie aktiv die beiden Gehirnhälften daran arbeiten, sprachliche Information zu entschlüsseln. Deshalb war es nur eine Frage der Zeit, bis ein Forscher auf die Idee kam, sich diese Wortverarbeitung auch beim Hund im Magnetresonanztomographen näher anzusehen.

VERSTEHT DER HUND, WAS WIR SAGEN …

– oder wie wir etwas sagen?

Die ungarischen Forscher um Attila Andics und Márta Gácsi von der Abteilung für Ethologie an der Eötvös Loránd University, Budapest, trainierten ähnlich wie die amerikanischen Kollegen Hunde für das Stillliegen im Magnetresonanztomographen und verglichen die neurologischen Reaktionsmuster von Menschen mit Tieren, die nicht zu den Primaten gehören, also mit Hunden (Andics et al., 2014). Dazu haben sie sich im Bereich fMRI auf die Untersuchung von Gehirnregionen beim Hund konzentriert, die für die Analyse von akustischer Information zuständig sind. Sie präsentierten Menschen und Hunden zunächst exakt die gleiche Auswahl an Lauten und Geräuschen, um herauszufinden, ob es analoge, sprachsensitive Regionen im Gehirn von Hund und Mensch geben könnte. **Das Team um Attila Andics konnte auf diese Weise nachweisen, dass es im Hundegehirn tatsächlich Bereiche gibt, die für die Verarbeitung von Sprache zuständig sind. Sie zeigten sogar ähnliche Muster wie die im vorderen Temporallappen gelegenen Sprachregionen bei Menschen.** Die Reaktionen im Hundegehirn zeigen auch, dass die gleich lokalisierten Hörregionen bei Hunden und Menschen angeregt werden, wenn emotionale Laute zu hören sind. Auch wenn eine parallele Evolution beim Hund nicht ausgeschlossen werden kann, lassen diese Erkenntnisse vermuten, dass die sprachsensitiven Bereiche im Gehirn des Menschen eventuell einen älteren evolutionären Ursprung haben als bislang angenommen.

Das Training verlief immer fröhlich und frei von Zwang.

Verarbeitung von Sprache im Gehirn

In einer weiteren, im Fachblatt „Science" veröffentlichten Studie wurde zwei Jahre später untersucht, wie genau das Hundegehirn Sprache verarbeitet (Andics et al., 2016). An dieser Studie nahmen 13 Hunde verschiedener Rassen und Mischungen teil, und es konnte gezeigt werden, dass für diese Hunde nicht nur wichtig war, wie wir etwas sagen, sondern auch was wir sagen. Die Ergebnisse lassen vermuten, dass es nicht nur sprachsensitive Gebiete im Hundegehirn gibt, sondern neurale Mechanismen zur Wortverarbeitung viel früher entstanden und damit nicht einzigartig menschlich sind.

Wieder beobachteten die Forscher die Gehirnaktivität von Hunden, während sie ihrem Menschen beim Sprechen zuhörten. Dabei nutzten sie Lobwörter mit passender und mit falscher Intonation, also einmal in fröhlicher und einmal in neutraler Betonung gesprochen. Außerdem wählten sie Wörter ohne Bedeutung für Hunde aus, z. B. „Wäscheleine" und betonten sie fröhlich oder neutral. Dabei schauten sie, ob sie Gehirnregionen entdecken konnten, die hier aktiviert wurden und den Forschern verrieten, wie der Hund die oft widersprüchlichen oder sinnlosen Informationen verarbeitet. Die Reaktionsmuster zeigten, dass die Hunde genau wie Menschen die linke Hemisphäre ihres Gehirns dazu nutzten, die richtigen Wörter wahrzunehmen – bei den bedeutungslosen Wörtern gab es keine Reaktion. Die linke Hälfte interessierte sich aber nur für die Wortbedeutung, bei der Intonation des Wortes gab es kein Erregungsmuster in diesem Gehirngebiet. Dafür aber auf der anderen Seite: Die rechte Hemisphäre wurde aktiviert, um fröhliche von neutraler Intonation beim Loben zu unterscheiden. Es handelte sich dabei exakt um die gleiche auditorische Gehirnregion, die in der ersten Studie bei Mensch und Hund für die Analyse von emotionalen Lautbewertungen identifiziert worden war. Daraus schließen die Forscher, dass die Fähigkeit zur Intonationsanalyse unabhängig von Sprechen bei nichtmenschlichen Tieren vorhanden sein muss.

Hunde können Intonation und Worte getrennt verarbeiten.

Welche Rolle spielt die Intonation?

Doch noch eine weitere spannende Gehirnreaktion konnten die Forscher entdecken: Das Belohnungszentrum im Hundegehirn wurde nur dann aktiviert, wenn Lob-Wörter mit der richtigen Intonation, also fröhlich und freundlich, gesprochen wurden. Das Belohnungszentrum antwortet normalerweise auf alle schönen Dinge des Lebens mit einer Aktivierung, z. B. auf Reize wie leckeres Futter, Streicheln, Sex oder bei Menschen auch angenehme Musik. Hunde sind also nicht nur in der Lage, zu unterscheiden, was wir sagen, sondern auch wie wir es sagen, hat für sie einen wichtigen Informationsgehalt.

Lernen neuer Wörter

Der funktionale Magnetresonanztomograph kam bei der Erforschung des Wortlernens durch Hunde kürzlich auch in den USA zum Einsatz: Die Wissenschaftler um Gregory Berns aus Atlanta haben 12 Testhunden neben dem Stillliegen im fMRI beigebracht, zwei unterschiedliche Objekte auf Anfrage richtig

zu apportieren. Diesen Hunden wurde dann anschließend beim Liegen im Magnetresonanztomographen neben den beiden gelernten auch ein neues „Pseudowort“ vorgespielt, das die Hunde mit Sicherheit vorher noch nie gehört hatten. Parallel wurde die Reaktion des Gehirns auf diese Hörreize analysiert. Das spannende Ergebnis: Genau wie bei uns zeigte ein Bereich des Gehirns erhöhte Aktivität, der beim Menschen für die Verarbeitung von Seh-, Hör- oder sonstigen sinnlichen Informationen zuständig ist. Eine genauere Analyse konnte außerdem zeigen, dass ein Teil der Hunde in weiteren Bereichen Reaktionen zeigte, die darauf schließen lassen, dass sie auf die bekannten und unbekannten Wörter differenziert reagierten. Auch auf neuronaler Ebene können wir dadurch auf eine dem Menschen zumindest ähnliche Form des Lernens neuer Wörter bei Hunden schließen. Zusammenfassend lässt sich festhalten: **Hunde nutzen wie Menschen die linke Hemisphäre des Gehirns zur Wortverarbeitung und die rechte Gehirnhälfte, um die Intonation zu verarbeiten. Lob aktiviert das Belohnungszentrum im Gehirn nur, wenn das Wort und die Intonation zusammenpassen.** Sie kombinieren diese beiden Faktoren und schließen daraus, was diese sprachliche Information ihres Menschen tatsächlich bedeutet. Durch die Analysen der Reaktionsmuster im Hundegehirn bei der Verarbeitung von Sprache wurde also deutlich, dass die Fähigkeit, Wörter zu verstehen und ihre Bedeutung neuronal zu verarbeiten, nicht einzigartig menschlich ist. Einzigartig ist das Vermögen, die neuralen und physiologischen Möglichkeiten zu besitzen, Wörter zu erfinden und in der Kommunikation miteinander zu nutzen.
Wie wir mit unseren Hunden reden, kann also voller Information für den Hund stecken – besonders, wenn wir die passende Intonation wählen. Genau diese Wirkung von Sprache auf die Aufmerksamkeit des Hundes wurde in weiteren Studien untersucht.

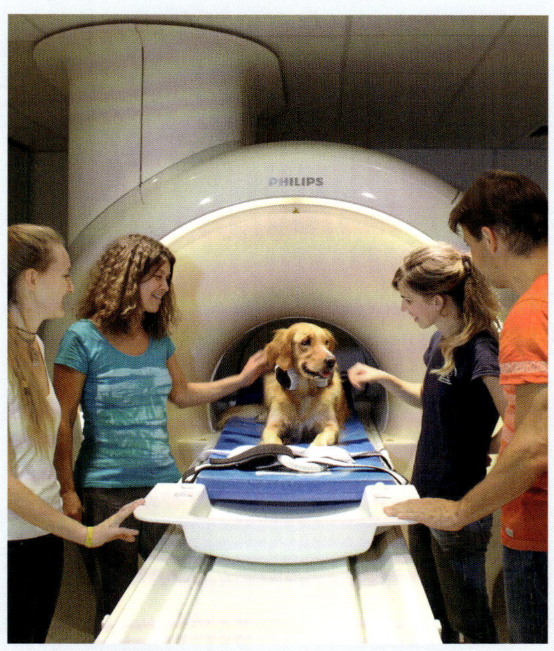

PHD. MÁRTA GÁCSI
(auf dem Foto 2. von links) ist Wissenschaftlerin in der Forschungsgruppe Vergleichende Verhaltensforschung der ungarischen Akademie der Wissenschaften und untersucht Mensch-Hund-Interaktionen im Rahmen des „Familiy Dog Project“ in Budapest. Zielstrebig hat sie ihren Doktorgrad an der Eötvös Loránd Universität Budapest gemacht, mit dem Fokus auf Bewertungsmethoden und Entwicklung der Mensch-Hund-Bindung. Heute ist sie Autorin bzw. Co-Autorin von mehr als 70 veröffentlichten wissenschaftlichen Studien und Buchkapiteln zu den Themen Hund-Mensch-Bindung, Wolf-Hund-Vergleichsstudien, Hund-Mensch-Kommunikation, den Geruchsleistungen von Hunden und der Erforschung des neurobiologischen Hintergrundes der sozio-kognitiven Fähigkeiten von Hunden (siehe S. 159 ff.). Doch sie forscht nicht nur, sie gibt ihr Wissen auch weiter: An der Eötvös Universität unterrichtet sie kognitive Verhaltensforschung, die Evolution von Kommunikation, die Mensch-Tier-Interaktion und die Evolution der Kaniden. Neben der wissenschaftlichen Arbeit hält sie regelmäßig Seminare über Verhalten und Lernen bei Hunden für Studenten, Tierärzte, Tierverhaltensberater und Hundetrainer in Europa.

BETONUNG DER WORTE

„Was bist du für ein toller Hund! Fein! Gut gemacht!" Viele reden so mit ihrem Hund und das macht auch Sinn! Denn nicht nur Welpen reagieren intensiv auf starke Intonation beim Sprechen, konnte eine französisch-britisch-amerikanische Gemeinschaftsarbeit von Wissenschaftlern der Universitäten New York, Sussex und Lyon/Saint Etienne feststellen (Ben-Aderet et al., 2017). Dabei untersuchten sie, wie Menschen mit ihren Hunden sprachen und welchen Effekt das Sprechen wiederum auf die Hunde hatte. Deutlich wurde, dass Menschen mit Hunden allen Alters auf ähnliche Weise sprachen, nämlich von der Intonation und Wortwahl sehr ähnlich wie mit Kindern. Beim Sprechen mit Welpen wurde die Intonation nochmals in höhere Frequenzen verstärkt, was die Forscher auf das „Kindchenschema" der Hundebabies zurückführen. Allerdings scheint das Nutzen dieser Tonlage Sinn zu machen, denn im „Playback"-Versuch reagierten nur die Welpen auf diese Ansprache, indem sie sich den Lautsprechern annäherten und diese untersuchten. Als Grund für das Desinteresse der erwachsenen und alten Hunde für die Sprachbotschaften aus dem Lautsprecher könnte man zwei Dinge vermuten: zum einen, dass die Stimmen von fremden Personen stammten, was, wie wir bereits aus der Studie von Gregory Berns wissen (siehe S. 150 f.), für Hunde im Bereich der Gerüche einen großen Unterschied macht zu der Reaktion auf den Besitzer. Zum anderen könnte man aber auch Lebenserfahrung der erwachsenen oder alten Hunde als Grund annehmen dafür, dass sie sich weniger für Geräusche aus Lautsprechern interessieren.

Auswirkung der „Babysprache"

Eine andere Gruppe aus Großbritannien hat sich dieser Frage deshalb noch einmal angenommen, einen anderen Studienaufbau gewählt und konnte tatsächlich zu einem anderen Ergebnis kommen, nämlich dass auch erwachsene Hunde die „Babysprache" bevorzugen (Benjamin und Slocombe, 2018). Alex Benjamin und Katie Slocombe von der Psychologischen Abteilung der Universität York haben dazu 37 Hunde in einer natürlicheren Situation getestet. Hier wurden die Hunde in einem Raum vor ihre Bezugsperson gesetzt und hatten den Blick frei auf die Versuchsanordnung. Dort saßen echte Menschen vor zwei mit Tüchern verhängten Lautsprechern. Aus den Lautsprechern kamen zwei verschiedene Aufnahmen: Einmal redete der Sprecher in normaler Erwachsenensprache typische Erwachsenensätze („Ich bin gestern Abend ins Kino gegangen und habe mir einen Film angesehen."). Diese Sprechweise wurde als „Adult directed speech" (ADS) klassifiziert. Aus dem zweiten Lautsprecher schallten den Hunden Aufnahmen von typischen Hundehaltersätzen entgegen („Wollen wir jetzt ausgehen?" „Was bist du für ein feiner, toller Hund, der beste auf der ganzen Welt!"), die als „Dog directed speech" (DDS) bezeichnet wurden. Die Menschen vor den Boxen hielten sich die Hände vor den Mund, sodass der jeweilige Hund nicht erkennen konnte, dass die Wörter nicht von ihnen, sondern aus den Boxen kamen. Der Trick funktionierte: Die Hunde glaubten den Menschen anscheinend, dass sie direkt zu ihnen sprachen, und schauten sie an – allerdings unterschiedlich lange, denn die Mehrheit der Hunde schaute länger und häufiger zu der Person, aus deren Richtung die DDS kam. Danach durften die Hunde sich frei im Raum bewegen und es wurde beobachtet, für welche Person sich die Tiere mehr interessierten. Auch hier zeigten sie wieder eine Vorliebe für die Menschen, die vor der Box mit der DDS gesessen hatten.
Die Sprecher mischten dann die Sätze, um zu sehen, ob es der Inhalt war, der die Hunde ansprach oder die höheren Töne, in denen gesprochen wurde. So sprach der Sprecher in der ADS-Version Sätze ein wie „Wollen wir gleich ausgehen?" und in der DDS Sätze wie „Ich war gestern Abend im Kino". Hier zeigten die Hunde keine Präferenz für einen der Sprecher.

Das bestätigt das Ergebnis der Studie von Attila Andics, wonach für Hunde Inhalt und Intonation übereinstimmen muss, damit ihr Belohnungszentrum aktiviert wird und sie entsprechend positiv auf die Ansprache durch den Menschen reagieren können. Alex Benjamin und Katie Slocombe konnten in dieser Studie aus dem Jahr 2018 also eine klare Präferenz der Hunde für DDS entdecken. Also, auch wenn Ihre Nachbarn vielleicht komisch gucken: Ihr Hund versteht Sie besser, wenn Sie die „Hundesprache" sprechen!

WORTVERSTÄNDNIS

Dass Hunde nicht nur auf Intonation, sondern auch auf Wortbedeutung richtig reagieren, hat Juliane Kaminski bereits in ihrer 2004 in der Fachzeitschrift „Science" veröffentlichten Studie „Word Learning in a Domestic Dog: Evidence for Fast Mapping" zeigen können. Ihr Untersuchungsobjekt war der Border Collie Rüde „Rico", der es durch einen Auftritt in der TV-Sendung „Wetten Dass" 1998 zu Berühmtheit gebracht hatte, weil er in der Lage war, aus 77 Kuscheltieren auf Anfrage seiner Besitzerin fünf richtig herauszusuchen. Juliane Kaminski arbeitete damals noch im Max-Planck-Institut in Leipzig und interessierte sich dafür, ob der Hund tatsächlich Begriffe Objekten richtig zuzuordnen konnte, oder ob er auf feine Zeichen seiner Besitzerin reagierte (der sog. „Clever-Hans-Effekt"). Sie trainierte deshalb selber mit dem schlauen Hund und konnte ihm weitere Wörter beibringen, am Ende beherrschte der Collie über 200 Begriffe für Objekte. Kaminski studierte, wie er seinen Wortschatz erweiterte: Präsentierte man dem Rüden drei Objekte wie z. B. „Teddy", „Schlange" und „Ball", von denen er „Ball" und „Teddy" bereits kannte, und forderte ihn auf, die bis dato unbekannte „Schlange" zu bringen, dann wählte er das richtige Kuscheltier nach dem Ausschlussprinzip aus und lernte dadurch das neue Wort kennen. Auf genau die gleiche Weise lernen Kleinkinder die Bedeutung von Wörtern, diese Fähigkeit wird als „Fast Mapping" bezeichnet und konnte hier erstmals für Hunde nachgewiesen werden (Kaminski et al., 2004). Hunde erweitern ihren Wortschatz also auf ähnliche Weise wie kleine Kinder.

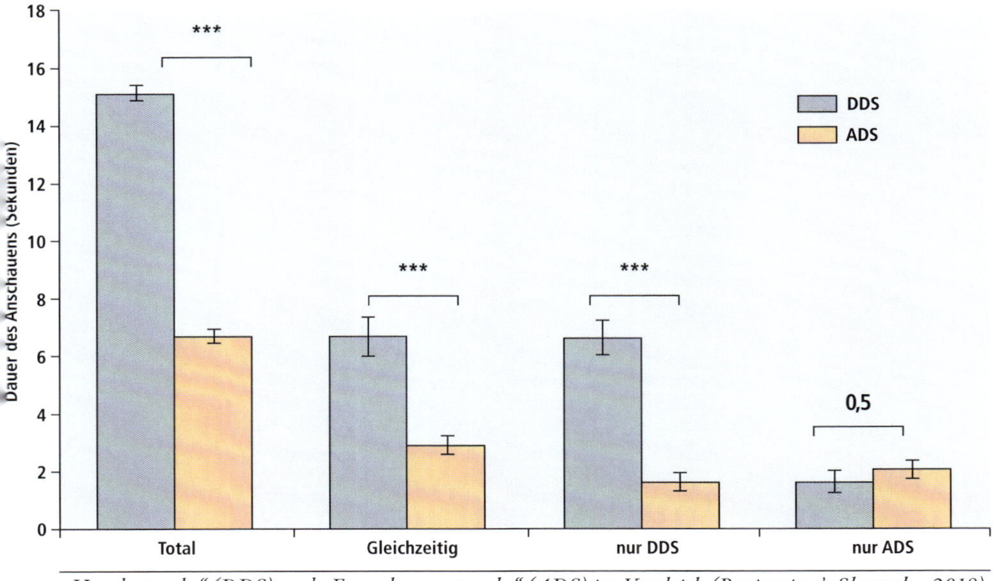

„Hundesprache" (DDS) und „Erwachsenensprache" (ADS) im Vergleich (Benjamin & Slocombe, 2018).

 **AUS DER FORSCHUNG**

— „Chaser" kann Grammatik

Der 2018 verstorbene US-Wissenschaftler John Pilley begann intensive Trainingseinheiten mit seiner Border Collie-Hündin „Chaser". Es gelang ihm, die Hündin über 1 000 unterschiedliche Begriffe zu lehren, aber nicht nur das: Die Hündin ist heute sogar in der Lage, Grundzüge von Grammatik zu verstehen (Pilley, 2013).
Es wurde die Fähigkeit von Chaser untersucht, Satzstellung und Semantik (= inhaltliche Bedeutung) von Sätzen zu lernen, die drei Elemente der Grammatik beinhalteten, nämlich ein präpositionales Objekt, ein Verb und ein direktes Objekt. Ein Beispielsatz für Chaser könnte z. B. so lauten: zu (= präpositionales Objekt) Frisbee (= direktes Objekt) nehme (= Verb) Ball (= direktes Objekt)

Methode

Ein Verstehen des Satzbaus bedeutet, dass Chaser in der Lage sein muss, die Ansage im Ablauf korrekt durchzuführen, also zuerst zur Frisbee zu gehen und dann den Ball zu nehmen. Verstehen der Semantik des Satzes bedeutet, dass sie in der Lage sein muss, richtig zu reagieren, wenn sich die Bedeutung durch eine Veränderung im Satzbau verändert, also z. B. die Ansage plötzlich lautet „zu Ball nehme Frisbee".

Chaser's Satzverständnis wurde in drei unterschiedlichen Szenarien getestet:

1. Vertraute Objekte kamen in der Syntax des Befehlssatzes vor.
2. Neue Objekte wurden in der Syntax des Befehlssatzes eingeführt.
3. Die Objekte waren während des Befehlssatzes nicht zu sehen, sondern lagen in einem anderen Raum.

Ergebnisse

Eine Analyse der Daten konnte zeigen, dass Chaser in allen drei Situationen signifikant häufig richtig auf die Befehlssätze reagiert hatte. Chaser´s Fähigkeit, die Syntax der Sätze richtig zu verstehen, erfordert die Verarbeitung und Abspeicherung von Objekten im Gedächtnis, gleichzeitig mit der Fähigkeit verbunden, zu beurteilen, welches Objekt zum anderen gebracht werden soll – das erfordert ein Arbeitsgedächtnis. Diese beiden, bei Chaser gezeigten geistigen Fähigkeiten (Langzeit- und Arbeitsgedächtnis), verändern unsere Vorstellung davon, auf welchem Niveau Hunde in der Lage sind, verbale Kommunikation zu verstehen. Chaser war also fähig, eine geforderte Aktion im Arbeitsgedächtnis abzuspeichern und dann mit Zeitverzögerung – in einem anderen Raum im richtigen Ablauf – zu zeigen. Diese Form der Arbeit erfordert eine mentale Repräsentation von Objekten in Zeit und Raum, eine Fähigkeit, die in einer anderen Studie in Budapest ebenfalls untersucht wurde.

Hunde sind in der Lage, eine Vielzahl an Wörtern zu lernen.

GEDÄCHTNIS UND ERINNERUNG

Ein gut funktionierendes Gedächtnis kann überlebenswichtig sein! Durch die Fähigkeit unseres zentralen Nervensystems, Beobachtungen oder Erfahrungen abzuspeichern, sind wir in der Lage, diese Informationen in anderen Lebenssituationen wieder aufzurufen, um uns angepasst verhalten zu können. Doch wie genau erinnern sich Hunde? Indem sie ähnlich wie wir auf mentale Repräsentation von Objekten, Räumen und Erlebnissen zurückgreifen können? Und wie lange kann sich ein Hund an eine Beobachtung erinnern?

TRAINING „DO AS I DO"

Claudia Fugazza und Ádám Miklósi wollten das Gedächtnis von Hunden testen und überprüfen, wie lange sie in der Lage waren, sich an eine von Menschen demonstrierte Aktion zu erinnern und diese sogar zu wiederholen (Fugazza und Miklósi, 2013). Um hier einen Einblick in die Erinnerungsart und das Erinnerungsvermögen von Hunden zu bekommen, wurden acht Hunde von ihren Besitzern zuerst nach der von Fugazza entwickelten Trainingsmethode „Do as I do" trainiert. Hier lernen Hunde, menschliches Verhalten verzögert zu imitieren. Zum Beispiel läuft ein Mensch um einen Eimer, geht zurück zum Hund und schickt ihn mit der Ansage „Do it" nach Zeitintervallen von fünf bis 30 Sekunden los, genau diese Aktion zu wiederholen. Das Training ist sehr effektiv und Hunde sind in der Lage, schnell Fortschritte zu machen und auch schwierige Handlungen auszuführen, z. B. mit der Pfote gegen eine Glocke zu schlagen.
Nachdem alle Hunde die „Machs-Mir-Nach-Methode" sicher beherrschten, wurden den Hunden verschiedene Objekte präsentiert, mit denen unterschiedliche Handlungen vollführt wurden, z. B. mit der Hand bzw. Pfote gegen eine Glocke zu schlagen. Anschließend bekam der Hund eine „Pause" von 40 Sekunden bis 10 Minuten, in der er hinter eine Wand geführt wurde. In dieser Phase sollte er still liegen bleiben, oder es wurde mit ihm gespielt, oder er sollte kleine Übungen ausführen.

Die Hunde lernten, Handlungen des Menschen auf Aufforderung zu wiederholen.

Lernt der Hund in kleinen Schritten und mit Spaß, wird Neues schnell im Langzeitgedächtnis abgespeichert.

Damit wollten die Forscher testen, ob sich Hunde auch erinnern, wenn sie in der Pause abgelenkt werden. Nach einer genau festgelegten Zeit gingen Hund und Halter zurück in den Versuchsbereich, der Hund wurde an die Ausgangsposition platziert und dann mit dem Signal „Do it!" aufgefordert, das zuvor beobachtete Verhalten zu zeigen.

Das Ergebnis: Auch wenn die Hunde in der Pause spielen durften oder Übungen ausführen sollten, oder wenn sie von einem Fremden aufgefordert wurden, das zuvor Gesehene zu kopieren, waren sie in der Lage, auch komplett neue Aktionen nach einer Pause von 90 Sekunden zu wiederholen. Daraus schließen die Forscher, dass Hunde sich erinnern, indem sie auf eine mentale Repräsentation zurückgreifen können und sogar über ein „deklaratives Gedächtnis" verfügen. Eine mentale Repräsentation bezeichnet die Fähigkeit, Objekte flexibel in verschiedenen Situationen wahrnehmen zu können. So kann ein Ball nicht nur als Spielobjekt im Rahmen „Werfen und Bringen" betrachtet werden, sondern der Hund ist z. B. in der Lage, ihn zu greifen und in einen Behälter zu werfen, wenn ihm das vorher demonstriert wurde.

LANGZEITGEDÄCHTNIS

Das deklarative Gedächtnis gehört zum Langzeitgedächtnis und ist dafür zuständig, wichtige Fakten und Ereignisse des eigenen Lebens oder auch vermitteltes Wissen langfristig abzuspeichern. Einmal auf die Spur gebracht, interessierten sich Fugazza und Miklósi weiter für die Funktionsweise des Langzeitgedächtnisses der Hunde. Deshalb wurden in einer weiteren Studie 12 Hunden vier verschiedene Aktionen an unterschiedlichen Gegenständen demonstriert. Die Verhaltensbiologen verlängerten dieses Mal die Pausen, bevor der Hund wiederholen durfte, was er gesehen hatte. So gab es nach der ersten Demonstration eine Pause von einer Stunde, nach der zweiten von zwei Stunden und nach der dritten und vierten Aktion 12 und 24 Stunden. Für die Wiederholung nach so langen Zeiträumen muss bereits das Langzeitgedächtnis aktiv werden. Parallel zu dieser Gruppe wurden einer Vergleichsgruppe von ebenfalls 12 Hunden die gleichen Aktionen vorgemacht. Doch diese Gruppe durfte immer sofort nach der Vorführung die Aktion wiederholen. Auf diese Weise wollten die Forscher den Vergleich haben, wie gut die Hunde im Nachahmen sind, wenn dafür keine Gedächtnisleistung notwendig ist.

Das erstaunliche Resultat: Für die Qualität der Nachahmung spielte es kaum eine Rolle, ob der Hund eine Pause machen musste oder nicht. Selbst nach 12 und 24 Stunden waren die Hunde in der Lage, ähnlich gute Nachahmung zu zeigen wie die Hundegruppe, die keine Pause zwischen Vorführung und Wiederholung hatte. Diese Vergleichsgruppe erzielte eine Erfolgsquote von 83 Prozent, bei den „Pausen-Hunden" waren es immer noch 72 Prozent. Hunde können sich also nicht nur wie wir mit Hilfe einer mentalen Repräsentation von Objekten im Raum und an Handlungen erinnern, sie verfügen sogar über ein deklaratives Langzeitgedächtnis und können sich an Ereignisse über einen ziemlich langen Zeitraum erstaunlich detailliert erinnern.
Ist ein Erlebnis oder eine Trainingseinheit nützlich, dann wird sie im Langzeitgedächtnis abgespeichert. Der Prozess, bei dem Ereignisse vom Kurzzeitgedächtnis ins Langzeitgedächtnis übertragen werden, nennt man „Festigung". Daten haben gezeigt, dass Schlaf nach einer Lerneinheit diesen Prozess der Abspeicherung im Langzeitgedächtnis stark verbessern kann. Dies liegt daran, dass während REM- oder Traum-Schlafphasen wahrscheinlich Erinnerungen sortiert und final im Langzeitgedächtnis gelagert werden.
Das Einüben weiterer Lerneinheiten scheint dagegen das Übertragen in das Langzeitgedächtnis zu verhindern, wie Anna Kis in ihrer Studie (Kis et al., 2017, siehe S. 168) zeigen konnte. Die Forscher erklären sich dieses Ergebnis durch eine „Überladung" des Festigungsprozesses mit zu vielen Eindrücken. Diese würden bei der Übertragung ins Langzeitgedächtnis eine Art „Stau" bilden, der Vorgang dadurch verlangsamt und die Gedächtnisleistung weniger effektiv. Der Lernprozess wird also verlangsamt, wenn wir „zu viel auf einmal wollen". Viel besser ist das Lernen kleiner Einheiten, die langsam aber stetig aufeinander aufbauen. Andere Aktivitäten, so vermuten die Forscher, die kein aktives Lernen erfordern, brauchen nicht die gleiche Form von Prozessierung und verhindern dadurch auch nicht die Etablierung eines langfristigen Lerneffektes, wie z. B. Gassigehen, Spielen.

Spielen nach dem Lernen könnte sich positiv auf die Gedächtnisbildung auswirken.

AUS DER FORSCHUNG

— Schlafen, Spielen, Gassi gehen oder noch etwas Neues lernen nach dem Lernen?

Anna Kis vom Institut für Kognitive Neurowissenschaften und Psychologie an der ungarischen Akademie für Wissenschaften in Budapest hat untersucht, was passiert, wenn man Hunde nach Trainingseinheiten unter verschiedenen Bedingungen aktiv sein oder ruhen lässt.

Studie 1

Eine Gruppe sollte etwas leichtes Neues lernen, das auf vorherigen Aufgaben aufbaute: Hinsetzen und Hinlegen auf ein bestimmtes Signal. Jetzt sollten sie das Signal statt in Ungarisch auf Englisch lernen. Danach durften die Hunde drei Stunden ruhen und schlafen, währenddessen wurde ihre Gehirnaktivität aufgenommen. Die elektronischen Muster in ihren Gehirnen wurden mit einer weiteren Gruppe von Hunden verglichen, die nur die Signale auf Ungarisch vorführen sollten, die sie bereits gelernt hatten (kein neues Lernen).

Ergebnis 1

Es gab viel mehr Aktivitäten in den elektronischen Mustern der Gehirne der schlafenden Hunde, die etwas Neues gelernt hatten, im Vergleich zu denen, die nichts Neues gelernt hatten. Die Forscher erklären sich diesen Unterschied damit, dass das Gehirn der „Lerngruppe" damit beschäftigt war, den neuen Lernstoff im Langzeitgedächtnis abzuspeichern.

Studie 2

Die Forscher entwickelten ein zweites Experiment, in dem überprüft werden sollte, ob sich Hunde, die zwischen Trainingseinheiten schlafen dürfen, besser an neuen Lernstoff erinnern können als Hunde, die danach spazieren gehen, spielen oder etwas Neues lernen mussten. In diesem zweiten Durchlauf nahmen 53 Hunde teil, denen allen ein neues Wort für ein bereits bekanntes Signal beigebracht wurde. Nach dem Training schliefen die Hunde der ersten Gruppe im Auto des Besitzers, die zweite Gruppe bekam eine andere, völlig neue Trainingslektion, die dritte Gruppe durfte auf dem Campus Gassi gehen, mit der vierten Gruppe wurde gespielt.

Ergebnis 2

Nach einer Stunde zeigten alle Hunde die gleiche Leistung beim Wiederholen, die Art und Weise, wie sie die Pause verbracht hatten, hatte also keinen Einfluss auf das Erinnerungsvermögen.

Dann wurden die Hunde nach Hause geschickt und nach einer Woche erneut getestet.

Nach einer Woche waren deutliche Unterschiede zu erkennen: Die Hunde der Schlafgruppe konnten sich am besten erinnern, aber auch die Gassigänger und die Spielgruppe zeigten ein deutlich besseres Erinnerungsvermögen als die Hunde, die etwas Neues lernen mussten. Dies deutet darauf hin, dass zu viel Neues im Training den Festigungsprozess behindert.

Pausen vom Lernen und ausreichend Schlaf dagegen, haben einen positiven Effekt auf die Gedächtniskonsolidierung!

Spielen senkt den Stresspegel – jedoch nur, wenn es sich um entspanntes Spiel handelt.

SPIELEN NACH DEM LERNEN?

In den letzten Jahren haben verschiedene Studien gezeigt, welche wichtige Rolle neuroanatomische Strukturen, die Aktivierung von Botenstoffausschüttung und die Kombination verschiedener Neurotransmitter wie Dopamin, Endorphine oder Oxytocin in der Mensch-Hund-Interaktion und beim Lernen spielen können. Besonders emotional aufwühlende Momente führen demnach dazu, dass neuer Lernstoff schnell und sicher im Langzeitgedächtnis abgespeichert werden kann (McGaugh, 2015), und können einen Effekt auf kognitive Leistungen haben. Dabei ist vor allen Dingen das Adrenalin-System in den Fokus der Forschung gerückt: Die moderate Ausschüttung von Dopamin und Stresshormonen kann die Gedächtnisbildung unterstützen und zu einer Verfestigung der Erinnerung von emotionalen Momenten führen. Dieser unterstützende Effekt wurde bei Menschen, nichtmenschlichen Primaten und Ratten bereits nachgewiesen. Techniken zu kennen, die das Lern- und Erinnerungsvermögen verbessern, sind wertvoll für jedes Training, besonders aber für den Bereich der Assistenzhundeausbildung, bei dem Hunde einen hohen Ausbildungsstandard erfüllen müssen. Nadja Affenzeller von der Universität Lincoln hat in diesem Zusammenhang genauer untersucht, welche Aktivitäten hilfreich sein könnten, dass Lernstoff schneller abgespeichert wird (Affenzeller et al., 2017). Dazu brachte sie 16 Labrador Retrievern bei, zwei Gegenstände zu unterscheiden und auf Anforderung jeweils zu apportieren. Nach der Lerneinheit bildete sie zwei Gruppen: Acht Hunde durften 30 Minuten lang mit ihrem Besitzer ausgelassen spielen, die andere Hälfte sollte sich im gleichen Zeitraum ausruhen. **Die Ergebnisse zeigen, dass Spielen nach dem Lernen das Trainingsergebnis verbessern konnte.** Hier waren nach 24 Stunden signifikant weniger Wiederholungen nötig, damit sich die Hunde an das Gelernte erinnern konnten: In der „Spielgruppe" waren 26 Durchgänge, in der „Schlafgruppe" 43 Durchgänge nötig, um sich an das gestern Gelernte wieder zu erinnern!

Parallel maß Affenzeller den Herzschlag und Gehalt an Cortisol im Speichel der Hunde. Der Herzschlag diente als Messwert für emotionale Erregung, er war in der Spielgruppe signifikant erhöht (143 Schläge/Minute : 86 Schläge/Minute). Der Gehalt an Cortisol im Speichel der Hunde unterschied sich nicht während der Trainingseinheit, aber in der „Spielgruppe" gab es nach der Spieleinheit einen signifikanten Abfall der Werte. **Auch dieses Ergebnis kann als Hinweis darauf gewertet werden, wie hilfreich eine fröhliche Spieleinheit nach dem Lernen sein kann, um Hunde nicht nur schlau zu machen, sondern auch noch glücklich und entspannt.**

LERNMETHODEN IM VERGLEICH

Doch wie sollten wir vorgehen, wenn wir Hunden etwas Neues beibringen: Sollten wir Wörter und Gesten oder den Clicker nutzen? Und was ist mit Leckerlis?

SPRACHE ODER GESTEN?

Viele Hundebesitzer nutzen intuitiv Sprache und Gestik, wenn sie ihren Hunden etwas beibringen möchten. Für das Signal „Down"/ „Platz" wird z. B. eine Handbewegung Richtung Boden ausgeführt oder auf den Boden geklopft, während gleichzeitig das Markerwort gesagt wird. Hunde wiederum nutzen ebenfalls beides: Sie unterstreichen ihren mentalen Zustand durch das Nutzen entsprechender Knurr-, Jaul- oder Belltonlagen (siehe S. 137 ff.) und ergänzen diese Informationen, indem sie entsprechende körpersprachliche Signale einsetzen, die sowohl an Artgenossen (intraspezifisch) als auch an Menschen (interspezifisch) gerichtet sein können. Sehr häufig fällt es Hunden jedoch schwer, nur auf menschliche Sprache zu reagieren – sie suchen dann den Blickkontakt, als wenn sie weitere Informationen für die Ansage benötigen würden. Kombiniert man jedoch von Anfang an die Nutzung des Wortes mit einer Handgeste, erfolgt die Reaktion häufig viel schneller. Diese Alltagsbeobachtung hat die italienische Forschergruppe um Anna Scandurra und Biagio D'Aniello der Universität Neapel Federico II dazu veranlasst, das Phänomen genauer zu untersuchen: Sind visuelle Zeichen effektiver im Hundetraining als Wortnutzung oder sollte beides gemeinsam für einen schnellen Trainingserfolg genutzt werden (Scandurra et al., 2017)?
Dazu bat Anna Scandurra 13 Hundebesitzer, unter vier unterschiedlichen Bedingungen ihren Hunden beizubringen, bislang unbekannte Objekte (Federmappe, Holzstück und Plastikflasche) zu apportieren:

1. Nur mit Handzeichen,
2. nur mit Wörtern,
3. mit Handzeichen und Wörtern in Kombination,
4. sich widersprechende Handsignale und Wörter.

In der Vorversuchsphase gab es 24 Testdurchläufe, davon acht, in denen nur verbale Signale gegeben wurden (der Besitzer forderte den Hund auf, eines der beiden Objekte zu bringen), danach acht Versuche mit Handzeichen (der Besitzer zeigte auf eines der beiden Objekte, das gebracht werden sollte). Weitere acht Durchgänge wurden für eine Kombination von gleichzeitigem Zeigen und Ansprechen genutzt.
Hier zeigte sich, dass alle Hunde gleich gut auf Zeigegesten und verbale Ansprache reagierten, wenn sie allein genutzt wurden. Noch schneller lernten die Hunde aber, den richtigen Gegenstand zu apportieren, wenn die Besitzer Wort und Handzeichen beim Training kombinieren durften.
Neun Hunde lernten erfolgreich die Unterscheidung der drei Objekte und wurden dadurch für die „echte" Testphase zugelassen. In diesen jetzt folgenden finalen acht Versuchs-

durchläufen wurde eine Kombination der beiden Hinweise genutzt. Doch dieses Mal widersprachen sich die Zeichen, so wurde z. B. der Hund gebeten, das Holzstück zu holen, der Besitzer zeigte dabei aber zur Federmappe. Hier zeigte sich ein deutlicher Unterschied: 78 Prozent der Hunde (sieben von neun) bevorzugten die Handgeste als Informationsträger und ließen den angesprochenen Gegenstand links liegen. Die beiden anderen Hunde holten entweder das angesprochene oder das angedeutete Objekt nach dem Zufallsprinzip. Doch keiner der Hunde bevorzugte den sprachlichen Hinweis gegenüber der Handgeste. Die Forscher schließen daraus, dass der Einsatz von Sprache im Hundetraining neu betrachtet werden sollte.
Doch wie Studien aus Leipzig mit Rico und den USA mit Chaser sowohl aus dem fMRI gezeigt haben, sind Hunde in der Lage, viele Wörter zu lernen und sensibel auf Sprache und Intonation zu reagieren (siehe S. 160 ff.). Deshalb könnte es angebracht sein, aus diesem Ergebnis keine vorschnellen Schlüsse zu ziehen. Vielleicht zeigt das Resultat auch, dass neue Begriffe für viele Hunde schwieriger zu lernen sind, als Handsignale umzusetzen, und sich die Testhunde deshalb eher auf das Signal in der Kommunikation mit ihrem Menschen verlassen haben, was für sie leichter zu verstehen war. Deutlich wurde jedenfalls, dass eine Kombination von Sprache mit Zeichen die effektivste Methode zu sein scheint, einem Hund ein neues Signalwort beizubringen.

CLICKER ODER SOZIALES LERNEN?

Der Clicker kann ohne Frage ein hilfreiches Gerät sein, um Hunden schnell neue Tricks beizubringen. Kein Wunder, dass er in den letzten Jahren seinen Siegeszug durch viele Hundeschulen angetreten und andere Methoden des Lernens ersetzt hat. Aber wie ist es mit der tatsächlichen Effektivität dieses Trainings – ist es wirklich die bessere Wahl oder kann der „Knackfrosch" auch Zuhause bleiben und mit dem gleichen guten Trainingseffekt nur über Stimme gelobt werden?
Mehrere Studien haben das Clickertraining mit anderen Trainingsmethoden verglichen und konnten keinen schnelleren Trainingserfolg feststellen (Chiandetti et al., 2016; Feng et al., 2017; Feng et al., 2017).
Im direkten Vergleich mit der „Do as I do"-Methode musste sich der Clicker in der Effektivität sogar geschlagen geben. Wenn Hunde erst einmal verstanden haben, dass sie nachmachen sollen, was der Mensch vormacht, dann ist „Do as I do" eine der schnellsten Lehrmethoden für neue Tricks, die bislang bekannt ist (Fugazza und Miklósi, 2015, siehe S. 165). Doch abgesehen von der Effektivität der unterschiedlichen Trainingsmethoden legen die Ergebnisse der hier vorgestellten Studien zur emotionalen Reaktion auf den Besitzer und sein gesprochenes Wort nahe, dass die soziale Bestätigung für den Hund einen besonderen Wert hat. Genau das haben Wissenschaftler verschiedener Universitäten genauer untersucht.

Für viele im Training unverzichtbar: der Clicker.

LOB ODER LECKERLI?

Hunde arbeiten seit Jahrtausenden intensiv mit Menschen auf teilweise sehr hohem Niveau zusammen – bis vor wenigen Jahrzehnten rein aufgrund von sozialer Bestätigung durch den Menschen. Erst in den letzten zwanzig Jahren haben Leckerlis ins Hundetraining Einzug gehalten – sie sorgen dafür, dass Hunde futterbasiert schnell neue Dinge lernen. Aber hat diese Art der Bestätigung für Hunde auch den gleichen Wert wie soziales Lob?
Das wollten Forscher der Emory Universität von Atlanta feststellen und testeten die Hunde im fMRI-Scanner. Auf diese Weise wollten sie erkennen, wann die neurale Reaktion im Belohnungszentrum der Hunde stärker ausfällt: bei der Aussicht auf ein Lob oder Leckerli (Cook et al., 2016). 15 Hunde waren bereits darauf trainiert, bis zu ungefähr 8 Minuten still im fMRI-Scanner liegen zu können (siehe S. 158). Nun sollten sie lernen, verschiedene Objekte mit verschiedenen Belohnungen zu assoziieren. Zum Beispiel erschien 10 Sekunden nach dem Zeigen eines rosa Spielzeuglastwagens der Besitzer des Hundes und lobte ihn überschwänglich mit Worten. Auf das Erscheinen eines blauen Spielzeugpferdes wieder-

Unser soziales Feedback hat für Hunde eine besonders große Wertigkeit.

um folgte immer ein Stück Würstchen, das an einem langen Stab dem Hund zugeführt wurde. Als neutrales Stimuli diente eine Haarbürste, deren Anblick mit keiner Belohnung bedacht wurde. Nachdem die Hunde diese Objekte mit verschiedenen Formen der Belohnung assoziiert hatten, sollten sie still im Scanner liegen und ihnen wurden die Figuren präsentiert. Dabei konzentrierten sich die Forscher besonders auf eine Veränderung der Aktivität in einem älteren Teil des Gehirns, des „*Nucleus Caudatus*", und dort speziell des ventralen Caudatums. Veränderungen der Gehirnströme in diesem Bereich werden vor allen Dingen dann beobachtet, wenn ein Individuum erwartet, dass gleich etwas Angenehmes oder Schönes geschehen wird. Deshalb wird dieser Bereich des Gehirns auch als „Belohnungszentrum" (siehe Kasten rechts) bezeichnet. Je nach Bewertung der Belohnung erwarteten die Forscher um Gregory Berns, dass die Aktivitäten unterschiedlich stark ausfallen würden. Und tatsächlich ließ sich eine Tendenz erkennen: Im Vergleich zur neutralen Situation (Haarbürste), war bei der Aussicht auf Belohnung dieser Teil des Gehirns deutlich aktiver (rosa Auto/blaues Pferd). Das ventrale Caudatum von 13 der 15 Hunde reagierte dabei intensiver auf den Besitzer und sein Lob, nur zwei Individuen zeigten eine klare Präferenz für Futter.

BESITZER ODER WÜRSTCHEN?

Die Forscher ergänzten diesen Versuch im fMRI-Scanner durch einen weiteren Verhaltenstest für die 15 Hunde: Dazu stellten sie einen V-förmigen Zaun auf, an dessen Enden sich jeweils entweder der Besitzer des jeweiligen Hundes setzte oder sich eine Leckerei befand.

Die Ergebnisse deckten sich mit den Gehirnreaktionen der Hunde im Scanner: Die vier Individuen, die schon vorher am intensivsten auf das Lob des Besitzers reagiert hatten, liefen am sichersten zum Besitzer. Die zwei „Futter-Fanatiker" wählten dagegen, ohne zu zögern,

BELOHNUNGSZENTRUM IM GEHIRN

Mit „Belohnung" assoziieren wir Menschen gerne eine dicke Überweisung auf unser Konto für gut gemachte Arbeit und in Bezug auf Hunde die Gabe eines Leckerlis. Allein schon die Aussicht auf die Belohnung sorgt bei uns für eine freudige Erregung, die wir auch beim Hund wahrnehmen können: Seine körperliche Aktivität erhöht sich, er springt herum und unterstreicht diese Aufregung häufig durch Fiepen oder sogar hohes Bellen. Dieser Erregungszustand lässt sich, wie wir schon sehen konnten, durch einen (temperamentabhängigen) Anstieg der neuralen Aktivität im frontalen Teil des Gehirns sichtbar machen. In diesem Bereich liegt das ventrale Caudatum, ein Bereich, der für exekutive Funktionen zuständig ist. Die amerikanischen Wissenschaftler um Gregory Berns konnten sogar dann eine erhöhte neurale Aktivität im ventralen Caudatum nachweisen, wenn es keine Aussicht auf Futterbelohnung gab, sondern nur der Geruch des vertrauten Menschen wahrgenommen wurde (Berns, Brooks und Spivak, 2015).

Gibt es beim Hund eine Bevorzugung für eine Form der Belohnung?

Je nach Reiz werden bei Hunden verschiedene Gehirnregionen aktiviert, so reagiert z. B. beim Anblick des Besitzers eine andere Region als bei der Wahrnehmung seines Geruches. Doch das ventrale Striatum reagiert in Erwartung auf eine Interaktion mit dem Menschen – egal ob es sich dabei um die Leckerligabe oder das soziale Lob handelt. Ein Vergleich der Aktivierungsintensität bei beiden Reizen könnte also Aufschluss darüber geben, welche Form der Belohnung Hunden wichtiger ist. Anders formuliert: Wenn Hunde eine soziale Bindung zu Menschen haben und Interaktionen mehr schätzen als die Aussicht auf Futter, dann sollte diese Freude an der sozialen Belohnung im ventralen Caudatum durch eine stärkere Aktivierung erkennbar sein als in der Erwartung auf Futterbelohnung. Wenn dies so ist, dann müsste auch die Aktivierung des ventralen Caudatums für die Verhaltenswahl zwischen Futter und sozialer Interaktion mit dem Besitzer vorhersagbar sein, was durch den Versuch in Atlanta (siehe links) bestätigt werden konnte.

das Würstchen als primäres Ziel. Die restlichen neun wählten nicht ganz so sicher den Besitzer aus, aber auch hier gab es eine Präferenz für den Menschen. Dieses Ergebnis steht im Einklang mit anderen Studien, die genau die gleiche Tendenz gezeigt haben. Bei der Bewertung dieses Ergebnisses darf unseres Erachtens aber nicht vergessen werden, dass die Art und Weise, wie Menschen mit ihren Hunden von Welpenzeiten an interagieren – also ob sie eher auf soziales Feedback wie Spiel und Zuneigung oder auf Futterlob basierend ihren Hund positiv bestärken –, einen großen Einfluss auf das Ergebnis haben kann.
Um klare Ergebnisse zu bekommen, müsste deshalb unseres Erachtens ergänzend mit Fragebögen zum Trainingsstil gearbeitet werden, um diese und weitere rassebedingte und individuelle Einflüsse erkennen zu können.

AUFBAU VON VERTRAUEN BEI STRASSENHUNDEN

Eine weitere spannende Studie zu dieser Fragestellung kommt aus Kalkutta in Indien (Bhattacharjee et al., 2017) und wurde mit Straßenhunden durchgeführt. In Indien leben Hunde in allen möglichen Habitaten. Sie suchen nach Abfällen auf Müllhalden oder in Mülltonnen, betteln Menschen gezielt nach Futter an, bilden manchmal soziale Beziehungen zu einzelnen Menschen und ziehen ihre Welpen in der Nähe der menschlichen Behausungen auf. Parallel dazu gibt es natürlich viele Konflikte, die nicht selten zu schlechten Erfahrungen mit Menschen bis hin zum Tod der Tiere führen können. Die Fähigkeit, trotzdem den Kontakt zu einem fremden Menschen zuzulassen, könnte ein angepasstes Verhalten sein, das mit Vorteilen für das Leben auf der Straße verbunden ist. Das indische Forscherteam um Debottam Bhattacharjee testete 103 erwachsene Hunde darin, wie sie auf plötzliche und langanhaltende soziale Belohnung (Streicheln, Ansprechen) oder Futtergabe reagieren. Die Hunde wurden dazu in zwei Gruppen aufgeteilt und es wurde beobachtet, welche Maßnahme – soziale Interaktion oder Futtergabe – zu mehr Vertrauen bei den Hunden führte. Den Hunden wurde dabei die Wahl gelassen, ob sie das Futter aus der Hand des Menschen oder vom Boden aufnehmen wollten. Zu Beginn versuchten alle Hunde, jede Form von körperlichem Kontakt zu den unbekannten Menschen zu vermeiden. Eine sofortige soziale Belohnung schien im Vergleich mit Futter für die Vertrauensbildung zunächst nicht effektiver zu sein. Doch die Langzeittests zeigten, dass sich diese Verhaltensantwort mit der Zeit veränderte. Am Ende konnte ein großer Unterschied in der Bewertung des sozialen Kontaktes versus des Futterkontaktes für die Hunde beobachtet werden: **Nur die Hunde, die mit sozialer Reaktion für den Kontakt bestärkt wurden, waren in der Lage, mit der Zeit eine auf Vertrauen basierte Zuneigung zu etablieren, die mit Futter auf diese Weise nicht herzustellen war.** Diese Studie bietet spannende Einsichten in die Dynamiken der Hund-Mensch-Interaktion und damit auch die Möglichkeit, Lernprozesse bei Hunden in einem neuen Licht zu betrachten.
Die Ergebnisse all dieser Studien lassen vermuten, dass die soziale Rückmeldung durch den Menschen für Hunde einen größeren Wert hat als Futtergabe für gut gemachte Taten. Unsere Vorstellung von „Belohnung“ sollten wir also unbedingt von rein materiellen auf soziale Aspekte erweitern – immerhin „freuen“ auch wir uns nicht nur über eine finanzielle Anerkennung für gut gemachte Arbeit, sondern im akuten Moment mehr über anerkennende Worte der Eltern oder des Chefs und vielleicht sogar eine kleine Erfolgsfeier mit Freunden. Auch Hunde können kaum genug davon bekommen, Erfolge zu feiern – indem wir mit ihnen zusammen nach vollbrachter Arbeit Spaß haben. Und das macht ja auch nicht nur viel Freude, sondern wahrscheinlich auch neurophysiologisch für die Gedächtniskonsolidierung viel Sinn, wie die Studie von Nadja Affenzeller zeigen konnte.

PROBLEMLÖSEKOMPETENZ

Hunde haben ein Problem: Sie lassen sich sehr leicht von der Lösung einer Aufgabe ablenken. Schon kleinste soziale Aktionen von Versuchsleitern oder Besitzern können dazu führen, dass Studienergebnisse verfälscht werden. Deshalb verhalten sich Menschen bei Versuchen mit Hunden häufig sehr roboterhaft und vermeiden direkten Blickkontakt – alles nur, um den Hund möglichst überhaupt nicht zu beeinflussen und „reines Hundeverhalten" beobachten zu können. Nur auf diese Weise können wir uns dem nähern, was Wissenschaftler als „Problemlösekompetenz" von Tierarten beschreiben.

HUNDE SUCHEN HILFE, WÖLFE EHER NICHT

Eine Fähigkeit des Hundes hat sich im Zuge der Domestikation entscheidend verändert: Konfrontiert mit einer schwierigen Aufgabe oder Situation, nehmen sie durch einen Blick über die Schulter mit ihrem Menschen Kontakt auf, wahrscheinlich mit dem Ziel, Hilfe zu bekommen (siehe S. 69 ff.). Wölfe zeigen dieses Verhalten meist nicht; sie widmen sich längere Zeit als Hunde dem Versuch, das Problem selbst zu lösen und geben dann oft auf (Gácsi et al., 2009; Miklósi et al., 2003).

Typisch für Hunde und kleine Kinder: das soziale Absichern durch den Blick zurück.

Border Collies sollen die Herde durch Fixieren und Treiben durch die Landschaft führen.

Daraus könnte man schließen, dass es eine genetische Komponente dieser kommunikativen Fähigkeit gibt, die durch Selektion entstanden sein muss. Diese Hypothese wurde durch die Silberfuchsstudien von Brian Hare unterstützt, bei der Füchse, die nach der Charaktereigenschaft „Zahmheit" selektiert worden waren, schnell genauso gut wie Hunde darin waren, auf Zeigegesten des Menschen zu reagieren, und den Blickkontakt häufiger suchten als Kontrollfüchse, die nicht entsprechend selektiert worden waren (Hare et al., 2005, siehe S. 29). Zu diesen domestikationsbedingten Unterschieden kommt noch die Verschiedenheit der Rassen, menschliche kommunikative Signale richtig umsetzen zu können.

Monique Udell von der Oregon State University hat im Human Animal Interaktion Lab diese unterschiedlich gut ausgeprägte Fähigkeit bei drei verschiedenen Rassen näher untersucht (Udell et al., 2014). Sie wählte dazu Hunde aus, die bis heute für den Arbeitseinsatz gezüchtet und verwendet werden (Border Collie, Airedale Terrier, Anatolischer Schäferhund). Das ursprüngliche Beutefangverhalten wurde dabei zum Teil durch Selektion je nach Aufgabengebiet genetisch modifiziert. So soll der Hütehund Border Collie mit den Augen seine „Beute", die Schafe, fixieren und treiben, Herdenschutzhunde wie der ausgewählte Anatolische Schäferhund sollen Schafe nicht als Beute, sondern als Familienmitglieder annehmen und vor Gefahren beschützen. Als Jagdhund mit dem ursprünglichsten Beutefangmechanismus soll der Airedale Terrier Beute verfolgen und fixieren, bis der Jäger vor Ort ist. Monique Udell wollte untersuchen, ob dieser unterschiedliche Selektionsdruck einen Einfluss auf die Fähigkeit der Hunderassen gehabt hat, eine Zeigegeste in einem Objekt-Wahl-Versuch richtig zu interpretieren. Insgesamt wurden 36 Hunde (je 12 der drei verschiedenen Rassen) getestet. Der Ablauf war simpel: Der Versuchsleiter zeigte mit der Hand auf einen Behälter, und wenn der Hund zu diesem Behälter lief, um zu schauen, was es dort Interessantes zu geben schien, wurde die Wahl mit „korrekt" bewertet und der Hund bekam eine Futterbelohnung. Die Ergebnisse haben gezeigt, dass im Vergleich mit den

Herdenschutzhunden besonders Hütehunde weitaus besser in der Lage waren, Signale des Menschen richtig zu interpretieren. Aber auch Airedale Terrier bewältigten in der Mehrheit die Aufgabe korrekt, nur die Herdenschutzhunde reagierten eher zufällig als zielgerichtet. Die Forscher vermuten, dass die Übertreibung des Merkmals „Beobachtung" zu einer Präzisierung des Scharfblicks und schnellen Umsetzung von verhaltensbiologischen Hinweisen geführt haben könnte und deshalb bei Border Collies besonders prägnant vorkommt. Damit konnte zum ersten Mal gezeigt werden, dass rassespezifische Unterschiede verschiedene Komplexität in der Mensch-Hund-Interaktion möglich machen. Allerdings weisen die Wissenschaftler darauf hin, dass Rasseunterschiede durch Erfahrung verwässert werden können. Das Vermögen, Zeichen des Menschen richtig zu deuten, sei eine Kombination aus Genen und Lebenserfahrung.

DOPAMIN-REZEPTOR-GEN

All diese Ergebnisse legen die Vermutung nahe, dass die besonderen, sozialen Fähigkeiten der Hunde durch Selektion während der Domestikation forciert wurden und dadurch auf eine genetische Basis zurückgehen. Sie waren bei manchen Rassen besonders erwünscht und wurden dadurch gezielt gefördert, bei anderen wurde dagegen ein eigenständiges Wesen bevorzugt. Um diese Theorie zu hinterfragen, wurde in einer japanischen Studie der Universitäten Kyoto und Kobe unter Leitung von Yusuke Hori untersucht, ob es einen Zusammenhang zwischen dem sozial-kommunikativen Verhalten von Hunden und einem Polymorphismus des Rezeptor-Gens, das den Neurotransmitter Dopamin kodiert, gibt (Hori et al., 2013). Dazu wurden 55 Hunde mit einer „unlösbaren Aufgabe" konfrontiert: Ein Versuchsleiter zeigte dem Hund sein Lieblingsleckerli, das sich in einer Box befand. Anschließend durfte der Hund das Fressen aus der Box holen. Dann wurde auf die Box lose ein Deckel gelegt, der vom Hund zur Seite geschoben werden musste, damit er an das Fressen kam. Nach ein paar weiteren Durchläufen wurde der Versuch erneut verändert: jetzt wurde der Deckel festgedrückt, sodass der Hund ihn nicht mehr ohne menschliche Hilfe entfernen konnte. Hier wurde genau gefilmt und analysiert, wie lange die Hunde versuchten, das Problem allein zu lösen, wie oft sie zum Menschen blickten und wie lange dieses Ansehen dauerte. Anschließend wurde aufgrund von Haar- und Blutproben das Genmaterial auf drei Genorten (exon1, exon3, intron2) für das Dopamin-Rezeptor-Gen (DRD4) analysiert und die Ergebnisse mit den Versuchsresultaten abgeglichen. Die japanischen Genetiker entdeckten, dass der Genotyp DRD4 intron2 signifikant mit dem Blickkontaktverhalten von Hunden verbunden werden konnte. Hunde, die ein kürzeres Allel hatten, schauten schneller, länger und häufiger zu ihrem Besitzer als Hunde, die ein längeres Allel hatten. Die Ergebnisse legen nahe, dass ein Polymorphismus des DRD4 intron2 die sozialen Fähigkeiten wie Kommunikation und Kognition von Hunden beeinflussen.

ALTER UND GESCHLECHT

Auch das Alter des Hundes und sein Geschlecht beeinflussten das Blickkontaktverhalten: Hündinnen schauten häufiger als Rüden zu ihren Besitzern, und mit steigendem Alter gaben die Hunde schneller auf und suchten den Blickkontakt zum Menschen häufiger und länger. Dieses Ergebnis deckt sich mit den Resultaten anderer Studien und wird von den Forschern als „Effekt von Lebenserfahrung" erklärt: Ältere Hunde haben schon häufig die Erfahrung gemacht, dass Menschen sie in schwierigen Situationen unterstützen können und suchen deshalb schneller und gezielt Hilfe bei uns (siehe S. 178). Andere Studien hatten gezeigt, dass

Hunde mit einem kürzeren Allel weniger freundlich zu Fremden waren. Daraus könnte man schließen, dass diese Hunde vorhersagbar eine Tendenz haben, „reserviert" gegenüber Fremden zu sein und abhängiger von ihren Besitzern. Diese Vermutung muss durch zusätzliche Verhaltenstests und Fragebögen bestätigt werden. Der Einfluss von Rasseeigenschaften konnte hier noch nicht analysiert werden, da es zu wenige Vertreter der einzelnen Rassen gab. Die Vermutung liegt aber nahe, dass es hier Zusammenhänge geben könnte.

AUSWIRKUNG AUF DIE PERSÖNLICHKEIT

Dieses Themas hat sich eine Gruppe von Forschern aus Budapest genauer angenommen. Sie untersuchten in zwei Studien zuerst den Polymorphismus des Dopamin-Rezeptor-Gens bei Deutschen Schäferhunden (Hejjas et al., 2007) und dann bei Sibirischen Huskys (Wan et al., 2013). Für beide Gruppen konnte ein deutlicher Zusammenhang für die Persönlichkeitseigenschaften Unaufmerksamkeit, Aktivität und Impulsivität gefunden werden. Wieder wurde deutlich, dass längere Allele des Dopamin-Rezeptor-Gens mit ruhigem Auftreten des Rassevertreters und kürzere Allele des Dopamin-Rezeptor-Gens mit erhöhten Aktivitätsleveln und Symptomen von ADHD verbunden waren. **Seit einigen Jahren wird vermutet, dass es einen Zusammenhang zwischen dem Aufmerksamkeits-Hyperaktivitäts-Syndrom (ADHD = Attention Defizit Hyperaktivity Disorder) und einem Polymorphismus des Dopamin-Rezeptor-Gens (DRD4) geben könnte.** Eine ähnliche Vielgestaltigkeit in der Sequenzierung und Länge des DRD4 konnte bereits für Menschen, Pferde und Schimpansen nachgewiesen werden. Bei den genetischen Untersuchungen der Sibirischen Huskys sollte überprüft werden, ob sich die Ergebnisse, die in der Studie mit Deutschen Schäferhunden gewonnen werden konnten, auch auf andere Rassen übertragen lassen. Untersucht wurden die Gene von insgesamt 145 Sibirischen Huskys aus Europa und Nordamerika, die aktiv im Rennsport eingesetzt wurden. Sibirische Huskys unterscheiden sich genetisch in vielen Punkten von anderen Hunden, auch von Deutschen Schäferhunden. Die Genetiker konnten bei diesen Schlittenhunden ganze sieben Arten von DRD4 finden, die sich in ihrer Länge unterschieden, das waren zwei bis fünf Variationen mehr als bislang bei anderen Rassen gefunden werden konnten. Darunter war das längste bisher gefundene Allel, das vorher ausschließlich von genetischen Analysen bei Wölfen bekannt war. Auch hier konnten wieder kürzere Varianten der Allele von DRD4 in Verbindung mit Impulsivität, Aktivität und Unaufmerksamkeit gebracht werden. Damit konnte erneut ein genetischer Nachweis eines möglichen Zusammenhanges zwischen ADHD und Polymorphismus des Dopamin-Rezeptor-Gens erbracht werden. Die Vielgestaltigkeit des DRD4 könnte ein wichtiges Markergen sein, um in künftigen Studien die genetischen Hintergründe sozialer Kognition und sozialen Verhaltens bei Hunden zu untersuchen.

LEBENSERFAHRUNG

Doch wie clever sich ein Hund dabei anstellt, mit Menschen zu kommunizieren, ein Problem allein zu lösen oder sich Hilfe bei der Lösung einer Aufgabe zu holen, ist nicht nur eine Frage der Rasse und Allelvariationen von DRD4, sondern vermutlich auch von Lebenserfahrung und Lebensbedingung. Das italienische Forscherduo Anna Scandurra und Biagio D'Aniello der Universität Neapel Federicco II wollte untersuchen, ob Labrador Retriever aus einer Zuchtstätte die gleichen Talente an den Tag legten wie Rassevertreter, die bei Menschen in einem Haus lebten. Außerdem wollten Biagio D'Aniello und Anna Scandurra prüfen, ob Zuchthunde eine Präferenz für ihren Betreuer gegenüber einem Fremden zeigen, wenn es darum geht, Hilfe für eine unlösbare Aufgabe zu holen (D'Aniello und Scandurra, 2016). Dazu konfrontierten sie neun Labradore aus einer Zuchtstätte und zehn, die als Familienhunde lebten, mit der gleichen Situation: Zuerst konnten sie sich in drei Versuchsdurchgängen sehr leicht Futter aus einer Dose selbst holen. Im zweiten Versuchsdurchlauf war dies dann plötzlich unmöglich, da der Deckel auf der Dose fest zugedrückt worden war. Egal, welcher Gruppe die Labradore angehörten, sie alle verbrachten gleich lang mit dem Versuch, eigenständig an das Futter zu kommen. Doch danach gab es einen Unterschied: Die „Zuchtstätten-Labradore" schauten später und kürzer zum Menschen als die Familienhunde. Es gab in beiden Gruppen keine Präferenz in der Blickkontaktsuche für vertraute Menschen versus Fremder. Die Ergebnisse zeigen, dass Hunde, die mit weniger Interaktion zum Menschen leben, auch weniger den Kontakt zum Menschen bei einem für sie unlösbaren Problem suchen.

UNTERSCHIEDE INNERHALB EINER RASSE

Auch ein Team um den schwedischen Genetiker Peter Jensen hat eine Studie veröffentlicht, die untersucht, welche Fähigkeiten Hunde entwickelt haben, um die Aufmerksamkeit von Menschen zu erhalten, wenn sie sich mit einem für sie unlösbaren Problem konfrontiert sehen (Persson et al., 2015). Doch in ihrer Versuchsreihe interessierten sie sich nicht für die Unterschiede zwischen Rassen, sondern für die Unterschiede innerhalb einer Rasse und die genetischen Grundlagen dieser Unterschiede. Genau wie die anderen Wissenschaftler, wählten die Forscher der Arbeitsgruppe zur Verhaltensgenetik und Physiologie von der Universität Linköping dazu den „Unlösbare-Aufgabe-Verhaltenstest". Insgesamt nahmen 437 Labor-Beagles (196 Rüden und 241 Hündinnen mit einem mittleren Alter von 1,3 Jahren) an der Versuchsreihe teil.

Bei Sibirischen Huskys konnte eine besonders große Varianz des Dopamin-Rezeptor-Gens gefunden werden.

Für die Forscher war es wichtig, Umwelteinflüsse auszuschließen, deshalb stellten Labor-Beagle die ideale Testgruppe dar, denn sie lebten allesamt unter gleichen Bedingungen mit vergleichbar viel Interaktionsmöglichkeit mit Menschen. Die Hunde kamen in einen Raum, an dessen Ende der Apparat aufgebaut worden war: Auf dem Boden liegend waren in eine Plastikschiene drei kleine „Näpfe" eingelassen, die jeweils mit durchsichtigen Plastikdeckeln abgedeckt worden waren. Zwei der Plastikdeckel ließen sich leicht zur Seite schieben, doch der dritte war so fixiert, dass der Beagle ihn nicht bewegen konnte. Es wurde gemessen, wie oft und auf welche Weise ein Beagle sich hilfesuchend an den Menschen gewandt hat. Die Ergebnisse zeigen, dass es innerhalb einer Hundepopulation vor allen Dingen geschlechtstypische Unterschiede im Kontaktverhalten gibt: Hündinnen suchten mehr physischen Kontakt als auch Augenkontakt zum Menschen als Rüden. Aber auch das Alter spielte eine Rolle: Ältere Hunde verfügten anscheinend über mehr Lebenserfahrung und sahen sich deshalb früher und häufiger hilfesuchend zum Menschen um.

Diese Ergebnisse zeigen, dass es innerhalb einer Hundepopulation eine genetische Grundlage für soziales Verhalten gegenüber Menschen zu geben scheint. Gleichzeitig zeigt die Studie, dass sich soziale Fähigkeiten durch Erfahrung im Laufe des Lebens verbessern können.

DOMESTIKATION, SOZIALISATION UND DURCHHALTEVERMÖGEN

An diese Erkenntnisse knüpfen zwei weitere, relativ aktuelle Studien an. Im Jahr 2016 testete ein Team aus Österreich jeweils 13 Familienhunde, 11 Straßenhunde aus Indien und 15 handaufgezogene Wölfe im Vergleich sowie eine Gruppe von insgesamt 14 Hunden, die unter vergleichbaren Bedingungen wie die Wölfe des Wolf Science Center aufgezogen worden waren und genau wie die Wölfe in einer Gruppe im Gehege lebten (Marshall-Pescini et al., 2017). Alle diese Tiere wurden jeweils vor die klassische unlösbare Aufgabe gestellt (ein Deckel lässt sich nicht öffnen, um an Futter zu kommen), und es wurde geschaut, wie gut sie in der Lage waren, nach Hilfe beim Menschen zu suchen. Das Kontaktsuchen wurde wie schon in vorherigen Studien bei Hunden öfter beobachtet als bei mit Menschen sozialisierten Wölfen. Gleichzeitig zeigten Wölfe grundsätzlich mehr Beharrlichkeit beim Versuch, selbst auf die Lösung der Aufgabe zu kommen. Deshalb erwarteten die Forscher eine Bestätigung der älteren Ergebnisse. Doch die Erfahrung im Umgang mit Menschen war bei den verschiedenen Hundegruppen sehr unterschiedlich, und die Wissenschaftler interessierte durch den Vergleich, ob dieser verschiedene Grad an Sozialisation einen Einfluss auf die Fähigkeit zur Kontaktsuche hat. Wie zu erwarten, waren die 15 Wölfe des Wolf Science Center Ernstbrunn von allen Gruppen die Tiere mit der größten Beharrlichkeit. Diese Eigenschaft schien aber nicht nur eine Frage der Spezies, sondern auch eine Charakterfrage zu sein: Auch bei Wölfen gab es Exemplare, die weniger ausdauernd waren als andere und schneller und länger zurückblickten als ihre Artgenossen.
Besonders auffällig war in der Studie die Untersuchungsgruppe der Streuner. Sie lebten auf der Straße von den Essensresten der Bevölkerung, waren zwar aufgeschlossen und freundlich im Wesen, aber ohne festen Bezug zu bestimmten Menschen aufgewachsen. Sie wurden direkt auf der Straße getestet, und obwohl sie mit vergleichsweise wenig menschlicher Kommunikation aufgewachsen waren, zeigten sie bei der Problemlösung eine ähnlich intensive Kontaktsuche wie die Familienhunde.

Die Studien unterstreichen damit die grundsätzlichen Differenzen zwischen Wölfen und Hunden, unabhängig von der Art der Sozialisation, machen aber auch die individuellen Unterscheide deutlich, die sich bei Wölfen finden lassen.

Durch Blickkontaktaufnahme erhoffen sich Hunde oft Hilfe bei der Lösung eines Problems.

Eine Gemeinschaftsarbeit der Universitäten Oregon und Kalkutta unter Leitung von Laura Brubaker hat genau diesen Einfluss von Lebenserfahrung und Lebensstil ebenfalls mit in den Blick genommen und „Sofahunde" aus den USA gegen Straßenhunde aus Indien und mit Menschen sozialisierte Wölfe antreten lassen (Brubaker et al., 2017). Auch diese Ergebnisse zeigen, dass Wölfe das längste Durchhaltevermögen bei der Aufgabenstellung bewiesen und die Straßenhunde die geringste Zeitspanne mit dem Versuch einer Lösungsfindung verbrachten. Hier schauten die Streuner während des Versuchs sogar am längsten zum Menschen. Dies zeigt, dass sogar Hunde, die auf der Straße leben und für das eigene Überleben sorgen müssen, eine vergleichsweise geringe Motivation zeigen, eine lösbare Aufgabe ohne Hilfe des Menschen zu bewältigen und sogar besonders intensiv den Blickkontakt suchen und damit auf Hilfe bei der Lösung der Aufgabe hoffen.

WIE HUNDE SICH MITTEILEN

Es ist ein heißer Sommertag, ich (Kate) sitze im Schatten und arbeite. Mein Hund „Knox" langweilt sich und versucht, Blickkontakt zu mir aufzubauen. Als ich nicht darauf eingehe, stromert er durch den Garten und sucht nach irgendeinem Objekt, das er nutzen könnte, um meine Aufmerksamkeit zu erregen und mich mit seiner Lust zu spielen zu infizieren. Schließlich findet er einen alten Plastiktopf und fängt an, übertrieben mit ihm zu spielen, wirft ihn hoch in die Luft und guckt dann auffordernd abwechselnd zu mir und wieder zum Topf. Jeder Hundebesitzer hat so eine kreative Idee seines Hundes schon erlebt, doch stimmt meine Interpretation? Versucht Knox tatsächlich, meine Aufmerksamkeit auf das Objekt zu lenken, um mir damit gezielt mitzuteilen, was er sich wünscht (dass ich eine wilde Verfolgungsjagd um den „tollen Topf" starte)?

Blickkontakt und Gesten sollen unsere Aufmerksamkeit erregen, es sind „Referential Signals".

REFERENTIAL SIGNALS

Verhaltensforscher nennen diese Gesten von nichtmenschlichen Tieren, über Blickkontakt und Handlungen eine Tat von uns zu erwirken oder uns mitzuteilen, was sie gerne machen würden, „Referential Signals (RS)", das heißt übersetzt ungefähr „verweisendes Signal" (siehe Info). Da Hunde nicht sprechen können, müssen sie sich entsprechende Gesten überlegen, die unsere Aufmerksamkeit erregen könnten. Innerhalb einer Spezies kommen RS eher selten vor, sie wurden bislang besonders bei großen Menschenaffen, uns inklusive, manchen Vogelarten und Fischen beobachtet. Noch seltener findet man RS zwischen verschiedenen Spezies, doch im Alltag mit Hund und Mensch werden sie immer wieder in großer Vielzahl beschrieben. Juliane Kaminski von der Universität Portsmouth/England und Marie Nitzschner vom Max-Planck-Institut für Evolutionäre Anthropologie in Leipzig formulierten bereists 2013 in einer Übersicht über den aktuellen Forschungsstand zur Kommunikationsfähigkeit der Hunde die Annahme, dass Hunde hier einen hohen Grad der Spezialisierung erreicht haben (Kaminski und Nitzschner, 2013). Wenn manche Hunde also die Leine holen, wenn sie hinausgehen möchten, oder in ihrem leeren Wassernapf kratzen, weil sie Durst haben, dann ist das nicht nur lustig oder rührend anzusehen, sondern zeigt uns, dass Kommunikation zwischen Hund und Mensch nicht nur einseitig, sondern von beiden Richtungen aus erfolgt. Doch wie kann man solch ein variationsreiches Alltagsverhalten wissenschaftlich untersuchen und dadurch belegen?

Citizen Science

Zwei britische Forscher der Salford Universität bei Manchester haben sich jetzt der Thematik angenommen und dabei auf die Methode „Citizen Science" (übersetzt „Bürgerwissenschaft") gesetzt. Dazu baten Hannah Worsley und Sean O'Hara die Besitzer von 37 Hunden (16 Hündinnen und 21 Rüden im Alter von 1,5 – 15 Jahren), alltägliche Aktionen der Hunde zu filmen, z. B. Sitzen an der Tür (damit sie geöffnet wird), Betteln am Tisch oder Nähesuchen, um gekrault zu werden. Nach der Datensammlung wurden die insgesamt 242 eingereichten Filme analysiert und es konnten insgesamt 47 RS gefunden werden. Fast 50 Signale ist eine ganze Menge, die Studie ist damit wahrscheinlich die erste, die zeigt, welche Vielzahl an RS Hunde nutzen, um sich uns mitzuteilen.
In die engere Auswahl der Studie schafften es dann die 19 Gesten, die den potenziell vom Hund angestrebten Effekt am häufigsten beim Menschen erzielen konnten. Unter diesen RS, die von den Hunden am meisten und erfolgreichsten genutzt wurden, waren z. B. „Kraul mich", „Gib mir Fressen/Trinken", „Öffne die Tür" und „Hol mein Spielzeug" (Worsley und O'Hara, 2018).
Am häufigsten war dabei der Blickwechsel zu sehen, dazu wird der Kopf zwischen Objekt und Besitzer hin und hergewendet, um Blickkontakt aufzubauen. Die Videoaufnahmen offenbarten auch: Reagierte der Mensch nicht wie gewünscht, präsentierten die Hunde im Video häufig gleich mehrere Signale, um ihr Ziel zu erreichen. So fingen sie z. B. mit Blickwechsel an, um dann zum Anstupsen mit der Pfote oder sogar Bellen überzugehen, damit der Mensch endlich verstand, was gewollt war. Dieser Signalreichtum in den Videos könnte natürlich auch dadurch entstanden sein, dass die Reaktion der Besitzer durch das Filmen in der Situation zeitverzögert aufgetreten ist, was die Hunde zu noch mehr Erfindungsgeist in der Variation der Signale angespornt haben könnte. Andersherum zeigt es, wie flexibel Hunde in der Lage zu sein scheinen, kommunikative Signale einzusetzen, um ihrem Anliegen Nachdruck zu verleihen. Mit diesem beeindruckenden Ergebnis liefert die Studie den Nachweis, dass Hunde diverse Signale situativ passend nutzen, um mit uns zu kommunizieren, und wir auf diese Signale so reagieren, dass die Hunde ihre Ziele erreichen können.

REFERENTIAL SIGNALS (RS)

Verweisende Gesten oder Signale sollen die Aufmerksamkeit eines anderen Lebewesens auf ein spezielles Objekt, ein anderes Individuum oder ein Ereignis lenken und sie meistens zu einer Handlung motivieren. RS werden deshalb nicht aus Versehen, sondern mit einer Absicht gezielt eingesetzt. Laut Worsley und O'Hara (2018) muss ein RF fünf Merkmale erfüllen:

1. Das Signal muss sich gegen ein bestimmtes Objekt oder den Körper des Kommunikationspartners ausrichten.
2. Es ist eine mechanisch ineffektive Bewegung.
3. Es richtet sich an einen möglichen Empfänger.
4. Das RF bewirkt eine freiwillige Reaktion des Empfängers.
5. Es muss erkennbar sein, was die Intention des Senders des RF ist.

Das wichtigste RS ist der Blickwechsel, er wird nicht nur von großen Menschenaffen wie Orang Utans, Gorillas oder Schimpansen, sondern auch von Kleinkindern viel genutzt, bevor sie mit dem Sprechen anfangen. Dass Blickwechsel auch von Hunden in verschiedenen Situationen eingesetzt wird, lässt vermuten, dass Hunde diese Kommunikationsform im Zuge der Domestikationsgeschichte spezifiziert haben, um sich uns mitteilen zu können.

STABILE BINDUNG UND HORMONE

Bei Kindern wissen wir, dass sie in Gegenwart ihrer Eltern nicht nur neue Umgebungen aktiver erkunden und ausgelassener spielen, sondern sogar durch die Gegenwart der bevorzugten Bindungsperson besser darin sind, eine knifflige Aufgabe zu lösen. Psychologen und Verhaltensforscher bezeichnen diesen Effekt als „Sichere-Basis-Effekt", der dazu führt, dass das soziale Wesen Mensch seine Welt erkunden und erforschen kann (siehe z. B. S. 70). Doch wie ist es mit unseren Hunden? Sorgt auch hier eine gute Bindung für ein besseres Management neuer, ungewohnter Situationen und die effektive Lösung von Problemen? Wie wir in verschiedenen Studien bereits sehen konnten, scheint die Gegenwart des Besitzers in stressigen Situationen (sogenannte „Strange Situation Tests") eine beruhigende Wirkung zu haben, die sogar über längere Zeiträume andauern kann (siehe z. B. S. 49). In einer Studie aus dem Jahr 2013 haben Verhaltensforscher aus Wien untersucht, ob die Anwesenheit des Besitzers nicht nur beruhigend ist, sondern auch für die erfolgreiche Lösung einer Aufgabe hilfreich sein könnte (Horn et al., 2013). Dazu führten sie im Rahmen des „Family Dog Research Program" an der Eötvös Loránd Universität in Budapest Versuche mit 22 Familienhunden und ihren Haltern durch. Das Team aus Wien, bestehend aus Lisa Horn, Ludwig Huber und Friederike Range konfrontierte dabei die Hunde mit einem Futterautomaten in drei Situationen, in denen jeweils niemand, der Besitzer oder eine fremde Person anwesend waren. Durch Betätigung mit der Pfote gab der Apparat Futter frei. Der Fremde und der Hundehalter sollten sich in den Testdurchläufen auf zwei verschiedene Weisen dem Hund gegenüber verhalten, und zwar einmal „still" und einmal „ermutigend". Die Forscher konnten beobachten, dass die Dauer der Manipulation des Apparates durch den Hund länger andauerte, wenn der Besitzer präsent war, unabhängig davon, ob er sich „still" oder „ermutigend" verhielt. Die Gegenwart einer unbekannten Person konnte dagegen nicht die Motivation zur Manipulation des Apparates erhöhen, auch nicht, wenn sie sich ermutigend verhielt. Daraus leiten die Forscher ab, dass die Gegenwart des Besitzers einen ähnlichen „Sichere-Basis-Effekt" bei Hunden wie bei Kindern haben könnte. Dies könnte daran liegen, dass Hunde, ähnlich wie Kinder an ihre Eltern, zu ihren Besitzern eine vergleichbare Bindung haben (siehe S. 61) und dadurch seine oder ihre Anwesenheit ihnen in stressigen Situationen Sicherheitsgefühle schenkt und dadurch ermöglicht, eine fremde Umgebung zu erkunden oder, wie in diesem Versuch, eine Aufgabe effektiver und über einen längeren Zeitraum konzentrierter zu lösen.

EINFLUSS VON OXYTOCIN

Dieses Testergebnis konnte jetzt durch eine weitere Studie unterstützt werden (Oliva et al., 2015). Australische Forscher um Jessica Oliva von der Monash University in Melbourne sprühten das Wohlfühl- und Bindungshormon Oxytocin in Richtung der Hundenasen und ließen die so behandelten Hunde gegen eine Vergleichsgruppe antreten, die mit einer salzhaltigen Lösung die gleiche Aufgabe bewältigen sollte. 62 Hunde (31 Rüden und 31 Hündinnen) nahmen an zwei Testsitzungen teil, die 5 – 15 Tage auseinanderlagen. Jeweils 45 Minuten vor Testbeginn wurden die Tiere mit Oxytocin oder der Salzlösung besprüht, dann wurde den Hunden vom Versuchsleiter entweder mit Hilfe einer Zeigegeste oder durch Ansehen („gazing") Hinweise gegeben, wo Futter versteckt sein könnte. Dabei wurde deutlich, dass die Hunde mit Oxytocin im Blut besser in der Lage waren, die Hinweise des Menschen schneller und besser umzusetzen als mit dem Placebomittel. Das Oxytocin hatte dabei sogar Langzeiteffekt, denn nach der Pause von mehreren

Tagen erzielte die Oxytocingruppe immer noch höhere Werte in der richtigen Interpretation der Zeigegeste. Auch das Team um Teresa Romero konnte in seinen Studien zeigen, dass das Besprühen des Hundes in der Nasengegend mit dem Bindungshormon Oxytocin dazu führt, dass Hunde mehr Erkundungsfreude zeigen und ihre Besitzer und andere Artgenossen vermehrt zum Spiel aufgefordert haben (Romero et al., 2014, 2015; siehe S. 76). Oxytocin scheint also nicht nur mit einer erhöhten Anhänglichkeit in direktem Zusammenhang zu stehen, sondern auch mit einer Form von sozialer Aufgeschlossenheit, wie sie vor allen Dingen junge Tiere kennen.

Korrelation von Hormonen

Eine ganz aktuelle US-Studie der Universität Indiana aus Bloomington hat hier noch einmal genau hingeschaut und versucht, zu ergründen, ob es eine Korrelation von Hormonen (Cortisol- und Oxytocinkonzentration im Blut) und der Aufgeschlossenheit und Spielfreude in ungewohnter Testsituation geben könnte (Rossi et al., 2018). Hier wurden insgesamt 14 Labradore und Labradormischlinge ohne ihren Besitzer von einem fremden Menschen einzeln in einen unbekannten Raum gebracht, in dem sich ein weiterer Fremder befand, der still in einer Ecke saß. Beide Versuchsteilnehmer wurden dazu aufgefordert, sich neutral zu verhalten und nicht mit dem Hund zu interagieren. Das Verhalten des Hundes wurde aus verschiedenen Perspektiven gefilmt und anschließend genau analysiert. Dabei wurden besonders Verhaltensweisen beachtet, die als Spielaufforderung (Vorderkörpertiefstellung, Hochspringen mit beiden Vorderbeinen gleichzeitig, übertriebenes Verhalten gegenüber Mensch, Hoppeln, Pfotenauflegen) oder Erkundungsverhalten (Herumlaufen, Schnuppern, Umsehen im Raum) zu kategorisieren waren, oder ob sich der Hund hinsetzte oder hinlegte und keine Aktion

Zwischen Spielfreude und Oxytocingehalt im Blut scheint es einen direkten Zusammenhang zu geben.

zeigte. Auch die Dauer der jeweiligen Aktionen wurde genau festgehalten, gleichzeitig wurden Parameter wie Alter und Geschlecht des Hundes erfasst.

Anschließend wurden den Hunden Blutproben entnommen, um die Hormonkonzentrationen zu messen und mit dem gezeigten Verhalten abgleichen zu können. Auch wenn die Stichprobe vergleichsweise klein und das Geschlechterverhältnis nicht optimal war (10 Rüden : 4 Hündinnen), wurde trotzdem erkennbar, dass es einen Zusammenhang zwischen Verhalten und Hormonausschüttung geben könnte: je weniger Anteil am Stresshormon Cortisol die Hunde im Blut hatten, desto länger wurde von ihnen der Raum erkundet, und sie zeigten mehr Spielaufforderung gegenüber den fremden Personen. Die Wissenschaftlerin Alejandra Rossi und ihr Team bezeichnen diese Beziehung zwischen Verhalten und Hormonen als eine „physiologische Signatur für Offenheit".

In Anbetracht des durch Studien immer wieder erfassten Umstandes, dass besonders junge soziale Lebewesen sich spielerisch Wissen über ihre Umwelt, ihre Beziehungspartner und ihre eigenen Fähigkeiten aneignen und damit ihr individuelles Verhalten optimieren, sollte Oxytocin und der Zusammenhang zur Spielfreude dringend weiter untersucht werden. Nur so können wir verstehen, wie Lernen optimal gestaltet werden kann. Besonders wichtig sind diese Erkenntnisse, weil die Spezies „Hund" diese Aufgeschlossenheit länger zeigt als andere soziale Lebewesen und auf diese Weise eine Lernfreude beibehält, die ihnen dabei hilft, sich an neue Situationen immer wieder anzupassen.

EINFÜHLSAM SPIELEN UND LERNEN

Eine Budapester Studie hat jedoch gezeigt, dass nicht Spielen an sich, sondern die Art des Spielens entscheidend ist, ob Hunde sich auch tatsächlich wohl fühlen und das Spiel dadurch einen stressreduzierenden Effekt entfalten kann (Horváth et al., 2008). Spielten die Menschen einfühlsam und abwechslungsreich mit ihren Hunden, sank der Gehalt an Cortisol, zeigten die Diensthundeführer hingegen ein Spiel, in dem sie ihre Hunde immer wieder disziplinierten und kontrollierten, dann stieg der Gehalt an Cortisol sogar noch an. Emily Blackwell konnte in ihrer Studie zeigen, dass auch die Art des Trainings einen Effekt auf das Verhalten des Hundes im Alltag hat: In einem Fragebogen ermittelte sie die Hundeschulbesuche der Menschen und glich diesen mit den Angaben zum Alltagsverhalten der Hunde ab. Dabei wurde deutlich, dass der Besuch formaler Trainingsstunden keine positive Auswirkung auf das Verhalten hatte, wohl aber der Besuch von Welpenspielgruppen, in denen die jungen Tiere spielerisch ihre eigenen Stärken und Schwächen, die ihres Gegenübers und soziale Regeln selbst erwerben durften. Diese Hunde waren später weniger anfällig für problematisches Verhalten mit Artgenossen (Blackwell et al., 2008).

Neurobiologische Studien scheinen die Wichtigkeit des sozialen Austauschs im Jugendstadium zu unterstreichen: Der Neurobiologe Jaak Panksepp hat sich auf die neurologischen Auswirkungen von Raufspielen konzentriert und konnte feststellen, dass ausgelassenes und körperliches Sozialspiel anscheinend die Reifung von Gehirnbereichen fördert, die für fein abgestimmtes Sozialverhalten und eine erhöhte Problemlösekompetenz zuständig sind (Panksepp und Scott, 2012). Diese Erkenntnisse sollten wir für die optimale Entwicklung unserer Junghunde im ersten Jahr beherzigen, indem uns weniger das erfolgreiche Vorführen von Sitz, Platz und Bei Fuß wichtig ist, als vielmehr das Aufziehen verträglicher, ausgeglichener Hunde. Dazu gehört ausgelassenes Sozialspiel mit vertrauten gleichaltrigen und älteren Artgenossen, das den Hund zum sozial flexiblen, aufgeschlossenen Hund werden lassen kann (siehe auch S. 133).

ZEITEMPFINDEN UND SELBSTKENNTNIS

EIN GEFÜHL FÜR DIE ZEIT

Haben Sie auch manchmal das Gefühl, es sei ganz egal, wie lange Sie Ihren Hund allein lassen – er begrüßt Sie genauso leidenschaftlich nach dem Müll-Hinausbringen wie wenn Sie nach vier Stunden Shoppingtour zurückkommen? Das stimmt so nicht, meinen zumindest die schwedischen Forscherinnen Theresa Rehn und Linda Keeling. Sie glauben entdeckt zu haben, dass die Dauer der Abwesenheit für Hunde sehr wohl einen Unterschied macht (Rehn und Keeling, 2011). Dazu wählten die Wissenschaftlerinnen 12 Hunde aus, die keine Trennungsproblematik kannten, und filmten das Verhalten, das diese Hunde zeigten, während sie allein waren, und ihr Begrüßungszeremoniell, nachdem sie von ihren Besitzern für 30 Minuten, zwei Stunden und vier Stunden allein gelassen wurden. Parallel maßen sie über einen Bauchgurt die Herzschlagrate und die Herzschlagvariation. Dabei wurde deutlich, dass die Zeit zwischen zwei und vier Stunden zu einer höheren Begrüßungsintensität führte und die Hunde sich aktiver und anhänglicher verhielten, als wenn sie nur 30 Minuten für sich allein ausharren mussten. Die Zeiträume zwischen zwei und vier Stunden machten aber keinen Unterschied mehr aus. Anscheinend scheint diese Trennungszeit für Hunde einen deutlichen Unterschied zu einer Abwesenheitsdauer von nur einer halben Stunde zu machen.

Aber verfügen sie auch über Zeitempfinden, das ihnen mitteilt, ob sie nur kurz oder lange allein bleiben mussten und wann wir wiederkommen werden? Es gibt bis heute leider keine exakten wissenschaftlichen Studien zu diesem spannenden Thema. Aber viele Verhaltensforscher wie die US-Amerikanerin Alexandra Horowitz vom Barnard College in New York sind sich sicher, dass Hunde über diese Fähigkeit verfügen (Horowitz, 2017). Allerdings nicht, weil ihnen in der Welpenschule erklärt wurde, was der Stand der Zeiger auf der Küchenuhr ihnen verraten könnte, sondern weil sie über die Fähigkeit verfügen, Zeit zu „riechen“. Auch wir Menschen können das – auf einem sehr rudimentären Level.

Hunde scheinen zu wissen, ob wir sehr lange oder nur kurz weg waren.

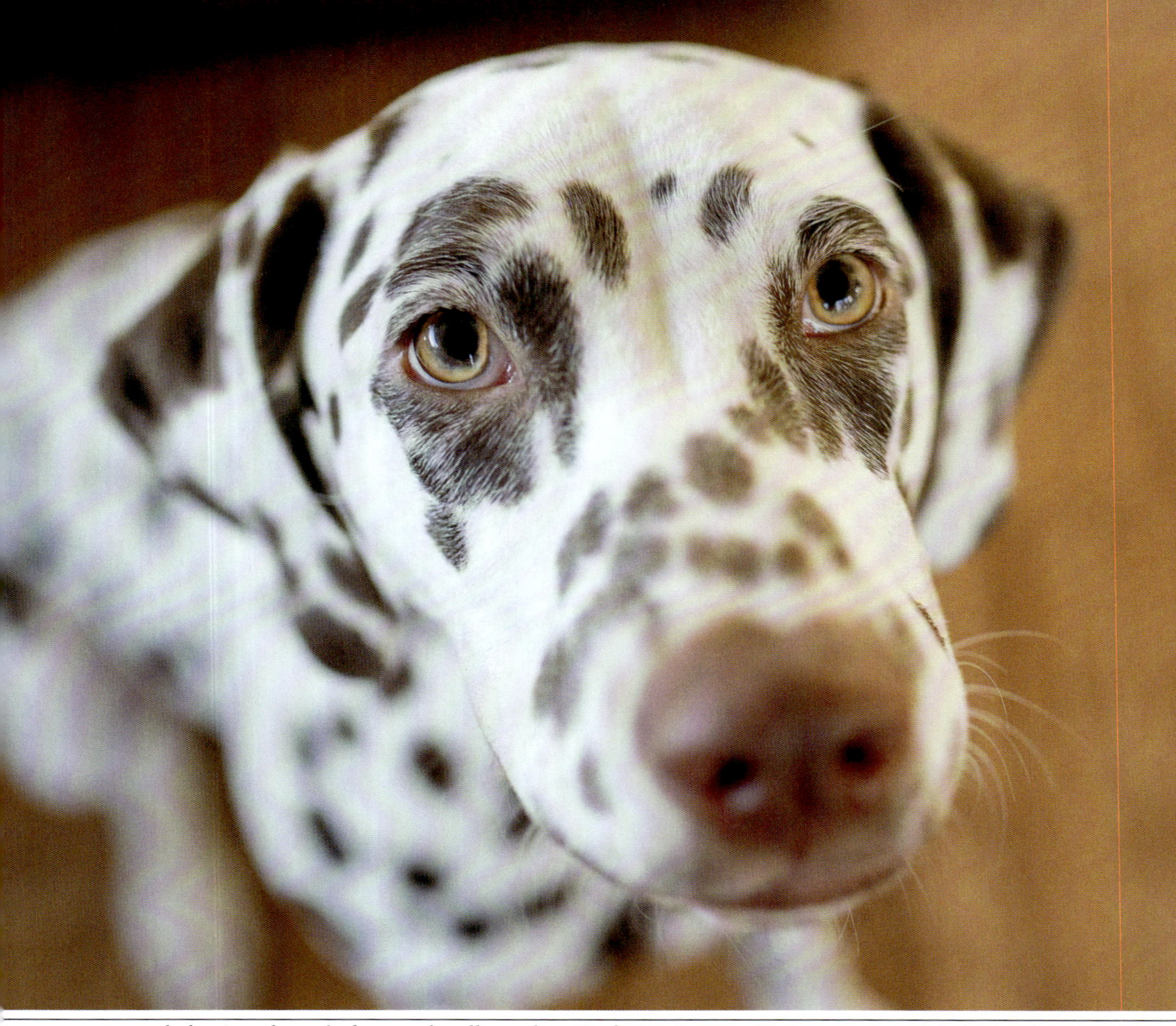

Die Welt der Gerüche steckt für Hunde voller wichtiger Informationen aus Gegenwart, Vergangenheit und Zukunft.

DIE GERUCHSWELT DER HUNDE

Stellen Sie sich vor, Sie vergessen in einer Kühlschrankecke einen Joghurt. Nach ein paar Monaten wird er anders riechen, als wenn er frisch aus dem Supermarkt kommt. Ganz ähnlich nehmen Hunde Zeit wahr – nur in sehr viel feineren Geruchsnuancen als wir Menschen mit unserer vergleichsweise schwachen Nase. Denn während wir durchs Haus laufen, verlieren wir ständig „frische" Geruchspartikel. Alexandra Horowitz meint, wir sollten uns diese Partikel wie kleine Styroporkügelchen vorstellen, die eine weiße Farbe haben und überall im Haus verteilt liegen. Mit dem Moment, in dem wir das Haus verlassen, kommen keine neuen weißen Kügelchen dazu. Unsere Geruchsmoleküle liegen überall herum. Für den Hund verändern sie ihren Geruch – denn sie „zerfallen". Das ist auch der Grund, warum Hunde beim Mantrailing in der Lage sind, die Spur eines Menschen in die richtige Richtung zu verfolgen, in die der Mensch gelaufen ist, auch wenn sie mehrere Tage alt ist. Denn dort sind die Geruchsmoleküle „frischer".

Bei uns Zuhause liegen sie also herum und wir stellen uns vor, sie würden mit jeder halben Stunde ihre Farbe wechseln. Und wenn wir täglich zu festen Zeiten das Haus verlassen und wieder heimkehren, dann kommen wir immer dann zurück, wenn die Kügelchen z. B. blau geworden sind. So weiß der Hund

schon kurze Zeit vorher: Gleich kommt mein Mensch, denn seine „molekulare Geruchspartikelzerfallsuhr“ hat ihn über die Zeit informiert. Dies ist der Grund, warum Hunde scheinbar einen „siebten Sinn“ haben, sich zu einer bestimmten Zeit anfangen, zu strecken, zu schütteln, und dann vorfreudig an die Tür laufen, sie wissen: Wir kommen gleich zurück! Alexandra Horowitz meint, dass ältere Geruchspartikel schwächer und frische Geruchspartikel stärker riechen und dem Hund dadurch eine Orientierung in Raum und Zeit ermöglichen. Bemerkenswert ist auch die Fähigkeit von Leichenspürhunden, die schon nach drei Stunden erkennen, ob Geruchspartikel von einem lebenden oder von einem toten Menschen stammen (siehe S. 241).
Schuld an diesem olfaktorischen Orientierungsvermögen durch Raum und Zeit haben die durchschnittlich 300 Millionen (Bloodhounds verfügen über ungefähr 550 Millionen) olfaktorischen Rezeptoren im *Bulbus Olfaktorius* des Hundegehirns – in unserem vergleichsweise kleinen *Bulbus Olfaktorius* finden sich gerade mal fünf Millionen dieser Rezeptoren. Kein Wunder, dass Hunde hier eine Art Hochleistungscomputer im Gehirn sitzen haben, der zu solchen Leistungen befähigt.

Doch nicht nur das: Forscher wie Horowitz vermuten auch, dass Hunde anhand der Geruchsinformationen die Zukunft vorhersagen können. Schließlich wissen sie bereits vorher, wen wir hinter der nächsten Häuserecke treffen werden, und sträuben eventuell schon mal vorsorglich das Nackenfell, um sich größer zu machen, sollte es der verhasste Nachbarrüde sein. **Die Geruchswelt ist für Hunde also viel mehr als nur „Markierungen kontrollieren“ – sie bietet Informationen über die Vergangenheit, Gegenwart und sogar Zukunft.** Diese Erkenntnis sollte deshalb dazu führen, dass wir der Bedeutung dieses Informationskanals im Leben unserer Hunde gerecht werden, indem wir unsere Hunde viel mehr in Ruhe ihre Welt erschnüffeln lassen.

DER SPIEGELTEST FÜR HUNDE

Mit dem olfaktorischen Sinnesorgan nehmen Hunde wahrscheinlich auch wahr, wer sie selbst sind. Seit den 1970er Jahren versuchen Wissenschaftler zu verstehen, ob Tiere ein Verständnis von ihrer eigenen Identität haben. Dazu führten sie mit vielen Arten den berühmten „Spiegel-Test“ durch. Hier werden Tiere mit dem Selbstbild konfrontiert, allerdings indem man einen kleinen Fehler einbaut; meist wurde den Orang-Utans, Elstern oder Elefanten ein farbiger Klecks im Gesichtsfeld platziert und es wurde geschaut, ob die Tiere dies wahrnehmen konnten und wie genau sie darauf reagierten: indem sie den Fleck beim Spiegelbild oder bei sich selber wegwischten. Diese Tätigkeiten – also das Entfernen des Fleckes im eigenen Gesicht – wurde als Hinweis dafür gewertet, dass die Tiere in der Lage waren, eine Selbsterkenntnis, ein „Ich-Bewusstsein“, zu entwickeln. Hunde scheiterten regelmäßig bei diesem Versuch. Gewundert hat uns das nicht. Bestimmt haben auch Sie schon einmal beobachtet, dass ein junger Hund, der sich zum ersten Mal im Spiegel sieht, erstaunt reagiert und versucht, sein Spiegelbild anzubellen oder zum Spielen aufzufordern. Mit der Zeit verlieren Hunde das Interesse – dann ignorieren sie den langweiligen Hund im Spiegel und nehmen ihn irgendwann wahrscheinlich gar nicht mehr wahr.

WARUM SCHEITERN HUNDE BEIM SPIEGELTEST?

Für Hunde zählt eben mehr als nur der optische Eindruck. Um sich selbst oder einen anderen wirklich wahrzunehmen, ist für sie auch die geruchliche Information entscheidend. Genau dies hat sich auch Marc Bekoff gedacht, als er den berühmten „Schnee-Test“ zum Thema mit seinem Hund Jethro durchführte (Bekoff, 2001). Für das private Experiment sammelte er im Winter von seinem Hund gelbe Urinproben aus dem Schnee und verteilte sie bei einem anderen Spaziergang an Stellen, an denen Jethro gar nicht markiert hatte. Dann beobachtete er seinen Hund ganz genau: Würde Jethro am eigenen Urin genauso intensiv riechen wie an den Markierstellen anderer Artgenossen? Tatsächlich wandte Jethro sich dem eigenen Geruch kurz zu – aber verlor sofort das Interesse und widmete sich intensiv den für ihn anscheinend viel interessanteren Informationen, die seine Nachbarn auf ihrer Gassirunde hinterlassen hatten. Marc Bekoff schloss daraus, dass Jethro „wusste“, wer er ist, und deshalb die eigene Duftmarke uninteressant für ihn war. Im Jahr 2016 entwickelte der italienische Professor Roberto Cazzolla Gatti von der Universität in Parma die Hypothese, dass zur „Selbsterkennung“ der Spiegeltest nicht für alle Arten geeignet sei, dass z. B. Hunde sich selbst am Geruch erkennen und deshalb beim herkömmlichen Spiegeltest scheitern (Cazzolla Gatti, 2016). Er fordert deshalb dazu auf, die Methode auf andere Möglichkeiten auszudehnen, die den unterschiedlichen Fähigkeiten der Tiere gerecht werden.

ICH-BEWUSSTSEIN VON HUNDEN

Die Ethologin Alexandra Horowitz hat diese Hypothese und die Grundidee Bekoffs aufgegriffen und eine Versuchsreihe entwickelt, um das „Ich-Bewusstsein“ von Hunden erstmals auf breiterer Basis wissenschaftlich zu untersuchen (Horowitz, 2017). Dazu sammelte sie Urinproben von 36 Hunden, die in Begleitung ihrer Besitzer ins St. Barnard College nach New York zur Teilnahme an dem Versuch gekommen waren. Diesen Hunden wurden in zwei Testdurchläufen ihr unbehandelter eigener und der eigene Geruch, angereichert durch eine weitere, dem Hund völlig neue Riechprobe (Krebszellen), präsentiert. Durch die präparierte Geruchsprobe wollte sie den Marker hinzufügen, der beim Spiegeltest der rote Punkt gewesen wäre: Waren Hunde in der Lage, die Veränderung wahrzunehmen? Horowitz präsentierte den Hunden die verschiedenen Gerüche in Kanistern und maß die Zeit, die die Hunde mit dem Aufnehmen des Geruchs verbrachten. Mehr Zeit interpretierte sie als mehr Interesse am Duft.

Haben Hunde ein „Ich-Bewusstsein“, das sie über ihren eigenen Geruch generieren?

Das Ergebnis: Hunde verbrachten mehr Zeit damit, den manipulierten eigenen Duft zu beschnüffeln, als den unbehandelten Eigengeruch. Dies bedeutet, dass sie wahrscheinlich in der Lage sind, wahrzunehmen, dass etwas Künstliches, Neues zum eigenen Selbstbild hinzugefügt wurde. Doch wie können wir ausschließen, dass Hunde sich nicht einfach nur für etwas mehr interessieren, das neu und interessant riecht, sondern dass sie tatsächlich den eigenen, veränderten Geruch wahrnehmen?

Um zu schauen, wie sehr sich Hunde für neues Riechmaterial interessieren, präsentierte Horowitz den Testhunden deshalb außerdem den Zusatzstoff, also die isolierten Krebszellen, als eigene Geruchsprobe. Das Resultat brachte zunächst Verwirrung: Für die Krebszellen interessierten sich die Hunde genauso sehr wie für den eigenen, damit manipulierten Geruch! War es also gar keine Selbsterkenntnis, sondern das Interesse an Neuem, das zur Reaktion der Tiere führte – eventuell sogar beim herkömmlichen Spiegeltest mit anderen Arten? Um Klarheit zu bekommen, entschied sich die Wissenschaftlerin zu einer weiteren Testrunde, dieses Mal mit einem etwas neutraleren Geruch. Sie hatte nämlich beobachtet, dass die isolierten Krebszellen bei manchen Hunden zu Ekelreaktionen geführt hatten, der Geruch könnte deshalb in der Wahl etwas zu extrem gewesen sein. Sie entschied sich für die neue Versuchsrunde deshalb für Anisessenz-Öl, das auch im Suchsport eingesetzt wird und für seine Akzeptanz bei Hunden bekannt ist. Mit diesem neuen Duft manipulierte sie die Urinproben der Hunde und präsentierte wieder beide in Kanistern. Wieder zeigten die Hunde Interesse für beide Geruchsproben, allerdings investierten sie dieses Mal mehr Zeit mit der Inspektion des eigenen, durch die Anisessenz angereicherten Geruchs. Damit konnte ausgeschlossen werden, dass es „das Neue“ war, was die Hunde faszinierte, sondern die Kombination mit dem eigenen Geruch, der so spannend zu sein schien, dass sie mehr Zeit mit der Untersuchung verbringen mussten.

Über Markierungen wird viel mehr Information übermittelt als nur: „Ich war hier“.

Die Welt der Gerüche weiter zu erforschen, wird ein spannendes Feld für Forschungsarbeiten in den nächsten Jahren sein, das uns hoffentlich noch mehr Einblicke in die geruchliche Erlebniswelt bringen wird. Festzuhalten bleibt wieder einmal die Bedeutung der geruchlichen Kommunikation für den Hund, und damit sein Bedürfnis, die Welt riechend erkunden und wahrnehmen zu dürfen.

LEBENSLAUF
— *Was formt den Hund?*

EINFLÜSSE, DIE DEN LEBENSLAUF BESTIMMEN

WAS IST EINE LEBENSGESCHICHTE?

Lange Zeit galt die Faustregel, dass ein Hundejahr ca. sieben Menschenjahren entsprechen würde. Eine Hochrechnung, wie alt der jeweilige Hund in Menschenjahren wäre, erschien also relativ einfach.
Immer wieder wurden jedoch Zweifel an dieser allgemeinen Berechnungsformel laut, und spätestens im Jahr 1997, basierend auf einer Arbeit von Gary Patronek und seinem Autorenteam, wurde klar, dass diese allgemeine Formel so nicht gilt. Zumindest muss die Größe des jeweiligen Hundes mit einbezogen werden, und die beiliegende Tabelle (siehe S. 194) zeigt, dass zwischen kleinen, mittelgroßen und großen Hunden hier ganz erhebliche Unterschiede bestehen. So ist ein kleiner Hund mit 1,5 Jahren etwa mit einem 24-jährigen, ein großer etwa mit einem 18-jährigen Menschen vergleichbar, und ein fünfjähriger kleiner Hund entspricht einem 40-jährigen, ein fünfjähriger großer Hund einem 49-jährigen Menschen. Je älter die Hunde werden, desto mehr gehen die Kurven auseinander.
Der Begriff der Lebensgeschichte oder auch Lebenslaufgeschichte „Life History" ist in der Verhaltensökologie und Evolutionsbiologie derzeit eines der am meisten untersuchten Themen. Nach Peter Kappelers Lehrbuch (2006) ist die Theorie der Lebensgeschichte und ihrer Evolution daran interessiert, Erklärungen für die Vielfalt verschiedener Lebenslaufstrategien zu finden. Sie beschreibt die Lebenszyklen verschiedener Organismen und deren Variabilität, insbesondere von solchen Merkmalen, die mit den Wahrscheinlichkeiten des Überlebens und der erfolgreichen Fortpflanzung zu tun haben. Die wichtigsten dieser Merkmale, nämlich Größe bei der Geburt, Dauer und Geschwindigkeit des Wachstums, Alter und Größe bei der ersten Fortpflanzung, Alter und Größe der Nachkommen, Häufigkeit der Fortpflanzung und die Dauer der Lebensspanne müssen hier berücksichtigt werden. Es gibt, auch bei wildlebenden Tieren, eine große Flexibilität und Unterschiede nicht nur zwischen Populationen, sondern auch zwischen einzelnen Individuen. In der Regel sind diese eng mit dem Lebensraum und der Lebensweise verknüpft.
Nun ist der Haushund ja, wie im Kapitel Domestikation betont, schon seit sehr langer Zeit einer künstlichen Selektion durch den Menschen unterworfen – so scheint es zumindest. Es darf jedoch nicht vergessen werden, dass auch viele Haushundbestände, vorwiegend die als Dorf- und Hofhunde gehaltenen, durchaus z. B. im Bezug auf ihre Fortpflanzung noch ein gewisses Maß an Selbstbestimmtheit hatten. Zudem sehen viele Evolutionsbiologen auch die Rassezucht des Haushundes und die vorangehende allgemeine Domestikation als ein großes, gewissermaßen im realen Leben ablaufendes Selektionsexperiment, und die über 400 beschriebenen Hunderassen als einzelne Punkte auf einer Messkurve, die viele Zusammenhänge allgemein biologischer Art erklären kann.

WER LEBT LÄNGER?

GRÖSSE UND LEBENSERWARTUNG

In der Folge des bereits geschilderten Artikels von Gary Patronek haben sich noch einige andere Arbeitsgruppen mit der Frage der Langlebigkeit von Hunden beschäftigt. Besonders beachtenswert ist eine Arbeit, die Cornelia Kraus von der Universität Göttingen mit einem Autorenteam 2013 veröffentlicht hat. Sie beschäftigte sich mit der Frage, warum große Hunderassen meist früher sterben als kleine. Sie untersuchte dabei Daten über Lebensdauer und Sterblichkeit von über 56 000 Hunden aus 74 Rassen, die in einer großen, nordamerikanischen Datenbank eingetragen waren. Überwiegend handelte es sich dabei um Fälle, die in Tierkliniken von Veterinärfakultäten bis zu ihrem Tod behandelt wurden.
Cornelia Kraus und ihr Team erstellten zunächst drei hypothetische Kurven, auf der Basis von drei verschiedenen Annahmen: Eine Annahme lautete, dass große Hunderassen in jungem Alter eine erhöhte Sterblichkeit hätten, eine zweite nahm an, dass die Seneszenz, also der Eintritt altersbedingter Verhaltensänderungen, bei großen Rassen früher einsetzt, und die dritte Kurve ging von der Annahme eines beschleunigten Alterungsvorganges bei großen Rassen aus.
Gegen diese drei, zunächst rein rechnerisch am Computer konstruierten Modalitätskurven wurden die realen Daten aus der genannten Datenbank aufgetragen. Am besten passte die reale Kurve mit der einer beschleunigten Alterung zusammen. Cornelia Kraus vermutet, dass dies überwiegend mit der erhöhten Zellteilungsrate bei großen Hunden durch ein verstärktes Wachstum zusammenhängt, da auch häufiger Tumore als Todesursache bei großen Rassen angegeben werden. Auch in einer Untersuchung über Todesursachen bei Familienhunden in Japan (Inoue et al., 2015) waren Tumore besonders bei großen Rassen häufiger.

Beschleunigte Alterungsprozesse

Der durchschnittliche Beginn altersbedingter Veränderungen bei allen Hunderassen in Cornelia Kraus' Daten lag bereits bei 2,15 Jahren, zwischen dem Beginn des Alterns und der Körpergröße gab es keinen statistisch nachweisbaren Zusammenhang. Auffallend ist jedoch, dass die Riesenrassen, also die über 50 kg Körpergewicht erreichen, mit dem Alterungsprozess bereits begannen, bevor sie ihre volle Größe erreicht hatten. Bereits zu Beginn des Alterungsprozesses hatten große Rassen eine leicht erhöhte Sterblichkeit, dieser Zusammenhang war jedoch noch recht wenig bedeutsam. Sobald der Alterungsprozess einsetzte, war er jedoch bei den großen Rassen sehr viel beschleunigter als bei den kleineren. **Die Alterungsrate hängt mit der Körpergröße eindeutig zusammen, das heißt, die Geschwindigkeit des Alterns nimmt bei größeren Rassen immer mehr zu.** Aus den Daten lässt sich insgesamt ableiten, dass nicht das Sterblichkeitsrisiko per se, sondern eben

☞ HUNDEJAHRE VERGLICHEN MIT MENSCHENJAHREN (NACH PATRONECK 1997)

HUNDEJAHRE	½	1	1½	2	3	4	5	6	7
HUNDERASSE BIS 15 KG	15	20	24	28	32	36	40	44	48
HUNDERASSE 15 BIS 45 KG*	10	18	21	27	33	39	45	51	57
HUNDERASSE ÜBER 45 KG	8	14	18	22	31	40	49	58	67

*Beispiel: Ein Hund mit einem Gewicht von 15–45 kg und einem Alter von 4 Jahren wäre in Menschenjahren 39 Jahre alt.

das Risiko durch beschleunigte Alterungsvorgänge letztlich die Ursache für das erhöhte Lebensalter von kleinen Rassen sei. Altersbedingte Krankheiten und Zipperleins setzen bei kleinen Rassen einfach später ein.

Schutzfaktoren

Bemerkenswert ist eine Studie über Rottweiler, die von Cooley et al. (2003) erstellt wurde. Innerhalb der dort untersuchten Rottweilerpopulation gab es eine Teilgruppe, die ganz besonders alt wurde. Und bei diesen besonders alt werdenden Rottweilern war der durchschnittliche Eintritt der ersten altersbedingten Erkrankungen wesentlich später als im Rassedurchschnitt. Offenkundig gab es irgendeinen Schutzfaktor, der diese extrem alt werdenden Rottweiler vor dem Auftreten altersbedingter Krankheiten und Zipperleins längere Zeit bewahrte. Es ist bemerkenswert, dass dieser Schutzfaktor in den besonders langlebigen Zuchtlinien jedoch bei denjenigen Individuen nicht wirksam wurde, die vorher kastriert worden waren. Auf der anderen Seite zeigten die Untersuchungen von Cornelia Kraus und ihrem Team sowie anderen Arbeitsgruppen, dass es nur zwei kleine Rassen gab, die mit ähnlich hoher Sterblichkeitsrate wie die großen Rassen auffielen. Dies waren der Dackel und der Zwergdackel. Die Autorin nimmt an, dass es sich hierbei überwiegend um Auswirkungen der bei manchen Dackelzuchtlinien regelmäßig in frühem Alter (oft zwischen drei und sieben Jahren) auftretenden Rückenprobleme und der dadurch oftmals erfolgten Einschläferung in jungem Alter handelt. Tritt das Rückenproblem nicht auf, sind Dackel, wie eben von ihrer Kleinheit her zu erwarten, sehr robust und langlebig. Einige weitere Untersuchungsergebnisse der Langlebigkeitsstudie sind bemerkenswert:

- Es gibt kaum Unterschiede in der durchschnittlichen Lebenserwartung von Rüden und Hündinnen.
- Stadthunde haben eine kürzere Lebenserwartung als Hunde aus ländlicher Umgebung.
- Die Frage, ob Mischlinge länger leben als Rassehunde vergleichbarer Größe, wurde zwar von Patronek et al. (1997) bejaht, ist jedoch in anderen Untersuchungen nicht mehr statistisch nachweisbar. Zumindest bei einer Reihe von Rassen leben tatsächlich die Mischlingshunde weniger lang oder bestenfalls gleich lang wie die Ausgangsrassen.
  Ebenfalls kontrovers diskutiert wird der Einfluss der Kastration auf die Lebensdauer.

Was bewirkt die schnellere Alterung bei großen Hunden?

Bereits seit längerer Zeit wird ein Hauptfaktor bei der Verlängerung der Lebensspanne kleiner Rassen in einem Wachstumsgen gesehen. Der als IGF1 (insulinartiger Wachstumsfaktor, wegen seiner chemisch ähnlichen Struktur zum

8	9	10	11	12	13	14	15	16	17	18	19	20
52	56	60	64	68	72	76	80	84	88	90	94	100
63	69	75	80	85	90	95	100					
76	85	94	100									

Alle Angaben in Jahren

Dieser Hund gehört offensichtlich dem wagemutigen A-Typ an. Er nähert sich dem unbekannten Gegenstand, ...

Bauchspeicheldrüsenhormon Insulin so genannt) bezeichnete Botenstoff hat, wie Untersuchungen nicht nur an Hunden aus verschiedenen Rassen, sondern auch an verschiedenen anderen Labortieren gezeigt haben, neben einer Reihe von Auswirkungen auf körperliche Merkmale und Verhalten (siehe S. 299), auch einen deutlich erkennbaren Zusammenhang mit der Lebensdauer. Je geringer die IGF1-Konzentration im Blut eines Hundes ist, desto langsamer altert er. Wie genau die Schutzwirkung ausgeübt wird, ob es sich um einen Schutz des Erbmaterials gegen aggressive Umweltchemikalien und andere aggressive Umwelteinflüsse handelt oder um einen Schutz vor Kopierfehlern während der Zellteilung, ist molekulargenetisch noch nicht eindeutig geklärt. Der Zusammenhang mit dem IGF1-Gen jedoch ist geklärt und wurde von Sutter et al. (2007) beschrieben.

TRAINIERBARKEIT UND LEBENSDAUER

Eine weitere, bemerkenswerte Untersuchung korreliert die Lebensdauer von Hunden auch mit deren Persönlichkeitseigenschaften. In einem Artikel von Vincent Careau und Co-Autoren (2010) verschiedener Universitäten in der kanadischen Provinz Quebec wird ein bemerkenswerter Zusammenhang zwischen der Trainierbarkeit und dem Lebensalter von Hunden hergestellt. Der Faktor Trainierbarkeit, der sich hier speziell auf die Geschwindigkeit des Stubenreinwerdens und auf die allgemeine Lerngeschwindigkeit bei Gehorsamsübungen bezog, hat einen deutlichen Zusammenhang mit der durchschnittlichen Lebensdauer einer Rasse. Die Ergebnisse wurden daher in populären Zusammenhängen oftmals unter dem Schlagwort „Gehorsame Hunde leben länger" zusammengefasst. Dies hat jedoch nichts damit zu tun, dass ungehorsame Hunde öfter von ihren Besitzern in Wutanfällen erschlagen werden oder wegen nicht sicher befolgten Rückrufs von Autos überfahren werden, sondern dass die sogenannte Lebensgeschwindigkeit, ein anderer in der Evolutionsbiologie heute häufig verwendeter Begriff, sich unterscheidet.

A- und B-Typen

Betrachtet man die Ergebnisse und Persönlichkeitscharakterisierungen in der Arbeit von Vincent Careau und seiner Gruppe genauer, so endet man letztlich bei den beiden Grundpersönlichkeitstypen, nämlich dem eher wagemutig, vorwärts motivierten, bisweilen auch etwas naseweiseren A-Typ und dem eher

... und weiß auch ganz genau, was damit zu tun ist.

zurückhaltenden, beobachtend-bedächtigen B-Typ. Beide Typen unterscheiden sich auch, und dies ist das Konzept der Lebensgeschwindigkeit, in ihrer Stoffwechselaktivität. A-Typen werden sehr stark vom Adrenalinsystem gesteuert, und dieses beschleunigt, z. B. auch über Zusammenhänge mit der Produktion des Schilddrüsenhormons, die Taktgeschwindigkeit des Zellstoffwechsels, und damit erhöht es die allgemeine Stoffwechselrate. Die B-Typen, die in Stresssituationen eher vom Cortisolsystem gesteuert werden, tendieren zu einem niedrigeren Basalstoffwechsel, und damit laufen alle Prozesse des Lebens bei ihnen auch in einem gemächlicheren Tempo ab. Dies betrifft eben nicht nur Verdauungsleistungen und andere Alltagserscheinungen der Biochemie, sondern z. B. auch Zellteilungsvorgänge. Da Zellteilungsvorgänge, wie wir im Kapitel über Altersforschung noch sehen werden, wiederum einen wichtigen Zusammenhang mit der Geschwindigkeit des Alterungsprozesses haben, ist die Erklärung hier durchaus stichhaltig. Mit anderen Worten: **A-Typen leben schneller, sind wegen ihrer Tendenz zu aktiver Problemlösung oft anstrengender und aufmüpfiger, die Jugendentwicklung verläuft jedoch meist schneller und sie altern auch früher.**

Lebensdauer und Verhalten

Ebenfalls mit verhaltensbezogenen Merkmalen des Alterns hat sich eine australische Arbeitsgruppe beschäftigt. Hannah Salvin und ihre Co-Autoren untersuchten sowohl rassebedingte als auch altersbedingte Zusammenhänge zwischen normal gealterten und deutlich demenzbeeinträchtigten Hunden. In dieser Studie wurden keine generellen Unterschiede zwischen Mischlingen und Rassehunden bezüglich altersbedingter Veränderungen oder der Lebensdauer gefunden. Bemerkenswert ist auch, dass, unabhängig von den bereits behandelten Zusammenhängen zwischen Körpergröße und maximalem oder durchschnittlichem Lebensalter der jeweiligen Rasse, kaum Unterschiede im Auftreten von altersbedingten Demenzerscheinungen zwischen den Rassen, auch nicht im Zusammenhang mit der Lebensdauer, festgestellt werden konnten. Bezüglich des Verhaltens gab es einen interessanten Zusammenhang: Hunde, die mehr als einen Liter Wasser pro Tag tranken, hatten ein höheres Risiko, d. h., dass statistisch nachweisbar weniger Hunde mit langer Lebensdauer mehr als einen Liter Wasser pro Tag tranken als kurzlebige. Es wird vermutet, dass es sich hier mehr um einen Effekt der Körpergröße handelt.

Noch ein spannender Zusammenhang zwischen Lebensdauer und Verhalten: Kurzlebige und extrem langlebige Hunde zeigten mehr Aggression als die Hunde mit mittlerer Lebensdauer. Und auch einige Krankheiten zeigten deutliche Zusammenhänge mit der Körpergröße, wobei der direkte Zusammenhang zwischen dem Auftreten von Arthritis, also Gelenkentzündungen und der Köpergröße nicht unerwartet ist, kleine Hunde zeigen seltener Arthritis als große. Bemerkenswert ist jedoch der umgekehrte Zusammenhang beim Auftreten von Blindheit. Mehr kleine Hunde als mittlere oder gar große Hunde werden im Laufe des Lebens blind. Die Erforschung der Ursachen für unterschiedliche Lebensdauer, unterschiedliche Risiken altersbedingter körperlicher und psychischer Veränderungen und damit der lebensgeschichtlichen Strategien zwischen den Hunderassen steht erst am Anfang. Die bisher veröffentlichten Daten lassen jedoch bereits erkennen, dass die Zusammenhänge wohl komplexer sind, als die früher angenommenen Faustregeln erwarten lassen.
Wenn man erst einmal beginnt, auch Persönlichkeitsunterschiede innerhalb der Rassen für die Analyse der lebensgeschichtlichen Daten heranzuziehen, wie dies bei wildlebenden Arten in der Ökologie heute üblich ist, werden wahrscheinlich noch mehr interessante Zusammenhänge zu Tage treten.

STRESSBELASTUNG UND LEBENSDAUER

Eine vielversprechende Methode zur Betrachtung lebenslanger oder zumindest mehrjähriger Verteilung von Stressbelastung besteht darin, dass mittlerweile das Stresshormon Cortisol auch in Haaren bestimmt werden kann. Evan Russell und Co-Autoren haben 2012 über diese Methode allgemein berichtet. Untersuchungen z. B. an Wolfspopulationen mit und ohne Bejagungsdruck in Nordamerika lassen bereits erkennen, dass durch die Veränderungen der Jagdpraktiken in ihrem Verbreitungsgebiet unterschiedliche Cortisolmengen in den Haaren abgelagert werden. Da aus Untersuchungen zur menschlichen Altersforschung und Labortierstudien (siehe S. 214 f.) bekannt ist, dass chronischer oder lang anhaltender, unbewältigter Stress einen wesentlichen Lebenszeit verkürzenden Einfluss haben kann, sind solche lebenslangen oder langjährigen Untersuchungen zur Stressbelastung von Haushunden und ihren wilden Verwandten auch eine Möglichkeit, einen weiteren Einflussfaktor auf die Lebensdauer zu identifizieren. So hat ein Autorenteam um Heather Bryan (Bryan et al., 2014) nicht nur die Cortisolkonzentrationen, sondern auch die der Fortpflanzungshormone Progesteron und Testosteron bei Wölfen einerseits aus den nordkanadischen Wäldern und andererseits aus dem Bereich der kanadischen Tundra bestimmt. Die Konzentrationen der Fortpflanzungshormone waren höher in den stärker bejagten Gebieten. Das Autorenteam vermutet hier einerseits einen Zusammenhang mit erhöhter sozialer Instabilität in bejagten Gegenden, speziell bezüglich der erhöhten Testosteronwerte, andererseits mit einem verstärkten Fortpflanzungsaufwand und einer ebenfalls durch die Störung der sozialen Strukturen bewirkten Unregelmäßigkeit im Rangordnungsgeschehen. Der Cortisolspiegel dagegen lässt auf eine deutliche stressauslösende Wirkung des Jagddrucks schließen. Ein tschechisches Autorenteam um Yvonna Swobodova (Swobodova et al., 2014) untersuchte bei einer Reihe von Deutschen Schäferhunden nicht nur Stresshormonkonzentrationen, sondern auch die Konzentration des Immunglobulins A, das im Speichel ebenfalls einen deutlichen Zusammenhang mit der Stressbelastung durch vorangehende Verhaltenstests aufwies. Da IgA wiederum ein wichtiger Faktor in der Leistungsfähigkeit des Immunsystems zur Abwehr von Parasiten und Krankheiten ist, kann auch hier wiederum ein Zusammenhang mit lebensgeschichtlichen Stressbelastungen zumindest vermutet werden.

WELPENENTWICKLUNG

In den vergangenen Jahren wurden neurobiologische Untersuchungen zu den Auswirkungen von unbewältigbaren, frühkindlichen Stresssituationen, gestressten und wenig fürsorglichen Muttertieren, und sogar zu möglichen Einflüssen von Angst- und Furchtprogrammierung der Mutter und des Vaters vor dem Zeugungsakt in vielen Labors durchgeführt. Beispielhaft für eine Zusammenfassung dessen, was man bei Labortieren dazu weiß, wäre etwa die Arbeit von Michael Meaney und Co-Autoren (2007). In Bezug auf spezielle hundliche Erscheinungen dagegen ist die Erkenntnislage noch längst nicht so stark. Zwar darf man, aufgrund der hier zugrunde liegenden allgemeinbiologischen Gesetzmäßigkeiten der Hirn- und Hormonentwicklung, davon ausgehen, dass die bei Labortieren unterschiedlichster Arten gefundenen Erkenntnisse auch für Hunde gelten. In unserem Buch jedoch wollen wir speziell die Befunde diskutieren, die bereits an Hunden selbst erkannt wurden. Und hier ist zumindest, was die vorgeburtlichen Einflüsse betrifft, durchaus schon einiges bekannt.

VORGEBURTLICHE EINFLÜSSE

Peter Hepper (veröffentlicht in einer Arbeit mit Deborah Wells; Wells und Hepper, 2006) untersuchte Einflüsse der vor- und nachgeburtlichen Nahrungsprägung auf die spätere Nahrungsbevorzugung von Hunden. Wurden einer Mutterhündin während der Trächtigkeit Futtermittel mit bestimmten aromatischen Zusatzstoffen verabreicht, und diese Futtermittel unmittelbar nach dem Geburtsvorgang abgesetzt, so bevorzugten die Welpen später im Zeitraum des eigenen Interesses an fester Nahrung solche Futterstoffe durchaus. Ähnliches galt, wenn entsprechende Nahrungszusätze während der Säugezeit verabreicht wurden. Die Welpen übernahmen also die Duftstoffbevorzugung über das von der Mutter gefressene Futter sowohl im Mutterleib, wobei noch nicht vollständig klar ist, ob diese Duftstoffe über die Plazentaschranke und den Nabelschnurkreislauf oder über das Fruchtwasser zum Welpen gelangen, als auch über die Milch. Betont werden muss, dass die Bezeichnung „aromatische Stoffe" hier lediglich als chemische Substanzklasse, und nicht unbedingt notwendigerweise nur als künstlich zugesetzte Aromastoffe zu verstehen ist.

Kuscheln und Knuddeln, in den ersten drei Lebenswochen – ein ganz wichtiger Vorgang für die weitere hormonelle Entwicklung eines Hundewelpen.

Diese Hundemutter wird mit hoher Wahrscheinlichkeit emotional stabile Welpen großziehen.

Eine weitere, bereits seit einigen Jahrzehnten bekannte Studie befasste sich mit dem Einfluss von Sexualhormonen vor und rund um den Zeitpunkt der Geburt. Frank Beach (1970) untersuchte mehrere Jahrzehnte die Einflüsse von Hormonen auf das Urinierverhalten von Hunden. Das Urinierverhalten von Hunden ist für das Studium von geschlechtstypischen Verhaltensäußerungen deshalb von besonderem Interesse, weil es sich in vorhersagbarer Weise zwischen den Geschlechtern unterscheidet, der Geschlechtsunterschied normalerweise erst mit Beginn der Pubertät sichtbar wird, es sich aber trotzdem nicht im klassischen Sinne um Sexualverhalten handelt. Die Wirkung der Sexualhormone, wie gerade Frank Beach zeigen konnte, ist eine sogenannte bahnende oder programmierende. Die Einflüsse des sogenannten männlichen Hormons Testosteron finden bereits im Zeitraum vor der Geburt, vorwiegend im letzten Trächtigkeitsdrittel, statt. Rund um die Geburt werden bereits erste Hormonproduktionen durch die Geschlechtsorgane des Welpen bzw. Embryos ausgelöst. Und diese Programmierung bewirkt später nicht nur den Bewegungsablauf des Beinchenhebens. Das Interesse für vertikale Strukturen, z. B. Pfosten oder Laternenpfähle, die man zunächst nahezu unwiderstehlich angezogen beschnuppern und hinterher markieren muss, wird ebenfalls jetzt bereits festgelegt. Nur männliche Tiere oder weibliche mit Testosteronschub interessieren sich für solche möglichen Markierorte. Hündinnen, die vor oder rund um den Geburtszeitraum herum mit männlichen Hormonen versorgt wurden, heben in etwa 50 % der Fälle später das Bein. Auch männliche Hunde, die bereits zum Geburtszeitpunkt kastriert wurden, beginnen trotzdem im Zeitraum der Pubertät mit dem Beinchenheben.

PRÄGEPHASE DES WELPEN

Bereits im Jahr 1966 wurde durch Fox und Stelzner eine Untersuchung an Hundewelpen veröffentlicht, die Befunde an Labornagern verschiedener anderer Autorenteams bestätigte: Welpen, die vom ersten Lebenstag an gestreichelt, gekrault und geknuddelt wurden, entwickelten sich deutlich anders als Kontrolltiere, sie reagierten anders auf Verhaltenstests, waren stressresistenter und hatten meist auch ein stabileres Immunsystem.

Dieser, bereits seit Langem veröffentlichte Befund ist im Einklang mit den molekulargenetischen und epigenetischen Untersuchungen von Michael Meaneys Team. Durch die Untersuchungen von Meaney et al. (2007) zeigte sich nämlich, dass die frühe Stimulation durch Kraulen, Streicheln, aber auch mütterliches Belecken zu einer intensiveren Umsetzung des Erbguts in verschiedenen Teilen des Gehirns führt. Die Hautsinnesorgane, überwiegend Tast- und Berührungssinne, registrieren die Berührung, melden dies ans Gehirn, und dann wird einerseits im Bereich des für soziale Kompetenz zuständigen vorderen Stirnhirns die Zahl der Bindungsstellen für das sogenannte Sozialhormon Oxytocin erhöht. Andererseits wird in einem wichtigen Zentrum der Stressauslösung, dem blauen Kern, einem Teil des emotionalen Gehirns, die Zellteilungsrate verringert. **Dadurch sind die so manipulierten Jungtiere zeitlebens weniger stressanfällig und mehr ansprechbar für soziale Unterstützung, soziale Kontakte und andere „Wohlfühlwirkungen".**

Angelo Gazanno und Co-Autoren der Universität Pisa haben im Jahr 2008 mit Hundewelpen diese Befunde systematisch bestätigt. 16 weibliche und 27 männliche Hunde aus 7 Würfen wurden verglichen, wobei 4 der Würfe in einem professionellen Zwinger, also einer Zuchtstation, die anderen 3 als typische Familienhunde aufgezogen wurden. Von jedem Wurf wurde die Hälfte der Welpen vom 3. bis zum 21. Lebenstag täglich geknuddelt und gestreichelt, und die andere Hälfte wurde als Kontrollgruppe ohne menschliche Beeinflussung geführt. Im Alter von 8 Wochen wurden beide Gruppen von Welpen einem Verhaltenstest unterzogen, wobei sie zum einen allein bleiben sollten, zum anderen wurde in einer Testarena ihr Erkundungsverhalten untersucht. Im Test zeigte sich, dass die Knuddelwelpen durchweg länger ruhig blieben, bevor sie zum ersten Mal in der Isolationssituation weinten, sie weinten kürzer, und in beiden Testsituationen waren sie insgesamt ruhiger. Sie erkundeten mehr und waren an ihrer Umwelt stärker interessiert.

Auswirkung bei Diensthunden

Ebenfalls im Einklang mit den aus den genannten Labortierstudien erwarteten Befunden sind die Ergebnisse der schwedischen Forscherin Pernilla Foyer von der Universität Linköping (Foyer et al., 2014; Foyer et al., 2016). Sie untersuchte die Aufzuchtbedingungen und das mütterliche Verhalten von Deutschen Schäferhunden, die in der schwedischen Militärdiensthundezucht gezüchtet und dann zunächst für ein Jahr in Patenfamilien aufgezogen wurden. Das mütterliche Verhalten in den ersten 3 Lebenswochen gegenüber den Welpen wurde gefilmt und ausgewertet, und das Ausmaß mütterlichen Pflegeverhaltens mit den Ergebnissen der Junghunde im Alter von 18 Monaten beim „Einstellungstest" für die Militärdiensthundeausbildung verglichen. Es ergaben sich sehr deutliche Zusammenhänge: Die Intensität und das Ausmaß des mütterlichen Pflegeverhaltens beeinflussten sowohl die körperliche Einsatzbereitschaft der Hunde, die Bereitschaft, sich mit ihrem Hundehalter zu beschäftigen und sozial auszutauschen, als auch die Kontrollierbarkeit ihres Aggressionsverhaltens.

Die Befunde, die im Lauf des ersten Lebensjahrs beim Ausfüllen von Persönlichkeitsfragebögen erhoben werden konnten, korrelierten ebenfalls deutlich mit der späteren Eignung und dem Testergebnis in der Einstellungsprüfung. Diese Arbeit bezog sich jedoch noch nicht auf individuelle Welpen, sondern immer auf das Ausmaß der mütterlichen Pflege für den gesamten Wurf. Untersuchungen über den Einfluss individueller Persönlichkeitsunterschiede und -entwicklungen innerhalb eines Wurfs stehen noch aus und sind derzeit auch Teil unseres (Udo Ganslosser) eigenen Forschungsprogramms.

Einfluss der Wurfgröße

Auch sind noch viele Fragen bezüglich des Einflusses der Wurfgröße auf das spätere Verhalten offen. Züchtererfahrungen lassen allgemein vermuten, dass Welpen aus mittelgroßen Würfen hier die stabilsten und insgesamt meist unproblematischsten Hunde werden. Systematisch untersucht wurde dies jedoch nur in wenigen Studien (Haug, 2004 am Beagle; Van der Waaij et al., 2008 am Deutschen Schäferhund und Labrador; Boenigk, 2004 am Hovawart). Es zeigte sich, das Welpen, die von der 3. bis zur 16. Woche isoliert waren, sich später sehr unterwürfig verhielten, oft auch beim Spielen ignoriert wurden, und dass sogar bestimmte Verhaltenselemente verlorengehen können. Die Kooperationsbereitschaft der Labradorwelpen aus Dreierwürfen oder aus Würfen mit ein oder zwei Rüden darin war größer als bei anderen Wurfzusammensetzungen oder Elferwürfen. Beim Deutschen Schäferhund waren Hunde aus Würfen mit ein oder zwei Rüden weniger mutig als bei anderen Wurfzusammensetzungen. Peter Appleby und Co-Autoren (2008) erforschten Hunde, die von ihrer Mutter entweder außerhalb des menschlichen Haushalts aufgezogen wurden oder im Alter von 3 und 6 Monaten keine Erfahrungen mit städtischer Umgebung machen konnten. Diese waren jeweils wesentlich aggressiver gegen unbekannte Menschen, zeigten mehr Meideverhalten und auch das Risiko aggressiven Verhaltens bei einer tierärztlichen Untersuchung war höher. Aggression gegen bekannte Menschen oder gegen Hunde dagegen wurde davon nicht beeinflusst.

Letztlich zeigt eine Untersuchung von John Bradshaw und Co-Autoren (2002), dass Hunde, die im Zeitraum zwischen dem 6. und 12. Lebensmonat in einer sozial abwechslungsreichen und aufmerksamkeitsfördernden Umwelt aufwachsen konnten, später praktisch nie Trennungsprobleme aufwiesen. Dies war sogar unabhängig von der Rasse oder dem Mischlingsstatus und auch unabhängig davon, ob die Hunde von einem Züchter oder aus einer Nothilfeorganisation stammten.

AUFZUCHTBEDINGUNGEN BEEINFLUSSEN DIE BEISSSTATISTIK

Gerade der Einfluss der Bedingungen, unter denen Hunde in den ersten ein bis zwei Lebensjahren aufwachsen, hat offensichtlich auch erheblichen Einfluss auf die Qualität der Beziehung zu ihrem jeweiligen Menschen. Untersuchungen an Hunden verschiedenster Rassen von Andrea Kerepesi und Co-Autoren aus der Arbeitsgruppe in Budapest (Kerepesi et al., 2014), an Belgischen Schäferhunden der Rasse Malinois in der Belgischen Militärdiensthundeausbildung von Anneke Haverbeke (Haverbeke und Diederich, 2008, 2009, 2010) sowie verschiedene andere Untersuchungen zeigen deutlich, dass z. B. das Risiko eines Hundes, jemals in der eigenen Familie zu beißen, erheblich geringer ist, wenn dieser die ersten ein bis zwei Lebensjahre mit vollem Familienanschluss anstatt teilweise oder sogar ganz im Zwinger, im Vorgarten oder anderen, etwas familienferneren Situationen lebt. Bei den Untersuchungen von Kerepesi war es besonders deutlich, da dort z. B. Rassen, die eigentlich als eher etwas „kerniger" verschrien sind (Rottweiler, Deutsche Schäferhunde), mit vollem Anschluss an die Familie weniger Beißrisiken hatten als z. B. eher sanftmütig bekannte Hunde (in diesem Fall z. B. Magyar Vizslas), die im Hof leben mussten. Das Risiko, jemals vom eigenen Hund gebissen zu werden, ist extrem abgestuft in Abhängigkeit von den Aufzuchtbedingungen in den ersten Lebensmonaten.

In einer Vergleichsstudie über Beißrisiken von Familienhunden im Zusammenhang mit ihrer Herkunft (Casey et al., 2014; Messam et al., 2013) zeigte sich, dass Hunde, die beim Züchter blieben und dort aufgewachsen sind, mit Abstand das geringste Risiko hatten, jemals die eigenen menschlichen Familienmitglieder zu beißen. Hunde, die in der nahen sozialen Umgebung der Züchterfamilie, etwa bei guten Freunden, netten Nachbarn oder Verwandten unterkamen, hatten ein leicht erhöhtes Risiko. Der nächste Sprung im Risiko, insgesamt auf ca. 7 – 8 %, ergab sich bei Hunden, die bei seriösen, verantwortungsvollen Züchtern gezüchtet und dann eben an ihre neuen Welpenbesitzer übergeben wurden. Bereits deutlich höher war das Risiko bei Hunden aus Billigvermehrungsstätten, hier war bereits eine Verdopplung auf ca. 15 – 16 % messbar. Am höchsten war das Risiko bei Hunden aus dem Tierschutz, hier wurden ca. 25 % Beißrisiko vermerkt. Bei allem Verständnis für das Bemühen, einem armen Tierschutzhund etwas Gutes zu tun, dürfen diese Zahlen keinesfalls aus politischer Korrektheit verschwiegen werden. Gerade wenn es um den Einsatz als Therapiehund geht, oder wenn Kinder mit eigenen Verhaltensproblemen oder demente Senioren in einer Familie leben, muss dieses Risiko in Betracht gezogen werden. Hier sollte gegebenenfalls die Entscheidung doch eher für einen Hund aus einer seriösen Zuchtstätte fallen. Bemerkenswert sind auch die Zusammenhänge mit dem Alter des Erwerbs: Bei Hunden, die vor dem Alter von 6 Monaten erworben wurden, gibt es den geringsten Wahrscheinlichkeitsgrad, gebissen zu werden. Bei Hunden, die erst mit über 6 Monaten erworben wurden, gibt es keinen Zusammenhang zwischen Alter beim Erwerb und Beißrisiko mehr. Unterschiede ergeben sich dabei auch nochmals zwischen Hunden, die im Spiel, und solchen, die ernsthaft gebissen haben – Hunde, die im Spiel mal „aus Versehen“ gebissen haben, taten dies eher seltener, wenn sie etwas älter beim Übergang in die neue Familie waren. Und: Ältere Menschen haben etwas niedrigere Verletzungsrisiken durch Hundebisse als jüngere Hundehalter.

HUNDE VON VERMEHRERN

Frank McMillan aus der Arbeitsgruppe von James Serpell (McMillan et al., 2001, 2013) hat speziell die Verhaltensprobleme von Hunden aus Billigvermehrungsstätten genauer analysiert. Mit Hilfe des C-BARQ-Fragebogens (siehe S. 353), konnte er hunderte von Hunden, die aus Einkaufszentren in den USA stammten, mit Hunden aus anderen Herkünften vergleichen. Nahezu alle erwünschten Verhaltenseigenschaften erreichten bei diesen Hunden weniger, nahezu alle unerwünschten Verhaltensweisen höhere Punktzahlen als

Umweltreize unterschiedlicher Art selbstständig genießen zu dürfen, ohne damit überfordert zu werden, ist ein wichtiger Faktor in der späteren Welpenentwicklung.

diejenigen aus anderen Erwerbsquellen. Auch dies zeigt die Anfälligkeit für Verhaltensprobleme bei Hunden ohne seriöse und verantwortungsvolle Frühumgebung.
Auch erste Untersuchungen in unserer eigenen Arbeitsgruppe deuten in diese Richtung.

NÄHE ZUM MENSCHEN

Nicolai Hoppe hat in seiner Masterarbeit über Risiken der Aufmerksamkeits- und Hyperaktivitätsstörung bei Familienhunden herausgefunden, dass Hunde, die in den ersten Monaten nach dem Übergang in die neue Familie von ihrem Halter besonders viel soziale Zuwendung und besonders viel Spielverhalten erfuhren, ein erheblich geringeres Risiko der Aufmerksamkeits- und Hyperaktivitätsstörung in späteren Lebensabschnitten aufweisen. Auch Hunde, die mit vollem Familienanschluss, z. B. im Schlafzimmer ihres Menschen, die Nacht verbringen konnten, hatten erheblich geringere Hyperaktivitätswerte als solche, die in größerer, gefühlter oder echter Entfernung von ihrem Menschen schlafen mussten (Hoppe et al., 2017; siehe S. 304).

SPIEL UND PERSÖNLICHKEITSENTWICKLUNG

Das Auftreten, die Bedeutung und die nachfolgenden Konsequenzen unterschiedlicher Formen des Sozialspiels wurden bei Hundewelpen unterschiedlicher Rassen, aber auch bei sogenannten Straßenhunden z. B. in Bengalen (Indien), wiederholt beschrieben. Besonders bemerkenswert sind die Untersuchungen, die nahezu zeitgleich von dem indischen Verhaltensbiologen Sukumar Pal (Pal, 2010) und der amerikanischen Verhaltensbiologin Camille Ward durchgeführt wurden. Die beiden Studien befassten sich mit der Entwicklung, dem Geschlechtsunterschied und anderen Prozessen im Sozialspiel von Hundewelpen, wobei Pal solche aus den westbengalischen Dorf- und Kleinstadtbezirken untersuchte, also aus einem sehr schwierigen und auch besonders anspruchsvollen und bisweilen gefährlichen, zusätzlich klimatisch sehr anspruchsvollen Lebensraum. Camille Ward dagegen untersuchte Hunde aus Familien in Chicago und Umgebung in den USA. Beide Studien fanden eine große Übereinstimmung im Auftreten, der Häufigkeit und den Geschlechtsbevorzugungen von Spielverhalten. **Die Tatsache, dass selbst unter den recht rauen Lebensbedingungen von verwilderten Haushunden in einer indischen Kleinstadt Spielverhalten so regelmäßig und ausführlich gezeigt wird, sollte bereits verdeutlichen, wie wichtig Spielen offensichtlich in der Entwicklung von jungen Hunden ist.** Untersuchungen an den meisten anderen Säugetieren haben nämlich gezeigt, dass gerade unter schwierigen bis gefährlichen Lebensbedingungen selbst Jungtiere von ansonst verspielten Arten wie Affen oder manchen Huftieren sehr viel eingeschränkter spielen als unter Bedingungen optimaler Nahrungsversorgung und Sicherheit. Wichtige Ergebnisse der Studie von Camille Ward sind z. B., dass die Welpen zu Beginn ihrer Entwicklung (von der 3. bis ca. 40. Lebenswoche wurden sie beobachtet) nahezu gleichmäßig mit allen verfügbaren Wurfgeschwistern spielten, sich dann aber deutliche Bevorzugungen bestimmter Spielpartner herauskristallisierten. Bereits vor der 8. Lebenswoche waren diese Bevorzugungen so stabil, dass sie bis zum Ende der Untersuchung vorhersagbar anhielten. Die Spielverhaltensweisen folgten nur in wenigen Fällen einer 50/50 Gleichverteilung, das heißt also, dass keineswegs jeder Welpe im Spiel mit seinem Partner die gezeigten Verhaltensweisen gleich häufig und in gleicher Intensität ausführte.

Geschlechtsunterschiede im Spiel?

Im Laufe der Entwicklung nahmen bestimmte Verhaltensweisen der Spielaufforderung immer mehr zu, Geschlechtsunterschiede traten durchaus auch auf. Im Gegensatz zu der Freilandstudie von Pal (dies war einer der wenigen Unterschiede zwischen den beiden Situationen) initiierten weibliche Welpen und Junghunde mehr Spielaktivitäten mit anderen weiblichen als mit männlichen Geschwistern. Die Art des Spielens unterschied sich jedoch bei weiblichen Welpen und Junghunden nicht in Abhängigkeit vom Geschlecht des Spielpartners, es wurden ebenso viele offensive wie defensive Verhaltensweisen gezeigt. Männliche Jungtiere initiierten erst ab der 27. Woche mehr Spielverhalten mit anderen Männchen als mit Weibchen. Gerade diese Befunde unterscheiden übrigens das Spielverhalten von Hunden deutlich von dem anderer sozialer Säugetiere, seien es Affen, Huftiere oder auch Kängurus. Bei den meisten anderen Säugetiergruppen finden sich nämlich sehr deutliche Verhaltensunterschiede beim Spiel der Jungtiere. Gerade Elemente des Spielkampfes und andere, eher auf Wettbewerb ausgerichtete Verhaltensbereiche treten bei weiblichen Jungtieren dann sehr viel seltener auf als bei männlichen. **Auch hier spiegelt sich offensichtlich das ausgeglichenere, mehr auf Paarbindung und familiäre Kooperation ausgerichtete Sozialsystem der Hundeartigen in den Spieltaktiken wider.**

Nur vergleichsweise wenige Daten existieren über Unterschiede im Auftreten und in den bevorzugten Formen des Spielverhaltens zwischen verschiedenen Haushunderassen. Die Zusammenstellungen (siehe Gansloßer und Käufer, 2017) lassen erkennen, wie viele Lücken in der Untersuchung hier noch klaffen, und weitergehende Verhaltensuntersuchungen müssen dringend auch auf Rasseunterschiede stärker Bezug nehmen. Während die Untersuchungen zum Spielverhalten erwachsener Hunde inzwischen durchaus neue, auch sehr beachtenswerte Erkenntnisse geliefert haben, ist das Spielverhalten von Welpen und Junghunden noch immer weitgehend ein weißer Fleck auf der Entwicklungslandkarte des Haushundes.

AUFTRETEN DER SPIELFORMEN BEI VERSCHIEDENEN RASSEN

	Husky	Bullterrier	Border Collie	Weimaraner	Beagle	Samojede	American Staffordshire	Golden Retriever	Zwergpudel	Deutscher Schäferhund	Großpudel	Labrador Retriever	Boxer	Indische Straßenhunde	Standardpudel	Viszla	Welsh Terrier
SOZIALSPIEL																	
Beißspiele	11	11	15	15	15	17	17	20	20	21	23	29					
Maulrangeln	12		14			15							15				
Spielkämpfe	13		18	18		21	19	20	45	26	42	2	3. W*	3. W*			
Versteckspiel			50			43											
King of the Castle			30		30	43											
Pseudosexualspiele Aufreiten	20	18	24			23	23	28	36	29	39	33		6. W**			
Bellspiele						43									2. M**		
Jagd-/Rennspiele	16		28	30	34	34	32	30	35	29	42	33	8. W		5.5	5. W	6. W
Solitäre Bewegungsspiele	17		18			19		3.5 W				3.5 W			4. W		
SOZIALES OBJEKTSPIEL																	
Spielkämpfe mit Objekt			28			27							4.5 W		4.5 W	4.5 W	6. W
Zerrspiele			31			24							5. W		4.5 W	4.5 W	6. W
Keep away															4.5 W		
SOLITÄRES OBJEKTSPIEL																	
Beknabbern/Bekauen	16	17	17	20	25	17	21	32	25	26	21	29			3. W	3. W	4. W
Pfotenschlagen	16		16												3.5 W	3. W	4. W
Berühren mit der Nase						25									3. W	3. W	3. W
Beißschütteln	29	24	22	26	37	24	30	42	26	29	28	35			4. W	4. W	4. W
Spieltragen	15		28			24		30	25	67	24	36			4.5 W	4.5 W	4.5 W
Mäuselsprung	24		24	26		34						33					
Spielwerfen-/schleudern			35			48											

Ohne Angabe = Tag, W = Woche, M = Monat, * Ende, ** ab

(aus: Gansloßer, Udo und Mechtild Käufer, 2017)

„… DAS IST JA EIN DICKER HUND!"

Dieser Ausdruck stammt aus früheren Zeiten, manche nehmen an, dass er bereits im Mittelalter geschaffen wurde. Zu dieser Zeit waren Hunde überwiegend als Dorf- und bisweilen Straßenhunde unterwegs, und die meisten davon waren, wie sicherlich auch heute noch, eher schlank bis teilweise wohl auch unterernährt. Ein dicker Hund war also damals etwas ganz besonderes, ein fast schon skandalöses, zumindest aber ausreichend herausragendes Ereignis. Heutzutage ist die Situation ganz anders. Dicke Hunde sind leider Alltag. In vielen westlichen und industrialisierten Ländern wird Fettleibigkeit von Veterinären als die häufigste und weitest verbreitete Krankheit angeführt (McGreevy et al., 2005; und andere). Es soll zwar viele Tierarztpraxen geben, in denen es den Angestellten explizit verboten ist, die Hunde- (und auch Katzen-) Besitzer auf die Wohlbeleibtheit oder sogar Fettleibigkeit ihres Haustieres anzusprechen, aus der Furcht heraus, diese zu verprellen und damit Geld zu verlieren. Aber abgesehen von dem merkwürdigen Berufsethos solcher Tierärzte zeigt das vor allem auch, wie weit verbreitet das Bild eines überfütterten Haustieres in unserer Gesellschaft heute ist.
Die Faktoren, die zu einem dicken Hund führen, sind vielfältig. Sicherlich sind die Halter mit an dieser Entwicklung schuld. Eine Zusammenarbeit von Humanpsychologen und Tierernährungskundlern (Kienzle et al., 1998) zeigte z. B., dass Hundehalter von übergewichtigen Hunden zu einer verstärkten Über-Vermenschlichung ihrer Hunde neigten, diese mehr als Mitmenschen und nicht als Begleittiere behandelten. Die Notwendigkeit, den Hund zu beschäftigen und auch durch regelmäßige körperliche Aktivitäten zu einem erhöhten Stoffwechsel beizutragen, war diesen Menschen wesentlich weniger wichtig. Andererseits beobachteten z. B. 25 % der Halter von übergewichtigen Hunden mehr als eine halbe Stunde pro Tag ihren Hund beim Fressen, nur 10,6 % der Halter von normalgewichtigen Hunden taten dies. Fettleibige Hunde wurden häufiger mit Küchenabfällen gefüttert, und zwar zusätzlich zu ihrer eigenen Mahlzeit. Sie waren mehr anwesend, wenn der Mensch sein eigenes Essen zubereitete oder zu sich nahm, und wurden auch vom Tisch gefüttert. Es gab keinen Unterschied in der Art der Fütterung, ob käufliches Hundefutter oder selbst gekocht bzw. roh. Auch in anderen Studien gilt dies, offensichtlich ist die Art der Fütterung kein Persönlichkeitsmerkmal der Halter von übergewichtigen Hunden.
Im Gegensatz zu weit verbreiteten Meinungen ist z. B. derjenige, der seinen Hund mit besonders teurem und hochwertigem Futter füttert, keineswegs der typische Halter eines überfütterten, weil besonders verhätschelten Hundes. Eher das Gegenteil. Wer sein Futter im nahe gelegenen Billigsupermarkt kauft, hat ein viel höheres Risiko, den Hund zu einem fettleibigen Individuum heranzufüttern.

RISIKOFAKTOREN FÜR EINEN DICKEN HUND

Eleonor Raffan und Co-Autoren (2005) haben mit Hilfe eines speziell entwickelten Fragebogens eine Reihe von Risikofaktoren in der Mensch-Hund-Beziehung identifiziert, die zu einem fettleibigen Hund führen können. Sie fanden durch eine komplexe statistische Auswertung insgesamt drei Faktoren auf Seiten des Hundes, vier Faktoren auf Seiten des Menschen und zwei spezielle medizinische Faktoren, die die Fettleibigkeit vorhersagen ließen. Auf der hundlichen Seite war dies die Reaktionsbereitschaft auf Futter, vor allem auch im Zustand der körperlichen Sättigung, das Interesse an Futter allgemein und ein Mangel an Nahrungsselektivität, also die berüchtigte Staubsaugermentalität. Auf der Halterseite gab es die eigene Motivation, das Körpergewicht des Hundes zu kontrollieren, als unabhängigen Faktor dazu die Motivation, auch zur Veränderung des hundlichen Körpergewichts Maßnahmen zu ergreifen, den begrenzten oder verweigerten Zugang zu menschlicher Nahrung, und die körperliche Aktivität durch sportliche und andere Formen der Beschäftigung des Hundes.

Vor allem eine hohe Nahrungsmotivation des Hundes in Kombination mit einer geringeren Motivation des Halters zur Beschäftigung und Aktivierung des Hundes sowie zum Eingreifen bei dessen Gewichtsveränderungen, waren die höchst riskanten Faktoren für einen dicken Hund.

Anzeichen von Magen-Darm-Erkrankungen und insgesamt ein schlechter Gesundheitszustand des Hundes waren weitere, häufig zu findende Risikofaktoren. Hunde, die auch mal, wenn satt, Futter liegen ließen oder verweigerten, und Hunde, die sich beim Fressen Zeit ließen, hatten ein wesentlich geringeres Risiko zur Fettleibigkeit, ebenso solche, die zumindest unbekanntes Futter erst mal ausgiebig untersuchten, bevor sie es fraßen.

KASTRATION UND RASSE

Eine Reihe von Untersuchungen zeigte auch lebensgeschichtliche Zusammenhänge auf. So waren – sowohl in der Untersuchung von Alexander German und Co-Autoren der Universität Liverpool als auch die über mehrere Kontinente ausgebreitete Studie von Paul Mc Greevy und Co-Autoren aus Melbourne – die kastrierten und älteren Hunde mit einem höheren Risiko der Fettleibigkeit versehen als die jüngeren und/oder intakten (German et al., 2017; McGreevy et al., 2005). Eine Reihe von Rassen hatte ein besonders hohes Risiko von Fettleibigkeit, z. B. Beagle, Cavalier King Charles Spaniel, Mops, Golden und Labrador Retriever. Auch hier zeigte sich, dass die Häufigkeit und die Ausdauer der Bewegungsaktivität des Hundes einen negativen Einfluss auf die Entwicklung der Fettleibigkeit haben konnten. In der Untersuchung von Paul Mc Greevy und seinem Team waren vor allem kastrierte Hunde der australischen Arbeitshunderassen, also Hütehunde, dazu Apportierhunde und Meutehunde einem besonders hohen Risiko zur Fettleibigkeit ausgesetzt. Bei den australischen Hütehundrassen waren insgesamt nur 47 % der untersuchten 375 Hunde normalgewichtig, bei den Apportierhunden 45 %, bei den Meutehunden 55 %. In der von Paul Mc Greevys Team durchgeführten Studie wurden auch Mischlinge betrachtet, und diese hatten ein höheres Risiko zur Fettleibigkeit als die Rassehunde. Jedoch sind halterbezogene und haltungsbezogene Faktoren sowie Rasse keineswegs die einzigen, die zur Fettleibigkeit eines Hundes beitragen können.

HORMONELLE PROBLEME BEI FETTLEIBIGKEIT

Zum Verständnis weiterer Zusammenhänge muss zunächst ein kleiner Blick auf die beteiligten Steuerungssysteme geworfen werden. Ohne hier zu tief in die biochemischen und physiologischen Zusammenhänge eindringen zu wollen, sind eine Reihe von hormonellen Zusammenhängen von Bedeutung. Gerade in diesem Bereich wird der Hund übrigens auch in vielen humanmedizinischen Studien als Vergleichs- oder Modelltier herangezogen, da seine Ernährung und seine Lebensweise doch insgesamt der eines Menschen ähnlicher sind als z. B. die weit verbreiteten Nagetiermodelle. Melania Osto und Thomas Lutz von der Universität Zürich (Osto und Lutz, 2015) sowie Judith Radin und Co-Autorinnen von den amerikanischen Universitäten in Columbus und St. Paul (Radin et al., 2009) haben die an der Steuerung der Aufbau- und Abbauprozesse von Fettkörpern beteiligten Hormone übersichtsartig zusammengestellt. Das wichtigste Hormon zum Abbau bzw. zur Verhinderung von Fettleibigkeit ist das Leptin. **Leptin ist ein Gewebshormon, das in gefüllten und gesättigten Fettzellen entsteht, und eigentlich im Gehirn als natürliche Essbremse wirken sollte. Es sollte das Appetitgefühl langfristig senken und**

den Energieverbrauch, insbesondere durch Wärmeproduktion, steigern.
Gerade die Rückkopplungssysteme des Leptins sind übrigens, wie man aus Studien am Menschen und an Labortieren weiß, oftmals bei fettleibigen Tieren auch deshalb gestört, weil sie offensichtlich von Stress in der Kindheit und in der frühen Jugend negativ beeinflusst werden. Die Leptinkonzentrationen sind offensichtlich auch rasseunterschiedlich. So sind in einer Untersuchung Leptinkonzentrationen bei Shetland Sheepdogs (Shelties) jeweils höher gewesen als z. B. bei Zwergdackeln, Shih Tzus und Labradoren.
Ein zweites, durch den Fettkörper ins Blut abgegebenes Gewebshormon ist das **Adiponectin**. Dieses reguliert z. B. die Empfindlichkeit für das Bauchspeicheldrüsenhormon Insulin, hat entzündungshemmende Wirkungen und verhindert die Anlagerung von Gefäßablagerungen, also die Bildung von Atherosklerose. Dicke Hunde haben geringere Konzentrationen von Adiponectin als normalgewichtige Artgenossen. Die Umsetzung des Adiponectin-Gens, vor allem im Bereich des Eingeweidetraktes, ist bei durch Fehlernährung erzeugter Fettleibigkeit des Hundes geringer, dadurch werden auch geringere Adiponectinkonzentrationen ins Blut abgegeben.
Wahrscheinlich sind auch noch andere Hormonsysteme, die beim Menschen und bei Labortieren bereits mit der Fettleibigkeit in Verbindung gebracht wurden, etwa das Renin-Angiotensin-System der Nierenregulation, durch die Fettleibigkeit verändert. Hierzu sind die Daten bei Hunden und Katzen jedoch noch zu wenig detailliert.

Insulinsystem des Hundes

Was die Übersichten bei Melania Osto und Thomas Lutz jedoch zeigen, ist, dass fettleibige Hunde zwar ebenfalls eine Resistenz, also Wirkungslosigkeit des Bauchspeicheldrüsenhormons Insulin erzeugen können, dass im Gegensatz zum Menschen oder auch Katzen jedoch die Zusammenhänge zwischen Fettleibigkeit und der Entstehung von *Diabetes Mellitus II*, also der typischen fehlernährungsbedingten Blutzuckerkrankheit, nicht vorhanden sind. Offensichtlich reagiert das Insulinsystem des Hundes anders als das von Mensch oder Katze, und die meisten zuckerkranken Hunde sind nicht aufgrund von Fettleibigkeit, sondern aufgrund von mangelnder Genumsetzung des zuständigen Erbabschnitts beeinträchtigt. Dies würde eher dem *Diabetes Mellitus I* des Menschen entsprechen. In ähnlicher Weise wie beim Menschen ist jedoch festzustellen, dass auch bei dicken Hunden eine Reihe von entzündungsfördernden Botenstoffen (als proinflammatorische Zytokine bezeichnet) mit der Fettleibigkeit in Einklang stehen. Diese nehmen, wenn der Hund durch Diät abgespeckt wird, deutlich in der Konzentration im Blut ab. Es ist bemerkenswert, nachdem in der menschlichen Psychiatrie die depressionsauslösende oder -fördernde Wirkung dieser proinflammatorischen Zytokine belegt ist, hier einen möglichen Zusammenhang zwischen Aktivität, Verhaltenseigenschaften oder Persönlichkeit des Hundes und seiner Fettleibigkeit herzustellen.

Wahrhaft ein dicker Hund!

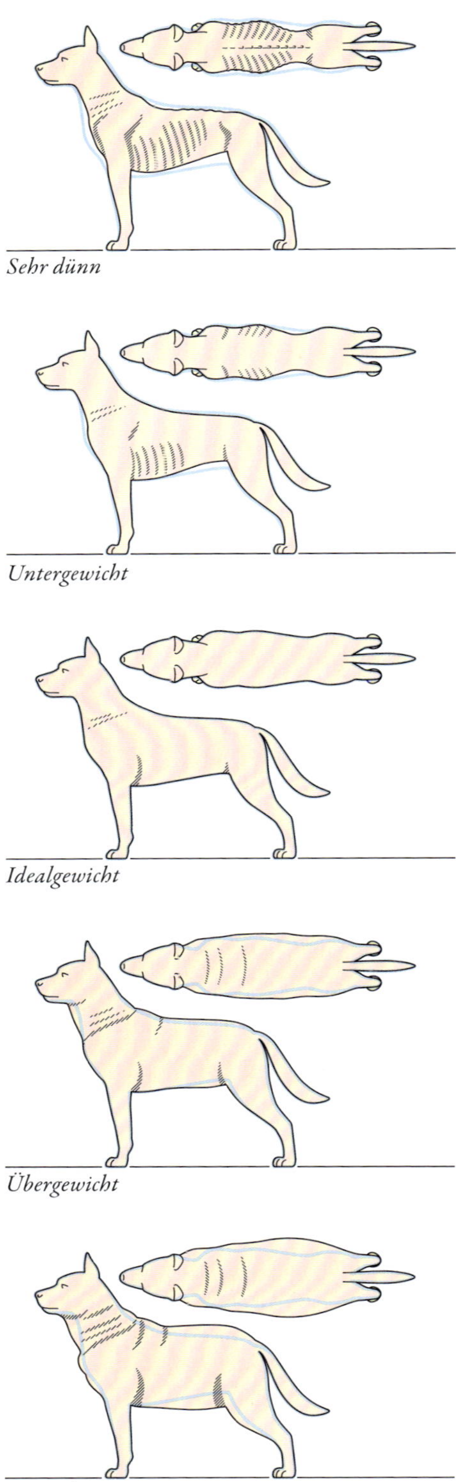
Sehr dünn
Untergewicht
Idealgewicht
Übergewicht
Fettsucht

GENETISCHE GRÜNDE FÜR ÜBERGEWICHT

Auch genetische Risikofaktoren spielen eine wesentliche Rolle. Taylor Reiter und Co-Autoren der amerikanischen Harvard Universität haben sich mit einer Reihe von Genabschnitten beschäftigt, die verschiedene Stoffwechsel- und Verdauungsprozesse bei Hunden steuern (Reiter et al., 2016). Das bereits besprochene Amylase-2-Gen, das den Abbau von Stärke regelt (siehe S. 32 f.), ist das einzige, das im Rassen-Vergleich zu unterschiedlichen Ergebnissen geführt hat. Enzyme, die mit der Verdauung von Zucker oder Fleischbestandteilen beauftragt sind, haben keine Rassen- und anderweitig genetischen Unterschiede aufgewiesen. In einer Untersuchung eines großen Autorenteams rund um Eleonor Raffan (Raffan et al., 2016) wurde ein spezieller Genabschnitt bei Labrador Retrievern untersucht. Beim Labrador und beim nahe verwandten Flat Coated Retriever ist ein Genabschnitt, als POMC bezeichnet, mit Fettleibigkeit deutlich verknüpft. Etwa 12 % der untersuchten Labradore hatten das veränderte POMC-Gen, das Risiko zur Fettleibigkeit war bei diesen wesentlich größer. Von Bedeutung ist, dass bei Hunden aus Therapiehundelinien die Wahrscheinlichkeit der POMC-Veränderung und damit der Fettleibigkeit größer war als bei Linien, die als reine Familienhunde gehandelt und gehalten wurden. Auch hier ist ein möglicher Zusammenhang mit Persönlichkeitsunterschieden noch nicht belegt, könnte aber der Hintergrund für diesen Unterschied sein.

Dass es auch innerhalb der Rassen persönlichkeitsabhängige Einzelfaktoren gibt, die möglicherweise den dicken Hund begünstigen, ist bereits in der anfangs zitierten Untersuchung von Raffan et al. (2005) angeklungen. Neueste Untersuchungen in der Budapester Arbeitsgruppe (Pogany et al., 2017) zeigen dies deutlich. Es wurden 91 Hunde aus fünf Rassen (Golden und Labrador Retriever, Border Collie, Mudi und Beagle) in drei Kategorien nach Körpergestalt (dünn, normal, übergewichtig) eingeteilt. Beagle und Retriever hatten die meisten, Border Collies keine übergewichtigen Vertreter. Übergewichtige Hunde zeigten sich als vorsichtiger/pessimistischer bei Testung einer Futterschüssel am ungewohnten Platz und waren zögerlicher bei unsicherer Belohnungssituation. Stattdessen reagierten sie, ähnlich übergewichtigen Menschen, stärker auf höherwertiges Futter. Für den dicken Hund ist also offensichtlich der Napf eher halb leer, für den schlanken, „gewichtsbewussteren" eher halb voll. Es wird spannend werden, hier noch weitergehende Untersuchungen in den nächsten Jahren zu finden.

KASTRATIONSFOLGEN

Die Folgen der Kastration auf die Gewichtsentwicklung von Hunden wurden bereits andiskutiert. Wahrscheinlich handelt es sich auch dabei wieder um ein mehrfaktorielles Geschehen. Sowohl der geringere Energieverbrauch, der wiederum unter dem Einfluss der Sexualhormone steht, als auch gegebenenfalls eine veränderte Motivationslage können hierfür verantwortlich gemacht werden. Bemerkenswert ist, dass in den letzten Jahren eine ganze Reihe von Studien veröffentlicht wurde, die sowohl die psychischen als auch die körperlichen Risiken der Kastration wesentlich deutlicher machten, als dies in der Vergangenheit der Fall war. In Übersichtsartikeln, z. B. von Sebastian Arlt und Co-Autoren (2017) oder von Christine Zink und Jean Farhoody (Zink et al., 2014), wurden die Risiken deutlich zusammengefasst. Sowohl die von Christine Zink und Co-Autoren untersuchten Magyar Vizslas, als auch die in mehreren Untersuchungen zusammengetragenen Daten über Golden und Labrador Retriever (Torres de la Riva et al., 2013; Hart et al., 2014) zeigten z. B. ein erhöhtes Risiko für Lymphdrüsen- und Mastzelltumore, Knochentumore, Kreuzbandrisse und andere orthopädische Probleme bei kastrierten Hunden beiderlei Geschlechts. Sundburg et al. (2016) konnten belegen, dass ein halbes Dutzend autoimmuner Erkrankungen, z. B. die autoimmunbedingte, entzündliche Darmerkrankung, also die hundliche Variante von Morbus Crohn und Colitis Ulcerosa, die entzündliche Dermatitis, also Hauterkrankung, oder auch die Schilddrüsenunterfunktion und verschiedene autoimmunbedingte Krankheiten rund um die Blutbildung, durch die Kastration erheblich gefördert wurden. Ebenfalls in ausführlichen Untersuchungen dokumentiert sind mittlerweile die Auswirkungen der Kastration auf das Verhalten. Daten der amerikanischen Verhaltensmedizinerin Karen Overall (Overall, 2007), wiederum aus der Arbeitsgruppe von Barbara Zink (Zink et al., 2014), und auch unsere eigenen Untersuchungen (Kaufmann et al., 2017; Wörner et al., 2017) zeigen einen erheblich höheren Prozentsatz an ängstlichen, ressourcen- oder unsicherheitsbedingt aggressiven, bisweilen panikanfälligen Hunden, bei Rüden ein höheres Risiko sexueller Belästigung nach der Kastration (bemerkenswerterweise in Abhängigkeit von der Jahreszeit, zu der kastriert wurde) und insgesamt oftmals größere Probleme mit anderen Hunden. Entgegen der häufig geäußerten Erwartung ist auch z. B. der Persönlichkeitsfaktor Geselligkeit und Verträglichkeit mit Hunden keineswegs bei kastrierten Hunden, auch nicht bei kastrierten Rüden, verbessert.
Im Zusammenhang mit der auch längst nicht mehr so eindeutig wie früher angenommenen, angeblich positiven Auswirkung der Kastration von Hündinnen auf das Entstehen bzw. Vermeiden von Gesäugetumoren (neue Diskussionen zu diesem Thema siehe bei Arlt et al., 2017) kann also nur darauf hingewiesen werden, dass die Kastration beim Hund sehr viel detaillierter und mit sehr viel mehr Einzelfallbezug betrachtet werden muss, als dies bisher geschehen ist.

AUS DER FORSCHUNG

— Das Sozialverhalten kastrierter Rüden und Hündinnen im Vergleich zu intakten Hunden.

Einleitung

Haushunde werden heutzutage aus den verschiedensten Gründen kastriert. Neben der Populationskontrolle wird die Kastration auch aus gesundheitlichen Gründen durchgeführt, und um unerwünschtes Verhalten zu ändern. Aus ethologischer Sicht kann sich eine Kastration negativ auf das Sozialverhalten des Hundes auswirken.

Methoden

Anhand von Videoaufnahmen aus Deutschland und der Schweiz von 15 Hundegruppen wurde das Sozialverhalten der Hunde analysiert. Die Hunde wurden dafür auf einem eingezäunten Gelände in der Gruppe miteinander laufen gelassen und mit einer Videokamera gefilmt. Spezifische Verhaltensweisen wurden zwischen den kastrierten und intakten Rüden (n = 16/17) und Hündinnen (n = 15/19) miteinander verglichen und statistisch ausgewertet. Zudem wurden Fragebögen (133 männlich/190 weiblich), basierend auf der Studie von Turcsán et al. (2011), von den Hundehaltern ausgefüllt sowie weitere Fallstudien (54 männlich/ 180 weiblich) ausgewertet, die aus der Beratungsstelle von Udo Gansloßer und Sophie Strodtbeck stammen (Kaufmann et al., 2017).

Ergebnisse

Signifikante Unterschiede wurden in Verhaltensmustern wie dem Riechen und Lecken des Genitalbereichs, der sexuellen Belästigung anderer Hunde, dem Zähneklappern und dem Kinnruhen (Mann-Whitney-U-Test, U = 419,5, p = 0,003) vermerkt. Ebenso treten die nicht-kastrierten Hunde zu einem größeren Teil als Sender souveränen Verhaltens in Bezug auf die Kastraten auf.
Bei den Fragebögen zeigen die Ergebnisse einen Trend, dass kastrierte Rüden und Hündinnen emotional instabiler in Stresssituationen reagieren. Die Fallstudien zeigen eine Tendenz zu aggressivem Verhalten

Entgegen landläufiger Meinung ist Geselligkeit mit anderen Hunden, selbst mit intakten Angehörigen des gleichen Geschlechts, nicht durch Kastration zwangsläufig zu verbessern.

und Angst bei mehr kastrierten als intakten Hunden. Die Ergebnisse stützen Daten aus anderen Studien (z. B. Zink et al., 2014) und zeigen, dass die Kastration durchaus einen negativen Einfluss auf das Verhalten von Hunden haben kann. Kastrierte Rüden können zudem attraktiver für intakte Rüden werden, was zu einem hohen Stressfaktor für die Kastraten werden kann. Bei kastrierten Hündinnen kann insbesondere das Aggressionsverhalten gesteigert und das Sozial-/Spielverhalten vermindert werden. Dementsprechend sollten Hundehalter sich der Folgen für den Hund bewusst sein und nur zum Wohle des Tieres handeln.

Fazit

Sowohl die Videoanalysen als auch die Auswertung der Fragebögen und Anamnesebögen weisen darauf hin, wie negativ sich eine Kastration auf das Sozialverhalten eines Hundes auswirken kann. Die Ergebnisse lassen nicht automatisch den Schluss zu, dass kastrierte Rüden allgemein häufiger belästigt werden als intakte Rüden. Dennoch ist eine klare Tendenz erkennbar, dass kastrierte Rüden sich in ihrem Sozialverhalten von intakten Hunden unterscheiden. Situationen, in denen eine Kastration beim Hund gerechtfertigt erscheint, können physische Erkrankungen sein. Eine Kastration jedoch als präventive Maßnahme durchzuführen, sollte immer den damit verbundenen gesundheitlichen Risiken und auch den Veränderungen im Hundeverhalten gegenübergestellt werden. Es wurde bereits herausgefunden (von O'Farrell und Peachy, 1990; und ebenso diskutiert von Hart und Eckstein, 1997), dass aggressives Verhalten und Reizbarkeit bei Hündinnen nach einer Kastration zunehmen. Diese Beobachtungen können durch diese Studie bestätigt werden. Die kastrierten Hündinnen zeigen deutlich mehr Aggressionen und erweisen sich insgesamt als weniger gesellig und extrovertiert.

CARINA KOLKMEYER
studierte Biologie an der Ruhr-Universität Bochum und an der Universität Osnabrück. Ihren Bachelorabschluss absolvierte sie 2014 mit einer Bachelorthesis zum Thema Sozialverhalten kastrierter Rüden im Vergleich zu intakten Rüden. Anschließend absolvierte sie 2017 ihr Masterstudium. In ihrer Masterarbeit nahm sie das Sozialverhalten kastrierter Hündinnen im Vergleich zu intakten Hündinnen in den Fokus.
Durch ihre erlangten Kenntnisse aus der Verhaltensbiologie im Haustier- und im Zootierbereich ist es ihr ein großes Anliegen, die Unterschiede im Sozialverhalten von kastrierten und intakten Hundeartigen noch weiter zu untersuchen, um einerseits für Hundebesitzer eine Entscheidungshilfe für ihren Vierbeiner bieten zu können und andererseits das Zuchtmanagement in Zoologischen Tiergärten zu unterstützen.
Ab dem Frühjahr 2018 promoviert sie in diesem Forschungsbereich an der Universität Vechta.

ALTERUNGSPROZESSE

ALTE HUNDE UND NEUE TRICKS

Die Aussage, dass man einem alten Hund keine neuen Tricks mehr beibringen könne, entspricht im Englischen etwa unserem Sprichwort: „Was Hänschen nicht lernt, lernt Hans nimmermehr."

Trotz, oder vielleicht auch zum Teil wegen dieser Annahme, ist der Hund in den letzten Jahren zunehmend auch in den Blickpunkt der Altersforschung geraten. Ähnlich wie beim Thema dicker Hund bereits ausgeführt, haben viele medizinisch-psychologische Arbeitsgruppen erkannt, dass Hunde in ihrer Lebensweise und ihren Verhaltenseigenschaften dem Menschen sehr viel ähnlicher sind als Laborratten und Labormäuse. Daher dienen sie oftmals auch als Modelltiere für Studien, die dann in der menschlichen Alterspsychologie und Altersmedizin eingesetzt werden können. Für uns Hundeleute hat das den Vorteil, dass wir mit zum Teil sehr aufwändigen und teuren Forschungsmethoden durchgeführte Untersuchungen am Hund sozusagen „Frei Haus" geliefert bekommen und als Nebenprodukt dann auch unsere eigenen Beziehungen und unseren Umgang mit alten Hunden verändern können.

VERHALTENSÄNDERUNGEN BEIM ALTEN HUND

Wenden wir uns zunächst den Verhaltensänderungen zu, die bei alten Hunden früher oder später auftreten. Bemerkenswert ist übrigens in vielen dieser Untersuchungen, wie groß die Parallelen auch dabei zum Menschen sind. Während manche Hunde auch im Alter von 8, 9 oder 10 Jahren und darüber noch problemlos viele, auch geistig anspruchsvolle Aufgaben lösen können, ist bei anderen bereits im Alter von 4 oder 5 Jahren eine erste Reduktion ihrer geistigen Leistungsfähigkeit zu beobachten. Bei diesen, bereits früher mit eingeschränkter Leistungsfähigkeit zu Buche schlagenden Hunden, klafft die Schere dann auch mit zunehmendem Alter immer weiter auseinander, wenn man sie mit den unauffälligeren Artgenossen und Rassegenossen vergleicht.

Die allgemeine Frage, wann ein Hund als alt zu bezeichnen sei, ist also nicht allgemein zu beantworten. Selbst unter Berücksichtigung der im Kapitel über die Lebensdauer dargelegten Zusammenhänge mit der Rasse und Körpergröße (siehe S. 194 ff.) finden wir immer noch eine große Variabilität. Und es ist anzunehmen, ähnlich wie beim Menschen, dass hier Ernährung, Vorgeschichte, Sozialisierung und vor allem eine abwechslungsreiche und interessante Umgebung von Welpenbeinen an, einen fördernden Einfluss auf die geistige Frische im Alter haben.

Beth Adams und Co-Autoren der Universität Toronto (Adams et al., 2000) haben in einem Übersichtsartikel die verschiedenen Auswirkungen der Lebensbedingungen von Hunden auf eine ganze Reihe von Verhaltenseigenschaften zusammengetragen. Besonders beeinträchtigt sind, in Abhängigkeit von Individuum und sonstigen Faktoren, die Fähigkeiten des Arbeitsgedächtnisses, das Umkehrlernen, räumliches Lernen und Ortsgedächtnis. Die Fähigkeit, verschiedene Objekte zu unterscheiden, oder die Fähigkeit, sich an Handlungsabläufe zu erinnern und neu zu lernen, das sogenannte prozedurale Gedächtnis, sind bei alten Hunden wenig bis gar nicht beeinträchtigt. Es ist anzunehmen, dass hier wiederum Schädigungen des Hippocampus eine wichtige Rolle spielen. Umkehrlernen, das heißt, zu verstehen, dass etwas, was vorher gut war, nun plötzlich nicht mehr gut ist, wird bei älteren Hunden massiv beeinträchtigt, und auch die Benutzung von sogenannten Landmarken, also hinweisgebenden Strukturen in der Umgebung, funktioniert schlechter.

So haben Hannah Salvin und Co-Autoren (2010) ältere Hunde in einer Testarena vergrabenes Futter suchen lassen und Hinweise auf den Ort des Vergrabens durch in der Nähe platzierte Plastikkegel oder Striche an der Umrandung der Arena gegeben. Ältere

Der Alterungsprozess bei Hunden läuft wie bei uns Menschen sehr unterschiedlich ab.

Hunde hatten viel mehr Probleme, diese Hinweise einzubeziehen und das vergrabene Futter zu finden. Die Beeinträchtigung des Umkehrlernens wird z. B. in einem Test überprüft, bei dem der Hund zunächst lernt, dass bei einem Kreuzsymbol Futter zu finden ist, bei einem Kreis dagegen nicht. Hat er dies gelernt, wird plötzlich der Kreis belohnt und das Kreuz nicht mehr. Junge Hunde brauchen wesentlich weniger lang, um diesen Wechsel zu verstehen. Man geht davon aus, dass die Impulskontrolle und andere hemmende Mechanismen des Verhaltens bei älteren Hunden beeinträchtigt sind (Tapp et al., 2003). Auch das Erlernen der ursprünglichen Unterscheidung ist bereits verlangsamt.

Beschäftigung hält fit

Immer wieder werden wir in diesem Zusammenhang auf die Arbeitsgruppe von Professor Elisabeth Head von der University of California in Irvine stoßen. Ihre Mitarbeiterin Christina Siwak-Tapp (Siwak-Tapp et al., 2008) hat zeigen können, dass gerade der Verlust von Nervenfasern und Nervenverknüpfungen im Hippocampus bei Hunden durch Beschäftigungsprogramme und Verhaltensbereicherungen deutlich reduziert werden kann. Die Beschäftigungsprogramme bestanden z. B. darin, dass die Laborhunde nicht einzeln, sondern in Paaren gehalten wurden, regelmäßig Spielzeuge bekamen, regelmäßig mindestens zwei Spaziergänge pro Woche und eine erhöhte Zahl von Intelligenztests erlebten. Alle diese Maßnahmen führten zu einer Verbesserung der Verknüpfung, speziell zwischen dem Hippocampus und der linken Hirnhälfte, und dadurch zu einer Reduzierung der altersbedingten Einschränkungen. Untersuchungen von Bray et al. (2013) zeigen weitere Fähigkeiten der Selbstbeherrschung und der Impulskontrolle, die bei älteren Hunden beeinträchtigt sind. Hier sollten Hunde lernen, dass man eine Umwegaufgabe auch dann lösen kann, wenn man um eine transparente Barriere herumläuft. Anstatt einfach direkt mit dem Kopf voran gegen die durchsichtige Scheibe zu donnern, war es für junge Hunde sehr viel einfacher, um diese Barriere herumzugehen, wenn dahinter z. B. leckeres Futter aufgestellt war. Ältere Hunde hatten viel mehr Schwierigkeiten, dem ersten Impuls des Geradeauslaufens zu widerstehen und die Sichtscheibe zu umgehen.

ERNÄHRUNG UND ALTERN

Mortan Milgram (Milgram et al., 2002a) aus der Gruppe von Elisabeth Head zeigte Einflüsse der Ernährung auf die altersbedingten Veränderungen im räumlichen Lernvermögen. Eine Reihe von Laborbeagles wurde in zwei Versuchsgruppen eingeteilt. Eine davon erhielt eine normale, ausgewogene Ernährung für erwachsene Hunde, die andere Gruppe erhielt zusätzlich noch einen Zusatz von Antioxidantien und verschiedenen Nahrungsergänzungen, die speziell die Funktion der Mitochondrien förderten, der als sogenannte Kraftwerke der Zelle für den Energiehaushalt besonders wichtigen Zellorganellen. Die Testsituation bestand darin, dass man entweder direkt auf den Futternapf oder im Laufe der Versuchsreihen in immer größerer Entfernung vom Napf eine Landmarke, also ein optisches Hilfsmittel in Form z. B. eines Kegels oder Zylinders, aufstellte. Junge Hunde, aber auch ältere Hunde mit der genannten angereicherten Ernährung, konnten diese Aufgabe sehr viel schneller lösen und wussten, wie man anhand der Landmarke den Futternapf findet. Schließlich wurde zum Abschluss der Versuchsreihe ein anderer, unbekannter Gegenstand anstatt des bekannten hingestellt, und die Wirkung war die Gleiche: Die Hunde hatten also das Konzept „Landmarke" verallgemeinert und gelernt, dass es sich in der jeweiligen Entfernung von diesem Gegenstand lohnte, nach Futter zu suchen. Auch hier waren die jungen Hunde und die mit der angereicherten Ernährung besser.

Eine ausgewogene Ernährung, insbesondere mit Zusatz von vitamin- und mineralstoffspendenden Obst- oder Gemüsesorten, ist eine gute Vorbeugung gegen altersbedingten Abbau.

ALTER UND NEUES LERNEN

Recht kompliziert, sicher auch für viele von uns, war der Versuchsaufbau, mit dem Christa Studziniski (Studzinski et al., 2006) die Zusammenhänge zwischen Umlernen und Ortsgedächtnis bei Beagles testete. Auch diese Arbeit der Universität von Irvine zeigt, dass bereits im Alter von 6 Jahren die ersten Schwierigkeiten auftraten, gut zwei Jahre, bevor man zum ersten Mal im Gehirn der Beagles echte Veränderungen sah (siehe S. 223 ff.). Der Apparat bestand aus drei möglichen Futternäpfen, von denen zunächst in der ersten Phase des Versuchs einer mit einem roten Würfel bedeckt war. Der Hund lernte, diesen roten Würfel mit der Nase beiseitezuschieben und das darunter liegende Futter zu fressen. Nach einer unterschiedlich langen Wartezeit (zunächst in unterschiedlichen Abständen von 10 bis 150 Sekunden, später dann jeweils mit halbminütiger Verlängerung) wurde die Apparatur erneut präsentiert, nun befanden sich aber auf zwei Näpfen rote

Würfel. Der eine rote Würfel lag auf dem Napf, der soeben bereits erfolgreich mit dem Futterköder belegt gewesen war. Der andere Würfel lag auf einem der beiden beim ersten Durchlauf leer gebliebenen Näpfe. Die Hunde mussten nun allerdings nicht den Würfel auf dem ursprünglichen Napf, sondern den neu hinzugekommenen Würfel finden und beiseiteschieben, um auch dort die Futterbelohnung zu finden. Dadurch war einerseits ihre Selbstbeherrschung und Affektkontrolle, die Umlernfähigkeit und gleichzeitig das Ortsgedächtnis gefordert. Es zeigte sich deutlich, dass die ersten Veränderungen in dieser Aufgabe schon im Alter von vier bis sechs Jahren auftraten. Junghunde im Alter von unter einem Jahr waren ganz schlecht in dieser Aufgabe, offensichtlich fehlten ihnen noch die für die Selbstbeherrschung notwendigen Bremsleitungen im Gehirn (sogenannte Exekutivfunktionen).

ALTER UND KONZENTRATIONSFÄHIGKEIT

In einer Reihe von Untersuchungen über die Aufmerksamkeitsspanne und Konzentrationsfähigkeit konnten Mitarbeiterinnen der Wiener Arbeitsgruppe (Wallis et al., 2014; Chapagain et al., 2017) Veränderungen in der Aufmerksamkeitsspanne z. B. bei Border Collies nachweisen. Ältere Hunde brauchten zwar länger, um bestimmte Unterscheidungsaufgaben auf dem Touchscreen zu lernen. Sie waren jedoch dann in der Lage, nach dem Ausschlussprinzip neue, bisher unbekannte Bilder von alten, bisher negativ eingestuften zu unterscheiden. Mit steigendem Alter schnitten die Hunde bei dieser Aufgabe besser ab. Man zeigte ihnen ein bisher als negativ, also unbelohnt gelerntes Muster mit einem neuen, bisher völlig unbekannten. Die Hunde mussten nun das neue, unbekannte Bild wählen und damit verallgemeinern, dass das bisher schon negativ bekannte auch weiter negativ wäre. Dies konnten ältere Hunde besser als jüngere.

Im Versuch von Burga Chapagain wurden zwei Testsituationen gegenübergestellt: Zum einen ging es um das Verfolgen von Bewegungen: Ein auf und ab bewegter Jojoball, oder ein Mensch, der scheinbar eine (unsichtbare) Wand mit einem großen Pinsel anstrich. Gemessen wurde nun, wie lange die Latenzzeit betrug, bevor die Hunde das jeweilige bewegte Objekt mit den Augen verfolgten, wie lange sie das taten und welchen Einfluss hierbei Alter und Rasse des Hundes hatten. Insgesamt dauerte es etwas länger, bis die Hunde den sozialen Reiz, also den bewegten Pinsel verfolgten, als das fliegende Spielzeug. Jedoch waren die Hunde insgesamt länger und besser in der Lage, den sozialen Reiz zu verfolgen.
Im zweiten Versuch wurde das bekannte „Klick-für-Blick"-System verwendet, also die Belohnung eines Hundes mit dem Klicker und anschließender Futtergabe für Blickkontakt mit dem Menschen. Die selektive Aufmerksamkeit, also die Konzentrationsfähigkeit auf einen bestimmten bei mehreren anwesenden Menschen oder auch auf den Versuchsleiter bei Anwesenheit von Ablenkreizen, war bei alten Hunden wesentlich beeinträchtigt. Auch in den Untersuchungen von Lisa Wallis ging es um die selektive Aufmerksamkeit. Hier sollten Hunde zunächst in einem Raum ein geworfenes Wurststückchen finden, dann nach dem Klick Blickkontakt mit der Versuchsleiterin aufnehmen und anschließend ein neues Klickwurststückchen suchen. Auch hier waren Hunde in der mittleren Altersgruppe am besten. Bemerkenswert ist neben den bereits erwarteten Abnahmen dieser Fähigkeit bei den alten und sehr alten Hunden auch, dass zwar Hunde in der Pubertät die steilste Lernkurve hatten, aber auch gleichzeitig die kürzeste Aufmerksamkeitsspanne.
Auch soziale Mechanismen werden von den eingeschränkten Unterscheidungsfähigkeiten im Alter betroffen. Paolo Mongillo und Co-Autoren der Universität Padua zeigten 2013 dies an folgendem Versuch: Ein Hund saß in

einem Raum, und vor ihm liefen der Halter und eine Fremdperson mehrmals über Kreuz hin und her. Schließlich verschwanden beide durch verschiedene Türen in der Wand und der Hund wurde freigegeben. Es wurde untersucht, wie lange es dauerte, bis der Hund an der richtigen Tür saß, um auf seinen Halter zu warten. Ältere Hunde hatten zunächst viel größere Schwierigkeiten, ihren Menschen bei diesem Hin- und Herlaufen sicher zu identifizieren, es dauerte viel länger, bis sie ihm speziell mit den Blicken folgten, und es dauerte auch länger, bis sie an der richtigen Tür angekommen waren. Noch massiver wurden die Unterschiede, wenn Halter und Fremdperson gleichermaßen mit Papiertüten über dem Kopf hin- und herliefen. Auch hier hatten jüngere Hunde viel geringere Probleme, die richtige Person zu identifizieren, mit ihren Blicken zu verfolgen und nach Freigabe an der richtigen Tür zu stehen.

ALTER UND BEGRIFFE LERNEN

Auch das Wortgedächtnis ist offensichtlich, wie Beth Adams und Co-Autoren in ihrer Übersicht zeigen, bei älteren Hunden eingeschränkt. Während junge Hunde, wenn sie etwas bereits als Kommando gelernt hatten, nach drei Monaten noch ohne Anwendung nahezu 100 % richtig handelten, ist diese Funktion bei älteren Hunden deutlich eingeschränkt.

Insbesondere wegen des noch zu besprechenden erhöhten Cortisolspiegels im Alter (siehe S. 219), ist dringend anzuraten, dass gerade aversive oder gar mit Bestrafung verbundene Lern- und Erziehungsprozesse bei älteren Hunden überhaupt nicht mehr eingesetzt werden, wie es auch Landsberg und Araujo (2005) deutlich fordern.

Eine weitere Studie von Paolo Mongillo und Co-Autoren (Mongillo et al., 2013) verwendet den auch in anderen Untersuchungen immer wieder angewendeten sogenannten Bowlby-Ainsworth-Fremdentest zum Untersuchen der Bindungsqualität bei älteren Hunden. Die älteren Hunde suchten deutlich mehr körperlichen Kontakt zum Halter und zeigten sich in der Trennungsphase deutlich passiver, spielten weniger und zeigten weniger Interesse an der fremden Person. Nach dem Test zeigten ältere Hunde im Vergleich mit den jüngeren ein deutlich höheres Ansteigen der Speichelcortisolkonzentration. Ältere Hunden reagierten aber deutlich weniger „besorgt“, wenn die Bezugspersonen den Raum verließen. Sie standen nicht so häufig an der Tür, jaulten weniger, und waren auch in dieser Situation deutlich passiver. Obwohl die älteren Hunde, wie die Speichelcortisolkonzentration zeigt, durchaus mehr Probleme mit dieser Situation hatten, waren sie äußerlich kontrollierter. Auch dies ist ein Hinweis darauf, dass einerseits die Lernprozesse im Alter zu einer Verbesserung führen können, andererseits aber eben auch gleichzeitig nicht immer das äußerlich sichtbare Verhalten ein 1:1 Abbild des im Inneren des Tieres ablaufenden Stressgeschehens sein muss.

ZUSAMMENFASSUNG

Durch die zusammenfassende Betrachtung vieler, auch anderer als der hier zitierten Studien ergibt sich bei Hunden ein allgemeines Schema der altersabhängigen Verhaltensänderungen. Die Arbeiten von Hannah Salvin und Co-Autoren (2010) sowie die Zusammenstellungen von Gary Landsberg (2005) ergeben, dass Hunde einerseits im Bereich der **räumlichen Orientierung** Probleme bekommen. Sie verirren sich oft in bekannter Umgebung, gehen zur falschen Türseite oder können Hindernisse nicht mehr überwinden. Im Bereich der **sozialen Beziehungen** haben sie oft reduziertes Interesse an Streicheln und Kontaktaufnahme, reduziertes Grußverhalten und eine übertriebene Abhängigkeit zum Besitzer.

Die Aktivitäten verändern sich, es kommt zu Veränderungen bei Appetit, erhöhter Lautgebung, ziellosem Herumwandern, eventuell aber auch zu reduziertem Selbstpflegen und reduziertem Erkundungsverhalten.

Ein weißes Gesicht ist nicht immer ein Indiz für hohes Alter. Die weißen Ohrränder sind da schon deutlichere Anzeichen.

Nicht nur in der Trennungssituation vom Besitzer, sondern allgemein steigt oft die Unruhe und die Erregbarkeit. Gerade der unruhige Nachtschlaf, gleichzeitig aber erhöhtes Schlafbedürfnis am Tag sind weitere deutliche Hinweise.
Und im Bereich von **Lernen und Gedächtnis** verändert sich eben die Erkennung von bekannten Menschen und Hunden, die Reaktion auf bereits bekannte Signale und auslösende Situationen und die Geschwindigkeit des Erlernens von neuem Verhalten.

NEUROBIOLOGISCHE ZUSAMMENHÄNGE DES ALTERNS

Wenden wir uns nun zunächst denjenigen Vorgängen zu, die beim Alterungsprozess im Gehirn sozusagen immer, wenn auch möglicherweise mit unterschiedlicher Geschwindigkeit ablaufen. Dies sind zunächst Veränderungen im Spiegel einiger Botenstoffe. Im Alter steigt der Spiegel des passiven Stresshormons Cortisol. Untersuchungen dazu sind sowohl am Menschen als auch an Labortieren inzwischen weit verbreitet. Zwar ist dieses Phänomen bei Hunden noch nicht speziell untersucht, jedoch zeigen die bereits zitierten Versuche von Paolo Mongillo über die gestiegene Cortisolreaktivität von älteren Hunden in Trennungssituationen, die häufig auch in der Verhaltensberatung auftretende Problematik von im Alter zunehmend gewitter-, feuerwerks-, oder schussängstlichen Hunden und die oftmals beschriebenen Trennungsprobleme älterer Hunde, dass der **Cortisolhaushalt** zumindest offenkundig anders funktioniert. Auch die Erfahrungen, dass gerade die Bindungsqualität von Hunden aus dem Tierschutz oftmals im normalen Erwachsenenalter mit dem Menschen problemlos funktioniert und dann plötzlich im Alter noch neue Schwierigkeiten auftreten, lässt auf den veränderten Cortisolspiegel schließen.

Eine zweite Substanz, die offensichtlich mit altersbedingten Änderungen in der Gehirnfunktion verknüpft ist, ist der Botenstoff **Acetylcholin.** Zu dieser Substanz und ihren Beeinflussbarkeiten wurde eine Reihe von Untersuchungen von Claudio Araujo und Co-Autoren (Universität von Toronto in Kanada) durchgeführt. Acetylcholin ist insbesondere für die Bildung des Kurzzeit- und Arbeitsgedächtnisses zuständig, und eine Abnahme des Acetylcholinspiegels führt also vorwiegend zu Problemen bei der Abspeicherung neuer Gedächtnisinhalte. Das Langzeitgedächtnis wird dadurch wenig beeinträchtigt. Das bekannte Phänomen auch menschlicher Senioren, dass sie sich noch sehr genau daran erinnern können, welchen Nachtisch es vor 50 Jahren auf ihrem Hochzeitsbankett gab, jedoch nicht mehr wissen, ob sie heute zum Frühstück Honig oder Marmelade hatten, geht auf diese Veränderungen in der Kurzzeit- und Arbeitsgedächtnisbildung zurück. Die Untersuchungen von Claudio Araujo und seinem Team zeigen, dass z. B. durch Medikamente, die den Acetylcholinspiegel erhöhen, das Gedächtnis bei älteren Hunden besser funktioniert, bzw. die Abspeicherung neuer Gedächtnisinhalte leichter möglich ist (Araujo et al., 2011; Araujo et al., 2005). Auch die Leistung in den bereits geschilderten Umlernversuchen, die Untersuchung mit dem einen bzw. den beiden roten Würfeln (siehe S. 216), steigt deutlich, wenn ältere Hunde durch eine Erhöhung des Acetylcholinspiegels wieder ein besseres Arbeitsgedächtnis bekommen. Dämpft man bei jungen Hunden die Bildung bzw. Wirkungsweise des Acetylcholins durch geeignete Medikamente, so verändert dies ihre Gedächtnisbildung nicht. Bei älteren Hunden jedoch verschlechtert sich die Gedächtnisbildung noch weiter, wenn medikamentös die Wirksamkeit des Acetylcholinsystems reduziert wird. Insbesondere die Aufmerksamkeit der Tiere wird durch das Acetylcholin beeinflusst, und die Wirkung auf die verringerte Aufmerksamkeit und dadurch entstehende Apathie dürfte die stärkste Acetylcholinwirkung im alternden Gehirn sein.

Der dritte Botenstoff, dessen Konzentration sich im Alter dramatisch ändert, ist das **Dopamin.** Auch von dessen Wirkungen im Gehirn haben wir bereits an anderer Stelle gehört. Die Verringerung des Dopamingehalts im Gehirn führt eben auch zu einer Reihe

Genießerisches Nichtstun nimmt im Aktivitätsbudget alter Hunde sogar noch zu.

von Verhaltensänderungen. Beeinflussbar sind diese durch unterschiedliche Mechanismen. Für den Dopamingehalt kann durch die Gabe von Ginkopräparaten eine gute Verbesserung erzielt werden, was zum Teil durch verbesserte Durchblutung, zum Teil aber auch durch einen direkten Einfluss auf den Dopaminspiegel erklärbar ist (Reichling et al., 2006).

Förderung alter Hunde

Die bereits besprochenen förderlichen Wirkungen, einerseits von Nahrungsergänzung und Nahrungsumstellung, andererseits von Verhaltensbereicherung im Laufe des Älterwerdens von Hunden, gehen auf unterschiedliche zellbiologische Mechanismen zurück. Betrachtet man nochmals die Auswirkungen auf die bereits erwähnten Mitochondrien, insbesondere auf die dort ablaufenden Prozesse der Zellatmung (mit diesen wird letzten Endes die Energie für alle Lebensvorgänge zur Verfügung gestellt), so findet dort die deutlichste Förderung durch Nahrungsergänzungen mit Antioxidantien, Vitaminen (vorzugsweise Vitamin E und Vitamin C), Früchten und Gemüsegaben sowie Zugabe von Liponsäure und Carnitin statt. Die Auswirkungen der Verhaltensbereicherung durch tägliche Spaziergänge, Intelligenzbeschäftigungen, Sozialkontakte etc. dagegen wirken sich auf die Mitochondrienform und deren Stoffwechsel nicht aus. Trotzdem sind die genannten beschäftigten Hunde bei der Lösung von Umlernaufgaben, bei der Bildung von Ortsgedächtnis und anderen Verhaltenseigenschaften besser dran als die Kontrollgruppe ohne Verhaltensbereicherung (Head et al., 2009; Milgram et al., 2004; Milgram et al., 2002b).

Demenz bei Hunden

Besonders dramatisch sind die Veränderungen dann, wenn es beim individuellen alten Hund zu demenzartigen Veränderungen kommt. Hier wird häufig von Alzheimerartigen Erkrankungen gesprochen, und nicht nur die Symptome, sondern auch die im Gehirn beobachtbaren Veränderungen entsprechen weitestgehend denen von menschlichen Patienten dieser Krankheit. Head (2013), Jaime Rofina und Co-Autoren (2006), Head und Co-Autoren (2008) gehen auf diese Veränderungen ausführlicher ein. Auffallend ist z. B. eine Veränderung des Gehirnvolumens, und zwar sowohl des gesamten Organs, als auch des Hippocampus, des Frontalhirns, und des präfrontalen Anteils des Stirnhirns.
Nicht nur, dass das Gehirn schrumpft, man findet im Hirnscan auch charakteristische Hohlräume, die beim gesunden jungendlichen Gehirn an dieser Stelle noch nicht vorhanden sind (siehe S. 223).
Dazu kommt die Ausbildung einiger zusätzlicher, bei gesunden jungen Hunden nicht beobachtbarer Eiweißstrukturen, wobei die als Amyloid-Körnchen bezeichneten Bildungen chemisch, von ihrer Aminosäuresequenz und der räumlichen Struktur her, denen des Menschen absolut identisch sind. Diese Amyloid-Plaques finden wir besonders zuerst im präfrontalen Stirnhirn, demjenigen Teil, der mit Affekt- und Impulskontrolle, Selbstbeherrschung, aber auch mit sozialer Kompetenz zu tun hat. Später treten sie dann auch im Bereich des Scheitellappens, kaum aber im Kleinhirn und erst später im Hinterhauptsbereich auf.
Im Bereich des Hippocampus kommt es zum Verlust von Neuronen, der bis zu 30 % der vorhandenen Nervenzellen betreffen kann. Neuronen wiederum werden kaum im Bereich des Riechhirns verloren, dort ist speziell die Anwesenheit der Amyloid-Körnchen ausschlaggebend z. B. für die Reaktion auf Futterbelohnung und andere Belohnungsmechanismen. Im Hippocampus kommt es zu einer bis zu 90 %igen Reduktion der Neubildung von Nervenzellen. Gerade die Neubildung von Nervenzellen im Hippocampus steht ja mit der Bewältigung von Traumata, Stressereignissen und mit dem allgemein auch im Alter noch vorhandenen Umlernen und der erneuten Gedächtnisbildung in Zusammenhang.

Eine weitere Gruppe von Eiweißstrukturen, die im Alter oftmals zu Problemen führen, sind die Tauproteine, eine Gruppe von stark mit Phosphatgruppen versehenen Eiweißfäden. Gerade die Bildung der Tauproteine wird übrigens, wie eine Reihe von Untersuchungen zeigen, durch die weiterhin vorhandene Anwesenheit von Sexualhormonen im Gehirn deutlich verlangsamt oder verringert, und der Wegfall der Sexualhormone bei kastrierten Hunden dürfte höchstwahrscheinlich über die vermehrte Anwesenheit von Tauproteinen zur höheren Demenzwahrscheinlichkeit kastrierter Hunde beitragen.

Im Hirnstoffwechsel werden vorwiegend durch die zunehmende Anwesenheit der als freie Radikale bezeichneten, besonders aggressiven Substanzen und den verringerten Anstieg der für ihre Bekämpfung notwendigen Reparatursubstanzen die Schäden hervorgerufen. Hier wirkt sich auch wieder die Verwendung von Nahrungsergänzungsstoffen, gerade solchen, die als Antioxidantien der Bekämpfung von freien Radikalen dienen, besonders positiv aus.

Die bereits zitierte Zusammenstellung von altersbedingten Veränderungen im Verhalten von Hannah Salvin und Co-Autoren (Salvin et al., 2012) zeigt nochmals einige Rassenunterschiede auf. Basis dieser Studie waren Hunde, die das Kriterium des als erfolgreiches Altern bezeichneten Konzepts erfüllten: Trotz hohen Lebensalters noch frisch im Kopf und vergleichsweise wenig durch altersbedingte Zipperleins eingeschränkt. Warum manche Hunde wiederum diese Widerstandsfähigkeit gegen altersbedingte Veränderungen stärker aufweisen als andere, ist sogar in der menschlichen Untersuchung bisher nur ansatzweise bekannt. Hannah Salvins Untersuchung zeigt jedoch, dass z. B. auch Arthritis, Blindheit oder Taubheit bei Rassehunden und Mischlingen mit gleicher Wahrscheinlichkeit auftraten. Bei kleinen Hunden gab es auch keine statistisch auffallenden Unterschiede zwischen Rassehunden und Mischlingen. Bei mittelgroßen Hunden gab es zwei Unterschiede, und zwar einerseits in der Fresszeit und andererseits im Auftreten von Aggression. Die Zahl der Hunde, die in den letzten 6 Monaten häufiger mehr als 10 Minuten pro Tag gefressen haben, nahm bei den Mischlingen deutlich gegenüber den reinrassigen Hunden zu. Bei großen Rassen wiederum fand sich vorwiegend ein Effekt im Bezug auf abnormale Bewegung, also Im-Kreis-Laufen, stereotypes Auf-und-ab-Wandern und zielloses Herumwandern. Hier nahm vor allem die Zahl der Hunde, die solche abnormen Bewegungsmuster zeigten, bei den 10- bis 12-jährigen Mischlingen gegenüber den 10- bis 12-jährigen reinrassigen Hunden deutlich zu. Die Zahl der über 12-jährigen reinrassigen Hunde, die solche abnormalen Bewegungen zeigten, war jedoch deutlich höher gegenüber der über 12-jährigen Mischlinge.

Bei mittelgroßen Hunden zeigte sich eine deutliche Zunahme des Aggressionsverhaltens sowohl der 8- bis 10- als auch der 10- bis 12-Jährigen gegenüber den jeweils vergleichbaren Altersgruppen der Reinrassigen. Bei den über 12-Jährigen wiederum war die Aggressionshäufigkeit der Mischlinge deutlich geringer als die der Reinrassigen. Gerade diejenigen Effekte, bei denen die über 12-jährigen Hunde deutliche Unterschiede gegenüber den 8- bis 10- oder 10- bis 12-jährigen aufwiesen, müssen jedoch auch im Hinblick auf eine möglicherweise veränderte, gesundheitlich bedingte Allgemeinaktivität betrachtet werden.

Die Betrachtung des hundlichen Alterns ist also ein spannendes Thema und wird uns sicher auch in den nächsten Jahren noch weitere wichtige Erkenntnisse liefern. **Klar ist in jedem Fall schon jetzt, wie wichtig gerade im Umgang mit Hundesenioren eine verständnisvolle Führungspersönlichkeit ist.** Es ist eben keineswegs Altersstarrsinn und oft auch nicht nur die veränderte Reaktion durch veränderte Sinnesleistungen, die den Hundesenior zu einem anderen Hund macht als seinen Artgenossen im mittleren Lebensalter, oder auch ihn selbst vor wenigen Jahren.

AUS DER FORSCHUNG

— Altersbedingte Vorgänge im Hundegehirn und ihre Ähnlichkeiten mit der Alzheimererkrankung.

Weltweit sind etwa 47 Millionen Menschen von Alzheimererkrankungen betroffen. Vorhersagen lassen erkennen, dass bis zum Jahr 2030 etwa 76 Millionen Menschen an Alzheimer erkrankt sein werden. Die Erkrankung führt zu Gedächtnisverlust und zu weitgehenden Funktionsstörungen im Gehirn, schließlich ist die normale Gehirnfunktion schwer beeinträchtigt. Im Gehirn ist die Alzheimererkrankung einerseits mit der Ansammlung von Eiweißkörnchen, den Beta-Aymloid-Plaques, und andererseits mit Eiweißfäden, den Tauproteinen, verknüpft. Es gibt zwar zugelassene Medikamente, die einige Symptome der Alzheimererkrankung behandeln können, aber ein Stoppen oder gar Umkehren des Krankheitsverlaufes ist nicht möglich. Es ist daher stets und dringend notwendig, neue Ansätze zur Verhinderung oder Verlangsamung des Krankheitsfortschritts zu erforschen. Dort kann die Arbeit mit Hunden sowohl Menschen als auch Hunden selbst wesentliche Hilfe leisten (Head, 2013; Head et al., 2009).

Was können uns alte Hunde über Alterungsprozesse und die Alzheimererkrankung erzählen?

Mit alten Hunden zu arbeiten, kann neue Einsichten in die Alterungsprozesse und die Alzheimererkrankung menschlicher Gehirne liefern. Genau wie alte Menschen haben auch alte Hunde oft kognitive Einschränkungen, z. B. Beeinträchtigungen des Gedächtnisses und schlechte Exekutivfunktionen. Im Labor können wir messen, wie gut die Hunde lernen, und können sie Probleme lösen lassen, um eine Futterbelohnung zu erhalten. Wir benutzen eine Testapparatur, die es den Hunden erlaubt, diese freiwillig zu betreten, und sie bleiben etwa 20 bis 30 Minuten in der Apparatur. In dieser Zeit wird ihnen eine Aufgabe gestellt, die sie richtig beantworten müssen, um ihre Futterbelohnung zu erhalten.

Zum Beispiel wird in einer Aufgabe das räumliche Gedächtnis überprüft, indem die Hunde sich erinnern müssen, wo sie eine Futterbelohnung gesehen haben. Fragen wir sie das nach einer kurzen Zeitspanne, etwa 10 Sekunden, dann sind junge und alte Hunde in der Gedächtnisleistung ziemlich vergleichbar. Wenn wir diese Zeitspanne aber verlängern (z. B. auf 110 Sekunden), dann können junge Hunde sich immer noch recht gut erinnern, alte Hunde dagegen arbeiten mit reduzierter Genauigkeit.

Diese Arten von Aufgaben können wir heranziehen, um Veränderungen in der Gedächtnisbildung bei älteren Hunden zu untersuchen. Wir können dabei aber auch besonders gut durch mögliche Interventionen (z. B. Medikamentengabe, Impfungen oder Veränderungen der Lebensweise), die möglicherweise das Gedächtnis älterer Hunde verbessern, einwirken.

Kognitionstestapparat mit Futtertablett und verschiedenen Testobjekten.

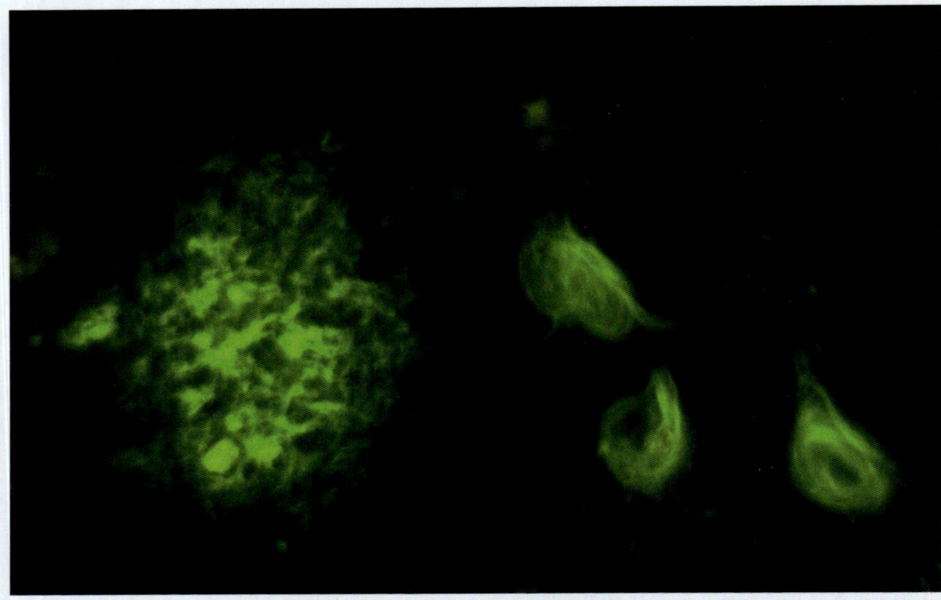

Ein von Alzheimer befallenes Gehirn: links ein seniler Plaque, rechts ein intrazelluläres neurofibrilläres Faserbündel in den Nervenzellen (beides eingefärbt mit Thioflavin S).

Als Exekutivfunktion wird die Fähigkeit des Gehirns zur Regulation des Verhaltens, zur Planung, zur fokussierten Aufmerksamkeit und zur gleichzeitigen Bewältigung mehrerer Aufgaben bezeichnet. Gerade diese Form der kognitiven Leistungen wird mit dem Alter bei jedem Menschen beeinträchtigt. Durch Alzheimererkrankung ist sie nochmals besonders betroffen. Wir können die Exekutivfunktionen der Hunde z. B. dadurch überprüfen, dass wir sie auffordern, ihr Verhalten zu ändern. Beispielsweise können wir den Hunden beibringen, eines von zwei präsentierten Objekten zu wählen, um dadurch die Futterbelohnung zu erhalten. Sobald sie gelernt haben, dass stets eines der beiden Objekte, und zwar immer das Gleiche, die Futterbelohnung anzeigt, können wir dann die Belohnung umkehren und auf das bisher nicht belohnte Objekt überwechseln. Die Hunde müssen nun also lernen, ihre ursprünglich erlernte Reaktion zu hemmen und sich stattdessen auf das neue Objekt zu konzentrieren. Diese Aufgabe wird als Umkehrlernen bezeichnet und ist bei älteren Hunden deutlich beeinträchtigt. Ältere Hunde wählen viel länger das nunmehr falsche, zuerst belohnte Objekt, als jüngere das tun, und sind damit wesentlich beharrlicher. Diese Aufgabenstellung ist auch für verschiedene Behandlungsmethoden, die wir in unserem Labor getestet haben, geeignet.

Bemerkenswerterweise ist auch bei alten Hunden, genau wie bei Menschen, nicht jeder im Alter gleich kognitiv beeinträchtigt. Manche alten Hunde können genauso gut lernen und sich erinnern wie jüngere, auch wenn sie vielleicht etwas langsamer sind, um wirklich hohe Leistungspegel zu erreichen. Wenn wir wüssten, warum manche Hunde widerstandsfähiger gegen die kognitiven Abbauerscheinungen sind, könnten wir mit diesen Kenntnissen alte Hunde und auch ältere Menschen besser versorgen. Fänden wir eine Behandlungsmethode, die die kognitiven Abbauerscheinungen bei Hunden verlangsamt oder verhindert, hätten wir eine gute Möglichkeit, auch den Senioren in unserer menschlichen Gemeinschaft zu helfen.

Was passiert im Gehirn der alternden Hunde?

Wie entsteht nun der kognitive Abbau bei den Hunden? Über viele Jahre haben wir in unserem Labor und in Labors anderer Arbeitsgruppen weltweit über diese Fragen geforscht. Ein Studiengebiet ist zunächst mit dem Blick auf die altersbedingten anatomischen Veränderungen verknüpft. Seit vielen Jahrzehnten schon wissen wir, dass Hunde auch natürlicherweise die Beta-Amyloid-Körnchenablagerungen produzieren, die wir in Gehirnen von an Alzheimer erkrankten Patienten sehen. Das Eiweiß, das diese Ablagerungen bildet, ist in der Aminosäuresequenz bei Menschen und Hunden absolut identisch. Es wird als Beta-Amyloid bezeichnet, und wird entweder mit 40 oder mit 42 Aminosäuren gebildet. Die längere, aus 42 Aminosäuren gebildete Version, dementsprechend als Beta-Amyloid 1–42 bezeichnet, ist giftig für Nervenzellen, und sammelt sich gerne in Klumpen, den Plaques an. Sowohl wir als auch andere Arbeitsgruppen haben gezeigt, dass bei einer erkennbar deutlichen Ablagerung von Beta-Amyloid in speziellen Gehirnregionen, z. B. dem präfrontalen Cortex, also dem vordersten Stirnhirn, mit deutlichen kognitiven Dysfunktionen zu rechnen ist.

Hunde zeigen noch weitere Symptome der Gehirnalterung, etwa oxydativen Stress, Entzündung, Veränderungen der Blutgefäße, alle diese können auch zum kognitiven Abbau beitragen, ähnlich wie wir das von alternden und Alzheimer befallenen menschlichen Gehirnen kennen.

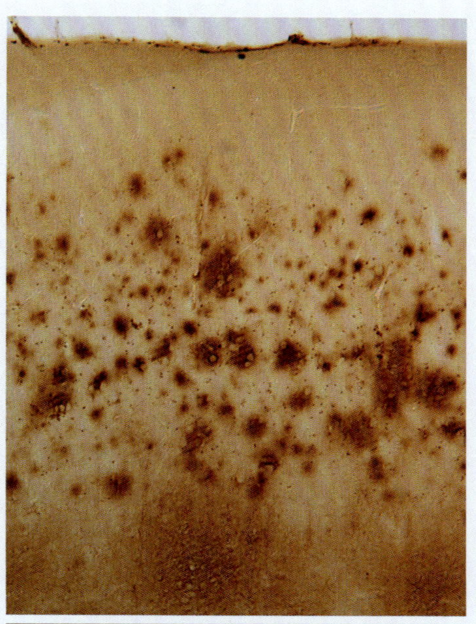

Deutliche Ansammlungen von Beta-Amyloid-Ablagerungen im frontalen Stirnhirn.

Wie können wir die Alterung des Hundegehirns beeinflussen?

In den letzten 20 Jahren haben sowohl wir als auch andere Arbeitsgruppen verschiedene Möglichkeiten gestestet, die altersbedingten Veränderungen im Hundegehirn zu verändern. Zum einen möchten wir damit Eingriffsmöglichkeiten finden, die die kognitiven Veränderungen und die pathologischen Störungen im Gehirn der Hunde direkt verbessern können. Dadurch hätten die Hunde auch eine wesentlich verbesserte Lebensqualität. Jedoch ist das zweite Ziel diese Studien in der Zukunft auch in klinischen Untersuchungen an Menschen mit Alzheimererkrankung anzuwenden, um möglicherweise auch dort den Krankheitsverlauf zu verlangsamen oder zu stoppen. Zu diesem Zweck haben wir eine Reihe von Faktoren der Lebensführung verändert, z. B. haben wir die Hunde mit einer Ernährung reich an Antioxydantien (Vitamin E, Vitamin C und mitochondriale Co-Faktoren), mit verstärkter sozialer Anreicherung und Beschäftigung, regelmäßigem körperlichem Training und auch kognitiven Trainingsmaßnahmen ausgestattet. Einige dieser Veränderungen der Lebensführung haben wir zusätzlich mit einer Impfung gegen Beta-Amyloide kombiniert, um die Plaquesbildung im Gehirn zu reduzieren. In der jüngsten Vergangenheit haben wir zusätzlich auch die Möglichkeiten einiger, von der

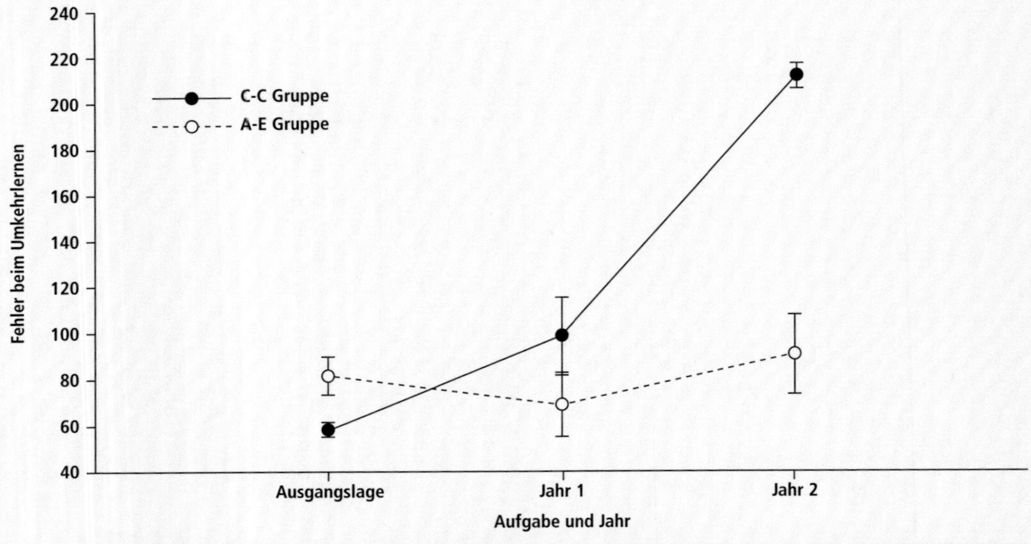

Ältere Beagles, die mit Standardseniorenfutter gefüttert und normal gehalten wurden, zeigen mehr Fehler im Test auf Umkehrlernen (im Lauf von 2 Jahren, C-C Gruppe). Beagles im selben Alter, die mit Antioxidantien angereicherter Nahrung und Verhaltensbereicherung (sozial, Umwelt, Spaziergänge etc.) gehalten wurden, sind in ihren kognitiven Leistungen nahezu unverändert (A-E Gruppe).

amerikanischen Medikamentenbehörde FDA zugelassener Medikamente (z. B. Statine oder Tacrolimus) getestet. Diese haben sowohl für Menschen als auch für Hunde eine hohe Anwendungssicherheit, aber die Auswirkungen auf eine möglicherweise verbesserte Kognition sind noch nicht endgültig belegt.

Wir haben festgestellt, dass eine Ernährung mit vielen Antioxydantien tatsächlich zu erheblichen Verbesserungen der Lernfähigkeit führt, und mit der Zeit haben wir auch verbesserte Gedächtnisleistungen festgestellt. Auch verbesserte soziale Kontakte, körperliche Aktivitäten und kognitives Training verbessern sowohl die Lern- als auch die Gedächtnisfähigkeit erheblich.

Die Kombination der verschiedenen Möglichkeiten bringt noch bessere Resultate.

In einigen Untersuchungen konnten wir auch deutlich die pathologischen Veränderungen im Gehirn verringern.

Einige sehr aufschlussreiche Studien führten jedoch auch zu keinen kognitiven Verbesserungen. Auch diese haben eine wichtige Bedeutung, z. B. in der Planung von klinischen Tests für menschliche Alzheimerpatienten. Beispiele aus unseren Studien sind zum einen die Anwendung von Atorvastatin und zum anderen die Anwendung eines Impfstoffs gegen Beta-Amyloid. Die Verwendung von Statinen ist mit Schutz gegen Alzheimererkrankung verbunden, obwohl wir den Mechanismus dafür noch nicht so richtig kennen. Hunde sind hier besonders gut für die Untersuchungen der Effekte der Statingabe geeignet. Im Gegensatz zu Labornagern wird die Produktion des Enzyms, das die Statine normalerweise hemmen soll, nicht automatisch gesteigert. Dadurch können wir auch Langzeitstudien durchführen.

In einer Pilotstudie mit alten Beagles, die wir mit Atorvastatin versehen haben, hat sich die Lern- und Gedächtnisfähigkeit der alternden Hunde nicht verändert, aber die Exekutivfunktionen waren zumindest kurzfristig beeinträchtigt. Auch wenn die Hunde sich davon wieder erholt haben, gibt es interessanterweise vergleichbare Ergebnisse mit älteren Menschen, bei denen die Statine ebenfalls die Exekutivfunktion beeinträchtigen. **In Kombination lassen diese Ergebnisse vermuten, dass die Verwendung der Statine besser als präventiver Ansatz und nicht als Behandlung von älteren, bereits kognitiv beeinträchtigten Menschen oder Hunden geeignet wäre**.

Auch haben wir die Auswirkungen eines Impfstoffs gegen Beta-Amyloid-Ablagerungen getestet. Dieser Impfstoff basierte zunächst auf Studien an transgenen Mäusen mit Alzheimererkrankung und später auch menschlichen klinischen Versuchen. Die Annahme war, dass ein Impfstoff zu mehr Anti-Beta-Amyloid-Antikörpern im Gehirn führen würde, dadurch die Plaques aus dem Gehirn entfernen und die kognitiven Funktionen verbessern könnte. Alte Hunde erhielten auf einer monatlichen Basis fast zwei Jahre lang einen einschlägigen Impfstoff, und wir wollten sehen, ob ihre kognitiven Funktionen dadurch verlangsamt oder verbessert werden. Im Gegensatz zu der Arbeit an Mäusen sahen wir keine Vorteile beim Lernen und bei der Gedächtnisbildung unserer Hunde. Wir fanden aber heraus, dass der Impfstoff die Konzentration der Beta-Amyloid-Plaques im Gehirn reduziert bzw. diese ganz zum Verschwinden bringt. Auch dieses Ergebnis ist bemerkenswert, ähnlich denen aus klinischen Tests mit menschlichen Alzheimerpatienten. Es gibt vage Hinweise darauf, dass der Impfstoff möglicherweise das Nachlassen der Exekutivfunktionen bei unseren alternden Hunden verlangsamt. In einer nachfolgenden Studie haben wir auch die Lebensführung der Hunde verändert und den Impfstoff mit körperlicher Bewegung, sozialer Beschäftigung und kognitiven Trainingsmaßnahmen kombiniert. Die Auswirkungen des Impfstoffs wurden jedoch durch diese zusätzlichen Maßnahmen nicht verbessert. Möglicherweise ist auch durch die Impfung, genau wie durch die Behandlung mit den Statinen, mehr die Prävention als die Behandlung einer bereits begonnenen Erkrankung möglich.

Wir werden weiterhin neue Behandlungsmethoden, die eine gute Sicherheitsbilanz für Hunde aufweisen, anwenden. Dadurch erhoffen wir uns Erkenntnisse nicht nur über die Art, sondern vor allem über den besten Zeitpunkt der Anwendung verschiedener Behandlungsmethoden, um die altersbedingten Auswirkungen zu beeinflussen. Weitere innovativer Ansätze, mit dem Ziel der Verbesserung der Lebensqualität unserer Hunde und damit auch der Verlängerung ihres qualitativ hochwertigen Lebens, werden in der Zukunft von großer Bedeutung sein.

DR. ELISABETH HEAD

erhielt einen Masterabschluss in Psychologie und eine PH.D.-Promotion in Neurowissenschaften an der Universität Toronto in Kanada. Als Postdoc-Forscherin arbeitete sie an der Universität von Kalifornien und wechselte im Januar 2009 an die Universität von Kentucky.

Derzeit ist sie stellvertretende Direktorin für Ausbildungsfragen am Sanders-Brown-Center für Altersforschung. Dr. Head hat über 20 Jahre Untersuchungen über altersbedingte Veränderungen und Alzheimererkrankungen bei Hunden sowie über das Downsyndrom durchgeführt.

HELDEN AUF VIER PFOTEN

— *Helfer des Menschen und der Natur*

ETHISCHE BETRACHTUNG – ASSISTENZHUNDE

Hunde haben, wie wir bereits gesehen haben, über viele Jahrtausende hinweg ihre Fähigkeit im Zusammenleben und zur Zusammenarbeit mit Menschen ständig perfektioniert und verbessert. Daher wundert es nicht, dass sie auch in unserer heutigen, völlig anderen Zeit und Gesellschaft noch wichtige Funktionen erfüllen können. Auch wenn die Arbeiten, die Hunde heutzutage leisten, nur selten ihrer ursprünglichen Tätigkeit als Jagd-, Hüte- oder Wachhund entsprechen, die Fähigkeiten ihrer Sinnesorgane und ihrer geistigen Leistungsfähigkeit sind nach wie vor gefragt.
In vielen dieser Bereiche hinkt die wissenschaftliche Erforschung der hundlichen Leistungsfähigkeiten auch heute noch hinter der bereits von Primärpraktikern ausgeführten Tätigkeit her. Deshalb werden wir hier auch weniger eine zusammenhängende Darstellung wissenschaftlicher Erkenntnisse, wie in den vorangegangenen Teilen, vorstellen. Vielmehr ist es ein Mosaik, eine schlaglichtartige Zusammenfassung einiger, vielleicht nicht ganz so bekannter und neuerdings sehr spannender Erkenntnisse und Arbeitsmöglichkeiten für Hunde in unserer modernden Zeit. Vorausschauend müssen jedoch einige allgemeine Betrachtungen aufgezeigt werden, um auch für zukünftige Generationen diese beachtenswerten und bewundernswerten Fähigkeiten der Hunde erhalten zu können.

AUSWAHL, TRAINING UND HALTUNG

Im Rahmen des fünften Hundeforschungskongresses Canine Science Forum in Padua im Juni 2016, fand auch eine Podiumsdiskussion zum Thema Servicehunde, mit einer speziellen Ausrichtung auf Blindenführhunde und verwandte Assistenzhundeberufe, statt. In diesem Zusammenhang wurden von dem dänischen Tierschutzethiker Professor Peter Sandø (Sandø, 2016) Einlassungen über die derzeitige Entwicklung der ethischen Betrachtung des gesamten Assistenzhundewesens dargelegt.

Lawinenspürhund im Einsatz

Nach seinen Ausführungen befindet sich die ethische Bewertung der Service- und Assistenzhunde in der Öffentlichkeit derzeit an einem Scheideweg: Von einigen durchaus auch öffentlichkeitswirksam agierenden Tierschutzethikern und Extremtierschützern wird eine Betrachtung und Vorgehensweise analog der bei Labortierversuchen gefordert. Dies würde die drei bekannten R's, nämlich **Refine = Verbessern**, **Reduce = Reduzieren der Anzahl** und **Replace = Ersetzen** bedeuten. Es wird also gefordert, auf mittlere und längere Frist die Service- und Assistenzhunde durch Roboter zu ersetzen und damit diese aus Sicht der Autoren unnötige und unzumutbare Ge- und Missbrauchshaltung von Tieren zu beenden. Die andere, von Sandø und den Teilnehmern der genannten Podiumsdiskussion erkennbarerweise favorisierte Vorgehensweise ist dagegen die, den Umgang mit Assistenz- und Servicehunden in eine Richtung zu entwickeln, die dem zumindest im westlichen und nördlichen Mitteleuropa üblichen Umgang mit Kumpanhunden entspricht. Die Assistenzhunde sollten also in ihrer Haltung der von normalen Familienhunden ohne Job mehr und mehr entsprechen. Einer der Teilnehmer an der Podiumsdiskussion betonte deshalb ausdrücklich, dass nach seiner Einschätzung vielmehr ein viertes großes R, nämlich **Relationship = Beziehungsarbeit**, in den Umgang mit Assistenzhunden zwingend eingebracht werden müsste.

Diese Betrachtungen aus ethischer Sicht sind durchaus notwendig, da, wie die Praxis leider zeigt, bei vielen Anwendern, seien es Organisationen oder Einzelpersonen, gerade im Bereich der tiergestützten Assistenzarbeit das Problembewusstsein für das Wohlbefinden und die allgemeine psychische Ausgeglichenheit ihrer Hunde offensichtlich weitgehend fehlt.

Unabhängig von den allgemein ethisch-juristischen Vorbemerkungen muss aber betont werden, dass zur Feststellung der Eignung eines jeweiligen individuellen Hundes für den betreffenden Job auch genau, möglichst auf die betreffende Rasse und die betreffende Tätigkeit, abgestimmte Eignungstests und Eignungsüberprüfungen notwendig sind. Zum Thema der Rasseabhängigkeit wird im Kapitel über Hundezucht auf Kent Svartbergs Erkenntnisse aus dem Jahre 2006 hingewiesen, wonach Hunde, die irgendeine Art von Job ausüben und speziell für irgendeine Art von Jobausübung gezüchtet wurden, unabhängig von ihrer früheren ursprünglichen Rassetätigkeit, emotional und im Verhalten oftmals stabiler sind als solche, die aus reinen Showlinien stammen (siehe S. 289 ff.). Auch eine nicht mehr mit der ursprünglichen Tätigkeit übereinstimmende Beschäftigung der Hunde ist also offensichtlich eine gute Voraussetzung dafür, einen ausgeglicheneren und insgesamt gesellschaftstauglicheren Hund zu erhalten oder zu behalten.

STUDIEN ZU EIGNUNGSTESTS FÜR ASSISTENZHUNDE

Eine wichtige, unabhängig von der individuellen Beschäftigung des jeweiligen Hundes zu treffende Entscheidung ist jedoch, ob er überhaupt für eine Arbeit geeignet ist. Die Diskussion über Anwendbarkeit von Verhaltenstests, Persönlichkeitsfragebögen und andere Formen der Beurteilung des Verhaltens von Hunden wird seit vielen Jahren sehr intensiv geführt. Wie wir in FTH bereits dargelegt haben, gibt es durchaus Persönlichkeitsmerkmale und Eigenschaften, die sogar mit den in der Humanpsychologie und anderen wissenschaftlichen Bereichen entwickelten Persönlichkeitstypisierungen übereinstimmen. Die zusammenfassende Darstellung z. B. von Jones und Gosling (2005) zeigt, dass die Hunde und ihre Persönlichkeiten zukunftsträchtig beurteilbar sind. Die Metaanalyse, also die erneute, statistische, übergeordnete Auswertung der genannten Autoren zeigt jedoch auch, dass eine zuverlässige Beurteilung mit Hilfe sogenannter Welpentests oder anderer, in früherer Jungend durchgeführter Bewertungen meist nicht sinnvoll ist.

Der Hund mit dem Rollstuhlfahrer ist nicht nur ein Kumpan. Er kann vielerlei Assistenztätigkeiten lernen.

Generell zeigt die genannte Arbeit, dass erst ab einem Alter von ca. 18–21 Monaten zuverlässige, das heißt statistisch zuverlässige, wiederholbare Beurteilungen stattfinden können.

Speziell im Zusammenhang mit der Beurteilung künftiger Führhunde haben z. B. Serpell und Hsu (2001) versucht, die Beurteilung von Verhalten und Temperament in einem ausführlichen System zu entwickeln, das mit Hilfe von Fragebögen durch die Halter der Hunde im Alter von ca. einem Jahr erstellt werden kann. Die genannte Arbeit zeigt insgesamt drei Faktoren, die mit einigermaßen mittelprächtiger innerer Konsistenz, also Wiederholbarkeit, versehen sind. Es handelt sich dabei um die Eigenschaften Furcht oder Aggression gegen fremde Menschen, nicht soziale Furcht oder Angst und allgemeine Energie = Aktivitätspegel. Murphy (1998) versuchte, im Zusammenhang mit erfahrenen Ausbildern der australischen Führhunde-Assoziation, ebenfalls 12 Monate alte, potenzielle künftige Führhunde in 20 verschiedenen Verhaltenskategorien anhand von Videoanalysen einsortieren zu lassen. Das Ergebnis dieser Studie zeigt, dass es am besten wäre, Temperamentskategorien von möglichst vielen verschiedenen Verhaltenselementen, und nicht von einigen wenigen Indikatorelementen, einzusetzen. Nur Elemente, die auch häufig bis sehr häufig von Hunden gezeigt werden, sind für eine zuverlässige Beurteilung geeignet. Selten auftretende Verhaltenselemente zeigen keine hohe statistische Wiederholbarkeit. Indikatorverhalten, die nicht von einem einzigen Videoband eines einzigen Probespaziergangs zuverlässig beurteilt werden können, müssten in der Analyse ausgeschlossen werden. **Auch das deutet darauf hin, dass einmalige Prüfungsleistungen bei Hunden offensichtlich nicht für eine besonders zuverlässige Beurteilung ausreichen.**

In den letzten Jahren wurden jedoch einige Entwicklungen in diesem Bereich berichtet, die möglicherweise zukunftsträchtige Ansätze haben könnten.

Fragebogenbasiertes Verfahren

In einem Forschungsteam der Universität von Nottingham unter Leitung von Naomi Harvey (Harvey et al., 2017) wurde ein anderes, ebenfalls fragebogenbasiertes Verfahren getestet, mit etwa 1 400 Fragebogen, die von den Ausbildungs- und Betreuungskräften künftiger Behindertenbegleithunde bearbeitet wurden. Die Hunde wurden im Alter von 5, 8 und 12 Monaten bewertet, und die Merkmale, nach denen beurteilt wurde, betrafen allgemeine Anpassungsfähigkeit, Ablenkbarkeit, Probleme mit dem Treppensteigen und einige andere Aspekte. Die Beurteilung in den drei getesteten Altersbereichen hatte durchaus eine hohe statistische Konsistenz, das heißt, die Eigenschaften der Junghunde in den drei abgefragten Altersabschnitten waren recht ähnlich. Jedoch wurden die Ergebnisse nur von knapp 17 % der untersuchten Hunde mit einer Zuverlässigkeit von 84 % vorhergesagt. Für einen Großteil der Hunde war die Zuverlässigkeit der Fragebogenergebnisse für ihre spätere Ausbildung wesentlich schlechter. 58 % der in dieser Studie überprüften Hunde schlossen die Ausbildung dann auch erfolgreich ab, 27 % sind wegen Verhaltenseigenschaften durchgefallen, und der Rest hatte im Laufe der Ausbildung medizinische Ausschlusskriterien gezeigt. Jedoch ist auch hier zu betonen, dass die Vorauswahl, welche Hunde überhaupt in die Ausbildung kamen, nicht durch die genannten Fragebogentests beeinflusst war. Deshalb wird auch die Zuverlässigkeit eines allgemeinen Welpentests wohl noch wesentlich geringer sein.

fMRI-Studien

Eine ganz besonders moderne Methode, die Eignung von Hunden für die spätere Ausbildung zu überprüfen, stammt aus den fMRI-Studien der Arbeitsgruppe von Gregory Berns, die auch an anderen Stellen unseres Buches bereits besprochen wurden (Berns et al., 2015, 2017, siehe S. 173). In der in dieser Arbeitsgruppe üblichen Methode werden

Assistenzhunde zeichnen sich in der Arbeit durch ein spezielles Führgeschirr aus. Meist haben sie auch noch eine Kennweste, die ihre Funktion in Großbuchstaben erklärt.

Hunde im Wachzustand ohne Begrenzung und Einschränkung ihrer Bewegungsfreiheit, freiwillig dazu gebracht, sich im Magnetresonanzscanner bestimmte Handzeichen anzuschauen. Dann werden die Aktivitäten des Gehirns als Reaktion auf diese Handzeichen überprüft (siehe S. 147 ff.). Die Handzeichen wurden in der genannten Studie entweder vom Hundehalter selbst oder von einem Fremden gegeben. Die Überprüfung der Hirnaktivitäten bezog sich einerseits auf den visuellen Kortex, also auf die für die optische Bildbearbeitung zuständige Region des Großhirns, auf den Mandelkern, das Hauptzentrum der emotionalen Verarbeitung, und auf den *Nucleus caudatus*, einen weiteren Bestandteil des sogenannten emotionalen Strangs. Die Hirnaktivitäten jedes einzelnen Hundes wurden dann in Beziehung zu seinen Ergebnissen bei der Abschlussprüfung der Ausbildung gesetzt. Gehirnstromaktivitäten hatten hier einen positiven Vorhersagewert von 94 %, das heißt, sie konnten zu 94 % den erfolgreichen Abschluss der Ausbildung vorhersagen, und einen negativen Vorhersagewert von 67 %, das heißt, zu 67 % konnte vorhergesagt werden, ob ein Hund durchfallen wird. Bemerkenswert ist auch, dass die verschiedenen Hirnregionen hier unterschiedliche Bedeutung haben.
Die Ergebnisse aus dem *Nucleus caudatus* waren positiv mit dem erfolgreichen Abschluss der Ausbildung korreliert, die Ergebnisse aus dem Mandelkern (als *Amygdala* bezeichnet) waren zunächst nur in Wechselwirkung mit dem visuellen Kortex erklärbar, und sehr viel stärker mit der künftigen Durchfallquote verknüpft. Die Aktivität im *Nucleus caudatus* steht im Zusammenhang mit der Generalisierbarkeit, z. B. mit der Übertragung dessen, dass ein vom Hundehalter antrainiertes Signal auch von einem Fremden erfolgreich gegeben werden kann. Hunde, die diese Generalisierung relativ leicht schaffen, sind offensichtlich für die spätere Verwendung als Assistenzhund besonders gut geeignet. Sie sollten dies vor allem aber ohne allzu große emotionale Belastung tun, deshalb die negative Korrelation mit den Aktivitäten der *Amygdala*.

Ausscheiden von Assistenzhunden

Geoffrey Caron-Lormier und Co-Autoren, ebenfalls schwerpunktmäßig von der Universität Nottingham, haben einen anderen Ansatz gewählt, um die Eignung von Hunden für ihre Assistenzhundetätigkeit zu bewerten. Sie betrachteten eine Statistik, welche Hunde, auch von welchen Rassen, in welchem Alter und aus welchen Gründen die Tätigkeit als bereits ausgebildete Assistenzhunde beenden mussten. So wurden über 7 500 Hunde betrachtet, die im Zeitraum zwischen 1994 und 2013 aus dem Dienst schieden. 83 % davon gingen aus Altersgründen, 17 % aus Verhaltensgründen. Die Hauptursachen für einen Rückzug aus Verhaltensgründen waren entweder Umweltängste, mangelnde Trainier- und Arbeitsbereitschaft sowie Furcht und Aggression. Interessant ist auch, dass die Ursachen, aus denen die Hunde den Dienst quittierten, unterschiedlich waren, je nach Alter. Die meisten Hunde, die wegen Furcht oder Aggression aus dem Dienst schieden, taten dies nach einer durchschnittlichen Dienstdauer von 1,7 Jahren und waren dabei etwa 3,5 Jahre alt. Die meisten Hunde, die wegen unerwünschten Jagens (seien es andere Tiere, Hunde, Jogger und Radfahrer oder Ähnliches) ausschieden, waren nach durchschnittlich 2 Dienstjahren knapp 4 Jahre alt. Die meisten Hunde, die wegen Erregbarkeit ausschieden, waren 4,5 Jahre alt und bereits 2,6 Jahre im Dienst. Die meisten Hunde, die wegen mangelnder Arbeitsbereitschaft und/oder mangelndem Selbstvertrauen ausschieden, waren dagegen nach 4,4 Dienstjahren schon nahezu 6,5 Jahre alt. Es zeigt sich also, dass unterschiedliche problematische Verhaltensweisen zu unterschiedlichen Altersabschnitten der Hunde entstanden. Die meisten Hunde, die aus Altersgründen ausschieden, waren 10,3 Jahre alt und über 8,5 Jahre im Dienst.

Rasssenunterschiede Bemerkenswert ist auch, dass es Rassenunterschiede gab. Keine andere Rasse hat mit so hoher Wahrscheinlichkeit das Pensionsalter erreicht wie der Labrador. Deutsche Schäferhunde und Kreuzungen aus Labrador und Golden Retriever hatten eine 57 bzw. 40 % geringere Wahrscheinlichkeit, das Pensionsalter zu erreichen, als die Labradore. Deutsche Schäferhunde waren 7-mal wahrscheinlicher aus Furcht oder Aggressionsgründen ausgeschieden als Labradore, und für Rüden haben sich die beiden Affekte noch addiert. Demgegenüber waren Deutsche Schäferhunde zu 70 % geringerer Wahrscheinlichkeit aus Gründen der Trainierbarkeit, des Gehorsams oder der Arbeitswilligkeit ausgeschieden. Labradore hatten weniger Furcht vor Hunden, Deutsche Schäferhunde am meisten. Weibliche Welpen, egal welcher Rasse, wurden als unabhängiger und aktiver eingestuft als die männlichen, dieser Effekt war aber nicht altersstabil und daher auch kein Vorhersagewert für die künftige Erfolgstätigkeit. Erwachsene Labradore hatten höhere Werte für nervliche Stabilität und Kooperation als Deutsche Schäferhunde. Die getesteten Mischlinge aus Labrador und Golden Retriever zeigten, im Gegensatz zu einer Paralleluntersuchung über medizinische Gründe des Ausscheidens, keinen besseren Erfolg als die reinrassigen Ausgangsrassen. **Ein sogenannter Hybrid- oder Heterosiseffekt, der oft bei der Nutztierzucht als typisch für Mischlinge zwischen zwei Ausgangsrassen beschrieben wird, konnte hier also nicht nachgewiesen werden.**

Eine ebenfalls aufschlussreiche Arbeit über die künftige Beurteilbarkeit des Hundes für seine Tätigkeit als Blindenhund, wurde in der Arbeitsgruppe von Paul McGreevy 2009 veröffentlicht (Batt et al., 2009): Von einer großen Zahl unterschiedlicher, für jeweils jeden einzelnen Hund mit seinem späteren Ausbildungsergebnis in Beziehung gesetzten Merkmalen und Eigenschaften, hatte den besten Vorhersagewert ein Fragebogen, den die Patenfamilie des Hundes im Alter von 13 bis 14 Monaten ausgefüllt hatte.

Auch eine Langzeitstudie von Stefanie Riemer und Co-Autoren (Riemer et al., 2014) aus Wien zeigt die geringe Vorhersagbarkeit des Verhaltens: 99 Border Collies wurden mehrmals im Alter von wenigen Tagen, 40 – 50 Tagen und im Alter von 1,5 Jahren wiederholt getestet. Nur bei Erkundungsverhalten gab es erkennbare statistische Zusammenhänge zwischen den drei Testaltersstufen.

STUDIEN ZUR BELASTUNG IM ARBEITSEINSATZ

Etwas vielseitiger sieht die Befundlage aus, wenn die Belastung der Hunde während und nach der Arbeit mit Hilfe von verhaltensbiologischen und physiologischen Messwerten überprüft werden soll. Hier haben sich eine Reihe verschiedener Studien mit Hunden in unterschiedlichen Tätigkeiten beschäftigt. Intuitiv als besonders belastend würde man ja z. B. die Arbeit von Lawinenhunden und anderen, im Katastrophenfall eingesetzten Suchhunden sehen. Slotta-Bachmayr und Schwarzenberger (2007) und Diverio et al. (2016) haben die Anforderungen im Training von Lawinenhunden und anderen Suchhunden im Katastrophendienst überprüft. Im Sucheinsatz gab es durchaus, vor allem im alpinen Gelände, einen Anstieg von Cortisol, sowie im Speichel einschlägige Genaktivierungsanzeichen und auch physikalische Beanspruchungen, die bis zur Erschöpfung führen können. Die Leistung wird durch die Höhe, das Suchgebiet und das Alter des Hundes beeinflusst. Kurze Suchzeiten und adäquate Pausen sind vor allem für ältere Hunde notwendig, ihre Herzfrequenz bleibt länger hoch und ihre Aktivität sinkt schneller. Extremwetter wie etwa Schnee oder Wind reduziert die Leistung ebenso wie die Fellbeschaffenheit Einfluss hat. Hitzestress oder Auskühlung sind hier durchaus relevante Themen. Der Transport von Lawinensuchhunden im Helikopter dagegen (Perry et al., 2017) zeigt sich durch erhöhte Cortisolwerte und eine erhöhte Körpertemperatur, zumindest bei Messung im Enddarm. Die Arbeitsleistung und die Zusammensetzung der Bakterienflora im Kot dagegen ist durch die genannten Stressfaktoren unbeeinflusst. Es kommt jedoch durchaus zu Gefahrensituationen für die Hunde, sei es durch sogenannte respiratorische Depression, also plötzlich dramatisch absinkende Atemtiefe, als auch durch immunologische Veränderungen, die dann längerfristig z. B. die Widerstandskräfte gegen Krankheitserreger senken können.

Svobodova et al. (2014) haben bei weiblichen Deutschen Schäferhunden und Junghunden die Belastung durch ein vierminütiges Verteidigungstraining, also durch Schutzdienstausbildung, gemessen. Bei beiden Gruppen, den weiblichen Hunden und den Junghunden, stieg der Cortisolwert erheblich an, der Wert des Immunglobulins A im Speichel war demgegenüber nur bei den weiblichen erwachsenen Hunden abgesunken, bei den Welpen blieb er dagegen hoch. **Traditionell wird ein Absinken des Immunglobulins A durchaus mit Stress in Verbindung gebracht und ist einer der Wege, über den bei einer starken Stressbelastung auch die gesundheitlichen Folgeerscheinungen ausgelöst werden können.** Die erhöhten Speichelcortisolwerte zeigen jedoch in jedem Fall, dass diese Art von Training für die Hunde eine Belastung darstellt.

CO2-Wert im Blut

Neben den Cortisol- und anderen Hormonwerten wurden in verschiedenen Untersuchungen auch die Auswirkungen von Ausbildungs- und Trainingsprogrammen auf die Mineralzusammensetzung des Blutes und andere Blutwerte überprüft. Conrad et al.

Der „typische" Diensthunde der Polizei: Der Deutsche Schäferhund.

(1990 a, b) untersuchten z. B. Säurewerte und CO_2-Beladung des Blutes, vor allem bei länger anhaltenden Ausbildungsprogrammen von Diensthunden. Suchhunde und Wachbegleithunde wurden unterschiedlich bewertet. Die Blutsäurewerte, durch den pH- Wert und die CO_2-Beladung im Blut, ließen sich über die gesamte 130-tägige Ausbildungszeit deutlich als Indikatoren für eine verstärkte körperliche Belastung messen. Andere Werte des Säurehaushalts im Blut zeigten keine Veränderungen, weder bei Streifendienst noch bei Suchdienst, und zeigten eher, dass die Hunde sich im Laufe des Ausbildungsganges an die neuen Anforderungen des Jobs auch gewöhnen konnten. Die pH-Messungen und die Beladungen mit CO_2 im Blut dagegen sollten nach Angaben der Autoren durchaus für eine zukünftige Bewertung der Belastung und der Gesundheit von Diensthunden mit herangezogen werden.

Mineralienwerte

In der zweiten Studie untersuchte die tschechische Arbeitsgruppe verschiedene Mineralien, wobei sich z. B. die Werte für Natrium, Kalium und Magnesium im Laufe der Zeit wiederum normalisierten. Dies kann als Anpassungsprozess an psychischen und physischen Stress gewertet werden. Insbesondere zu Beginn der Ausbildung, aber auch im Verlauf des gesamten Kurses waren die Werte für Calcium und Phosphat im Blut erhöht, was das Risiko einer beginnenden Osteopathie, also einer Knochendemineralisation, sowie Störungen des Muskel-Nerv-Systems und möglicherweise auch Auswirkungen einer Fehlfütterung zeigt.
Natrium-, Kalium- und Magnesiumwerte, die auch mit den psychischen Anpassungsleistungen verknüpft sind, sind also offensichtlich weniger empfindlich und leichter für den Hund zu regulieren, als die mit Muskel- und Knochenbau zusammenhängenden Werte für Calcium und Phosphat. Auch diese Erkenntnisse sollten in die medizinische Beurteilung von Arbeitshunden mit einfließen.

ÜBERFORDERUNG VON HUNDEN

Eine Reihe von Übersichtsarbeiten bemängeln regelmäßig Schwierigkeiten und potentielle Belastungssituationen im Umgang mit Blindenführ- und anderen Assistenz- bzw. Therapiehunden. Marinelli et al. (2009) sowie Coppinger et al. (1998) haben aus ihrer Kenntnis hundlichen Verhaltens und auch aus der Sicht derjenigen, die speziell über Arbeitshunde und deren Kooperation mit dem Menschen forschen, die Umstände untersucht, und eine Reihe von Schwierigkeiten definiert. Diese bestehen z. B. in einer Überbeanspruchung der Hunde, einem häufigen Transfer in andere Einrichtungen, unangemessenen Umweltbedingungen, dem Alter des Hundeführers, falschen und unzureichenden Informationen des Hundeführers an den Hund und ungenügender Berücksichtigung der Motivation der Hunde. Adams und Jensen (1993, 1994, 1995) haben sowohl an Wachhunden, Drogenspürhunden und anderen Arbeitshunden dargelegt, wie sich das normale Zeitbudget eines arbeitenden Hundes in menschlicher Umgebung darstellt. Die Daten decken sich im Wesentlichen mit vielerlei Befunden über Aktivitätsrhythmik und Aktivitätsverteilung von verwilderten Haushunden (S. 365 ff.).
Der überwiegende Teil des auch nicht schlafenden Tagesablaufs bei Hunden besteht eben nur aus wachsamem Herumliegen. Spaziergänge und Revierpatroullien nehmen nur einen sehr kleinen Teil des täglichen Tagesablaufs ein, und der Funktionskreis Nahrungserwerb, aus dem ja die meisten Übungen und Beschäftigungen sowohl im Hundesport als auch bei der Arbeit von Assistenzhunden zur Ausbildung und Training abgeleitet werden, nimmt nur einen kleinen Teil des hundlichen Tagesablaufs ein. Schnelle Aktivitätswechsel zwischen Ruhephasen und kurzen Phasen von Erkundungsverhalten, gegebenenfalls Wachsamkeit bei Wachhunden oder auch kurze Aktivitäten zum Zweck des Nahrungserwerbs wechseln mit langen Phasen des Schlafens und inaktiven Ruhens ab.

Pausen während des Einsatzes

King et al. (2011) haben in einer Arbeit über die Wirksamkeit von Auszeiten während der Beschäftigung von Therapiehunden dargelegt, dass die Beschäftigungsdauer maximal 2,5 Stunden betrug. Innerhalb dieser Beschäftigungszeit von 2,5 Stunden ließ sich zwar kein statistisch nachweisbarer Allgemeineffekt zwischengeschalteter Auszeiten messen, die Autorinnen zeigen aber deutlich, dass im Einzelfall solche Auszeiten durchaus vorteilhafte Wirkungen haben können.
Lisa Marie Glenk und Co-Autoren aus Wien (2013) begleiteten Therapiehunde während ihrer Interventionssitzungen und bestimmten die Cortisolkonzentration im Speichel während dieser Zeit. Die Sitzungen, die sie beobachteten, betrugen durchschnittlich 50–60 Minuten. Sitzungen dieser Länge waren weder für ausgebildete und geprüfte Therapiehunde noch für Therapiehundanwärter mit messbaren Cortisolanstiegen verknüpft. Es zeigte sich jedoch ein wesentlicher Unterschied zwischen den Leistungen zertifizierter Assistenz-Therapiehunde, je nachdem, ob sie an- oder abgeleint ihre Therapieleistungen vollbrachten. Während sich vor Beginn der Therapiesitzungen die Cortisolwerte der beiden Gruppen nicht unterschieden, waren am Ende der Therapiesitzungen Hunde, die ihren Einsatz abgeleint leisten konnten, mit wesentlich niedrigeren Cortisolwerten gemessen worden. Haubenhofer und Kirchengast (2006, 2007) analysierten ebenfalls Stressbelastungen von Therapiehunden im Einsatz, unter Heranziehung der Speichelcortisolwerte. Cortisolkonzentrationen waren höher, wenn die Hunde vormittags gegenüber nachmittags ihre Arbeit leisteten, die Konzentrationen bei der Arbeit in kürzeren Sitzungen waren höher als bei der Arbeit in längeren Sitzungen. Letzteres führen die Autorinnen vorwiegend auf den größeren Zeitdruck, auf den Hundeführer bei kurzen Interventionssitzungen und auf die ständig wechselnden Bedingungen solch kurzer, hintereinander geschalteter Einsätze zurück. Die physiologische Erregung durch die Therapiearbeit für die Hunde war hier eindeutig nachweisbar. Ob es sich bereits um Stress und Belastung mit negativer Auswirkung auf die Gesamtsituation der Hunde handelte, haben sie offengelassen. Die medialen Werte von Hunden, die mehr als 2 Stunden arbeiten mussten, waren in jedem Fall deutlich höher, als bei denen, die nur 1 – 2 Stunden arbeiteten, ebenso war die Schwankungsbreite mit den unteren 25 und den oberen 75 % der abgedeckten Cortisolkonzentrationen unterschiedlich. Insbesondere für diejenigen Hunde, die individuell besonders stark mit Cortisolausschüttungen auf die Therapiearbeit reagierten, waren Zeitintervalle um 3 Stunden oder oberhalb von 6 außergewöhnlich belastend. Ebenso zeigten die Autorinnen, dass die Cortisolkonzentrationen immer stärker anstiegen, je mehr therapeutische Sitzungen ein Hund nacheinander während der gesamten Arbeitszeit vollbringen musste.

Cortisolanstieg an Prüfungstagen

Haubenhofer et al. (2005) untersuchten auch Zusammenhänge zwischen Cortisolkonzentrationen bei zukünftigen Therapiehunden in der Ausbildung während eines Intensivseminars, einschließlich des am letzten Tag abgehaltenen, praktischen Prüfungsteils. Hier zeigte sich, dass die Cortisolkonzentrationen der Hunde zu Beginn des Kurses, meist in den ersten drei Tagen, höher lagen als in den letzten beiden Tagen. Das lag wahrscheinlich daran, dass sich die Hunde an die Ausbildungssituation, den Aufenthalt im Seminarraum etc. gewöhnt hatten.
Die Prüfungen am letzten Tag erwiesen sich als Belastung für die Hundeführerinnen, deren Cortisolwerte in der Regel am fünften = Prüfungstag deutlich anstiegen, für die Hunde dagegen ergab es keine besonderen Cortisolanstiege. Die Prüfungen dauerten insgesamt ca. 1 – 1 ¼ Stunden.

In den USA sind in manchen Krankenhäusern vierbeinige Therapeuten erlaubt – zum Wohlbefinden der Patienten.

Cortisolwert und Verhalten

Amy McCullough und Co-Autoren (2017) untersuchten die Belastungen anhand von Speichelcortisolwerten und Verhaltensbeobachtungen von Therapiehunden in Kinderkrebsstationen verschiedener amerikanischer Krankenhäuser. Die Besuche der Therapiehunde zogen sich über einen Zeitraum von ca. 4 Monaten hin. Neben den Cortisolwerten im Speichel und den Verhaltensauswertungen der Videos, hatten die Hundeführer auch den C-BARQ-Fragbogen (siehe S. 353) auszufüllen. Es gab keine statistisch signifikanten Unterschiede zwischen den Speichelcortisolwerten vor und nach den Therapiesitzungen. Eine individuell höhere Cortisolausschüttung der Hunde war jedoch mit einer höheren Zahl von stressanzeigendem Verhalten während der Therapiesitzung korreliert. Ebenso gab es eine positive Korrelation zwischen Stressindikatoren und freundlichem, kontaktaufnehmendem Verhalten der Hunde. Hunde, die sich stärker um die Patienten kümmerten, waren auch stärker gestresst, wobei Ursache und Wirkung, wie bei jeder Korrelation, nicht unterschieden werden können. Die am häufigsten gezeigten Verhaltensweisen der Hunde waren Lippenlecken und andere Verhaltensweisen rund um die Schnauze sowie Schwanzwedeln. Der einzige Faktor aus dem C-BARQ-Fragebogen, der einen Zusammenhang mit den Leistungen in der Therapiesitzung hatte, war der Faktor Furcht gegenüber Fremden. Hunde, die in diesem Bereich höhere Punkte erreichten, zeigten in den Sitzungen weniger freundliche Verhaltensweisen.
In einer anderen, ebenfalls sicher sehr be-

lastenden Prüfungssituation haben Dreschel und Entendencia (2013) die Cortisolkonzentrationen im Speichel von Drogenspürhunden in US-amerikanischen Gefängnissen unter Prüfung mit der Normalbelastung verglichen. Die Zertifizierungstests waren hier nicht als besondere Belastung erkennbar, jedoch gab es sehr komplexe Zusammenhänge zwischen den Cortisolkonzentrationen der Hunde einerseits, den Schwankungen der Cortisolkonzentrationen der Hunde und verschiedenen physiologischen Parametern der Hundeführer, z. B. deren Cortisolbasiswerten, deren Herzfrequenz und auch deren Testosteronspiegel. Es wird vermutet, dass die Hunde auf verschiedene Anzeichen der Belastung ihres Hundeführers reagiert haben.

LEBEN IM ZWINGER ODER IM HAUS MIT FAMILIENANSCHLUSS

Über ein Thema, das gerade im Zusammenhang mit Arbeits- und Diensthunden verschiedenster Tätigkeit immer wieder aufkommt, gibt es durchaus belastbare Aussagen: **Die Praxis, Hunde außerhalb ihrer Arbeit im Zwinger zu halten, beeinträchtigt das Wohlbefinden und erhöht den Stresspegel der Hunde.** Nicola Rooney und Co-Autoren (2009), Kathrin Taylor und Daniel Mills (2007) und andere haben deutlich gezeigt, dass zwar die Haltung von Hunden im Zwinger, wenn sie denn als soziale, aber stabile Gruppe erfolgt und es regelmäßigen, positiven Kontakt zum Menschen gibt, weniger Probleme bereitet als die Einzelhaltung, dass aber insgesamt der Stresspegel von Hunden im Zwinger wesentlich höher ist. Gerade die Untersuchungen von Nicola Rooney und Co-Autoren zeigen, dass Hunde, die im Zwinger gehalten werden und hohe Stresspegel aufweisen, sich auch in der Arbeit wesentlich schlechter präsentieren und weniger gut trainierbar sind. Als Belastungsanzeiger wurden unter anderem verschiedene Formen von Übersprungsverhalten wie Zittern, Schütteln, Stereotypien und Zwangshandlungen oder übermäßiges Übersprungsputzen, aber auch körperliche Symptome wie etwa Gewichtsverlust, schlechte Kotzusammensetzung, Entzündung der Pfoten oder Kotfressen aufgeführt.

Es sollte also durchaus immer versucht werden, die Hunde auch außerhalb der Arbeitszeit mit vollem Familienanschluss zu führen. Die Studien von Anuschka Haverbeke und Co-Autoren (2008) am Beispiel belgischer Militärdiensthunde, aber auch die bereits erwähnte Studie von Erika Mirco aus Budapest zeigen deutlich, dass das Verhalten von Hunden, die auch außerhalb der Arbeit mit vollem Familienanschluss gehalten werden, nicht nur wesentlich vorhersagbarer und aggressionsärmer ist, sondern sich auch durch bessere Trainings- und Arbeitsleistungen auszeichnet. Und hiermit schließt sich dann auch der Kreis zu den in der Einleitung genannten ethischen Diskussionen, nämlich das von den Diskutanten der Padua-Konferenz angemahnte vierte R für Relationship = Beziehung.

KOMPLEXE AUSBILDUNG

Evan MacLean und Brian Hare (2018) haben jüngst in einer aufwändigen Testserie mit 164 Assistenzhundeaspiranten und 222 Sprengstoffspürhunden der US-Marine gezeigt, dass es durchaus, und zwar je nach Job unterschiedlich, sinnvoll wäre, auch kognitive Aufgaben, z. B. Umwegaufgaben, räumliches Lernen, Fingerzeigkommunikation mit dem Menschen, in die Auswahl von künftigen Arbeitshunden einzubeziehen. Durch ein komplexes Computersimulationsmodem konnten sie herausfinden, welche Tests (aus insgesamt 25 verschiedenen) besonders zu welchem Job passen. Dies zeigt einmal mehr, dass gerade bei der Ausbildung von hart arbeitenden Hunden auch deren komplexere geistige Fähigkeit und nicht nur die einfache Konditionierungstätigkeit Bedeutung haben sollte.

MIT ALLEN SINNEN IM EINSATZ

Gerade die für uns Menschen oftmals erstaunlichen Leistungsfähigkeiten hundlicher Sinnesorgane haben schon lange dazu beigetragen, sich diese Eigenschaften auch für verschiedenste Formen von hundlichen Dienstleistungen beim Menschen zu Nutze zu machen. Wie bereits ausgeführt, sind jedoch oftmals die praktischen Erfahrungen wesentlich stabiler, umfangreicher und oft auch sehr glaubhaft, während nur in seltenen Fällen wirklich wissenschaftliche Untersuchungen über die Ursachen und die Grenzen dieses Phänomens durchgeführt werden.

WUNDERWERK HUNDENASE

Gerade im Bereich der Nasenarbeit existieren nur vergleichsweise wenige wissenschaftliche Untersuchungen, allerdings, wie z. B. von Schröder (siehe S. 254 f.) dargelegt wird, unterschreitet die Leistungsfähigkeit menschlicher Hochleistungsanalysegeräte oftmals die des Hundes um mehrere Zehnerpotenzen. Auch in einer speziell dafür ausgerichteten Vergleichsuntersuchung eines holländischen Autorenteams unter Leitung von Jessica De Ruiter (De Ruiter et al., 2017) zeigten sich hierbei ähnlich erstaunliche Tatsachen: Es ging darum, in einem Forschungsprojekt mit der niederländischen Kriminalpolizei Hunde zu testen, die speziell auf das Anzeigen von menschlichen Samenspuren im Zusammenhang mit der Ermittlung von möglichen Sexualstraftaten ausgebildet waren. Samenproben (von sterilisierten Männern, um mögliche DNA-Verunreinigung durch wirkliche Samenzellen auszuschließen) wurden auf verschiedene Untergründe aufgebracht. So wurden z. B. auch verschiedene bedruckte und unbedruckte Baumwollstoffreste verwendet und die Samenproben dort in Konzentrationen von bisweilen nur 0,005 Milliliter Flüssigkeit aufgetragen. Anschließend wurden die Stoffreste mit einem für die Beseitigung biologischer Spuren (Blut, Eiter etc.) geeigneten Spezialwaschmittel gewaschen. Trotzdem zeigten die Hunde an diesen Stoffproben noch sehr zuverlässig die Anwesenheit der Samenproben an. Keine der im Vergleich dazu verwendeten laboranalytischen Methoden, sei es die aus den TV-Krimis bekannte Fluoreszenzlichtmethode, noch die chemische Nachweistestung mit saurer Phosphatase, einem speziell für den Nachweis von biologischen Spuren entwickelten Enzymtest, konnten nach dem Waschen die Samenproben noch anzeigen. Hunde aber konnten es. Auch auf verschiedenen Untergründen, z. B. im Gras, vor allem nach vorangehendem Regen, waren Hunde wesentlich besser als die chemische Analytik.

PROBLEME DER HÜNDISCHEN NASENARBEIT

– in der strafgerichtlichen Beweisführung
Die Schwierigkeiten, die solche Untersuchungen jedoch immer beinhalten, bestehen zunächst darin, dass eine Anzeige des Hundes, die von keiner chemischen Analytik bestätigt wird, im Strafprozess nur sehr wenig Glaubwürdigkeit bekommt. Vor allem die Anwälte der Gegenseite, und das ist ja auch ihr gutes

Recht und ihre Pflicht nach der Strafprozessordnung, müssen versuchen, die Glaubwürdigkeit des Hundes zu erschüttern. Wie aber soll die Arbeit des Hundes bestätigt werden, wenn sie durch die Labors nicht überprüfbar ist? Eine zweite, wesentlich leichter zu erfüllende Anforderung ist die nach der möglichst weitgehenden Standardisierung der angewendeten Überprüfungsmethoden. Hier hat z. B. ein Autorenteam unter Leitung von Dorothea Johnen (Johnen et al., 2017) vom Institut für Reproduktionsbiologie der Veterinärfakultät Berlin versucht, standardisierbare Anforderungen an mögliche Studien zur Geruchsüberprüfung durch Hunde zu formulieren. Die in dieser Arbeit vorgeschlagenen Praxisrichtlinien beinhalten u. a. Folgendes:

1. Zunächst sollte der zu suchende Zielgeruch möglichst immer genau chemisch identifiziert, möglichst auch als **abgrenzbare chemische Substanz** bekannt sein. Diese Probleme, wie einige im Folgenden zusammengestellte Studien zeigen, sind jedoch oftmals noch nicht gelöst. Selbst die geruchlichen Fähigkeiten von Leichenspürhunden (Artkämper et al., 2015) beruhen auf der Entdeckung von Substanzgruppen oder Substanzgemischen, deren chemische Aussagekraft bisher noch nicht eindeutig belegt ist. Welche, und in welcher Konzentration, Duftstoffe z. B. den typisch menschlichen Verwesungsgeruch ausmachen, ist chemisch noch nicht eindeutig geklärt. Geklärt ist aber, wie schnell und zuverlässig Leichenspürhunde arbeiten. In einer Testreihe der Hamburger Polizei mit dem dortigen Institut für Rechtsmedizin zeigte sich, dass Hunde zuverlässig bereits drei Stunden nach dem Tod eines (hier im Rettungswagen in Anwesenheit des Notarztes gestorbenen, daher genau bekannten) Menschen schon eine Geruchsveränderung auf der Teppichfliese erkannten, auf die der mehrfach in Bettlaken eingewickelte Leichnam abgelegt worden war (Quedzuweit, 2014; Oesterhelweg et al., 2008).

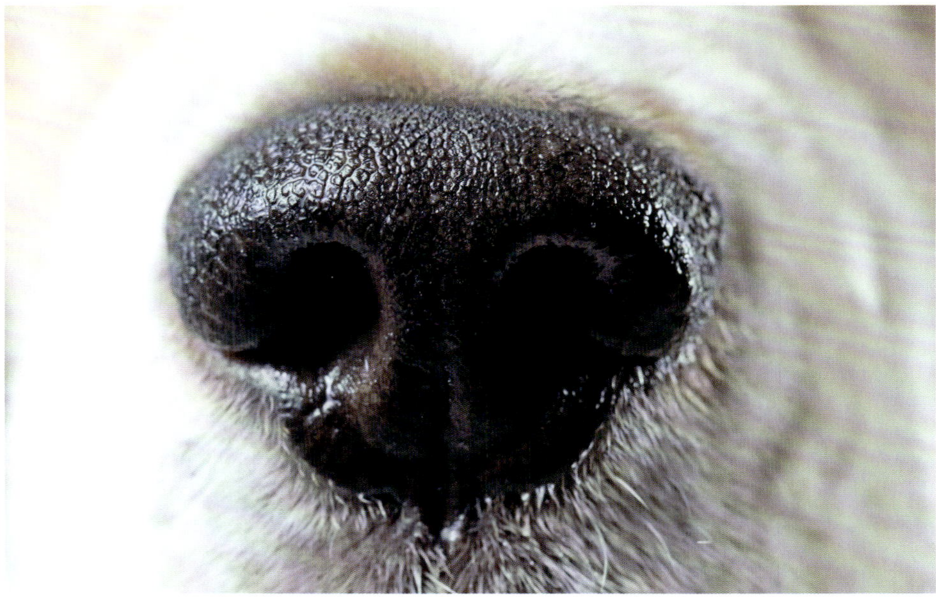

Die kalte Nase wirkt offensichtlich nicht nur als Duftstofffänger. Neuere Erkenntnisse lassen vermuten, dass sie auch eine Funktion als Wärmebilddetektor hat.

Geruchsdifferenzierung oder auch der Nachweis von Gegenständen über ihren Geruch, ist in vielerlei Formen der hundlichen Arbeit für den Menschen hilfreich.

2. Der zweite wichtige Schritt zur genauen Nachvollziehbarkeit von Geruchssinnen bei Hunden bezieht sich auf die **Anordnung und Präsentation der Geruchsproben**. Die Zahl der vorgelegten Geruchsproben, ihre Anordnung im Raum, die Zahl der Blindproben (also derer, die nicht den gewünschten Geruch enthalten), die Frage, ob der Hund auch mehrere Überprüfungen derselben Probe hintereinander zum wiederholten Vergleich vornehmen darf, die Art und der Umfang von Negativproben, die Frage, ob der Hund auch eine Negativprobe durch eine extra dafür antrainierte Negativanzeige quittieren soll oder einfach nur weitergeht und nur an der Positivprobe die Anzeige macht, alles das sind Faktoren, die genau und nachvollziehbar beschrieben werden müssen. Wie Simon Gadbois (Gadbois und Reeve, 2014) gefordert hat, sollte dem Hund jede einzelne Probe, also auch die Blindproben und die Ablenkproben, zur eindeutigen Entscheidung individuell vorgelegt werden. Der Hund sollte zudem auch darauf trainiert sein, sowohl eine Positiv- als auch eine anders aussehende Negativanzeige zu machen, damit er auch wirklich jede einzelne Probe genau untersucht und nicht einfach darüber hinweglaufen kann.

3. Auch die Art der **Aufbereitung und Archivierung der Proben** spielt eine wichtige Rolle. Wir alle erinnern uns noch an die abstrusen Verschwörungstheorien, die entstanden, als in verschiedenen DNA-Proben ganz unterschiedlicher Straftaten plötzlich dasselbe, lange Zeit nicht identifizierte DNA-Material eines einzelnen, immer wieder auftauchenden Menschen festgestellt wurde. Diese Fernsehberichte beschäftigten sich mit dieser Person, und die Vermutungen eines mittlerweile auf eigene Faust handelnden, ehemaligen Geheimagenten oder eines wild gewordenen

Mafiakillers wurden selbst im öffentlich-rechtlichen Fernsehen breitgetreten. Zum Schluss zeigte sich, dass eine unachtsame Mitarbeiterin des Labors, das die Teststreifen herstellte und verpackte, die Verunreinigung der Proben verschuldet hatte. Auch hier ein Vergleichsfall aus der hundlichen Praxis, der vom Leiter der Thüringer Polizeidiensthundestelle, Volker Brandt, geschildert wurde (Schönewald, 2014): Aus einem Seniorenheim war ein demenzkranker Mann verschwunden. Der angeforderte Personenspürhundeführer lies das Tier am Kopfkissen des Patienten schnüffeln, der Hund nahm die Spur auf und fand relativ schnell zu einer naheliegenden Bushaltestelle.
In Wirklichkeit hatte eine Krankenpflegerin bereits vor dem Einsatz des Hundes das Kopfkissen aufgeschüttelt, und diese Frau benutzte eben den genannten Bus, um von und zur Arbeit zu gelangen.

4. Ein weiterer wichtiger Faktor, der oft schon in der Ausbildung, erst recht in der Überprüfung von Riechfähigkeiten bei Hunden unbedingt beachtet werden muss, ist die **Vermeidung des Phänomens der Pseudoreplikation**. Diese wissenschaftliche Anforderung gilt generell immer dann, wenn einem Tier Proben zur Entscheidung vorgelegt werden sollen. Auch wenn Singvögeln der Reviergesang von Nachbarn präsentiert wird, oder einem Hund eine Geruchsprobe zur Identifikation vor die Nase gehalten wird: Es darf eigentlich niemals dieselbe Probe mehrmals hintereinander eingesetzt werden, in jedem Ausbildungs- und Testlauf muss eine neue, bisher unverbrauchte Geruchsprobe vorliegen.

5. Schließlich sollte die Überprüfung immer in einem **Doppelblindversuch** vorgenommen werden, das heißt, dass die anwesenden Personen während der Arbeit des Hundes nicht wissen dürfen, wo und an welcher Stelle und ob überhaupt sich eine zu identifizierende Positivprobe in der Testreihe befindet. Bei Labortests sollte der Trainer bzw. Ausbilder des Hundes entweder hinter einer Sichtblende, über Video, oder von außerhalb des Raumes, also für den Hund unsichtbar, die Arbeit beobachten. Im Geländeeinsatz ist dies selbstverständlich nicht möglich, der Hundeführer muss bei seinem Hund sein. Hier sind jedoch zumindest für den Einsatz von Hunden in Strafverfahren mittlerweile ganz eindeutige Richtlinien erlassen worden (Artkämper und Seydel, 2015). Hier darf, wenn ein Personenspürhund für die Strafverfolgung, z. B. zur Ermittlung eines möglichen Verdächtigen, eingesetzt wird, überhaupt kein Mitglied der ermittelnden Kommission anwesend sein. Selbst die Dokumentation des Einsatzes sollte von solchen Kriminalbeamten erfolgen, die mit der speziellen Täterhypothese nicht vertraut sind, also nicht wissen, welche Person der Hund suchen bzw. anzeigen soll. Nur so können „Kluger-Hans-Fehler" vermieden werden.

6. Die **Trainingsmethoden des Hundes, die Rasse und das Alter, die Dauer der Trainingsläufe, die Zahl der für die Erreichung der Erfolgskriterien notwendigen Trainingsläufe**, alle diese Details einer einschlägigen Untersuchung müssen, so Dorothea Johnen und C-Autoren, eindeutig dokumentiert und nachvollziehbar beschrieben werden. Jedem sollte auch bekannt sein, welchen Fortpflanzungs- bzw. Kastrationszustand der betreffende Hund hat und ob er bereits vorher für Geruchsarbeit eingesetzt wurde. Auch die Erfahrung des Ausbilders, ob er bereits vorher, und wenn ja, wie viele und wie lange Geruchsspürhunde ausgebildet hat, sollte möglichst nachvollziehbar beschrieben werden.

HUNDE IN DER ARCHÄOLOGIE

Es ist allgemein bekannt, dass Hunde oft eingesetzt werden, um verschiedene Kriminalfälle und Tötungsdelikte zu lösen. Zu diesem Zweck werden meist die sogenannten Leichensuchhunde eingesetzt. Diese Hunde sind speziell ausgebildet, um den Geruch einer verwesenden menschlichen Leiche zu erkennen. Die verwesende Leiche eines Menschen hat ein einzigartiges Geruchsbild, das sich deutlich von dem eines verwesenden Tieres unterscheidet. Solche Hunde werden in der Regel für die Suche nach relativ frischen Leichen eingesetzt, und nur in wenigen Fällen gab es Versuche, sie auch in die Ermittlungen älterer Grabstätten einzubeziehen. Da diese wenigen Versuche keine zufriedenstellenden Ergebnisse gebracht haben, haben solche Hunde bisher auch keinen relevanten Platz in der Archäologie finden können.
Das Projekt „Hunde in der Archäologie" ist eine wissenschaftliche Zusammenarbeit des Zentrums S.PAS (www.canine-caffe.com) und der Abteilung für Archäologie an der Hochschule in Zadar. Das Projekt wurde aus zwei Gründen ins Leben gerufen. Der erste Grund war, um zu testen, ob die Nase eines Leichensuchhundes solche alten Grabstätten überhaupt aufspüren kann, bzw. wie alt dürfen solche Gräber maximal sein, damit sie von den Hunden noch aufgespürt werden können. Der zweite Grund ist die Möglichkeit, eine neue, schonende und dadurch praktisch überall einsetzbare Methode zu entwickeln, um die ehemaligen Bestattungsorte innerhalb der archäologischen Ausgrabungsstätte zu finden.
Wenn eine erdbestattete menschliche Leiche verwest, entsteht ein spezifisches Geruchsbild. Das Erdreich rund um die Leiche wird dadurch kontaminiert, was – je nach Bodenart und -beschaffenheit – auch über einen langen Zeitraum feststellbar ist. Dr. Alexander hat 2015 nachweisen können, dass die Hunde dieses spezielle Geruchsbild wahrnehmen und als solches unterscheiden können. Im Rahmen des genannten Projekts werden die Hunde trainiert, beim Erkennen dieses Geruchs die Stelle passiv anzuzeigen, sei es sitzend oder liegend (Glavaš, 2015; Glavaš et al., 2017).

Ausgrabung eines Grabes.

Versuchsaufbau

Nachdem bereits nachgewiesen wurde, dass sich der Verwesungsprozess eines menschlichen Körpers während der Geschichte nicht verändert hat, und schon immer die gleichen Merkmale aufweist wie heutzutage, sind wir davon ausgegangen, dass die Hunde entsprechend reagieren würden, sobald sie auf eine solche Grabstätte stoßen. Die erste Versuchsreihe wurde auf dem prähistorischen Friedhof der Ausgrabungsstätte Drvišica in der Nähe der Stadt Karlobag, Kroatien, durchgeführt. Die von den Hunden angezeigten Stellen wurden mit

Ausgrabungsgräber am Standort Drvišica.

Ergebnissen der Ausgrabungen verglichen – fünf von den Hunden angezeigte Gräber wurden gefunden und untersucht. Alle stammen aus der Eisenzeit (10.–1. Jahrhundert v. Chr.) und wiesen sterbliche Überreste von jeweils mindestens vier Menschen (sowohl Erwachsene als auch Kinder) auf. Diese Gräber sind nicht nur wegen der neuartigen Methode der Entdeckung, sondern auch wegen der Art, wie die Leichen begraben wurden, interessant. Die Grabstätten wurden in einer Urform des Trockenbaus ausgebaut und die Leichen in sogenannter Fötusstellung dort abgelegt. Die Hunde haben außerdem drei weitere Grabstätten angezeigt, an denen die Ausgrabungen bereits durchgeführt wurden und die seit mehr als einem Jahr den Wettereinflüssen ausgesetzt waren.

Eine weitere Versuchsreihe wurde an der Ausgrabungsstätte Nadin in Dalmatien (Küstengebiet Kroatiens) durchgeführt, wobei sowohl bereits erforschte, als auch noch nicht ausgegrabene Bereiche berücksichtigt wurden. Wie bei der ersten Versuchsreihe auch, haben die Hunde die bereits entdeckten Grabstätten angezeigt. Die weiteren von Hunden angezeigten Stellen befinden sich auf dem noch nicht erforschten Teil des Geländes, sodass die endgültige Bestätigung erst nach zukünftigen archäologischen Ausgrabungen erfolgen kann.

Mit diesen beiden Versuchsreihen wurde bewiesen, dass das Geruchsbild der menschlichen Verwesung an diesen Ausgrabungsstätten für mehr als 2 000 Jahre erhalten blieb, sogar nachdem die Erde, in der die Leiche ursprünglich bestattet wurde, durch Ausgrabungsarbeiten entfernt wurde.

Das zeigt, dass die Hunde in der Lage sind, auch ganz geringe Mengen von Spuren der menschlichen Verwesung an archäologischen Ausgrabungsstätten aufzuspüren.

DIE SUCHE NACH MASSENGRÄBERN IN KROATIEN

In Kroatien wird heutzutage sowohl nach Opfern des Zweiten Weltkrieges, als auch des sogenannten „Heimatkrieges" (1991–1995) gesucht. Die Massenhinrichtungen von Soldaten und Zivilisten während der Kriege waren zahlreich, wobei die sterblichen Überreste der Hingerichteten landesweit in vielen unmarkierten Grabstätten verscharrt wurden. Aus diesen Gründen wurde in Kroatien ein eigenes Modell entwickelt, um die Suche nach Opfern der beiden Kriege erfolgreich gestalten zu können. Die Haupteigenschaft dieses Modells ist die Anwendung unterschiedlicher Mittel, um die bisher unbekannten Grabstätten zu finden. Dazu gehören, neben dem Personal und moderner Technologie, auch die Leichensuchhunde.

Die Hunde, die nach Massengräbern suchen, sind eigentlich Leichensuchhunde mit einer zusätzlichen Ausbildung an den Massengräbern. Diese zusätzliche Ausbildung ist notwendig, weil sich das Geruchsbild, das ein solcher Hund an der Graboberfläche erfasst, vom Geruchsbild einer menschlichen Leiche unterscheidet, die sich noch im Prozess der Verwesung befindet. Der menschliche Körper erzeugt bei der Verwesung spezifische Geruchsmoleküle. Manche davon sind leichter als Luft und verdunsten durch die Erde, aber die meisten sind schwerer und sammeln sich unter dem Körper an. Wir unterscheiden zwischen 478 verschiedenen Geruchsmolekülen (Vass, 2012), wovon 30 leichter als Luft sind, sodass sie auf der Erdoberfläche über der Leiche von Leichensuchhunden aufgespürt werden können. Diese 30 Geruchsmoleküle ergeben aber nicht das gesamte Geruchsbild einer Leiche, was bei der Ausbildung der Hunde beachtet werden muss.

DR. SC. VEDRANA GLAVAŠ

ist Außerordentliche Professorin der Abteilung für Archäologie der Hochschule in Zadar, Kroatien. Der Titel ihrer Doktorarbeit lautete: „Die Romanisierung der autochthonen civitates im Raum des nördlichen und mittleren Velebit“. Ihre wissenschaftliche Arbeit bezog sich auf die Erforschung und Rekonstruktion der Kulturlandschaften des Velebits. Seit 2013 ist sie Leiterin der archäologischen Ausgrabungen an der Lokalität Drvišica in der Nähe von Karlobag. Sie arbeitet an den Forschungen im Velebit, wobei sie klassische Methoden als auch Fernerkundungen einsetzt.

ANDREA PINTAR

mag. ing. arch. hat ein abgeschlossenes Studium der Architektur und ist Absolventin am Institut für Ethologie in Cambridge im Bereich Hundeverhalten. Sie ist internationale Ausbilderin für Rettungshunde. Zehn Jahre lang war sie beim kroatischen Bergrettungsdienst als Hauptausbilderin für Rettungshunde tätig. Heute arbeitet sie als externe Mitarbeiterin des Ministeriums für Kriegsveteranen, Büro für gefangen gehaltene und vermisste Personen. Mit ihren vier Hunden arbeitet sie an den Entdeckungen der Massen- und Einzelgräber, die als Folge der Kriegshandlungen entstanden sind.

Problematik bei der Suche

Die Suche nach Einzel- und Massengräbern ist mit komplexen Sachverhalten verbunden. Je mehr Zeit vergangen ist, desto weniger klare Anzeichen existieren, da sie durch die Natur verändert oder sogar ganz ausradiert werden. Die Bodeneigenschaften, wie z. B. seine chemische Struktur, können aber wichtige Informationen liefern, da sie sich durch Vorhandensein verwester Leichen verändern. Durch die Verwesung wird der eigentlich ph-neutrale Boden saurer, was sich auf das Pflanzenwachstum auswirkt. Oft wachsen an diesen Stellen die Pflanzen etwas besser als in der näheren Umgebung, was durch Luftbilder belegbar ist. Die Leichensuchhunde brauchen den Geruch der Leiche, um sie aufzuspüren. Nachdem beobachtet wurde, dass Leichensuchhunde die Bäume und Gebüsche in der Nähe eines Grabes markieren, wird vermutet, dass sie den spezifischen Geruch durch das Schnüffeln an den darüber wachenden Pflanzen aufnehmen können. Die Hunde werden oft eingesetzt, um den für ein Massengrab in Frage kommenden Raum einzugrenzen.

DIABETES-WARNHUNDE

Eine der bisher am wenigsten verstandenen, aber in mehreren Untersuchungen bestätigten Fähigkeiten zur Ermittlung von Geruchsveränderungen haben Diabetesspürhunde. Hier werden Unterzuckerungszustände, die für Patienten potenziell lebensgefährlich sind, von Hunden angezeigt. Laut Deborah Wells (Wells et al., 2008) haben von 212 Hundehaltern mit medizinisch eindeutig diagnostiziertem Diabetes Typ 1 65 %, nämlich 138 Menschen, schon Verhaltensreaktionen ihres Hundes auf mindestens eine Unterzuckerungsepisode beschrieben. Nahezu 32 % der an der Studie teilnehmenden Hunde reagierten auf 11 oder mehr Unterzuckerungsereignisse. Alter, Geschlecht, Fortpflanzungszustand und auch die Dauer der bereits beim jeweiligen Halter verbrachten Zeit hatten keinen Bezug zu der Reaktion bzw. deren Wahrscheinlichkeit. 36 % der Hundehalter vermuten, dass ihre Hunde „meistens" auf einen Unterzuckerungszustand reagieren, 33 % hatten schon erlebt, dass der Hund reagierte, bevor sie selbst den Unterzuckerungszustand bemerkten. Die Reaktionen der Hunde waren meist aufmerksamkeitsforderndes Verhalten wie etwa Lautgeben, Lecken, Mit-der-Schnauze-Anstupsen oder Anspringen. Nur wenige Hunde, 7 % durch Zittern und 5 % durch Wegrennen, zeigten Verhaltensreaktionen, die mehr auf Furcht, Unsicherheit oder Stress hindeuten. In der Studie von Nikola Rooney und Co-Autoren (2013) dagegen wurden ausgebildete Diabetesanzeigehunde getestet. Dabei zeigten 8 der 10 verglichenen Hunde, für die ausreichende Daten vorlagen, ihrem Halter deutlich an, wenn der Blutzuckerspiegel außerhalb des Normbereichs lag. 17 Halter berichteten, dass sie seltener die Notfallrettung aktivieren mussten, weniger Anfälle von Bewusstlosigkeit hatten und sich sicherer fühlten. Doch auch bei den Diabeteswarnhunden ist noch weitgehend unbekannt, woran sie sich orientieren (Körner, 2015).

EPILEPSIE-WARNHUNDE

Nahezu die gleichen Probleme gibt es im Verständnis der Arbeitsweise bei Epilepsie-Anfallswarnhunden. Adam Keaton und Co-Autoren (2004) der neurologischen Kinderklinik der Universität von Calgary, Kanada, befragten die Familien von an Epilepsie erkrankten Kindern bezüglich des Anzeigeverhaltens ihrer Hunde. Etwa 40 % der untersuchten Familien hatten einen Hund, und etwa 40 % von diesen berichteten über anfallsspezifisches Anzeigeverhalten des Hundes. Etwa 15 % der befragten Familien konnten sich auf vorausgehende, also vor dem eigentlichen Anfall liegende, Verhaltensänderungen des Hundes verlassen. Die Vorhersagefähigkeiten der Hunde waren hinreichend frühzeitig, deutlich und spezifisch genug, um den Familienmitgliedern ein richtiges Reagieren zu ermöglichen. Dies führte in allen befragten Familien zu einer wesentlich erhöhten Lebensqualität.

Deborah Dalziel und Co-Autoren (2003) der medizinischen Fakultät der Universität von Gainesville, Florida, untersuchten ebenfalls die Wirkung von Anfallswarnhunden im Zusammenhang mit verschiedenen Epilepsiepatienten. Die höchste Wahrscheinlichkeit, einen erfolgreich arbeitenden Anfallswarnhund zu besitzen, hatten offensichtlich Patienten mit komplexen Anfällen, die auch gleichzeitig über Migräne berichteten, und die einige der folgenden Anzeichen regelmäßig hatten: Schwindel, merkwürdiges, für sie nicht beschreibbares Gefühl im Kopf, Lippenschmatzen oder Mundbewegungen und eine beschleunigte oder anderweitig geänderte Atemfrequenz. Auch Übelkeit im Vorfeld eines epileptischen Anfalls berichteten vorwiegend Patienten, deren Anfallswarnhund erfolgreich arbeitete. Rasse, Alter oder Geschlecht des Anfallswarnhundes hatten keine Auswirkung auf die Effektivität. **Der wichtigste Bestandteil in der Arbeit war offensichtlich die Fähigkeit des menschlichen Partners, auf das Warnverhalten des Hundes richtig und rechtzeitig zu reagieren.**

NACHVOLLZIEHBARKEIT DES ANZEIGEVERHALTENS

Gemeinsam scheint vielen wissenschaftlichen Untersuchungen zu sein, dass die Reaktionen der Hunde, bisweilen auch die Reaktionen der menschlichen Familienmitglieder, besser untersucht und wohl auch leichter der wissenschaftlichen Untersuchung zugänglich sind, als die Frage, woran der Hund eigentlich sein Anzeigeverhalten festmacht. Die Untersuchungen von Wolfgang Schröder und Reiner Ehmann (siehe S. 249 ff.) zeigen, welche Probleme man hat, selbst bei einer recht eng umschriebenen Erkrankung wie etwa Lungenkrebs auf die wirklich für den Hund wichtigen Informationssubstanzen zu kommen. Ebenso ist auch bei den Diabeteswarnhunden zu erwarten, dass nicht nur eine Substanz, sondern ein ganzes Duftstoffgemisch für die erfolgreiche Anzeige des Hundes verantwortlich sein könnte. Zieht man dann noch in Betracht, wie viele verschiedene Substanzen hier gleichzeitig in Frage kommen können (allein für den charakteristischen menschlichen Leichengeruch werden 30 bis 100 oder noch mehr Substanzen diskutiert; Artkämper und Baumjohann, 2017; Artkämper et al., 2015), dann versteht man, wie schwierig es werden wird, diese komplexen Erkennungs- und Verrechnungsleistungen im Riechsystem der Hunde laboranalytisch nachzuvollziehen.

Dazu kommt die geradezu unglaublich feine Konzentrationswahrnehmung. Der Vergleich des Hamburger Chemikers Wolfgang Schröder ist hier aufschlussreich: Die beste Hochleistungslaboranalytik könnte einen Würfel Zucker, aufgelöst im Wasser der gesamten Hamburger Binnen- und Außenalster noch erkennen – der Hund könnte die Spuren dieses aufgelösten Zuckerwürfels im gesamten Hamburger Hafenbecken finden.

Trotz, oder gerade wegen dieser vielfältigen Schwierigkeiten bei der Identifikation und dem exakten, gegebenenfalls gerichtsverwertbaren Nachweis der hundlichen Leistungsfähigkeit werden Hunde heute mit ihren Nasen und anderen Sinnesorganen in sehr vielen verschiedenen Zusammenhängen eingesetzt. Die nachfolgenden Beiträge „Aus der Forschung“ demonstrieren, wie Hunde auch in ihrer Leistungsfähigkeit überprüft und dadurch im Laufe der Zeit auch Qualitätsstandards für eine sinnvolle, professionelle Arbeit mit verschiedensten Formen von nasenarbeitenden Hunden entwickelt werden können.

AUS DER FORSCHUNG

HUNDE IM EINSATZ GEGEN KREBS

Wegen ihrer ausgezeichneten Fähigkeiten im Bereich des Sozialverhaltens und der Sensorik, insbesondere der Geruchserkennung, werden Hunde zunehmend auch im medizinischen Bereich eingesetzt. Bislang erfolgt dies meist zur Unterstützung bei bereits bestehender Erkrankung (Epilepsiehunde, Diabetes-Hunde, Therapiehunde bei psychischen Beeinträchtigungen) und nicht zur Früherkennung von Krankheiten. Da es für viele häufige und lebensbedrohliche Erkrankungen bis heute keine breit anwendbare, zuverlässige Früherkennungsuntersuchung gibt, wäre dies ein wünschenswertes und wichtiges Einsatzgebiet. Dies trifft besonders auf Lungenkrebs als weltweit häufigste Krebstodesursache zu. Allerdings ist die Neudiagnostik von Erkrankungen ein besonders kritischer Bereich für den Einsatz von Hunden, weil dabei nicht nur das unmittelbare, sondern auch das langfristige diagnostische und therapeutische Vorgehen von deren Anzeige abhängen können.

Die erste und viel zitierte, wissenschaftliche Darstellung einer Hautkrebsanzeige durch einen Hund stammt von Williams et al. aus dem Jahr 1989, jedoch reichen anekdotische Berichte aus unterschiedlichen Kulturkreisen über die Erkennung von Krankheiten durch Hunde viele Jahrhunderte zurück.

Erst zu Beginn unseres Jahrhunderts erfolgten vereinzelt systematische Studien zur Geruchsdetektion unterschiedlicher Tumorarten beim Menschen durch entsprechend trainierte Spürhunde. Für eine solche Diagnostik muss der Hund nicht mit dem Menschen in Kontakt treten, denn untersucht werden in der Regel (oft mehrere Wochen haltbare) Proben z. B. der Atemluft oder des Urins. Hierdurch ist auch eine räumliche Nähe zwischen der Klinik oder Praxis und der hundegestützten Diagnostik nicht zwingend erforderlich.

Für Lungen- sowie für Brustkrebs konnten Michael McCulloch und sein Team 2006 erstmals eine Erkennung von Atemluftproben an Krebs erkrankter Personen durch Spürhunde zeigen, und dies mit einer extrem hohen Treffsicherheit. Offen blieb dabei allerdings, ob die eingesetzten Hunde tatsächlich einen krebsspezifischen Geruch oder nur den Unterschied „krank" zu „gesund" wahrgenommen hatten (McCulloch et al., 2006). Unsere Arbeitsgruppe führte deshalb in der Folge eine weitere systematische Studie

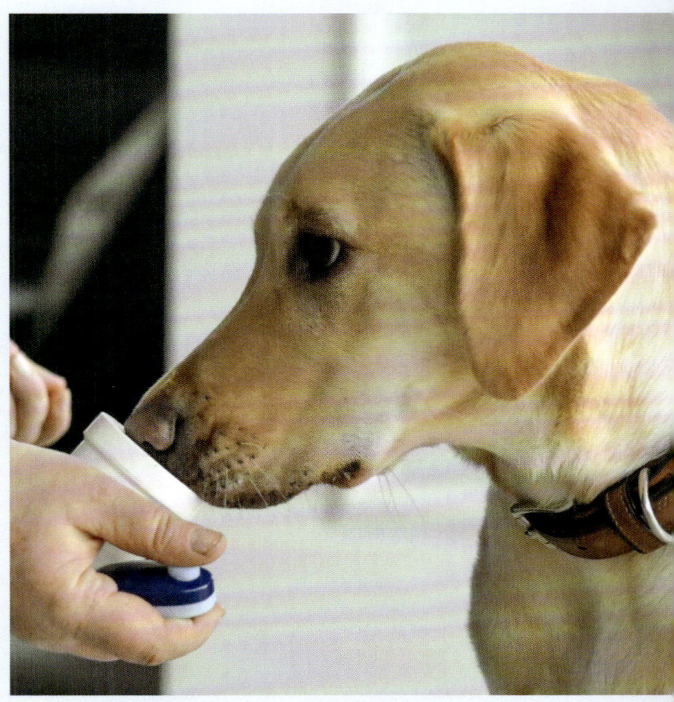

Geruchskonditionierung

Krebserkennung anhand von Geruchsproben.

durch, die nachweisen konnte, dass es tatsächlich der Krebsgeruch war, der – nach entsprechendem Training – von den Hunden erkannt und nicht nur von Geruchsproben Gesunder, sondern auch von Patienten mit einer entzündlichen Lungenschädigung unterschieden werden konnte (Ehmann et al., 2012).

Dabei fiel uns auf, dass bereits die Atemluft von Patienten mit sehr kleinen Tumoren mindestens ebenso zuverlässig erkannt wurde, wie die von Patienten mit fortgeschrittenen Krebsstadien, was unsere Hoffnung auf eine Anwendbarkeit der hundegestützten Diagnostik im Rahmen der Früherkennung weckte. Deutlich überlegen waren die Hunde aber vorallem auch bezüglich der Unempfindlichkeit ihrer Anzeige gegenüber Begleitgerüchen, wie sie z. B. durch zuvor eingenommene Mahlzeiten, Rauchen oder Parfums entstehen – ein entscheidender Vorteil gegenüber maschinell-technischen Geruchserkennungsverfahren.

Nachfolgende Studien anderer Arbeitsgruppen zeigten sehr heterogene Ergebnisse. Einige Veröffentlichungen berichteten über deutlich schlechtere, andere über hervorragende Erkennungsraten durch Spürhunde. Bei genauer Betrachtung der jeweiligen Methodik der Hundeausbildung sowie der Testabläufe korrelieren diese Unterschiede am ehesten mit dem erreichten Grad an Optimierung in der Hundeausbildung sowie den hundegestützten Untersuchungsprozessen (Pirrone et al., 2017; Johnen et al., 2017). Ein vernetztes Vorgehen unterschiedlicher Forschergruppen wäre aufgrund der Komplexität der tiergestützten Krebsdiagnostik hilfreich, um vermeidbare Fehler künftig zu umgehen. Schließlich sind zur Planung und Durchführung entsprechender Studien nicht nur medizinische, sondern ebenso sehr wissenschaftlich-zoologische Kenntnisse und Erfahrungen, insbesondere bezüglich der Besonderheiten des Hundeverhaltens, erforderlich.

Aufrechterhaltung der Motivation der Hunde

Unter weitestgehend optimierten Bedingungen zeigten zuletzt Mauricio Salcedo und seine Arbeitsgruppe fast unschlagbare Resultate im Einsatz eines Spürhundes in der Screeningdiagnostik von Gebärmutterhalskrebs-Erkrankungen in Mexiko. Von dieser Erkrankung ist dort jeweils eine von 45 Frauen im Lauf ihres Lebens betroffen (Guerrero-Flores et al., 2017).

Allerdings ist die Übertragung der – prinzipiell offensichtlich machbaren – hundenasengestützten Erkennung von Krebserkrankungen auf „Screeningsituationen" im Rahmen der Früherkennung großer Bevölkerungsgruppen schwierig und eine bislang noch unzureichend gelöste Herausforderung. In einer solchen Screeningsituation ist naturgemäß die Häufigkeit „positiver" Proben weitaus geringer als in den bisher durchgeführten Studien. Sie liegt in der Regel deutlich unter 1 %, was die Motivation der Hunde wegen der damit verbundenen geringen „Trefferrate" (im Trainings-Setting der Belohnungsrate entsprechend) erheblich reduziert. Hierzu müssen deshalb andere Testanordnungen und Belohnungsalgorithmen für den Hund verwendet werden, wie z. B. das Zwischenpositionieren bekannt positiver Proben, die Belohnung bei Nichtanzeige von (bekannt) negativen Serien oder das paarweise Testen von Proben (unter Miteinsatz bekannter Proben). Auch sollte ein systematisiertes „Biomonitoring" des Hundes vor dem Testeinsatz erfolgen, um aktuelle Einschränkungen seiner Motivation und Leistung bereits vor der Testserie zuverlässig erkennen zu können.

Einsatz anderer Tierarten

Im Übrigen haben auch andere Tierspezies gezeigt, dass sie sehr gut Krankheitsgerüche von „Gesundproben" differenzieren können: Riesenhamsterratten kommen erfolgreich in Ländern mit hohem Tuberkulosevorkommen wie Tansania und Mozambique zum Einsatz und detektieren dort Tuberkulosebakterien in Sputumproben, womit es möglich ist, die entsprechende Diagnostik erheblich zu erleichtern und zu beschleunigen (Poling et al., 2017). Fruchtfliegen können über ihre Fühler ebenfalls Krebsgerüche wahrnehmen, wie das Team um Giovanni Galizia zeigen konnte (Strauch et al., 2014).

Seit Langem angestrebt und sicherlich auch wünschenswert ist eine „bionische" Übertragung der Fähigkeit des Hundes zur geruchlichen Krankheitserkennung auf ein technisches Gerät. Nach 30-jähriger, teilweise durchaus ermutigender Forschung (z. B. der Arbeitsgruppe von Hossam Haick, Haifa/Israel) bleibt der Hund in seinen Geruchswahrnehmungsfähigkeiten technisch jedoch noch immer unerreicht. Zudem sind Hunde wegen ihrer prosozialen Tendenzen zu Menschen leicht trainier- und ausbildbar.

DR. RAINER EHMANN

ist Lungenspezialist und Allergologe in Stuttgart. Auf die mögliche Bedeutung der Hundenase in der Krankheitsfrüherkennung stieß er während seiner Tätigkeit an einer Davoser Lungenfachklinik. Nach Veröffentlichung der beeindruckenden Arbeiten von McCulloch, USA (2006), gründete er 2009 die erste europäische Arbeitsgruppe zur Beforschung der hundenasengestützten Lungenkrebsdetektion.
www.ambulante-pneumologie.de

NITROSOTHIOLE ALS TYPISCHER GERUCH VON KREBS?

Spätestens seit 1989 ahnt man, dass Hunde den Geruch von Krebs riechen können und scheinbar interessant finden. Eine Collie-Dobermann-Mischlingshündin war wie magisch von einem schwarzen Fleck auf dem Bein ihrer Besitzerin angezogen, sodass diese irgendwann etwas irritiert einen Hautarzt aufsuchte. Die Krebsdiagnose und Entfernung des erkrankten Gewebes erfolgten sehr schnell, worauf sich das Verhalten des Hundes sofort wieder normalisierte. Die meisten Studien, die dieser Erkenntnis folgten und das Verhalten von Hunden in Gegenwart von Krebsgeweben beobachteten, bestätigten diesen Verdacht.

Versuche, den Geruch von Krebs per Analytik nachzuweisen

Es ist entsprechend nachvollziehbar, dass versucht wurde, diese vom Krebsgewebe offenbar produzierten Stoffe zur frühen Krebsdiagnose dingfest zu machen. Da es sich um einen Geruch handelt, muss man von flüchtigen Stoffen ausgehen. So wurde der überstehende Gasraum von Urin, Blut und Gewebeproben Krebskranker mit unterschiedlichsten Verfahren untersucht. Auch die Analyse von Atemluft, als besonders geeignetem Pfad, Emissionen aus dem Körper nachzuweisen, wurde in Betracht gezogen. Dr. W. Schröder (2015) befasste sich ebenfalls mit dieser Aufgabenstellung und untersuchte eine Vielzahl an Atemluftproben krebskranker Menschen, verglich diese mit den Bestandteilen des Atems Gesunder, auch mit der eingeatmeten Luft, und versuchte, signifikante Unterschiede festzustellen. Obwohl dazu sehr effektive Anreicherungstechniken, eine Hochleistungsauftrennung der mehrere hundert umfassenden Stoffvielfalt und aussagekräftige Detektion in Form von moderner Massenspektrometrie eingesetzt wurden, gelang dies, trotz schwerster Krankheitsbilder einiger Probanden, nicht.

Schlüsse aus chemischen Abläufen in Krebs

Statt weiterhin Schwerstkranken Atemluftproben abzuverlangen, startete der Autor eine tiefergreifende Recherche über das bislang erreichte und publizierte Wissen, um die Entstehung, das Wachsen und über biochemische Abläufe in Tumoren. Auffällig bei Tumoren scheint deren Problem zu sein, bereits in frühen Stadien unter Versorgungsengpässen zu leiden. Wie auf Röntgenbildern zu sehen, ist dies auch die Zeit, in der wie von Zauberhand neue Blutgefäße aus der umliegenden Blutversorgung aussprießen und sich direkt in das Sauerstoff und Nahrung verlangende, kranke Gewebe hineinbohren. Erkenntnisse in der Biochemie der Blutgefäßbildung weisen hier auf ein komplexes Zusammenspiel Stickstoffmonoxid enthaltender Moleküle hin, wie z. B. Vertretern mit sogenannten Nitrosothiolgruppen. Für Krebsgewebe scheinen erhöhte Konzentrationen an Thiolen, den Schwefel-Analogverbindungen zu Alkoholen, neben Stickstoffmonoxid typisch zu sein. Diese recht reaktiven Moleküle können leicht miteinander zu Nitrosothiolen reagieren. Die Erhöhung der Nitrosothiolkonzentration in Krebs wurde für schwerflüchtige Vertreter dieser Substanzklasse bereits beschrieben (Wang et al., 2012), deren Auftreten als flüchtige Komponenten, und damit als Bestandteil

eines Geruches, jedoch nicht. Vorexperimente im Labor der TUHH mit niedermolekularen Ausgangsverbindungen wie z. B. Methyl-, Ethyl-, 2-Propyl- und Allylthiolen ergaben fast schon spontan in Gegenwart von Stickstoffmonoxid sehr signifikant riechende, flüchtige Verbindungen, die in Lösung eine kräftige Rotfärbung erzeugen und die Nitrosothiolstruktur aufweisen.
Es ist bekannt, dass bei Krankheiten, wie z. B. Asthma, Entzündungen allgemein oder Leberzirrhose, der Stickstoffmonoxid- bzw. Thiolhaushalt sich ändert und diese Substanzen gehäuft auftreten. Es wurde allerdings keine Publikation gefunden, die einen gleichzeitigen Anstieg dieser Komponenten beschreibt. Dies scheint bislang nur für Krebsgewebe zu gelten.
Diese Überlegungen führten zu der Hypothese, dass sich der Geruch von Krebs durch einen Anstieg der flüchtigen Nitrosothiolkonzentration auszeichnen könnte. Versuche, die von den roten Nitrosothiollösungen ausströmenden Gerüche nachzuweisen, gelangen nur in relativ hoher Konzentration und dann auch nur ohne Probenbehandlung, also mit sogenannten online-Verfahren, bei denen der Detektor direkt mit dem zu analysierenden Stoff umspült wird.
So ist z. B. ein Massenspektrometer mit sogenanntem Direkteinlass in der Lage, über typische Ionen Nitrosothiole nachzuweisen. Aufgezeichnet werden die Signale der flüchtigen Stoffe im Gasraum über der Syntheselösung. Sofort nach Zugabe des Reagenz entstehen diese besonderen Geruchsstoffe, aber auch Nebenprodukte. Abhängig von Temperatur und der „chemischen" Umgebung (also z. B. dem Lösungsmittel, der Zusammensetzung des Gasraumes über der Lösung, dem Material des Reaktorgefäßes) beginnen die Geruchsstoffe, sich mehr oder weniger schnell zu zersetzen, und sind damit nach Minuten bzw. Tagen nicht mehr vorhanden. Nur unter Bedingungen wie in Tumoren, mit wenig Sauerstoff und fetthaltigem Gewebe (simuliert bei der Synthese durch Dekan als Lösungsmittel), geschützt vor reaktiven Oberflächen (in einem Behälter mit Teflonwänden), bleiben die Stoffe ca. 6 Wochen erhalten.
Bei sorgfältigem Umgang mit der Probe und Verwendung speziell desaktivierter Analysatoren gelangen schließlich doch Analysen, aber nur in extrem hohen Konzentrationen. Bereits bei wenig verdünnten Proben versagten alle sonst gängigen Hochleistungsanalyseverfahren vollständig. Beim Umgang mit der Probe, also z. B. beim Sammeln, bei einer Injektion oder Auftrennung, reagieren spontan zwei Nitrosothiolmoleküle miteinander und die Probe verliert ihre charakteristische Eigenschaft vollständig, bevor überhaupt ein einziges Geruchsmolekül den Sensor erreicht hat.
Es gibt einige wenige Hochleistungssensoren (z. B. PTR-HR TOF, Amann et al., 2010), mit denen auch Spuren gasförmiger Nitrosothiole nachgewiesen werden können; der Nachweis an Krebsgewebe verlief jedoch stets erfolglos, obwohl die verwendeten, sehr leistungsfähigen Verfahren in der Lage sind, wenige Nanogramm zu erfassen.
Besteht man auf der Hypothese, dass Nitrosothiole den Geruch von Krebs ausmachen, gibt es noch keinen von Menschenhand gebauten Apparat, um diese nachzuweisen.

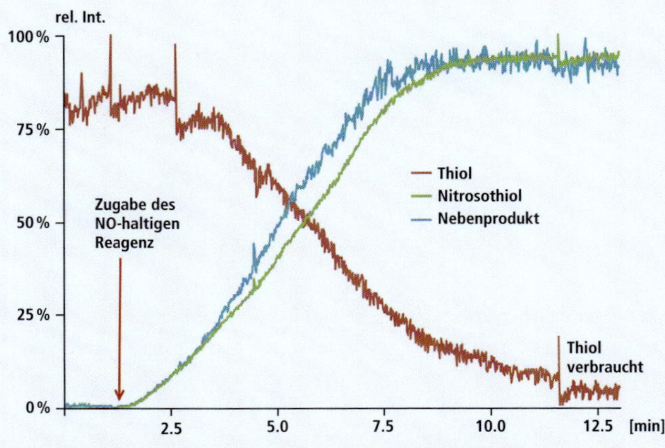

Stoffspezifische Ionensignalspuren im online-MS-Verfahren.

Tiernasen als biologische Hochleistungssensoren

Der einzige Ausweg aus diesem Dilemma, instabile und damit nicht „greifbare" Stoffe nachzuweisen, wäre, durch Evolutionsschritte in Jahrmillionen optimierte biologische Sensoren einzusetzen. Das Riechen ist für viele Spezies ein elementarer Prozess, der Orientierung, Paarungsverhalten, die Jagd und vieles mehr unterstützt. Insektenantennen gelingt es, aus wenigen Molekülen bereits Signale zu erzeugen, Nagetiernasen sind ebenfalls als äußerst sensitiv bekannt und werden bereits beim Aufspüren von Sprengstoffminen eingesetzt. Besonders geeignet erscheint die Nase des Hundes. Hier handelt es sich nicht nur um ein äußerst sensitives Organ, sondern damit verbunden ist ein hochspezialisiertes Gehirn, das Gerüche besonders gut bewerten kann. Die innige Gemeinschaft zwischen Hund und Mensch, verbunden mit einer gut funktionierenden Kommunikation, bietet sich förmlich an, mit Hunden nach Krebsgerüchen zu suchen. Dass dies tatsächlich funktionieren kann, ist in unzähligen Studien bereits bewiesen worden (Pirrone et al., 2017).

Einsatz von Hunden

In diesem Falle wurde eine 2,5 Jahre alte Labrador-Retriever Hündin vom „TeamCanin Rhein-Sieg" auf den synthetisierten Geruch trainiert. Der Hund wurde vorher nie in medizinischen Bereichen eingesetzt, galt aber als äußerst begabter Fährtensucher. Um die extrem stark riechenden Wirkstoffe auf eine für Hunde gerade noch riechbare Menge zu reduzieren, wurden Reaktionslösungen in äußerst effektiv abgedichtete Ampullen eingeschlossen. Diese Diffusions-Ampullen besitzen Teflon-Dichtflächen, die mit Edelstahl-Quetschringen gegen Glasstöpsel als Abschluss gepresst sind. So werden Ausgasungsraten der Stoffe erreicht, die deutlich unterhalb von einem Nanogramm pro Minute liegen, aber offenbar noch von einer Hundenase wahrgenommen werden können. Ob die Stoffe noch in den Ampullen vorhanden sind, lässt sich leicht über Durchleuchten mit einer Taschenlampe erkennen. Nach 6 Wochen Training, mit jeweils 4 Nachmittagen je Woche, konnte der Hund problemlos den Geruch von synthetischen Nitrosothiolen aufspüren. Der Hund schnüffelt entlang einer Reihe von 5 Ampullen, von denen nur eine Nitrosothiole enthält.

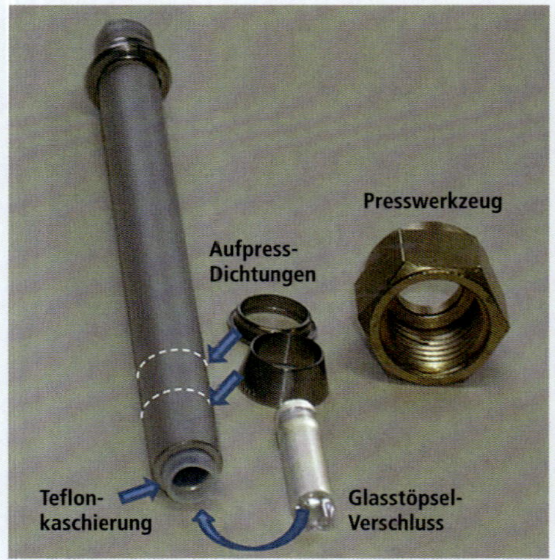

Teile zum Aufbau von Kleinstmengen-Diffusions-Ampullen.

Kontrolle nach Nitrosothiolen über die Rotfärbung mit Durchleuchten von der Rückseite

Findet er diese, gibt es eine Belohnung in Form eines „Leckerlies".
Danach wurde das Szenarium durch den auf Wattebäuschchen aufgesogenen Geruch von Gewebeproben ersetzt, ohne dass das Tier einen Unterschied wahrnehmen konnte. Die Trainerin wusste zwar vom kranken Gewebe, aber nicht von der Position des Tumorgeruchs in der Reihe der anderen Proben von ehemals Nicht-Krebskranken. Zu unserer Begeisterung war der Hund mit der gleichen Zielstrebigkeit in der Lage, den Tumor zu finden, wie bei den künstlichen Gerüchen. Die Wahrscheinlichkeit, dass Krebs wie eine Synthesemischung aus flüchtigen Nitrosothiolen riecht, ist damit relativ groß, denn die Unterscheidungsleistung einer Hundenase ist, wie aus der Fährtensuche bekannt, außerordentlich hoch.

Dennoch ein Dilemma!
Mit Hunden Diagnostik durchzuführe, hat sich, gerade in Versuchsreihen der letzten Jahre, als nahezu undurchführbar herausgestellt (Hackner et al., 2016). Die Tiere können mit der Situation, dass in einem realistischen Suchszenarium auch mal keine positive Probe vorhanden sein kann, oder vielleicht sogar zwei Proben nach Krebs riechen, nicht umgehen. Außerdem ermüdet das Interesse von Hunden in einem Routinebetrieb durch Langeweile schnell. Verfahren mit einer Probenbehandlung kommen bei chemisch wenig stabilen Geruchskomponenten (welche es auch immer sein mögen) nicht in Betracht. Die online-Analytik ist geschätzt immer noch um das Hundertfache unempfindlicher als die Hundenase. Es wird möglicherweise noch Jahrzehnte brauchen, bis man in Bereiche der Leistungsfähigkeit biologischer Systeme kommen wird. Aber die Aussicht, eines Tages doch noch mit Emissionen des menschlichen Körpers Krankheiten diagnostizieren zu können, ist es wert, weiterzumachen, in welcher Art auch immer.

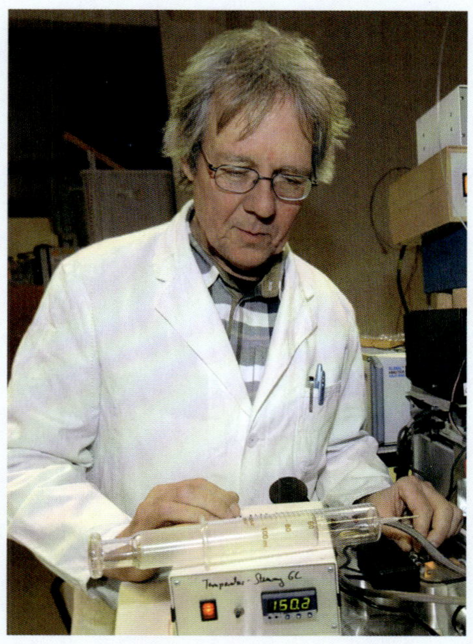

DR. WOLFGANG SCHRÖDER
beschäftigte sich schon in seiner Diplom- und Doktorarbeit mit der Identifizierung unbekannter Komponenten in Gerüchen. Er untersuchte Spuren leichtflüchtiger Stoffe (als Pheromone bezeichnet), die Insekten zur Kommunikation miteinander einsetzen. Dies gelingt diesen umso ungestörter, je exotischer die Gerüche im Vergleich zu Umgebungsstoffen ausfallen; desto schwieriger sind sie aber auch für den Chemiker zu identifizieren. Der Beginn seiner beruflichen Tätigkeit als Wissenschaftler in der Messtechnik der TU Hamburg, 1986, ermöglichte es ihm, weiterhin flüchtigen „Exoten" nachzuspüren und Verfahren bzw. Gerätschaften dafür zu entwickeln. Seit 2002 wandte er sich der Detektion von Atemluftbestandteilen kranker Menschen zu. Die bislang schwierigste Aufgabe bestand darin, die hier vorgeschlagenen Geruchsstoffe von Krebs aus bekannten chemischen Vorgängen im kranken Gewebe herzuleiten und deren Geruch als krebstypisch durch den erfolgreichen Einsatz einer Hundenase plausibel zu machen.

AUS DER FORSCHUNG

HUNDE RETTEN MENSCHENLEBEN – LAWINENHUNDE IM EINSATZ

Über 200 Jahre ist es her, dass Barry der Bernhardiner am Großen St. Bernhard, einem Alpenpass zwischen der Schweiz und Italien, fast 40 Menschen das Leben gerettet haben soll. Damals patrouillierten die heimischen Bergführer die Wege auf dem Pass ab, um mit Hilfe der Hunde den Pilgern bei schlechtem Wetter den Weg zu zeigen. Dabei ist es auch vorgekommen, dass die Hunde von sich aus nach Menschen gesucht haben, die unter Lawinen verschüttet wurden. Damit liegt die Wiege des modernen Lawinenhundes am Großen St. Bernhard.

Heute werden die Hunde mit dem Hubschrauber zu Lawinen geflogen, durch Sondiermannschaften oder Lawinenverschüttetensuchgeräte (LVS) unterstützt, und sind immer noch unverzichtbar im Kampf gegen den weißen Tod. Die Hunde orten dabei eine verschüttete Person anhand des Geruchs, der durch den Schnee aufsteigt. Dazu reichen geringste Geruchsspuren – ein trainierter Lawinenhund kann einen Menschen bis in eine Tiefe von 8–10 m lokalisieren.

In einem Projekt, das die Suchhunde des Roten Kreuzes Salzburg durchgeführt haben, sollte einerseits herausgefunden werden, welche Faktoren den Einsatz der Lawinenhunde beeinflussen, andererseits wie die Hunde in den Einsatz gebracht werden müssen, um verschüttete Personen möglichst schnell zu finden.

Wie schnell dringt menschlicher Geruch durch den Schnee?

Um zu beschreiben, wie schnell menschlicher Geruch durch den Schnee einer Lawine dringt, wurden in frischen Lawinen sowohl Rauchpatronen als auch Menschen in unterschiedlichen Tiefen vergraben. Mit Hilfe der Rauchpatronen, die unterschiedlich lange in einem Schneeloch belassen wurden, konnten der Zusammenhang zwischen Verweildauer und Eindringtiefe in den Schnee bestimmt und der Unterschied zwischen den verschiedenen Schneetypen untersucht werden. In weiterer Folge wurden Menschen in unterschiedlichen Tiefen in einer frisch abgegangenen Lawine vergraben und dieser Bereich mit trainierten Hunden so lange abgesucht, bis die Hunde zur Anzeige kamen.

Es zeigt sich, dass in geringen Tiefen der Geruch ca. 10 Minuten benötigt, um durch eine 100 cm dicke Schneeschicht zu dringen. Danach verringert sich die Geschwindigkeit – für eine Verschüttungstiefe von 200 cm benötigt der menschliche Geruch fast 40 Minuten, um zur Oberfläche zu gelangen (Grafik 1).

Die mittlere Verschüttungstiefe von Lawinenopfern in der Schweiz beträgt etwa 100 cm. Unter den oben beschriebenen Umständen würde es demnach knapp 10 Minuten dauern, bis der Geruch an die Schneeoberfläche gelangt und vom Hund

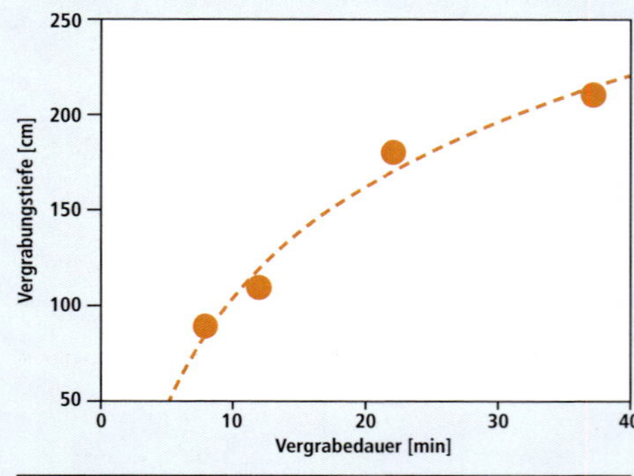

Grafik 1

lokalisiert werden kann. Das heißt, Hunde, die innerhalb der ersten 10 Minuten nach einem Lawinenabgang zum Einsatz kommen, könnten die verschüttete Person auch tatsächlich lokalisieren.

Wie schnell können Lawinenhunde einen Menschen lokalisieren?

Eine Analyse von Einsatzberichten aus der Schweiz zeigt einen deutlichen Unterschied der Verschüttungsdauer von Personen bei Rettung durch die eigenen Kameraden, die sie auf einer Skitour begleitet haben, im Vergleich zum organisierten Rettungseinsatz (Grafik 2). Entsprechend ausgerüstete und trainierte Skibergsteiger, die sich bereits vor Ort befinden, können ein Lawinenopfer deutlich schneller lokalisieren und bergen als Rettungsmannschaften, die erst an den Ort des Geschehens gebracht werden müssen. Kommt ein Lawinenhund zum Einsatz, wird die Person im Vergleich zu anderen Retungsmethoden deutlich schneller gefunden. Demnach kann ein Lawinenhund eine bestimmte Fläche, z. B. im Vergleich zu einer Sondiermannschaft, deutlich schneller absuchen. Im Schnitt wird eine verschüttete Person auf einer 10 ha großen Fläche mit Hilfe eines Hundes nach etwas 90 Minuten lokalisiert und geborgen. Die Fläche spielt für die reine Suchzeit der Hunde allerdings keine Rolle. Eine wichtige Rolle spielt die Verschüttungstiefe einer Person, weil dadurch die Geruchsintensität beeinflusst wird. Je tiefer eine Person verschüttet ist, umso länger braucht der Geruch, um zur Oberfläche zu gelangen, bzw. umso weniger Geruch in die Luft gelangt, umso länger brauchen die Hunde, bis sie die Person gefunden haben. Im Schnitt benötigt der Hund pro 50 cm zusätzlicher Verschüttungstiefe etwa 15 Minuten länger, um eine Person zu lokalisieren (Grafik 3).

Welche anderen Faktoren spielen beim Einsatz von Lawinenhunden eine Rolle?

Neben der Geruchsentwicklung spielt natürlich auch das Umfeld des Einsatzes eine Rolle. So werden Lawinenhunde meist mit dem Hubschrauber zum Einsatzort gebracht. Langfristig gesehen, unterliegen die Hunde durch den Flug nur geringen Stressbelastungen und auch kurzfristig zeigen Lawinenhunde nur nach dem Aussteigen einen Anstieg in der Herzschlagrate. Das kann aber auch in Erwartung an die anschließende Suche durch die Aufregung bedingt sein. Voraussetzung ist natürlich, dass sich die Hunde bereits an die Arbeit mit dem Hubschrauber gewöhnt haben. Theoretisch könnten auch die Abgase eines Hubschraubers oder der downwash des Rotors das Auffinden einer verschütteten Person verzögern bzw. verhindern. Doch Experimente haben gezeigt, dass die Kontamination eines Lawinenfelds mit Spuren

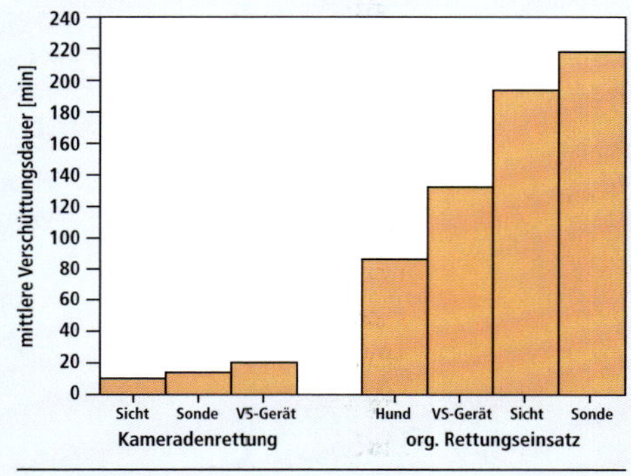

Grafik 2

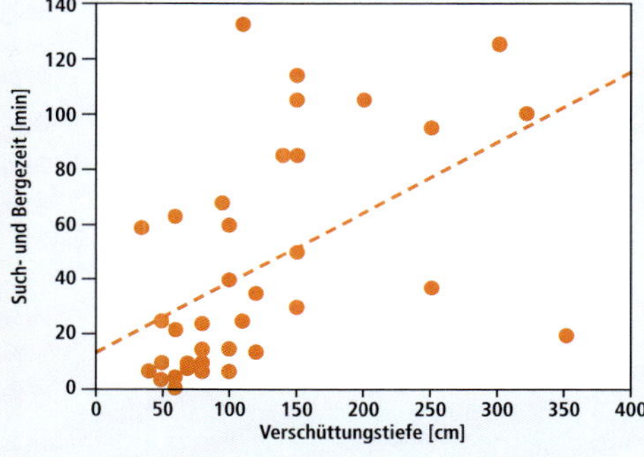

Grafik 3

von Treibstoff die Zeit zum Auffinden einer Person durch einen Lawinenhund nicht beeinflusst bzw., dass auch der downwash die Hunde in ihrer Arbeit nicht behindert. Nur der Lärm eines in unmittelbarer Nähe landenden oder startenden Hubschraubers lenkt die Hunde von ihrer Arbeit ab.
Bereits ab 2 500 m Seehöhe konnte bei Hunden ausgeprägter Sauerstoffmangel festgestellt werden und in größeren Höhen (bis 6 000 m) ist die Leistung von Suchhunden deutlich eingeschränkt. Bei einer Untersuchung an Flächensuchhunden konnte in Höhen bis 2 500 m kein Leistungsabfall in der Suche verzeichnet werden. Obwohl sich ein erhöhter Herzschlag bei den Hunden angedeutet hat, dürfte diese Belastung durch die günstigeren, kühlen Bedingungen in großer Höhe ausgeglichen werden. Demnach spielt auch die Meereshöhe nur eine untergeordnete Rolle.

Erhöhen Lawinenhunde die Überlebenswahrscheinlichkeit einer verschütteten Person?

Fasst man die hier dargestellten Ergebnisse zusammen, dann zeigt sich, dass mit Hilfe eines Hundes große Flächen sehr schnell und effizient abgesucht werden können. Dabei spielt das Umfeld (Witterungsbedingungen, Meereshöhe, Hubschrauber etc.) nur eine untergeordnete Rolle, und auch die Geruchsentwicklung im Schnee stellt letztendlich keinen limitierenden Faktor für den Einsatz von Lawinenhunden dar. Es ist die Zeit, die notwendig ist, um einen Einsatz zu organisieren und um die Hunde und die Rettungsmannschaft auf den Lawinenkegel zu transportieren, die eine erfolgreiche Rettung einer lebenden Person aus einer Lawinen schwierig macht. Die Daten zeigen, dass bei Personen, die durch Lawinenhunde aufgefunden werden, keine erhöhte Überlebenswahrscheinlichkeit, auch nicht im Vergleich zu Sondiermannschaften, festgestellt wurde. Durch das rasche Auffinden verschütteter Personen nach einem Lawinenabgang tragen die Hunde aber dazu bei, dass sich nur wenige Personen für kurze Zeit in einem Gefahrenbereich aufhalten müssen. Sie minimieren damit ganz wesentlich das Risiko für die Retter. Aus diesem Grund, und vor allem auch dann, wenn Personen ohne LVS-Geräte verschüttet werden, sind Lawinenhunde nach wie vor aus der alpinen Rettung nicht wegzudenken.

LEOPOLD SLOTTA-BACHMAYR
hat an der Universität Salzburg Zoologie studiert und im Anschluss mehrere Jahre als Wildbiologe sowie in verschiedenen Zoos gearbeitet. Er ist seit 1995 freiwilliger Hundeführer beim Roten Kreuz in Salzburg und bildet nach seinen beiden Border Collies derzeit seinen Kelpie Sarek für die Suche nach Menschen unter dem Schnee, im Gebirge oder unter eingestürzten Gebäuden aus. Durch die Rettungshundearbeit ist er auch zur Hundeausbildung gekommen, trainiert im Rahmen seines Vereins *„Humanis et Canis"* Therapie- und Besuchshunde und ist Gutachter für Hundehaltung und Hundetraining. Im Rahmen seiner Tätigkeit als Wissenschaftler hat er sich intensiv mit der körperlichen Belastung und dem Stress von Rettungshunden auseinandergesetzt und für die österreichische Polizei deren Trainingsprogramm evaluiert.

MANTRAILING

Seit etwa 15 Jahren ist in Deutschland die Nutzung speziell ausgebildeter Hunde, Mantrailer, zur Geruchsspurverfolgung zu beobachten. Mantrailing ist die Suche nach und die Verfolgung von menschlichem (Individual-)Geruch mittels speziell ausgebildeter Hunde, mit dem Ziel des Auffindens und Anzeigens der gesuchten Person. Der Hund, der zur Suche und Verfolgung von menschlichem Individualgeruch ausgebildet ist bzw. werden soll, wird als Mantrailer bezeichnet (Woidtke, 2016). Sowohl Behörden als auch eine Vielzahl von Hilfsorganisationen nutzen Mantrailer, um abgängige Personen zu suchen und wieder aufzufinden. Waren es zu Beginn vorrangig solche Einsatzanlässe, werden diese außergewöhnlichen Fähigkeiten der Hundenase verstärkt auch für die Aufklärung und Rekonstruktion von Straftaten genutzt. Dafür ist ein mit Geruch kontaminierter Gegenstand der gesuchten Person erforderlich. Mit diesem Geruchsartikel wird der Hund z. B. am Tatort konfrontiert, um zu überprüfen, ob eine Spur verfolgt werden kann.

Ist Geruch so einzigartig wie die DNA?
Das Dilemma dabei ist jedoch, dass Geruch per se nicht sichtbar ist und auch eine Sichtbarmachung nur schwer vorstellbar erscheint. Obwohl bislang nicht abschließend geklärt, spricht vieles dafür, dass jeder Mensch einen einzigartigen Eigengeruch hat, der so individuell wie ein Fingerabdruck ist. Hinzu kommt, dass derzeit völlig unbekannt ist, welche Bestandteile des menschlichen Geruchs Hunde für die individuelle Geruchsspurverfolgung nutzen. Dies hat zur Folge, dass diese Art von forensischen Beweisen vor Gerichten in Frage gestellt wird. So gelten z. B. in den USA vor Bundesgerichten als Zulässigkeitskriterien für sachverständige Zeugenaussagen (hier die der Hundeführer zum Verhalten der eingesetzten Hunde) die Daubert-Kriterien (Council, 2011). Diese Kriterien beinhalten u. a., ob die betreffende Methode wissenschaftlich geprüft werden kann (und wurde), ob sie einer Begutachtung und Veröffentlichung unterzogen worden ist, welche bekannten oder potenziellen Fehlerquoten sie hat oder ob sie innerhalb der relevanten wissenschaftlichen Gemeinschaft akzeptiert ist (SCUS, 1993; Christensen et al., 2014). Glücklicherweise ist das wissenschaftliche Interesse an den Leistungen von Hunden vorhanden, wie auch der vorliegende zweite Band von „Forschung trifft Hund" beweist. Brachte die systematische Literaturrecherche in einschlägigen Datenbanken mit einer Verknüpfung der Suchbegriffe „Geruch", „Detektion" und „Hund" im Jahr 2012 noch 31 Studien zutage, waren es im Jahr 2015 schon 87 (Johnen et al., 2013; Johnen et al., 2017). Leider ist die Thematik Mantrailing nur gering beforscht. So befasste sich nur eine der erwähnten 87 Studien konkret mit der Suchart „trailing" (Curran et al., 2010). Auf den Punkt bringt es der amerikanische Rechtsanwalt und Autor John Ensminger, der für die Anwendung im Strafverfahren fordert: „Die Staatsanwaltschaft kann sich nicht allein auf Anekdoten über die Fähigkeiten des Hundes verlassen. Stattdessen muss aus akademischen oder wissenschaftlichen Quellen eine Grundlage dafür gelegt werden,

(a) wie lange der Geruch auf einem Objekt oder an einem Ort verbleibt;

(b) ob jeder Mensch einen Geruch hat, der so einzigartig ist, dass er eine genaue Grundlage für die Identifizierung anhand des Geruchs liefert, vergleichbar mit menschlicher DNA;
(c) ob eine bestimmte Hunderasse durch besondere Geruchs- und Diskriminierungsfähigkeiten gekennzeichnet ist und
(d) ob das Zertifizierungsverfahren für Identifizierungen anhand des Individualgeruchs angemessen ist (Ensminger, 2012).

Letztlich sind nur sehr wenige Forschungsarbeiten bekannt, die sich ausschließlich der Thematik Mantrailing widmen. Das war der Ausgangspunkt für ein im Jahr 2014 gestartetes Forschungsprojekt des Instituts für Rechtsmedizin der Universität Leipzig und der Hochschule der Sächsischen Polizei (FH). Im Mittelpunkt stehen Fragen danach, wie zuverlässig Mantrailer die individuelle Geruchsspur eines Menschen unter realen polizeilichen Einsatzbedingungen verfolgen können. Hintergrund dafür waren die vielen hundert Einsätze, die Mantrailer der sächsischen Polizei bereits absolviert haben. In einer Vielzahl von Fällen wurden die Ergebnisse aus diesen Einsätzen im Ermittlungsverfahren eingebracht und vor Gericht hinterfragt. Neben der fachlichen Expertise der Hundeführer fehlten jedoch entsprechende wissenschaftliche Untersuchungen. Diese Lücke ist nun geschlossen.
Die Ergebnisse der Studie zeigen, dass die Polizeihunde die richtige Geruchsspur mit einer Sensitivität von 0,98 aufnehmen und verfolgen konnten und mit einer Spezifität von 0,97 festgestellt haben, dass keine Geruchsspur vorhanden war. Weiterhin wurde weltweit erstmalig gezeigt, dass neben Speichel auch isolierte DNA aus Blut als Schlüsselreiz für die Aufnahme einer Geruchsspur durch Hunde geeignet ist.

Wie wurde das gemacht?
Die Studie hat sich am Design bisheriger, grundsätzlich vergleichbarer Studien orientiert und dabei ggf. vorhandene Kritikpunkte berücksichtigt. Häufig werden Studien im Labor oder unter laborähnlichen Bedingungen durchgeführt. Damit kann gewährleistet werden, dass wesentliche Parameter kontrolliert werden können und die Vergleichbarkeit einzelner Bedingungen garantiert ist. Für unsere Studie war wichtig, dass die Versuche unter den gleichen Bedingungen absolviert werden, wie sie die Hundeführer in der realen Einsatzsituation antreffen.
Als Testgebiete waren daher urbane Örtlichkeiten vorgesehen, die denen entsprechen, in welchen die regelmäßige Einsatztätigkeit der Hunde erfolgt. Dies betrifft insbesondere teils belebte Straßen und Wege mit asphaltiertem oder betoniertem Untergrund. Für eine hinreichende Standardisierung wurden stilisierte T-Einmündungen mit flankierender Bebauung ausgewählt, die nur eine Bewegung nach rechts oder links bzw. zurück ermöglichten (siehe Grafik). Neben unterschiedlichen Wetterbedingungen war so auch eine Vielzahl älterer und frischerer individueller Gerüche anderer, nicht an der Studie beteiligter Personen vorhanden. Weiterhin sollten die Hunde mit ihrem aktuell vorhandenen Ausbildungs-/Fortbildungsstand teilnehmen, sodass kein spezielles Training für eine Vorbereitung auf die Durchführung der Studie durchgeführt wurde. So konnte anhand der erzielten Ergebnisse eine Bewertung in Bezug auf bislang durchgeführte, aber auch künftige Einsätze der teilnehmenden Hunde erfolgen. Weiterhin musste beachtet werden, dass die Einsatzfähigkeit der Hunde durch Teilnahme an der Studie nicht beeinträchtigt wurde, da diese parallel am regulären Einsatzgeschehen teilnahmen. Große Aufmerksamkeit lag darauf, dass negative Lerneffekte und Konditionierung vermieden wurden. Das heißt, dass z. B. die Anzahl

der nacheinander/täglich durchgeführten Versuche je Hund begrenzt war. Die Bestätigung des Hundes bei erfolgreichem Versuchsverlauf wurde dadurch ergänzt, dass außerhalb der Bewertung sogenannte kontrollierte Läufe, bei denen die Zielperson dem Hundeführer bekannt war, als Motivation für den Hund erfolgten.
Ein besonderes Augenmerk zur Sicherstellung der Objektivität der Ergebnisse liegt auf der Verblindung. Dies bedeutete hier, dass weder Hundeführer noch Versuchspersonen oder sonstige begleitende Personen darüber informiert waren, wer tatsächlich die Zielperson war. Weiterhin wurde eine hinreichende Anzahl (n > 75) an Versuchen je Hund an verschiedenen Örtlichkeiten durchgeführt. Zusätzlich kam eine Vielzahl (n > 150) an Testpersonen, die bislang nicht für die Aus- bzw. Fortbildung der Hunde genutzt wurden, zum Einsatz. In der vorliegenden Studie gaben 190 Personen Geruchsproben ab. Mit sieben Hunden, davon vier speziell ausgebildete Mantrailer der sächsischen Polizei und drei für Mantrailing ausgebildete private Rettungshunde, wurde überprüft, ob mit diesen Geruchsproben eine individuelle Verfolgung möglich ist. Die insgesamt 675 Testläufe fanden in einem Zeitraum von 18 Monaten statt.

Der Fokus lag insbesondere auf folgenden Fragestellungen:

a) Ist der Geruch auf einem Geruchsträger so individuell, dass anhand dieser Geruchsproben eine reproduzierbare, individuelle Verfolgung der menschlichen Geruchsspur durch Mantrailer möglich ist?
b) Erfolgt die Spurverfolgung anhand eines individuellen Geruchsartikels durch speziell ausgebildete Hunde zufällig?
c) Wird das Fehlen einer individuellen Geruchsspur differenziert?
d) Enthalten die Geruchsproben von Achselschweiß, Speichel, DNA ausreichend Merkmale für die individuelle Verfolgung der Geruchsspur einer Person durch Mantrailer?

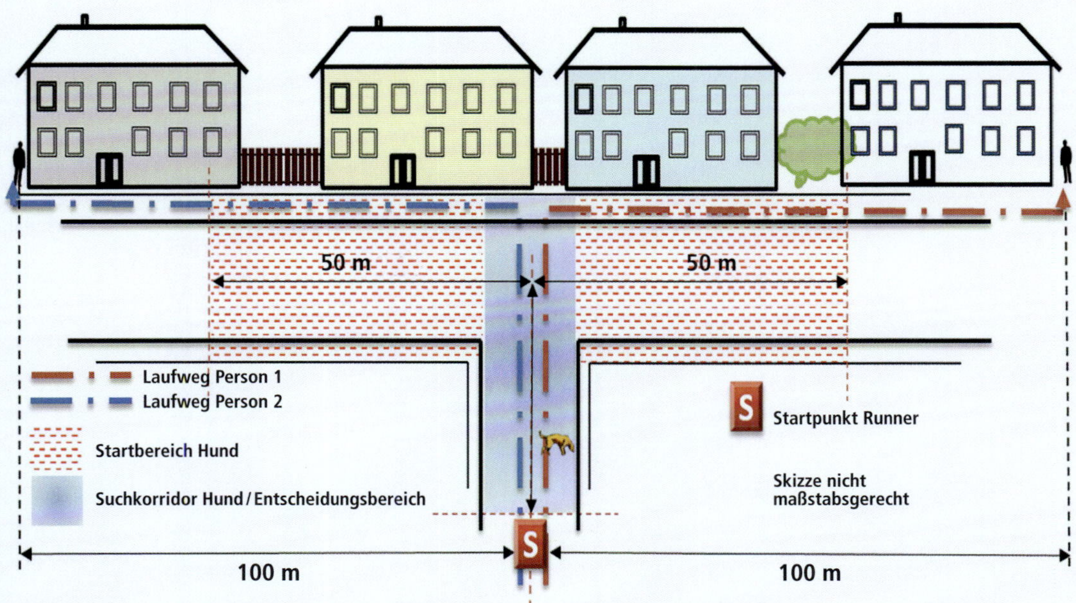

T-Kreuzung mit Startbereich des Hundes, Entscheidungsbereich und Standort der Zielperson.

Herstellung von Schweiß- und Speichelproben

Als Geruchsartikel dienten unmittelbar vor Testbeginn gefertigte Proben aus Achselschweiß oder Speichel. Zur Fertigung der Geruchsartikel von Achselschweiß wurden die Versuchspersonen aufgefordert, sterile Einweghandschuhe anzuziehen, eine Verpackung handelsüblicher steriler Mullkompressen zu öffnen und dann die enthaltene Kompresse für zehn Minuten unter die linke oder rechte Achsel zu klemmen. Anschließend erfolgte die luftdichte Verpackung dieser Kompresse durch die Versuchsperson in einen Druckverschlussbeutel. Zur Herstellung der Geruchsartikel mit Speichelproben erfolgte die Verwendung extra angefertigter Schaumstoffronden (Ø 11 mm x 40 mm Länge), die für ca. fünf Sekunden in den Mund genommen wurden. Danach wurden sie ebenfalls in einen luftdichten Druckverschlussbeutel verpackt. Auch hier trugen die Versuchspersonen sterile Einweghandschuhe, um Kontaminationen zu vermeiden. Ein wichtiger Gesichtspunkt war die Verwendung von Negativproben. Der Geruchsartikel „Negativ" war ebenfalls mit Individualgeruch (Achselschweiß bzw. Speichel) kontaminiert und wurde ebenso gefertigt wie die übrigen Geruchsartikel. Jedoch war die Person, von der dieser Geruchsartikel stammte, weder am Tag der Versuchsdurchführung noch davor an dem Ort, an dem die Versuche stattfanden.

Herstellung der DNA-Proben

In einem Teil der Versuche wurden DNA-Proben von sieben Personen verwendet. Zu diesem Zweck entnahm ein Arzt 100 ml Blut durch Venenpunktion. Daraus wurden am Institut für Rechtsmedizin der Universität Leipzig mittels Isopropanol-Präzipitation die DNA isoliert (Zeugin and Hartley, 1985). Im Ergebnis lagen je Proband 1 000 µl Pufferlösungen mit einem DNA-Gehalt zwischen 0,7245 ng/µl und 1,386 ng/µl vor. Dieser wurde mittels Echtzeit-Polymerase-Kettenreaktion unter Nutzung des PowerQuant®-Systems bestimmt (Ewing et al., 2016). Aufgrund der Extraktionsmethode ist nicht ausgeschlossen, dass einige Proteine, Polysaccharide und RNA gleichzeitig mit der DNA ausfallen und so noch vorhanden waren. Jeweils 100 µl dieser DNA-Proben wurden unter sterilen Bedingungen auf Schaumstoffronden aufgetropft und angetrocknet. Um den wesentlichen Einfluss der DNA als Schlüsselreiz für die Hunde zu überprüfen, erfolgten zusätzlich entsprechende Negativproben. Als Negativprobe wurden Vollblutproben mittels Isopropanol-Präzipitation behandelt, jedoch zuletzt das DNA-Präzipitat aus der Pufferlösung entfernt und das Fehlen von DNA in den Proben mittels Real-Time-PCR unter Nutzung des PowerQuant®-Systems nachgewiesen.

Auslegen der Geruchsspur

Die Geruchsspur wurde so ausgelegt, dass sich zeitgleich zwei Personen gemeinsam in den Scheitelpunkt der T-Einmündung bewegten, um kleine Unterschiede in der „Frische" des Trails zu vermeiden, die als Schlüsselreiz für die Hunde hätte dienen können. Nach Überqueren der Einmündung trennte sich der gemeinsame Weg auf dem gegenüberliegenden Fußweg. Eine Person lief für ca. 100 m nach links und versteckte sich in einem Hauseingang o. Ä., gleiches galt für die andere Person zur rechten Seite. Dadurch sollte ein visueller Anreiz für den Hund vermieden werden. Der Aufbau wurde so gewählt, dass die jeweilige individuelle Geruchsspur zumindest aus zwei Geruchsspuren gleichen Alters zu differenzieren war. Tatsächlich waren jedoch auch ältere und frischere Geruchsspuren anderer Personen auf der Strecke. Zum einen handelte es sich um den während der Testdurchführung weiterhin verlaufenden Fußgänger- und Fahrzeugverkehr und zum anderen um die Geruchsspuren der Begleit-

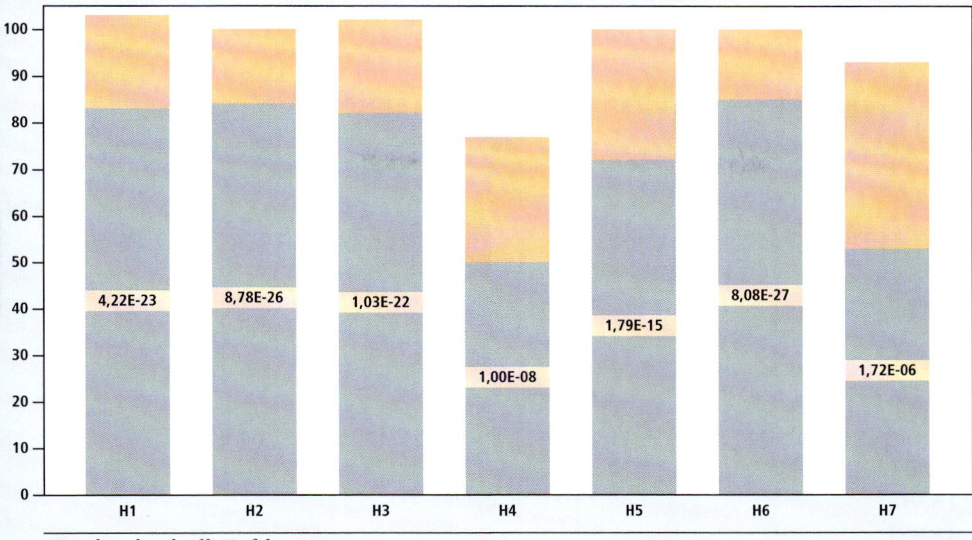

Hundeindividuelle Erfolgsquoten gesamt

kräfte, die das Suchteam absicherten und videografierten. Die Tests wurden in zwölf Städten in Sachsen durchgeführt. Insgesamt handelte es sich um 49 urbane Testörtlichkeiten. Am Versuchstag hatte jeder Hund eine separate Testörtlichkeit. Kein Hund lief am selben Tag auf einer Strecke, die ein anderer Hund bereits gelaufen war. Bei jedem Durchgang wählte der Hundeführer zufällig eine aus drei äußerlich gleichen Zipptüten, die jeweils den Geruchsartikel der Zielpersonen A und B oder einer nicht anwesenden Person („Negativ") enthielt. Dem Hundeführer war nicht bekannt, welcher Geruchsartikel von welcher Person stammte.

Fünf Minuten, nachdem der Trail gelegt wurde, erfolgte die Suche. Der Hundeführer startete den Hund mit dem zufällig gezogenen Geruchsartikel. Der Start erfolgte in einem Startkorridor (siehe Grafik S. 261) vor oder auf der T-Einmündung im rechten Winkel zur Laufrichtung der Runner. Anhand des Suchverhaltens seines Hundes musste der Hundeführer entscheiden, ob ein „Negativ" vorlag oder der Hund eine Spur verfolgte. Der Versuch war beendet, wenn der Hundeführer aufgrund des Anzeigeverhaltens des Hundes ein „Negativ" mitteilte oder der Hund die 50-m-Grenze des Entscheidungsbereiches auf dem Weg zur Zielperson überquerte. Wenn der Hund die richtige Zielperson anzeigte, wurde er belohnt. Da die Versuche reale Einsatzsituationen abbilden sollten, wurde ein Zeitlimit, um die Entscheidung zu treffen, nicht gesetzt. Nach einer kurzen Pause folgte dann der nächste Durchgang mit zwei neuen Zielpersonen C und D, E und F usw. Die Ausarbeitung aller Trails wurde aufgezeichnet. Die ausgearbeitete Strecke wurde mittels GPS-Gerät erfasst. Die jeweiligen Wetterbedingungen wurden vor Ort mit einer Wetterstation mit Regenmesser, Temperatur- und Feuchtigkeitssensoren sowie einem Anemometer erfasst.

Ergebnisse

Es gelang allen Hunden, sowohl mit den Geruchsartikeln von Speichel als auch mit den Geruchsartikeln von Achselschweiß, statistisch signifikant ($p < 0{,}05$) die individuelle Geruchsspur festzustellen. Bei der Geruchsspurverfolgung mit den DNA-Proben erzielten jedoch nur die Diensthunde statistisch signifikante Ergebnisse (siehe Grafik).

Bemerkenswert war, dass sich die Erfolgsquoten unabhängig vom Geruchsartikel, sowohl bei der Gruppe der Diensthunde als auch bei der Gruppe der Rettungshunde, nur unwesentlich unterschieden.
Von besonderer Bedeutung war die Feststellung, dass alle Hunde statistisch hoch signifikant ($p < 0,01$) auch feststellen konnten, wenn keine Geruchsspur vorhanden war. In unserer Studie waren die polizeilichen Diensthunde mit einer Erfolgsquote von durchschnittlich 82 % insgesamt erfolgreicher als die Privathunde mit 65 %. Die abweichenden Erfolgsquoten können verschiedene Ursachen haben. Grundsätzlich hängt die Leistung der Hunde von zwei Hauptfaktoren ab, dem individuellen Tier und dessen Training. So differiert sowohl individuell, aber auch rassespezifisch die Motivation, eine (Such-)Aufgabe durchzuführen. Weiterhin haben Unterschiede bei der Trainierbarkeit einzelner Rassen sowie (fehlende) standardisierte Trainingsmethoden Auswirkung auf den Erfolg (Hepper und Wells, 2015). Zum einen umfasste die Ausbildung der Diensthunde eine einheitliche Ausbildungsmethode nach Armin Schweda (Schweda et al., 2012) vom Welpenalter über einen Zeitraum von zweieinhalb Jahren. Zum anderen haben diese Hunde bereits mehrjährige Erfahrungen und absolvieren mit ihren Hundeführern neben einer Vielzahl an Einsätzen ein regelmäßiges, wöchentliches Training. Des Weiteren sind die Hundeführer langjährig erfahrene Diensthundeführer.
Drei von vier der teilnehmenden Diensthunde waren Bloodhounds. Diese hatten auch im gesamten Test die größten Erfolgsquoten. Ob auch die rassespezifische Geeignetheit von Bloodhounds für solche Suchaufgaben ausschlaggebend war,

☞ ERFOLGSQUOTEN JE GERUCHSARTIKEL – INDIVIDUELLE GERUCHSSPURVERFOLGUNG

	ERFOLGSQUOTE IN %					
	Gesamt	ohne DNA	nur DNA	1	2	3
Private Rettungshunde	65	64	64	66	62	65
Diensthunde	82	82	80	86	71	85
Alle	75	75	77	76	66	79

1 = Achselschweiß auf Mullkompresse, 2 = Achselschweiß auf Schaumstoffronde,
3 = Speichel auf Schaumstoffronde

kann aufgrund der geringen Anzahl an teilnehmenden Hunden jedoch nicht gesagt werden. Die außergewöhnliche Riechfähigkeit von Bloodhounds wurde in anderen Studien nachgewiesen (Harvey und Harvey, 2003; Stockham, 2004; Harvey et al., 2006). Grundsätzlich verfügen Bloodhounds über ein vergleichsweise großes Riechfeld mit der entsprechenden Anzahl an Riechzellen (Shier et al., 2007; Stejskal, 2012; Tanabe, 2015). Auf der anderen Seite waren die an der Studie beteiligten Privathunde nicht so umfänglich ausgebildet und verfügten nicht über die Einsatzerfahrung der Diensthunde.

Da die Studie praktisch unter Einsatzbedingungen durchgeführt wurde, sind die Ergebnisse durchaus auf reale Szenarien übertragbar. Dies bedeutet, dass gut ausgebildete Mantrailer sowohl bei der Vermisstensuche als auch bei der Rekonstruktion von Straftaten ein verlässliches Einsatzmittel sind.
Ein Novum ist, dass erstmals gezeigt wurde, dass Bestandteile von aus Vollblut extrahierter DNA augenscheinlich als Schlüsselreiz für die individualisierte Suche ausreichend sind. Eine Erklärung zum Wirkmechanismus ist an dieser Stelle offen, da das Makromolekül DNA nicht volatil (flüchtig) ist. Weiterhin ist ungeklärt, inwiefern Riechzellen physiologisch in der Lage sind, größere DNA-Stücke aufzunehmen, ganz abgesehen davon, wie nachfolgend eine geruchliche Sequenzanalyse bzw. individuelle Geruchsbildzuordnung erfolgen kann. Hier besteht weiterer Forschungsbedarf verschiedener Disziplinen. Dies ist auch im Kontext bisheriger Erklärungsmodelle der Geruchsspurverfolgung, z. B. des Anteils bakterieller Einflüsse auf die Bildung der Geruchsspur, zu sehen.
Die Erstveröffentlichung der hier vorgestellten Ergebnisse erfolgte in Forensic Science International (Woidtke et al., 2018).

LEIF WOIDTKE

Polizeidirektor Leif Woidtke ist Dozent an der Hochschule der Sächsischen Polizei (FH). Er war Projektleiter des Projekts zur Integration von Personensuchhunden/Mantrailer in das Diensthundewesen der sächsischen Polizei, das 2013 erfolgreich abgeschlossen wurde. Seit 2014 forscht er als Gastwissenschaftler und Doktorand am Institut für Rechtsmedizin der Universität Leipzig zum Thema „Menschlicher Individualgeruch als forensisches Identifizierungsmerkmal". Er ist Autor des Fachbuches „Mantrailing – Fakten und Fiktionen" und verschiedener Buchbeiträge zur Thematik Mantrailing. Darüber hinaus ist er vom Sächsischen Staatsministerium des Innern als Fachberater für Personensuchhunde benannt und Mitglied im wissenschaftlichen Beirat des Symposiums für „Odorologie im Diensthundewesen – Faszinosum Spürhunde" sowie der Arbeitsgruppe Mantrailing der Deutschen Gesellschaft für Kriminalistik.

MEDIZINISCH-PSYCHOLOGISCHE ASPEKTE

Der auffälligste und bekannteste Assistenzhund ist der Blindenführhund. Seine vielfältigen Vorteile, die ihn eben nicht nur ethisch, sondern auch medizinisch zu viel mehr machen als nur einem einfachen Hilfsmittel, werden von Georg Riederle (1999) nochmals deutlich dargestellt. Weniger bekannt und in den letzten Jahren in mehreren Studien ausführlich untersucht, ist die mögliche Rolle von Hunden, die Gehörlosen oder hörbehinderten Menschen helfen. Lynette Hart und Co-Autoren (1996) sowie Claire Guest und Co-Autoren (2006) haben Umfragen bei hörbehinderten Menschen durchgeführt, die entweder keinen Hörhilfehund hatten, auf der Warteliste für einen solchen Hund standen oder bereits einen solchen Hund bei sich hatten. Die Untersuchungen zeigen nahezu identische Ergebnisse. Die Halter eines Hörhilfehundes hatten als primäre Erwartung zunächst, dass er sie eben auf Umweltgeräusche aufmerksam machen sollte. Daraus, und aus anderen Aktivitäten des Hundes ergab sich für sie ein besseres Gefühl der Sicherheit, sie fühlten sich wesentlich sicherer, wenn sie mit ihrem Hund allein waren als vor dem Erwerb des Hundes. Die dritthäufigste genannte Begründung der Unterstützungswirkung des Hundes war die Kumpanfunktion, und die meisten der Befragten äußerten deutliche Verbesserungen sowohl in ihren Kontakten und Interaktionen mit Familienmitgliedern als auch mit anderen Menschen. Gerade die letztgenannte Funktion, die Verbesserung der Kontakte mit Nachbarn und anderen Menschen außerhalb der Familie, wurde nur von den allerwenigsten der Befragten wirklich vorher erwartet. Gerade während der über ein Jahr langen Wartezeit konnte man auch die Kontrollgruppe, die noch keinen Hund hatten befragen und durch die bei ihnen nicht festgestellten Veränderungen ausschließen, dass es sich um Gewöhnungsprozesse an den Taubheitsgrad und nicht um die direkte Wirkung des Hundes handelte.
Von vielfältiger, aber in ihrer Auswirkung oftmals noch nicht vollständig verstandener Bedeutung ist der Einsatz von Hunden bei der Gesunderhaltung oder sogar teilweisen Wiederherstellung der Gesundheit von Menschen mit gesundheitlichen oder psychischen Beeinträchtigungen. Unbestreitbar, siehe z. B. die Zusammenstellungen bei Serpell (2018), sind die vorteilhaften psychischen Auswirkungen des Hundehaltens auf die Gesundheit, weitestgehend vermittelt wohl über die Hormonsysteme des sozialen Komplexes (Oxytocinsystem etc.), die sich z. B. in einer verbesserten Überlebensprognose von hundehaltenden Herzinfarktpatienten, einem verringerten Prozentsatz an Arztbesuchen pro Jahr etc., auswirken.

KÖRPERLICHE GESUNDHEIT

Weniger klar sind die Auswirkungen des Hundehabens auf die rein körperliche Gesundheit (siehe „Aus der Forschung“, S. 267 ff.).
In den meisten Fällen ist wohl die Ausführlichkeit, vor allem aber die durchschnittliche Gehgeschwindigkeit von hundehaltenden Menschen beim Hundespaziergang nicht ausreichend, um die körperlichen Anforderungen einer verbesserten Kondition im Sinne von Muskelaufbau, Herz-, Kreislauf- und Atemtraining und anderen körperlichen Vorteilen zu bewirken. Die genannten Vorteile dürften sich daher auch in diesem Fall mehr auf die psychische Gesundheit auswirken.

HUNDE UND GESUNDHEIT

Hunde in der Therapie sind mittlerweile vielen Menschen bekannt. Sie sollen dort vielfältige Funktionen erfüllen. In einigen Studien wurde bereits der Einsatz von Hunden in Altenheimen erprobt. Dabei zeigen Menschen mit schwerer Demenz nach einer hundegestützten Therapie signifikante Verbesserungen in der Lebensqualität (Olsen et al., 2016). Die Intervention bestand in dieser Studie aus zweimal 30-minütigen Kontaktzeiten mit dem Hund. Hervorzuheben ist, dass die Intervention keine „Eins-zu-Eins"-Situation für die Patienten war, sondern die Personen in einer Gruppe gemeinsam mit dem Hund interagierten. Der positive Effekt in der Lebensqualität war laut Olsen et al. (2016) so langfristig, dass auch drei Monate nach der Intervention mit dem Hund weiterhin eine bessere Lebensqualität in der Interventionsgruppe vorlag als in der Kontrollgruppe. Thodberg et al. (2016) untersuchten in einem Vergleich in einem Pflegeheim, ob Robotertiere oder Stofftiere eine ähnliche Rolle einnehmen können wie Therapiehunde. Dabei fanden sie heraus, dass besonders stark demente Patienten körperlichen Kontakt sowohl zum echten Hund, als auch zum Roboter suchten. Es zeigte sich, dass die Wahrscheinlichkeit, mit dem Hund zu sprechen, während der 6-wöchigen Intervention unverändert blieb, während sie bei dem Robotertier und dem Stofftier in diesem Zeitraum abnahm. Insgesamt zeigte die Studie, dass ältere Personen häufiger direkt mit dem Tier reden. Die Autoren schlussfolgern, dass der Effekt des Roboters und des Hundes vergleichbar sind. Allerdings bleibt offen, wie sich das Interesse der Teilnehmenden in einem längeren Untersuchungszeitraum dargestellt hätte. Von dem Ergebnis ausgehend, dass das Interesse am Roboter im Vergleich zum echten Hund schneller zurückging, ist anzunehmen, dass ein relativ kurzer Interventionszeitraum von sechs Wochen unter Umständen nicht ausreicht, um die Ergebnisse wirklich darstellen zu können. Daher müssen in Zukunft Studien über einen längeren Zeitraum durchgeführt werden, um nachhaltige Wirkungen beschreiben zu können.

Ein Hund kann vielfältige positive Auswirkungen auf die geistige und körperliche Gesundheit von Menschen haben.

Haustiere gegen Stress

Hunde können vielseitiger eingesetzt werden als ausschließlich als klassischer Therapiehund bei fremden Menschen. So belegt eine Studie von 1991, dass die Anwesenheit des eigenen Hundes unter Stress einen beruhigenden Effekt hat (Allen et al., 1991). Die Anwesenheit einer Freundin zeigte bei den Probandinnen keine positive Wirkung. Dabei zeigte sich einerseits, dass die mentale Stresssituation in Anwesenheit einer Freundin einerseits schneller, aber gleichzeitig unpräziser gelöst wurde, als wenn der eigene Hund anwesend war. Die Autoren nehmen deshalb an, dass die Probandinnen durch die Anwesenheit menschlicher Freunde einen höheren Erwartungsdruck wahrnehmen als in Anwesenheit des tierischen Begleiters. Eine spätere Studie derselben Arbeitsgruppe bestätigt diese Ergebnisse. Hierbei wurde bei Bluthochdruckpatienten gezeigt, dass die Teilnehmer, die zusätzlich zur Einnahme eines blutdrucksenkenden Medikaments ein Haustier angeschafft haben, niedrigere Blutdruckwerte in einer stressigen Situation hatten als die Teilnehmer, die nur ein blutdrucksenkendes Medikament erhalten hatten (Allen et al., 2001). Interessant ist hierbei besonders, dass dieser Effekt bereits sechs Monate nach der Anschaffung des Haustieres (in diesem Fall Hund oder Katze) auftrat.

Verbesserung der Immunkapazität

Neben psychologischen Besonderheiten sind auch einige physiologische Effekte nachgewiesen. Charnetski et al. (2004) stellen heraus, dass die Konzentration von Immunoglobulin A (IgA – ein allgemeiner Antikörper) im menschlichen Speichel, nachdem ein Hund für 18 Minuten gestreichelt wurde, höher war als vor der Streicheleinheit. Dies

wird von den Autoren als Verbesserung der Immunkapazität gewertet. Da in dieser Studie keine Korrelation zwischen der persönlichen Einstellung zu Hunden und der Erhöhung der IgA-Konzentration festgestellt werden konnte, wird davon ausgegangen, dass auch Menschen, die eine nicht so positive Einstellung zu Hunden haben, von diesem Effekt profitieren können. In einer Kontrollgruppe dieser Studie saßen die Probanden 18 Minuten mit einem Stofftier, das in Größe und Aussehen dem Hund in der Studie ähnelte, auf einer Couch und streichelten es. Auch hier wurde eine Erhöhung der IgA-Werte festgestellt. Diese Erhöhung wird von den Autoren darauf zurückgeführt, dass die Probanden entweder vergleichbar einem Pavlov'schen Reflex eine Erhöhung der IgA-Werte zeigten oder dass sie diese Situation als amüsant einschätzten und diese gehobene Stimmung zu einer erhöhten IgA-Konzentration führte.

Hunde schützen vor Allergien

Eine Studie aus dem Jahr 2008 zeigt, dass Neugeborene, deren Mütter mit Hunden in einem Haus lebten, verringerte Immunglobulin-E-Werte (IgE – ein Allergiemarker) im Blut hatten (Aichbhaumik et al., 2008). Eine neue Studie aus dem Jahr 2017 zeigt darüber hinaus, dass Menschen, die im Kindesalter in einer Umgebung mit einer hohen mikrobiellen Diversität (in diesem Fall einem Bauernhof) gelebt haben, im Erwachsenenalter weniger Allergien haben (Campbell et al., 2017). Da unter anderem Hunde die mikrobielle Diversität erhöhen, unterstützt diese Studie Ergebnisse, die nahelegen, dass Hunde vor Allergien schützen. Weiterhin gilt, dass ein frühkindlicher Kontakt zu Hunden vor der Entwicklung von Allergien schützen kann (Bufford und Gern, 2007). Es muss allerdings bedacht werden, dass das, laut den Autoren, nur für Menschen gilt, die nicht auf Hunde allergisch reagieren.

Erkrankungen des Herz-Kreislauf-Systems

Hinsichtlich schwerer, akuter Erkrankungen zeigen Studien widersprüchliche Ergebnisse. Eine vielfach zitierte Studie belegt, dass die Überlebensrate von Hundehaltern ein Jahr nach einem Herzinfarkt besser ist als bei Nicht-Hundehaltern (Friedmann und Thomas, 1995). Dies gilt laut der Studie nicht für Katzenhalter. Interessanterweise unterschied sich das gesundheitliche Profil von Hunde- und Nicht-Hundehaltern zu Beginn der Studie nicht voneinander. Da die Studie ebenfalls zeigt, dass Menschen mit einer hohen sozialen Unterstützung wahrscheinlicher überlebten, könnte das ein Erklärungsansatz sein. Einerseits könnten Hunde selbst als soziale Unterstützung wahrgenommen werden (hier fehlen noch Studien), andererseits könnte der Hund als „Sozialkatalysator" (Collis und McNicholas, 1999) helfen, Menschen zusammenzubringen. Der Hund würde so als integraler Bestandteil des sozialen Netzwerks wichtige Aufgaben übernehmen. Ein anderes Ergebnis haben Parker et al. (2010) gefunden. Sie konnten zeigen, dass Haustierhalter, die ein akutes koronares Syndrom (z. B. einen Herzinfarkt) hatten, innerhalb eines Jahres genauso häufig verstarben oder erneut ins Krankenhaus eingeliefert wurden wie Nicht-Haustierhalter. Allerdings sind beide Studien nur bedingt vergleichbar, da sich Friedmann und Thomas (1995) allein auf das Überleben der Patienten konzentrierten, während Parker et al. (2010) dadurch, dass sie zusätzlich zum Überleben auch die Wiedereinweisung mit in ihre Messung einbezogen, ein etwas anderes Ergebnis hatten. Weiterhin liegt mehr als ein Jahrzehnt medizinischer Forschung zwischen den Ergebnissen, sodass Unterschiede zwischen den Studien auch auf eine andere medizinische Behandlung zurückzuführen sein könnten.
Noch bevor Erkrankungen des Herz-Kreislauf-Systems in akuten, lebensbedrohlichen

Ereignissen wie z. B. einem Herzinfarkt auftreten, können Brustschmerzen in Form einer Angina pectoris auf ein erhöhtes Herzinfarktrisiko hindeuten. Eine chinesische Studie zeigt, dass bei Haustierhaltern seltener eine koronare Arterienstenose diagnostiziert wurde, wenn diese mit Brustschmerzen oder einem auffälligen Kardiogramm in ein Krankenhaus eingeliefert wurden (Xie et al., 2017). Bei Hundehaltern wurde in dieser Studie nur etwa halb so häufig eine Verengung der Herzkranzarterien festgestellt wie bei Nicht-Haustierhaltern. Bei Katzenhaltern war der Effekt nicht ganz so stark ausgeprägt. Als statistisch signifikante Schutzfaktoren vor einer koronaren Herzkrankheit wurden einerseits körperliche Aktivität und statistisch davon unabhängig die Haltung eines Haustieres herausgestellt. Insgesamt ist Hundehaltung ein kulturelles Phänomen (Blouin, 2013). So werden nicht nur in unterschiedlichen Ländern unterschiedliche Erwartungen an den Hund gestellt (Nagasawa et al., 2016), sondern auch innerhalb eines Landes sind Unterschiede in der Haltung von Hunden feststellbar (Baranyiová et al., 2005). Deutschland ist auf dem Gebiet der Gesundheitsforschung mit Hund bislang kaum vertreten, weshalb unklar ist, ob sich die hier genannten Effekte so auf Deutschland übertragen lassen.

Es gibt Ideen, diese Thematik besonders in der Krebsforschung zu etablieren. Allerdings könnten ebenfalls rehabilitative Maßnahmen nach orthopädischen Eingriffen, z. B. eine Knie- oder Hüfterneuerung, durch Hunde besser verarbeitet werden. Hinsichtlich der psychischen Komponenten könnte nach dem Vorbild von Kidd und Kidd (1994) untersucht werden, welche Rolle Hunde für obdachlose Menschen spielen und ob sie gesundheitlich positive Effekte für diese Personengruppe haben. Bei obdachlosen Menschen könnten Hunde als Sozialpartner dienen und menschliche Freunde ersetzen oder vertreten. Weiterhin ist bislang nicht untersucht, wie sich der Hund als „Kollege" im Büro verhält und ob, beziehungsweise welchen Einfluss er auf das Arbeitsklima hat. Weiterhin könnte die Einstellung von Menschen zu Hunden in Deutschland besondere Aspekte aufweisen. Ob dies der Fall ist, müsste zuerst herausgefunden werden, da sich kulturelle Aspekte mit dem Effekt des Hundes vermischen könnten.

BENEDIKT HIELSCHER

Während seiner Kindheit zeigte sich bereits ein großes Interesse an Hunden. Nach dem Abitur und bestandener Eignungsprüfung, studierte er ab dem Wintersemester 2010/11 Sportwissenschaft an der Deutschen Sporthochschule Köln. 2014 schloss er dieses mit dem Abschluss Bachelor of Arts „Sport und Gesundheit in Prävention und Therapie" ab. Im Anschluss absolvierte er an der Albert-Ludwigs-Universität Freiburg i. Br. den Studiengang „Sportwissenschaft – Bewegung und Gesundheit", den er 2016 mit dem Master of Science abschloss. Bereits in seiner Bachelor- und Masterarbeit beschäftigte er sich mit dem Zusammenhang von Hundehaltung und körperlicher Aktivität der Halter. Seit Dezember 2016 arbeitet er, zurück in seiner akademischen Heimat Köln, an seiner Promotion mit dem Arbeitstitel „Bewegungsverhalten von Hundehaltern".

TIERGESTÜTZTE THERAPIEN

Robert Viau und Co-Autoren (Viau et al., 2010) untersuchten den Einfluss von Assistenzhunden auf die Konzentration des Stresshormons Cortisol im Speichel von autistischen Kindern. Vor und nach der Einführung eines Assistenzhundes in die Familie, und nach der kurzfristigen Wiederwegnahme des Hundes, wurden die morgendlichen Cortisolwerte der Kinder verglichen. Es gab vor allem morgens, beim ersten Anstieg des Cortisols, eine starke Veränderung. Vor der Einführung des Hundes stieg der Cortisolwert durchschnittlich um 58 % nach dem Wachwerden, mit Anwesenheit des Assistenzhundes war dieser Anstieg nur noch ca. 10 %. Wurden die Assistenzhunde weggenommen, stieg der morgendliche Cortisolwert wieder um 48 % an. Im Tagesverlauf des wachen Kindes dagegen wirkten sich die Assistenzhunde nicht nachhaltig auf den Cortisolspiegel aus.
Annick Maujean und Co-Autoren von der australischen Griffith Universität untersuchten in einer Metaanalyse über 66 000 Veröffentlichungen mit dem Ziel der Bewertung tiergestützter Interventionen. Letztlich ließen sich nur acht Artikel aus diesem großen Datensatz wirklich für die nachfolgende sinnvolle statistische Auswertung verwenden. Die genannten Artikel zeigen, dass eine Vielzahl von Menschen mit psychischen Problemen, z. B. Kinder mit Autismuserkrankungen und Erwachsene mit verschiedenen psychischen Störungen, einschließlich Schizophrenie, durch die Anwesenheit von Tieren als Assistenzlebewesen profitieren können. Die genannten Patientengruppen wurden auch in einer zweiten Untersuchung von Bente Berget und Sverre Grepperud (2011) von verschiedenen norwegischen Universitäten nochmals identifiziert. Hier wurden über 1 100 Psychiater und Psychotherapeuten befragt, für welche psychischen Störungen sie die positiven Auswirkungen von tiergestützten Interventionen am stärksten sähen. Die Einschätzungen variierten zwischen 55,7 und 87,4 %, in Abhängigkeit von der Art der Störung und der Form der Behandlung. Die höchste Nützlichkeit tiergestützter Interventionen wurde für geistig Zurückgebliebene, die schwächste für Schizophreniepatienten angegeben.
Als wichtigste Effekte der tiergestützten Aktivitäten wurde eine verbesserte körperliche Bewegungsfähigkeit und als schwächster Effekt die verbesserte Kommunikationsmöglichkeit mit anderen Menschen und die gesteigerte Aufmerksamkeit gegenüber anderen benannt.
Die Werte für die Einflussmöglichkeiten durch Heim- und Kumpantiere wurden als etwas höher angegeben als die für farmgehaltene Nutztiere. Weibliche Therapeuten glaubten etwas stärker an die positiven Effekte der Behandlung als männliche, und solche Therapeuten, die bereits Erfahrung mit tiergestützten Aktivitäten hatten, schätzten die Effektivität und Wirksamkeit etwas höher ein als Therapeuten ohne eigene Erfahrung in diesem Bereich. Weitere Effekte, die benannt wurden, waren Verringerungen von Angst und Depressionsauswirkungen, eine verstärkte Selbstsicherheit im Umgang mit anderen Menschen, oder die Fähigkeit, mit dem Alltag besser klarzukommen.

ASSISTENZHUNDE FÜR TRAUMAPATIENTEN

Eine ebenfalls derzeit häufig benannte, jedoch gerade in Tierschutzkreisen oft sehr kritisch diskutierte Form der Assistenzleistung betrifft Hunde bei Menschen mit posttraumatischer Belastungsstörung. Hier wurden in den letzten Jahren einige Untersuchungen von amerikanischen Arbeitsgruppen begonnen, insbesondere für Veteranen und zurückgekehrte Soldaten der Afghanistan- und Irak-Kriege. Die Veteranen wurden gebeten, im Laufe der Zeit des Zusammenlebens mit ihrem Assistenzhund über wiederholte Selbsteinschätzungsfragebögen, die allgemeine Lebensqualität, die Häufigkeit und Schwere von Depressionsanfällen, ihre Lebenszufriedenheit und die Fähigkeit, sich mit schwierigen oder negativen Umweltsituationen auseinanderzusetzen, zu bewerten.

Die Wirkungen der Assistenzhunde im Bereich von posttraumatischen Belastungsstörungen sind sehr vielfältig. Zu ihren Aufgaben gehört z. B. das Abwehren oder Mildern von Panikattacken, das Aufwecken des Patienten während eines Albtraums, die Erinnerung eines Patienten an die regelmäßige Einnahme von Medikamenten oder schlichtweg die Schaffung von räumlichen Freiheiten, indem sie den Patienten z. B. in menschlich dicht gedrängten Situationen abgrenzen, sich vor ihn stellen oder anderweitig seine Individualsphäre vergrößern.

Bei den genannten Selbsteinschätzungsbögen hatten die Veteranen im Durchschnitt eine Verbesserung der Punktwertung um ca. 12 von 85 möglichen Punkten angegeben. Der durchschnittliche Wert vor der Übernahme des Hundes betrug bei allen Befragten ca. 70 Punkte, und dieser Wert blieb auch durchschnittlich bei denjenigen erhalten, die noch auf der Warteliste für einen Assistenzhund standen. Diejenigen dagegen, die bereits einen Assistenzhund übernehmen konnten, berichteten später von durchschnittlich 58 Punkten auf dieser Skala. Hierzu muss erwähnt werden, dass eine Veränderung von 10 Punkten oder mehr als medizinisch bedeutsam eingeschätzt wird. Insgesamt wurden 141 Veteranen des Irak- und Afghanistan-Krieges getestet, 75 davon hatten bereits einen trainierten Assistenzhund, 66 (die Kontrollgruppe) waren noch auf der Warteliste. Die Teilnehmer mit Hund hatten zwischen einem Monat und 4 Jahren regelmäßig mit ihrem Assistenzhund gearbeitet. Die meisten Assistenzhunde waren Labradore, Golden Retriever oder Mischlinge aus Tierheimen. Die Befunde von Maggie O'Haire und Kerry Rodriguez der Purdoe Universität unterstützten auch die Entschlossenheit der amerikanischen Veteranenbehörde, eine systematische Studie in diesem Feld anzugehen. Diese breit angelegte, multizentrische Studie (Saunders et al., 2017) läuft derzeit und die Ergebnisse dürften von großem Interesse für die Anwendung auch im Zusammenhang mit anderen posttraumatisch belastungsgeschädigten Menschen werden.

Gerade in diesem Zusammenhang muss jedoch darauf hingewiesen werden, dass gerade Assistenzhunde mit einem 24-Stunden-Job, wie ihn der Begleithund eines Traumapatienten hat, geeignete Formen der Auszeit, also der Entspannung und Freizeitaktivitäten, benötigen. Diese Hunde müssen erkennen können, wann sie frei haben, und dann auch ihre eigenen Interessen und ihre eigenen Aktivitäten verfolgen dürfen. Hier liegt eine große Herausforderung nicht nur für die Betreuer und Ausbilder von Assistenzhunden, sondern auch für das familiäre Umfeld der Patienten.

HUNDE IM SCHULUNTERRICHT

Eine weitere, in den letzten Jahren speziell verstärkt wahrgenommene Form von tiergestützten Aktivitäten betrifft die Verwendung von Hunden im Schulunterricht. Zu diesem Thema zeigt „Aus der Forschung" von Julia Neunteufel, welche dramatischen Verbesserungen in der Lese-, Rechtschreib-, und Sozialkompetenz von Schulkindern durch tiergestützte Aktivitäten möglich sind. Bemerkenswerterweise werden hier auch höhere Schulklassen, bis hin zur Anwesenheit von Hunden in Universitätskursen, und keineswegs nur Vorschul- und Grundschulschüler von den positiven Auswirkungen eines Schulhundes gefördert. Auch in Vergleichsstudien und Befragungen von Schulkindern zu derer sozialer Integration in die Klassengemeinschaft ergaben sich deutliche Vorteile.

DER HUND IN DER PÄDAGOGIK

Unter dem Begriff tiergestützte Pädagogik versteht man den Einsatz eines ausgebildeten Therapie- oder Schulhundes, an der Seite einer pädagogisch ausgebildeten Fachkraft mit entsprechender Zusatzausbildung. Dabei steht ein pädagogisches Ziel im Mittelpunkt, das mit angemessenen Methoden erreicht werden soll (Otterstedt, 2017).

Vor allem in den letzten Jahren erfreut sich diese Interventionsform zunehmender Anwendung. In der Forschung gibt es dazu noch wenige Untersuchungen. Die meisten Forschungsberichte aus dem pädagogischen Bereich findet man im schulischen Kontext. So widmeten sich Hergovich et al. (2002) der Untersuchung von möglichen Auswirkungen eines Hundes im Klassenzimmer auf die Schulkinder. In ihrer Studie wurde über drei Monate ein Hund in einer ersten Klasse der Grundschule eingesetzt. Dabei wurden die Kinder unter anderem mittels eines Gestaltwahrnehmungstests hinsichtlich ihrer Fähigkeit, Informationen unabhängig vom Kontext zu verstehen, getestet. Des Weiteren wurde ein Entwicklungstest (namens „Fotoalbum") zur Messung der sozialen Intelligenz sowie ein Fragenteil zur Selbsteinschätzung der Empathie für Tiere und ein Fragenteil für die Lehrer zur Einschätzung der Freundschaftlichkeit und der Integriertheit der Kinder sowie aggressives Verhalten angewendet. Im Vergleich mit einer Kontrollgruppe, in der kein Hund eingesetzt worden war, konnten signifikante Unterschiede in einigen Bereichen festgestellt werden. **Nach der Durchführung waren die Kinder in der Klasse mit Hund nach den Angaben der Lehrer integrierter in die Gemeinschaft. Außerdem wiesen sie signifikant bessere Werte bei der empathischen Fähigkeit für Tiere auf und das Klassenklima wurde von den Lehrkräften als sozial angenehmer empfunden.** Zu den anderen Überprüfungsmerkmalen konnte kein signifikanter Unterschied gefunden werden.

Regelungen vor der Einführung

Bei der Erhebung von Flume (2017) wurden Lehrer zu ihren Erfahrungen mit Schulhunden mittels eines Fragebogens befragt. Dabei zeigte sich, dass die Hunde oft selbst entscheiden dürfen, wann sie zu welchem Kind Kontakt aufnehmen. Trotzdem gaben viele der Befragten an, geregelte Zeiten für Streicheleinheiten festzulegen. Diese Zeiteinteilung scheint vor allem bei der Einführung eines Schulhundes sinnvoll zu sein, da es durch die Neugierde der Kinder noch einer Regelung bedarf.

Der Hund als Kumpan des Kindes beim Lesen und Lernen.

Nicht nur Schulkinder, auch Studierende profitieren von der Anwesenheit eines Hundes.

Ein weiteres Merkmal ist, dass pro Klasse nur ein einzelner, fix zugewiesener Hund eingesetzt wird. Die Teilnehmer gaben an, Verbesserungen im Bereich Empathie, Motivation und im Sozialverhalten der Schüler durch den Einsatz vom Hund beobachtet zu haben. Die Klassen wurden durch den Einsatz eines Hundes insgesamt ruhiger. Es zeigte sich keine Verbesserung des Notendurchschnitts in den Klassen. Vielmehr wurde noch betont, dass es zu individuellen Änderungen der Schüler kam, weshalb sich keine weiteren Verallgemeinerungen ableiten lassen. Solche Änderungen waren z. B. die Verminderung von Schulangst, gesteigerte Mitarbeit oder erhöhtes Selbstbewusstsein einzelner Schüler.

Leseförderung durch Hunde

Eine weitere, immer häufiger vorkommende Einsatzform des Hundes im pädagogischen Kontext sind Hunde zur Förderung der Lesefähigkeiten. Die Anwesenheit eines Hundes beim Lesen fördert die intrinsische Motivation und stärkt das Selbstvertrauen (Bassette, 2011), was zu einem schnelleren Erlernen des Lesens führen kann. Diese Erkenntnis wurde durch ein alternierendes Verfahrensdesign nach Kennedy, das wiederholtes Lesen, Fehlerverbesserung des Gelesenen und Feedback zur Leistung durch einen Erwachsenen erhebt, gewonnen.
Vor allem im Kindergarten zeigen laut der Studie von Kirnan et al. (2016) solche hundegestützten Leseprogramme große Effekte. Auch die teilnehmenden pädagogischen Fachkräfte und Therapiehundeführer geben in dieser Untersuchung eine gesteigerte Motivation der Kinder zum Lesen an, wenn sie dem Hund vorlesen konnten. Der Zeitraum der Untersuchung betrug zwei Jahre, wobei zu Beginn sowohl bei den Kindern als auch beim Lehrpersonal Skepsis gegenüber der Intervention verzeichnet wurde. Bei der Befragung der Beteiligten konnte festgestellt werden, dass die Kinder durch die wertfreie Begegnung des Hundes weniger Angst vor Fehlern hatten und mutiger waren, schwere, unbekannte Wörter laut vorzulesen.
Entgegen den obigen Forschungsergebnissen fanden Schretzmayer et al. (2017) keinen signifikanten Zusammenhang zwischen besseren Lesefähigkeiten und der Anwesenheit eines Hundes. In ihrem Versuch testeten sie Schulkinder zwischen 9–10 Jahren (dritte

Schulstufe) unter anderem auf ihre Lesefähigkeiten. Die Durchführung betrug zwei Sitzungen, wobei eine mit Hund und eine ohne Hund stattfand. Dabei wurden den Kindern sechs Speichelproben pro Einheit entnommen, um ihren Cortisolspiegel zu erfassen. Außerdem trugen sie einen Herzfrequenzgurt, um den Puls zu überwachen. Dabei konnte kein signifikanter Unterschied der Messungen hinsichtlich der An-/Abwesenheit des Hundes festgestellt werden. Zur Testung der Lesefähigkeit wurden ein Leseverständnistest, ein nicht standardisierter Lesetest zur Wiederholung von Gelesenem sowie eine Verhaltensanalyse durch Videoaufnahmen angewendet. Im Gegensatz zu anderen Studien zu diesem Thema wurde hier allerdings nur eine einzelne Sitzung mit Hund abgehalten, was kaum aussagekräftige Schlüsse auf die nachhaltige Förderung der Lesefähigkeit zulässt. Insbesondere, da zu Beginn der Intervention der Hund noch mehr mit Neugierde oder Skepsis betrachtet wurde und einige Sitzungen nötig waren, bis ein fördernder Ablauf möglich wurde, wie Bassette (2011) und Kirnan et al. (2016) in ihren Untersuchungen festgestellt haben.

Emotionales Lernen

Emotionales Lernen kann durch den Einsatz von einem Hund ebenfalls gesteigert werden. Dazu nahmen in der Erhebung von Dicé et al. (2017) Schüler im Alter von 8 Jahren über fünf Monate an regelmäßigen Übungseinheiten mit einem Hund und drei Eseln teil. Bei der Durchführung des tiergestützten Programms wurde beobachtet, dass die Kinder Bedenken schneller überwinden konnten, aufmerksamer, kooperativer und sozial offener waren.
In der Heilpädagogik wird der Hund ebenfalls häufig eingesetzt. Der Einsatz von Hunden bei Schulkindern mit emotionalen Störungen kann deren emotionale Stabilität verbessern, in Krisen durch Deeskalation helfen und bringt zudem mehr Verantwortung, Respekt und Mitgefühl ein. Dies schafft nicht nur in schulischer, sondern auch in sozialer Hinsicht eine positive Lernatmosphäre für die Schüler (Anderson et al., 2006). Auch bei der pädagogischen Arbeit mit entwicklungsgestörten Kindern zeigte die Studie von Martin und Farnum (2002), dass der Hund positiv wirken kann. Durch einen standardisierten Test zu den Fähigkeiten und dem Verhalten von Kindern mit Entwicklungsstörungen (Psychoeducational Profile-Revised) konnte gezeigt werden, dass die Kinder durch den Hund leichter in spielerisch motivierte Stimmung geraten können und sich fokussierter und achtsamer auf ihre Umwelt einstellen können.

Kompetenztraining mit Hund

Abseits vom schulischen Kontext gibt es in der Jugendhilfe ebenfalls unterschiedliche pädagogische Anwendungsmöglichkeiten, in denen der Hund eingesetzt wird. In der Arbeit mit Kindern und Jugendlichen, die soziale und/oder emotionale Verhaltensauffälligkeiten, Leistungsschwächen oder Entwicklungsstörungen aufweisen, stellt das Kompetenztraining mit Hund nach Putsch (2013) eine Möglichkeit dar. Dabei wird in einem konzeptionellen Gruppentraining mit Hund soziale Kompetenz erlernt.
Die positiven Effekte von Hunden beschränken sich nicht nur auf Kinder und Jugendliche, sondern konnten auch bei Studierenden nachgewiesen werden (Grajfoner et al., 2017). Die Anwesenheit von einem Hund kann sich bei Studierenden positiv auf ihre Stimmungslage auswirken und sie entspannen. Dies könnte eine positive Ergänzung in Lernsituationen im Studium darstellen. Letztere Ergebnisse lassen den Schluss zu, dass der Einsatz von Hunden in Lernsituationen von Erwachsenen ebenfalls eine wertvolle Intervention darstellt. Hundegestützte Methoden in der Erwachsenenbildung bleiben somit ein interessanter Forschungspunkt, den es noch zu beleuchten gilt.

EINSATZ VON HUNDEN IM NATURSCHUTZ

Die gezielte Arbeit mit Nasenhunden im Naturschutz wurde bereits im vorangehenden Kapitel besprochen, und durch die Ergebnisse von Grimm-Seyfarth (siehe S. 278) sowie Schwammer (siehe S. 280) exemplarisch dargestellt. Jedoch gibt es noch eine Reihe von weiteren Aktivitäten, bei denen Hunde im Naturschutz eingesetzt werden können. Bereits recht bekannt ist der Einsatz von Herdenschutzhunden, die zur Abwehr von Beutegreifern in Gebieten mit neu wieder-einwandernden oder vermehrt auftretenden Greifvögeln oder auch karnivoren Säugetieren angewendet werden. Dr. Blanche demonstriert dies am Beispiel der Herdenschutzhunde der Gesellschaft zum Schutz der Wölfe in Deutschland (siehe S. 381 ff.). Auch in anderen Ländern werden Herdenschutzhunde eingesetzt, und zwar keineswegs nur zur Arbeit mit Nutztierherden. In Australien (van Bommel und Johnson 2012, 2014; van Bommel, 2010) werden Herdenschutzhunde auch z. B. zum Schutz von Zwergpinguin-Brutkolonien gegen Füchse oder zum Schutz von neu angesiedelten, wieder ausgewilderten Beständen bedrohter Kleinbeuteltiere (z. B. Östlicher Streifenbeuteldachs) gegen eingeschleppte Fressfeinde wie etwa Füchse, Katzen oder sogar Ratten eingesetzt. Neben der sozusagen präventiven Wirkung von Herdenschutzhunden in der Nutztierherde, können sie aber auch gezielt angewendet werden. In verschiedenen Projekten US-amerikanischer und kanadischer Naturschutzbehörden (Verlauteren et al., 2014) werden karelische Bärenhunde gezielt mit ihren Hundeführern zusammen zur Vergrämung von allzu aufdringlichen und naseweisen Bären eingesetzt. Anstatt diese irgendwann einfangen, betäuben oder gar abschießen zu müssen, werden sie wiederholt mit dem (aufgrund seiner Rassegeschichte und seiner Statur durchaus eindrucksvollen) karelischen Bärenhund provoziert und in die Flucht geschlagen. Sie lernen sehr schnell, Gegenden zu meiden (z. B. die Nähe von menschlichen Siedlungen, Campingplätzen), in denen diese unfreundlichen Hunde ihnen mehrfach Probleme bereitet haben.

SCHUTZ VOR KRANKHEITEN

Auch der Schutz von Nutztierherden in Gebieten, in denen Wildtiere potenziell ansteckende Krankheiten übertragen können (Brucellose, Tuberkulose), kann durch Hunde verbessert werden. Ebenfalls in mehreren Gebieten Nordamerikas werden auf diese Weise Weißwedelhirsche von Rinderherden ferngehalten. Neben dem reduzierten Risiko der Krankheitsübertragung von Wildwiederkäuern auf Haus- und Nutztiere wird auch die Nahrungskonkurrenz reduziert, wenn sich die Wildwiederkäuer nicht mehr in die Nähe der Haustiere begeben. Aber auch umgekehrt können z. B. Haus- und Nutztiere von Wildtieren ferngehalten werden. Hausschafe sind sowohl im Westen der USA eine große Gesundheitsgefahr für die wildlebenden Dickhornschafe, als auch für die Gämsen und Steinböcke in den Alpen. Werden in den Schafherden Herdenschutzhunde eingesetzt, nähern sich auch Gämsen und Steinböcke bzw. Dickhornschafe diesen Hauschafherden weniger an und übernehmen daher von den Hausschafen die Krankheitserreger wesentlich seltener. Potenziell könnten diese positiven Auswirkungen von Herdenschutzhunden auch z. B. gegen die Übertragung von Tuberkulose und anderen Krankheiten über Waschbären, Opossums oder Dachse eingesetzt werden.

GEWÄSSERSCHUTZ

Auch im Bereich des Gewässerschutzes wurden bereits Border Collies erfolgreich eingesetzt. Gerade in Gegenden (z. B. bei den großen amerikanischen Seen), in denen es Massenvermehrungen von Gänsen oder Möwen gibt, können die Seeufer, speziell Badestrände oder andere für die menschliche Erholung vorgesehene Uferstreifen, erheblich verunreinigt und zusätzlich das laute Geschrei der massenhaft auftretenden Vögel anderweitig lästig werden. Hier wurden wiederholt Border Collies eingesetzt, die die Vögel aufscheuchen, belästigen und von den Ufern vertreiben. An einer Stelle, an der die Erfolge bereits überprüft wurden, konnte die Zahl der durchschnittlich pro Tag gezählten Möwen von 665 auf 17 reduziert werden, und auch die Bodenverunreinigungen durch Bakterien (*Enterococcus, E.colii*) waren erheblich reduziert. Die beste Kombination zeigte übrigens hier der Einsatz des Border Collies an Land und der Einsatz eines ferngesteuerten, kleinen Motorbotes auf dem Wasser. Auch Kanadagänse von Golfplätzen oder von Grünflächen in der Umgebung von Bürogebäuden fernzuhalten, gehört in Nordamerika bereits zu den Aufgaben von Border Collies.

AUFSPÜREN BEDROHTER ARTEN

Erstaunliche Zahlen über die Leistungsfähigkeit von Hunden im Naturschutz liefert auch der Übersichtsartikel von Deborah Woolett und Co-Autoren (Woollett et al., 2014). So ist der Einsatz von Hunden nicht nur beim Aufspüren bedrohter Arten oder von potenziell invasiven und damit im Ökosystem störenden, neu eingewanderten Tier- und Pflanzenarten, sondern auch beim Suchen nach seltenen, dort vorkommenden Tieren und Pflanzen wesentlich erfolgreicher. Selbst große Pflanzenarten oder Bäume bzw. Sträucher werden zu mehreren Prozent erfolgreicher gefunden, wenn hierzu ein Hund eingesetzt wird, als wenn die Botaniker mit anderen, auf ihren eigenen Sinnen beruhenden Such- und Erfassungsmethoden arbeiten müssen.

Gerade in diesen Bereichen wird aufgrund der unglaublich großen Leistungsfähigkeit hundlicher Sinnesorgane, die bereits dargestellt wurden, hoffentlich auf absehbare Zeit der Einsatz von Hunden weiterhin durch kein technisches Hilfsmittel ersetzt werden können. Jedoch ist gerade in diesen Bereichen auch immer zu bedenken, dass die Beachtung der Lebensansprüche der arbeitenden Hunde in den einschlägigen Kreisen deutlich verbessert werden muss.

Dr. Schwammer demonstriert im Kurs eine Riesenschlange.

SPÜRHUNDE IM EINSATZ FÜR BEDROHTE ARTEN

Problemstellung

Spürhunde werden schon lange für eine Vielzahl von Aufgaben eingesetzt, z. B. bei der Suche nach vermissten Personen, Drogen oder Sprengstoff. Relativ neu und wenig bekannt ist hingegen ihr Einsatz bei der Suche nach seltenen Tierarten und deren Spuren, z. B. Kot. Mit solchen Spuren können Biologen das Geschlecht der Tiere, Verwandtschaftsbeziehungen, den Hormonstatus oder Parasitenbefall feststellen und sogar die Anzahl der Tiere berechnen, die in einem Gebiet vorkommen. Da die Suche nach Kot für die gesuchte Art keine Bedrohung darstellt, wird sie vielfach durchgeführt, indem standardmäßig Menschen das Gebiet optisch absuchen. Allerdings ist das für uns Menschen häufig wie die Suche nach der Nadel im Heuhaufen. Und selbst wenn wir etwas gefunden haben, benötigen wir noch genetische Methoden, um die genaue Art bestimmen zu können. Hier kann der Einsatz von Spürhunden helfen, die auf die Spuren ganz bestimmter Arten trainiert sind. In dieser Studie (Grimm-Seyfarth et al.) wollten die Wissenschaftler herausfinden, ob Hunde eine Art sofort bestimmen können und wie viel effizienter sie bei einem tatsächlichen Einsatz sind.

Gefunden! Lokalisieren von Fischotterkot.

Methoden

Es wurden jeweils zwei Hunde auf den Kot von zwei Tierarten trainiert, ein Australian Cattle Dog und ein Border Collie auf den Fischotter (*Lutra lutra*) und zwei Border Collies auf den Amerikanischen Mink (*Neovison vison*). Zunächst wurde ein Test durchgeführt, bei dem sowohl verschiedene Testpersonen mit unterschiedlichen Erfahrungsstufen, als auch die Hunde 20 verschiedene Kotproben einer der beiden Arten zuordnen mussten. Während die Menschen die Proben alle zum Vergleich optisch vor sich hatten, wurden die Hunde an einer Schnüffelbox trainiert und mussten den Kot der Art, auf die sie trainiert waren, anzeigen, während sie den Kot der jeweils anderen Art nicht anzeigen sollten. Der Test wurde dabei doppelblind durchgeführt, was bedeutet, dass der Hundeführer und der Hund nicht wussten, wo welche Kotprobe versteckt war, und die Person, die die Kotproben versteckt hatte, sich während der Suche nicht im gleichen Raum aufhielt.

In einem zweiten Test wurde ein tatsächlicher Einsatz im Biosphärenreservat Oberlausitzer Heide- und Teichlandschaft nachgestellt, einem Ort, an dem sowohl der Fischotter als auch der Amerikanische Mink vorkommen. Dort wurden vier verschiedene Wege definiert, die jeweils entlang mehrerer Teiche führten. Jeder dieser Wege wurde von zwei verschiedenen menschlichen Such-

Der Suchhund im typischen Fischottergelände, feucht und gut bewachsen. Gerade weibliche Fischotter setzen ihre Kotmarken nicht immer an erhöhten Plätzen ab und sind deshalb noch schwerer nachweisbar.

teams (mit jeweils einem Experten und mehreren Helfern) und zwei verschiedenen Spürhundeteams (mit jeweils einem auf Fischotterkot trainierten Hund sowie einem Hundeführer und einem Helfer) nach Fischotterkot abgesucht. Jedes Team hatte genau eine Stunde Zeit und es gab keinerlei Erfahrungsaustausch zwischen den Teams. Anschließend wurde verglichen, welche Strecke jedes Team zurückgelegt hatte und wie viele Kotproben gefunden wurden. Weiterhin wurde für jede gefundene Kotprobe protokolliert, um wie viel Kot es sich handelt, wo genau er gefunden wurde und wie alt er schätzungsweise war.

Ergebnisse

Es wurden insgesamt zehn Personen getestet, die die Kotproben den beiden Arten Fischotter und Mink zuordnen sollten. Ihre Erfahrungsstufen reichten von Anfängern bis zu Experten, die schon jahrelang mit den beiden Arten arbeiten. Allerdings waren die meisten Personen Fortgeschrittene oder Erfahrene, die sich zumeist speziell mit einer Art beschäftigt hatten. Je erfahrener die Person war, umso wahrscheinlicher hatte sie eine Kotprobe der richtigen Art zugeordnet, wobei im Durchschnitt (ohne Anfänger) 75–80 % aller Proben korrekt zugeordnet wurden und der beste Experte 95 % aller Proben korrekt zuordnete. Die meisten Personen orientierten sich bei der Zuordnung an der Farbe und Form des Kotes, die allerdings beide kein sicheres Bestimmungsmerkmal darstellen und sich nicht signifikant zwischen den beiden Arten unterscheiden. Im Gegensatz dazu zeigten alle vier Spürhunde 100 % aller Kotproben der Art, auf die sie trainiert waren, zuverlässig an, während im Durchschnitt 91 % aller Kotproben der jeweils anderen Art korrekt ignoriert wurden.

Auch im tatsächlichen Einsatz bei der Suche nach Fischotterkot unterschieden sich die Ergebnisse zwischen den menschlichen Suchteams und den Spürhundeteams. Die Fischotterspürhundeteams waren im Durchschnitt signifikant schneller (1 km/h) und fanden mehr Kotproben (13 Kotproben/h) als die menschlichen Suchteams (0,7 km/h mit 8 Kotproben/h). Weiterhin fanden die menschlichen Suchteams hauptsächlich große Kotproben (62 % aller gefundenen Proben) und wenige ganz kleine Kotproben (7 %), während die Spürhunde ungefähr gleich viele Kotproben von jeder Größe fanden (von allen gefundenen Proben 33 % große und 28 % sehr kleine). Ebenso unterschieden sich die Fundstellen und das Alter, denn menschliche Suchteams tendierten dazu, eher große, offene Stellen mit bevorzugt altem, hellem Kot zu finden (ca. 73 % aller gefundenen Proben), während weder die Lage noch das Alter einen Unterschied für die Spürhundeteams machte (jeweils ca. 50 %).

Folgerung

In dieser Studie waren die Spürhunde im Durchschnitt erheblich besser darin, Kotproben der Arten Fischotter und Amerikanischer Mink korrekt zuzuordnen, auch wenn angemerkt werden muss, dass es vereinzelt Experten geben wird, die dank jahrzehntelanger Erfahrung auf ein nahezu ähnliches Ergebnis kommen. Im tatsächlichen Einsatz konnte gezeigt werden, dass mit Hilfe der Fischotterspürhunde schneller gearbeitet und die Anzahl der gefundenen Kotproben fast verdoppelt werden konnte. Außerdem zeigten die Spürhunde keine Tendenz, nur bestimmte Kotproben zu finden, wie das bei den menschlichen Suchteams beobachtet werden konnte. Solche Tendenzen können bei der nachfolgenden Auswertung der Daten dazu führen, dass ein falscher Eindruck entsteht, wenn z. B. mehr Männchen als Weibchen gefunden wurden. Solche Verzerrungen scheinen mit den Daten, die durch Spürhundeteams gesammelt werden, weniger wahrscheinlich. Insgesamt kann daher gefolgert werden, dass ein gut trainierter und mit einem Testverfahren überprüfter Spürhund sowohl die Effizienz als auch die Datenqualität erheblich steigern kann.

DR. ANNEGRET GRIMM-SEYFARTH hat Biologie mit Schwerpunkt Ökologie studiert. Sie arbeitet im Department Naturschutzforschung am Helmholtz-Zentrum für Umweltforschung, wo sie sich mit der wiederholten Erfassung, dem sogenannten Monitoring verschiedener Tierarten beschäftigt. Für ihre Dissertation hat sie mehrfach im Australischen Outback Reptilien untersucht und interessiert sich speziell dafür, wie globale Veränderungen, wie z. B. der Klimawandel, die Tierarten beeinflussen. Auch in Europa beschäftigt sie sich mit der Erfassung von Amphibien, Reptilien und Säugetieren, darunter dem Fischotter. Im Rahmen der Fischottererfassungen hat sie gemeinsam mit ihren Kollegen nach verbesserten Nachweismethoden gesucht und stieß schnell auf die Möglichkeit, Spürhunde einzusetzen. Durch private Trainer mit Spezialisierung auf Sucharbeit sowie viele Weiterbildungen und Seminare konnte sie bald erfolgreiche Einsätze mit ihren beiden Hunden Bagheera, einem Australian Cattle Dog, und Zammy, einem Border Collie, absolvieren. Heute ist sie nebenberuflich selbstständig (www.monitoring-dogs.de), erfasst neben dem Fischotter auch andere Tierarten und unterstützt andere Länder bei der Ausbildung spezieller Fischotterspürhunde. Weiterhin ist sie aktives Mitglied im Verein Wildlife Detection Dogs e. V. (www.wildlifedetectiondogs.org), der sich unter anderem für eine Anerkennung und Verbreitung der Methode sowie eine einheitliche Zertifizierung einsetzt.

ARTENSCHUTZ-SUCHHUNDE ALS VIERBEINIGE ZOLLFAHNDER

In den letzten Jahren konnten Hunde immer spezieller eingesetzt werden, sie spüren Termiten und invasive Tier- und Pflanzenarten auf und können Edelhölzer unterscheiden. In Suchrastern werden große Areale abgesucht und Kot aufgespürt, z. B. von Bären, wodurch man durch nachfolgende Laboruntersuchungen Aufschlüsse über Populationsgrößen, aber auch über das Wanderverhalten einzelner Individuen erhält. Sogar Buckelwale spürt man mit Hunden in Booten auf. Diese Meeresbewohner zählen zu den großen und schweren Tieren unserer Erde, und so verwundert es nicht, dass auch ihre Exkremente nicht spurlos im Ozean verschwinden. Vielmehr verteilen sie ihre verdaute Nahrung im warmen Oberflächenwasser, die die Hunde sogar auf eine Seemeile entfernt deutlich anzeigen können. Diese Hinterlassenschaften geben bei Laboranalysen Aufschlüsse über den Gesundheitszustand der Wale, und auch eine individuelle Zuordnung ist möglich.

Artenschutz-Suchhunde in Österreich

In Österreich hat sich die Zollbehörde die Aufgabe gestellt, mit zwei Artenschutz-Suchhunden den noch immer zunehmenden Tierschmuggel effektiver zu bekämpfen. Denn neben privaten, illegalen, tierischen Mitbringseln ist besonders der organisierte Schmuggel von bedrohten Tierarten ein großes Problem.

Eine wesentliche Rolle spielt dabei der Tiergarten Schönbrunn in Wien, der den Ankauf der beiden Artenschutz-Suchhunde finanziert hat und zudem den Hundeführern bei der Ausbildung der Hunde für den Artenschutz behilflich war und ist – und zwar in Form der Bereitstellung von Geruchsstoffen und Angeboten an zoologischen Seminaren, Trainingsmöglichkeiten im Zoo. Nicht zuletzt fungiert der Tiergarten auch, soweit es möglich ist, als Auffangstation für beschlagnahmte Tiere. Das Programm ist durch die enge Zusammenarbeit zwischen Zollhundeteam und Tiergarten sehr erfolgreich geworden. Das Team besteht aus dem Leiter des Zollhundewesens Österreichs, Amtsdirektor Rudolf Druml, seinen beiden Artenschutz-Hundeführern Stefan Höttinger und Regina Eitel, den Mitarbeitern des Tiergartens Schönbrunn Harald Schwammer und Anton Weissenbacher und natürlich den Vierbeinern „Lord", einem braunen Deutsch-Kurzhaar und „Reno", einem blonden Labrador Retriever.

Ausbildung der Hundeführer

Dieses ambitionierte Projekt wurde im Jahr 2007 gestartet. Ziel war es, den organisierten Schmuggel von Reptilien und Papageien

Der geöffnete Koffer enthielt offensichtlich eine Geruchsprobe, auf die der Hund trainiert wurde.

Die gesamte Seminargruppe im Menschenaffenhaus des Wiener Tiergartens Schönbrunn.

zu bekämpfen! Erster Schritt war die Ausbildung der Hundeführer mit dem Fokus auf zoologische Belange zu den Themen: Wie sind beschlagnahmte Tiere zu behandeln und sicherzustellen? Was tun mit gefährlichen Tieren?
Eine große Problematik ist natürlich die Artenkenntnis, die man nicht in einigen Seminaren vermitteln kann – für Nicht-Zoologen eine große Herausforderung und nahezu unmöglich, wenn es alle Tierarten korrekt zu bestimmen gilt. Deshalb war es wichtig, generell eine sichere Handhabung von lebenden Tieren zu trainieren – und sicher bedeutet gefahrenfrei für Hund, Hundeführer und Umfeld.
Für die systematische Bestimmung von Tieren stehen Gutachter des Tiergartens bereit. Heute spüren die beiden Teams äußerst erfolgreich geschmuggelte Reptilien, Vögel, Felle und Trophäen auf, denn nach wie vor boomt das Geschäft mit dem illegalen Tierhandel. In der Zwischenzeit wurden die Teams weiter ausgebildet und sind nun auch auf das Auffinden von Elfenbein und Rhino-Horn bestens trainiert.

Ausbildung der Suchhunde

Nach der Grundausbildung in Gehorsam steigen die Hunde in die Spezialkurse ein. Im ersten Schritt werden sogenannte Geruchsträger vom Tiergarten Schönbrunn zur Verfügung gestellt. Dafür werden chemiefrei gewaschene Naturfaserstoffe verschiedener Art in ausgewählte Terrarien gelegt. Nach einigen Tagen haben diese Tücher ausreichend artspezifische Gerüche der Reptilien aufgenommen. Und genau diese definierten Geruchsträger werden für das Geruchsgrundtraining der Hunde verwendet! Trainiert werden die verschiedensten Reptilienarten – Schildkröten, Schlangen, Eidechsen. Zusätzlich sind natürlich Häutungen, Eihäute und Schalen sowie Vogelfedern ideale Geruchsträger.

Training mit lebenden Tieren

Nachdem die Gerüche und das Aufspüren für die Hunde zur Routine geworden sind, sie die Geruchsträger einwandfrei erschnüffeln können, folgt das Training mit lebenden Tieren.
Unter Beachtung aller tierschutzrelevanten Aspekte werden z. B. Reptilien in feste Behälter verpackt und in Koffern versteckt. Die Hunde sind bestens trainiert, ausschließlich eine „passive Anzeige" auszuführen – eine wichtige Voraussetzung. Hierbei muss der Hund beim Auffinden eines Geruchszielobjektes als Anzeigeverhalten völlig regungslos davor ausharren und mit der Nase die Richtung zum Fund zeigen. Keinesfalls darf der Hund auf den Koffer hinaufspringen oder mit der Pfote graben, weil dadurch

lebende Tiere gefährdet werden könnten. Auch muss damit gerechnet werden, dass sich gefährliche oder giftige Tiere (Skorpione, Gifthaare von Spinnen oder Giftschlangen, etc.) unter dem Schmuggelgut befinden, und diese könnten zu Gefahrenfaktoren für den Hund werden. Wesentlicher Faktor ist auch, dass die Hundeführer das Anzeigeverhalten des Hundes genau erkennen und in weiterem Training optimieren. Jeder Hund ist charakterlich völlig unterschiedlich, und für eine solche sensible Arbeit ist viel Feingefühl auch seitens des Hundeführers erforderlich. Im Training selbst wird bei erfolgreicher Suche mit Anwendung von Klickern und positiver Belohnung bzw. mit dem Spielobjekt ausschließlich positiv bestätigt.

Einsatzgebiete

Die Artenschutz-Suchhunde werden im Personenverkehr, aber auch im Gepäckbereich zur Suche eingesetzt und können geschickt auf laufenden Förderbändern arbeiten.
Der ausgetüftelte Wiener Trainings-Workshop zum Thema „Sicheres Hantieren von lebenden Reptilien, Vögeln und Wirbellosen" ist auch auf großes Interesse bei Hundeführern anderer Länder gestoßen. Hierbei gilt es, grundlegende Systematik im Tierreich zu vermitteln, aber auch das Sicherstellen von aufgefundenen Tieren und den Umgang mit ihnen zu erklären. Auch bei kurzfristiger Aufbewahrung bis Eintreffen eines Sachverständigen sollen die Tiere keinen Schaden erleiden, unabhängig von den jahreszeitlichen klimatischen Bedingungen. Seminare dieser Art wurden von uns übrigens auch mehrmals für Amtstierärzte und Grenztierärzte aber auch Polizei und Feuerwehr durchgeführt.
Das Problem Elfenbein- und Rhino-Horn-Schmuggel ist nicht nur in afrikanischen Ländern etabliert, sondern Erhebungen und Aufgriffe zeigen, dass in Europa dieses Schmuggelgut vermehrt auftaucht.

Arbeit mit Mischgerüchen

Das Thema des gesamten Trainings mit diesen vielfältigsten Gerüchen ist allerdings viel komplizierter als es klingt. So gibt es etwa 9 500 verschiedene Reptilienarten, etwa 350 Papageienarten: Riecht nun jede Spezies für den Hund anders? Anzunehmen ist, dass es Unterschiede gibt. Denn viele Arten haben unterschiedliche Lebensräume und -gewohnheiten, verschiedene arttypische Nahrung, etc. Wie vermeidet man das Trainieren der Hunde auf „falsche Gerüche", wie z. B. Verpackungen. All das sind Fragen, die in der Folge ein akribisch genaues und konsequentes Arbeiten verlangen. Natürlich gibt es viel Erfahrung – z. B. von der Drogensuche, denn auch dabei kommen unterschiedliche Gerüche, verunreinigte Proben, Verpackungen etc. ins Spiel. Beim Artenschutz wird derzeit jedenfalls im fortgeschrittenen Training in Wien mit Mischgerüchen gearbeitet, also Gerüchen von mehreren Arten. Erfolg verspricht auch, mit einer abwechslungsreichen Vielfalt an Nebengerüchen zu arbeiten, um die Hunde nicht auf „nicht erwünschte" Verpackungsgerüche zu trainieren, also ständig z. B. die Koffer zu wechseln. Die beiden Artenschutzhunde sind heute zu faszinierenden Allroundern innerhalb der zahlreichen Arten an Reptilien und Papageien geworden. Elfenbein und Rhino-Horn sind ebenfalls bereits erfolgreich im Zielvisier. Aber auch die Schmuggler lernen dazu – Verpackungen und Verstecke werden immer raffinierter und ausgeklügelter. Der große Vorteil ist, dass ein Artenschutz-Suchhund eine gesamte Jumbo-Ladung von Koffern nach lebenden Tieren in etwa 30 Min. geruchlich abscannen kann, ein Menschenteam würde dafür viele Stunden benötigen, um alle Gepäckstücke einzeln auf dieses Thema hin gründlich zu überprüfen.

Beitrag von Dr. Harald Schwammer
Tiergarten Schönbrunn, Wien

GENETIK UND ZUCHT

— *Vor- und Nachteile der Hundezucht*

RASSEZUCHT – BEIM HUND UND ANDERSWO

Auch wenn, wie im Kapitel Domestikation dargelegt, der Haushund bereits über viele zehntausende von Jahren gemeinsam mit dem Menschen lebt und auch Anpassungsleistungen an das Leben bei und mit dem Menschen beobachtbar sind, ist die gezielte Rassehundezucht keineswegs schon so alt, wie die Verwendung der Hunde als Arbeitshelfer des Menschen vermuten ließe. Höchstwahrscheinlich war über viele tausend Jahre hinweg die Selektion der geeigneten Hunde sehr robust – ungeeignete Hunde wurden schlichtweg getötet, und nur die für die Arbeit geeigneten durften überleben. Dies ist zwar bereits der Beginn einer Selektion, aber für die Haustierwerdung und die gezielte Rassezucht reicht das nicht aus. Zur gezielten Rassezucht gehört, wie in den einschlägigen Lehrbüchern der Haustierkunde dargelegt (z. B. Herre und Röhrs, 1990), auch die gezielte Anpaarung und die Verfolgung eines konkreten, an Rassestandards orientierten Ziels. Wie z. B. von Sommerfeld-Stur (2016) oder Lord et al. (2017) dargelegt wird, waren die Zuchtpopulationen in früheren Zeiten keineswegs geschlossen. Es wurde mit den Hunden gezüchtet, die bestimmte Aufgaben erfüllten. Die Hunde, die die gewünschten Leistungen nicht erbrachten, wurden nicht betreut oder gefüttert. Auch Kreuzungen waren damals durchaus die Regel. **Die meisten heutigen Hunderassen sind wohl nicht viel mehr als hundert Jahre alt.**

Insofern muss auch deutlich unterschieden werden, wenn man Rassehunde von heute bespricht, und nicht die später noch zu behandelnden stammesgeschichtlich-verwandtschaftlichen Zusammenhänge betrachtet. Letztere haben oft ihren Ursprung in geographischen oder Jobunterschieden, sind daher den Betrachtungen der „traditionellen" Zoologie durchaus zugänglich. Die heutigen Rassenunterschiede sind dagegen oft nicht evolutionär adaptiv, sondern eher Ergebnisse einer kontraproduktiven „run-away selektion" (siehe S. 339).

NATÜRLICHE RASSEN UND ARBEITSRASSEN

Es gibt durchaus eine Reihe von Hunderassen, die man als „natürliche" Rassen zusammenfassen könnte. Dies sind überwiegend Hunde, die ihren Körperbau bestimmten ökologischen Anpassungen verdanken. Die im Ökologieunterricht allgemein üblichen, sogenannten tiergeographischen Regeln, z. B. die Bergmannsche Regel oder Allensche Regel, die in vielfältigen Tierarten auf ganz unterschiedlichen Kontinenten immer wieder bestätigt werden, gelten auch für Hunde:
Die Körpergröße hängt oftmals mit der Durchschnittstemperatur des Verbreitungsgebietes zusammen. Dies bedeutet in der Praxis, dass normalerweise Tiere immer größer werden, umso weiter vom Äquator entfernt eine Population lebt. Größere Tiere haben eine günstigere Oberflächen-Volumen-Relation und verlieren dadurch in den kälteren Erdregionen weniger Wärme.

Gleichzeitig haben diese Tiere normalerweise kleinere Körperanhänge (Ohren, Schwänze, Beinlänge), denn auch dort gilt dieselbe Abhängigkeit der Wärmeabstrahlung.
Viele Beispiele von Tierarten, die dies demonstrieren, sind bekannt. Da Hunde eben nur wenige Schweißdrüsen an den Pfoten haben, ist für sie die Oberflächen-Volumen-Relation sogar vielleicht noch wichtiger als für andere Tierarten, die über die gesamte Oberfläche schwitzen können. Vergleicht man z. B. einen Neufundländer mit einem Windhund, werden einem viele dieser körperlichen Abhängigkeiten klar.

SCHLITTENHUNDE

Jedoch, und das zeigt, dass auch hier wieder mehrere Einflussfaktoren berücksichtigt werden müssen, haben z. B. die Untersuchungen des amerikanischen Hundeforscherehepaars Raymond und Lorna Coppinger (2003) noch eine andere Beschränkung gezeigt: Schlittenhunde, auch wenn sie in sehr kalten Gebieten leben, dürfen nicht zu groß sein. Denn beim Rennen entsteht eine ganze Menge Wärme, insbesondere durch die starke Beanspruchung ihrer Arbeitsmuskulatur. Die Muskulatur der Schlittenhunde ist noch stärker durchblutet als die anderer Hunderassen, trotzdem muss die Wärmeabstrahlung über die Körperoberfläche noch möglich sein. Deshalb dürfen Schlittenhunde nicht zu groß sein, und nach den stoffwechselphysiologischen Berechnungen von Coppinger ist der Malamute durchaus die optimale Größe zwischen Kälteresistenz und Wärmeabstrahlung bei der Arbeit.
Welche besonderen Leistungen Schlittenhunde auch in anderer Hinsicht vollbringen können, zeigen die Untersuchungen von Professor Matthias Starck und seiner Arbeitsgruppe an arbeitenden Schlittenhunden in Grönland (Starck und Gerth, 2012): Arbeitende Schlittenhunde im Winter haben einen unglaublich hohen Leistungsstoffwechsel (sie erhöhen die Stoffwechselhochleistungen während der Arbeit auf das Zwölffache des Grundstoffwechsels, einen Wert, den sonst niemand erreicht). Das ansonsten bekannte Höchstmaß der Erhöhung des Leistungsstoffwechsels wäre ein Tour-de-France-Fahrer auf der Bergetappe, und der erhöht den Leistungsstoffwechsel lediglich auf das Achtfache des Grundstoffwechsels. Schlittenhunde schaffen also nochmals 50 % mehr – und das ganz ohne Doping! Der dabei notwendige Energiebedarf wäre, so Professor Starck, vergleichbar dem, wenn ein Mensch jeden Tag einen Hamburger von 1,20 Meter Durchmesser und entsprechender Stärke verzehren müsste. Während dieser Zeit der Hochleistungsarbeit sind die Schlittenhunde aber auch schon in ihrem Zellstoffwechsel entsprechend angepasst. Die Mitochondrien, die kleinsten Zellorganellen, die oft als Kraftwerke der Zelle bezeichnet werden, werden in dieser Zeit nämlich in ihrer inneren Struktur so verändert, dass sie besonders leistungsfähig sind und die Fließbandarbeit der Zellatmung besonders leicht absolvieren können.

GEBRAUCHSHUNDE

Schlittenhunde gehören wahrscheinlich zu den ursprünglichsten Gebrauchshunden. Die Gebrauchsrassen entstanden ebenfalls in Anpassung an Klima und Funktion, auch sie ohne Rassestandards und gezielte menschliche Zuchtstrategien. Im Gegensatz zu den natürlichen Rassen ist jedoch anzunehmen, dass hier weniger die Leistungsfähigkeit und gegebenenfalls die Sterblichkeit von überforderten Hunden, sondern vielleicht schon eine etwas gezieltere Anpaarung solcher Hunde, die die gestellten Aufgaben gut erfüllten, der Ausgangspunkt war. Hunde für Jagd, Ziehen von Schlitten, Hüten oder Treiben von Herden, Herdenschutz und Hofbewachung sind in diesem Zusammenhang zu nennen.
Der Rassebegriff ist keine biologische Einheit, er beschreibt nur eine Gruppe von Tieren einer Art, die sich ähneln und diese genannten Merkmale auch weitergeben.

Bisweilen sind wohl auch in der Hundezucht Mutationsrassen entstanden, also durch punktförmige Veränderungen im Erbgut plötzlich veränderte unterschiedliche Merkmale, sei es die Kurzbeinigkeit (siehe S. 311) oder Veränderungen im Verhalten.
Bisweilen sind auch durch gezielte Kreuzung bestimmter Ausgangsgruppen neue Rassen entstanden, auch wenn dies in der modernen Rassehundezucht meist verpönt ist. Beispiele wären aber die kürzlich erschaffenen, als bessere Familienhunde geplanten (ob es funktioniert hat, steht auf einem anderen Blatt) Eurasier oder Elos oder die Einkreuzung von kleinen Terriern in Möpse, um Retromöpse mit verlängerter Schnauze (siehe S. 318) zu bekommen.

PROBLEME KLEINER POPULATIONEN

In manchen Fällen gehen die derzeit üblichen Rassen auf so kleine Ausgangspopulationen zurück, dass die individuellen Eigenschaften mancher Gründertiere schon für den gesamten Rassestandard verantwortlich sind. Diese als **„Founderrassen"** bezeichneten, auf extrem kleinem Genpool beruhenden Rassebildungen sind, so Sommerfeld-Stur (2016), z. B. der Kromfohrländer mit nur zwei Ausgangstieren oder die Mastiffs in England, die nach dem zweiten Weltkrieg auf 14 Ausgangstiere beschränkt waren. Hier gelten die Gesetzmäßigkeiten der Genetik kleiner Populationen, wie sie in der Zoo- und Wildtiergenetik besonders

Mastiffs gehören zu den als Gründerrassen bezeichneten Gruppen, die zumindest in vielen Ländern nur auf sehr kleine Ausgangspopulationen zurückgehen.

Dackel und einige andere kurzbeinige Rassen sind besonders anfällig für die Auswirkungen einer verlängerten Wirbelsäule, die oft zu orthopädischen Problemen führen können.

wichtig sind, in starkem Maße. Denn auch wenn die Population später wieder größer wird, der genetische Flaschenhals (siehe S. 15) bleibt erhalten:

GENDRIFT

Gerade wenn ein zufälliges, und noch dazu sehr kleines Potenzial an Ausgangstieren für eine Zucht zur Verfügung steht, ist die Zufälligkeit der erblichen Eigenschaften bei diesen Individuen von besonderer Bedeutung. „Was da war, kommt nicht wieder", sagt der Dichter, und das gilt eben auch für das Phänomen der sogenannten Gendrift. Wenn nur zwei Individuen die Ausgangspopulation einer gesamten Rasse bilden, sind aus dem ursprünglich sehr großen Genpool ihrer Ausgangspopulation auch nur ganz wenige erbliche Eigenschaften bei ihnen vorhanden. **Besonders bedeutsam ist dies normalerweise für die Gene, die die Kompetenz des Immunsystems steuern.** Gerade die als MHc-Komplex bezeichnete Gruppe von Immuneigenschaften hat bei Säugetieren normalerweise bis zu 100 verschiedene Allele, also bis zu 100 verschiedene Genausprägungen. Man kann sich gut vorstellen, wie vielfältig hier die Abwehrkräfte eines Tieres gegen verschiedenste Arten von Viren, Parasiten und anderen Krankheitserregern sein können. Kommt nun eine Ausgangspopulation aus zwei, zehn oder 14 Tieren allein zur Fortpflanzung, so sind selbstverständlich auch allerhöchstens zwei, zehn oder 14 verschiedene dieser 100 Varianten in der Zucht vorhanden. Und wenn sich dann noch durch unterschiedliche Anpaarung und unterschiedliche Fortpflanzungsleistungen ein Teil dieser Gene stärker, ein anderer weniger stark ausbreitet, dann wird es für die künftigen Generationen noch schwieriger, sich mit den genannten oder gar neu auftretenden Krankheitserregern auseinanderzusetzen. Lehrbücher der Naturschutzgenetik (z. B. Frankham et al., 2012) geben hier eindrucksvolle Beispiele. Besonders die als **„popular sire"** bezeichnete Unsitte ist hier zu nennen. Jeder möchte seine Hündin mit dem Weltsieger irgendeiner besonders renommierten Ausstellung zur Verpaarung bringen. Dadurch setzt sich das Erbgut dieser wenigen Rüden in der Population in der Zukunft so stark durch, dass eine vollständige Weitergabe anderer, eventuell ebenso wichtiger Erbeigenschaften anderer, weniger erfolgreicher Rüden nicht mehr möglich ist. Ein besonders eklatantes Beispiel dazu stammt ebenfalls aus der Naturschutzgenetik: In einem Nationalpark auf Sri Lanka leben zwar noch mehrere hundert Elefantenkühe, jedoch nur noch sechs zuchtfähige Elefantenbullen. Durch diese, im männlichen Geschlecht so

stark eingeschränkte Varianz des Genangebotes wird die Population genetisch so stark beengt, als ob nur noch wenige Dutzend Elefanten dort leben würden. Ein anderes, ebenfalls eindrucksvolles Beispiel: Wenn von 100 Zebras 40 Hengste und 60 Stuten sind, von diesen 40 Hengsten aber lediglich 12 als Haremsbesitzer tatsächlich zur Fortpflanzung kommen, ist die genetische Verengung so stark, als wenn insgesamt nur 20 Hengste und 20 Stuten, also 40 Zebras, überhaupt Fohlen produzieren würden.
Und, wie Sommerfeld-Stur (2016) eben immer wieder betont, die Problematik der Hundezucht ist oftmals auch eine menschliche. Hundezüchter, die in ihren Vereinen Erfolg und Ansehen haben möchten, sind nur selten bereit, sich als Nestbeschmutzer oder gar Profilneurotiker beschimpfen zu lassen, nur weil sie auf bestimmte, eventuell krankmachende oder andere unangenehme Eigenschaften in der Zuchtlinie X oder Y immer wieder hinweisen. Oder wie Irene Sommerfeld-Stur so treffend sagt: *„Man kann einem Hundezüchter sagen, dass er ein Trottel ist, dass er eine hässliche Frau, dumme Kinder, eine Bruchbude als Haus und eine Rostlaube als Auto hat – all das wird er zur Not schlucken und nach wie vor dein Freund sein. Aber wehe, du sagst ihm, dass sein Hund für die Zucht nicht geeignet ist, damit schaffst du dir einen Feind auf ewig.“* (Sommerfeld-Stur, 2016)

AUSSTELLUNGS- UND LEISTUNGSZUCHT

Eine gezielte Rassehundezucht, wie sie heute anhand von Rassestandards, Zuchtvereinen etc. realisiert wird, gibt es noch nicht lange. Erst im 19. Jahrhundert wurden in verschiedenen Ländern erstmals Rassehundeausstellungen organisiert und die ersten Zuchtverbände entstanden. Dennoch, und selbst in noch kürzerer Zeit, haben diese Ausstellungen eine Reihe von Auswirkungen auf das Verhalten und die Eigenschaften der Hunde gehabt. Die Untersuchungen von Kent Svartberg (2006) sind hier besonders bedeutsam. Aufgrund der im schwedischen Verhaltenstest abgefragten Eigenschaften von über 13 000 Hunden aus 31 Rassen wurde unter anderem auch versucht, herauszufinden, ob die ursprünglichen Aufgaben der Rassen und die daraus entstehenden Verhaltensweisen oder die in den letzten Jahrzehnten geänderten Nutzungsformen mehr Auswirkungen auf das Verhalten haben.
Viele Eigenschaften wie Verspieltheit, Neugier, Furchtlosigkeit oder Geselligkeit und andere wurden herangezogen. In der Studie wurde eine Vielzahl von Rassenunterschieden und Persönlichkeitsfaktoren gefunden, jedoch waren diese kaum mit der früheren Nutzung oder der Herkunft der Rasse zur Deckung zu bringen. Stattdessen war die derzeitige Nutzung als Ausstellungs-, Zucht- oder Familienhund häufig Einflussfaktor Nummer 1.
Bezüglich Eigenschaften wie Verspieltheit, Neugier, Furchtlosigkeit oder Geselligkeit zeigte sich, dass alle Eigenschaften, mit Ausnahme des Faktors Aggressionsbereitschaft, die unter dem Scheu-Wagemutig-Persönlichkeitstyp zusammengefasst sind, bei der Präsentation auf Ausstellungen eher negativ korrelierten. Je mehr ein Hund auf Ausstellungen gezeigt wird, desto weniger gesellig, verspielt, neugierig und furchtlos ist er.
Dem gegenüber korreliert die Nutzung in verschiedenen Formen als Arbeits- und Beschäftigungshunde positiv mit Verspieltheit und Aggressivität. Die Präsentation auf Hundeausstellungen korreliert positiv mit sozialer und nicht sozialer Furcht und negativ mit den wünschenswerten Eigenschaften. Auch die Zahl der getesteten Hunde wurde in Beziehung zu den Eigenschaften gesetzt, mit der Annahme, dass eine populärere Rasse auch mit einer größeren Stückzahl im Test auftauchen würde. Dabei zeigte sich, dass populärere Rassen insgesamt geselliger und verspielter sind, offensichtlich wurde auf eine gewisse Umgänglichkeit selektiert.

UNTERSCHIEDE IN DER WELPENENTWICKLUNG

Nur wenige Forschungsprojekte haben sich intensiv und konkret mit der Entstehung und der Selektion im Zusammenhang mit der Rassehundezucht beschäftigt. Auch hier muss insbesondere die Arbeitsgruppe von Raymond Coppinger genannt werden, zusammengefasst sind diese Ergebnisse z. B. bei Lord et al. (2017) sowie Coppinger und Feinstein (2016). Besonders drei Gruppen von Arbeitshunden wurden hier auf ihre verhaltens- und auch funktionsmorphologischen Zusammenhänge überprüft. Die Herdenschutzhunde, speziell anhand der Maremmanos, also italienischer Herdenschutzhunde, die Schlittenhunde, speziell am Beispiel des Alaskan Malamutes (Raymond Coppinger selbst war überzeugter Schlittenhundesportler), und die Hütehunde, speziell am Beispiel des Border Collies.

Kathryn Lord zeigte hier anhand ihrer Daten, dass wesentliche Unterschiede auch zwischen diesen Rassen, vor allem aber zwischen Wolf und Hund, bereits in der frühesten Welpenzeit auftreten. Die kritische Periode des Wolfs, die mit der Entstehung von Bewegungskoordination am Ende der ersten Lebenswoche beginnt und mit dem oftmaligen Auftreten von Vermeidungsreaktionen gegen unbekannte Situationen und Gegenstände gegen Ende der sechsten Woche endet, liegt bei Haushunden wesentlich später. Dort beginnt diese kritische Periode mit dem Beginn der Bewegungskoordination, aber auch der gleichzeitig schon beginnenden Sehfähigkeit am Ende der dritten Woche, wenn die Hörfähigkeit bereits eine Woche lang vorhanden ist.

Die Phase der Vermeidung neuer Reize, und damit der Endpunkt der genannten kritischen Periode, ist beim Haushund erst mit dem Ende der siebten Lebenswoche zu beobachten. Rassetypische Verhaltensmuster entstehen z. B., so die Theorie von Kathryn Lord und Raymond Coppinger, durch unterschiedliches Alter im Einsetzen verschiedener motorischer Bewegungsmuster. Verhaltensmuster, die bereits früher auftreten, treten auch im Erwachsenenzustand häufiger auf, während solche, die erst sehr spät in der Welpenentwicklung entstehen, im Erwachsenenverhalten seltener sind. Das Zugreifen mit der Schnauze und Beißen, das Deutsche Schäferhunde im Erwachsenenalter sehr häufig zeigen, tritt bei ihren Welpen bereits mit 29,5 Tagen auf, bei Herdenschutzhunden dagegen erst im Alter von über sechs Monaten. Border Collies, die mit anderen Tierarten während der kritischen Phase gehalten und aufgezogen wurden, zeigen die typische Sequenz des Fixierens, Anschleichens und gegebenenfalls auch Jagens (also ihr typisches Hüteverhalten) gegen diese Tierarten nicht, wohl aber gegen andere, mit denen sie in der kritischen Periode nicht zusammengelebt haben.

Letztlich bedeutet die Verschiebung der kritischen Periode, dass Hundewelpen vier Wochen Zeit haben, um mit Geruch, Gehör und Optik gleichermaßen ihre Welt zu erkunden. Wolfswelpen dagegen haben zwar vier Wochen Zeit

für die geruchliche, aber nur drei Wochen für die akustische und zwei Wochen für die optische Erkundung, bevor die Phase der Vermeidung unbekannter Reize ihre Lern- und Erfahrungsfähigkeit beeinträchtigt. Eine vergleichende Untersuchung zwischen Deutschen Schäferhund- und Labradorwelpen, die Kathryn Lord ebenfalls durchführte, bestätigt, dass die unterschiedlichen Furcht- und Ablehnungsreaktionen auch bei verschiedenen Rassen in unterschiedlichen Altersstadien auftreten. Deutsche Schäferhundwelpen sind hier wesentlich früher mit ablehnender Reaktion gegen furchtauslösende Reize aufgefallen als die Labradore.

UNTERSCHIEDE IN VERHALTENS-ANPASSUNGEN BEI RASSEN

Auch in anderen Bereichen der Verhaltensanpassungen, so die Untersuchungen aus Coppingers Gruppe, sind die drei genannten Arbeitshundegruppen fundamental unterschiedlich. Die bemerkenswerteste Verhaltensanpassung betrifft hierbei die Herdenschutzhunde. Diese stören den angreifenden Wolf, Bär oder anderen Beutegreifer nicht etwa durch offene Aggression. Wie Lord et al. (2016) betonen, ist der treue Kumpan, der den angreifenden Wolf notfalls mit seinem Leben verteidigt, kein besonders gutes Bild für die Arbeitsweise eines Herdenschutzhundes. Stattdessen stören sie seine Angriffe und sein Beschleichen der Beute und setzen dabei unter anderem auch Elemente des Sozialverhaltens, etwa Spielen, Schwanzwedeln, soziales Begrüßen oder fast an Eishockeyspieler erinnernde Bodychecks ein. Durch solches Stören wird der Beutegreifer oftmals nicht mehr in die Lage versetzt, seine eigene, ebenfalls in einer festen Verhaltenssequenz abzuspulende Attacke zu starten.
Da, wie z. B. die sehr unterschiedlich gestalteten Herdenschutzhunde verschiedener viehhaltender Völker auf der Erde zeigen, die Selektion der Hunde meist nur durch ihren Verhaltenstyp und ihre Arbeitsleistung und

In vielen Regionen gehörten Herdenschutzhunde zu den als Landschläge bezeichneten, nur mit postzygotischer Selektion nach ihrer Arbeitsfähigkeit selektierten Hundegruppen.

Auch Hütehunde sind in vielen Ländern der Erde noch Gebrauchshunde, die nicht nach Rassestandart gezüchtet, …

nicht über ihr Aussehen erfolgte, können eine Reihe von Anpassungsleistungen auch nur zufällige Beiprodukte der Verhaltensselektion gewesen sein. Gerade die unterschiedlichen Beeinflussungen des Embryos für die Gestalt des Schädels, der Haut, der Farbe und des Fells wären hier zu nennen. Während der vordere Teil des Schädels, also der Gesichts- und Schnauzenteil, von derselben Embryonalanlage gesteuert wird wie Haare, Färbung und eine Reihe von Verhaltenseigenschaften (Zahmheit!), wird der hintere Teil des Schädels und die Schädelbasis von einer anderen Embryonalanlage gesteuert. Dies dürfte der embryonale Grund dafür sein, dass selbst bei sehr stark abgewandelten Schnauzenteilen der modernsten Hunderassen die Schädelbasis und der hintere Teil der Schädelbasis sehr viel mehr Wolfsähnlichkeit behalten haben. Die sogenannte Neuralfalte, derjenige Teil der Embryonalanlagen, der unter anderem für das Gesicht, aber eben auch für die oben genannten Merkmale in Fell, Färbung und Verhalten zuständig ist, ist viel leichter modifiziert worden und hat eine Vielzahl unterschiedlich aussehender Rassen hervorgebracht.

Die Verhaltensbeeinflussung kommt vorwiegend daher, dass die Nebennierenmarkszellen, die schließlich Adrenalin, Noradrenalin und Dopamin produzieren, sowie auch Teile des Gehirns in der als Substanzia Nigra bezeichneten Region, die mit Lernen und Belohnung zu tun hat, ebenfalls aus der Neuralfalte entstehen. Kreuzt man nun zwei Rassen, deren Neuralfalte unterschiedliche Ausprägungen und damit unterschiedliches Entwicklungspotenzial hat, miteinander, kann ein vollkommen neuer Satz von Eigenschaften entstehen. Da die Embryonalanlagen wiederum während der Embryonalentwicklung in der Lage sind, sich an ihre neue Umgebung anzupassen, ist vorstellbar, wie z. B. auch durch Einkreuzen verschiedener, mit unterschied-

Australian Cattle Dog, ein sehr ursprünglicher Hütehund.

... sondern nach individueller Arbeitsleistung selektiert werden.

lichen Embryonalanlagen ausgestatteter Rassen zum Schluss ein völlig neues Bild entstand. War diese Mixtur aber einmal stabil, konnte sie auf die Kinder, vorausgesetzt man kreuzte nichts Neues mehr ein, weitergegeben werden.
Diese, im Rahmen der modernen Entwicklungsbiologie als fließende Systeme zu verstehenden, unterschiedlichen Anpassungsregionen und Aufgabenbereiche in Körperbau, Verhalten und Funktion, werden in den allermeisten Fällen dann zur Entstehung der Rassen beigetragen haben. Die Stabilisierung durch die nachfolgende reine Linien- oder gar Inzucht hat nur zur Festigung und zum Ausschluss anderer, anfänglich noch denkbarer Kombinationsmöglichkeiten geführt.

VERHALTENSWEISEN LASSEN SICH GENORTEN ZUORDNEN

Durch moderne molekulargenetische Methoden konnten in den letzten Jahren durchaus einige Genorte identifiziert werden, die für bestimmte Verhaltenstypen charakteristisch sind. So konnten (siehe Sommerfeld-Stur, 2016) Verbindungen zwischen dem Hüteverhalten und einzelnen Genorten im Bereich des Melanocortinrezeptors und einem Gen (C18orf1), das bemerkenswerterweise beim Menschen mit Schizophrenie in Verbindung steht, gezeigt werden. Melanocortin wiederum ist ein Hormon, das sowohl mit dem Stoffwechsel des Adrenalinsystems (als Kampf- und Fluchtsystem bezeichnet), als auch mit der Ausbildung von dunklen Pigmenttypen verbunden ist. Ein anderes Gen, das an der Gehirnentwicklung beteiligt ist, war mit dem Vorstehverhalten verbunden, und das Selbstbewusstsein assoziiert sich mit verschiedenen Genen aus dem Bereich der Dopaminrezeptoren, der Wachstumsfaktoren (siehe S. 302) und verschiedenen, an der Synapsenübertragung beteiligten Genen. Auch das Vorstehverhalten (CNIH) bei sechs von sieben getesteten Vorstehhunderassen war durch die Assoziation von zwei Gentypen (als CYSLT 2 und SETEB 2 bezeichnet) verknüpfbar. Bemerkenswert ist, dass das letztgenannte Gen auch an der Entwicklung einer Rechts-Links-Asymmetrie beteiligt ist. Diese wiederum wurde als wesentliche Voraussetzung für den Lernerfolg bei Blindenhunden identifiziert.
Die genannten genetischen Untersuchungen lassen also deutlich erkennen, dass eine Zuordnung mancher Verhaltensweisen (gerade im Bereich des Hüteverhaltens oder diesem zugrunde liegenden Jagdverhaltens) zu einzelnen Genorten bzw. Genvarianten durchaus möglich ist. Trotzdem gilt wohl in den allermeisten Fällen die von Coppingers Arbeitsgruppe aufgestellte These, dass mehr über den Phänotyp, das heißt, über die Verhaltenseigenschaften eines ganzen Hundes, selektiert wurde, wenn unsere Vorfahren einen guten Arbeitshund identifizieren wollten.

VERWANDTSCHAFT DER RASSEN

Gleiches Aussehen muss keine gemeinsame Abstammung bedeuten!

In den biologischen Wissenschaften sind zwei Begriffe sehr häufig zu finden, wenn es um die Entstehung ähnlich aussehender Arten oder größerer Gruppen des Tier- oder auch Pflanzenreichs geht: der Begriff der **Konvergenz** oder auch der **Analogie**. Diese beiden Begriffe besagen, mit geringfügigen, hier jedoch für uns nicht ganz so wichtigen Unterschieden, dass zwei Tierarten, die sehr ähnlich aussehen, aufgrund einer Anpassung an ähnliche Umweltbedingungen aus völlig unverwandten Ausgangsarten entstanden sind. Die besten Beispiele dafür sind Delphine, Pinguine und Fische, oder die Flughäute von Fledermäusen und Flugsauriern.

In den letzten Jahren wurden mehrere molekularbiologische Analysen des Verwandtschaftsgrades von Hunderassen veröffentlicht, die ähnliche Phänomene zeigen. Ein Autorenteam um Bridget von Holdt (von Holdt et al., 2010) und eine neuere Arbeit aus der Arbeitsgruppe von Heidi Parker (Parker 2017, vgl. S. 39 ff.) haben viele Hunderassen auf ihre molekularbiologische Ähnlichkeit untersucht. Die daraus entstehenden, als Kladogramme bezeichneten Stammbäume sind in vielerlei Hinsicht erstaunlich. Bereits in der Arbeit von Bridget von Holdt und ihrem Team erschien z. B. der Zwergpinscher ganz woanders als der gestaltlich doch sehr ähnliche Dobermann. In der neueren, auf über 160 Hunderassen ausgedehnten Arbeit von Parker et al. (2017)

Akita Inu (links) und Shar Pei (rechts) sind, trotz sehr unterschiedlicher Gestalt, nahe verwandt.

gibt es eine ganze Reihe von bemerkenswerten, nur auf Konvergenz beruhenden, aber keineswegs in gemeinsamer Abstammung resultierenden gestaltlichen Ähnlichkeiten. So findet sich z. B. der Afghane keineswegs bei den anderen, als Windhund bezeichneten Rassen (Barsoi, Irischer Wolfshund, Greyhound etc.) und der Große Russische Terrier ist sehr viel näher am Rottweiler und dem Riesenschnauzer, der Deutsche Schäferhund gruppiert nicht etwa mit den Belgischen Schäferhunden, sondern mit einer Reihe von neuweltlichen Hunderassen, und auch hier ist wieder der Zwergspitz sehr viel näher mit dem Amerikanischen Eskimohund verwandt als mit den größeren Spitzrassen.
Insgesamt ergab sich in der neueren Analyse von Parker et al. eine Liste von insgesamt 23 als Kladen bezeichneten Hundegruppen, die jeweils keinen oder bestenfalls einen gemeinsamen Genotyp mit einem Angehörigen einer anderen dieser Gruppen aufweisen. Nur sechs der insgesamt 161 getesteten Rassen haben größere Gemeinsamkeiten im Erbgut mit mehr als acht verschiedenen Gruppen, was auf eine kürzliche Entstehung durch Kreuzung zurückzuführen sein müsste. Für drei Rassen, nämlich den Tibetanischen Mastiff, den Saluki und den Cane Corso wurden sowohl die Genotypen von Vertretern aus ihrem Herkunftsland als auch von amerikanischen Zuchtpopulationen verglichen. Hier zeigt sich, dass die Tibetanischen Mastiffs in den Vereinigten Staaten einen sehr viel höheren Inzuchtkoeffizienten aufweisen als die aus ihrem Herkunftsgebiet Tibet. Auch bei den persischen Salukis ist der Inzuchtkoeffizient in den USA mehr als doppelt so hoch wie in ihrem Herkunftsland. Die Cane Corsos aus Italien bilden deutlich erkennbar eine einzige Linie, während die Cane Corsos aus den Vereinigten Staaten mehr mit den neapolitanischen Mastiffs aus den Vereinigten Staaten gruppieren. Auch haben die Cane Corsos aus den USA gemeinsame Geneigenschaften mit den Rottweilern, die bei den Cane Corsos in Italien nicht auffindbar sind.
Wie exakt die molekularbiologischen Berechnungen sein können, zeigt ein anderes Beispiel: Die Rassegeschichte des Golden Retrievers, die als historische Unterlagen zur Verfügung steht, zeigt, dass Kreuzungen zwischen verschiedenen

Beide tragen auch noch sehr viele ursprüngliche genetische Merkmale in sich.

Rassen zwischen den Jahren 1868 und 1890 stattgefunden haben. Auf der Basis der berechneten gemeinsamen Genorte sollte sich der Golden Retriever im Jahr 1895 vom Flat-Coated Retriever getrennt haben.
Wie bereits erwähnt, sind gestaltliche Ähnlichkeiten bei Hunderassen, die keinerlei nähere Verwandtschaft aufweisen, an mehreren Stellen des Stammbaums erkennbar. So sind z. B. in der Gruppe der als Mittelmeerhunde bezeichneten Rassen nicht nur der Pyrenäen Berghund, der Kuvasz und der Komondor, sondern auch der Sloughi, Afghane und der Saluki zu finden. In der als ländliche britische Hunde zusammengefassten Gruppe (UK-Rurals) findet sich nicht nur der Barsoi, der italienische Greyhound und der britische Greyhound, sondern eben auch die als britische Hütehunde zusammengefassten Rassen von Bearded Collie bis Australian Shepherd, obwohl sie genetisch wenig verbindet.
Auch das umgekehrte Phänomen ist zu finden, Rassen, die ganz nahe verwandt sind und extrem unterschiedlich aussehen. Das beste Beispiel dafür wären der Akita Inu und der Shar Pei.

KRANKHEITEN UND VERWANDTSCHAFT

Die Verwandtschaftsanalysen von Heidi Parker und ihrem Team lassen aber nicht nur die historisch interessierten Hundeleute aufhorchen. Auch einige, bisher schwer erklärbare gemeinsame Erkrankungen ganz unterschiedlicher Rassen sind dadurch plötzlich verständlich. So ist z. B. bis zur Analyse der Gendaten nicht erklärlich gewesen, warum die als „Collieeyeanomalie“, also eine für britische Hütehunde typische Augenerkrankung, auch beim Nova Scotia Duck Tolling Retriever auftritt. Die Analysen der Genverteilung zeigen, dass eine ganze Reihe von Collies und/oder Shelties in die Vorfahrenreihe des Nova Scotia Duck Tolling Retrievers eingekreuzt worden sein muss, und wahrscheinlich kam die Collieeyeanomaliemutation mit diesen britischen Hütehunden in die Vorfahrenreihe des genannten Retrievers.

MDR 1-MINUS-GENDEFEKT

In ähnlicher Weise ist die Problematik des MDR 1-Minus-Gendefekts, eine Schädigung an der Bluthirnschranke, die für viele Narkotika, Parasitenbekämpfungsmittel und andere Medikamente lebensgefährliche Konsequenzen hat, beim Deutschen Schäferhund plötzlich erklärbar. Auch wenn der Deutsche Schäferhund mit der Gruppe der „UK-Rurals“, also der britischen Hütehunde, keine gemeinsamen Vorfahren zu haben scheint, teilt er eine Reihe von Genorten mit dem Australian Shepherd. Der Australian Shepherd oder einer seiner Vorfahren hat also offensichtlich zum Erbgut des modernen Deutschen Schäferhundes beigetragen. Auch Collies wurden hier mit eingekreuzt, und eine dieser britischen Rassen hat wohl die Mutation des MDR 1-Minus-Gens in den Deutschen Schäferhund eingebracht.

ALTER DER KLADEN

Aufgrund der unterschiedlichen Zahl gemeinsamer Genorte in den Kladen (Rassegruppen), lässt sich auch deren Alter abschätzen. Alle genannten 23 Kladen sind wahrscheinlich wesentlich älter als die modernen Rassezuchten. Jedoch sind innerhalb der Kladen nochmals Unterschiede zu finden. Die niedrigsten Gemeinsamkeitswerte finden sich in der Gruppe der asiatischen Spitzrassen, zu der auch der Sibirische Husky, der Malamute, der Shar Pei und der Tibetmastiff gehören, und in der Gruppe der Mittelmeerhunde, die mit dem Pharaonenhund, dem Azawakh, den Afghanen und dem genannten ungarischen und Pyrenäen-Herdenschutzhund eine sehr unterschiedliche Gestalt aufweist. Die asiatischen Spitze haben sogar noch etwas mehr durchschnittliche Gemeinsamkeiten im Erbgut als die Mittelmeerhunde, was auf eine etwas stärkere Zuchtselektion hinweist.

RASSEGESCHICHTE NEU VERFASST

Der Chihuahua und der keineswegs aus China, sondern aus Mittelamerika stammende Chinesische Schopfhund stammen ursprünglich aus der ersten menschlichen Besiedlungswelle Amerikas, die über Ostasien vor etwa 10 000 Jahren stattgefunden hat. Kein einziger amerikanischer Hund, auch nicht die bereits vor den Conquistadores dort vorhandenen Rassen, wurde durch Domestikation neuweltlicher Wölfe gezüchtet. Die meisten nordamerikanischen Rassen sind sogar nach der Eroberung des Kontinents durch die Europäer entstanden. Europäische Hunderassen wurden mit den dort vorgefundenen ursprünglichen amerikanischen Rassen gekreuzt und es entstanden neue Typen mit neuen Aufgaben. Beispiele dafür sind der Boston Terrier, der zu den europäischen Mastiffs gehört, oder eben der bereits erwähnte Nova Scotia Duck Tolling Retriever und der Australian Shepherd, der zu den britischen Hütehunden gehört. Die molekulargenetischen Untersuchungen zeigen jedoch erstmals, dass eine Reihe von Gruppen amerikanischer Hunde durchaus noch Erbgut der ursprünglichen, vor der europäischen Eroberung im 15. und 16. Jahrhundert vorhanden gewesenen Rassen enthält.

Die Rassegeschichte unseres Haushundes ist also mit Methoden der modernen zoologischen Systematik in den letzten Jahren erheblich in Aufruhr geraten. Mit weiterer Datenerhebung über andere, bisher noch nicht untersuchte Rassen, kann sich der derzeit vorliegende Stammbaum durchaus nochmals ändern, wenngleich die Großgruppen höchstwahrscheinlich aufgrund der hohen Zahl der bereits herangezogenen Genorte erhalten bleiben dürfte.

Der große Aufwand, der für diese Analysen sowohl chemisch als auch statistisch getrieben werden muss, relativiert übrigens die Angebote der Servicelabors zur angeblichen Rassenbestimmung von Mischlingshunden, die nur anhand weniger einzelner Genorte versucht wird. Wie bereits im Kapitel über die menschenfern lebenden, sogenannten Straßen- und Dorfhunde ausgeführt wurde, ist dieser Versuch, mit Hilfe weniger Genorte einen Hund völlig unbekannter Herkunft zu seinen angeblichen Ausgangsrassen zuzuordnen, meist nur von geringer Aussagekraft.

Der Nova Scotia Duck Tolling Retriever gehört zu den besonderen, aber leider genetisch nicht ganz unbelasteten Rassen.

Show- und Arbeitslinie am Beispiel zweier schwarzer Labrador Retriever. Insbesondere die Veränderung der Kopfform ist deutlich erkennbar.

ZUCHTEINFLUSS AUF GENETISCHE VIELFALT

Wie stark sich in jüngerer Zeit die Zuchtpraktiken wiederum auf die genetische Vielfalt, oder eben deren Gegenteil, auswirken, zeigt eine Arbeit von Pedersen et al. (2013). Hier wurde die genetische Vielfalt verschiedener Hunderassen miteinander verglichen. Neben asiatischen Dorfhunden, also solchen, die z. B. weitestgehend ohne menschliche Zuchtselektion ihr selbst bestimmtes Leben führen konnten, wurden bei verschiedenen Rassen sowohl die sogenannten Showlinien, die überwiegend durch Ausstellungsbetrieb selektiert werden, als auch die Arbeitslinien verglichen. Die höchste genetische Vielfalt war hier bei den Dorfhunden aus Asien zu finden, die geringste bei den reinen Ausstellungslinien. **Die Rassen bzw. Linien, die auch noch als Arbeitshunde verwendet und auf Arbeitsleistung mitselektiert wurden, hatten eine wesentlich höhere genetische Vielfalt als die reinen Showlinien.** Problematisch wird das wiederum dann, wenn z. B. die genetische Vielfalt der bereits erwähnten Genorte des Immunsystems eingeschränkt wird. Einerseits zeigt eine Reihe von Untersuchungen (zusammengefasst bei Sommerfeld-Stur, 2016), dass eine verringerte genetische Vielfalt im Bereich der Immunkompetenz eine höhere Anfälligkeit für Autoimmunerkrankungen (von Schilddrüsenunterfunktion über diverse rheumatische Erkrankungen bis zur chronischen Leberentzündung) bedingt. Anderer-seits zeigt eine verringerte genetische Vielfalt im Bereich des Immunsystems eine höhere Anfälligkeit für neu eingeschleppte oder gar neu entstehende Krankheiten. Selbst die Reaktion auf neu entwickelte Impfstoffe kann erheblich sein, wenn durch eine sehr stark eingeschränkte genetische Vielfalt im Bereich des zuständigen Immunsystems die Widerstandsfähigkeit gegen den Impfstoff nicht mehr gegeben ist. So wurde wegen hoher Inzuchtrate und geringer genetischer Vielfalt in den 1990er Jahren nahezu der gesamte Bestand Afrikanischer Wildhundein einem tanzanischen Nationalpark durch einen neuen Staupe-Impfstoff getötet.

GROSSE UND KLEINE – GENETISCH NICHT WEIT VONEINANDER ENTFERNT

WACHSTUMSFAKTOR IGF1

Die molekulargenetischen Untersuchungen des letzten Jahrzehnts haben deutlich gemacht, dass die Größenvariation von Hunden von einer Handvoll Genabschnitten gesteuert wird. Der wichtigste und zeitweise übergeordnet aktive ist ein Genort, der für die Konzentration des IGF1 zuständig ist. **IGF bedeutet insulinartiger Wachstumsfaktor (Insulin like Growth Factor), was auf die chemische Ähnlichkeit dieser Botenstoffe mit dem bekannten Bauchspeicheldrüsenhormon zurückzuführen ist.** IGF1 wird vorwiegend in der Leber produziert, und zwar durch die Wirkung des aus der Hirnanhangsdrüse kommenden, übergeordneten Wachstumsfaktors Somatotropin. Bindungsstellen, also Rezeptoren für IGF1, finden sich in nahezu allen Organen.

Den Zusammenhang zwischen der Konzentration des Wachstumsfaktors IGF1 und der Körpergröße konnte eine Arbeitsgruppe rund um Nathan Sutter (Sutter et al., 2007) sowie Kevin Chase (Chase et al., 2009) aus demselben Labor aufklären. Eine der wichtigsten Untersuchungsgruppen für diese Studien war die Population des Portugiesischen Wasserhundes in den Vereinigten Staaten. Eine Besonderheit dieser Rasse ist nämlich, dass nach den Standards der amerikanischen Zuchtorganisation eine starke Größenvariabilität zugelassen ist. Portugiesische Wasserhunde müssen eben aussehen wie Portugiesische Wasserhunde, können aber recht klein oder auch recht groß sein. Dadurch ergibt sich die Möglichkeit, Angehörige der gleichen Rasse mit unterschiedlicher Körpergröße physiologisch und molekulargenetisch zu vergleichen. Diese Untersuchung lieferte den ersten Ansatz, ähnliche Studien wurden z. B. auch an Labormäusen, Menschen und Schafen durchgeführt. In allen diesen Untersuchungen zeigte sich, dass der Wachstumsfaktor IGF1 in seiner Konzentration im Blut direkt mit der Größe des betreffenden Individuums zusammenhing.

EINFLUSS AUF GESUNDHEIT UND PERSÖNLICHKEIT

Die Konzentration des Wachstumsfaktors IGF1 bei kleinen Hunden, das zeigte eine Folgestudie an insgesamt 43 Hunderassen, war durch verschiedene Varianten des für die IGF1-Produktion zuständigen Gens reguliert. Jedoch sind die Zusammenhänge des IGF1 noch über den reinen körperlichen Größenfaktor hinaus erkennbar geworden. Einerseits hat IGF1 eine direkte Bedeutung für die Lebensdauer der Hunde, wie bereits ausführlich dargestellt wurde (siehe S. 196). Andererseits ist eine ganze Reihe von gesundheitlichen und Verhaltenseigenschaften ebenfalls durch die Konzentration von IGF1 erklärbar. Eine geringe Konzentration von IGF1, wie sie z. B. bei kleinen Hunden vorliegt, erhöht die Neigung zur Bauchspeicheldrüsenentzündung und die Neigung zur sogenannten Patellaluxation, einer Verschiebung und Verlagerung

der Kniescheibe. Halter von Kleinhunden kennen beide medizinischen Probleme oftmals aus eigener Erfahrung.
Eine weitere bemerkenswerte Untersuchung, die ursprünglich über unterschiedlich große Individuen einer Pointerrasse veröffentlicht wurde, beschreibt einen indirekten Zusammenhang zwischen dem Wachstumsfaktor IGF1 und dem Persönlichkeitsfaktor Kühnheit und Wagemut. Größere Pointer, mit mehr IGF1, waren zurückhaltender, bisweilen sogar ängstlicher, kleinere, mit weniger IGF1, zeigten sich deutlich furchtloser.
Da alle untersuchten Kleinhunderassen exakt die gleiche Variante des IGF1-Gens aufwiesen, wurde auch aus diesen molekularen Untersuchungen gefolgert, dass die Entstehung von Kleinrassen in der Domestikationsgeschichte des Hundes bereits sehr alt sein muss, man rechnet mit mindestens 10 000 bis 12 000 Jahren, wie archäologische Funde bereits bestätigten (siehe S. 38 f.). Vergleichende Untersuchungen (Sutter et al., 2007) an Wildkaniden, nämlich dem Goldschakal und dem Wolf, lassen auch erkennen, dass die größere Variante die ursprüngliche ist und die kleinere die abgeleitete. Auch hier ist die Archäologie durchaus mit im Boot, große Hunderassen sind nämlich schon vor mindestens 14 000 Jahren in den archäologischen Fundstätten aufgetreten.
Neben dem IGF1-Gen sind noch eine Reihe anderer Genabschnitte für die Körpergröße und gleichzeitig für das Selbstbewusstsein von Hunden nachgewiesen, nämlich die Gene HMGA2WFI1 und MSRB3 (Vaisse et al., 2011).

PROBLEME BEI KLEINHUNDEN

Neben den bereits direkt durch das IGF1-Gen verursachten Anfälligkeiten haben kleine Hunde noch ihre weiteren medizinischen Probleme. Ein ganz besonders wichtiges Thema ist hier die sogenannte Allometrie, also die Proportionen, mit denen verschiedene Organe unterschiedlich verkleinert werden können. So sind auch bei einem kleinen Hund, selbst wenn er gestaltlich einem größeren Angehörigen der gleichen Rassegruppe sehr ähnelt, bestimmte Organe eben nicht beliebig proportional verkleinert. Dies betrifft vor allem das Herz oder auch die Extremitäten-Muskulatur. Um nun trotzdem einen kleinen, leichtgewichtigen Hund zu erreichen, müssen andere Organe überproportional verringert werden. Das betrifft dann z. B. die Skelettelemente. Kleine, dünne und brüchige Knochen sind daher eine häufige Folgeerscheinung der kleinen und vor allem leichtgewichtigen Rassen. Nur so kann insgesamt das Gewicht der Hunde unter die erwünschte Norm gedrückt werden. Diese Erscheinungen sind nicht nur bei den später noch zu besprechenden extrem babymorphen, also mit extremem Kindchenschema ausgestatteten, Rassen durch die Umgestaltung des Schädels erkennbar. Auch vergleichsweise weniger gestaltlich veränderte Kleinrassen sind hiervon betroffen.

PROBLEME BEI RIESENWUCHS

Auf der anderen Seite des Größenspektrums der Hunderassen ist ebenfalls das Gen für IGF1 für den Riesenwuchs mit verantwortlich. Bei großen bis sehr großen Hunden ist der Blutspiegel des Wachstumsfaktors wesentlich höher und auch hier ist auf molekulargenetischer Basis ein bestimmter Genotyp für diesen Riesenwuchs mit verantwortlich. Zusätzlich sind jedoch bei den großen Hunden nicht nur die Konzentrationen des IGF1-Faktors im Blut, sondern auch die Dichte der Bindungsstellen, der Rezeptoren für IGF1, unterschiedlich. Eine extreme Überproduktion des IGF1 führt zu einer speziellen Erscheinung, die als **akromegaler Riesenwuchs** bezeichnet wird. Hier kommt es nicht nur zu einer besonderen Vergrößerung der Körperenden, vor allem beim Hund eben des Kopfes und der Pfoten. Gleichzeitig fallen diese auch noch durch eine extrem verdickte und faltenreiche Haut auf, wie sie z. B. bei den Mastiffs und verwandten Rassen zu sehen ist.

Die gesundheitlichen Probleme der Riesenrassen entstehen dadurch gleich auf mehreren Ebenen. Die Falten allein sind oftmals schon Ausgangspunkt für Hauterkrankungen, oder z. B. das „Shar Pei-Fieber“, eine auf autoimmune Problematik zurückgehende Entzündungskrankheit.
Durch die hohen Konzentrationen des Wachstumshormons kommt es aber auch zu Problemen und Unregelmäßigkeiten beim Verschluss der Wachstumsfugen und damit unter Umständen zu einer bauartbedingten Problematik in der Mechanik der Gelenke. Zusätzlich entsteht gerade durch das schnelle Wachstum, also die schnellen Zellteilungsprozesse, eine übermäßige oxidative Stressbelastung in den Geweben, was später zu einem erhöhten Auftreten von Herz-Kreislauf-Erkrankungen und auch zu Tumoren führen kann (siehe Sommerfeld-Stur, 2016).
Letztlich wirkt IGF1, wie auf viele andere Organe, auch auf das Herz. Und gerade eine Vergrößerung des Herzens ist wiederum eine häufige Erkrankung der Riesenrassen. Da aber ein vergrößertes Herz nicht unbedingt auch ein leistungsfähiges Herz sein muss, sind auch hier die größenbedingten Probleme vorprogrammiert.
Die Arbeit von Kevin Chase und Co-Autoren (2009) identifiziert noch eine ganze Reihe weiterer Genorte, die für die Größenverhältnisse von Kopf, Beinen, Nacken zu Rumpf und andere gestaltliche Merkmale von Hunden zuständig sind.

Kleinhunde mit großer hoher Stirn, großen, nach vorne gerichteten Augen und insgesamt welpenhaften Proportionen, sprechen zwar das Kindchenschema an, sind aber nicht unbedingt für die Hundezucht optimal.

Auch große bzw. übergroße Hunde haben viele Probleme, die zum Teil auch mit ihrer hohen Zellteilungsrate zum Erreichen des Körperwachstums zusammenhängen.

KÖRPERGRÖSSE UND PERSÖNLICHKEIT

Ein Gen bzw. sein Produkt, das mit dem Persönlichkeitsfaktor „Kühnheit" bei den kleinen Hunden verknüpft ist, ist wahrscheinlich das **Tyrosin-Hydroxylase-Gen**, das in der japanischen Arbeitsgruppe von Takeuchi (Takeuchi et al., 2005) untersucht wurde. Im Vergleich mittelgroßer (Golden Retriever, Labrador) und kleiner (Maltester, Minischnauzer) Hunderassen ergab sich, dass die beiden kleinen Rassen eine andere Variante des Tyrosin-Hydroxylase-Gens aufweisen. Da nun wiederum Tyrosin im Rahmen der Bildung der besonders aktivierenden Botenstoffe (Dopamin, Noradrenalin, Adrenalin) eine zentrale Stellung einnimmt, ist auch hier der molekulare Zusammenhang mit der besonders großen Aufgeregtheit und dem daraus entstehenden Größenwahn der kleinen Hunde molekulargenetisch nicht ganz unwahrscheinlich.

Ansonsten aber sind kleine Hunde, sofern sie sich überhaupt normal bewegen dürfen und können, den großen erstaunlich ähnlich. Die später noch zu besprechenden Ergebnisse der Jenaer Bewegungsstudie (Fischer et al., 2011) lassen erkennen, dass der Bewegungsunterschied innerhalb der 10 bis 12 getesteten Angehörigen einer Rasse meist größer war als der Unterschied zwischen dem Chihuahua und der Deutschen Dogge im Rassedurchschnitt (siehe S. 322 f.).

Im Verhalten der kleinen Rassen ergeben sich ebenfalls eine ganze Reihe von interessanten Befunden. Neben den bereits festgestellten Themen der Kühnheit und des Wagemuts sind noch andere Verhaltenseigenschaften von kleinen Hunden bereits nachgewiesen worden. Eine bemerkenswerte Arbeit aus der Arbeitsgruppe von Paul Mc Greevy (Mc Greevy et al., 2013) zeigt, dass beim Vergleich von 49 Rassen unterschiedlicher Größe und unterschiedlichen Gewichts eine ganze Reihe von Verhaltenseigenschaften mit der Größe korrelieren. Für viele eher unerwünschte Verhaltensweisen, etwa das Besteigen von Menschen oder Objekten, Furcht vor Hunden, Trennungsprobleme, nicht soziale Furcht, Aggression gegen Halter oder auch aufmerksamkeitsforderndes Verhalten, besteht ein negativer Zusammenhang mit der Körpergröße = Schulterhöhe. Das bedeutet, je kleiner der Hund, desto größer die Wahrscheinlichkeit solcher Probleme. Dass diese Verhaltensprobleme auch maßgeblich durch das Verhalten der häufig sehr vorsichtig und zurückhaltend agierenden Hundehalter beeinflusst werden können, hat die Arbeit von Iben Meyer untersucht (siehe S. 51 ff.).

Auch im Zusammenhang mit dem Körpergewicht gab es stark negative Zusammenhänge zwischen Erregbarkeit, Hyperaktivität und Gewicht. Kleine Hunde sind demnach leichter erregbar und häufiger hyperaktiv, was zu den genetischen Untersuchungen der japanischen Arbeitsgruppe von Takeuchi zur Varianz des Tyrosin-Hydroxylase-Gens bei kleinen Hunden passt (Takeuchi et al., 2005).

Weitere bemerkenswerte Zusammenhänge gab es mit der Schädelform, wobei hier die Verhältniszahl zwischen Schädelbreite und Schädellänge als Maß genommen wurde. Jagdverhalten, Furcht vor Fremden, andauerndes Bellen und Futterstehlen beim Menschen korrelierten mit der Schädellänge, je länger der Schädel, desto häufiger diese Probleme. Die meisten anderen Verhaltensprobleme, auch hier wieder Besteigen von Menschen und Objekten, Furcht vor Hunden, Trennungsprobleme, nicht soziale Furcht, Aggression gegen den Halter, Futterbellen und unerwünschtes Urinieren korrelierten mit der zunehmenden Schädelbreite, das heißt, kurzköpfige Hunde zeigten diese Verhaltensweisen häufiger.

Während die erstgenannten Zusammenhänge zwischen negativen Verhaltensweisen und der Körpergröße, teilweise auch noch durch den Einfluss des Halters erklärbar sein können, ist der letztgenannte Zusammenhang mit der Schädelform wohl weniger durch mangelhafte Erziehung zu erklären. Es mag zwar angehen, dass man kleine Hunde einfach weniger erzieht, aber dass Halter von langschnäuzigen, kleinen Hunden eher Jagdverhalten, dauerndes Bellen und Futterstehlen akzeptieren, Halter von kurzschnäuzigen Hunden dagegen eher sich berammeln lassen, Trennungsstörungen akzeptieren und Aggression gegen sich selbst tolerieren, wäre schon sehr weit hergeholt. Trotzdem ist der Einfluss der Halter hier nicht von der Hand zu weisen.

Eine Untersuchung von Christine Arhant und Co-Autoren aus Wien (Arhant et al., 2010) zeigt, dass unerwünschte Verhaltensweisen kleiner Hunde auch darauf beruhen, dass die Halter eben weniger konsequent im Umgang mit den kleinen Hunden waren. Die Befunde, dass sie weniger Zeit mit Spielen und gemeinsamen Aktivitäten verbrachten, sind auch im Zusammenhang mit neuesten Erkenntnissen über die Risikofaktoren zur Entstehung von Hyperaktivitätsproblemen bemerkenswert: Nikolai Hoppe konnte in seiner Masterarbeit einen Zusammenhang aufzeigen, dergestalt, dass Hunde, die mit ihren Menschen mehr Schmuse- und Kuscheleinheiten und mehr Spieleinheiten hatten, ein geringeres Risiko zur Hyperaktivität aufweisen (Hoppe et al., 2017, siehe „Aus der Forschung", S. 304 f.).

ADHS – FORSCHUNG NICHT NUR BEIM MENSCHEN

Das Aufmerksamkeitsdefizithyperaktivitätssyndrom (ADHS) wird beim Menschen schon lang untersucht, wobei sowohl Umwelteinflüsse als auch genetische Faktoren für die Entstehung des Krankheitsbildes verantwortlich gemacht werden. In Bezug auf die Entstehung psychischer Auffälligkeiten und Erkrankungen widmet sich die Forschung spannenderweise seit ein paar Jahren auch dem Hund als „Modellorganismus" für den Menschen: Wie der Mensch ist der Hund ein soziales Säugetier und neurologische Krankheitsbilder sind auch hier eine Folge von Umweltfaktoren und genetischer Veranlagung. Vor allem Zuwendung, Spielmöglichkeiten, aber auch die Vermeidung von Überforderung werden heutzutage als eine Art Prävention gegen die Entstehung psychischer Leiden beim heranwachsenden Hund verstanden. Dennoch sollte nicht vergessen werden, dass auch bestimmte Genvarianten das Risiko erhöhen, psychische Auffälligkeiten, ähnlich dem ADHS, zu entwickeln. So konnte z. B. gezeigt werden, dass bei Deutschen Schäferhunden ein bestimmtes Allel des Tyrosin-Hydroxylase-Gens (TH) mit erhöhter Aktivität/Impulsivität in Verbindung steht. Ebenso fiel auf, dass eine Variante des Dopamin-Rezeptor-Gens DRD4 bei Hund wie Mensch mit aggressivem und unaufmerksamem Verhalten einhergeht, daneben mit Nervosität.

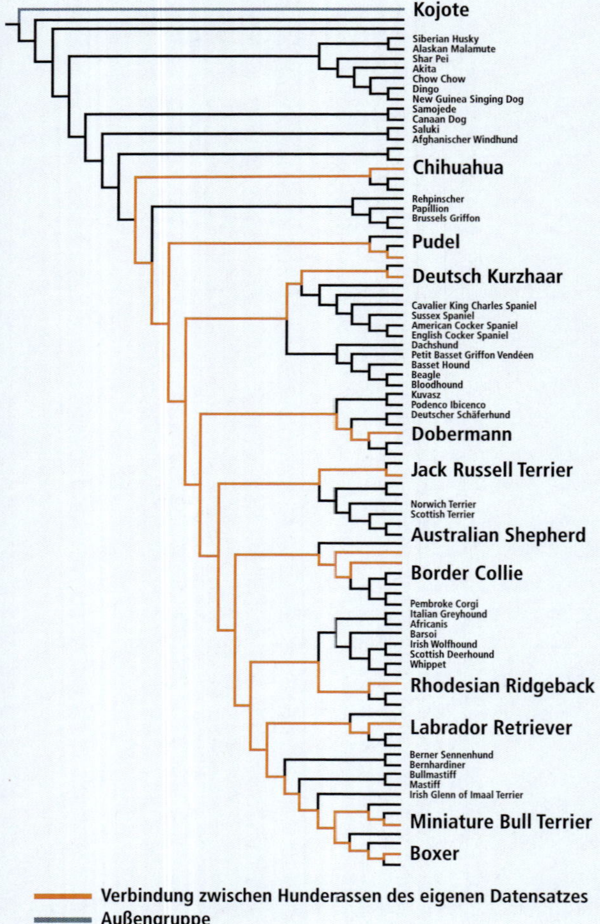

Neighbourjoining-Stammbaum nach Holdt et al. (2010). Gemeinsame-Allele-Phylogramm.

ADHS und Hunderassen

Mit Blick auf mit ADHS-typischem Verhalten assoziierte Varianten von Genen stellt sich die Frage, ob bestimmte Hunderassen „anfälliger" sind, ein solches zu entwickeln, als andere. Man unterscheidet heutzutage eine Vielzahl von Hunderassen, und es ist bekannt, dass bestimmte Genvarianten im Vergleich zwischen eben jenen unterschiedlich häufig auftreten können. Auffällig ist auch, dass bestimmte Hunderassen, auch mit Blick auf ihre Zuchtgeschichte, auf ein bestimmtes Verhalten hin selektiert worden sein könnten. Man denke dabei an Treib- und Hütehunde, die mit hoher Bewegungsaktivität in Verbindung gebracht werden, oder einige Terrier-Rassen, die aus wissenschaftlicher Sicht zu hohem Energielevel oder Aufgeregtheit neigen.

Mit Blick auf die Verwandtschaft und die Entstehung der heutigen Hunderassen stellt sich somit eine interessante Frage: Stellt die ADHS-Symptomatik möglicherweise ein phylogenetisches oder evolutionsgeschichtliches Merkmal dar, das sich im „Stammbaum der Hunderassen" wiederfinden lässt? Falls ja: Teilen sich nah verwandte Hunderassen dieses Merkmal? Dieser Frage wurde in einer Studie von Hoppe et al. (2017) nachgegangen, wobei mit einem molekulargenetischen Stammbaum von Hunderassen gearbeitet wurde (von Holdt et al., 2010). Innerhalb dieses Stammbaums wurde zwischen zwei Typen von Hunderassen unterschieden. Hunderassen, die zuvor von Haltern in Bezug auf ADHS-typisches Verhalten als „auffällig" beschrieben wurden und Teil des Stammbaums waren, wurde das Merkmal „1" – ADHS-typisches Verhalten vorhanden – zugeordnet. Alle anderen Hunderassen des Stammbaums erhielten das Merkmal „2" – kein ADHS-typisches Verhalten.

Mit Hilfe einer sogenannten Clusteranalyse nach Fritz und Purvis (2010) wurde anschließend ein sogenannter D-Wert berechnet. Dieser gibt Auskunft darüber, ob ein zu untersuchendes Merkmal innerhalb eines Stammbaums ein phylogenetisches Signal darstellt oder nicht. Bei einem Wert nicht-signifikant abweichend von „1", wie in der Studie von Hoppe et al. (2017), wird von keinem phylogenetischen Signal für ein untersuchtes Merkmal ausgegangen.

Den Ergebnissen nach stellt das ADHS beim Hund kein evolutionsgeschichtliches „Signal" dar. Das Störungsbild sollte, bei Mensch wie Hund, besser als Folge des Zusammenspiels individueller genetischer Prädispositionen und Umweltfaktoren verstanden werden. Zukünftig sollten weitere Hunderassen/gruppen in Bezug auf Merkmale wie Motoraktivität und Unaufmerksamkeit untersucht werden. Dies könnte Verbänden wie dem FCI helfen, noch genauere Rassebeschreibungen vornehmen zu können.

NIKOLAI HOPPE
studierte Biologie an der Carl-von-Ossietzky-Universität Oldenburg und schloss 2015 mit dem Bachelor-Grad ab. In seinem Masterstudium setzte er vor allem Schwerpunkte im Bereich der Zoologie und der Verhaltensbiologie. Bereits in seiner Bachelorarbeit begann er, sich am Beispiel von Zoogiraffen in Osnabrück mit dem Verhalten von größeren Säugern auseinanderzusetzen. In seiner Masterarbeit untersuchte er, daran anknüpfend, ADHS-assoziierte Verhaltensweisen des Haushundes in Abhängigkeit von Umweltfaktoren.

KOMMUNIKATIONS-FÄHIGKEIT

Im Verhaltensbereich von babymorphen, also mit einem starken Kindchenschema ausgestatteten Rassen ergibt sich noch eine weitere, bemerkenswerte, entwicklungsbiologische Abhängigkeit. Deborah Goodwin aus der Arbeitsgruppe von John Bradshaw (Goodwin et al., 1997) beobachtete die Welpenentwicklung von Hunden verschiedener Rassen und vor allem das erste Auftreten von verschiedenen Elementen des Kommunikationsverhaltens. Gleichzeitig veranlasste sie, dass die betreffenden 15 Hunderassen von einer Reihe von Experten (Hundetrainer, Tierärzte etc.) nach ihrer unterschiedlichen Wolfsähnlichkeit klassifiziert wurden. Die Wolfsähnlichkeit wurde z. B. anhand der Beweglichkeit der Ohren, der Ohrform, der Länge der Schnauze, der Fähigkeit, die Rückenhöhe vom Boden abzuheben und die Rückenhöhe zu verändern, dem Fell, der Schwanzform zurückgeführt. Der wolfsähnlichste unter den von ihr bearbeiteten Rassen war dementsprechend, nicht weiter erstaunlich, der Sibirische Husky. Der am wenigsten wolfsähnliche war der Cavalier King Charles Spaniel, wobei auch Norfolk Terrier, Französische Bulldogge und Cocker Spaniel noch zu den am wenigsten wolfsähnlichen Rassen eingestuft wurden.
Die bemerkenswerteste Auswertung ihrer Verhaltensbefunde: **Je weniger wolfsähnlich eine Hunderasse ist, desto weniger Elemente des Kommunikationsverhaltens konnte sie bei diesen Hunden noch beobachten.** Und zwar geht es hierbei weniger um die Mimik, die möglicherweise durch eine veränderte Schnauze und Hängeohren beeinträchtigt ist. Deborah Goodwin untersuchte vorwiegend Körperpositionen, und dabei war bemerkenswert, dass der Husky noch 15 von 15 Wolfsverhaltensweisen, der Cavalier King Charles Spaniel nur noch 2, der Norfolk Terrier 3, die Französische Bulldogge 4 und der Cocker Spaniel 6 von 15 Verhaltenselementen zeigte. Der Deutsche Schäferhund zeigte 11, der Golden Retriever 12 von 15.
Gerade die Verhaltenselemente, die eher mit Konfliktmanagement, Deeskalation, Unterwerfung und anderen, nicht aggressiven Signalisierungen zu tun hatten, traten bei den Babymorphen am wenigsten oder gar nicht mehr auf. Elemente des aktiven, eher aggressiven Signalisierens oder die aufgerichtete Körperposition einer formalen Dominanzbeanspruchung dagegen waren bei allen zu finden. Hintergrund dieser Veränderungen ist wahrscheinlich die Entwicklungsbiologie. Die vergleichenden Untersuchungen der Welpen zeigten nämlich, dass beim Cavalier King Charles Spaniel nur noch jene Verhaltenselemente zu finden waren, die bei den Welpen bereits in den ersten 20 Tagen des Lebens auftraten, beim Cocker Spaniel noch diejenigen, die zwischen dem 20. und 30. Lebenstag auftraten, und nur je eines von nach dem 30. Tag auftretenden bei der Französischen Bulldogge und dem Norfolk Terrier. Beim Deutschen Schäferhund, dem Golden Retriever, dem Husky und dem Wolf dagegen waren sehr viele Verhaltenselemente zu sehen, die bei Welpen erst oberhalb des 30. Lebenstages erstmals beobachtbar sind. **Deborah Goodwin und ihre Co-Autoren folgern daraus, dass die Wachstumsbremse, die bei kleinen Hunden zu einem Beibehalten des frühwelplich-babyhaften Aussehens führt, nicht nur auf die Körperproportionen, sondern auch auf die Reifung des Sozialverhaltens Auswirkungen hat.**
Bemerkenswert ist, wenn man diese Befunde einem Zuhörerkreis von Kleinhundehaltern oder Kennern vorträgt, wie häufig dort auch die Bestätigung kommt: „Stimmt, eine aktive Unterwerfung habe ich bei meinem noch nie gesehen.“ Bemerkenswert ist aber auch, was dann z. B. Leute berichten, die nicht nur Kleinhunde, sondern auch einen größeren Rassevertreter ihr Eigen nennen, oder Hundepensionsbetreiber, die die Kleinhunde nicht in spezielle XXS-Gruppen, sondern in ganz normale

Kleinhunde sind zwar typgemäß erregbarer, aber auch sie schätzen die Entspannung.

Hundegruppen einbringen. **Dort wird nämlich berichtet, dass die Kleinen offensichtlich in der Lage sind, das veränderte Verhaltensrepertoire zu lernen.** Eine Pensionsbetreiberin schilderte, dass regelmäßig dann, wenn sie einen Mops oder einen anderen, stark babymorphen Kleinhund in eine Pensionsgruppe einbringt, diese in den ersten zwei Wochen wirklich extreme Probleme mit der Konfliktdeeskalation und der friedlichen, sozialen Kommunikation hätten. Nach ca. drei Wochen aber hätten sie es gelernt. Dies deckt sich bemerkenswert gut mit Befunden des holländischen Primatenforschers Frans de Waal (de Waal und Aureli, 2002), wonach auch Affenarten unterschiedlich in der Lage sind, Deeskalations-, Beschwichtigungs- und Versöhnungsverhalten zu lernen, wenn man sie als Jungtiere mit anderen Affen zusammen aufzieht, die diese Verhaltensweisen in ihrem arttypischen Verhaltensrepertoire ohnehin bereits können. Diese Zusammenhänge möchten wir in eigenen weitergehenden Untersuchungen noch aufklären (siehe S. 308 f.).

VERHALTEN VON HUNDEHALTERN

Unterschiedliches Verhalten von Hundehaltern mit kleinen gegenüber denen von großen Hunden konnte auch eine italienische Arbeitsgruppe, vorangehend Angelica Bassi (Bassi et al., 2016) belegen. Die Hundehalter der unterschiedlichen Größenklassen waren beim Hundespaziergang unterschiedlich disponiert, wenn sie einem kleinen oder einem großen Hund begegneten. Halter von kleinen Hunden erlaubten ihren Hunden seltener, ohne Leine mit anderen Hunden zu spielen, und waren auch häufiger der Meinung, dass ihre Hunde nicht mit anderen Hunden Kontakt haben müssten. Die Autorinnen betonen deshalb besonders, dass man gerade Halter von kleinen Hunden immer wieder nahelegen sollte, mehr Sozialkontakte ihrer Hunde mit anderen Hunden zu fördern. Auch hier sind die Befunde von Nikolai Hoppe (Hoppe et al., 2017) wieder von Interesse, dass möglicherweise ein Teil der Hyperaktivität und motorischen Unruhe der kleinen Hunde auch durch diesen Faktor des mangelnden Sozialkontakts mit anderen Hunden noch gefördert werden könnte (siehe S. 308 f.). Trotzdem, die für das Größenwachstum, oder eben auch dessen Ausbleiben, verantwortlichen Genabschnitte, (IGF1, HMGA2, WIF1, etc.) sind nicht wegzudiskutieren. Hier ergeben sich auch schon die ersten wichtigen Berührungspunkte zum Thema der Qualzucht, denn gerade eine extreme Riesen- oder auch Zwergenhaftigkeit bei Hunden ist durch die genannten Genabschnitte oftmals mit medizinischen und auch verhaltensmäßigen Problemen nahezu zwangsläufig verknüpft. Kommen hier noch die genannten besonderen Eigenschaften der Kleinhundehalter hinzu, dann ist oft der kleine Hund wirklich ein armer Hund, der besonders große aber auch.

AUS DER FORSCHUNG

KONFLIKTMANAGEMENT BEI KLEINHUNDEN

Einleitung

Der Chihuahua gilt als die kleinste Hunderasse der Welt. Hiermit gehen verschiedene Verhaltensbesonderheiten einher, die sich gut am Beispiel des Konfliktverhaltens betrachten lassen. Im Deeskalationsverhalten spielen Abbruch- und Beschwichtigungssignale bei Haushunden (und bei Wildhunden) eine wichtige Rolle im Konfliktmanagement und zum Erhalt eines friedlichen Miteinanders. Untersuchungen reiner Chihuahuagruppen (unterschiedlichen Alters, Geschlechts und Hintergrunds) ergaben, dass es in ca. 11 % aller Sozialkontakte (insgesamt 1 222) zu einer Auseinandersetzung kam, d. h., bei jedem 8. Kontakt trat ein Konflikt (insgesamt 142) auf. In der hier beschriebenen Untersuchung wurden die Beschwichtigungs- und Abbruchsignale und deren Erfolgsquote in verschiedenen Gruppen von mindestens fünf Haushunden (ausschließlich Chihuahuas) sowie einer Gruppe Rothunden im Tierpark Friedrichsfelde untersucht und verglichen (Müller, 2017).

Untersuchung verschiedener Gruppen

Für die Arbeit wurden verschieden große Hundegruppen, die sich zusammen in einem Auslaufbereich befanden, gefilmt. Die Aufnahmen wurden dann auf Konflikte untersucht und die Konflikte Signal für Signal ausgewertet. Ebenso erfolgten Aufnahmen eines Rudels im Tierpark Friedrichsfelde.
Mit Hilfe eines angepassten Ethogramms und der Markowanalyse 1. Ordnung konnten die Konfliktsignale der Chihuahuas und Rothunde untersucht und sowohl miteinander als auch im Kontext vorangegangener Arbeiten zum Vergleich von Haus- und Wildhunden bewertet werden. Die Markowanalyse dient dazu, herauszufinden, ob bestimmte Signalabfolgen signifikant häufiger stattfinden oder die Abfolge der Signale eher zufällig ist. Dabei wurden die Sequenzen als Markowkette 1. Ordnung untersucht, das heißt, dass nur die unmittelbar aufeinander folgenden Signale in ihrer Abhängigkeit zueinander betrachtet wurden.
Bei den Hundetreffen waren verschiedene Konstellationen in den Hundegruppen anzutreffen: Gruppen mit Hunden, die sich nicht kannten, Gruppen mit bis zu fünf Hunden aus einem Haushalt sowie gemischte Gruppen. Bei der Rothunde-Gruppe handelte es sich um ein festes Familienrudel aus drei adulten und fünf subadulten Tieren.

Häufigkeit von Konflikten

Chihuahuas zeigten, anteilig an den Sozialkontakten, insgesamt signifikant mehr Konflikte als Rothunde, wobei in den Konflikten auch mehr Abbruchsignale mit Individualdistanzunterschreitung (IDU) festgestellt wurden. Diese stellen im Rahmen dieser Untersuchung die höchste Eskalationsstufe dar.
Der vermehrte Einsatz von Abbruchsignalen, und dabei vor allem Signalen mit IDU, wurde bereits bei anderen Haushunden im Vergleich zu Wildhunden festgestellt. Hierbei spielen wahrscheinlich sowohl die Effekte der Domestikation und vor allem der Zucht eine Rolle, welche unsere Haushunde morphologisch dahingehend verändert, dass das Ausdrucksvermögen eingeschränkt ist (Feddersen-Petersen, 2008).
Außerdem ist es für Haushunde weder zwingend notwendig noch überlebenswichtig, mit anderen Artgenossen zu kooperieren, da sie durch den Menschen versorgt werden

und keine Gemeinschaft zur Revierverteidigung oder zur Jagd bilden müssen. Die Rothunde hingegen leben ausschließlich mit Artgenossen in einem Familienverband. Der sehr geringe Anteil an Konflikten weist auf ein friedliches und hauptsächlich von affiliativen Elementen geprägtes Zusammensein hin. Dies konnte bereits in anderen Zoos, aber auch im Freiland beobachtet werden.

Distanzwahrende Signale

Als individualdistanzwahrendes Signal konnte in erster Linie „Knurren" festgestellt werden, das in 43 % der Fälle als erstes Abbruchsignal genutzt wurde. Dies wurde bereits in vorangegangenen Untersuchungen verwilderter Haushundegruppen als das häufigste Abbruchsignal in einem Konflikt belegt (Fischer, 2007). Auch Feddersen-Petersen (2013) beschreibt „Knurren" als ein Signal, das zu einer Distanzvergrößerung bzw. zur Distanzwahrung führt, sowohl bei Haushunden als auch bei Wölfen. Es scheint sich also um ein Signal zu handeln, das von allen Kanidenarten in Konfliktsituationen gezeigt wird, und ist somit über die Arten und die Domestikation hinweg ein stabiles Abbruchsignal.

Zweit- und dritthäufigste Signale zum Konfliktanfang waren „Schnappen" (ca. 20 %) und „bedrohend Vorspringen" (ca. 16 %). Insgesamt machten allerdings Signale ohne IDU (ca. 63 %) die Mehrheit als Primärsignal aus.

Bei der Gesamtbetrachtung der Konflikte hielten sich Signale mit und ohne IDU mit jeweils 14 % zu 13 % die Waage.

Beschwichtigungssignale

Deutlich höher lag der Anteil der Beschwichtigungssignale mit 24 %. Vergleicht man allerdings Anfangs- mit Nachfolgesituation eines Konflikts, wird deutlich, dass Signale mit IDU im Verlauf der Kontakte deutlich zunehmen (36 % zu 53 %). Bei den Rothunden betrugen die Beschwichtigungssignale 39 % der im Konflikt gezeigten Signale.

Der beschwichtigende Anteil liegt also wesentlich höher bei dem Familienrudel. Signale ohne IDU machten 16 %, Signale mit IDU 10 % bei der Gesamtbetrachtung der Konflikte aus.

Da bei Haushunden (im Gegensatz zu ihren wilden Vorfahren) die Notwendigkeit einer späteren Kooperation in den meisten Fällen nicht gegeben ist, wird ein Konflikt meist schneller körperbetont ausgetragen, wodurch es auch zum Überspringen von Signalzwischenstufen und dementsprechend vom „Knurren" direkt zum Angriff kommen kann (Bloch, 2010).

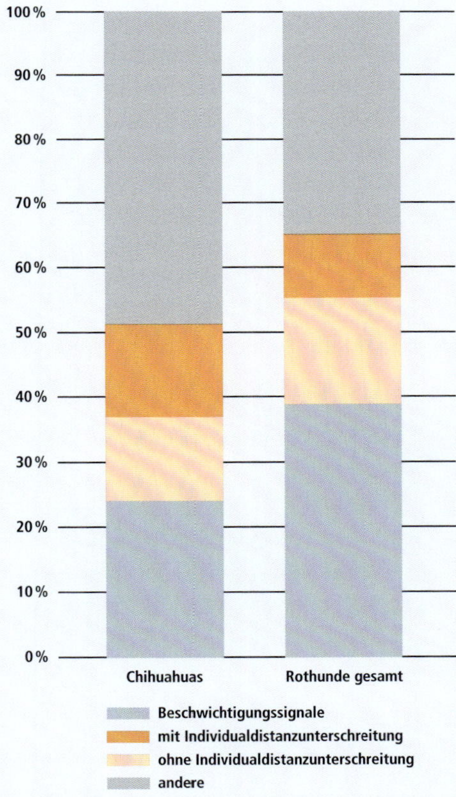

Relativer Anteil von Beschwichtigungssignalen sowie Signalen ohne und mit IDU in den jeweiligen Kategorien. „Andere" bezeichnet neutrale Signale, die nicht den Eskalationsstufen zugeordnet werden konnten, aber im Konflikt gezeigt wurden.

Wie auch in anderen Untersuchungen (Fengler, 2009; Müller, B., 2015) herausgefunden wurde, erfolgte mit Steigerung der Intensität der Signale auch ein höherer Erfolg, gemessen an der Reaktion des Signalempfängers, d. h., je nachdrücklicher das Abbruchsignal war, desto höher war die Chance einer Distanzvergrößerung durch den Gegner. So erfolgte auf Beschwichtigungssignale in nur 39 % der Fälle eine Distanzierung, wohingegen es bei Signalen ohne IDU schon bei ca. 60 % und Signalen mit Individualdistanzunterschreitung ca. 68 % zu einer erfolgreichen Vergrößerung des Abstands kam.

Bekanntheit der Hunde

Außerdem konnte beobachtet werden, dass der Grad der Bekanntheit der Hunde untereinander eine große Rolle in Konfliktsituationen gespielt hat. Hunde, die einander nicht kannten, nutzten intensivere Abbruchsignale als Hunde, die zusammen in einem Mehrhundehaushalt lebten. Bei Letzteren war meist ein Blick effektiv, da die Tiere sich in ihren Verhaltensweisen untereinander und ihre Position in der Gruppe kannten und einschätzen konnten.

In Gruppen einander unbekannter Hunde eskalierten Konflikte und Abbruchsignale somit wesentlich schneller, wohingegen in der Gruppe der fünf sich kennenden Hunde eine feinere Kommunikation zu beobachten war. Dies ähnelte sehr ihren wilden Rothunde-Verwandten, die als Vergleichsgruppe im Konfliktmanagement herangezogen wurden. Die Tiere des achtköpfigen Familienrudels zeigten eine schwach abgestufte Kommunikation untereinander, bei der eindeutig mehr Beschwichtigungssignale sowie weniger individualdistanzunterschreitende Signale genutzt wurden. Entsprechend ihrer Art bzw. Rasse zeigten die Rothunde und Chihuahuas den erwarteten Einsatz an Abbruchsignalen, wobei Chihuahuas eher körperbetonte Signale nutzten und weniger Beschwichtigungssignale zeigten als ihre wilden Verwandten. Dabei darf man nicht vergessen, dass in dieser Arbeit nur die Konflikte betrachtet wurden, diese aber in beiden Gruppen nur einen kleinen Prozentsatz der gesamten Sozialkontakte ausmachten. Schlussfolgernd verhalten sich Chihuahuas sehr ähnlich wie andere domestizierte Artgenossen im Vergleich zu ihren wilden Verwandten.

Es konnte vorerst kein Rassenunterschied festgestellt werden. Dafür würden ebenso Untersuchungen innerhalb gemischter Gruppen zu betrachten sein.

INA MÜLLER

ist Verhaltensbiologin und tiermedizinische Fachangestellte in Berlin. In ihrer Praxistätigkeit hat sie häufig die Möglichkeit, das Konfliktverhalten der kleinen und großen vierbeinigen Patienten zu beobachten, woraus sich immer neue und spannende Fragestellungen ergeben.

BAU UND FUNKTION DES HUNDEKÖRPERS

In der Zoologie ist die sogenannte funktionelle Morphologie, also eine gemeinsame Betrachtung des Baues und der Funktion von Organen, eine weit verbreitete Form der Analyse und des besseren Verständnisses. Bekannte Beispiele dafür sind die Untersuchungen zum Vogelflug oder zum Haifisch- und Delfinschwimmen, die auch zu Konstruktionsverbesserungen in Flugzeug- und Schiffsbau führen können. Oftmals werden also bei diesen Betrachtungen auch Prinzipien und Analysemethoden von Physik, Technik, und Ingenieurwissenschaften herangezogen. Vergleichbare Untersuchungen gibt es durchaus, wie wir im Folgenden zeigen wollen, auch an verschiedenen Stellen der Erde über die Zusammenhänge zwischen Form und Funktion des Hundekörpers. Auch hier werden erstaunliche Zusammenhänge klar.

UNTERSCHIEDE IM KÖRPERBAU

William Helton aus Canterbury in Neuseeland hat sich die Mühe gemacht, verschiedene Ergebnisse von Verhaltenstests und Sportturnieren bei Hunden mit Körpergröße und körperlichen Baumerkmalen in Beziehung zu setzen (Helton, 2010; Helton und Helton, 2010). William und Nicole Helton interessierten sich für den Einfluss der Körpergröße des Hundes auf die Fähigkeit, die bereits wiederholt besprochenen menschlichen Zeigegesten besser zu interpretieren. Die Hypothese der beiden war, dass größere Hunde selbst bei gleicher Gestalt einen relativ größeren Augenabstand haben. Dieser wiederum kann für einige Aufgaben ganz klar die Problemlösung beeinflussen. So unterschieden sie Hunde in einer Gewichtsklasse oberhalb und einer Gewichtsklasse unterhalb von 22,7 Kilogramm in ihrer Leistungsfähigkeit in den bekannten Zeigeversuchen. Tatsächlich sind große Hunde, unabhängig von allen anderen Faktoren, in dieser Problemlösung immer besser gewesen. Diese Untersuchung zeigt bereits, dass die körperlichen Merkmale von Hunden nicht außer Acht gelassen werden dürfen, und dass möglicherweise einfache Größenabhängigkeiten in der Anatomie bereits vieles erklären helfen, was sonst wesentlich nebulösere Theorien über Rassenunterschiede oder „typisch Kleinhund" zu erklären versuchen.

In seiner zweiten Untersuchung verglich William Helton die verschiedenen Größen, Rassen und ihre Leistungsfähigkeit bei Agilityturnieren. Im Gegensatz zu dem, was viele immer wieder annehmen, ist die Trainierbarkeit dieser Hunde, die wiederum mit den bereits wiederholt hier besprochenen Fragebögen (C-BARQ, Monash) oder anderen vergleichbaren Untersuchungen festgestellt wurde, ziemlich unabhängig vom Erfolg der Hunde. Der Prozentsatz der verschiedenen Rassen unter den Medaillengewinnern hing weitestgehend vom Prozentsatz der jeweils teilnehmenden Hunde dieser Rasse und nicht von der höheren oder geringeren Trainierbarkeit der verschiedenen Rassen ab. Auch bei der Präzision, die die Hunde im Turnier zeigten, war die Trainierbarkeit kein Einflussfaktor, die Geschwindigkeit, mit der die Hunde über

den Parcour flitzten, war aber sehr wohl unter anderem auch eine Funktion ihrer Trainierbarkeit. Auch beim Trainingsaufwand wiederum dasselbe Ergebnis: kein Unterschied in der Trainierbarkeit, sehr wohl aber ein Unterschied in der Geschwindigkeit.
Bemerkenswert aber ist der vierte Zusammenhang, den William Helton zeigen konnte: Hunde, die als besonders gut trainierbar eingeschätzt wurden, waren körperlich in einer recht homogenen Größenkategorie. Ihre Schulterhöhe lag etwas über der Durchschnittshöhe aller verglichenen Hunderassen und gruppierte sich im Wesentlichen zwischen 50 und knapp über 60 cm. Auch die Varianz, also die Schwankungsbreite der gemessenen Werte, war innerhalb der besonders sporttauglichen Rassen geringer als im Gesamtdurchschnitt aller hier verglichenen Rassen. Helton erklärt dies unter anderem durch die Zusammenhänge zwischen Schrittlänge, Wendigkeit und Geschwindigkeit, die aufgrund von mechanischen Gegebenheiten des Hundeskeletts weitgehend unveränderlich sind. **Viele Zusammenhänge der Funktionsmorphologie werden, wenn auch vereinfacht, mit Hilfe des Hebelgesetzes verständlicher. Dieser Zusammenhang besagt allgemein, dass Kraft × Kraftarm = Last × Lastarm ist.**
Deswegen setzen wir uns, wenn wir mit einem kleinen Kind schaukeln möchten, eben selbst sehr nahe an den Auflegepunkt der Wippe und lassen das Kind am anderen Schenkel sehr weit von uns entfernt sitzen. Die geringere Kraft des leichten, kleinen Kindes kann dann in Verbindung mit dem langen Wipparm eventuell sogar uns noch in die Höhe bringen. Umgekehrt können wir unsere größere Kraft durch unser größeres Körpergewicht nicht so gut einsetzen, wenn wir es direkt am Drehpunkt anlegen.
Mit diesen Zusammenhängen werden viele Eigenschaften von Hundekörpern wiederum aus ihrer Gestalt und ihren früheren Aufgaben heraus erklärbar.

Pit Bull Terrier (links) und Windhund (rechts), ...

BEISPIEL REH UND ELEFANT

In der Bewegungsanalyse von Tieren, insbesondere größeren Wirbeltieren, gibt es hier zwei einander widersprechende und gegenüberstehende Funktionsprinzipien, die in der englischsprachigen Literatur „Stride", also Schritt(länge) vs. „Strength" also Stärke oder Kraft definiert werden. Typische Beispiele dafür sind ein Elefant und ein Reh. Vergleichen wir den Körperbau dieser beiden Tiere, dann sehen wir eine ganze Reihe unterschiedlicher Merkmale im Skelett. Die Beine des Rehs sind nicht nur schlanker, wir sehen auch, dass die unteren Teile des Beines, also Hand bzw. Fuß und auch Unterschenkel bzw. Unterarm, wesentlich länger sind als die oberen Teile. Dadurch kann das Reh einen sehr großen Schritt tun. Der Elefant dagegen hat relativ gesehen einen viel längeren Oberarm oder Oberschenkel, einen kürzeren Unterarm oder Unterschenkel und nur eine ganz kurze Hand bzw. Fußform. Dadurch kann er nur kürzere Schritte (bezogen auf seine Körpergröße) tun, gleichzeitig aber die Kraft, die zum Aufrechterhalten seiner Körperposition und zum Vortrieb nötig ist, besser erzeugen.Betrachten wir das Skelett der beiden genauer, finden wir noch mehr Unterschiede: Beim Reh verlaufen die Muskeln sehr nahe an den Drehpunkten, z. B. des Ellenbogens oder Kniegelenks, die Muskelansätze, an denen diese Muskeln befestigt sind, sind relativ kurz. Beim Elefanten ver-

... die beiden Extreme in der Robustizität, aber auch anderen Aspekten der Mechanik ihres Bewegungsapparates.

laufen die Muskeln sehr weit vom Drehpunkt des Gelenks entfernt, die Muskelansätze an den Knochen vor und nach dem Gelenk sind wesentlich länger.

Ein dritter, ebenfalls unterschiedlicher Bau betrifft die Robustheit der Röhrenknochen: Je kräftiger und schwerer das Tier, desto größer ist der Durchmesser des Knochens in der Mitte des Schafts. Je schneller und leichter das Tier, desto geringer ist der Durchmesser in der Mitte des Schafts. Und auch im Feinbau der Knochen ergeben sich ähnliche Unterschiede: Die massive, für die Kraftaufnahme und Abfederung notwendige Rindenschicht in den Knochen ist bei den großen und schweren Tieren wesentlich besser ausgebildet.

UNTERSCHIED GREYHOUND UND PIT BULL TERRIER

Diese Zusammenhänge wurden auch bei Hundeskeletten und ihrer Muskulatur ausführlich untersucht, und zwar in der Arbeitsgruppe von David Carrier von der Universität Salt Lake City (Pasi und Carrier, 2003; Kemp et al., 2005). Sie verglichen zwei Extremtypen, den Greyhound und den Pit Bull Terrier. Der Körperbau der beiden zeigt ziemlich genau die unterschiedlichen Anpassungen an Schnelligkeit vs. Kraftausübung. Auch hier geht es nicht darum, die ethischen Probleme des Hundekampfes zu diskutieren, aber ein im Kampf gegen andere Hunde oder zum Treiben von aggressiven Rindern eingesetzter Hund muss eben auch andere Anforderungen in seinem Bewegungsapparat erfüllen als einer, der möglichst schnell rennen soll. Neben den bereits augenscheinlich erkennbaren Unterschieden, nämlich dass die Greyhounds viel dünnere und längere Beine haben, fanden die Autoren aber auch, ebenfalls in Übereinstimmung mit dem Stride- vs. Strength-Modell, dass die Muskelmasse bei den Greyhounds wesentlich näher am Körper lag, und bei den Pit Bulls wesentlich mehr Muskulatur auch in den unteren Teilen der Arme und Beine konzentriert war. Ebenso fanden sie, dass die Muskulatur an den Vorderbeinen der Greyhounds wesentlich schwächer war als die an den Hinterbeinen, während der Unterschied in der Kraftausübung zwischen Vorder- und Hinterbeinen bei Pit Bulls sehr viel geringer ausfiel. Letztlich können die Greyhounds auch in ihren Bändern an den Bein- und Armgelenken sehr viel mehr Energie speichern. Sie haben gewissermaßen elastische Gummibänder, die sich bei jeder Dehnung automatisch hinterher wieder zusammenziehen und damit passiv das Gelenk nochmals abwinkeln können. Die Durchmesser in der Mitte der Röhrenknochen beim Pit Bull sind wesentlich stärker als beim Greyhound, und der Querschnitt der Knochen ist sehr viel runder. Dadurch ist die Bruchfestigkeit wesentlich höher.

Dem gegenüber ist die Steifheit des Gewebes bei den Greyhounds eineinhalb- bis zweieinhalbmal größer als bei den Pit Bulls. Dadurch können die Knochen der Pit Bulls zwei- bis zweieinhalbmal mehr Energie auffangen und absorbieren, bevor sie brechen. In den Knochen von Fuß, Mittelfuß und Mittelhand waren diese Unterschiede nicht festzustellen, besonders stark waren sie aber im Ober- und Unterarm. Die Selektion auf hohe Geschwindigkeit geht offensichtlich mit steiferen und damit bruchgefährdeteren Knochen einher, die Selektion auf die Widerstandskraft im Kampf oder beim Kontakt mit wehrhaften Rindern dagegen mit bruchfesteren, elastischeren Knochen.

VERÄNDERUNG DER SCHÄDELFORM

– VERGLEICH HUND UND WOLF

Neben den Knochen der Extremitäten sind auch die Schädel von Hunden einer Vielzahl funktioneller Beanspruchungen unterworfen. Hier geht es zum einen wieder um die Kraft bzw. Schnelligkeit des Beißens bzw. Zuschnappens. (Ein lang-/schmalschnäuziger Hund kann wegen des unterschiedlichen Abstandes der Schließmuskulatur vom Drehpunkt des Kiefergelenks nicht so viel Kieferkraft ausüben wie einer mit kurzen, kräftigen Kiefern. Er kann aber den Kiefer schneller schließen und damit das flüchtende Beutetier zuverlässiger packen.) Zum anderen geht es aber auch um die relative Positionierung anderer Organe im Schädel. Die Untersuchungen von William Helton und die noch zu besprechenden weiteren Unterschiede in der Sehfähigkeit zwischen kurz- und langschädeligen Hunden (siehe S. 340) lassen bereits erkennen, wie die optischen Verhältnisse mit der Schädelgestalt zusammenhängen. Aber auch die Nase spielt hier eine wesentliche Rolle. Beim Schnüffeln, also beim gezielten Aufnehmen von Luft zur chemischen Prüfung, werden mehr die seitlichen Wege des Nasenloches bedient (Gadbois und Reeve, 2014), beim „unwillkürlichen" Riechen jedoch mehr die mittleren Teile. Bereits ausführlicher in FTH (Gansloßer und Kitchenham, 2012) wurden die Zusammenhänge zwischen dem Beschnuppern mit linker und rechter Nasenöffnung und die Fähigkeit zum Stereoriechen bei Hunden besprochen. Daraus ergeben sich wichtige Zusammenhänge: Je weiter die beiden Nasenlöcher auseinanderliegen und je breiter bzw. seitlich ausgezogener sie sind, desto größer ist die Möglichkeit, Schnüffeln und Riechen zu unterscheiden bzw. auch die Stereoriechfähigkeit noch zu verbessern. Das wiederum wirkt sich erheblich auf die Schädelgestalt aus. Die Veränderungen in der Schädelgestalt verschiedener Hunderassen gegenüber dem Wolf werden derzeit in einer Arbeitsgruppe am paläontologischen Institut der Universität Zürich, unter der Führung von Marcelo Sanchez-Willagra und Madeleine Geiger, untersucht. Der Vergleich wird vorwiegend anhand von embryonalen und entwicklungsgeschichtlichen, also in der Welpen- und Junghundezeit aufgenommenen Schädelmaßen durchgeführt. Bereits kurz nach der Geburt zeigen die Schädel der Haushunde, und zwar ziemlich unabhängig von ihrer späteren Wolfsähnlichkeit oder Wolfsunähnlichkeit, deutlich eigentümliche Merkmale, die als neomorph bezeichnet werden. Diese neomorphen Merkmale bleiben die gesamte Lebenszeit der Hunde erhalten und sind ziemlich unabhängig von der Gestalt der betreffenden Rasse. Zusätzlich kommt es zu einer Verjugendlichung: In jedem aufgenommenen Alter sind die Schädel der Junghunde mit denen jeweils jüngerer Wolfswelpen bzw. Jungwölfen vergleichbar. Auch bei Rassen, die im erwachsenen Zustand keine verjugendlichenden Merkmale mehr aufweisen, ist diese Entwicklungsverzögerung deutlich erkennbar. Jede Hunderasse zeigt in ihrer Schädelentwicklung ein deutlich zusammengesetztes Mosaik an verschiedenen Entwicklungsverzögerungen, Entwicklungsbeschleunigungen und neomorphen, also vom

Wolf unabhängig auftretenden Merkmalen. Auch Abby Drake vom College of the Holy Cross in Massachusetts hat in einer Vergleichsuntersuchung von 677 Hundeschädeln mit 401 Wolfsschädeln unterschiedlichen Alters gezeigt, dass es bei der Entwicklung rassetypischer Schädelformen nicht primär um eine Ausformung von Pädomorphosen, also permanter Kleinkindmerkmale gegenüber den Wölfen, geht. Das Gaumendach wird bei kurz- bis mittelschnäuzigen Rassen nach oben, bei langschnäuzigen nach unten gekippt (Drake und Klingenberg, 2010). Hier entstehen also neue, nicht durch Entwicklungsverzögerung oder Entwicklungsstop gegenüber dem Wolf erklärliche Rassemerkmale.

REIFUNGSPROZESSE

Vergleicht man die Zeitpunkte des Auftretens von Zahnwechsel und Zahnreifung, Skelettreifung und physiologischer Geschlechtsreife, so unterscheiden diese sich bemerkenswerterweise nicht so stark vom Wolf wie bisher angenommen (Geiger et al., 2016). Die Reihenfolge der Reifungsprozesse im Bereich von Gebiss, Skelett und physiologischen Geschlechtsapparaten ist daher im Vergleich zwischen Hund und Wolf noch weitgehend ähnlich. Auch wenn die Zeitpunkte, zu denen die genannten Reifungsprozesse jeweils abgeschlossen sind, zwischen den verschiedenen Hunderassen sehr viel stärker variieren als innerhalb der Spezies Wolf, ist ihre relative Reihenfolge zueinander offensichtlich durch andere entwicklungsbiologische Prozesse gekoppelt und festgelegt.

BEISSKRAFT

Ein anderer Aspekt der Funktionsmorphologie des Hundekopfes wird von Kornelius Kupczik untersucht: die anatomischen Voraussetzungen und Gegebenheiten der Beißkraft von Hunden. Es gibt nur sehr wenige Studien zu diesem Thema, und die meisten bisher veröffentlichten haben einen erheblichen Mangel: Man kann einen Hund zwar auf ein Testgerät beißen lassen, weiß dabei jedoch immer noch nicht, ob er dies wirklich mit der vollen, ihm zur Verfügung stehenden Kraft getan hat (Kupczik und Fischer, 2015).

Dass Kleinhund auch entwicklungsgeschichtlich nicht gleich Kleinhund ist, zeigen die Dackel sehr deutlich: Im Bereich der Schädelproportionen, und auch des Körperbaus, wären sie durchaus mittelgroße Hunde, wenn da nicht die kurzen Beine wären!

Die Beißkraft von Wildkaniden ist enorm, doch nicht immer ist sie nötig.

Ein erster Ansatz zum Verständnis der Beißkraftunterschiede kann bereits aus einer mikroskopischen Untersuchung der Muskelfasern in den Kieferschließmuskeln von verschiedenen Hunderassen im Vergleich mit dem Wolf getätigt werden. Auch in der Kieferschließmuskulatur eines Säugetieres finden sich, genau wie an vielen anderen Stellen des Skeletts, zwei unterschiedlich leistungsfähige Muskelfasertypen: Die als rote Muskelfasern bezeichneten, die unter anderem durch den Gehalt an Myoglobin auch zu einer längeren, ausdauernden Tätigkeit befähigt sind, und die weißen, deren Stoffwechsel ohne den Sauerstoffspeicher des Myoglobins auskommen müssen, deshalb schnell ermüden, aber auf kurze Zeit eine höhere Kraftauswirkung ermöglichen. Auch hier können wir wieder unsere Alltagserfahrung heranziehen, das Fleisch eines Feldhasen oder einer Wildente hat wesentlich mehr rote Fasern als das Fleisch eines Kaninchens oder eines Huhns. Vergleicht man den Anteil von roten zu weißen Muskelfasern, so ergibt sich zunächst, dass Wölfe (hier wurden die Wölfe aus den neu zugewanderten Populationen in Ostdeutschland untersucht) einen höheren Anteil von roten Muskelfasern haben als Haushunde. Die Autoren erklären dies mit den unterschiedlichen funktionellen Ansprüchen, dass Wölfe ihre lebende und wehrhafte Beute festhalten und damit auch über längere Zeit noch Kieferkraft ausüben müssen.

Aber auch innerhalb der Haushunderassen ergeben sich durchaus Unterschiede, kurzschnauzige Hunde, etwa Boxer, Bullmastiff und Mops, weisen tendenziell einen höheren Anteil roter Fasern auf als langschnauzige Rassen wie Schäferhund, Retriever oder Galgo. Die immer wieder behauptete, enorm große Beißkraft der sogenannten Kampfhunde dagegen lässt sich wohl mit solchen Studien nicht unterstützen. Abgesehen davon zeigen erste, noch unveröffentlichte Ergebnisse der Folgeuntersuchungen, dass z. B. zubeißende Belgische Schäferhunde nach einer Diensthundeausbildung eine so enorme Beißkraft ausüben, dass dabei auch eine Steigerung, so es sie denn gäbe, bei den sogenannten Kampfhunderassen keinen weiteren Anstieg ihrer Gefährlichkeit mehr bewirkt. Man darf auf weitere Ergebnisse dieser Studie gespannt sein.

DER SCHÄDEL DES HUNDES

Von groß und schwer bis klein und zierlich – die Formenvielfalt der Haushunde übertrifft die ihrer Vorfahren, der Wölfe, bei Weitem. Doch während jedem Hundefreund die Vielfalt der über 350 von der Fédération Cynologique Internationale (FCI) anerkannten Hunderassen bekannt ist, sind die Ursachen für diese Formenfülle selbst in Wissenschaftskreisen noch immer nicht abschließend geklärt. Obwohl sämtliche Hunderassen genetisch sehr nah miteinander verwandt sind, können sich ihre Körperformen und -größen so stark voneinander unterscheiden, wie man es sonst nur von verschiedenen Tierarten kennt. Dies betrifft insbesondere den Schädel des Hundes, der entscheidend das Erscheinungsbild der jeweiligen Rasse prägt. Ein häufig zu beobachtendes Phänomen bei Hundeschädeln ist das Auftreten von Missverhältnissen zwischen einzelnen Schädelanteilen. Jeder kennt z. B. Englische Bulldoggen, bei denen Unter- und Oberkiefer nicht so recht zusammenzupassen scheinen. Auch die Zähne sind manchmal von solchen Missverhältnissen betroffen. So sind die Zähne speziell kleiner und kurzschnäuziger Rassen häufig unverhältnismäßig groß. Solche Phänomene treten zwar in ähnlicher Form auch bei Wölfen auf, doch sind sie dort weniger häufig und auch weniger stark ausgeprägt. Diese Beobachtungen warfen für das Team vom Institut für Zoologie und Evolutionsforschung in Jena und Max-Planck-Institut für evolutionäre Anthropologie in Leipzig gleich mehrere Fragen auf: Ist der Zusammenhalt einzelner Schädelbestandteile beim Hund verlorengegangen, sodass diese häufiger getrennte (Entwicklungs-)Wege gehen? Wurde auch die Art und Weise, wie sich die Schädelanteile beim Hund zu einem Ganzen zusammenfügen, durch die künstliche Selektion verändert? Und liefert all das vielleicht einen neuen Erklärungsansatz für die Formenvielfalt des Hundeschädels?

Hundeschädel im Computertomographen

Um sich diesen Fragen zu nähern, wurden 196 Hunde- und Wolfsschädel aus verschiedenen Museumssammlungen für eine erste Studie ausgewählt (Curth et al., 2017a). Dabei wurde insbesondere darauf Wert gelegt, dass das Formenspektrum der verschiedenen Rassen möglichst gut abgedeckt wurde. Der mit 120 Schädeln größte Teil der Stichprobe entstammte der umfangreichen Sammlung der Albert-Heim-Stiftung im Naturhistorischen Museum der Burgergemeinde Bern. Von der Albert-Heim-Stiftung finanziell unterstützt, wurden diese Schädel im Computertomographen (CT) der Vetsuisse Fakultät Bern gescannt. Das CT-Verfahren ermöglicht es, nicht nur das Äußere des Schädels zu studieren, sondern auch innere Strukturen darzustellen. So können z. B. Zähne und Zahnwurzeln untersucht werden, ohne den wertvollen Schädeln aus den Museumssammlungen zu schaden (siehe Abb. Schädel, S. 318).
Um die Form des Schädels und der Zähne zu erfassen und um diese auch statistisch untersuchen zu können, wurden computergestützt 99 Datenpunkte auf jedem Schädel verteilt – geometrische Morphometrie. Bei dieser Methode bilden die am Schädel aufgenommenen Datenpunkte eine geometrische Figur, die der Gestalt des Schädels sehr nahe kommt. Nach derartiger Erfassung zahlreicher Individuen wird es möglich, die

komplexe Form des Hundeschädels für die gesamte Stichprobe zu untersuchen und Muster in diesen Daten zu erkennen, z. B. wie das Zusammenspiel einzelner Schädelkomponenten letztlich die rassetypische Schädelform ergibt. Nicht zuletzt wird es dadurch auch erst möglich, einen Wert zu ermitteln, der Auskunft über die eventuelle Entkopplung von einzelnen Schädelanteilen geben kann.

Kaum Unterschiede im Vergleich zum Wolf

Stefan Curth und sein Team fanden heraus, dass der Zusammenhalt der einzelnen Schädelkomponenten, also von Zähnen, Unter- und Oberkiefer bei Hunden noch genauso gegeben ist wie beim Wolf, auch wenn Missverhältnisse im Schädelbereich etwas anderes andeuten. Drei zentrale Variablen der Schädelformvariation sind es, die gleichermaßen bei Hund und Wolf die Gestalt der einzelnen Schädelanteile bestimmen:

1. Die augenfälligste und gleichzeitig bedeutendste Variable ist die Länge der Schnauzenregion relativ zum Hirnschädel. Sehr kurzschnäuzige Rassen wie etwa Möpse und Bulldoggen bilden dabei das eine, sehr langschnäuzige Rassen wie Windhunde das andere Extrem.
2. Ein weiteres Charakteristikum des Hundeschädels ist die Abknickung der Schnauzenregion gegenüber dem Hirnschädel. Ein prominentes Beispiel hierfür sind Bullterrier mit stark nach unten abgeknickten Schnauzen, während es Rassen wie Französische Bulldoggen sind, die sich durch eine eher nach oben abgeknickte Schnauze auszeichnen.
3. Der Schädel von Hunden und Wölfen variiert von sehr robusten und breiten bis hin zu eher grazilen und schlanken Formen. Das breiteste Formenspektrum im Bereich des Schädels findet sich bei den Gesellschafts- und Begleithunden, die, anders als etwa Jagdhunde, ihren Kauapparat nicht mehr zum Erfüllen einer speziellen Funktion für den Menschen benötigen. Die Ergebnisse deuten darauf hin, dass Hunde die von den Wölfen vorgelegten Muster der Variation um einiges mehr ausreizen als Wölfe es bedingt durch Selektionsdrücke in der Natur können, ohne aber konservative Entwicklungsmuster aufzubrechen.

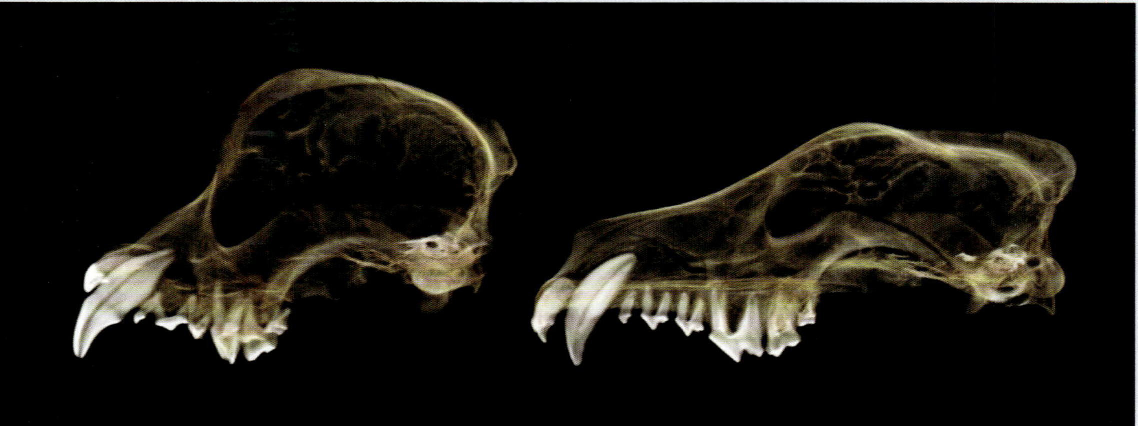

Zwei 3D-Rekonstruktionen von den Schädeln einer Englischen Bulldogge und eines Schäferhundes. Die Computertomographie macht auch die Untersuchung der Zahnwurzeln möglich.

Formenvielfalt auch im Bereich des Kiefergelenks

Durch das überraschende Ergebnis des unverändert hohen Zusammenhalts einzelner Schädelkomponenten beim Hund wurde die Fragestellung für eine zweite Studie geprägt (Curth et al., 2017b). Sollte dieser starke Zusammenhalt auch für das Kiefergelenk gelten? Kann man bei bloßer Betrachtung des Kiefergelenks auf die Gestalt des restlichen Schädels schließen und anders herum?

Das Kiefergelenk eines Wolfes funktioniert – sehr vereinfacht gesprochen – so ähnlich wie ein Türscharnier. Ein rollenförmiger Gelenkkopf am Unterkiefer wird dabei von einer von der Seite gesehen U-förmigen Gelenkpfanne am Schädel umschlossen. Diese Form beschränkt die Bewegungen, die mit dem Unterkiefer ausgeführt werden können, fast ausschließlich auf öffnende und schließende Bewegungen. Komplexe Bewegungen in alle Richtungen, wie wir es von unserem eigenen Kiefergelenk kennen, sind dabei nur sehr eingeschränkt bis gar nicht möglich. Für einen Fleischfresser wie den Wolf ist diese Einschränkung aber kein Problem, sondern eher eine Grundvoraussetzung für das Zerkauen von Fleisch. Denn mit dieser speziellen Form werden sehr präzise und kraftvolle Bisse möglich, ein Ausrenken des Gelenks wird in der Regel effektiv verhindert. Bei der Begutachtung der zahlreichen Schädel, die schon in die erste Studie eingegangen waren, fiel allerdings auf, dass das Aussehen des Kiefergelenks bei Hunden sehr deutlich von dem des Wolfes abweichen kann. Eine Überraschung, wenn man bedenkt, wie abhängig die spezielle Funktion des Fleischfresser-Kiefergelenks von seiner Scharnierform ist. Die Variabilität ist in der Tat so auffällig und dennoch bislang kaum beschrieben, dass Stefan Curth diesem Thema eine eigene Studie widmete. In dieser ging es um die Frage, woher diese Gelenksvariation ihren Ursprung nimmt, ob sie z. B. ein bloßes Nebenprodukt der insgesamt hohen Schädelvielfalt ist oder von den teils enormen Größenunterschieden einiger Hunderassen herrührt. Erneut wurden 274 Computertomographien von Hunde- und Wolfsschädeln herangezogen. Mit den Methoden der geometrischen Morphometrie konnte erstmals nachgewiesen werden, dass die Variation des Kiefergelenks von Hunden die von Wölfen deutlich übersteigt. Ebenso konnte gezeigt werden, dass sich gewisse Eigenschaften des Kiefergelenks tatsächlich von der Gestalt des restlichen Schädels (vor allem der Variation in relativer Schnauzenlänge, Schädelknickung und -größe) ableiten lassen. Ein auffälliges Ergebnis war allerdings, dass es vielfältige Abweichungen von dieser Regel gibt. So können Hunde mit sehr ähnlich geformten Schädeln durchaus sehr unterschiedliche Kiefergelenke aufweisen (siehe Abb. Kiefergelenk). Dies wiederum spricht für einen gewissen Grad an struktureller Unabhängigkeit des Kiefergelenks vom Rest des Schädels. Es ist denkbar, dass speziell kleine Skelettstrukturen wie das Kiefergelenk stärker von der Belastung während des Kauens beeinflusst werden. Insbesondere schief stehende Zähne, die

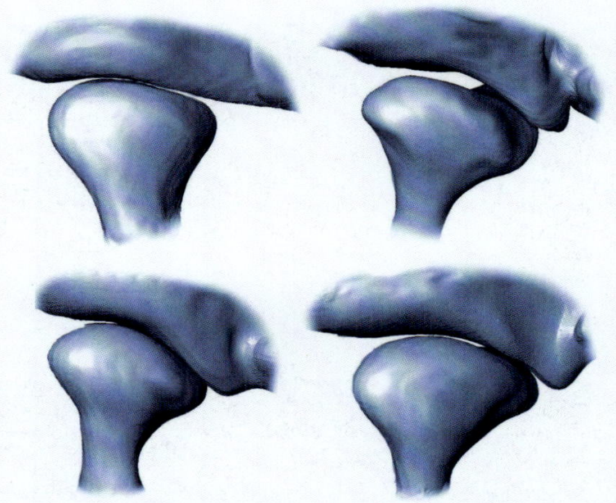

Sehr unterschiedliche Kiefergelenksformen trotz ähnlicher Schädelform bei Französischen Bulldoggen.

bei Bulldoggen häufig auftreten, könnten unnatürliche Kaubewegungen nach sich ziehen, die dann erzwungenermaßen eine Verformung des Kiefergelenks hervorrufen.

Gekoppelte Entwicklung von Schädelbestandteilen

Was die Forschung zeigt, ist, dass durch die züchterisch gewollte Selektion eines bestimmten Merkmals (z. B. einer kurzen Schnauze) sich auch andere Merkmale des Schädels (und vielleicht sogar Merkmale des ganzen restlichen Körpers, wie z. B. der Beine) erzwungenermaßen mit verändern, einfach, weil sie einer geteilten Genetik und geteilten Entwicklungswegen unterliegen. Dies sieht man insbesondere dann sehr eindrucksvoll, wenn man eine Bulldogge mit einem Windhund vergleicht. Während Windhunde sich durch einen schlanken Körper und einen schmalen und langen Kopf auszeichnen, haben Bulldoggen einen stämmigen Körper mit einem fast runden Kopf. Einen Windhund mit einem Bulldoggenkopf zu züchten, ist möglicherweise züchterische Unmöglichkeit, weil es dazu nötig wäre, hunderttausende Jahre alte Entwicklungsmuster aufzubrechen. Interessanterweise folgt die Schädelevolution bei ganz anderen Tiergruppen, wie etwa bei Tauben, Primaten und Menschen, ganz ähnlichen Mustern. Dies weist auf sehr alte Entwicklungsprogramme hin, an denen beim Hund auch menschliche Intervention nichts ändern konnte.

DR. STEFAN CURTH

beschäftigte sich bereits im Rahmen seiner Staatsexamensarbeit mit der Morphologie von Wirbeltieren. Während zu dieser Zeit allerdings noch australische Blauzungenskinke im Zentrum seines Interesses standen, widmete er sich in seiner Doktorarbeit der Integration des Hunde- und Wolfsschädels. Betreut von Prof. Dr. Martin S. Fischer am Institut für Zoologie und Evolutionsforschung der Friedrich-Schiller-Universität Jena und PD Dr. Kornelius Kupczik am Max-Planck-Institut für evolutionäre Anthropologie in Leipzig (Max Planck Weizmann Center für integrative Archäologie und Anthropologie), entstanden zwei Publikationen, die die Fragen um den Zusammenhalt von einzelnen Schädelkomponenten beim Hund ergründen.

BEWEGUNGSSTUDIEN AM HUND

Die am weitesten verbreitete und häufig zitierte Studie zur Funktionsmorphologie des Hundes, die in den letzten Jahren veröffentlicht wurde, stammt ebenfalls aus Jena, die als „Jenaer Bewegungsstudie" bezeichneten Untersuchungen von Martin S. Fischer und Karin Lilje (Fischer und Lilje, 2011). Für diese Untersuchung wurden ca. 400 Hunde aus 32 Rassen, von jeder Rasse mindestens 10 Exemplare, herangezogen. Auch hier handelt es sich um Hunde, die bei ihrem Menschen ganz normal leben und lediglich zu den Untersuchungen nach Jena kamen. Ihre Drehpunkte und Muskelansätze an den Knochen wurden durch von außen aufgeklebte, reflektierende Markerplättchen gekennzeichnet. Dann liefen die Hunde auf einem mit standardisierter Geschwindigkeit ablaufenden Laufband vor einer Zeitlupenröntgenkamera. Die Ergebnisse der Studie revolutionieren die bisher vorhandenen Vorstellungen vom Bau und der Funktion des Hundeskeletts erheblich. **Bemerkenswert ist, dass zwischen den verschiedenen Rassen in den Gangarten weitestgehend Kontinuität besteht, Rassenunterschiede in den Gangarten und anderen Laufcharakteristika sind verschwindend gering.** Die Röntgenaufnahmen mit einer Geschwindigkeit von 500 Bildern pro Sekunde erlauben es z. B., die Drehbewegungen des Schulterblattes zu betrachten. Der Drehpunkt der Vorderextremität liegt nach diesen Untersuchungen am oberen Drittel des Schulterblatts auf einer Höhe mit dem Hüftgelenk. Die Schwingung und Drehbewegungen um diesen gedachten Aufhängepunkt des Schultergelenks liefern einen wesentlichen Teil der Vorwärtsgeschwindigkeit der Hunde. Allein diese Erkenntnis lässt übrigens die meisten derzeit im Handel befindlichen und auf den Hunden zu findenden Brustgeschirre äußerst kritisch sehen. Die Schwingung des Schulterblattes muss durch die Konstruktion des Geschirrs auf jeden Fall sichergestellt sein. In erster Näherung können Sie Folgendes tun: Fotografieren Sie Ihren Hund von der Seite, und zwar zwei Mal. Einmal dann, wenn er das Hinterbein möglichst weit nach vorne geschwungen hat, und noch einmal, wenn er das Hinterbein möglichst weit nach hinten gestreckt hat. Dann praktizieren Sie eine Parallelenverschiebung und verschieben den Umriss des Oberschenkels auf beiden Bildern so weit nach vorne, bis er die Schulter erreicht hat. Sie haben dann die Schwingung des Schulterblattes, und dieser Winkel darf keinesfalls vom Geschirr in irgendeiner Form beeinträchtigt sein. Wer also unbedingt glaubt, seinen Hund am Geschirr führen zu müssen, oder wer, z. B. in der Fährten- oder Rettungsarbeit, tatsächlich auf die Geschirrführung angewiesen ist, sollte zumindest darauf achten, dass hier die funktionsmorphologischen Gegebenheiten nicht beeinträchtigt werden.

Eine weitere Erkenntnis der Jenaer Bewegungsstudie (Fischer, 2016) ist, dass die Rassestandards der verschiedenen Hunderassen bezüglich der Bewegungsbeschreibung ausgesprochen vage sind, mit den funktionsmorphologischen Gegebenheiten nichts zu tun haben, und demgemäß auch für die Bewertung im Ausstellungsring keine sinnvolle Grundlage liefern.

Bei der Auswahl eines Geschirres sollte man sich gut beraten lassen, damit es richtig sitzt.

AUS DER FORSCHUNG

FUNKTIONELLE ANATOMIE VON HUNDEN

Am Lehrstuhl für Spezielle Zoologie und Evolutionsbiologie an der Universität Jena erforschen wir seit nunmehr fast 13 Jahren die funktionelle Anatomie von Hunden. Dass sich Evolutionsbiologen mit Haustieren beschäftigen, ist seit Charles Darwin eigentlich selbstverständlich, hieß doch das 1. Kapitel in seinem bahnbrechenden Buch „Über den Ursprung der Arten", das 1859 erstmals erschien, „Variation under Domestication". Domestikation ist eines der größten und längsten Naturexperimente der Menschheit und das Studium von domestizierten Formen ermöglicht Einsichten in die Veränderbarkeiten des Baues von Organsimen von Pflanzen oder Tieren, die sonst nicht möglich wären.

Die Variabilität von Haustieren ist unterschiedlich! Vergleicht man z. B. die Verschiedenartigkeit von Katzen mit der von Hunden, ist offensichtlich, dass z. B. die Unterschiede in Körpergröße oder Schädelform bei Hunden viel größer ist oder sein kann als bei Katzen. Die Genetik gibt uns immer mehr Einblicke in die Grundlagen der Variabilität. Was uns in Jena am meisten interessiert, ist, ob und, wenn ja, wie sich mit den anatomischen Veränderungen auch die Funktion verändert. Die funktionelle Anatomie nimmt damit eine Zwischenstellung zwischen der klassischen, topographischen Anatomie und der Physiologie ein. Wir untersuchen nicht nur die Anatomie, sondern z. B. die Fortbewegung oder das Zubeißen am Hund.

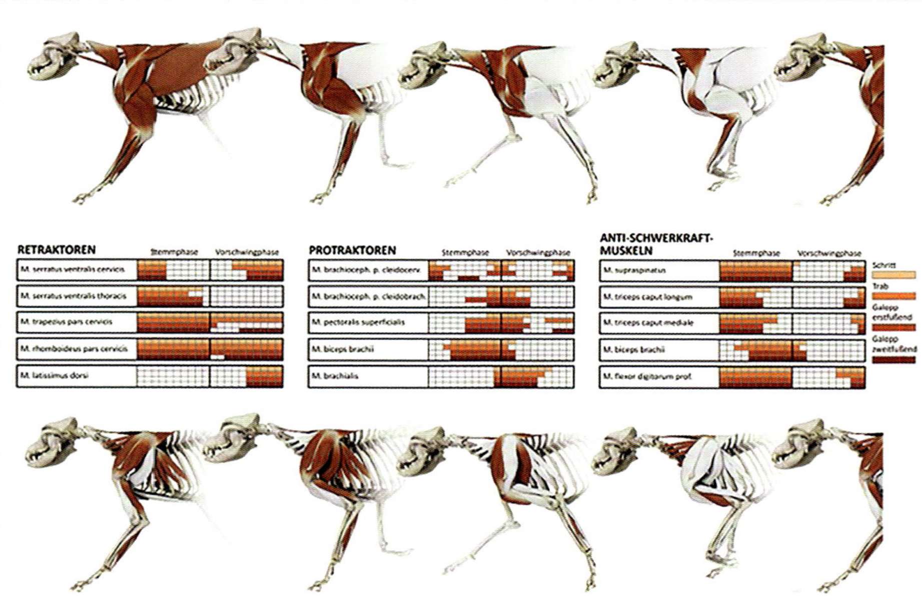

Die funktionelle Anatomie erklärt das Zusammenspiel von Skelett und Muskeln während der Bewegung.

Studie über die Fortbewegung des Hundes

Am bekanntesten ist sicher die „Jenaer Studie zur Fortbewegung des Hundes". Diese bisher, und wahrscheinlich noch lange, weltgrößte Studie zur Fortbewegung von Hunden begann 2005 und dauerte fast fünf Jahre. Prof. Dr. Martin S. Fischer wusste zunächst nicht, auf was für ein gigantisches Unternehmen er sich einließ, und ohne Dr. Karin E. Lilje wäre dieses vielleicht nicht zu einem glücklichen Ende gekommen. Das Team untersuchte 327 Hunde aus 32 Rassen auf die immer gleiche Weise in verschiedenen Gangarten mit dem Ziel, rassespezifische Bewegungsmuster zu erkennen. Für die Aufzeichnung der Fortbewegung wurden drei verschiedene Techniken verwendet: hochfrequente Videographie, markerbasierte Bewegungsanalyse (Qualisys) und hochfrequente, biplanare Röntgenvideographie. Das Ergebnis widersprach den Erwartungen, denn die Hunde zeigten bei der Fortbewegung in der Sagittalebene (in Laufrichtung von der Seite betrachtet) höhere individuelle Unterschiede als rassenspezifische. Hervorzuheben ist, dass sich neben der Deutschen Forschungsgemeinschaft (DFG), Rassezuchtverbände und die „Gesellschaft für kynologische Forschung" (GKF) in beträchtlichem Umfang finanziell beteiligten. Der Verband für das deutsche Hundewesen (VDH) hat die Studie ebenfalls unterstützt und das Buch „Hunde in Bewegung" oder „Dogs in motion" (Fischer und Lilje, 2011) ermöglicht. Dieses Buch hat eine unglaubliche Resonanz bei Tierärzten, Physiotherapeuten und unzähligen Hundehaltern bekommen und zu einer veränderten Sichtweise der Fortbewegung von Hunden geführt. Es ist schwierig, die vielen Ergebnisse dieser Studie kurz zusammenzufassen. Aber vielleicht ist der Nachweis, dass bei der gleichmäßigen, zyklischen Fortbewegung der Drehpunkt der Vordergliedmaßen auf gleicher Höhe wie das Hüftgelenk im oberen Drittel des

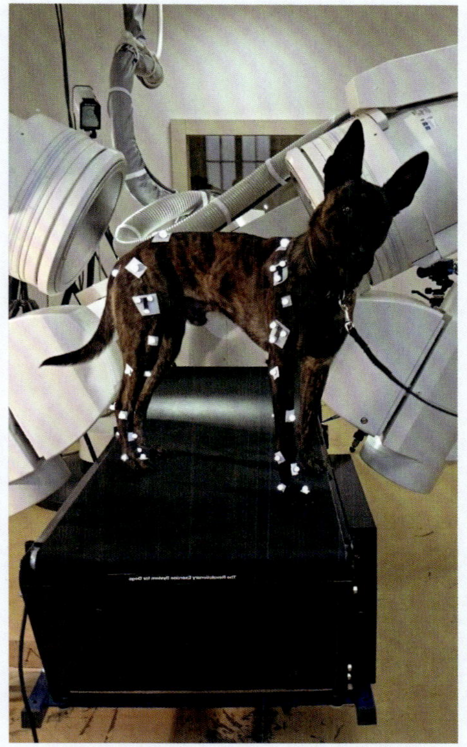

Ein Malinois der Sächsischen Polizeihundestaffel wartet auf seinen „Einsatz".

Schulterblattes liegt und sich dieses um 35° bis 40° dreht, besonders hervorzuheben. Oder dass das Schulterblatt und der Unterarm beziehungsweise der Oberschenkel und der Hinterfuß weitestgehend gleichsinnig und parallel geführt werden, technisch spricht man von einer Zwangskopplung. Die Studie konnte z. B. auch zeigen, dass die abfallende Kruppe der Schäferhunde zu einer Absenkung des Hüftgelenkes und damit zu einer sichtbar verlängerten Schrittlänge hinten führt.

Heel-Studie zur Gelenkdynamik

In der sich seit 2014 anschließenden „Heel-Studie zur Gelenkdynamik" wurde erstmals die 3D-Kinematik der Vorder- und Hintergliedmaßen untersucht und die in den Gelenken von Hunden tatsächlich auftretenden Drehmomente ermittelt. Da die

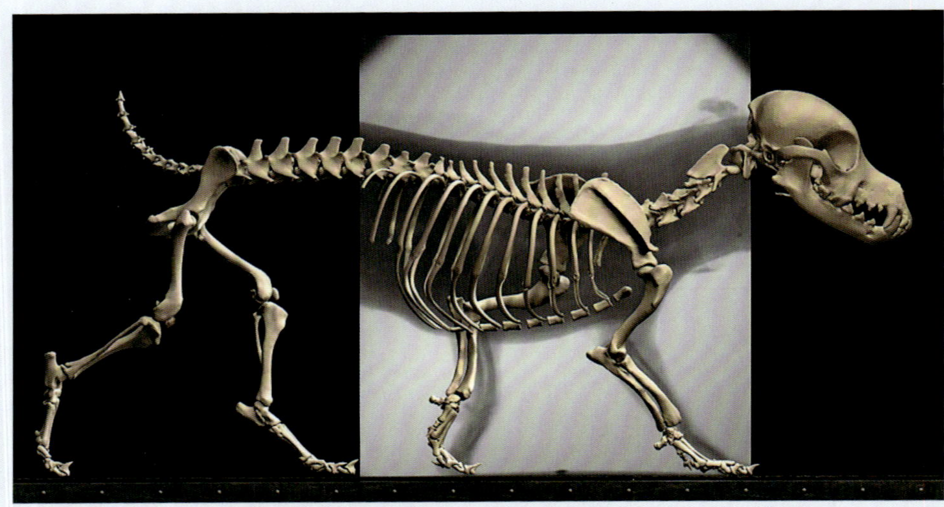

Ein virtuelles aus CT-Daten gewonnenes Skelett wird mit dem Röntgenfilm im Hintergrund zur Deckung gebracht.

Messungen und folgenden Auswertungen sehr aufwändig sind, konnten nur vier Rassen (Beagle, Französische Bulldogge, Malinois und Whippet) untersucht werden. Die kinematische Auswertung von 10–20 Schritten im Schritt und Trab von nur einem Hund dauert Wochen und die anschließende Analyse der kinematischen und kinetischen Daten mit der sogenannten Inversen Dynamik Monate. Dies ist ein mathematisch-physikalisches Verfahren, das die Ursachen von Bewegungen (nämlich Gelenkkräfte und -momente) aus deren messbaren Effekten (Kinematik aus Röntgenfilmen und Markerdaten und Bodenreaktionskräfte vom Laufband) berechnet. Mit der inversen Dynamik ist es möglich, Informationen über die Nettosumme der gesamten Muskelaktivität in jedem Gelenk zu ermitteln.

Alle Hunde kamen zunächst nach Jena, wo mit Hilfe unserer Hochgeschwindigkeits-Röntgenanlage Filme mit 500 Röntgenbildern in der Sekunde „gedreht" wurden. Diese Röntgenfilme wurden aus zwei Raumrichtungen aufgenommen, um die weltweit genauest möglichen Daten für die Analyse der dreidimensionalen Fortbewegung zu erhalten. Von jeweils einem Hund der vier ausgewählten Rassen wurde dann eine Ganzkörper-Computertomographie durchgeführt, aus der mittels verschiedener Softwareprogramme ein virtuelles Skelett gefertigt wurde. Diese „Knochenmarionette" ist nun wiederum die Grundlage für eine Methode, die „Scientific Rotoscoping" genannt wird. Dabei wird z. B. ein virtueller Oberschenkel so lange gedreht und gewendet, bis dieser auf die Röntgenschatten beider Aufnahmeebenen passt. Diese Prozedur muss Bild für Bild wiederholt werden, was eine mühselige und viele studentische Hilfskraftstunden verschlingende Tätigkeit ist. Im Ergebnis erhalten wir dann von jedem Hund die Bewegung jedes Knochens, damit auch jedes Gelenkes und der gesamten Gliedmaßen im Raum.

Der zweite Teil der Messungen fand wenige Tage nach den jeweiligen Aufnahmen in Jena an der Tierärztlichen Hochschule Hannover statt. In Zusammenarbeit mit Prof. Dr. Nolte wurden auf einem besonderen Laufband Kraftmessungen an den mit Markern ausgestatteten Tieren durchgeführt. In Hannover gibt es europaweit das einzige viergeteilte Laufband, das es ermöglicht, die Kräfte jedes einzelnen Beines zu messen.

Die Ergebnisse der „Heel-Studie zur Gelenkdynamik" lassen in der dreidimensionalen Beinführung rassen- oder gruppenspezifische Unterschiede ausmachen. Vor allen Dingen weist die Französische Bulldogge eine enorme Abduktion der Hintergliedmaßen auf, als deren Konsequenz es zu einer erstmals beobachteten Längsachsenrotation des Oberschenkels kommt. Folgestudien müssen zeigen, ob wir hier einer physiologischen Ursache von Kreuzbandschädigungen bei bestimmten Rassen auf der Spur sind. Erste Ergebnisse sind bereits in das 2015 erschienene Buch „Lahmheitsuntersuchung beim Hund" von Daniel Koch und Martin S. Fischer eingeflossen.

Untersuchungen zur Hüftgelenksdysplasie

Für das soeben begonnene Projekt, „Ermittlung der Gelenkflächenbelastungen in ausgewählten Gelenken bei unterschiedlichen Gangarten und Sprüngen", werden erstmals Labrador Retriever mit zwei unterschiedlichen Befunden zur Hüftgelenksdysplasie (HD) untersucht. Es werden einerseits zwei- und sechsjährige Hunde mit HD A und andererseits mit HD C–D gemessen. Wieder sind direkte Messungen von Gelenkflächenbelastungen unmöglich oder wären so invasiv, dass sie am lebenden Tier auch ethisch fragwürdig wären. Als einziger Zugang zur Ermittlung der Belastung auf den Gelenkflächen bleibt die numerische Simulation. Die „Finite Elemente Methode" (FEM) ist ein numerisches Verfahren, das es erlaubt, die Verteilung von Spannungen, Deformationen und Verschiebungen in Strukturen oder auch in Elementen des Bewegungsapparates zu berechnen.

Studien zur Sportart Agility

Agility ist ein Hundesport, der sich immer größerer Beliebtheit erfreut. Ziel ist es, den Hund möglichst schnell und fehlerfrei durch einen Parcours aus verschiedenen Hindernissen zu führen. Die Teamarbeit von Hund und Halter sowie Springen bei hohen

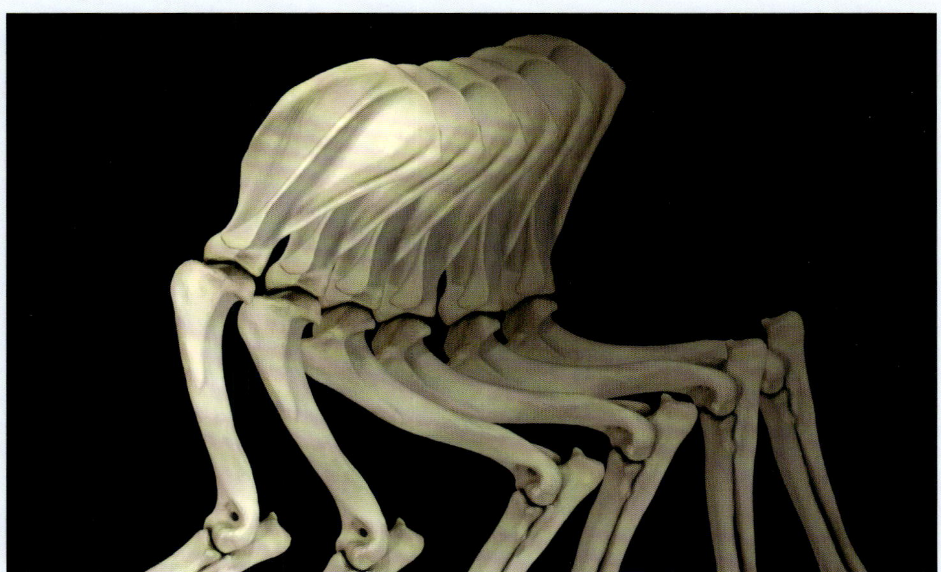

Um den Drehpunkt im oberen Drittel des Schulterblattes wird das Schulterblatt während der Stemmphase um 35° – 40° nach hinten gedreht. Beim Abfußen befindet es sich in senkrechter Position. Die Darstellung zeigt dies in „Oberlay"-Technik.

Geschwindigkeiten in Kombination mit Richtungsänderungen sind entscheidend für den Erfolg in dieser Disziplin. Wie in jeder Sportart gibt es auch im Agility ein inhärentes Risiko von Verletzungen der teilnehmenden Hunde. Zwei unabhängige Studien zeigten, dass sich ein Drittel der Hunde in diesem Sportbereich mindestens einmal verletzt (Levy et al., 2009; Cullen et al., 2013a). Des Weiteren ergab eine Risikoanalyse, dass besonders Border Collies ein höheres Verletzungsrisiko haben, und dass unerfahrene Hunde und Halter ebenfalls zu einem höheren Verletzungsrisiko beitragen. Dabei sind die biomechanischen Mechanismen, die zu Verletzungen führen, noch unbekannt (Cullen et al., 2013b).
In einer laufenden und ebenfalls von der GKF geförderten Doktorarbeit wird erstmalig die vollständige Beschreibung von Kinematik (Gelenkwinkelverläufe, Segmentbewegungen) und Kinetik (Bodenreaktionskräfte, inverse Dynamik) der Bewegung von Hunden bei ausgewählten Agility-Übungen untersucht. In Zusammenarbeit mit Prof. Dr. Heiko Wagner und seinen Mitarbeitern im Bewegungslabor der WWU Münster, werden gerade Sprünge und Kurvensprünge von erfahrenen und unerfahrenen Hunden und Haltern aufgezeichnet. Dabei werden die Mechanismen der einzelnen Beine vom Absprung bis zur Landung betrachtet.
Die Studie umfasst 20 Border Collies, welche in zwei Erfahrungsgruppen unterteilt wurden. Um die Bewegungsabläufe aufzuzeichnen, wurde ein Infrarotbewegungsmesssystem genutzt, das mit 16 Kameras die zuvor am Hund angebrachten, reflektierenden Markerkugeln erfasst. Synchron wurden die auftretenden Bodenreaktionskräfte über acht im Boden integrierte Kraftmessplatten aufgezeichnet. Die Messungen befinden sich derzeit in der Auswertung, aber schon zum gegenwärtigen Zeitpunkt zeigt die Auswertung, wie erfahrene Hunde es lernen, die Sprünge besser zu meistern.

PROF. DR. DR. H.C. MARTIN S. FISCHER
hat an der Biologischen Fakultät der Universität Tübingen promoviert. 1986 – 1987 Wissenschaftlicher Mitarbeiter am Zentrum der Morphologie, Klinikum der Universität Frankfurt am Main, 1987 – 1993 Wissenschaftlicher Mitarbeiter und Wissenschaftlicher Assistent am Zoologischen Institut der Universität Tübingen, 1992 Nominierung zum Direktor des Zoologischen Gartens der Stadt Frankfurt am Main, 1993 Habilitation „Die Lokomotion von *Procavia capensis* (*Mammalia: Hyracoidea*). Ein Beitrag zur Evolution des Bewegungssystems der Säugetiere". Seit 1993 Inhaber des Lehrstuhles für Spezielle Zoologie und Evolutionsbiologie und Direktor des Institutes für Zoologie und Evolutionsforschung mit Phyletischem Museum der Universität Jena, 2004 Nominierung zum Generaldirektor des Museums für Naturkunde der Humboldt-Universität zu Berlin. Mitglied verschiedener Arbeitsgruppen des Wissenschaftsrates und der DFG. Mitglied des wissenschaftlichen Beirates des VDH, Kuratoriumsmitglied der Gesellschaft für kynologische Forschung (GKF). Verleihung der Ehrendoktorwürde durch den Fachbereich Veterinärwissenschaft der Justus-Liebig-Universität in Gießen.

HÖRFÄHIGKEIT

Neben dem Bewegungsapparat und dem Schädel werden vorwiegend die Leistungen der Sinnesorgane in den letzten Jahren sehr intensiv erforscht.
Hier ist zunächst nochmals eine Studie aus dem paläontologischen Institut der Universität Zürich von Interesse. In einer Arbeit von Anita Schweizer und Co-Autoren (Schweizer et al., 2017) wurden die Größenverhältnisse und die relative Anordnung zueinander in den Organen des Innenohrs verschiedener Hunderassen, verglichen mit Wölfen und Australischen Dingos, untersucht. Dieses Organ, das sowohl dem eigentlichen Hören als auch dem Gleichgewichts- und Bewegungssinn dient, ist eine derjenigen Strukturen, die mit der Orientierung im Raum, aber eben auch mit der Fähigkeit zum Richtungshören und anderen, auch in der Arbeit von Hunden bedeutsamen Verhaltenseigenschaften zusammenhängt.
Ergebniss: Es gibt zwar eine leichte Variabilität innerhalb der modernen Hunderassen, diese weist jedoch im Vergleich zum Wolf keine statistische Signifikanz auf. Die Winkel zwischen den verschiedenen Bogengängen, den für die Lagebestimmung im dreidimensionalen Raum wichtigen Teilen des Innenohrs, sind bei Wölfen deutlich größer als bei Haushunden, die Größenvariabilität des gesamten Innenohrs dagegen ist bei Wölfen deutlich geringer als bei den Haushunderassen. Die Form des Organs beim Australischen Dingo ist eher der des Haushundes und weniger der des Wolfes ähnlich. Hier zeigt sich auch bei anderen Tierarten offensichtlich immer wieder, dass bei sekundärer Verwilderung einer bereits domestizierten Haustierform die Verhältnisse im Innenohr des ursprünglichen wilden Stammvaters nicht wiederhergestellt werden. Die Varianz in Struktur und Form des Innenohrs wird am allermeisten bei den Haushunden durch die Körpergröße erklärt, andere Einflussfaktoren wie Rasse etc. scheinen demgegenüber keine Bedeutung zu haben.

GERUCHSSINN

Simon Gadbois und Catherine Reeve (2014) fassen neue Erkenntnisse zur Neurobiologie und den unterschiedlichen Bedeutungen der verschiedenen Anteile des Riechsystems bei Hunden zusammen. Riechen und Schnüffeln sind, wie bereits erwähnt, zwei unterschiedliche Bestandteile der geruchlichen Orientierung. **Riechen passiert gewissermaßen nebenher, während die Atemluft eingesogen wird. Schnüffeln dagegen erfolgt durch die seitlichen Teile der Nasenlöcher und ist eine extra angesteuerte Form der Bewegung.** Während des Schnüffelvorgangs werden auch die dopamingesteuerten, also mit Selbstbelohnung, Lustgewinn etc. versehenen Teile des Gehirns aktiviert. Verstärkt wird es, wenn gleichzeitig noch die Bewegungsmuskulatur, sei es durch Scharren, Graben oder Vorwärtslaufen, aktiviert ist. Dann kommt es sehr leicht zu einer Dopaminüberschüttung des Gehirns, besonders bei Rassen, die ohnehin bereits in ihrem Grundbestand einen höheren Dopaminspiegel aufweisen. Hier können regelrechte Nasenjunkies entstehen.

Beim Australischen Dingo ist die Form des Innenohrs mehr hund- als wolfsähnlich.

☞ **AUS DER FORSCHUNG**

MORPHOLOGIE DES INNENOHRS

Das knöcherne Labyrinth oder Innenohr ist ein kompliziertes System von Kanälen und Hohlräumen im Felsenbein und beherbergt sowohl das membranöse Gleichgewichtsorgan als auch das Hörorgan. Die Anatomie des Gleichgewichtsorgans der Wirbeltiere ist ausgesprochen konserviert und besteht bei der Mehrheit der Gruppen aus den drei Bogengängen und dem Fass-förmigen Vestibulum. Im Gegensatz zum Gleichgewichtsorgan unterscheiden sich Säugetiere (außer Kloakentieren) von anderen Wirbeltieren deutlich im Bau ihres Hörorgans. Während dieses bei Reptilien und Vögeln meist eine einfache, nur wenig ausgedehnte Aussackung darstellt, kommt es bei den Säugetieren zur Bildung eines mehrfach gewundenen Ganges, der wegen seiner spezifischen Form als Gehörschnecke oder Cochlea bezeichnet wird.

Der Grund für die außergewöhnliche Aufwindung der Gehörschnecke der Säuger, die speziesspezifisch zwischen 1,5–4,25 Windungen besitzt, ist noch nicht gänzlich erforscht. Als sicher gilt aber, dass, verglichen mit anderen Wirbeltieren, die Aufwindung eine deutliche Verlängerung der Gehörschnecke in einem räumlich stark begrenzten Raum erlaubt. Die damit einhergehende Verlängerung der Basilarmembran inklusive des auditorischen Rezeptorfeldes ermöglicht es Säugetieren, Bandbreite und Grenzwerte der wahrnehmbaren Hörfrequenzen deutlich zu erweitern. Evolutiv betrachtet ist es wahrscheinlich, dass dies die Schaffung exklusiver Kommunikationskanäle außerhalb des Hörbereichs von Beutegreifern wie Vögeln und großen Reptilien zuließ.

Aussagen zum Hörvermögen

Da die Längen der knöchernen Gehörschnecke und der Basilarmembran korrelieren, ist es möglich, anhand der Länge der knöchernen Gehörschnecke vergleichende Aussagen zum Hörvermögen der Säugetiere zu treffen. Dies ist umso vielversprechender, da die Knochenmatrix des Felsenbeines, die das Innenohr umgibt, nach den Zähnen das härteste biologische Material des Säugetierkörpers darstellt und daher komplett erhaltene Innenohren im Fossilbericht überproportional oft vorliegen.

Taxonomischer Erkennungsmarker

Die Forschung der letzten Jahre hat zudem gezeigt, dass die Anatomie des Innenohres, trotz seines eigentlich konservierten Baus, deutliche artspezifische, ja sogar populationsspezifische Unterschiede aufweist. Diese taxonomische Spezifität ist neben funktionellen Unterschieden unter anderem auf Vielfalt im Bau von Schädelbasis und Gehirn zurückzuführen. Unsere Arbeitsgruppe konnte vor Kurzem zeigen, dass sich westafrikanische und zentralafrikanische Schimpansen statistisch messbar im Bau ihres Innenohres unterscheiden. Befunde wie diese machen die Morphologie des Innenohres zu einem wertvollen taxonomischen Erkennungsmarker. Dies gilt vor allem, wenn genetische Analysen nicht mehr möglich sind, wie es bei der Bewertung des Fossilberichts oftmals der Fall ist.

Ursprung der Domestikation

In einem ersten Forschungsprojekt möchten wir einen Beitrag zur Klärung des Ursprungs der Domestikation des Wolfes/Hundes leisten. Obwohl die Genetik in den letzten

Jahren unser Wissen zur Domestikation des Wolfes enorm erweitert hat, sind bis heute Ort und genaue Zeit dieses Prozesses unbekannt. Ein großes Problem bei der Suche nach dem Ursprung des Hundes ist dabei, dass fossile Überreste von *Canis lupus* aus der infrage kommenden Zeitspanne bisher nicht eindeutig bereits Hunden oder noch Wölfen zugeordnet werden können. Obwohl gegensätzliche Ansichten existieren, ist ausschließlich die Reduktion der Körpergröße ein verlässliches Merkmal, um frühe („archäologische") Hunde von Wölfen abzugrenzen. Vor allem beim Fehlen postkranialen Skelettmaterials und genetischer Spuren könnte daher die populationsspezifische Anatomie und hohe Erhaltungswahrscheinlichkeit des knöchernen Labyrinths dieses Organ zu einem verlässlichen Marker für die Identifikation der ersten Hunde machen. Aus diesem Grund haben sowohl wir in Jena als auch unabhängig von uns eine Züricher Arbeitsgruppe um den Evolutionsbiologen Marcelo Sanchez-Villagra Forschungsprojekte zur Anatomie des knöchernen Labyrinths von Hund und Wolf begonnen. Die Nutzung hochauflösender Computertomographie (µCT) ermöglicht zunächst einen zerstörungsfreien Blick in das Innere des Kanidenschädels. Basierend auf den CT-Bildern kann anschließend die Anatomie des Innenohres am Computer dreidimensional rekonstruiert werden (siehe Foto). Dies wiederum ermöglicht die Anwendung einer neuen und revolutionären Analysemethode, die die morphologische Forschung in den letzten Jahren deutlich vorangebracht hat: die dreidimensionale Gestaltanalyse bzw. die 3D-geometrische Morphometrie.

Die Gestaltanalyse erlaubt es, Ähnlichkeit bzw. Unterschiede zwischen Objekten zu beschreiben, zu visualisieren und vor allem statistisch messbar zu machen. Der große Fortschritt der 3D-Gestaltanalyse ist, dass nun auch Kurven und Oberflächen komplexer Strukturen (z. B. Innenohren), die sich nur in ihrer dreidimensionalen Gestalt verstehen lassen, untersucht werden können. Um die Gestalt des Innenohres zu extrapolieren, wird hierbei eine große Anzahl von anatomischen Messpunkten („landmarks") auf die innere Stromlinie und auf die Oberfläche des Kanalsystems der Bogengänge und der Gehörschnecke digital aufgebracht. Diese „landmarks" stellen die eigentliche Informationsquelle für die anschließende Gestaltanalyse dar. Obwohl die zugrunde liegende Fragestellung gleich war, haben die Züricher Kollegen und wir einen grundlegend unterschiedlichen Problemansatz gewählt. Während die Züricher Arbeitsgruppe möglichst viele Hunderassen, Dingos, archäologische Hunde und Wölfe aus ihrem

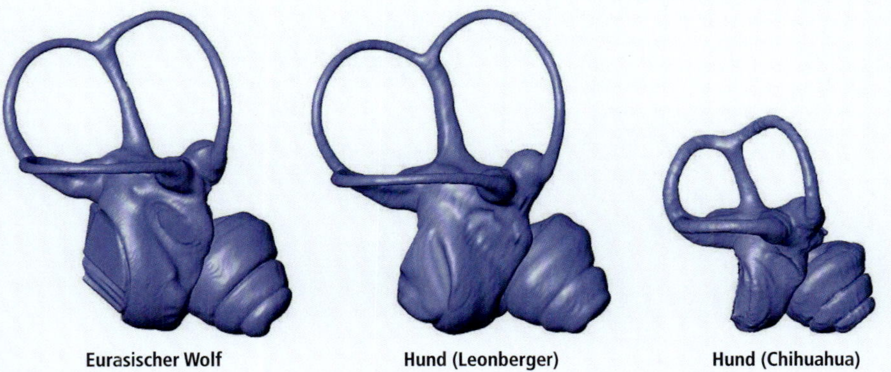

Größenunterschiede in der Morphologie der Gehörschnecke.

gesamten Verbreitungsgebiet untersuchten (Schweizer et al., 2017), haben wir ausschließlich Hunde und Wolfsschädel vergleichbarer Größe untersucht. Die Hunde durften zudem von keiner brachycephalen Rasse stammen und die Wölfe mussten der eurasischen Unterart (die Unterart, die den Hunden wahrscheinlich am nächsten steht) angehören. So unterschiedlich der Forschungsansatz, so unterschiedlich waren auch unsere Ergebnisse. Die Gruppe aus Zürich kam zu dem Ergebnis, dass auch die Gestalt des Innenohres keine klare Unterscheidung zwischen Wölfen und Hunden zulässt. Die Autoren folgern, dass fast alle Gestaltunterschiede ihrer beeindruckenden Stichprobe auf allometrische Effekte zurückzuführen seien. Allometrie, also der Zusammenhang zwischen Gestalt- und Größenveränderungen, ist ein nahezu allgegenwärtiges Phänomen in der Biologie. Die Gestaltsvariabilität des Innenohres von Canis lupus könnten demnach ausschließlich auf Körpergrößenunterschiede zurückzuführen sein, und das Innenohr wäre als Unterscheidungsmerkmal zwischen Wolf und Hund nutzlos.

Unsere Analyse ähnlich großer und ähnlich geformter Schädel hingegen erbrachte eine ganz klare, statistisch belegbare Unterscheidbarkeit des Innenohres des (eurasischen) Wolfes und des Hundes. Mehr noch, in beiden Gruppen war der Zusammenhang zwischen Ohrgröße und Ohrgestalt ähnlich, was uns zu dem Schluss kommen ließ, dass Größenunterschiede eben nicht für die Unterscheidung zwischen Wolf und Hund verantwortlich sind. Unser Befund ist daher ermutigend, und in einem nächsten Schritt sollen Innenohren von Tieren, bei denen eine Zuordnung zu Wolf oder Hund bisher nicht möglich war, und welche im Zusammenhang mit dem Ursprung der Domestikation von Canis lupus diskutiert werden, in unsere Analyse eingeflochten werden.

Hörvermögen

Eine zweite Fragestellung, die das Innenohr des Hundes ins Zentrum stellt, betrifft den Zusammenhang zwischen der Morphologie der Gehörschnecke und der Variabilität des Hörvermögens verschiedener Organismen. Die vergleichende Forschung hat gezeigt, dass die Längen von Basilarmembran und knöcherner Cochlea negativ mit der oberen und auch der unteren Grenze des hörbaren Frequenzspektrums eines Tieres korrelieren. Zudem nimmt die Länge der Cochlea mit steigendem Körpergewicht zu (Allometrie). Große Tiere, mit einer entsprechend langen Gehörschnecke (wie Menschen und Elefanten) hören daher meist besser im tieferen Frequenzbereich, wogegen Kleinsäuger oftmals eher hochfrequent hören. Hunde, als eine Art gesehen, zeigen eine unvergleichbare Breite in Bezug auf ihre Körpergröße (vom Chihuahua bis zum Bernhardiner oder zur Deutschen Dogge). Dementsprechend variiert auch die Länge der Gehörschnecke. So ist der Schneckengang eines von uns untersuchten Chihuahuas 2,65 cm lang, der einer Deutschen Dogge dagegen 3,54 cm. Zu erwarten wäre daher, dass große Hunde besser im tieffrequenten Bereich hören, kleine dagegen im hochfrequenten. Überraschenderweise haben experimentelle Studien zum Hörvermögen gezeigt, dass Hunderassen verschiedenster Größen sich nicht im Hörvermögen unterscheiden (Heffner, 1983). Die spannende Frage ist nun, wie trotz der durch Größenveränderung geradezu „aufgezwungenen“ Unterschiede in der Morphologie des Gehörorgans eine gleiche Funktion ermöglicht wird. Wir vermuten, dass Gestaltunterschiede in der Gehörschnecke solche funktionellen Konsequenzen ausgleichen können. In diesem Zusammenhang bekommt die Erforschung des Innenohrs des Hundes auch Relevanz für das Verständnis allgemeiner Prinzipien der Organisation und Funktionsweise des Säugetierinnenohrs des menschlichen Fossilberichts.

DR. ALEXANDER STOESSEL
studierte Biologie an der Friedrich-Schiller-Universität Jena mit Spezialisierung auf Zoologie. Im Aschnluss folgte die Promotion am Institut für Spezielle Zoologie und Evolutionsbiologie der Universität Jena zum Thema der Biomechanik der terrestrischen Fortbewegung der Vögel. Von 2011-2016 arbeitete er als Postdoc in der Abteilung für Humanevolution des MPI für evolutionäre Anthropologie in Leipzig. Thematischer Schwerpunkt war die Evolution der Ohrregion rezenter und fossiler Hominiden, aber auch anderer Säugetiere.
Seit 2016 ist Dr. Alexander Stoessel Mitarbeiter am Institut für Zoologie und Evolutionsforschung der FSU Jena und Mitarbeiter in der Abteilung für Archäogenetik des MPI für Menschheitsgeschichte in Jena. Thematische Schwerpunkte sind die Evolution von Hören und Sprache bei Homininen und die Domestikation des Hundes.

DREI FRAGEN ZUR BEWERTUNG VON GERUCH

Die Leistungen, die zur Bewertung eines Geruchs wichtig sind, unterscheiden Gadbois und Reeve (2014) in drei wichtige Fragen:
— Was?
— Wo?
— Wie viel?

Jede dieser Fragen wird von verschiedenen Teilen des Riechhirns und des Geruchssystems bearbeitet.

WAS?

Die Frage nach dem „Was" zerfällt nochmals in drei aufeinander folgende Arbeitsschritte, nämlich die
— Entdeckung,
— Diskriminierung = Unterscheidung,
— Identifikation des Geruchs.

Hierfür ist ein als pyriformer Kortex oder primärer olfaktorischer Kortex bezeichneter Teil des Gehirns verantwortlich. Es handelt sich dabei um einen Teil des alten, schon bei Reptilien vorhandenen Vorderhirns, der unterhalb des eigentlichen Großhirns, an der Nahtstelle zum Riechkolben, liegt. **Dort wird auch in einem Teil des pyriformen Kortex die chemische Struktur der Geruchsstoffe erkannt und bewertet.**

WO?

Das „Wo", das eben beim Suchen oder bei Fährtenarbeit und Mantrailing von besonderer Bedeutung ist, spielt sich im als entorhinaler Kortex bezeichneten Teil ab, und hat direkte Verbindung mit dem Hippocampus, dem zentralen, sowohl für Motivation, Aktivität, aber eben auch räumliche Orientierung und Ortsgedächtnis verantwortlichen Teil. Neben dem Hippocampus versorgt der entorhinale Kortex auch das vordere Stirnhirn und die seitlich im Augen-Schläfenbereich liegenden Teile des Großhirns mit Information.

WIE VIEL?

Das „Wieviel", die Abschätzung von Duftkonzentrationen, wird wohl überwiegend vom Riechkolben selbst und möglicherweise nachgeschaltet von Teilen der Großhirnrinde bewältigt.

Im Labor von Simon Gadbois werden unter anderem auch Hunde, die in praktischen Anwendungsgebieten, z. B. beim Aufspüren von bedrohten Tierarten, oder im Bereich der medizinischen Diagnostik (siehe S. 266 ff.) eingesetzt sind, auf ihre Leistungsfähigkeit überprüft. Simon Gadbois betont, dass ein Teil der Arbeit dieser Hunde unter Umständen in den Standardlabortests deshalb schlecht abschneidet, weil ihr Arbeitsgedächtnis bei einer Aufreihung von mehr als zwei bis allerhöchstens drei Duftproben nebeneinander, hintereinander oder in sonst einer unterschiedlichen Präsentationsform, bereits überfordert ist. Deshalb empfiehlt er dringend, anstatt eine Geruchsdifferenzierung durch gleichzeitige oder aufeinander folgende Präsentation von mehreren Duftproben beim Hund mit einer reinen Positivanzeige zu konditionieren, dem Hund jede einzelne Duftprobe mit einer Ja-/Nein-Entscheidung vorzulegen. Der Hund soll bei jeder vorgelegten Duftprobe also mit einem antrainierten Signal, dass er sie erkannt hat, und mit einem anderen, ebenfalls antrainierten Signal zeigen, dass seiner Einschätzung nach nicht der gesuchte Duft vorliegt. Dies würde die Leistungsfähigkeit des Arbeitsgedächtnisses, das als eine Art Zwischenspeicher im Gehirn dient, nicht überfordern und könnte daher die wirkliche Riechleistung der Hunde widerspiegeln.

TRADITION ODER TATSÄCHLICHE RIECHLEISTUNG

Die vielen komplexen Zusammenhänge, die offensichtlich bei der Bewertung von Riechleistungen zu beachten sind (zum Riechsystem und seinen besonderen Fähigkeiten siehe

Zur Wohlfühlatmosphäre einer guten Hundekinderstube trägt auch das von der Hundemutter ausgesonderte Beruhigungspheromon, das Appeasin, deutlich bei.

z. B. das Buch von Brigitte Rauth-Widmann, 2014), wurden durch eine besonders Aufsehen erregende Studie unterstützt: Nathaniel Hall und Co-Autoren konnten in einem Vergleich der Riechleistung von Möpsen, Deutschen Schäferhunden und Greyhounds keineswegs die überragende Riechfähigkeit des Deutschen Schäferhundes bestätigen (Hall et al., 2015). Die Geruchsdifferenzierung und auch die Fähigkeit, zunehmend verdünnte, also schwächer konzentrierte Gerüche zu erkennen, war bei den Möpsen deutlich höher als bei den Deutschen Schäferhunden. Die Greyhounds dagegen schnitten am schlechtesten ab, neun von zehn getesteten Greyhounds waren nicht in der Lage, die Duftproben zu erkennen.
Gerade in diesem Zusammenhang sind eben wohl nicht nur die Länge der Schnauze, die Zahl und Konzentration der Duftrezeptoren auf den Riechmuscheln, sondern auch psychische Faktoren wie etwa Ausdauer, Gewissenhaftigkeit und die relative Bedeutung der drei oben genannten neurobiologischen Anteile von größerer Wichtigkeit. Nathaniel Hall und seine Co-Autoren vermuten sogar, dass die Nutzung von bestimmten Rassen für die Geruchsarbeit nur von historischen Traditionen beeinflusst wäre und überhaupt keinen Zusammenhang mit den wirklichen Leistungen der Hunderassen in diesem Bereich hätte.

PHEROMONE

Pheromone sind Signalstoffe, die von einem Tier ausgesendet und jeweils von einem anderen, in der Regel einem Artgenossen, aufgenommen und zur Informationsauswertung genutzt werden. Daniel Mills und seine Arbeitsgruppe aus Lincoln haben sich dem Studium der Pheromonkommunikation bei Hunden besonders gewidmet. Am besten untersucht bei Hunden ist das Appeasin, dessen Existenz ursprünglich als Zitzensuchpheromon bei Mutterhündinnen nachgewiesen wurde (Mills et al., 2013). Inzwischen wurde bekannt, dass diese, wörtlich als Beruhigungsstoff zu übersetzende Signalsubstanz offensichtlich auch aus der Gehörgangsdrüse von Hunden, und zwar vorzugsweise von ranghöheren, statussicheren und souveränen Hunden in einer Mehrhundehaltung, produziert wird. Dies könnte nicht nur die bei Hunden sehr häufige Praxis des Ohrenbeschnupperns und Beleckens, sondern auch die häufige Beobachtung erklären, dass bei einer Gehörgangsentzündung eines Hundes eine ganze Mehrhundehaltung durcheinandergeraten kann.
Dass die Zunge beim Aufnehmen der Duftstoffe eine besondere Rolle spielt, hängt mit dem Verarbeitungsorgan der Pheromone zusammen. Das Vomeronasalorgan, auch als Jacobsonsches Organ bezeichnet, liegt im Munddach. Um dort Duftstoffe abzulanden, ist die Zunge oftmals besser geeignet als die Nase. Vom Vomeronasalorgan wiederum gibt es direkte Verknüpfungen zum als emotionales Zentrum des Gehirns betrachteten limbischen Systems. Dementsprechend versetzen Pheromone einen Hund in eine allgemein längerfristig bestehende emotionale Stimmung und sind weniger für die kurzfristige Kommunikation geeignet. Daniel Mills und seine Gruppe haben bereits ausführlich die Anwendung dieser Pheromone in der Verhaltensbeeinflussung von Hunden untersucht und konnten z. B. bei Problemen, wie Reisekrankheit, Trennungsstörungen oder ganz einfach beim Tierarztbesuch, zeigen, dass die Pheromonanwendung tatsächlich eine beruhigende und stressmildernde Wirkung hat.

WÄRMEDETEKTOR HUNDENASE

Eine weitere, Aufsehen erregende Studie über die Sinnesleistung von Hunden stammt von Ronald Kröger von der Universität von Lund, Schweden (Kröger, 2015; Kröger et al., 2017; Gläser und Kröger, 2017). Die sprichwörtliche kalte Hundenase ist offensichtlich ein Wärmedetektor. Mit Hilfe der Infrarotthermographie, letztlich einem ähnlichen Verfahren, wie es zum Aufsuchen von Kältebrücken an Fenster-

Die Hundenase kann nicht nur eine Vielzahl an Geruchsmolekülen analysieren, sie ist zudem auch noch ein Wärmedetektor.

rahmen und Türöffnungen von Gebäuden verwendet wird, konnten Nele Gläser und Ronald Kröger zeigen, dass gerade bei karnivoren Säugetieren die Temperatur auf der Oberfläche des Nasenspiegels wesentlich niedriger war als bei Pflanzenfressern. Bei Hundenasen ist im Temperaturbereich von 30 bis 15 Grad Celsius die Hundenase deutlich kühler als die Umgebungstemperatur, bei schlafenden oder gerade aufgewachten Hunden ist dieser Temperaturunterschied noch nicht erkennbar. In einer ersten Serie von Verhaltenstests konnte Ronald Kröger bemerkenswerte Leistungen bei Hunden erkennen: Er stellte zwei Plastikkanister, einen mit heißem und einen mit kaltem Wasser, hinter eine Sichtblende und beobachtete, ob Hunde aus einer Entfernung von mehreren Metern zwischen den beiden Kanistern unterscheiden konnten. Waren die Hunde darauf trainiert, jeweils die Wärmequelle anzuzeigen, konnten sie das auch im Blindversuch aus größerer Entfernung jederzeit tun. **Der Wärmesinn muss also über mehrere Meter durch Wahrnehmung von Wärmestrahlen funktionieren.**

MAGNETSINN

Und noch eine bemerkenswerte Sinnesleistung, die unter anderem von Hynek Burda und seinem Team von der Universität Essen, in Kooperation mit tschechischen Kollegen, genauer untersucht wurde, zeigt, dass Hunde einen Magnetfeldsinn besitzen.
Während bei Haushunden die Wirksamkeit dieses Magnetfeldsinnes bisher nur in einer sehr merkwürdig erscheinenden und funktional-ökologisch noch nicht erklärten Tatsache besteht, ist bei Füchsen in freier Natur bereits der ökologische Zusammenhang belegbar: Hunde richten sich offensichtlich beim Kot- und Urinabsetzen nach dem magnetischen Nord- und Südpol aus (siehe „Aus der Forschung“). Bei Füchsen konnten die tschechischen Kollegen nachweisen, dass diejenigen Füchse, die im hohen Gras oder im tiefen Schnee entlang der magnetischen Nord-Süd-Achse auf eine zu erbeutende Maus sprangen, eine wesentlich höhere Trefferquote erzielten, als diejenigen, die irgendwie schräg oder quer zur magnetischen Nord-Süd-Achse gesprungen waren (Begall et al., 2014).

MAGNETISCHE AUSRICHTUNG – EIN FALL DER SENSORISCHEN AUSRICHTUNG

Pflanzen, Tiere und Menschen nehmen üblicherweise eine Stellung im Raum ein, die nicht zufällig ist: Wenn Pferde sich z. B. sonnen, richten sie sich senkrecht auf Sonnenstrahlen aus (thermische Ausrichtung), die Forelle im Bach richtet sich mit dem Kopf gegen den Strom (Stromausrichtung), ein witternder Hund richtet sich gegen den Wind aus (Windausrichtung), das Publikum wendet sich dem Sprecher zu (Ausrichtung zu einem Attraktor), grasende Schafe auf einem Hang bewegen sich entlang der Höhenlinien (Isokline-Ausrichtung). Offensichtlich bringt solch eine Ausrichtung einige Vorteile, sie spart Energie oder bietet Zugang zu Nahrung, Sauerstoff oder Information. Stellen wir uns vor, dass es keine Steigung, keinen Attraktor, keinen Wind gibt und die Sonne nicht sichtbar ist. Wird die Orientierung (Körperachse, Kopfrichtung) eines ruhenden Tieres zufällig sein, oder wird es eine Kompassrichtung bevorzugen? Schon vor 50 Jahren wurde berichtet, dass einige Fische und Insekten sich in einer monotonen, an sensorischen Reizen arme Umgebung in Bezug zu Magnetfeldlinien aufstellen.

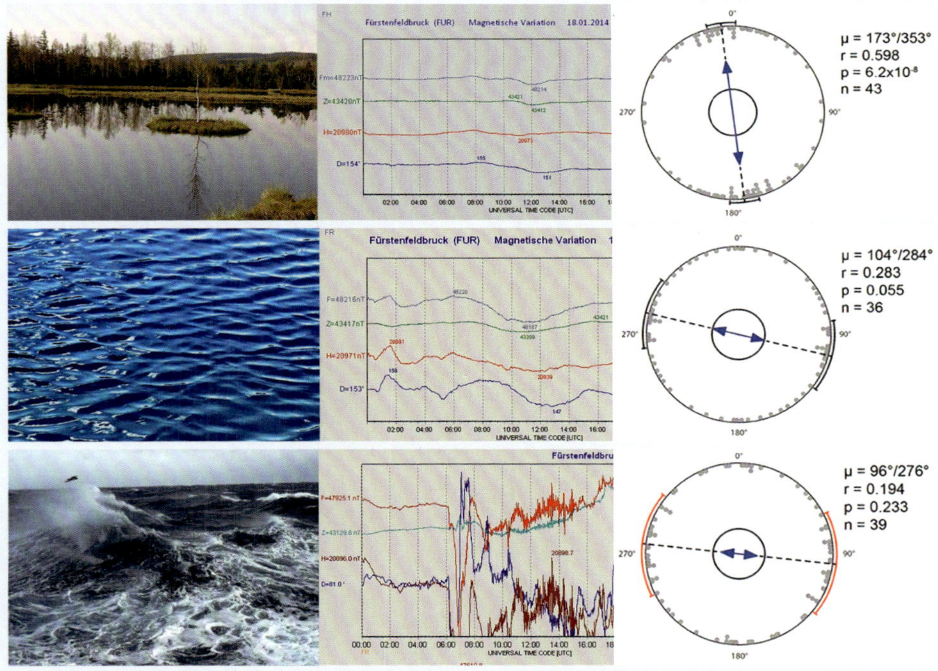

Das Erdmagnetfeld kann man sich als Wasseroberfläche vorstellen. Beim stürmischen Erdmagnetfeld (unten) zeigt auch das Magnetogramm (mittlere Säule) Schwankungen in allen Parametern. Beim ruhigen Erdmagnetfeld (oben) richten sich die Hunde beim Markieren entlang der Nord-Süd-Achse (rechte Säule). Die Ausrichtung ist jedoch zufällig beim magnetischen Gewitter.

Warum machen Tiere das?

Welche Informationen erhalten sie vom Magnetfeld? Oder können sie vielleicht Energie sparen, wenn sie magnetisch ausgerichtet sind? Wie spüren sie das Magnetfeld? Seit zehn Jahren verfolgen wir dieses Forschungsprogramm und haben über magnetische Ausrichtung bei grasenden und ruhenden Rindern, Rehen und Rotwild (Begall et al., 2008) und über Störung dieser Ausrichtung durch extrem niederfrequente Magnetfelder (ELF MF) unter Hochspannungsleitungen berichtet (Burda et al., 2009). In anderen Studien fanden wir magnetische Ausrichtung bei mausenden Rotfüchsen (Cervený et al., 2011), Karpfen in runden Bottichen auf Weihnachtsmärkten in Tschechien (Hart et al., 2012) und landenden Stockenten auf dem Wasser (Hart et al., 2013).

Wir haben die Befunde so interpretiert, dass die magnetische Ausrichtung den Tieren helfen könnte, die Bewegung in einer Gruppe zu synchronisieren und zu koordinieren, kognitive (mentale) Karten zu organisieren, die Entfernung und die Steigung zu messen und möglicherweise selektive sensorische Aufmerksamkeit zu fokussieren. Unsere Modell-Säugetiere (Rind, Hirsch, Fuchs) waren jedoch „unhandlich" und für weitere experimentelle Forschungen nicht handhabbar. Wir haben uns vorgestellt, dass Hunde ideale Modelltiere für weitere Forschungen darstellen könnten, da sie auf der ganzen Welt verbreitet und sehr gut konditionierbar sind.

Magnetische Ausrichtung bei Hunden

Unser Team von Sinnesökologen aus Essen und Wildbiologen aus Prag bat Hundebesitzer (Verwandte, Freunde und Studierende), in Analogie zu unseren bisherigen Forschungen an Rindern und Rehen, die Körperausrichtung der Hunde beim Fressen und Schlafen zu messen. Wir stellten jedoch bald fest, dass die Körperausrichtung bei diesen Aktivitäten bewusst oder unbewusst vom Hundehalter, von der Hausgeometrie usw. beeinflusst werden kann. Außerdem ist das Erdmagnetfeld in Gebäuden oft gestört, und es würde viele Kooperationspartner erfordern, eine ausreichend große Stichprobe zu erhalten. Wir stellten jedoch fest, dass Hunde, die während eines Spaziergangs defäkieren (koten) und urinieren, den Ort, an dem sie markieren (denn beim Urinieren geht es hauptsächlich ums Markieren), sehr sorgfältig wählen. Wir können Hunde daran hindern, an dem ausgewählten Ort zu markieren, wenn wir es nicht wünschen, aber wir können sie nur schwer dazu bringen, dort zu markieren, wo wir es möchten. Gut bekannt, aber rätselhaft und unerklärt (obwohl es viele Ideen gibt), ist das Drehen der Hunde, das sie manchmal vor dem Urinieren oder Koten durchführen. Wir standardisierten das Protokoll und baten unsere freiwilligen Helfer, die Kompassrichtung der Körperachse von defäkierenden und urinierenden Hunden aufzuzeichnen, die sich frei (also nicht an der Leine), im offenen Feld, d. h. nicht an Mauern oder Zäunen, und nicht etwa im eigenen Hausgarten bewegen. Wir rekrutierten ein Team von fast 40 Beobachtern, die 70 Hunden von fast 40 Rassen über zwei Jahre hinweg folgten und etwa 1 900 Defäkationsereignisse und 5 600 Urinierereignisse aufzeichneten.

Nachdem wir die Daten gesammelt hatten, führten wir kreisstatistische Analysen durch – und – zugegeben etwas enttäuschend – wir haben keine gemeinsame Präferenz für eine bestimmte Kompassrichtung gefunden. Wir analysierten die Daten in Bezug auf Geschlecht, Alter, Rasse und Körpermasse des Hundes, Tageszeit und Monat sowie den Beobachter – aber es ergab kein klares Bild. Bei einem Hund, einem männlichen Barsoi, haben wir besonders viele Daten über mehrere Monate gesammelt. Diese Stichprobe lieferte schließlich den Schlüssel zur Lösung. Wir stellten fest, dass dieser Hund an einigen Tagen und während einiger Spaziergänge

eine signifikante Kompassrichtungspräferenz zeigte (in seinem Fall für Nordwesten), während bei einigen anderen Spaziergängen und an bestimmten Daten seine Ausrichtung während der Markierung völlig zufällig war. Es war nur ein Zufall, dass wir bei der Analyse der Daten einen Radiobericht über geomagnetische Stürme hörten und die Idee entstand, das „Weltraumwetter" an jenen Tagen zu überprüfen, an denen der Barsoi anscheinend „desorientiert" war.
Der Vergleich zwischen „ruhigen" und „stürmischen" Tagen bestätigte, dass die Ausrichtung mit „magnetischem Wetter" irgendwie korreliert. Nun mussten wir noch suchen und finden, welche von den bekannten Indikatoren des magnetischen Wetters mit der „Ausrichtungsgenauigkeit" der Hunde am besten korrelieren. Wir fanden schließlich heraus, dass der beste Prädiktor für die Ausrichtung die Rate der Veränderungen der magnetischen Deklination vor dem Markierungsereignis des Hundes war. Dieser einzelne Faktor hatte die Kraft, aus einer zufälligen Verteilung eine hochsignifikante Ausrichtung zu extrahieren. Die meisten Volontäre kannten unsere früheren Befunde und eine unbewusste Messabweichung konnte nicht ausgeschlossen werden. Keiner von uns oder den Datensammlern kannte jedoch das „magnetische Wetter" bei der Messung und beim Eintragen der Daten in die Tabelle. Somit war die Studie tatsächlich völlig blind.

Warum machen Hunde das?

Der Hund hat eine Landkarte seines Streifgebiets oder erstellt so eine Karte, immer wenn er in einer unbekannten Region ist. Unsere Hypothese ist, dass der Hund beim Markieren versucht, die Position („Koordinaten") der Marksteine (als Orientierungspunkte) in seinem Raumgedächtnis zu speichern. Dies zu tun und/oder seinen magnetischen Kompass zu kalibrieren, ist wahrscheinlich einfacher, wenn er eine bestimmte konstante Referenzorientierung annimmt. In einer Analogie, wenn wir eine Landkarte lesen, drehen wir die Karte auch so, dass der Norden „nach oben" bzw. „nach vorne" bzw. in Richtung der Kompassnadel zeigt. Physisches Drehen des Körpers und der Karte ist offensichtlich einfacher als die mentale Rotation der kognitiven Karte.
Unsere Ergebnisse stellen den ersten Beweis für einige sinnesbiologische Phänomene dar:

a) Magnetorezeption bei Hunden,
b) Empfindlichkeit für geringfügige Veränderungen des Erdmagnetfeldes bei einem Säugetier,
c) Wahrnehmen kleiner Änderungen der Polarität (statt Intensität) des Magnetfeldes bei einem Tier. Die Erkenntnis, dass Hunde Magnetfelder wahrnehmen können, eröffnet neue Möglichkeiten zur Erforschung von Prinzipien und Mechanismen der Magnetorezeption.

Die Erkenntnis, dass Tiere kleine Oszillationen im geomagnetischen Feld wahrnehmen und mit einer Verhaltensänderung reagieren können, erfordert, diesen Faktor bei der Untersuchung und Analyse vieler Aspekte

Die Körperausrichtung des Hundes wurde als Kompassrichtung der Brustwirbelsäule gemessen.

des Verhaltens zu berücksichtigen. So z. B. bei den Untersuchungen und Aufgaben, bei denen die Lateralität eine Rolle spielt.

Lateralität und der „Zug des Nordens"
Lateralität (Händigkeit), also die Tatsache, dass ein Individuum eine Körperseite (oder eines von den paarigen Organen – Auge, Ohr, Extremität, Hirnhemisphäre) für bestimmte Zwecke öfter nutzt als die andere, ist ein gut beschriebenes und öfter untersuchtes Phänomen auch bei Haushunden. Wir haben uns die Frage gestellt, ob die magnetische Ausrichtung durch die Lateralität und umgekehrt beeinflusst oder sogar beeinträchtigt sein könnte. Wir testeten die Präferenz von Hunden, zwischen zwei Näpfen mit Snacks zu wählen, die vor ihnen links und rechts, in verschiedenen Himmelsrichtungen (Norden und Osten, Osten und Süden, Süden und Westen oder Westen und Norden) platziert wurden. Einige Hunde waren rechts-lateral, einige links-lateral, aber die meisten von ihnen waren ambilateral. Es gab eine Vorliebe für den Napf im Norden verglichen zu dem östlich des Hundes platzierten Napf. Dieser Effekt (Zug des Nordens, pull of the North) war signifikant bei kleinen und mittelgroßen Rassen, hochsignifikant bei Hündinnen, älteren Hunden und bei lateralisierten Hunden. Lateralität und Zug des Nordens sind Phänomene, die in verschiedenen Aufgaben und Verhaltenstests berücksichtigt werden sollten.

PROF. DR. HYNEK BURDA,
Jahrgang 1952, ist Biologe, seit 1995 Lehrstuhlinhaber für Allgemeine Zoologie an der Universität Duisburg-Essen und Gastprofessor an der Südböhmischen Universität in České Budějovice (Budweis) sowie Gastprofessor an der Agraruniversität in Prag. Seit 1986 hält, züchtet und erforscht er Graumulle sowie andere Arten unterirdisch lebender Säugetiere im Labor. Ein besonderes Augenmerk gilt der Sinnesbiologie dieser, aber auch anderer Säugetiere. Expeditionen führten ihn im Laufe der vergangenen Dekaden u. a. nach Sambia, Malawi und Simbabwe. Für die Arbeit über die Ausrichtung der Hunde beim Markieren erhielt er mit seinem Team den Ig-Nobelpreis 2014 für die Forschung, die „Menschen zuerst zum Lachen, dann zum Nachdenken bringt".

Illustration des Versuchsaufbaus: Untersuchung der Lateralität und des Effekts der Himmelsrichtung.

HUNDEZUCHT HEUTE

In Lehrbüchern der Zoologie und Evolutionsbiologie finden sich regelmäßig Beispiele für einen Vorgang, der als „Runaway"-Selektion bezeichnet wird. Das kann man wörtlich mit weggelaufener oder durchgegangener, aber vielleicht sinngemäß auch mit durchgeknallter Selektion übersetzen. In den zoologischen Lehrbüchern finden sich dafür Beispiele wie etwa das riesengroße Geweih der eiszeitlichen Riesenhirsche (Gattung *Megaceros*) oder den über einen Meter langen Schwanz des Argusfasans.

Die zugrunde liegenden Prozesse liegen dabei meistens im Bereich der sogenannten sexuellen Selektion: Wenn ein bestimmtes Merkmal, das ohnehin bereits ein Handicap (wie es der israelische Evolutionsbiologie Amotz Zahavi genannt hat) darstellt, von den weiblichen Tieren bevorzugt wird, haben regelmäßig diejenigen männlichen Tiere den größten Fortpflanzungserfolg, die in diesem Merkmal ihre Konkurrenten noch übertrumpfen können. Zeitweise ist das Handicap-Prinzip evolutionsbiologisch durchaus hilfreich. Wer als Hirsch ein besonders großes und schweres Geweih produzieren und herumtragen kann, zeigt seine Überlebensstärke. Er hat den Mineralhaushalt offensichtlich ganz besonders gut im Griff und kann sich die Verschwendung vieler Kilogramm von Knochenmasse jedes Jahr leisten, er hat eine starke Hals- und Nackenmuskulatur und einen kräftigen Schädel, der dieses mehrere Meter breite Konstrukt auch tragen kann. Und er kann trotzdem noch schnell genug rennen, wenn ein Beutegreifer ihn fangen möchte. Im Laufe der Zeit verkehren sich diese Vorteile jedoch zum Nachteil. Trotzdem ist er immer noch gezwungen, ein großes Geweih herumzutragen, um der Damenwelt zu imponieren.

Was dieser kleine Ausflug in die Eiszeit bedeutet? Nun, genau solche Prozesse laufen leider derzeit auch in der auf sogenannte Schönheit und Rassestandards ausgerichteten Hundezucht. Merkmale, die wir in den vergangenen Kapiteln bereits kennengelernt haben, und die ursprünglich eine durchaus sinnvolle und nützliche Anpassung an das Zusammenleben mit dem Menschen dargestellt haben, werden durch einseitige Auswahl in den Ausstellungsbetrieben immer stärker übersteigert, bis sie irgendwann auch gesundheitliche und andere Probleme mit sich bringen. Der Begriff der Qualzucht wird hier sehr häufig verwendet, die bereits mehrfach zitierte österreichische Hundegenetikerin Irene Sommerfeld-Stur dagegen spricht lieber von tierschutzrelevanten Hundezuchtereignissen, um die moralische Bedeutung des Begriffes nicht zu überdehnen.

KURZE SCHNAUZEN UND IHRE FOLGEN

Ein Thema, das bereits angesprochen wurde, betrifft die Kurzschnauzigkeit (siehe S. 318). Wie dort bereits dargelegt, ist das Hebelgesetz durchaus auch geeignet, Veränderungen im Skelettapparat von Tieren zu erklären. Ein kürzerer Kiefer hat mehr Kaukraft und mehr Beißdruck, und Hunderassen, die ihr Gebiss einsetzen sollen (seien es Kriegsbegleithunde oder Hütehunde, die sich auch an kräftige, robuste Rinderrassen trauen), brauchen diese Beißkraft durchaus. Wird der Kiefer jedoch immer stärker verkürzt, entstehen eine Reihe von Umkonstruktionen in anderen Bereichen des Kopfes. Zum einen wird gerade in der Embryonalentwicklung die Kieferentwicklung durch ein sehr fein gesteuertes System von Druck und Gegendruck zwischen Ober- und Unterkiefer gesteuert (Näheres siehe Sommerfeld-Stur, 2016). Das bedeutet aber, wenn der Oberkiefer verkürzt wird, fehlt dem Unterkiefer der Gegendruck, und er wird sich automatisch mehr nach oben krümmen. Die Veränderungen, die im Bereich der Sinnesorgane und des Nervensystems vorliegen, haben z. B. etliche Veröffentlichungen aus der Arbeitsgruppe des australischen Verhaltensmediziners Paul McGreevy dargestellt.

VERÄNDERTE SEHFÄHIGKEIT DER KURZSCHNÄUZER

Im Jahr 2004 konnten die Mitglieder dieses Teams zeigen, dass die lang- und schmalschnäuzigen Hunde, als dolichocephal bezeichnet, gegenüber den kurz- und breitschnäuzigen Hunden, den brachycephalen, auch Veränderungen im Bereich der Sehfähigkeit haben (McGreevy et al., 2004). Schmalschnäuzige Hunde sind zwar auch in der Lage, die bereits vielfach besprochenen und bekannten Zeigegesten des Menschen als Hinweise auf verstecktes Futter und andere wichtige Dinge zu nutzen (siehe S. 170 ff.), die kurz- und breitschnäuzigen können das jedoch viel besser. Adriana Jakovcevic und ihre Co-Autoren der Universität Buenos Aires konnten z. B. zeigen, dass es Rassenunterschiede in der bereits an anderer Stelle besprochenen Neigung von Hunden, durch Blickkontakt mit dem Menschen zu kommunizieren, gibt (Jakovcevic et al., 2010). Ein Autorenteam rund um Marta Gácsi (Gácsi et al., 2009), bei dem auch Paul McGreevy mitwirkte, zeigte, dass die kurzschnäuzig-brachycephalen Hunde deutlich besser bei Aufgaben der Kooperation, beim Verfolgen von Blickkontakten und beim Einfordern menschlicher Hilfestellung waren als die lang- und schmalschnäuzigen. Angelo Gazzano

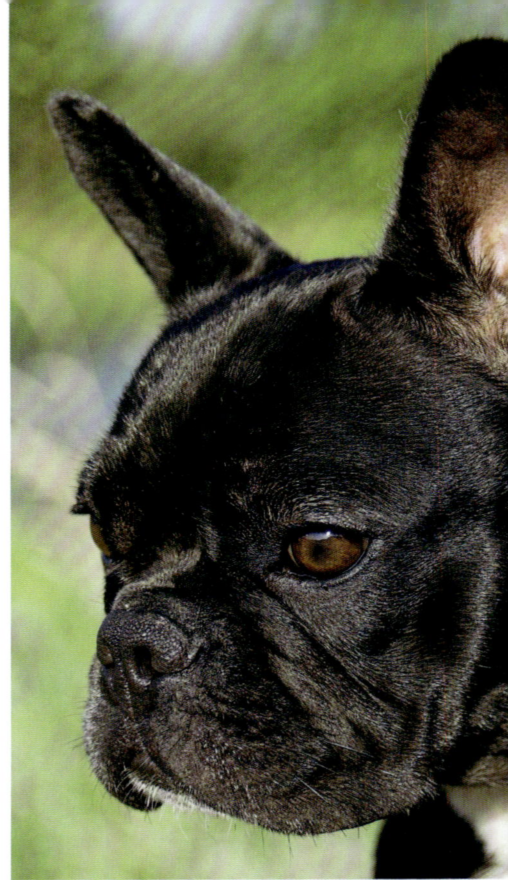

Kurzschnauzige Hunde haben in der Regel weiter nach vorne gerichtete Augen.

und Co-Autoren (2015) testeten Hunde von schmal- und breitschnäuziger Form in zwei schwierigen Aufgaben. Sie sollten Futter aus einem mit einem Deckel verschlossenen Behälter herausholen, und sie sollten Futter an einer Schnur aus einem Drahtkäfig herausziehen. Diese Studie wiederum zeigt, dass schmalschnäuzige Hunde schneller mit dem Menschen Blickkontakt aufnahmen und ihn länger anschauten als die breitschnäuzigen. Wie die Arbeit von Paul McGreevy und seinen Co-Autoren bereits vermuten ließ, handelt es sich hier wahrscheinlich um Merkmale, die sowohl im Bau des Gehirns als auch im Bau der Netzhaut, also des eigentlichen Sehorgans, liegen. Lang- und schmalschnäuzige Hunde haben, wie übrigens auch Wölfe, keinen sogenannten gelben Fleck, also keinen Ort des schärfsten Sehens auf der Netzhaut. Dieser gelbe Fleck, der dadurch entsteht, dass die Sehzellen nur an dieser Stelle direkt an der Oberfläche liegen, und auch jede einzelne Sehzelle mit einem eigenen Nerv abgeleitet wird, findet sich jedoch im Auge der brachycephalen Hunde. Die Schmalschnäuzigen, ähnlich wie Wölfe und die meisten freilebenden Beutegreiferarten, haben einen schmalen Streifen, der in horizontaler, also querliegender Weise den gesamten Bereich der Netzhaut überzieht. Sie können also an jeder Stelle des Auges gleich scharf sehen. Beide Anpassungen sind durchaus verständlich, wenn man sich die unterschiedliche Arbeitsweise der genannten Hunde vornimmt. Schmalschnäuzige Hunde sind oftmals Sichtjäger, oder zumindest als Jäger oder auch Hütehunde mehr mit dem Überwachen ihrer Umgebung, dem buchstäblichen Im-Auge-Behalten der gesamten Herde oder der potenziellen Beutetiere befasst, und sollten sofort reagieren, wenn sich ein Schaf am hintersten Teil ihres Blickwinkels aus der Wiese in das Spargelfeld aufmachen möchte. Kurz- und breitschnäuzige Hunde dagegen sind entweder sogenannte Bullenbeißer, oder andere, die sich eben z. B. Rindern entgegenstellen und sie gegebenenfalls auch attackieren. Auch die, hier nicht ethisch, sondern nur funktionsmorphologisch zu bewertende, Tätigkeit als Kriegsbegleit- oder Kampfhunde, deren Auswirkungen auf den Körperbau wir bereits besprochen haben, kommt hier wieder zum Tragen. Man muss für solche Tätigkeiten ein genaues, dreidimensionales Bild seiner Umgebung erzeugen können, und das geht besser mit einem gelben Fleck auf jeder Netzhaut, den man zum Fixieren auf das Objekt seiner Begierde einstellen kann. Wie McGreevy et al. (2004) bereits zeigen konnten, sind auch die Schaltknoten, die Ganglien, im Sehsystem der Hunde unterschiedlich verteilt, und gerade die lang- und schmalschnäuzigen Hunde haben schlichtweg im Bereich der optischen Region weniger Platz im Gehirn, also weniger Rechnerkapazität, als die mit dem breiten und dicken Kopf, der auch genug Platz fürs Gehirn zwischen den Augen lässt.

GEHIRNVERFORMUNG DURCH KURZSCHNÄUZIGKEIT

Taryn Roberts, Paul McGreevy und Michael Valenzuela (2010) zeigten noch weitere Umgestaltungen im Gehirn von Rassehunden. Die Verkürzung und relative Verbreiterung des Schädels verschiedener Hunderassen war eindeutig gekoppelt mit einer Veränderung in der Ausrichtung des Gehirns. Der vordere Teil des Gehirns, insbesondere der Bereich des sogenannten Riechlappens, also des für die primäre Verarbeitung von Geruchsreizen verantwortlichen vorderen Gehirnteils, wurde stark nach unten abgeknickt, wenn der Schädel sich in der genannten Weise verkürzte und verbreiterte.

Dies konnte durch die Anwendung der Magnetresonanzdarstellung, auch ohne die Anfertigung von Gehirnpräparaten und Schnitten, bereits von außen am unverletzten Hundekopf dargestellt werden. Es handelte sich zwar in dieser Untersuchung um Hunde, die aus anderen Gründen eingeschläfert worden waren, durch die Anwendung der modernen Technik konnten aber auch feinere anatomische Details dargestellt werden, die bei der Präparation möglicherweise verlorengegangen wären. Je kürzer und breiter der Schädel wurde, desto stärker war der Winkel, unter dem der vordere Gehirnteil nach unten abgeknickt wurde. Aber auch die Gehirnhälften, die Hemisphären des Großhirns, waren bei den kurz- und breitschnäuzigen Hunden deutlich verdreht und rotiert, und zwar am vorderen Ende nach unten.

Die verhaltensphysiologischen Konsequenzen dieser Befunde sind zwar noch nicht klar, es ist aber durchaus anzunehmen, dass derartig massive Veränderungen in der Anatomie und in der relativen Anordnung von Gehirnarealen zueinander nicht ohne Auswirkungen auf das Verhalten sind. Erklärlich werden die genannten Befunde, wenn man einmal mehr auf die embryonalen Zusammenhänge achtet. Die Schädelform und die harte Hirnhaut, die das Gehirn nach außen begrenzt, haben erhebliche Auswirkungen in der Entwicklungsbiologie auf die Form des darunterliegenden eigentlichen Gehirns. Die Auswirkungen einer Veränderung im komplexen System von Wechselwirkungen des Kopfes, und speziell der vorderen gegenüber der hinteren Schädelregion, wurden im Zusammenhang mit der Neuralleistentheorie bereits besprochen (siehe S. 292). In der Diskussion über unterschiedliche angebliche Trainierbarkeit, gar Erziehbarkeit, kurz- und langschädeliger Rassen, sollten solche Erkenntnisse ebenfalls berücksichtigt werden.

ATEM- UND TEMPERATUR-PROBLEME BEI KURZSCHNÄUZERN

Im Zusammenhang mit dieser Umgestaltung des Schädels und, wie wir gesehen haben, des Gehirns, werden aber auch andere Teile des Kopfsystems beeinträchtigt. Im Gegensatz zum Schädel werden nämlich die Weichteile, Gaumensegel, Schleimhautfalten im Kehlkopfbereich und andere, nicht in gleicher Weise mitverkürzt. Ihre Entwicklung wird nicht direkt von der Neuralleiste beeinflusst. Das führt dazu, dass viele dieser kurz- und breitschnäuzigen Hunde mit Atemproblemen

Manche Möpse können nur noch im Sitzen schlafen, da ihnen beim Liegen die ungehinderte Atmung nicht mehr möglich ist. Die beiden sind jedoch hellwach!

zu tun haben, da ein zu langes Gaumensegel nicht in gleicher Weise die Durchgängigkeit der Luftröhre ermöglicht.
Da Hunde auch einen großen Teil ihrer Temperaturregulation, speziell der Wärmeabgabe, über ein gut durchblutetes Gaumensegel gestalten, ist ein weiteres Problem hier vorprogrammiert. Die erhebliche Hitzeempfindlichkeit, die oft noch zusätzlich zu der erschwerten Atmung bei diesen Hunden die Ausdauer bei jeglicher Art von nur annähernd sportlicher Tätigkeit verhindert, ist ebenfalls eine Folge unter anderem der Umgestaltung des gesamten Kopfes.

TRAINIERBARKEIT

IN ABHÄNGIGKEIT DER SCHÄDELFORM

William Helton von der Universität von Canterbury in Neuseeland verglich den Längen- zu Breitenindex des Hundeschädels auch noch mit verschiedenen Bestandteilen des Persönlichkeitsmerkmales Trainierbarkeit (oft auch als Offenheit für neue Erfahrungen, aber auch als allgemeine Anpassungsfähigkeit z. B. im Zusammenleben mit dem Menschen gemessen). Hier zeigte sich deutlich, dass die mittelprächtig gestalteten Hunde, als mesocephal bezeichnet, also die mit den weder einseitig stark verlängerten noch mit den besonders verkürzten Schädeln, sich im Persönlichkeitsmerkmal der Trainierbarkeit am besten darstellten. Der Längen- zu Breitenindex des Schädels variierte in seiner Studie zwischen nahe Null und 120. Die besonders trainierbaren Hunde lagen alle im Bereich zwischen 40 und 70, während die besonders langschnäuzigen und die besonders kurzschnäuzigen deutlich weniger Punkte für die Persönlichkeitseigenschaft Trainierbarkeit aufwiesen. Hier ist bereits durchaus ein möglicher Zusammenhang mit den von Paul McGreevy und seinem Team dargestellten Gehirnveränderungen möglich.

IN ABHÄNGIGKEIT DER KÖRPERGRÖSSE

Noch schwieriger werden die Verhältnisse, wenn zusätzlich zur Verkürzung der Schnauze und den dabei bereits besprochenen Umlagerungen des Gehirns auch noch eine Reduzierung der Körpergröße hinzukommt. Wie bereits besprochen (Zwergwuchs, siehe S. 299), können nicht alle Organe eines Körpers einfach nur proportional verkleinert werden. Das Gehirn gehört nun einmal zu den Organen, die man nicht einfach beliebig verkleinern kann, wenn gleichzeitig die geistigen Fähigkeiten eines komplexen Verhaltens und der dafür notwendigen Steuerung, die Gedächtnisfunktionen und letzten Endes auch die rein motorischen Befehlsfunktionen für den Körper aufrechterhalten werden sollten. Das bereits besprochene Thema Allometrie (siehe S. 300) kommt also hier wieder zum Tragen. Nicht umsonst haben kleinere Tierarten ein, in Bezug auf ihre Körpergröße und ihr Körpergewicht, relativ schwereres Gehirn als größere. **Konkret bedeutet das, dass kleine Hunde ein im Vergleich zu ihrer Körpergröße und ihrem Körpergewicht schwereres Gehirn mit sich herumtragen als große.** Wird nun zusätzlich durch die Ausbildung der kurzen Schnauze, die noch durch das Kindchenschema selektiv verstärkt wird, der Platz im Gehirnraum immer enger, muss es dabei auch zu Schwierigkeiten kommen. Im schlimmsten Fall kommt es dann zum Phänomen der **Syringomyelie**, einer schwerwiegenden angeborenen Missbildung bei Kleinhunden. Es kommt zu Platzproblemen für das Kleinhirn, dieses wird teilweise durch das Hinterhauptsloch aus der Schädelhöhle heraus – und auf das Rückenmark gedrückt. Im „harmlosesten" Fall äußern sich diese Hunde z. B. durch ständiges und unmotiviertes Kratzen, oft sind aber auch sehr viel schwerere, neurologische Ausfallserscheinungen zu beobachten. Wahrhaft „Arme Hunde"!

Die Haarlosigkeit von Nackthunden ist mit anderen genetischen Eigenschaften gekoppelt.

WO BEGINNT QUALZUCHT?

Aus der Tierärzteschaft werden diese Erscheinungen heftig kritisiert, und gerade der Direktor der Uni-Tierklinik Leipzig, Professor Oechtering, scheut sich hier nicht, klare Worte zu sprechen. Er schreibt (Oechtering, 2013) wörtlich, dass die Tierärzte sich **„... nicht länger zum Reparaturtrupp der Hunde- und Katzenzüchter degradieren lassen dürfen"** (Oechtering, 2013). In seiner Klinik werden wöchentlich mehrere, mit schweren Atem- oder anderen Problemen belastete Hunde operiert, um ihnen wenigstens ein einigermaßen annehmbares Leben zu ermöglichen.

Wie Irene Sommerfeld-Stur betont, ist der sogenannte Qualzuchtparagraph im Tierschutzgesetz, der eigentlich solche Aktivitäten von Züchtern verhindern sollte, meistens als Auslegungssache nicht sonderlich hilfreich. Man bräuchte für jedes, potenziell Schäden, Schmerzen und Leiden erzeugende Merkmal einer Hunderasse ein eigenes Gutachten, das eindeutig belegt, warum diese Hunde aus genetischer Sicht eben unzumutbare Schäden, Schmerzen und Leiden haben. Das ist in vielen Fällen aber auch eine Einzelfallentscheidung, denn manche Möpse können sehr gut atmen und sogar rennen (es gibt auch Mops-Agility und andere sportliche Aktivitäten speziell für Möpse), andere können nicht einmal mehr im Liegen schlafen. Wo genau ist die Grenze für die Qualzucht zwischen diesen beiden Extremfällen?

RETRORASSEN

In den letzten Jahren hat man gerade beim Mops, durch das Einkreuzen von Jack-Russel-Terriern den sogenannten Retromops erzeugt. Dieser, mit wenigstens wieder ansatzweiser Schnauze, hat nach dem Belastungstest deutlich erkennbar bessere Werte (Möpse müssen mittlerweile 1 Kilometer in maximal 11 Minuten zurücklegen, und davor, direkt danach sowie 15 Minuten nach dem Ende des Tests werden Puls, Atemfrequenz und Körpertemperatur gemessen). Wie Sommerfeld-Stur betont, sind aber nicht nur die Formwertrichter und die Züchter auf Ausstellungen verantwortlich für solche Missbildungen. Nach den Buchstaben des Gesetzes macht sich jeder Käufer schuldig, der einen qualgezüchteten Hund kauft. Auch hier liegt also ein Gutteil der Verantwortung wieder in der Käuferschaft.

HAAR- UND ZAHNLOSIGKEIT

Ein weiteres, besonders auffälliges genetisches Phänomen wurde in den letzten Jahren, z. B. von Kornelius Kupczik und Co-Autoren aus dem zoologischen Institut Jena, erforscht: Haarlose Hunde, wie z. B. die Chinesischen oder Mexikanischen Schopf- und Nackthunde, sind durch eine genetische Koppelung auch prädestiniert für Fehlbildungen im Bereich des Gebisses. Im phyletischen Museum Jena gibt es eine Sammlung von Skeletten von Nackthunden aus dem Anfang des 20. Jahrhunderts (siehe „Aus der Forschung"). Kornelius Kupczik und sein Team konnten die DNA aus diesen Skeletten entnehmen und daraus eine Reihe von Genvergleichen aufstellen (Kupczik et al., 2017). Ein Gen, FOXI3, ist sowohl für Veränderungen im Gebiss als auch für die Haarlosigkeit verantwortlich. Veränderungen im Bereich von FOXI3 führen über einen in der Genetik als Pleiotropie bezeichneten Vorgang sowohl zum Verlust von Zähnen, im Extremfall sind diese Hunde sogar vollkommen zahnlos, bzw. sie behalten ihre Milchzähne bei. Sind die Backenzähne bei den Schopf- und Nackthunden überhaupt ausgebildet gewesen, so sind sie oft einfach gestaltet, gerade die Vermehrung von Höckern und Verbreiterung der Kauflächen, die letzten Endes auch ein Teil der Allesfresseranpassung im Hundegebiss sind, fallen weg.

Bringen wir das alles nun zur Deckung mit dem zu Beginn besprochenen eiszeitlichen Riesenhirsch, so müssen wir lediglich in dieser Geschichte das Wort weibliche Hirsche durch Züchter und Formwertrichter sowie Käufer ersetzen, und schon haben wir ein typisches Beispiel für eine Runaway-Selection, die in diesem Fall sicher sinngemäß am besten mit „durchgeknallt" übersetzt werden muss.

Gerade wegen der Pleiotropie-Effekte ist es oft besonders schwierig, einmal in die falsche Richtung entwickelte körperliche Veränderungen wieder zu korrigieren. Wie das Beispiel der Retromöpse zeigt, gelingt dies oft nur durch Einkreuzen anderer Rassen. Und gerade das ist leider in der Rassehundezucht, ganz im Gegensatz zur Zucht fast aller Nutztierrassen, verpönt und von den Verbänden verboten.

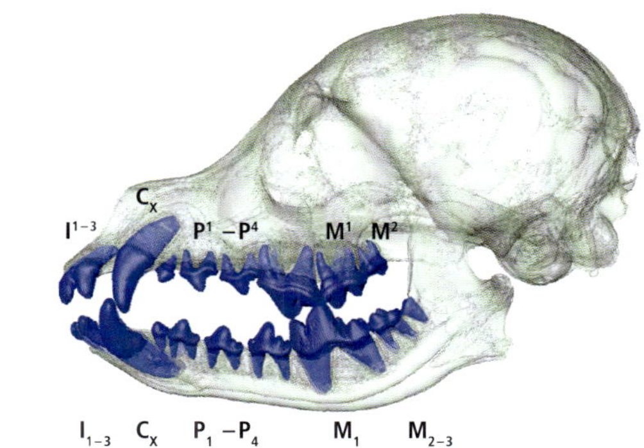

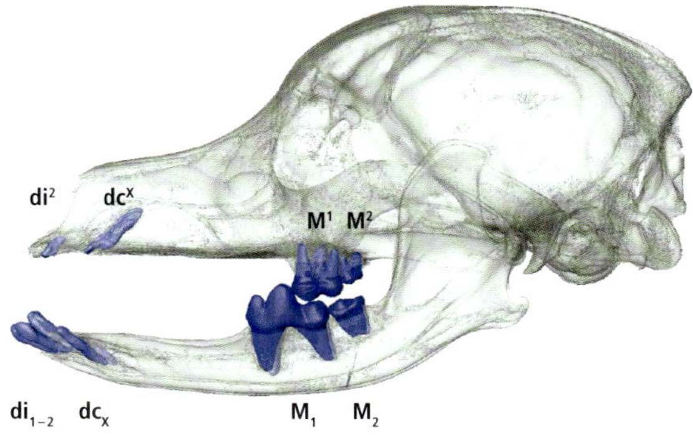

Seitenansicht des Schädels eines haarlosen und eines normal behaarten Hundes sowie eine Großaufnahme der ersten, zweiten und dritten unteren Backenzähne. Anhand der Gestalt der Zahnwurzeln zeigt sich, dass die verbliebenen Schneide- und Eckzähne des Nackthundes den übrig gebliebenen, also nicht ersetzten und gewechselten Milchzähnen entsprechen.

FOXI3-GEN BEEINFLUSST DIE HÖCKERBILDUNG DER BACKENZÄHNE

Nackthunde unterscheiden sich von anderen Hunden nicht nur durch das fehlende Fell, sondern auch hinsichtlich der Anzahl und Beschaffenheit ihrer Zähne. Wissenschaftler vom Max-Planck-Institut für evolutionäre Anthropologie in Leipzig und der Friedrich-Schiller-Universität Jena haben die Schädel und Zähne von haarlosen Rassehunden aus der Sammlung des Phyletischen Museums der Universität Jena untersucht und belegt, dass das Gen FOXI3 an der Entwicklung der Zähne beteiligt ist – nicht nur bei Nackthunden, sondern möglicherweise auch bei anderen Säugetieren, inklusive des Menschen. Ihre Ergebnisse stellen die Forscher in der aktuellen Ausgabe des Fachmagazins „Scientific Reports" vor. Nackthunde wie der Chinesische Schopfhund oder der Mexikanische Nackthund gehören zu den ältesten Hunderassen weltweit und sind bereits den großen Naturforschern Carl von Linné und Charles Darwin aufgefallen. Auslöser für das diesen Rassen fehlende Haarkleid ist eine Mutation des Forkhead-Box-I3-Gens (FOXI3), das zu einer Genfamilie für Transkriptionsfaktoren gehört und auch an der Entwicklung der Zähne beteiligt ist.

Ein Team um Kornelius Kupczik vom Max-Planck-Institut für evolutionäre Anthropologie und Martin S. Fischer von der Friedrich-

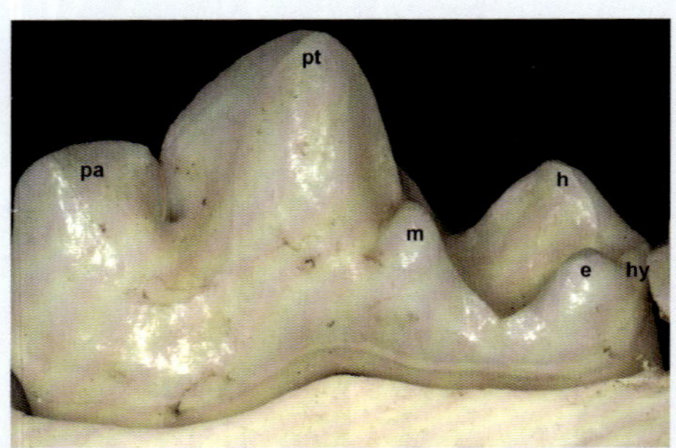

Normal behaarter Hund

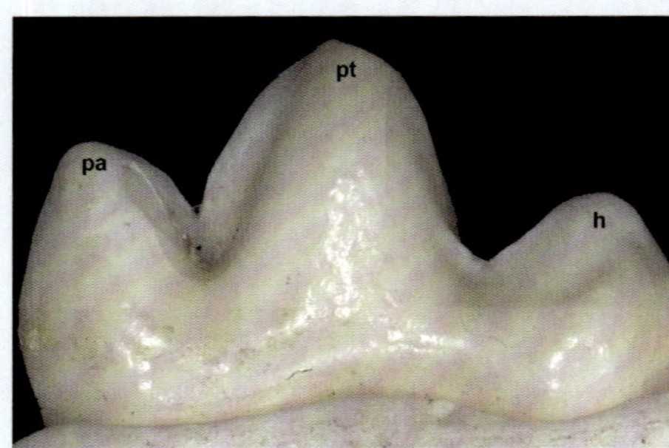

Nackthund

Nackthunde, Phyletisches Museum Jena

Schiller-Universität hat anhand einer historischen Schädelsammlung von nachweislich nackten und behaarten Hunden herausgefunden, dass bei den haarlosen Tieren nahezu alle Ersatzzähne (d. h. Schneide- und Eckzähne sowie vordere Backenzähne) fehlten, die Molaren (Zuwachszähne) aber vorhanden waren. Auffällig war auch, dass auf den Milchprämolaren und Molaren der Nackthunde bestimmte zungenseitige Zahnhöcker nicht ausgebildet waren.
Die Forscher wiesen zudem an DNA-Proben dieser über 100 Jahre alten Hundeschädel aus der Sammlung des Phyletischen Museums in Jena nach, dass dieser morphologische Befund mit einer Mutation des FOXI3-Gens einhergeht.
Die noch erhaltenen originalen Schädel und Dermoplastiken von Nackthunden gehen auf den früheren Direktor des Phyletischen Museums Ludwig Plate zurück, der Anfang des 20. Jahrhunderts ein Kreuzungsexperiment zwischen haarlosen und behaarten Hunden unternommen hatte und darüber einen Aufsatz „Über Nackthunde und Kreuzungen von Ceylon-Nackthund und Dackel" geschrieben hat. Dabei stellte er fest, dass den haarlosen Individuen ein Teil der Bezahnung fehlte. „Welchen immensen Wert wissenschaftliche Sammlungen für die Forschung haben, konnten wir mit dieser Studie eindrucksvoll zeigen", sagt Fischer. Interessanterweise besitzen auch einige wildlebende Vertreter der Hundeartigen ähnliche Molaren wie die Nackthunde. Auch die Molaren des Menschen und der Menschenaffen weisen eine variable Ausbildung der zungenseitigen Zahnhöcker auf. Die Leipziger und Jenaer Wissenschaftler gehen daher davon aus, dass FOXI3 eventuell eine größere Bedeutung in der Entwicklung der Zähne der Säugetiere zugemessen werden sollte. „Es ist gut möglich, dass dieses Gen auch bei evolutiven Veränderungen der Zahnmorphologie des Menschen eine Rolle gespielt haben könnte", sagt Kupczik.

PD DR. KORNELIUS KUPCZIK
studierte Diplom-Biologie an den Universitäten Göttingen und Hamburg und hat 2004 am University College London über die Funktionsmorphologie der Zahnwurzeln bei Primaten und Raubtieren promoviert. Er hat zudem 2014 an der Friedrich-Schiller-Universität Jena im Fach Zoologie habilitiert. Seit 2013 ist er Forschungsgruppenleiter am Max-Planck-Institut für evolutionäre Anthropologie in Leipzig. Er forscht auf dem Gebiet der evolutionären Funktionsmorphologie des Kauapparates (Schädel, Bezahnung und Muskulatur) des Menschen und seiner fossilen Vorfahren. Einer seiner Forschungsschwerpunkte beschäftigt sich unter anderem mit den funktionsmorphologischen Grundlagen der Kauleistung von Säugetieren am Beispiel von Hunden und Wölfen, verbunden mit der Frage, wie sich die künstliche Selektion auf die Anatomie der Beißkraft ausgewirkt hat.

RASSETYPISCHES VERHALTEN

Die Diskussion um mögliche Rassenunterschiede im Verhalten von Hunden ist in den letzten Jahren aus verschiedenen Gründen sehr stark intensiviert worden. Einerseits finden sich sehr häufig, nicht zuletzt im Hinblick auf die Probleme der rassetypischen, tierschutzrelevanten Zuchtentwicklungen, immer mehr Menschen, die glauben, Mischlinge als edle Wilde wären doch die besseren und gesünderen Hunde. Andererseits werden bestimmten Rassen, insbesondere den als Kampfhunderassen oder Listenhunde diskriminierten, oftmals negative Eigenschaften unterstellt, ohne dass dafür ein besonderer Grund bestünde. Die letztere Problematik können wir bereits ganz schnell abhandeln. Ohne im Einzelnen auf die vielen, aus genetischer, tiermedizinischer und verhaltensbiologischer Sicht vorgebrachten Einwände gegen Rasselisten und rassespezifische Hundegesetze eingehen zu wollen, sei den Interessierten hier nur die satirische, aber sehr pointierte Stellungnahme des Stuttgarter Tierarztes Dr. Manfred Weichert, die man auch im Internet sehr leicht findet, empfohlen. Kollege Weichert vergleicht hier die Hysterie, die sich nach einigen, zugegebenermaßen sehr schlimmen und schockierenden Vorfällen zwischen Hunden und Kindern ergeben hat, mit einer Hetzjagd auf die Inhaber bestimmter Automarken, nur weil einmal ein Kleinkrimineller mit einem bereits mehrfach vom TÜV stillgelegten Auto ein Kind überfahren hätte. Etwas ernsthafter, aber in die gleiche Richtung, zieht eine Untersuchung, die Tracey Clarke, aus der Arbeitsgruppe von Daniel Mills in Lincoln, 2013 veröffentlicht hat. Hier wird ein deutlicher wissenschaftlicher Beleg geliefert, dass das Bestreben der Regierungen, rassespezifische Gesetze zu erlassen, den Menschen ein falsches Gefühl von Sicherheit vorgaukelt und die Situation dadurch noch verschlimmert. Die Untersuchung wendet eine Vorgehensweise an, die in der menschlichen Soziologie als Kontakthypothese bekannt ist, um die Herkunft von rassistischen Vorurteilen zu verstehen. Es wurden mehr als 160 Personen befragt, um zu prüfen, ob ihr Kontakt zu Hunden ihre Tendenz zu populistischen und negativen Rassestereotypien beeinflusst. Es ergaben sich signifikante, also statistisch aussagekräftige Unterschiede in der Haltung zwischen Menschen mit und solchen ohne Hundekontakt. Mehr als die Hälfte der hundeerfahrenen Befragten sahen keinen triftigen Grund für die rassespezifische Gesetzgebung, sondern betonten, dass dies eine Frage der Einzelbetrachtung oder gegebenenfalls der Aufzuchtbedingungen wäre. Weniger als einer von 10 hundeunerfahrenen Befragten waren dieser Ansicht. Dadurch wird die Vorhersage bestätigt, dass die Häufigkeit und Qualität von Hundekontakten die Tendenz populistischer Rassestereotypien maßgeblich beeinflusst. Letztlich ist also Rassismus gegenüber bestimmten Hunderassen von den gleichen Vorurteilen und den gleichen negativen gesellschaftlichen Tendenzen gefördert, wie Rassismus im Zusammenhang mit menschlichen Artgenossen.

SIND MISCHLINGE GESÜNDER?

Etwas schwieriger zu verstehen, sind die Betrachtungen von Mischlingen gegenüber reinrassigen Hunden, speziell wenn es um Verhaltenseigenschaften geht. Zunächst hilft aber hier etwas einfache Genetik. Wir alle kennen noch aus dem Schulunterricht die Mendel'schen Kreuzungsregeln. Eine davon, nämlich die Spaltungsregel, ist hier von besonderer Bedeutung. Kreuzt man z. B. weiße langhaarige und schwarze kurzhaarige Meerschweinchen, so entstehen bereits in der zweiten Generation auch weiße kurzhaarige und schwarze langhaarige Varianten. Jedes der beiden Merkmale Fellfarbe und Felllänge wird nämlich unabhängig voneinander auf die weiteren Nachkommengenerationen dieser Kreuzung weitergegeben. Wenn wir nun betrachten, wie viele verschiedene Genvarianten und Genorte die Eigenschaften von Hunden, seien sie körperlich, physiologisch oder im Verhalten gemeinsam beeinflussen, so kann man bereits feststellen, wie viele verschiedene Varianten in der zweiten, dritten oder den Folgegenerationen hier neu kombiniert werden.

Ebenso naiv ist es, anzunehmen, dass man zwei kranke Rassen kreuzen und dafür gesündere Mischlinge erhalten würde. Man kann genauso gut auch Mischlinge erhalten, die die Krankheiten von beiden Ausgangsrassen vereinen.

Wissenschaftliche Untersuchungen zu rassetypischen Verhaltenseigenschaften unterstützen diese Befunde. So hat eine Untersuchung von Emily Blackwell und Co-Autoren aus der Veterinärfakultät in Bristol festgestellt, dass in einer Betrachtung von Furcht und Geräuschproblemen bei verschiedenen Rassen und Rassegruppen 12 Rassen oder Hundetypen eine geringere Anfälligkeit für Geräuschprobleme haben als die Mischlinge. Ein sehr viel größerer Einfluss auf die Geräuschangst

Mischlinge sind weder von sich aus gesünder, noch von sich aus kränker. Sie sind einfach Hunde, mit einer ganzen Reihe von unterschiedlichen gesundheitlichen und Verhaltenseigenschaften.

als die Rasse bzw. die Mischlingszugehörigkeit war das Alter, in dem der Hund zu seinem derzeitigen Menschen kam. Hunde, die direkt von einer guten Zuchtstätte kamen, hatten eine geringere Anfälligkeit als solche, die durch mehrere Hände gegangen waren. Prägungserlebnisse sind also hier offensichtlich wesentlich wichtiger. Eine neue Untersuchung von Ana Luisa Fagundes und Co-Autoren, aus der Gruppe von Daniel Mills (2018), zeigt übrigens einen positiven Zusammenhang zwischen bestimmten Formen der Geräuschüberempfindlichkeit und Schmerzen im Bewegungsapparat!

Thomas Belumori leitete ein Autorenteam aus verschiedenen Fakultäten der Universität von Davis in Kalifornien. Sie verglichen von insgesamt über 27 000 Fallberichten die Auftretungshäufigkeit von 24 genetischen Störungen. Bei 13 gab es keinen Zusammenhang zwischen der Rassenzugehörigkeit bzw. dem Unterschied zwischen Rassehunden und Mischlingen. Mischlingshunde hatten eine größere Anfälligkeit für Kreuzbandrisse, und nur etwa 10 genetisch bedingte oder beeinflusste Störungen waren bei Rassehunden bisweilen häufiger.

Im Zusammenhang mit der im Folgenden noch bei den Rassenunterschieden zu besprechenden Budapester Persönlichkeitsuntersuchung wurden 2017 auch die Mischlingshunde speziell analysiert (Turcsan et al., 2017). Bei Halterbefragungen, die sowohl die Persönlichkeitseigenschaften des Hundes als auch die Haltungsbedingungen und Zusammenhänge zwischen haushaltlicher Situation und Hundeverhalten bei über 7 700 reinrassigen und nahezu 7 700 Mischlingshunden verglichen, ergaben sich nur wenige, und keineswegs im Sinne der Heroisierung des edlen Wilden zu verstehende systematische Unterschiede. Selbst wenn man alle demografischen, also Alter, Geschlecht, Herkunft etc. der Hundehalter und haushaltsbedingten (z. B. Anwesenheit von Kindern, Größe der Wohnung) Faktoren herausrechnete, waren die Mischlinge deutlich weniger ruhig und zeigten mehr problematisches Verhalten als die reinrassigen Hunde. Sie erwiesen sich allerdings auf der Persönlichkeitsachse Offenheit und Trainierbarkeit (Turcsan et. al, 2011) als höher bepunktet. Dies dürfte einen Zusammenhang mit ihrer Herkunft aufweisen.

Viele Mischlingshunde kommen aus ungünstigen Auslands- oder anderen Tierschutzbedingungen, sie könnten daher eine größere Variabilität im Verhalten haben. Nur dadurch können sie mit unvorhersehbaren Bedingungen im Herkunftsgebiet umgehen. Sie könnten dadurch aber gleichzeitig auch emotional erregbarer und weniger emotional stabil sein. Viele unerwünschte Verhaltensweisen sind auch Teil dieser mangelhaften oder sogar fehl gelaufenen Prägungs- und Sozialisationserfahrungen.

ERBLICH BEDINGTE ERKRANKUNGEN

Jonas Donner und eine Reihe von Co-Autoren aus Genetiklabors in den USA und Finnland haben 2018 erstmals genetische Analysen von ca. 83 000 Mischlings- und 18 000 Rassehunden erstellt und dabei nach genetischen Hinweisen für 152 verschiedene erblich beeinflusste Hundeerkrankungen gesucht (Donner et al., 2018).

Zirka 40 % der untersuchten Gensätze enthielten zumindest verdeckt vererbte Krankheitsträger, und die Mischlinge waren hier in der Regel genauso betroffen wie die Reinrassigen.

Übrigens: Mit Ausnahme eines Dingos, der Träger einer Muskeldegeneration war, waren die zum Vergleich untersuchten Wölfe, Kojoten und Dingos, also die Wildkaniden, frei von den Veranlagungen zu Erkrankungen.

Dass die Erbanlagen aber unter Mischlingen und Rassehunden so weit verbreitet sind, deutet auf ihre schon sehr frühe Entstehung in der Haushundgeschichte hin.

Die Französische Bulldogge, eine sehr beliebte Kleinhundrasse.

GESUNDHEIT VON „MODERASSEN"

Obwohl man immer wieder über Rassenprobleme, sei es in der Gesundheit oder im Verhalten von Hunden, hört oder liest, ist ganz offensichtlich, zumindest was die US-amerikanischen Hundehalter betrifft, das Problembewusstsein nicht mit dem Kaufverhalten verknüpft. Eine Arbeit aus der Gruppe von James Serpell (Ghirlanda et al., 2013) untersuchte die Beziehung zwischen Rassenmerkmalen und Rassenpopularität im Zeitraum von 1926 bis 2005. Speziell wollte man wissen, ob die Beliebtheit von Hunderassen durch Faktoren der Verhaltenseigenschaften (etwa Trainierbarkeit, Aggressionsbereitschaft oder Ängstlichkeit), der Lebenserhaltung oder der Gesundheit (hier durch Häufigkeit von Erbkrankheiten dargelegt) beeinflusst wird. Leider zeigt das Ergebnis keinen Zusammenhang zwischen der Beliebtheit einer Rasse und ihren Verhaltensmerkmalen, der Gesundheit oder der Lebenserwartung. Hunderassen mit wünschenswerterem Verhalten, längerem Leben und weniger Erbkrankheiten sind keineswegs populärer. Es gab sogar eine negative Korrelation zwischen Popularität und Trennungsproblemen, Furcht vor anderen Hunden oder gegen den Besitzer gerichtete Aggression. Ebenso leiden populärere Rassen häufiger unter Erbkrankheiten. Die Verhaltenseigenschaften wurden hier unter Heranziehung der groß angelegten Datenbank C-BARQ zusammengetragen (siehe S. 353). All diese Befunde lassen also bereits die Suche nach rassetypischen Verhaltenseigenschaften zumindest schwierig erscheinen. Trotzdem, wenn es keine rassetypischen Verhaltensunterschiede gäbe, wären die tausende von Jahren der Selektion auf bestimmte Arbeitshundeeigenschaften z. B. völlig „für die Katz" gewesen. Dass dies nicht so ist, kann jeder bestätigen, der versucht hat, mit einem Herdenschutzhund z. B. Gegenstandsdifferenzierung und Zielobjektsuche durchzuführen oder sich in auffällig merkwürdiger Weise einem von Hovawarten bewachten Hof zu nähern.

WAS IST „TYPISCH" FÜR BESTIMMTE RASSEN?

Zur Feststellung rassetypischer Unterschiede zwischen verschiedenen Hunderassen oder Rassegruppen, gibt es mehrere Vorgehensweisen, die alle in den letzten Jahren mit unterschiedlichem Erfolg zu wissenschaftlichen Veröffentlichungen geführt haben. Eine, allerdings von vielen Autoren kritisch gesehene, Möglichkeit besteht darin, eine Reihe von Hundeexperten (Trainer, Tierärzte, Züchter, Verhaltenstherapeuten etc.) über ihre Einschätzung verschiedener Rassen und deren typischem Verhalten zu befragen. Luigi Notari und Deborah Goodwin haben 2007 genau diese Vorgehensweise in Italien gewählt. Sie befragten eine Reihe von Personen mit großer Hundeerfahrung nach verschiedenen Charakteristika einer ganzen Reihe von Hunderassen. Hierbei ergaben sich durchaus charakteristische Unterschiede, und zwar hauptsächlich bezüglich der Zuordnung zu den Eigenschaften hohe Aggressionsbereitschaft, hohe Reaktivität und/oder Unreife im Verhalten, oder auch niedrige oder durchschnittliche Aggressionsbereitschaft und Unreife. Unter den als hochaggressiv und hochreaktiv eingestuften Rassen waren z. B. eine Reihe von Kleinterriern, aber auch der Zwergdackel, der Italienische Spitz und der Amerikanische Staffordshire Terrier. Hochaggressiv aber wenig reaktiv waren unter anderem der Maremmano Herdenschutzhund, der Neapo-

Wegen ihres pfiffigen Gesichtsausdrucks werden Kleinterrier leider oft auch von Leuten gehalten, die sich mit ihrer besonderen Persönlichkeit nicht vorher auseinandergesetzt haben.

litanische Mastiff, der Rottweiler und der Akita Inu. Niedrige Aggressivität und hohe Reaktivität zeigte der Labrador, niedrige Aggressivität und niedrige Reaktivität zeigten z. B. der Greyhound und der Basset.

SHOW- UND ARBEITSLINIEN

Wie differenziert man wieder hinschauen muss, zeigt eine Untersuchung aus dem Jahr 2016: Ann-Sofie Sundman und Co-Autoren untersuchten unterschiedliche Selektionseinflüsse auf die beiden sehr nahe verwandten Retrieverrassen Labrador und Golden. Sie verglichen jeweils unterschiedliche Verhaltenseffekte zwischen Show- und Arbeitslinien. Ein Beispiel dafür: Während beim Labrador die Neugier und Offenheit für Umweltreize bei den Arbeitslabradoren deutlich größer war als bei den Showlabradoren, verhielt es sich beim Golden Retriever gerade umgekehrt. Der gleiche Persönlichkeitszug hat also offensichtlich unterschiedliche Erbgänge bei den beiden sehr nahe miteinander verwandten Rassen. Auf die Unterschiede in den Verhaltensprofilen von Arbeits- und Showlinien, die Kenth Svartberg 2006 veröffentlicht hat, wurde bereits hingewiesen (siehe S. 289). Hier geht es, im Gegensatz zu den Untersuchungen der bereits angesprochenen Vergleichsarbeit von Notari und Goodwin, um die Auswertung der Ergebnisse des schwedischen Verhaltenstests, wie er bei Zuchtzulassungsprüfungen, Eignungsprüfungen für verschiedene Ausbildungsgänge etc. eingesetzt wird.

AUSWERTUNG VON FRAGEBÖGEN

Nochmals eine andere Vorgehensweise ist die Auswertung von Persönlichkeitsbögen, z. B. dem C-BARQ-Test oder dem bereits erwähnten Budapester Persönlichkeitsbogen. Hier tragen die Hundehalter selbst die Werte ihres Hundes ein, indem sie möglichst viele verschiedene Fragen über sein Verhalten beantworten. Sie vergeben dabei Punkte, entweder zwischen 0,1 und 2, oder auch zwischen 0 und 5, und das Computerprogramm berechnet dann die rassetypischen charakteristischen Werte und deren Streubreite etc. Die Budapester Arbeitsgruppe um Adam Miklosi veröffentlichte hier im Jahr 2011 die Ergebnisse einer solchen Fragebogenaktion mit über 10 000 Rassehunden aus 96 verschiedenen Rassen. Borbala Turcsan und Co-Autoren (2011) konnten zunächst mit ihren Analysen zeigen, dass eine Vielzahl der gestellten Fragen in diesem Fragebogen sich den typischen Persönlichkeitsachsen zuordnen lassen, und zwar der emotionalen Stabilität, der Offenheit für neue Erfahrungen (im Hundejargon meist als Trainierbarkeit bezeichnet), der Geselligkeit mit Artgenossen und der Extra- oder Intraversion. **Besonders wichtig ist hier jedoch zu verstehen, was unter Trainierbarkeit verstanden wird: Dies sind nicht Hunde, die besonders leicht erzogen werden können oder die besonders schnell ein Signal lernen, sondern die auch findig, sozusagen intelligent im Umgang mit neuen Alltagssituationen sind, verstecktes Spielzeug schnell finden, neue Spiele schnell begreifen usw.**

Die Ergebnisse der 96 Hunderassen wurden, ebenfalls aufgrund statistischer Verfahren, verschiedenen Rassegruppen zugeordnet. Und dabei ergaben sich ein paar interessante Zusammenhänge: Die meisten Angehörigen von Hütehunderassen sind offener, „trainierbarer“ als Meutehunde. Angehörige der altertümlichen Rassen, z. B. nordische Hunde, sind weniger offen als Hütehunde oder Sichtjäger. Die meisten der genannten Rassen sind weniger extrovertiert als Terrier und Mastiffs, und eine Reihe von Hunderassen gehören z. B. der Gruppe der leicht trainierbaren aber introvertierten Rassen an, z. B. der Australian Shepherd oder auch der Malinois. Hoch trainierbar und extrovertiert sind z. B. Deutsch Kurzhaar und die meisten Kleinterrier. Wenig trainierbar und introvertiert sind der Irische Wolfshund, der Malamute und der Eurasier. Wenig trainierbar und sehr extrovertiert sind z. B. der Chihuahua und die Spitzrassen.

WAGEMUT UND SCHEUE

Mit Hilfe eines anderen, in ähnlicher Weise veröffentlichten und online zu bearbeitenden Fragebogens, dem sogenannten Monash-Test (benannt nach der Melbourner Monash Universität, in der er entwickelt wurde), arbeiteten Melissa Starling und Co-Autoren (2013) aus der Arbeitsgruppe von Paul McGreevy. Dort wurden die als Supereigenschaften bezeichneten Grundpersönlichkeiten „Scheu" und „Wagemut" zur Klassifizierung herangezogen. Es zeigte sich z. B., dass bei den Jagdhunden die Retrieverrassen wesentlich wagemutiger waren als die Pointer und Vorsteherhunde, bei den Hütehunden waren diejenigen wagemutiger, die als Treibhunde von hinten agieren (z. B. Australian Shepherd oder Australian Cattledog), als diejenigen, die durch Fixieren von vorne arbeiten, etwa der Border Collie. Hütehunde, die vorwiegend darauf achten sollten, dass sich kein einzelnes Tier von der Herde entfernt, etwa die Deutschen Schäferhunde, zeigten die höchsten Werte für Kühnheit und Wagemut.

ALLTAGSVERHALTEN

Helena Asp und Co-Autoren (Asp et al., 2015) benutzten sowohl den bereits erwähnten C-BARQ-Onlinefragebogen als auch einen speziell entwickelten, im Alltag für schwedische Hundehalter entworfenen Fragebogen, um Unterschiede im Alltagsverhalten zwischen Rassen und Rassegruppen zu analysieren. Sie fanden eine Reihe von Unterschieden zwischen den verschiedenen Rassen, aber bemerkenswerterweise wesentlich weniger Unterschiede zwischen den Gruppen der arbeitenden oder nicht arbeitenden Hunde, als dies durch die Untersuchung von Kenth Svartberg im spezifischen, aber sehr umfangreichen Verhaltenstest zu erwarten gewesen wäre.

In einer ganz besonderen Situation haben Ann Pullen und Co-Autoren aus der Gruppe von John Bradshaw in Bristol Rassenunterschiede bei Hunden untersucht: Sie beobachtete, wie sich Hunde, die neu in einen Hundezwinger in einem Tierheim gebracht wurden, mit bekannten und unbekannten Hunden verhielten (Pullen et al., 2013). Hier zeigten sich einige interessante Befunde: Zwergschnauzer z. B. waren in den ersten drei Minuten der Beobachtung offener und motivierter beim Begrüßen von Artgenossen als z. B. Cocker Spaniel, und auch die Labrador Retriever zeigten sich hier als rassetypisch begrüßungsmotiviert. Im Lauf der Zeit flachten jedoch die Begrüßungstendenzen ab, und letztlich war die Vertrautheit der Hunde mit ihrem Zwingergenossen der wichtigere Faktor im Verhalten als die ursprünglich doch deutlicheren Rassenunterschiede.

VARIABILITÄT INNERHALB DER RASSEN

Die breitest angelegte neuere Zusammenstellung über das Thema der Verhaltensunterschiede zwischen Hunderassen haben Lindsay Mehrkam und Clive Wynne veröffentlicht (Mehrkam und Wynne, 2014). **Sie zeigen in ihrem Überblick über eine Vielzahl von einschlägigen Veröffentlichungen, dass die meisten Arbeitsgruppen zwar durchaus Rassenunterschiede beschreiben, in fast allen Arbeiten wird jedoch die genauso große oder fast so große Variabilität innerhalb der Rassen betont.** Neben den immer wieder diskutierten Unterschieden in Bezug auf Temperament und Persönlichkeit, Aggressionsbereitschaft, Erregbarkeit und emotionale Reaktivität usw. finden Wynne und Mehrkam auch einige Untersuchungen, die sich mit kognitiven Unterschieden zwischen den Rassen befassen. Problemlöseverhalten wird z. B. in vielen Untersuchungen mit Hilfe von Testapparaturen überprüft. Einige Arbeitsgruppen finden dabei Rassenunterschiede, die sich wieder auf das bereits besprochene kurz- oder langschnäuzige Trennungsbild zurückführen lassen. Bereits 1965 veröffentlichten Scott und Fuller eine Untersuchung, in der Basenjis am erfolgreichsten waren, Futter aus einer

Holzbox herauszuziehen, Cocker Spaniels waren hierbei am schlechtesten.
Räumliche Umwegaufgaben, die ebenfalls bereits sehr lange von verschiedenen Arbeitsgruppen zur Überprüfung kognitiver Eigenschaften bei Hunden verwendet werden, sind offensichtlich sehr stark von unterschiedlichen Furchtreaktionen der Rassen beeinflusst. Je furchtsamer (z. B. Basenjis), desto mehr Schwierigkeiten haben die Hunde mit der Umwegaufgabe. Mehrkam und Wynne diskutieren auch, dass die Unterschiede in der Lösung der Probleme bisweilen auch in rassetypischen Abhängigkeiten der Frustrationstoleranz liegen könnten.

ZUSAMMENHANG ZUM BEUTEFANGVERHALTEN

Im Zusammenhang mit der Kooperationsbereitschaft mit dem Menschen steht auch die Fähigkeit, Informationen, die der Mensch z. B. durch Gesten übermittelt, möglichst schnell zu verstehen. Auch hier sind die Unterschiede möglicherweise durch andere Eigenschaften der Rassen begründet, als man dies gemeinhin annimmt. So konnte Monique Udell vermuten, dass die unterschiedlich starke Hemmung des Beutefangverhaltens bei verschiedenen Hunderassen bzw. Arbeitstypen hier der wahre Grund für die unterschiedliche Reaktionsbereitschaft wäre (Udell et al., 2014). Rassen, wie etwa die Border Collies oder auch die Pointer und Vorstehhunde, die eine sehr stark gehemmte Beutefanghandlung als Arbeitsprogramm aufweisen, zeigen sich befähigter für solche Aufgaben als Rassen wie etwa Terrier, die eine weniger gehemmte Beutefanghandlung in der Arbeit zeigen.
Als allgemeine Trendmeldung können Mehrkam und Wynne z. B. auch zeigen, dass die Fragebogenaktionen und anderen indirekten Methoden mehr Rassenunterschiede aufzeigen als die tatsächlich mit Verhaltenstests und direkten Verhaltensbeobachtungen verknüpften Studien. Des Weiteren, dass einige Persönlichkeits- und Temperamentseigenschaften mehr Unterschiede aufweisen als die kognitiven Fähigkeiten, und dass möglicherweise die Ergebnisse auch dadurch beeinflusst werden, wie viele Vertreter jeder Rasse überhaupt an den Untersuchungen teilnehmen. Gerade bei den Verhaltenstests sind es oftmals sehr einseitige Zusammensetzungen der Probandenkollektive, die möglicherweise dann auch eine Verschiebung der Ergebnisse bewirken können. So sind in über 40 Studien Labrador Retriever und ca. 37 Studien Golden Retriever, aber nur in ca. 20 Studien Englisch Springer Spaniels und in ca. 22 Studien West Highland Terrier untersucht worden. Auch zeigt sich in vielen Fällen, dass die gefundenen Rassenunterschiede, einerlei auf welcher Methodik sie beruhen, nicht mit den Rassestandards und den typischen Beschreibungen z. B. der Zuchtverbände übereinstimmen.

PERSÖNLICHKEITSMERKMALE

Betrachtet man die Erblichkeit der verschiedenen Verhaltenseigenschaften, so ist verständlich, weshalb z. B. auch die Variabilität innerhalb der Rassen so groß ist. Der Begriff der Erblichkeit ist ein spezieller Terminus in der Genetik, der sich vorwiegend über die genetischen Einflüsse auf die Variabilität zwischen Individuen einer Population bezieht. Wenn also z. B. der Beste innerhalb einer Testgruppe 100 Punkte und der Schlechteste 0 Punkte hat, dann besagt eine Erblichkeit von 10 %, dass nur 10 von diesen 100 Punkten durch die Eigenschaften der Eltern oder Großeltern vorhersagbar sind. Die anderen 90 % der potenziellen Variabilität, also insgesamt 90 von 100 Punkten, werden durch Aufzuchtfaktoren und andere Umweltbedingungen oder auch den Zufall beeinflusst. Lenka Hradecka und Co-Autoren aus Prag haben hier eine groß angelegte Metaanalyse durchgeführt (Hradecka et al., 2015).

Sie haben insgesamt 48 wissenschaftliche Veröffentlichungen über die Erblichkeit von Verhaltenseigenschaften bei Haushunden nochmals mit einer übergeordneten Statistik verarbeitet, um verschiedene Datensätze unter bestimmten Unterkategorien zu gruppieren. Insgesamt wurden 5 funktionelle Kategorien, nämlich Umwelt, Hüteverhalten, Jagen, Spiel und psychische Grundcharakteristika, also Persönlichkeitseigenschaften, gefunden. **Die Untersuchung zeigt allgemein niedrige Erblichkeiten der Verhaltenskategorien und Einzelmerkmale.** Einig Beispiele daraus: Die Erblichkeit des sogenannten Spieltriebs, der Jagdleidenschaft, der Reaktion auf Menschengruppen oder der Reaktion auf fremde Personen beim Hovawart lag zwischen einem und 14 %. Die Erblichkeit des Hüteverhaltens beim Border Collie lag zwischen unter einem Promille und 10 %. Auch die Erblichkeit des Erfolgs im Welpentest beim Labrador lag zwischen 9 und 11 %, die Erblichkeit von Persönlichkeitseigenschaften wie etwa Nervenstärke, Selbstvertrauen oder auch „Schärfe" beim Deutschen Schäferhund zwischen 5 und 20 %. Und selbst wenn man die Verhaltenseigenschaften unter den oben genannten Subkategorien zusammenfasst, ergeben sich meist Werte zwischen unter 10 und maximal 25 %. **Diese Aussagen sind z. B. auch zu beachten, wenn man die derzeit durchgeführten Praktiken von Zuchtzulassungstests oder andere, für die Beurteilung individueller Eigenschaften von Hunden herangezogene Testverfahren bewertet.** Obwohl in den letzten Jahren zu diesem Thema sehr viel geforscht wurde, sind die Ergebnisse nach wie vor, zumindest was die Beeinflussung des Verhaltens durch gezielte Zucht betrifft, nicht wesentlich anders, als wir das in unserem ersten Band bereits dargestellt haben. Die Forschungsergebnisse der letzten Jahre beziehen sich dementsprechend auf individuelle Merkmale, und dann wiederum auf die Unterscheidung verschiedener genetischer Linien.

OXYTOCIN UND VERHALTEN

Ebenfalls aus der Budapester Studiengruppe stammt eine Arbeit von Erica Mirko und Co-Autoren, die wiederum zeigt, dass weniger die Rassenunterschiede, sondern vielmehr die Persönlichkeit und vor allem die Aufzuchtbedingungen der Hunde ihr Verhalten gegenüber Menschen charakterisieren (Mirko et al., 2012). Zunächst fand die Studie keine wirklich bedeutsamen Unterschiede im Aggressionsverhalten der 10 betrachteten Rassen und auch einer großen Gruppe von Mischlingshunden. Wenn überhaupt Rassenunterschiede gefunden wurden, waren sie insgesamt so schwach, dass sie kaum die statistische Zufallsschwelle überschritten. Daher konzentrierten sich die Autoren im zweiten Schritt ihrer Untersuchung auf zwei besonders charakteristische Rassen, die auch in Ungarn heute andere Funktionen erfüllen, als dies ursprünglich in ihrer Arbeitsgeschichte der Fall war: der Magyar Viszla und der Deutsche Schäferhund. Viszlas, die ursprünglich als Jagdhunde gezüchtet wurden, heute aber überwiegend auch in Ungarn Familienhunde sind, und Deutsche Schäferhunde, die ursprünglich „Allrounder", also Vielzweckhunde beim Schäfer, waren und heute überwiegend entweder Familien- oder Diensthunde sind. In beiden Fällen zeigte sich eine ganz wichtige Abhängigkeit: **Hunde, die vor allem in den ersten zwei Jahren ihres Lebens überwiegend oder ganz mit Familienanschluss im Haus ihrer Menschen lebten, hatten eine viel geringere Tendenz, z. B. Aggressionsverhalten gegen Menschen innerhalb der eigenen Familie zu zeigen, als die, die einen Großteil ihres Lebens im Garten, im Hof oder im Zwinger verbringen mussten.** Deutsche Schäferhunde mit vollem Familienanschluss waren hier weniger risikobehaftet als Viszlas, die überwiegend außerhalb des unmittelbaren Familienumfelds zu leben hatten. Lindsay Mehrkam, die wir bereits aus dem Rassenvergleich

Auch Hunde unterschiedlicher Gestalten, Rassen und Färbungen können, wie man hier sieht, sehr viel Spaß haben und deutlich miteinander kommunizieren.

kennen, hat mit einem Autorenteam 2017 (Mehrkam et al., 2017) Rassenunterschiede im Solitär- und Sozialspiel von verschiedenen Rassegruppen untersucht. In Bezug auf Solitärspiel waren tatsächlich einige Rassegruppen unterschiedlich motiviert, die Retriever zeigten hier wesentlich höhere Häufigkeiten als die Herdenschutzhunde und auch tendenziell als die Hütehunde. In Bezug auf das Sozialspiel mit anderen Hunden dagegen gab es keine Rasseabhängigkeiten, wohl aber einige Abhängigkeiten mit dem Kastrationsstatus. Wenn ein kastrierter und ein unkastrierter Hund miteinander spielten, war die soziale Spieltendenz höher als bei zwei kastrierten oder auch zwei unkastrierten.

KOMMUNIKATIONSFREUDIGKEIT MIT MENSCHEN

Adriana Jakovcevic und Co-Autoren aus Buenos Aires interessierten sich für Rassenunterschiede im Verhalten von verschiedenen Hunden bezüglich ihrer Blickkontaktaufnahme mit dem Menschen (Jakovcevic et al., 2010). Es wurden Retriever, Deutsche Schäferhunde und Pudel wurden getestet. Zunächst lernten sie, dass sie bei einer unlösbaren Aufgabe, nämlich Futter außerhalb ihrer Reichweite, durch Blickkontakt vom Menschen Hilfe anfordern konnten. Während dieser Phase des Lernens, die letztlich zu einem Test der Kooperation zwischen Hund und Mensch führt, waren keine Rassenunterschiede festzustellen. Wenn die Menschen sich jedoch, nachdem der Hund gelernt hatte, erfolgreich Hilfe anzufordern, plötzlich teilnahmslos verhielten und den Hund nicht mehr unterstützten, dann waren die Retriever länger bereit, in dieser sogenannten Auslöschungsphase nochmals den Blick zum Menschen zurückzurichten, um vielleicht doch noch Hilfe von ihm zu erhalten. Führte man den gleichen Test durch, ohne dass die Hunde vorher extra darauf trainiert wurden, die Hilfe vom Menschen durch Blickkontaktaufnahme anzufordern, ergaben sich die vergleichbaren Unterschiede. Auch hier waren die Retriever eher bereit, den Menschen durch Blickkontaktaufnahme um Hilfe zu bitten. **Es gibt also Rassenunterschiede in den Kommunikationsfähigkeiten der Hunde mit dem Menschen.**

Wie die Studie von Nagasawa zeigen konnte, erhöht Blickkontaktaufnahme den Oxytocingehalt sowohl beim Menschen als auch beim Hund (Nagasawa, 2015). Dies könnte auf die Bedeutung der Rolle dieses Bindungshormons im Zuge der Domestikation des Hundes hinweisen. Anna Kis und eine große Zahl von Co-Autoren haben einen Polymorphismus im Bereich des Oxytocin-Rezeptor-Gens festgestellt (Kiss et al., 2014). Dieser Polymorphismus, also das Auftreten unterschiedlicher Formen des Oxytocin-Rezeptors, korreliert deutlich mit dem Verhalten, sowohl beim Deutschen Schäferhund als auch beim Border Collie, gegenüber einer fremden Person und auch dem eigenen Hundehalter (in beiden Fällen ging es um das Annähern und Nähesuchen) und auch in Bezug auf freundliche Reaktionen gegenüber Fremden. **Dabei wurde deutlich, dass Hunde mit einem erhöhten Oxytocingehalt offener und kooperativer auftraten, dieses Hormon also dafür sorgen könnte, dass manche Rassen „kooperationsfreudiger" sind und den berühmten „will to please" zeigen.**

RASSESPEZIFISCHE AGGRESSIONSBEREITSCHAFT?

Wie sieht es aber nun wirklich mit der oftmals betonten unterschiedlichen Aggressionsbereitschaft verschiedener Rassen aus? Deborah Duffy und Co-Autoren aus der Gruppe von James Serpell haben hier eine bemerkenswerte Studie vorgelegt (Duffy et al., 2008). Sie verwendeten zwei Datensätze: einen, der durch Befragung der Mitglieder einschlägiger Rassezuchtclubs entstand, der andere durch die Onlinebefragung des bereits erwähnten C-BARQ- Systems. Unterschieden wurde zwischen Aggression gegen fremde Menschen, Aggression gegen die eigenen Halter und Aggression gegen Hunde. **In allen Datensätzen zeigten sich statistisch nachweisbare Unterschiede zwischen diesen drei Aggressionsfeldern, was wiederum bestätigt, dass es eben nicht „den aggressiven Hund" oder auch „die Aggression" gibt, sondern dass Aggression ein multifunktionales Werkzeugverhalten ist, das in ganz unterschiedlichen Zusammenhängen eingesetzt wird.**

Aggressives Verhalten oder gar aggressive Kommunikation sind keineswegs Verhaltensstörungen oder unerwünschte, weg zu therapierende Verhaltensäußerungen. Im Gegenteil!

Einige der getesteten und untersuchten Rassen zeigten vergleichbare Werte in allen Aggressionsbereichen. Jedoch gibt es durchaus Aggressionen gegen Menschen und Hunde, die z. B. bei Chihuahuas und Dackeln besonders stark ausgeprägt waren. Akitas und Pit Bull Terrier waren stärker aggressiv gegen andere Hunde, die stärkste Aggression (Bisse oder Beißversuche) gegen Menschen wurden von Dackeln, Chihuahuas und Jack Russel Terriern gezeigt, und zwar sowohl gegen Fremde als auch gegen die Halter. Australian Cattledogs waren besonders aggressiv gegen Fremde und die American Cocker Spaniels und Beagles besonders beißbereit gegen ihre Halter. Mehr als 20 % der befragten Akita-, Jack Russel- und Pit Bull-Halter beschrieben ernsthafte Aggression gegen fremde Hunde. Innerhalb der English Springer Spaniels waren die Showlinien deutlich aggressiver gegen Menschen und Hunde als die Arbeitslinien, beim Labrador Retriever war die Aggression gegen den Halter umgekehrt bei den Arbeitslinien stärker als bei den Showlinien.
In der bereits in einem anderen Zusammenhang zitierten Studie von Rachel Casey und Co-Autoren (2014) wurden auch die Rasseabhängigkeiten der Aggression wiederum in diesen drei verschiedenen Zusammenhängen abgefragt:

1. Fremde, die das Haus betreten,
2. Fremde im öffentlichen Raum,
3. Familienmitglieder.

Bei Aggression gegen Fremde, die das Haus betraten, waren z. B. Labradore, Golden Retriever, Cocker und Springer Spaniels, Setter und eine Reihe von Terrierrassen mit geringerem Risiko behaftet als die Vergleichswerte von Mischlingen. Bei Aggression gegen Fremde außerhalb des eigenen Hauses waren Deutsche und Belgische Schäferhunde mit einem erhöhten, Golden Retriever und Cocker Spaniels mit einem geringeren Risiko gegenüber den Mischlingen zu erkennen. Andere Rasseabhängigkeiten gab es offensichtlich nicht. Aber auch hier ist wiederum zu betonen, dass alle diese Abhängigkeiten nur einen sehr geringen Teil der Varianz zwischen den Daten von aggressionsbereiten und nicht-aggressionsbereiten Hunden erklärten. **In keinem einzigen Fall erklärte eine der hier besprochenen Abhängigkeiten mehr als 10 % des Unterschiedes zwischen aggressionsbereiten und nicht-aggressionsbereiten Hunden. Auch hier hat also die individuelle Erfahrung der Hunde in der Entwicklung aggressiver Reaktionen wohl eine sehr viel größere Bedeutung als irgendeiner der vorher genannten Abhängigkeitsfaktoren.** Zudem zeigt sich im Vergleich zu allen vorangehenden Untersuchungen die Aggressionsbereitschaft gegen Menschen geringer als gegen Hunde. Diese Untersuchung ergibt also, dass es sehr wohl Unterschiede in Art und Intensität von Aggressionsverhalten zwischen den Rassen gibt. Sie belegt aber einmal mehr, dass es sich hierbei nicht um die in einschlägigen Rasselisten und Hundegesetzen normalerweise genannten Rassen handelt. Paraic Suillehbhaen (2015) hat die Beißstatistik aus der Republik Irland ausgewertet und kommt sogar zu dem gegenteiligen Ergebnis: Seit der Veröffentlichung der auch dort üblichen Rasselisten und rassespezifischen Gesetzgebung, ist die Zahl der Hundebisse gestiegen, der Wert liegt im Durchschnitt der Jahre 1998 – 2013 bei 4,75 Hundebissen mit Krankenhausaufenthalt pro 100 000 Einwohnern, und stieg sogar im Lauf dieses Zeitraums auf 5,64 Bisse pro 100 000 an. Er vermutet, dass die Zahl der Bisse nicht zuletzt auch deshalb zunimmt, weil die Bevölkerung durch die Rassegesetzgebungen in eine trügerische Sicherheit versetzt wurde, die anderen, nicht regulierten Rassen wären nicht gefährlich. Seine Untersuchung reiht sich damit in Studien aus vielen anderen Ländern ein, einschließlich auch Deutschlands, die allesamt die Wirkungslosigkeit und damit Sinnlosigkeit der rassespezifischen Hundeverordnungen und -gesetze belegen.

WILDTIERKUNDE
— (Über)leben in
der modernen Welt

DIE BESIEDELUNG STÄDTISCHER LEBENSRÄUME

STADTFUCHS – EINE NEUE LEBENSFORM?

Gerade eine Reihe von Hundeartigen sind durch ihre hohe Anpassungsfähigkeit, verbunden mit einer hohen Fortpflanzungsrate, ideal geeignet, um auch neu entstehende, z. B. städtische Lebensräume zu besiedeln. In den vergangenen ca. 20 Jahren wurde eine Zunahme von Wildkanidenarten in Städten auf vielen Kontinenten beschrieben. Am weitesten verbreitet und auch am besten erforscht sind die Zuwanderungen von Rotfüchsen (*Vulpes vulpes*) in den Großstädten der Schweiz und Großbritanniens, aber auch aus Japan, Kanada und Australien werden solche Forschungsarbeiten zunehmend berichtet. Am ausführlichsten hat eine Reihe von Züricher Forschern sich des Stadtfuchses in der Schweiz angenommen, und die Gruppe von Prof. David Macdonald befasst sich seit mehreren Jahrzehnten mit den Stadtfüchsen sowohl in britischen als auch in anderen Städten.
Sandra Gloor (2002) hat ihre Doktorarbeit über die Zuwanderung von Stadtfüchsen in der Schweiz geschrieben. Im Lauf der letzten Jahrzehnte des 20. Jahrhunderts nahm die Zahl der Rotfüchse in der Schweiz erheblich zu, und im Jahre 2000 waren in 28 von 30 Schweizer Städten mit mehr als 20 000 Einwohnern nicht nur stabile Fuchspopulationen, sondern auch Aufzuchtorte von Jungfüchsen in 20 dieser 30 Städte bekannt. In der Großstadt Zürich begann die Zuwanderung der Füchse ca. 1985. Wenn die Lebensverhältnisse der Füchse, ihre Fortpflanzungsrate und die Populationsdichte in den umgebenden Gebieten mit betrachtet werden, so ist weitgehend ausgeschlossen, dass diese Zuwanderung nur auf einem starken Populationsdruck in den umgebenden ländlichen Gebieten beruht. Stattdessen erscheint es zunehmend wahrscheinlich, dass Fuchspopulationen in den Großstädten entstanden, die eigene Anpassungsleistungen und möglicherweise auch erste genetische Veränderungen aufweisen. (Solche genetischen Veränderungen durch eine Trennung von Populationen durch die neue Lebensweise werden auch als Urzündung bei der Domestikation des Hundes vermutet, siehe S. 14 ff.) Letzteres ist bisher noch nicht eindeutig belegt, kann aber aufgrund der Verbreitungsgeschichte vermutet werden. Die meisten großstädtischen Füchse in der Stadt Zürich z. B. überschreiten die Stadtgrenzen nicht mehr.
Auch innerhalb der Großstadt Zürich sind nochmals unterschiedliche Lebensraumnutzungstypen für Füchse beschrieben worden. Sandra Gloor (2002) unterscheidet die eher ländlichen Füchse, die sich überwiegend im Bereich Wiese, Weide und Wald aufhalten und ihre Tagesruheplätze im Wald haben, von den eigentlich urbanen, die in öffentlichen Grünanlagen, Friedhofsarealen und Schrebergärten ihre bevorzugten Aktivitäten zeigen. Wohngebiete, vor allem solche mit niedriger menschlicher Wohndichte, werden vorwiegend in der zweiten Nachthälfte genutzt, die Friedhöfe und Parkanlagen vorwiegend in der ersten Nachthälfte.

Sowohl in Zürich als auch in einigen anderen Großstädten in Süddeutschland (Janko, 2012) besteht ein Großteil der Nahrung aus menschlich beeinflussten Futtersorten. Essensreste, z. B. aus Mülleimern oder Komposthaufen, aber auch Tierfütterungen im Garten, Fallobst und Beeren werden als hauptsächliche Ernährung der urbanen Füchse genannt. In den ländlichen Gebieten der Stadtzonen dagegen werden nach wie vor eine Reihe von Nagetierarten erbeutet.

ZUSAMMENLEBEN UND REVIERGRÖSSE

Die meisten Studien an urbanen Rotfüchsen, seien es die genannten schweizerischen, Untersuchungen aus Toronto in Kanada (Adkins und Stott, 1998; Harris und Rayner, 1986), für verschiedene britische Städte (Tsukada et al., 2000, für Sapporo in Japan), belegen die Bildung von Familiengruppen. Urbane Füchse bewohnen also ihre Territorien oftmals nicht einzeln oder in der für waldlebende Artgenossen typischen Form des dispersen Paares (ein männliches und weibliches Tier nutzen unabhängig voneinander das gleiche Streifgebiet), sondern in Gruppen von mehr als zwei erwachsenen Tieren. Gerade im innerstädtischen Bereich verschieben sich die Streifgebiete der Familiengruppen auch häufiger hin und her, während in den eher am Stadtrand liegenden Zonen und ländlichen Arealen der Großstädte die Fuchsterritorien stabil sind. Die Reviergrößen sind erheblich geringer als in den ländlichen und Waldgebieten außerhalb der städtischen Region.

ANSTECKUNGSGEFAHR

Ein besonderes Problem mit Stadtfüchsen stellt ihre Funktion als Krankheitsüberträger, vorwiegend für den kleinen Fuchsbandwurm (*Echinococcos multilocularis*), dar. Dieser, der auf Nagetiere als Zwischenwirte angewiesen ist, kann gerade auch bei Menschen, die von ihm als sogenannter Fehlwirt sozusagen irrtümlich besiedelt werden, aber auch bei Haustieren schwere bis lebensbedrohliche Erkrankungen hervorrufen. Auch wenn z. B. in den schweizer Untersuchungen wesentlich geringere Prozentsätze der urbanen gegenüber den in ländlichen und Waldgebieten lebenden Füchsen von Fuchsbandwürmern befallen sind, hat man sich gerade in Zürich eine Lösung überlegt. Schluckimpfungen, mit ausgelegten Ködern, die Wurmmittel enthalten, werden von Füchsen sehr gut angenommen und könnten eine Möglichkeit darstellen, gerade in auch menschlich intensiver genutzten Teilen des Fuchsareals, etwa in Parkanlagen, an Sportstätten etc., die Belastung durch den Fuchsbandwurm zu reduzieren.

KOJOTEN IN DER STADT

Die zweite Kanidenart, die urbane Lebensräume in den letzten Jahrzehnten zunehmend besiedelt hat, ist der Kojote (*Canis latrans*), der in einer Reihe von Großstädten in Nordamerika als urbaner Bestand beschrieben wird. Dort sind, wie z. B. Baker und Trim (1998) für kalifornische Großstädte, Lukasic und Alexander (2008) für die kanadische Großstadt Calgary oder Cluff (2006) für das kanadische Nordwest-Territorium darlegten, auch Angriffe der Kojoten auf Menschen, nicht nur Kinder und deren Haustiere, zum Problem geworden. Auch hier sind zusätzlich Probleme der Krankheitsübertragung, vorwiegend Staupe, Parvovirose und Leptospirose, als Problem benannt. Im Gegensatz zu den genannten Studien über den Rotfuchs in städtischen Gebieten zeigen die Untersuchungen an urbanen Kojoten in der Regel ein wesentlich größeres bis durchschnittlich doppelt so großes Streifgebiet der urbanen gegenüber den ländlich-offenlandbewohnenden Kojoten. Das Sozialsystem der urbanen Kojoten besteht überwiegend aus Paaren, die auch durch genetische Untersuchung überwiegend als Elterntiere der dort gezeugten und aufgezogenen Jungtiere identifiziert werden konnten. Tigas

Dieser Kojote im Stadtpark zeigt deutlich, dass er sich dort keineswegs unwohl fühlt.

et al. (2002) verglichen auch die Besiedelung urbaner Lebensräume zwischen Kojoten und den amerikanischen Rotluchsen. Beide Arten nutzen städtische Lebensräume, überqueren durchaus gern Straßen, selbst wenn es die Möglichkeit der Unterquerung z. B. in Flussrohren gäbe. Murray et al. (2015) zeigen, dass Kojoten in städtischen Gebieten mehr menschlich beeinflusste Nahrung zu sich nehmen und dadurch auch einen geringeren Eiweiß- und höheren Stärkeanteil in ihrer Durchschnittsnahrung finden als Bewohner ländlicher Gebiete. Zubereitete menschliche Speisen sind nach dieser Untersuchung eine der wichtigsten Versorgungsquellen für die urbanen Kojoten und könnten möglicherweise auch mit zum Erfolg der Besiedlung städtischer Lebensräume durch diesen mittelgroßen Kaniden beigetragen haben. Wer die urbanen Kojoten zurückdrängen will, muss also die Müllentsorgung ändern.

MÖGLICHE POSITIVE AUSWIRKUNGEN

Gerade in der kanadischen Stadt Calgary (Alexander, 2012) wurden auch die positiven Auswirkungen der Kojoten auf das Ökosystem untersucht. Kojoten können sowohl auf die Bestände von Zugvögeln als auch auf Brutvögel positive Auswirkungen haben, weil sie kleinere Karnivoren, wie etwa verwilderte Hauskatzen oder Marderartige, dezimieren. Auch Bestände von Weißwedelhirschen, Taschenratten oder Kanadagänsen in den Stadtumgebungen werden von Kojoten reguliert und dadurch das Ökosystem insgesamt geschützt. Jedoch müssen die negativen Auswirkungen, gerade die Angriffe auf Menschen oder ihre Haustiere, gegen diese positiven Auswirkungen abgewogen werden, und die Koexistenz der Kojoten mit den Menschen in urbanen Lebensräumen ist wohl ohne eine gewisse Form von Management nicht möglich.

Gerade in Calgary werden z. B. Konflikte mit Kojoten, aber auch die Nahrung, die diese zu sich nehmen, durch freiwillige Beobachter aus der Bürgerschaft dokumentiert und in eine gemeinsame Datenbank einer Webseite eingetragen. Dadurch, sowie durch eine tiefer gehende Untersuchung von Zeitungsberichten, kann das Ausmaß der Kontakte zwischen Kojoten und Menschen besser dokumentiert werden. Gerade während der Aufzucht- und Abwanderungszeit der Kojoten, also von April bis Juni und von September bis November, werden häufiger Konflikte zwischen Kojoten und Menschen berichtet. Überwiegend sind diese dort, wo sich mehr Müll und Abfall in der Nahrung der Kojoten befindet, und einige Gebiete haben dadurch einen höheren Konfliktpegel. Gerade in der Stadt Calgary sind auch große Flächen von Prärieökosystemen noch in das städtische Gebiet mit einbezogen. Die meisten Angriffe von Kojoten auf Hunde werden, vorwiegend in Zeiten der Jungtieraufzucht, dadurch ausgelöst, dass die betroffenen Hunde den Kojoten in den Wald hinterherjagen. Über eine spezielle Kojoten-Hotline (ein von der Regierung gesponserter Telefondienst) wurden zwischen 2005 und 2008 insgesamt 1 684 Berichte über Kojoten gesammelt, 89 % der Fälle wurden nur aus größerer Entfernung beobachtet, 6 % waren nicht aggressive Begegnungen auf kurze Distanz und nur 5 % wurden als direkte Begegnungen oder Angriffe bewertet. Es zeigt sich also, dass Menschen und Kojoten durchaus in diesem Gebiet koexistieren können.
In den von Shelley Alexander und ihrem Team (2012) ausgewerteten Medienberichten aus 15 Jahren, über Begegnungen von Kojoten mit Menschen und Haustieren, zeigt sich, dass sich von den 190 Primärberichten (solche, die zuerst über das jeweilige Ereignis berichteten), 26 auf einen Biss bezogen, in 6 Fällen entstand eine Bissverletzung. In kanadischen Stadtgebieten werden insgesamt pro Jahr etwa drei Menschen von Kojoten durch Bisse verletzt, und im Jahr 2009 wurde erstmals eine Tötung eines Menschen durch Kojoten berichtet. 89 Zwischenfälle mit Hunden wurden ausgewertet, in 38 dieser Fälle wurde der Hund von Kojoten getötet. Die meisten Hunde gehörten kleinen Rassen unter 10 kg an. 18 der Kleinhunde wurden im eigenen Hinterhof und Garten angegriffen. In 92 % der Fälle waren die angegriffenen Hunde nicht angeleint und in 32 Fällen wurde eine Katze von Kojoten angegriffen und getötet.

Nahrungsreste, weggeworfen oder verloren, spielen bei der Ernährung der Stadtkojoten eine große Rolle.

MENSCHENFERN LEBENDE HAUSHUNDE

Einer Hochrechnung aus dem Jahr 2014 zufolge (in Gompper, 2014) leben schätzungsweise über 986 Millionen Haushunde (*Canis familiaris*) auf der Erde. Zirka 400 Millionen werden als urbane, der Rest als ländlich bis dörfliche Hunde eingestuft.
Ohne genauere Angaben dazu wird geschätzt, dass ca. 10–20 % dieser Hunde tatsächlich in unserem Sinne Besitzer und Halter haben, also mit dem Menschen in direkter Gemeinschaft leben. Selbst hierbei muss jedoch, wie z. B. Luigi Boitani (Boitani et al., 2016) immer wieder betont, nochmals unterschieden werden: Nicht alle vom Menschen gehaltenen Hunde haben tatsächlich eine starke Begrenzung ihrer Freiräume und ihrer Handlungsspielräume. Viele davon sind trotz allem weitestgehend selbstbestimmt, außer dass sie eben von einem bestimmten Menschen regelmäßig gefüttert und versorgt werden.
Neben diesen, vom Menschen direkt betreuten Hunden, gibt es die streunenden Hunde, die zwar noch in menschlichen Siedlungen, Dörfern und Städten leben, jedoch weitestgehend unbeeinflusst vom Menschen ihren Tagesablauf gestalten, und die verwilderten Hunde („Feral dogs"), die völlig unbeeinflusst vom Menschen sind und sich oftmals ihre Nahrung selber suchen müssen.
Die sozialen Systeme dieser Hunde wurden ausführlich im Vergleich zu denen unseres gehaltenen Familienhundes diskutiert (siehe S. 115 ff.). Hier soll es vorwiegend um die ökologischen Aspekte gehen, denn gerade die Lebensweise dieser Hunde wurde im Zusammenhang mit ihren Einflüssen auf Nutztier- und Wildtierbestände in den letzten Jahren ausführlich untersucht. Die besten Zusammenfassungen finden sich in dem Buch von Matthew Gompper (2014) sowie dem von Stephen Spotte (2012).
Wer sich einen Eindruck von der Lebensweise dieser Hunde verschaffen möchte, dem seien die Bücher von Stefan Kirchhoff (2014) sowie von Günther und Karin Bloch (2007, einschließlich DVD) empfohlen. Gerade diese Darstellungen zeigen nämlich, dass es unter den streunenden und menschenfern lebenden Hunden keineswegs immer nur vernachlässigte, kranke, von Parasiten gequälte, arme Lebewesen gibt. Viele dieser Hunde führen ein ausgesprochen gemütliches und selbstbestimmtes Leben und sind daher meistenteils auch in ihrem angestammten Lebensraum viel besser aufgehoben als bei uns in der Zivilisation.

NAHRUNGSERWERBS-STRATEGIEN

Die Untersuchungen über die Nahrungszusammensetzung der genannten Hundepopulationen sind nicht nur im Zusammenhang mit ihrer Auswirkung auf Wildtierbestände von Bedeutung. Auch die häufig immer noch falsch kommunizierten Vorstellungen über die sogenannte artgerechte Beschäftigung und Ernährung des Haushundes sollte sich viel stärker an diesen Untersuchungen orientieren als an einem romantisierenden, aber meist unzutreffenden Wolfsmodell. Die Tabellen und Grafiken in den Büchern von Gompper (2014) und Spotte (2012) zeigen, dass in den meisten Gegenden der Erde die verwilderten und menschenfern lebenden Haushunde sich von Kleintieren, Straßenverkehrsopfern und anderem Aas, Müll und Pflanzenteilen ernähren und dass sie die meisten dieser Nahrungsquellen auch individuell, also ohne kooperative Jagd oder Zusammenschluss mit Artgenossen, ausnutzen können.

Nur wenige Berichte, z. B. über streunende Hunde im Inneren von Alaska, beschreiben kooperative Jagd, dort z. B. auf Schneeschuhhasen. Untersuchungen an streunenden und freilebenden Hunden in mehreren amerikanischen Bundesstaaten zeigen explizit, dass diese keine erwachsenen Weißwedelhirsche oder Nutztiere irgendeinen Alters angreifen, ab und zu findet man Reste von Hirschkälbern in ihrer Nahrung. Ob sie diese erlegt oder als Aas gefunden haben und ob sie sie allein oder gemeinsam erjagt haben, ist nicht bekannt. Von den 24, im Bundesstaat Arkansas bekanntermaßen durch Hunde getöteten Weißwedelhirschen, waren beim Sektionsbefund nur zwei gesund gewesen.

EINFLUSS AUF DEN NUTZ- UND WILDTIERBESTAND

Vergleichende Darstellungen, sowohl aus Italien als auch verschiedenen Regionen der USA, zeigen deutlich, dass Hunde mit Besitzern sehr viel mehr Opfer unter Wild- und Nutztieren verursachen als menschenfern lebende streunende oder verwilderte Artgenossen. Nur in wenigen Gegenden der Erde, z. B. die südostasiatischen, als Waldhunde bezeichneten Populationen, ernähren sich überwiegend von tierischer Beute. Hierzu muss jedoch betont werden, dass gerade diese südostasiatischen Hunde mit dem Australischen Dingo näher verwandt sind als unsere modernen Familienhunde und daher möglicherweise auch eine andere Jagdstrategie aufweisen. Untersuchungen am Australischen Dingo, wie sie z. B. von der Arbeitsgruppe um Laurie Corbett (Corbett, 2006) durchgeführt wurden, bestätigen, dass die Nahrung der Dingos oftmals einen sehr hohen Anteil tierlicher Beute enthält.

Die Nahrungszusammensetzung von streunenden Hunden in Vorstadt- und ländlichen Gebieten im Südosten Brasiliens enthielt zu 57 % Wirbellose, 25 % Säugetiere, 17 % Vögel und 1 % Reptilien; 45 % der Säugetierbeute waren Ratten und Mäuse.

Die Einflüsse der verwilderten und menschenfern lebenden Haushunde auf Beutetierbestände sind oftmals eher indirekter Art. In der Ökologie von Räuber-Beute-Beziehungen hat sich der Begriff „Landschaft der Furcht“ eingebürgert. Dies bedeutet, dass potenzielle Beutetiere, seien es Nutztiere oder Wildtiere, ihr Verhalten, ihre Wachsamkeit, ihre Gruppengröße, ihre Nahrungswahl und andere Aspekte ihres Verhaltens schon „im vorauseilenden Gehorsam“ verändern, wenn sie über indirekte Anzeichen wie etwa Duftmarken, Vokalisationen oder Sichtungen die Anwesenheit von Beutegreifern im betreffenden Lebensraum erspüren. Dies wirkt sich dann auch auf die Fortpflanzungsraten aus. Der dadurch entstehende indirekte, oft aber auch lange anhaltende Stress kann vielerlei gesundheitliche Folgen für die betreffenden Bestände haben. Die direkten Angriffe oder gar Tötungen der Beutetiere durch die Beutegreifer sind dann gar nicht mehr notwendig, um Auswirkungen auf die gesamte Population zu verursachen. Diese ökologischen Konzepte sind wichtig, wenn wir die genannten Befunde über die Auswirkungen von verwilderten Haushunden auf Beutetierbestände richtig interpretieren und vor allem auf unseren Umgang mit dem Haushund übertragen wollen. Die symbolische Jagd ist eben keine sogenannte artgerechte, und damit auch keine besonders bevorzugenswerte Form der Beschäftigung eines Haushundes. Wenn, dann sollte die Nahrungssuche der verwilderten Haushunde, die viel mehr der eines Fuchses, also eines opportunistisch suchenden Gemischtköstlers entspricht, als Muster für den Umgang mit dem Nahrungssuchverhalten des Haushundes gewählt werden. Und eben nicht die symbolische und kooperative Jagd, die als funktionelle Substitution der Großwildjagd von Wolfsrudeln entwickelt wurde.

Wer sagt da noch, dass ein Hundeleben nicht erstrebenswert wäre?

Neben den australischen und südostasiatischen Dingos scheinen sich vor allem streunende und menschenfern lebende Hunde in Zentralasien, also den zentralasiatischen Teilen Russlands, der Mongolei und Chinas, sich besonders häufig an Huftieren zu vergreifen. Die Daten, die bei Gompper (2014) zusammengetragen wurden, betreffen z. B. Saigaantilopen, mongolische Antilopen oder auch Argalis (Bergschafe), wobei auch dort oftmals unterernährte Tiere im hohen Schnee bevorzugt erbeutet wurden.

REVIERGRÖSSEN

Die Streifgebietsgrößen von Hunden in städtischen Umgebungen sind oftmals weniger als 10 Hektar, meistens abhängig von der Verfügbarkeit von Nahrungsressourcen. Zwar gibt es auch Angaben von Streifgebieten über Dutzende von km², durchschnittliche Streifgebiete umfassen jedoch in der Regel ca. nur 6 km² für das Kern- und ca. 12 – 14 km² für das gesamt genutzte Areal. Auch hier sind durchaus Rückschlüsse auf unseren Umgang mit dem Haushund angebracht. Wenn solche kleinen Gebiete von einer Hundegruppe genutzt werden, kann man sich gut vorstellen, wie wenig Aktivitäten dabei entfaltet werden. So beschreibt auch z. B. eine Übersichtsstudie über das Verhalten von Straßenhunden in Indien (Sreejani Majumder et al., 2014), die nahezu 2 000 freilebende Hunde verglich, dass die Hunde zum größten Teil nichts taten. Sie werden als „faule und freundliche Kreaturen“ bezeichnet, die weder Menschen stören, noch besonders großen Aktivitätsdrang zu verspüren scheinen. Der Hund liebt also das Nichtstun mehr als die „Auslastung“.

ORGANISATION VON STREUNERHUNDEN

Die soziale Organisation der verwilderten Haushunde ist sehr stark von der Nahrungsverfügbarkeit abhängig. Eine zweite Übersichtsarbeit von Sreejani Majumder (Majumder et al., in Druck) gibt an, dass die Fähigkeit zur Bildung sozialer Zusammenschlüsse durchaus eine Entscheidung ist, die die Hunde nicht durch zufälliges Zusammentreffen, sondern sehr wohl durch strukturierte, soziale Gruppen zu treffen scheinen. Die häufig behauptete Unterstellung, Haushunde wären ohne den Menschen als „Ordnungsmacht" nicht mehr in der Lage, stabile, soziale Strukturen aufzubauen, muss also deutlich zurückgewiesen werden.

Zusammenstellungen verschiedener Studien, die die Sterblichkeitsursachen und Sterblichkeitsraten von verwilderten Haushunden in menschenfern lebenden Populationen darstellten, gehen von hohen Sterblichkeitsraten, vorwiegend im ersten Lebensjahr aus. In einer Studie in Bolivien (Zusammenstellung der Daten siehe Gompper, 2014) starben z. B. 73 % aller Welpen im ersten Lebensjahr, in einer Untersuchung über Hunde in einer karibischen Stadt (Domenica) waren es 18 % und der Durchschnittswert aller verglichenen Studien betrug 47,7 %, wobei jedoch die Schwankungsbreite 18 – 82 % betrug.
Nahezu alle untersuchten Populationen von menschenfern lebenden Haushunden enthielten mehr Rüden als Hündinnen. Dies ist besonders bemerkenswert, da hier wiederum

Diese Jungspunde haben deutliches Interesse am Fotografen, und sind daher wohl aus einer Gegend, in der die sogenannten Straßenhunde nicht permanent nur von Menschen gequält und verfolgt werden.

eine Ähnlichkeit mit den Sozialsystemen großer Wildkaniden vorliegt. Im Gegensatz zu den meisten anderen Säugetierarten ist das Abwanderungsverhalten bei Hundeartigen ja nicht einseitig oder überwiegend Sache der männlichen Nachkommen. Männliche und weibliche Tiere wandern mit ähnlicher Wahrscheinlichkeit ab, und je größer die Wildkanidenart, desto mehr ist die Abwanderung sogar auf die Seite der weiblichen Tiere verschoben (Hofer und Moehlmann, 1997). Von der Tatsache ausgehend, dass die meisten Populationen verwilderter Haushunde mittelgroße bis etwas größere Typen umfassen, deckt sich also die mehr rüdenlastige soziale Organisation durchaus mit dem, was man von den Populationsmodellen großer Wildkaniden kennt und erwarten würde.
Trotz der hohen Sterblichkeit und der dabei auftretenden häufigen Wechsel im Revier sind die Populationen der meisten verwilderten Haushunde durchaus stabil oder wachsen sogar. In welchem Ausmaß Krankheiten die Populationen limitieren und die Bestände möglicherweise sogar dezimieren, ist nur in wenigen Fällen deutlich untersucht. Die meisten Untersuchungen gehen davon aus, dass die Nahrungsverfügbarkeit eine wichtigere Rolle bei der Begrenzung der Bestände menschenfern lebender Haushunde ausübt als Krankheiten. Manchmal sind auch noch Konkurrenzarten zu nennen, hauptsächlich Grauwölfe, in manchen Gebieten Asiens aber auch Leoparden, und in manchen Ländern Amerikas Pumas und Jaguar.

WILDTIERBESTÄNDE UND HUNDE

Aus wildtierökologischer Sicht wurden die Auswirkungen von freilebenden dörflichen oder verwilderten Haushunden auf Wildtiere in einer Zusammenstellung von Joelene Hughes, David Macdonald und Luigi Boitani (2016) systematisiert. Neben der bereits ausführlicher besprochenen direkten Beutegreiferaktion kann die Übertragung von Krankheiten zwischen Haushunden und Wildtieren eine wichtige Rolle in der Populationsdynamik bedrohter Wildtierpopulationen spielen. Tollwut, Staupe, Parvovirus, Ehrlichiose und die Hunde- und Fuchsbandwürmer sind hier besonders problematisch. Gerade für bedrohte, seltene Kanidenarten, etwa den Äthiopischen Wolf (*Canis simensis)* oder den Afrikanischen Wildhund, können die Haushundbestände ein Reservoir an Krankheitserregern sein, von dem aus immer wieder die Einwanderung in die Wildhundbestände möglich ist. In den letzten 20 Jahren starben z. B. 75 % der Äthiopischen Wölfe an Tollwut, und es wird stark vermutet, dass diese überwiegend aus den Haushundbeständen kam. In einigen dieser Fälle können auch Menschen von den Krankheitserregern befallen werden. Zoonosen, die von anderen Tieren auf den Menschen übertragbar sind, gehören zu den gefährlichsten Krankheiten in vielen weniger entwickelten Gebieten.
Die dritte Form der Auswirkung zwischen verwilderten Haushunden und Wildtierbeständen, sind ökologische indirekte Wechselwirkungen durch Störung und Nahrungswettbewerb. Haushunde, egal ob gehalten oder freilebend, verfolgen und töten Füchse, Seeotter oder Kojoten.

HYBRIDISIERUNG

Auch Hybridisierungen sind ein Problem, gerade für seltene und stammesgeschichtlich dem Haushund sehr nahestehende Wildkanidenarten. In Zeiten des sexuellen Notstandes ist die Paarung mit einem wild herumstreifenden Haushund des entgegengesetzten Geschlechts oftmals die naheliegende Lösung, wenn kein echter Artgenosse gefunden wird. Grauwölfe und Haushunde haben sich wahrscheinlich schon seit dem Beginn der Hundedomestikation immer wieder gekreuzt und auch Kreuzungen zwischen Wölfen, Kojoten und Haushunden wurden in vielen Teilen Nordamerikas immer wieder benannt.

Iberische Wölfe sind in Europa sehr selten und werden ebenfalls von der Hybridisierung bedroht.

Diese Hybriden zwischen Grauwölfen, Kojoten und Haushunden wiederum werden als eines der größten Probleme für die Bestandsentwicklung des ohnehin sehr seltenen Rotwolfs im Südwesten der USA genannt. Auch für den hochbedrohten Äthiopischen Wolf werden bereits Besorgnisse geäußert, dass er durch zukünftige Hybridisierung mit Haushunden noch weiter in seinen reinen Beständen zurückgehen könnte. Ähnliche Befürchtungen gibt es für den Iberischen Wolf, eine der seltensten Unterarten des Grauwolfes in Europa.

INTERFERENZKONKURRENZ

Konkurrenz zwischen nahe verwandten Arten oder solchen, die ähnliche ökologische Nischen bilden, wird meistens vorwiegend über die Nahrungskonkurrenz definiert. Viel häufiger handelt es sich jedoch dabei um eine sogenannte Interferenzkonkurrenz, wenn eine größere Art die kleinere limitiert, in ungünstigere Lebensräume verdrängt ihr ungünstigere Aktivitätszeiten aufzwingt, oder sie sogar vertreibt, tötet oder verletzt. Von diesen Wechselwirkungen profitieren dann oftmals wieder andere Beutegreiferarten.

So wurde durch die Wiedereinführung des Grauwolfs im Yellowstone Nationalpark ein stärkerer Populationsdruck auf die Kojoten ausgeübt. Diese reduzierten ihre Nahrungssuchaktivitäten und erhöhten die Wachsamkeit, wenn sie in Wolfsterritorien unterwegs waren. Die Auswirkungen der Wölfe auf die Kojotenbestände wiederum halfen den kleinen Kitfüchsen, die sonst sehr stark unter den sehr großen Kojotenbestandsdichten zu leiden hatten.

In ähnlicher Weise können auch verwilderte oder menschenfern lebende Haushunde einerseits die Bestände von Füchsen oder verwilderten Hauskatzen beeinflussen, andererseits aber selbst wiederum durch die Auswirkungen von Wölfen und anderen größeren Beutegreifern limitiert werden. Die Untersuchungen über die Ökologie und Bestandsentwicklung menschenfern lebender Haushunde sind sowohl aus theoretischer Sicht, zur Entwicklung ökologischer Modelle, als auch in praktischer Weise zum besseren Management von Wildtierbeständen von großer Bedeutung. Und für die verhaltensgerechte Haushundhaltung bergen sie viele Überraschungen.

KANIDEN AUF DEM VORMARSCH

In den letzten Jahrzehnten haben eine Reihe von Kanidenarten auch in Mitteleuropa ihre Verbreitungsgebiete erweitert, und in Kürze werden wir daher im deutschsprachigen Mitteleuropa insgesamt vier Arten der Familie der Hundeartigen finden.

DER ROTFUCHS

Ausweitungen der Verbreitungsgebiete von Wildkanidenarten sind auch in anderen Regionen der Erde bekannt geworden. So ist z. B. in der jüngeren Vergangenheit das Verbreitungsgebiet des Rotfuchses sowohl in Nordamerika, speziell Kanada, als auch in Skandinavien erheblich nach Norden vorgerückt (Elmhagen et al., 2017). Hauptleidtragender dieser Nordausdehnung des Rotfuchses ist der kleinere, und daher ökologisch und verhaltensbiologisch unterlegene Polarfuchs.

Wenn Rotfüchse, vorwiegend als Auswirkungen der Klimaveränderung, an einigen Stellen aber auch in Folge von verstärkten menschlichen Siedlungsaktivitäten ihre Verbreitung nach Norden ausdehnen, sich dort niederlassen und Jungtiere aufziehen, sind die Polarfüchse nicht nur durch zwischenartliche Konkurrenz aus dem Lebensraum verdrängt. Sie werden bisweilen auch direkt von den Rotfüchsen getötet und manchmal sogar verzehrt. In Gebieten, in denen die Rotfuchsbestände durch Bejagung wiederum zurückgedrängt wurden, erholt sich auch der Polarfuchs wieder.

DER MARDERHUND

Der Marderhund (*Nyctereutes procyonoides*) ist bereits seit einigen Jahrzehnten auf dem Vormarsch in West- und Nordeuropa. Ursprünglich ist diese besondere kleine Kanidenart ein Bewohner Ostasiens und dem ostasiatischen Teil der russischen Taiga. Auch auf den japanischen und anderen Inseln in Ostasien kommt er vor. Bereits vor etlichen Jahrzehnten (zwischen 1929 und 1955) wurde aus Südostsibirien eine größere Zahl von Marderhunden in die damalige westliche Region der Sowjetunion, also ins Grenzgebiet zu Weißrussland, Polen etc., verbracht. Man schätzt, dass in der Zeit zwischen 1929 und 1955 insgesamt über 9 000 Tiere freigelassen wurden (Kauhala 1992, 2006). Von dort aus breiteten sich die Marderhunde nach Westen und Norden aus, wobei sie schon in der zweiten

Der Marderhund breitet sich nach Nord- und Westeuropa aus.

Hälfte des 20. Jahrhunderts Deutschland, und schließlich auch Frankreich und die Niederlande erreichten.
Heftig umstritten sind die Angaben zu den Auswirkungen des Marderhundes auf die heimische Ökologie. Der Marderhund steht auf der schwarzen Liste der EU-Richtlinie zur Verhinderung invasiver Neubürger (EU 1143/2014). Das bedeutet, dass er ab 02. Februar 2019 nicht mehr gehalten, bzw. nicht mehr zur Vermehrung gebracht, gehandelt oder anderweitig verbreitet werden darf. Derzeit sind Diskussionen im Gange, ob aus pädagogischen Gründen in Zoos und Wildparks Marderhunde, z. B. zur Demonstration des Themas invasiver Neubürger, in fortpflanzungsunfähigem Zustand weiter gezeigt werden dürfen.
Nichtsdestotrotz geben die Untersuchungen, die Caarina Kauhala (1992, 2006) zusammengetragen hat, keinen großen Anlass zur Besorgnis. Die meisten Untersuchungen über die Ernährungsgewohnheiten von Marderhunden, seien sie aus dem Baltikum, aus Finnland oder aus dem europäischen Teil Russlands, geben an, dass nur sehr wenige Prozentanteile ihrer Nahrung aus jagdbaren Vögeln, überwiegend Wassergeflügel, bestünden. Wenn Vögel in der Nahrung gefunden wurden, dann waren es überwiegend Singvogelarten. Der größte Teil der Nahrung des Marderhundes ist aber Gemischtkost, in vielen Gegenden sind Kleinsäuger, vorwiegend Nager, aber auch Spitzmäuse, etwa die Hälfte der Nahrung. Die andere Hälfte wird aus Fröschen, Eidechsen, Fischen, den genannten Vögeln, aber auch Wirbellosen, Aas und Pflanzenmaterial gebildet. Insbesondere Beeren und Früchte sind hier regelmäßig mit größeren Prozentzahlen vertreten.
Die meisten Studien zeigen auch deutlich, dass der Einfluss des Rotfuchses gerade auf die Bestände von Wassergeflügel und anderen größeren Vogelarten sehr viel stärker ist als der Einfluss des Marderhundes. Bisweilen zeigt sich sogar eine negative Abhängigkeit: Wo die Bestände des Marderhundes zunehmen, nehmen die Bestände des Rotfuchses ab. Und wo die Bestände des Marderhundes zunehmen, gibt es keinesfalls mehr, bisweilen sogar weniger Verluste unter bodenbrütenden, größeren Vogelarten, z. B. der Eiderente in Skandinavien. Möglicherweise wird also durch starke Bejagung des Marderhundes sogar der gegenteilige Effekt erzielt, das heißt, der Rotfuchs nimmt zu und die größeren, bodenbrütenden Vogelarten leiden darunter.

REVIERGRÖSSEN

Marderhunde haben in der westlichen Region und auch in Skandinavien offensichtlich wesentlich größere Streifgebiete als die aus Ostasien bekannten Werte. Die durchschnittliche saisonale Streifgebietsgröße betrug 300 – 700, bei manchen Tieren auch bis 1 400 Hektar. In Japan liegen dagegen die durchschnittlichen Streifgebietsgrößen unter 80 Hektar. Die Populationsdichten in Finnland mit etwas über drei Erwachsenen pro 10 km² im Süden und Zentralbereich, bis zu sieben Erwachsenen in Südostfinnland und bis zu 3,7 pro 10 km² in Polen sind ebenfalls keineswegs so erschreckend.
Die heutige Verbreitung deckt große Teile Nord- und Osteuropas ab, Finnland, Schweden, das Baltikum, Polen, Weißrussland, die Ukraine bis nach Bulgarien, Rumänien und Serbien. In Deutschland war das Verbreitungszentrum zunächst in Mecklenburg-Vorpommern, dort wurden im Jahr 1995 noch weniger als 200, im Jahr 2003 bereits fast 10 000 Marderhunde erlegt.
Der wichtigste begrenzende Faktor in der Verbreitung des Marderhundes ist wohl das Klima. Marderhunde können Gegenden, in denen mehr als 175 Tage im Jahr Schnee liegt und die mittlere Jahrestemperatur unter 1 – 2 °Celsius beträgt, nicht besiedeln. Auch hier dürfte also der Klimawandel ein wesentlicher Faktor bei der Veränderung ihrer Verbreitungsgebiete und auch ihrer Populationsdichten sein.

DER GOLDSCHAKAL

Mittlerweile umfasst unsere einheimische Tierwelt noch einen weiteren Zuwanderer, den Goldschakal (*Canis aureus*). Die Besiedlungsgeschichte wird in „Aus der Forschung" nochmals deutlich zusammengefasst. Der Goldschakal wurde mittlerweile bereits in Fotofallen und durch Direktbeobachtungen nicht nur im Süden Deutschlands, sondern sogar in den Niederlanden und in Frankreich gefunden. Hier scheint, wie z. B. Luca Lapini (2012) in seiner Übersicht darstellt, die Klimaveränderung keinen besonders großen Einfluss zu haben. Die Hauptfaktoren, die hier die Veränderung der Verbreitungsgebiete beeinflussten, sind mehr vom Menschen verursacht.

Offensichtlich kamen sie in historischer Zeit bereits in Ungarn, Rumänien und Bulgarien vor, bevor dort die globalen Klimaveränderungen begannen. Fortpflanzungsfähige Bestände finden sich heute in Albanien, Österreich, Bulgarien, Kroatien, Griechenland, Ungarn, Italien, Rumänien, Serbien und Slowenien. Ökologisch ist der Goldschakal dem Rotfuchs ähnlich, mit einem sehr breiten Nahrungsspektrum und einer bemerkenswerten Anpassungsfähigkeit. Hauptbeute sind kleine und mittlere Säugetiere unter 2 kg, aber auch andere Nahrungsmittel, Aas, Müll, Haus- und Wildtierkadaver, Fische, Amphibien und andere Nahrungsquellen werden genutzt. Die Überlappung mit den Beutespektren des Rotfuchses ist sehr groß, sodass

Schakale kommunizieren oberflächlich sehr ähnlich wie Wölfe. Jedoch ist ihr Verhaltensrepertoire etwas eingeschränkter, und die Mimik beispielsweise etwas weniger differenziert.

in manchen Gebieten mit einem echten Parallelvorkommen der beiden Arten die Dichte der Rotfüchse entsprechend zurückgegangen ist. Offensichtlich meiden Füchse die Anwesenheit der Goldschakale und werden bereits durch Anwesenheit von Kot und Markierstellen in Alarmbereitschaft versetzt. Begünstigende Faktoren für die Ausbreitung des Goldschakals sind neben der gestiegenen Populationsgröße in den bisherigen Verbreitungsgebieten, und damit einer hohen Anzahl von wandernden Individuen, auch die Umweltbedingungen und in vielen Fällen eine positive Einstellung der Menschen gegenüber dieser Art. Die Ausrottung des Wolfs in Mittel- und Südeuropa sowie die allgemeine Bestandsverbesserung mehrerer kleiner Niederwildarten und ein angestiegenes Umweltbewusstsein bei der Gesamtbevölkerung und auch bei Jägern in Europa spielen eine wichtige Rolle. Am meisten wandern ein- bis zweijährige, also halbwüchsige Rüden, seltener junge oder trächtige weibliche Tiere. Einige Regionen in Europa sind sogenannte **Quellenpopulationen**, bei denen die Geburtsrate höher ist als die Todesrate. Dadurch wächst die Population noch weiter, und in diesen Quellenpopulationen ist normalerweise die Abwanderungsrate größer als die Zuwanderungsrate. Die Quellengebiete schaffen daher eine kontinuierlich vermehrte Zahl von abwandernden Tieren. Quellenländer in Europa sind derzeit, so Luka Lapinis Zusammenstellung, Bulgarien, Serbien, Ungarn, Rumänien und Kroatien. Über die kürzlich etablierten Populationen von Italien, Slowenien und Österreich kann derzeit nichts Näheres ausgesagt werden. Abnehmende Bestände finden sich derzeit in Albanien und Griechenland. Über die Bestände in den anderen Ländern gibt es bisher keine klaren Angaben. Einige davon werden als sogenannte **Abflussbestände, „Sink“**, bezeichnet. Dort übertreffen die Todesraten normalerweise die Geburtsraten, und ohne aus benachbarten Quellenregionen zuwandernde Individuen würde die Population sich nicht halten können. Abflussregionen sind also sozusagen Importgebiete, und bei ihnen ist die Zuwanderung größer als die Abwanderung. Dieses, für viele Tierarten gut belegte ökologische Modell lässt die Bestandsentwicklung des Goldschakals in Europa auch aus theoretischer und nicht nur aus praktischer Sicht für die wissenschaftliche Untersuchung interessant erscheinen.

EINFLUSS AUF SCHUTZGESETZE

Neben den ökologischen Untersuchungen ist die Ausbreitung des Goldschakals jedoch auch aus anderen, z. B. politischen und juristischen Gründen interessant. Eine Zusammenstellung von Arie Trouwborst und Co-Autoren (2015) diskutiert die gesetzlichen Aspekte im Hinblick auf internationale und nationale Schutzgesetzgebungen. Wie ist der gesetzliche Status einer Wildtierart, die in einem Land in historischer Zeit noch nie gelebt hat? Welche Veränderungen müssen für nationale und internationale Schutzgesetze und Übereinkommen getroffen werden? Gilt der Goldschakal als invasiver Neubürger, auch dann, wenn er nicht vom Menschen eingeschleppt, sondern sich selbstständig ausgebreitet hat, und welche Bedeutung hat das wiederum auf seinen Schutzstatus, seinen Einschluss in Jagdgesetze etc.? Die genannten Fragen müssen in den nächsten Jahren geklärt werden, da die Ausbreitung des Goldschakals in den kommenden Jahrzehnten noch weitere west- und vielleicht sogar nordwesteuropäische Länder erfassen dürfte. Auch die Frage einer möglichen Vermischung, also Hybridisierung, zwischen Grauwölfen, Haushunden und Goldschakalen wirft nicht nur tierschützerische, sondern auch juristische Probleme auf. So ist z. B. nach der deutschen Gesetzgebung bis zur vierten Generation eine Mischlingsform nach den für die Wildtierhaltung vorgeschriebenen Haltungsnormen, also mit entsprechend großen Gehegen und fachkundiger Betreuung, zu versorgen. Ein Problem, das z. B. auch Tierheime beträfe.

EINWANDERUNG ÜBER DIE BALKANROUTE – DER GOLDSCHAKAL BREITET SICH IN EUROPA AUS

Als beispielhaftester Vertreter der Hundeartigen ist der Goldschakal *(Canis aureus)* weit weniger bekannt als Grauwolf und Rotfuchs, mit denen er häufig verwechselt wird. Er ist kleiner als ein Wolf, hat eine spitzere Schnauze und seine Fellfarbe variiert je nach Lebensraum von ockergelb bis graubraun, jedoch sind meist mehr rötliche Anteile vorhanden als bei Wölfen. Eine kürzere Rute sowie längere Beine und Ohren unterscheiden ihn vom Fuchs (Schwarz, 2013). Immer häufiger kommt es auch im mitteleuropäischen Raum zu solchen Verwechslungen, denn der Goldschakal ist hier noch weitgehend unbekannt. Seine ursprüngliche Heimat liegt in Vorderasien und Osteuropa. Von dort aus besiedelte er weite Teile des asiatischen, afrikanischen und europäischen Kontinents (Spassov, 1989).

Lebensraum

Als Lebensraum bevorzugen Goldschakale dichtbewachsene Feuchtgebiete oder Wälder mit Anschluss an offene Flächen und Gewässer. Landwirtschaftlich geprägte Flächen bieten dabei sowohl ausreichend Nahrung (siehe S. 373) als auch offene Streifgebiete. Solange die Tiere genug Deckung finden, scheint sie die Nähe zu menschlichen Siedlungen nicht abzuschrecken (Plass, 2007). Gebieten mit zunehmender Höhe, unwegsamem Gelände und Kälte bleiben Goldschakale eher fern. Ihre schmalen Pfoten, die sich sehr gut anhand der Verwachsung der vorderen Ballen erkennen lassen, sind für tiefen Schnee und Gebirge eher ungeeignet (Spassov, 1989). Nachdem der Mensch die Großraubtiere Mitteleuropas fast flächendeckend ausgerottet hatte, erholten sich die Bestände seit den 1970er Jahren dank nachlassenden Jagddrucks (Trouwborst et al., 2015). Dem Goldschakal gelang es durch seine Anpassungsfähigkeit, sich rascher zu erholen als der Wolf. Seit Ende des 20. Jahrhunderts findet man den Opportunisten wieder häufiger auf Wiesen, an Flüssen und auf Mülldeponien (Lapini, 2012). Seine Verbreitungsgrenzen verschieben sich mit steigendem Populationsdruck zunehmend in westliche und nördliche Richtung. So breitet sich der Raubsäuger von Quellregionen in Südosteuropa bis nach Estland und die Niederlande aus (Pulliam, 1988). Der westlichste Nachweis wurde 2016 in der Schweiz vermerkt. In Deutschland wurden, seit der ersten Sichtung 1995 im sächsischen Muldentalkreis, neun weitere Belege von Goldschakalen dokumentiert. Zuletzt im Mai 2017, als ein wandernder Schakal, wie viele seiner Verwandten, beim Versuch, eine Autobahn bei Freising zu überqueren, als Verkehrsopfer endete.

Goldschakal, aufgenommen von N. Pühringer auf einem Feld in Niederösterreich

Abwanderung

Die Goldschakale wandern meist entlang von Flussläufen, die sogenannte Korridore bilden. Bei der Abwanderung aus dem elterlichen Revier werden Barrieren wie Gebirgsrücken, schneereiche Gebiete und solche von hoher menschlicher Aktivität gemieden (Spassov, 1989). Um die Ausbreitung des Schakals abzuschätzen, betrachtet man sowohl günstige Korridore als auch störende Barrieren. Ausgehend von Quellpopulationen zeichnen sich damit Hauptwanderungsrouten ab (Hatlauf, 2015).

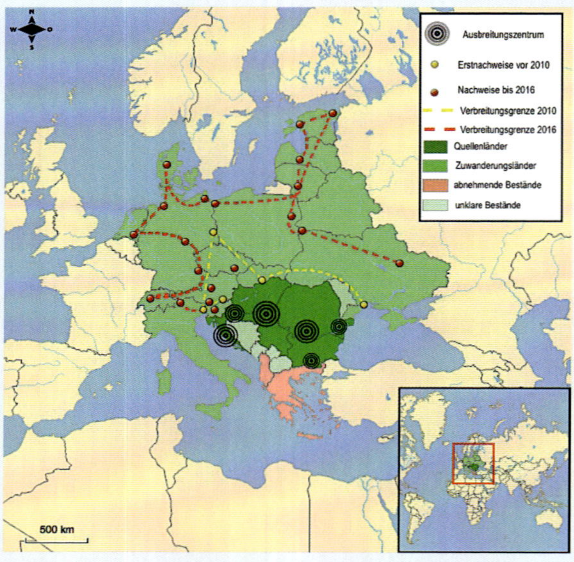

Grafik: Das rezente Verbreitungsgebiet des Goldschakals in Europa. Eigene Darstellung nach Humer (2006), Hauer (2009), Banea et al. (2014) und Möckel und Podany (2015)

Die derzeitigen Verbreitungsgrenzen sind in der Grafik dargestellt. Hier sind, neben den Ursprungsgebieten, Grenzen und Punkte eingezeichnet, die auf eindeutigen Vorkommensnachweisen von Goldschakalen basieren. Die Karte erlaubt einen Ausblick auf die zukünftige Ausbreitung dieser Art. Dennoch sind Goldschakale wohl sehr viel weiter verbreitet, als bisher durch Einzelnachweise dokumentiert.

Einflüsse auf das Wanderverhalten

Die Veränderung des Wanderverhaltens der Goldschakale ist Abbild des natürlichen Wandels von Ökosystemen und ihren Wechselbeziehungen. Die wachsende Populationsdichte sowie die Erwärmung von Gebieten, die bisher aufgrund der harten Winter eher gemieden wurden, sind Erklärungsansätze solcher Veränderungen. Dass der Klimawandel Auswirkungen auf die Tier- und Pflanzenwelt der Erde hat, weil Temperaturhöchstwerte und Jahresmitteltemperaturen stetig ansteigen, ist unbestreitbar (European Environment Agency, 2012). Es liegt nahe, dass auch der einst in trockenen Steppen beheimatete Goldschakal sein Siedlungsgebiet den Veränderungen seiner Umwelt entsprechend wählt. Belege für den direkten Einfluss des Klimawandels auf das Wanderverhalten der Schakale existieren derzeit nicht (Heltai et al., 2013).

Kritiker dieser Theorie betonen, dass der Einfluss des Menschen auf den Lebensraum der Tiere eine weit größere Rolle spiele (Lapini, 2012). Der rasante Ausbau der Infrastruktur und die massiv voranschreitende Verstädterung üben enormen Druck auf Tierarten aus, deren Habitatwahl sich vorrangig nach weiten Flächen sowie naturbelassenen Gewässern und Rückzugsräumen richtet (Hatlauf, 2015). Mit steigender Nutzung freier Flächen für Wohnraum, Industrie und intensive Landwirtschaft werden Raubtiere gezwungen, weitere Strecken zurückzulegen, um in weniger genutzte Bereiche auszuweichen (Krystufek et al., 1997). Förderlich für die natürliche Ausbreitung des Goldschakals ist darüberhinaus die weitgehende Abwesenheit von Wölfen, die ursprünglich sehr konkurrenzstark die günstigen Lebensräume Mittel- und Nordeuropas beanspruchten. Außerdem tragen die Eindämmung der Tollwut, internationale Abkommen zum Schutz von Raubtieren sowie das wachsende Umweltbewusstsein innerhalb der Bevölkerung zur Verbreitung der Goldschakale bei (Trouwborst et al., 2015). Die Ausbreitung der Beutegreifer birgt dabei sowohl mögliche Konflikte, z. B. für die Nutztierhaltung, als auch deutliche Vorteile. So beschreiben Cirovic et al. (2016) die beachtliche Leistung der Goldschakale in der Säuberung und Verwertung tierischer Überreste und anderer Abfälle. Mit der Reduzierung von Kleinsäugern tragen sie maßgeblich zur Vermeidung von Krankheitsausbrüchen und Ernteverlusten bei.

GIANNA JANN

Gianna Jann schloss den Bachelor of Education an der Universität Koblenz-Landau mit einer Abschlussarbeit zur Verbreitung des Goldschakals in Europa ab. Nach verschiedenen Tätigkeiten mit Hunden und Wildtieren im In- und Ausland möchte sie sich zukünftig im Bereich der Verhaltensbiologie von Kaniden spezialisieren und ihre Funktion als Multiplikatorin in der Umweltbildung ausbauen. Derzeit absolviert sie an der PH Karlsruhe den Master of Science „Biodiversität und Umweltbildung" und koordiniert das wissenschaftliche Team rund um Udo Gansloßer im Bereich der Zooberatung und Kanidenforschung.

EINFLUSS VON WÖLFEN AUF GOLDSCHAKALE

Die derzeit ebenfalls stattfindende Rückkehr des Wolfs wird wahrscheinlich eine ökologische Trennung zwischen den beiden größeren Kanidenarten bedingen. Wo beide Arten wirklich nebeneinander vorkommen, wird der Wolf wahrscheinlich die zurückgezogeneren, bewaldeten Gebiete der Alpen und ihrer Vorregionen bewohnen, der Goldschakal sich mehr in die offenen Niederungen vorwagen. Innerhalb der Gebiete wird der Goldschakal Überschwemmungsebenen, Sümpfe, Feuchtgebiete, aber auch landwirtschaftlich genutzte Gebiete, Flussbetten und Flussdeltas nutzen. Noch sind aber die Studien über den Goldschakal in Europa zu spärlich. Wirklich gute Daten, ohne die Tiere zu bejagen, erhält man nur durch sogenannte Playbackuntersuchungen, also Vorspielen von Tonbandaufnahmen. Diese Methode wurde in Nordostitalien bereits getestet und führte nur in etwa 20 % der Fälle tatsächlich zu Antworten, sogar bei fortpflanzungsaktiven Rudeln. Selbst in Gegenden, in denen die Art bereits eindeutig nachgewiesen ist, sind die Ergebnisse dieser Methode also noch recht fraglich. Es könnte sein, dass bei den derzeit noch vorliegenden niedrigen Bestandsdichten die Bereitschaft, auf solche Signale zu antworten, bei den Schakalen ganzjährig noch gering ist. Dann kann man nur auf Zufallsbeobachtungen hoffen.

Die komplexen Wechselwirkungen, die z. B. im Balkanraum für ein Zunehmen und weitergehende Besiedlung durch den Goldschakal gesorgt haben könnten, wurden von einem Forscherteam unter Leitung von Miha Krofel der Universität Ljubljana, Slowenien, ausführlich untersucht (Krofel et al., 2017). Für diese Studie wurden aus Bulgarien und Serbien mehrere Datensätze zusammengeführt. Man betrachtete ausführliche Literaturangaben über die historischen Veränderungen in der Verbreitung und Häufigkeit von Grauwolf und Goldschakal auf der gesamteuropäische

Ebene. Für Bulgarien und Serbien wurden die Jagdstatistiken ausgewertet und in insgesamt acht Studiengebieten, die von Wolfsrudeln wiederbesiedelt worden waren, wurden die Veränderungen der Schakalbestände überprüft. Wie von der als Meso-Prädatoren-Theorie erwarteten ökologischen Überlegung vorgegeben, haben sich tatsächlich die Häufigkeiten und Verbreitungen beider Kanidenarten sowohl auf gesamteuropäischer wie auf kleinräumigerer geografischer Ebene indirekt zueinander verhalten.
In sieben der acht Fälle, in denen Wölfe sich territorial im Schakalgebiet niedergelassen hatten, verschwanden Schakale entweder ganz oder wurden an die Peripherie der neu errichteten Wolfsstreifgebiete verdrängt. Die Ausrottung des Wolfes kann also tatsächlich ein Faktor gewesen sein, der die Ausbreitung des Goldschakals begünstigte. Jedoch gibt es auch Fälle, in denen durch starke Bejagung die Wölfe nach wie vor unterhalb ihrer eigenen Tragfähigkeitsgrenze in einem Gebiet gehalten werden. Dort können, so zeigen die komplexen ökologischen Modelle von Miha Krofel und seinem Team (Cirovic et al., 2016), Goldschakale vorkommen und sich sogar verbreiten.

Goldschakale sind oftmals in feuchteren, und damit auch dichter und grüner bewachsenen Gebieten zu finden.

DER WOLF

Die Wiederbesiedlung großer Teile Europas durch den Wolf wird in den vergangenen Jahren intensiv begleitet, wissenschaftlich wie auch durch heftige politische Diskussionen. Nach den neuesten Bestandszahlen im Herbst 2017 (BfN 2017) wurden in Deutschland aus Sachsen, Brandenburg, Sachsen-Anhalt, Mecklenburg-Vorpommern, Thüringen, Bayern und Niedersachsen Wölfe gemeldet. Die Zahl wird auf ca. 150 – 160 erwachsene Tiere geschätzt, wobei eine genaue Angabe erwachsener Tiere durch die schwankenden Rudelgrößen nicht immer möglich ist. Daher beziehen sich die meisten Angaben auf die Zahl von Rudeln und Paaren. Hierzu wurde im Überwachungsjahr 2016/2017, dessen Länge sich jeweils an den fortpflanzungsbiologischen Jahreszeiten orientiert und deshalb vom 1. Mai bis zum 30. April reicht, ein Bestand von insgesamt 60 Rudeln, als Vermehrungseinheiten, 13 Wolfspaaren und drei sesshaften Einzeltieren bestätigt. In den Vorjahren 2015/2106 wurden 47 Rudel, 21 Paare und vier sesshafte Einzelwölfe, also ca. 140 erwachsene Wölfe, nachgewiesen.

AUSBREITUNG DER WÖLFE

Die Vermutung, dass Wölfe ein Indikator für eine intakte Wildlandschaft wären, muss, auch aufgrund von Beobachtungen z. B. aus Spanien und Italien, eindeutig zurückgewiesen werden. Wölfe leben z. B. in Spanien mitten in den landwirtschaftlich-monokulturell genutzten, großflächigen Ackerlandschaften ebenso wie in Vororten von Großstädten, ebenso in Rom.
Während in Deutschland oft die Vermutung geäußert wird, dass nur durch die Ostöffnung der Grenzen und die Abschaffung des eisernen Vorhanges, vor allem zwischen Polen und Deutschland, eine Westausbreitung der Wölfe möglich sei, wird doch auch aus anderen Ländern (Boitani und Ciucci, 2009) wie Spanien, Südostfrankreich oder der Schweiz von Aus-

breitungen der Wolfsbestände berichtet. Auch in Slowenien, Kroatien und Mazedonien nehmen die Wolfsbestände zu, ebenso die Karpatenwölfe in Rumänien. Im Baltikum gibt es zunehmende Bestände in Litauen, Weißrussland und auch in Russland selbst. Selbst die skandinavischen Wölfe, vor allem in Schweden und teilweise in Finnland und im russischen Teil Skandinaviens, in Karelien, nehmen höchstwahrscheinlich gerade zu. Hauptprobleme der Wölfe in West- und Mitteleuropa sind zum einen die genetische Begrenzung durch kleine Populationen, die nur durch benachbarte Quellpopulationen (vgl. Goldschakal, S. 374) nachbestückt werden können. Wanderungsdistanzen über 2 000 km hinweg wurden bereits durch die genetischen Daten in einzeln aufgefundenen Tieren errechnet und mit Hilfe von Telemetrie, also Radiohalsbandstudien, sind bereits über 1 000 km bestätigt worden. Im Jahr 2005 wanderte ein radiomarkierter Wolfsrüde 1 240 km und legte dabei 217 km Luftlinie vom nördlichen Apennin in Italien nach Südfrankreich zurück.

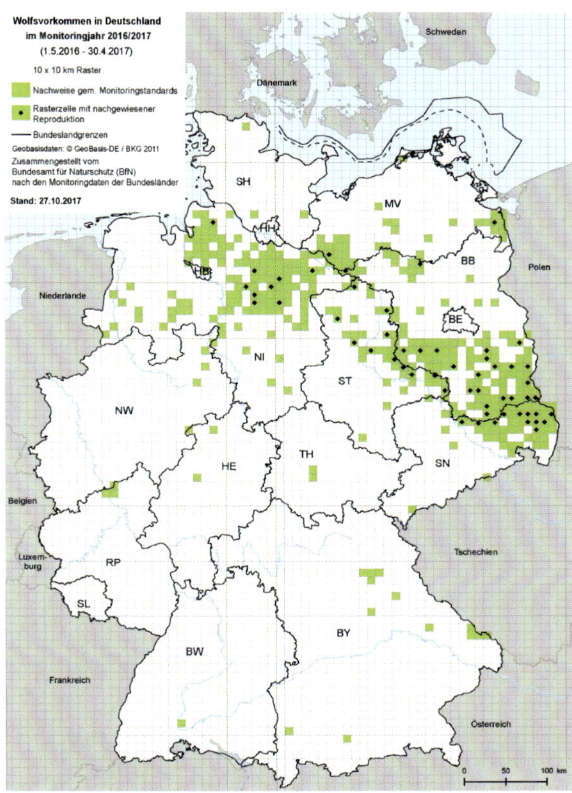

Wie aus den schwarzen Punkten erkennbar ist, nehmen auch die Familiengruppen mit Vermehrungserfolg im Westen und Nordwesten Deutschlands immer mehr zu.

PROBLEME MIT DEM WOLF

Zur Vermeidung von Konflikten zwischen Wölfen und Nutztierhaltern wird die umfassende Elektrozäunung der Herden mit Bodenabschluss und mindestens 120 cm Höhe und kräftiger Stromstärke empfohlen, zusätzlich gegebenenfalls der Einsatz von Herdenschutzhunden, die immer mindestens zu zweit eingesetzt werden sollten (S. 381). Neben den Problemen mit Nutztierhaltern sind oftmals auch Konflikte zwischen der ortsansässigen Jägerschaft und dem Wolf vorprogrammiert. Wotschikowsky (2006) hat detailliert anhand der Jagdstatistiken vor und nach der Zuwanderung des Wolfes in Sachsen auf der Ebene unterschiedlicher Beutetierarten Daten analysiert. Nahezu 50 % der Nahrung besteht in Biomasse, also in Kilogramm gefressenes Tier, aus Rehen, 25 % aus Rotwild und 24 % aus Schwarzwild. Ein Wolfsindividuum ernährt sich pro Jahr von 62 Rehen, 9 Stück Rotwild und 14 Wildschweinen. Wotschikowsky errechnete, dass auf 330 km^2 Fläche das damals mit als erstes untersuchte Muskauer Rudel insgesamt 1,5 Stück Schalentiere pro 100 Hektar erlegt hat, gegenüber 6 Stück pro Jahr, die von den Jägern erlegt werden. Das Rudel fängt nach seinen Daten etwa jeden Tag ein Reh, dazu jede Woche ein Stück Rotwild und ein bis zwei Wildschweine. Durch die Betrachtung der Daten aus den letzten fünf Jahren (2000 bis 2005) zeigte Wotschikowsky einen leichten, allerdings statistisch nicht nachweisbaren Trend zum Absinken der Rehwildstrecken, dem gegenüber stiegen die Rotwildstrecken in diesem Zeitraum um etwa 10 %. Das bedeutet, dass trotz der gemeinsamen Aktivitäten und

„Bemühungen" von Jägern und Wölfen der Zuwachs des Rotwildes noch nicht begrenzt wird. Die Schwarzwildstrecken sind ebenfalls in diesem Zeitraum statistisch nachweisbar auf das 2,5-Fache gestiegen. Ein kleiner Bestand an Mufflons dagegen wurde von den Wölfen in kürzester Zeit ausgerottet. Dies liegt jedoch am Verhalten und an der Landschaftstruktur: Mufflons benötigen zum Rückzug bei Anwesenheit größerer Beutegreifer felsige oder zumindest steil/bergige Gebiete, und diese waren dort schlichtweg nicht vorhanden. Die Mufflons waren dort auch kurze Zeit zuvor als zusätzliches Jagdwild ausgesetzt worden. Daten aus einem von Wölfen wiederbesiedelten Nationalpark in Ungarn (Lanszki et al., 2012) zeigen z. B. nur sehr geringe Mufflonanteile an der Gesamtbeute.

AUSBREITUNG VON MUTATIONEN

In besonderen Situationen hat das Studium des Wanderverhaltens von Kaniden auch eine noch weitergehende Bedeutung für die Bearbeitung von Umweltproblemen. So konnte eine Forschergruppe um Michael Byrne vom Savannah River Ecology Institut der University of Georgia, USA, über Radiohalsband insgesamt 13 Wölfe aus dem absoluten Sperrgebiet des Reaktorunfalls von Tschernobyl verfolgen (Byrne et al., 2018). Ein junger Rüde legte dabei innerhalb von drei Wochen nahezu 370 km zurück und kam dabei durch drei Länder (Ukraine, Weißrussland und Russland). Von kleineren Säuger- und Vogelarten aus dem Tschernobyl-Sperrgebiet ist bekannt, dass die Strahlenbelastung nicht nur zu körperlichen Symptomen, z. B. Tumoren, Hirnverkleinerung und Entwicklungsstörungen führte, sondern diese auch Mutationen, also Erbveränderungen, hervorruft. Die weite Wanderung des Wolfes aus dem Sperrgebiet heraus lässt nun Befürchtungen aufkommen, dass eventuell größere Arten mit weiteren Abwanderungsstrecken auch eventuell solche Mutationen weiterverbreiten könnten.

WIEDERBESIEDLUNG EUROPAS

Gerade auch wegen der guten Ausbreitungsfähigkeit und der hohen Anpassungsfähigkeit des Wolfes an Kulturlandschaften, wird es nicht die Frage des „ob", sondern nur die Frage des „wann" und „wie schnell" sein, wenn wir über die Wiederbesiedlung Westeuropas durch Wölfe sprechen. Dass intelligente Managementstrategien, sowohl zur Vermeidung von Konflikten mit Nutztierhaltern als auch mit Menschen im Wald und anderen Freizeitgebieten, entwickelt und auch durchgeführt werden müssen, ist unbestreitbar. Gerade bei diesem heiklen Thema sollte mehr auf wissenschaftliche Daten und weniger auf Emotionen, und zwar von beiden Seiten der Auseinandersetzung, gesetzt werden. Bemerkenswert ist allemal, wie eine Länderübersicht von Alistair Bath (2009) zeigt, dass in sehr vielen europäischen Ländern die Bevölkerung allgemein, jedoch auch der Großteil der Jägerschaft dem Wolf durchaus positiv und gelassen gegenübersteht. Unabhängig von den untersuchten Ländern sind gerade Jugendliche, vom Vereinigten Königreich bis nach Spanien, dem Wolf gegenüber eher positiv eingestellt und zeigen auch weniger Angst oder Furcht vor ihm beim Spaziergang im Wald oder anderen wolfsträchtigen Regionen. Damit die Wiederkehr des Wolfes gelingen kann, ist es unabdingbar, dass wir ein sensibles, mit echten Experten besetztes Wolfsmanagement in Deutschland einführen, das über Verhaltensregeln in Wolfsgebieten aufklärt sowie die Sorgen privater und kommerzieller Weidetierhalter ernst nimmt. So könnten Schäden vorgebeugt und die Akzeptanz für den Wolf gefördert werden. Die beiderseits sehr aggressiv geführten Diskussionen über die Auswirkungen des Wolfes auf unsere Wildtier-, Nutz- und auch menschlichen Aktivitäten lassen nur selten differenzierte Betrachtungen zu. Gerade Studien wie die von Ulrich Wotschikowski (2006) wären aber dringend nötig, um hier zu einer wirklichen Entscheidungshilfe zu kommen.

HERDENSCHUTZHUNDE

Die Ursprünge der Herdenschutzhunde (HSH) können nahezu 6000 Jahre zurückverfolgt werden und liegen in der Region des heutigen türkisch-irakisch-syrischen Hochlands (Rigg, 2001), einem Gebiet, in dem etwa 7000–8000 Jahre v. Chr. Schafe und Ziegen erstmals domestiziert wurden. Nach Europa kamen die ersten Vorfahren der HSH wahrscheinlich im 6. Jahrhundert v. Chr. mit nomadischen Hirten aus dem Kaukasus.
In vielen Ländern Ost- und Südeuropas, Asiens und Afrikas verwenden Hirten traditionell auch heute noch Hunde, die ihnen helfen, das Nutzvieh auf der Weide, aber auch auf den oft über weite Strecken führenden Wanderungen zwischen Sommer- und Winterweiden (der sogenannten Transhumanz) gegen Beutegreifer zu verteidigen. Durch die Einführung von Schutzmaßnahmen kehren die großen Beutegreifer Bären, Wölfe etc. zurück. HSH werden inzwischen auch erfolgreich in Nordamerika, Australien und in vielen Ländern Europas eingesetzt.
In den Ursprungsländern werden die Hunde von den Hirten ganz pragmatisch nach Arbeitsleistung, physischem Erscheinungsbild und Verhalten als Welpen selektiert. Es werden die Hunde verwendet, die lokal vorhanden und für die gewünschte Aufgabe geeignet sind, sodass eine „Landrasse" entsteht (Coppinger et al., 2010) – ein Produkt aus natürlicher Selektion durch die Lebensumstände und aus postzygotischer Selektion, das heißt der Tötung oder Beseitigung unerwünschter bzw. ungeeigneter Hunde ohne direkte Kontrolle über die Reproduktion der Hunde. Im Gegensatz zu diesen „archaischen" Auswahlmethoden werden heute HSH eingesetzt, die das Resultat präzygotischer Selektion sind, der gezielten Zucht mit besonders bevorzugten Tieren, um einen erkennbaren rassespezifischen Phänotyp und erwünschte Eigenschaften zu formen bzw. zu bewahren. Allerdings können durch eine veränderte Nutzung der Hunde (kein Einsatz als HSH mehr oder reine Schönheitszucht) und oft auch Zucht auf Eigenschaften, die für arbeitende HSH nicht wünschenswert sind, wie z. B. übersteigerte Aggressionsbereitschaft, bei einigen Rassen Probleme entstehen.
Durch jahrhundertelange Selektion ist ein Hundetyp entstanden, der für den Schutz der Herden besonders geeignet ist. HSH werden nicht zum Treiben eingesetzt, sondern sollen Angreifer melden und durch Imponierverhalten vertreiben, sie jedoch nicht unbedingt angreifen, sie verteidigen ihre Nutztierherden eher defensiv. Während der Hütehund eng mit dem Menschen zusammenarbeitet und von Jugend an eine intensive Ausbildung durchläuft, basieren die Fähigkeiten des Herdenschutzhundes überwiegend auf einer konsequenten Selektion und intensiver Sozialisierung mit den Nutztieren sowie Erfahrungen mit seiner Umwelt.

Erfolgreiche Herdenschutzhunde arbeiten fast immer im Team.

Besser, du kommst nicht näher!

Die besondere Eignung beruht im Wesentlichen auf drei Grund-Verhaltenseigenschaften, die für einen guten HSH entscheidend sind (Coppinger, 1986):

1. Aufmerksamkeit, Herdentreue

Der spätere HSH wächst am besten schon als Welpe mit der Tierart, die er später beschützen soll (z. B. Schafe), auf. Optimal ist, wenn die Mutter bereits als HSH lebt und arbeitet und ihre Welpen in oder direkt bei der Herde aufzieht. Bis zum Alter von 8–10 Wochen bleiben die Welpen bei Mutter und Geschwistern. In dieser Zeit erfolgt eine erste Phase der Sozialisierung, in der sie den Umgang mit der eigenen Art „einüben", damit sie später anderen Kaniden (seien es Wölfe oder wildernde Hunde ebenso wie den Hütehunden an der Herde und möglicherweise weiteren HSH, die mit ihnen die Herde beschützen sollen) mit dem „richtigen" Verhalten begegnen können. Mit etwa 8–10 Wochen können die Welpen vom Züchter abgegeben oder von den Eltern und Geschwistern getrennt werden, es beginnt eine zweite Phase der Sozialisierung. Während sich beim „normalen" Haus- und Familienhund in dieser Phase die enge Bindung an den Menschen entwickelt, müssen HSH jetzt intensiven Kontakt zu den Nutztieren haben, denn in dieser Entwicklungsphase sollen in besonderem Maße Beziehungen zu diesen Tierarten entstehen. Aus ihrer charakteristischen Verhaltensveranlagung heraus sind HSH in besonderem Maß in der Lage, sich an andere Tierarten (nicht nur Schafe, sondern auch Ziegen, Rinder, Pferde, Schweine, Lamas, ja sogar Strauße oder andere Vogelarten, z. B. Emus) zu binden. Die Hunde sollen diese Tiere als ihr Rudel anerkennen, vertrauensvoll mit ihnen umgehen und sie beschützen und bewachen. Hundetypische Verhaltensweisen wie Dominanz und Unterwerfung, Futterbetteln oder Spiel werden auch den neuen Sozialpartnern gegenüber gezeigt und von diesen „verstanden". Ihr Verhalten gegenüber einzelnen Herdentieren darf später nicht dominant sein. Sogar auf irritierte, stampfende oder angreifende Muttertiere, die ihren Nachwuchs in Gefahr glauben, muss der HSH mit beschwichtigendem Verhalten reagieren wie Hinlegen, Wegschauen oder Ausweichen. Die Sozialisationsphase muss aber auch für die Gewöhnung an die Umwelt (akustische und optische Reize), andere Hunde (insbesondere Hütehunde) und den Menschen genutzt werden. Früher wurden die Hunde teilweise kaum an den Umgang mit Menschen gewöhnt, weil man dachte, dadurch eine optimale Bindung an die Nutztiere zu fördern. Heute liegt in Deutschland das Einsatzgebiet von Herdenschutzhunden aber häufig in dicht besiedelten oder touristisch genutzten Gegenden, sodass die Hunde auf Begegnungen mit Menschen vorbereitet werden müssen.

2. Zuverlässigkeit

Ab einem Alter von etwa 6 Monaten tritt bei Hunden üblicherweise das typische Jagdverhalten des Beutegreifers auf. Bei HSH fehlt dieses Verhalten meist vollständig oder ist nur wenig ausgeprägt, d. h., beim HSH ist das gesamte Jagdverhalten meist auf die schon im jugendlichen Spielverhalten vorhandenen Ansätze reduziert. Deshalb ist es möglich, erwachsene HSH Tag und Nacht unbeaufsichtigt bei den Nutztieren zu lassen. Bei Junghunden trotzdem auftretende, unerwünschte Ansätze zu Jagdverhalten (zu heftiges Spielen mit den Schafen, Scheuchen, Wolle-Rupfen, Ohren-Kauen und Schwanzbeißen) müssen schnell erkannt und sofort wirksam korrigiert werden. Mit dem Erwachsenwerden verschwinden solche Fehlverhalten dann völlig.

3. Wachsamkeit, Schutz

Für Herdenschutzhunde ist ein ausgeprägtes Territorialverhalten, insbesondere während der Dämmerungs- und Nachtstunden, weitgehend genetisch fixiert. Die Herde bzw. der Bereich der umzäunten Viehweide wird als Territorium betrachtet und gegen andere Kaniden verteidigt. Wölfe als genauso revierverteidigende Kaniden „verstehen" das gut. HSH reagieren auf jegliche Abweichungen von der Routine. Es ist erwünscht, dass sie jede neue oder verdächtige Umfeld-Situation durch Alarmbellen anzeigen und entschlossen Verteidigungsbereitschaft signalisieren. Der Einsatz von HSH dient dem Schutz und der Verteidigung der Herde, ist aber nicht primär auf eine offene Aggression gegenüber dem Störfaktor für die Herde ausgerichtet. Schon durch die reine Anwesenheit von HSH wird das Jagdverhalten von Wölfen und anderen Beutegreifern gestört und unterbrochen. Sie lassen deshalb Herden, die so geschützt sind, meist unbehelligt (van Bommel, 2010).

Bei Untersuchungen der Gesellschaft zum Schutz der Wölfe (Bloch, 1994) in der Slowakei über den Einsatz und die Wirksamkeit von HSH wurden sowohl Hunde als auch Wölfe mit Telemetriehalsbändern ausgestattet, um deren meist in der Nacht stattfindende Interaktionen verfolgen zu können. Dabei konnte festgestellt werden, dass während einer ganzen Weideperiode kein einziger Kampf zwischen den Hunden und Wölfen stattfand, die Wölfe aber fast täglich die Herde aufsuchten, ohne sie anzugreifen. Es entstanden also keine Schäden, weil die Hunde durch Kontrollgänge, intensives Harnmarkieren und lautstarkes Bellen ihre Wachsamkeit demonstrierten. Im Gegensatz dazu hatten die nicht durch Hunde geschützten Herden in der Umgebung immer wieder Angriffe und Verluste durch Wölfe zu verzeichnen.

Praxis in Deutschland

Nachdem der Einsatz von HSH in Deutschland während der Abwesenheit von Beutegreifern völlig in Vergessenheit geraten war, hat es sich die Gesellschaft zum Schutz der Wölfe, als nach 2000 die ersten Wolfsrudel wieder in Deutschland lebten, zur Aufgabe gemacht, den Nutztierhaltern Informationen über diese Schutzmethode zu vermitteln. Einige Pioniere waren dafür zu gewinnen, und nachdem trotz vieler Anfangsschwierigkeiten sichtbar wurde, dass die Methode sehr effektiv ist, werden HSH inzwischen in mehreren Bundesländern und in ganz verschiedenen Betrieben mit Erfolg eingesetzt. Sie schützen nicht nur Schafe und Ziegen, sondern auch Mutterkuhherden, Gatterwild, Pferde, Alpakas, ja sogar Geflügelbetriebe (da allerdings gegen Greifvögel).

Die ersten Arbeitslinien-Hunde wurden aus der Schweiz und Frankreich importiert. Wenn schon die Elterntiere ihre Aufgabe gut erfüllen, ist die Chance, durch Nachzucht gute HSH zu bekommen, groß. Einige Tierheimhunde, die vorher nie mit Nutztieren zu tun hatten, konnten aber ebenfalls erfolgreich eingesetzt werden. Allerdings ist

dabei das Risiko, dass der Hund für die Aufgabe nicht geeignet ist, mit ca. 50 % sehr hoch, wesentlich höher als bei Hunden, die gezielt gezüchtet wurden. Für diese wurde bei einer Untersuchung in der Slowakei eine Quote von 14 % ungeeigneter Hunde gefunden (Rigg et al., 2011).
Inzwischen setzen immer mehr Betriebe in verschiedenen Bundesländern auf HSH. Überwiegend werden Herdenschutzhunde in Deutschland hinter Elektrozaun eingesetzt. Das erleichtert die Aufgabe für die Hunde, denn sie haben eine klare Territoriumsgrenze. Zudem wird ein potenzieller Eindringling durch den Stromschlag daran gehindert, rasch anzugreifen. Das gibt den Hunden Zeit, zu reagieren. Außerdem werden die Hunde daran gehindert, die Herde zu verlassen, wobei sie sich selbst und auch unbeteiligte Menschen gefährden könnten.
Um zu vermeiden, dass ein einzelner HSH von Wölfen, die sehr gut kooperieren, von einem Wolf „beschäftigt" wird, während der Rest des Rudels an anderer Stelle angreift, sollten HSH mindestens zu zweit arbeiten. Dadurch wird auch die Forderung des Tierschutzgesetzes erfüllt, dass Hunde (wenn sie nicht als Familienhunde den Menschen als Partner haben) nicht allein gehalten werden dürfen. Bei größeren Herden (etwa ab 300 Tiere) und unübersichtlichem Gelände, sind ohnehin entsprechend mehr Hunde nötig. Mehrere HSH arbeiten als Team. Ein Teil bleibt immer ganz nah bei der Herde, während die anderen der Beunruhigung nachgehen. Dadurch werden Störungen der Nutztiere vermieden. Wenn Nutztiere, wie in den Ursprungsländern üblich und z. B. auf Almen in den Alpen manchmal notwendig, nicht hinter Zäunen gehalten werden, sind immer mehrere HSH notwendig. Sie reagieren dann auch schon in der Peripherie ihrer Herde auf Eindringlinge. Das kann durchaus zu Problemen führen. Dann sollte ein Hirte präsent sein, der notfalls eingreifen kann. Er sollte auch die Herde zusammenhalten, denn wenn die Nutztiere großflächig verstreut weiden, sind die Möglichkeiten für die HSH, die Herde zu schützen, geringer.
Um ihre Schutzfunktion zu erfüllen, dürfen HSH auf keinen Fall selbstständig das „Rudel" verlassen. Sie müssen zwar immer in der Nähe der Herde bleiben, sie wählen aber gern strategisch günstige Plätze, oft auf einer kleinen Anhöhe, von denen aus sie gut beobachten können. Sollte man einen HSH also nicht in der Nähe der Herde sehen, heißt dies nicht, dass er nicht da ist. Er hat üblicherweise alles sehr gut im Blick. Ob aus der Ferne oder zwischen der Herde liegend, er macht sich nur dann bemerkbar, wenn er es für notwendig empfindet.
Wie schwierig die Aufgabe eines HSH in Deutschland ist, wird klar, wenn man bedenkt, dass er einerseits Wölfe und Bären oder sonstige Störenfriede vehement in die Flucht schlagen und dafür entsprechende Dominanz und Aggressionsbereitschaft zeigen soll, aber andererseits

- „lammfromm" den Herdentieren gegenüber sein soll.
- keine Wanderer/Touristen erschrecken oder bedrohen soll, denn gerade Gebiete mit Almhaltung oder Wanderschäferei sind beliebte Ziele von Erholungssuchenden. Oftmals führen Wanderwege direkt durch das Weideland.
- keine Begleithunde angreifen darf. Oft werden Wanderer von ihren Hunden begleitet. Der Herdenschutzhund muss zwar seine Herde auch vor wildernden Hunden schützen, soll aber Begleithunde in sicherer Entfernung unbehelligt vorbeigehen lassen. Selbst Hunde, die ihrem Besitzer nicht gehorchen und die Nutztiere angehen, sollten zwar abgewehrt, aber nicht ernsthaft verletzt werden.
- nur wenn nötig bellen sollte. Bellen ist aber neben Annäherung eines der wichtigsten Warn- und Abwehrsignale von Hunden. In dichter besiedelten Gebieten

kann zu häufiges Bellen zu Konflikten mit den Anwohnern führen. Daher sollen Herdenschutzhunde möglichst wenig bellen.
— nicht jagen und Wildtiere (und Jäger) nicht stören darf. Der Herdenschutzhund soll keine Wildtiere aufstöbern und kein eigenständiges Jagdverhalten zeigen, Beschädigungen am Zaun durch Wildtiere (vor allem Wildschweine) aber verhindern.

Herdenschutzhunde müssen also unterscheiden können, wer oder was eine Gefahr für die Herde darstellt, bzw. wer die Herde lediglich passieren möchte, und angepasst reagieren. Sie müssen deshalb in den meisten Regionen Deutschlands neben ihren Schützlingen auch auf fremde Menschen und Hunde vorbereitet werden, wobei die Bereitschaft, Prädatoren abzuwehren, nicht verlorengehen darf (H. Benning, persönliche Mitteilung). Diese Anforderungen sind sehr hoch und können nur im Zusammenwirken mit einem Hundehalter erfüllt werden, der den Hund optimal fördert und das Umfeld gut organisiert. Wenn schon ältere, erfahrene HSH im Betrieb sind, werden sie von jungen Nachwuchshunden als Vorbild betrachtet. Dadurch fällt es viel leichter, junge Hunde erfolgreich einzusetzen, denn sie können durch Nachahmung lernen. Zudem haben dann die Nutztiere auch bereits gelernt, dass die HSH dazugehören. Es ist auch wichtig, dass Hunde ausgewählt werden, die von ihren rassespezifischen Eigenschaften und vom individuellen Verhalten her für die örtlichen Verhältnisse geeignet sind. Die Menschen in der Umgebung wiederum müssen aufgeklärt werden, welche Funktion die HSH haben und wie sie sich den Hunden gegenüber verhalten sollen.

Rechtliche Probleme

Im Gegensatz zu Hütehunden, aber genauso auch Blindenführ-, Rettungs-, Jagd- oder Diensthunden, die ebenfalls zu Arbeitszwecken eingesetzt werden und ihre Tätigkeit unter Aufsicht des Hundeführers ausüben, arbeiten Herdenschutzhunde weitgehend selbstständig. Dieser wesentliche Unterschied macht den Herdenschutzhund wertvoll für die Herde und den Tierhalter, kann aber auch gleichzeitig große Probleme mit

Bei Gewöhnung bzw. Prägung auf beide Arten parallel, können Herdenschutzhunde durchaus auch gemischte Herden von Schafen und Ziegen bewachen.

sich bringen, weil meist kein Hundebesitzer vor Ort ist, um auf den Hund einzuwirken. Bei Unfällen können Versicherungsfragen und auch juristische Folgen entstehen. Erschwerend kommt hinzu, dass in manchen Bundesländern einige Herdenschutzhunderassen (z. B. Mastin Español, Kangal, Kaukasischer Owtscharka) als „Kampfhunde" bezeichnet werden und auf den verhaltensbiologisch unsinnigen sogenannten Rasselisten (Verordnung über Hunde mit gesteigerter Aggressivität und Gefährlichkeit) stehen. Auch einige Regelungen nach § 4 Abs. 1 Tierschutz-Hundeverordnung (TierSchHundeV) behindern derzeit den Einsatz von HSH und stellen bisher nicht zufriedenstellend gelöste Probleme dar. Danach muss dem Hund beim Halten im Freien eine Schutzhütte zur Verfügung stehen. Doch HSH halten sich, während sie zum Bewachen einer Herde eingesetzt werden, Tag und Nacht bei der Herde auf. Nur dadurch ist es ihnen möglich, ständig in Kontakt mit der Herde zu bleiben und die Umgebung zu beobachten, um so ihre Aufgabe zu erfüllen.

Finanzierung und Förderung

Herdenschutz (nicht nur) mit Herdenschutzhunden verursacht Mehrarbeit, die Arbeitskosten verursacht, und ist wegen der nötigen Investitionen (Hundekauf, Zaunmaterial etc.) eine zusätzliche finanzielle Belastung für Nutztierhalter.

Ausblick

Wenn man bedenkt, dass bis vor 17 Jahren niemand in Deutschland geglaubt hatte, dass bei uns jemals wieder Wölfe leben würden, ist es erstaunlich, wie relativ gut doch die meisten Nutztierhalter damit zurechtkommen. Natürlich sind auch viele kritische Stimmen zu hören, die zudem auch meist besonders laut sind. Der Einsatz von Herdenschutzhunden hat sich, trotz vieler Anfangsschwierigkeiten, als eine hocheffiziente Schutzmaßnahme bewährt.

DR. PETER BLANCHÉ

Dr. med. vet. Peter Blanché, geboren 1950 in Furth bei München, Studium der Tiermedizin und Promotion an der LMU München, von 1981 bis 2016 praktischer Tierarzt in eigener Praxis, seit 2016 im Ruhestand. Im Rahmen der tierärztlichen Tätigkeit Beschäftigungsschwerpunkt Verhalten von Hunden und in der Folge auch Wolfsverhalten. Seit 1994 intensiver Austausch zum Thema u. a. mit Prof. Erich Klinghammer, Dr. Erik Zimen und Prof. Ray Coppinger bis zu deren Tod. Seit 2001 Vorstand der Gesellschaft zum Schutz der Wölfe. Seitdem in Deutschland wieder Wölfe leben, sehr vielfältige Aufgaben, um Konflikte beim Zusammenleben von Menschen und Wölfen zu minimieren. Mitglied der Arbeitskreise zum Wolfsmanagement im Bund und in verschiedenen Bundesländern. Besonderer Schwerpunkt: Einsatz von Herdenschutzhunden in Deutschland als wolfsfreundliche Schutzmaßnahme gegen Übergriffe von Wölfen auf Nutztiere.

ÜBERRASCHENDE NEUE ARTENFUNDE

Durch die Verbesserung genetischer Methoden, z. B. Bestimmung von DNA, der chemischen Struktur der Erbsubstanz, aus Kotproben oder Haarbüscheln bzw. Haarwurzeln, wurden einige überraschende Befunde im Hinblick auf die Artbildung und Ausbreitung von Kaniden in den letzten Jahren veröffentlicht.

HYBRIDISIERUNG

Die bereits besprochene Problematik der Hybridisierung (siehe S. 374), also Vermischung von Haushund- und Wildkanidenbeständen, wurde in einer beispielgebenden Untersuchung aus Italien besonders deutlich (Galov et al., 2015). Dort wurden insgesamt drei auffallend anders aussehende Schakale untersucht, und in diesen drei Fällen handelt es sich eindeutig um Kreuzungen mit dem Haushund. Die Tatsache, dass einer der beiden Mischlinge eine Rückkreuzung mit dem Schakal, der andere eine Rückkreuzung mit dem Haushund war (Rückkreuzungen sind Fälle, in denen ein Mischling mit einem der beiden Elternarten, und nicht mit einem anderen Mischling, erneut Nachkommen erzielte), lässt erkennen, dass die Bastarde zwischen Goldschakalen und Haushunden auch unbegrenzt fruchtbar sind.
Durch die Kombination von mehreren Markern (insgesamt wurden 15 auf verschiedenen Chromosomen ansässige Genorte dazu verwendet) mit solchen, die über die mitochondriale DNA nur mütterlich weitergegeben wurden, zeigte sich dann, dass meist Wildschakalinnen sich mit Haushundrüden gepaart hatten. Ähnlich wie bereits seit einigen Jahren die Untersuchungen an nordamerikanischen Timberwölfen belegt haben (Anderson et al., 2009), zeigte auch die italienische Studie die Einwanderung von Haushundgenen, die das schwarze = melanistische Fell bewirken, in die Schakalpopulation.
Eine andere, besondere Fragestellung verfolgte eine Untersuchung von Hans Ellegren und Co-Autoren (1996) aus verschiedenen schwedischen Universitäten. In Schweden waren im Jahr 1980 im Süden des Landes plötzlich Wölfe in einem Gebiet aufgetaucht, in dem sie bereits seit sehr langer Zeit als ausgestorben gegolten hatten. Die Vermutung, insbesondere von wolfskritisch eingestellten Teilen der Bevölkerung, war, dass es sich um eine illegale Aussetzung von Zootieren gehandelt haben könnte. Um diese Unterstellung zu untersuchen, wurden wiederum sowohl mitochondriale DNA als auch solche, die auf Chromosomen im Zellkern angesiedelt ist, vergleichend untersucht. Insgesamt fanden sich vier verschiedene mitochondriale DNA-Typen sowohl in den Zoo- als auch in den wildlebenden Wölfen. Trotzdem können die Zoowölfe weitestgehend als Verursacher dieses Wolfsbestandes ausgeschlossen werden. Schließlich fand man heraus, dass die wildlebenden Wölfe mehrere besondere Mikrosatelliten, also Typen von Genorten aufwiesen, die in keinem einzigen Individuum der Zoopopulation zu finden waren. Die Wölfe müssen also tatsächlich nach Südschweden auf eigenen Pfoten eingewandert sein. Die durchschnittliche genetische Vielfalt und die Rate von Inzucht war bei den

wildlebenden und den Zoowölfen ähnlich, jedoch in allen Fällen geringer als bei einem Vergleichsbestand aus Nordamerika. Die Inzuchtrate nimmt offensichtlich bei den wildlebenden Wölfen in den letzten Jahren zu, und das langfristige Überleben dieser kleinen Bestände in Südschweden ist nur durch weitergehende Zuwanderung von Wölfen aus umgebenden Quellpopulationen gesichert.

KRYPTOARTEN ENTDECKT

Im Jahr 2015 zeigte ein großes Autorenteam, aus einer ganzen Reihe von Universitäten verschiedener Kontinente, unter Führung von Klaus-Peter Koepfli und John Pollinger, eine erstaunliche systematische Überraschung:
Ein Vergleich des Erbguts, über eine Vielzahl verschiedener Chromosomen und einzelner Genabschnitte hinweg, zwischen den damals noch als Goldschakale bezeichneten Individuen aus Afrika und Eurasien, legt den starken Verdacht nahe, dass der Afrikanische Goldschakal einerseits näher mit dem Grauwolf verwandt ist als mit dem Eurasischen Goldschakal, und dass es sich dabei wohl um zwei deutlich getrennte Arten handelt. Es ist zu vermuten, dass die beiden Linien in Afrika und Eurasien sich bereits vor mehr als einer Million Jahre voneinander getrennt haben. Der Afrikanische Goldschakal sollte nach Angaben dieses Autorenteams *Canis anthus* genannt werden, der Eurasische Goldschakal behielte den gebräuchlichen Namen *Canis aurius*. Die Untersuchungen bezogen sich sowohl auf Genabschnitte im Bereich der Kern-DNA, also der Chromosomen, als auch auf Mitochondrien.
Die ebenfalls erstaunliche Tatsache, dass die beiden Arten, der Afrikanische und der Eurasische Goldschakal, im Äußeren und auch in ihrer inneren Anatomie einschließlich Skelettaufbau so wenig Unterschiede aufwiesen, hat wohl die Systematiker der vergangenen Jahrzehnte und Jahrhunderte an der Nase herumgeführt. Die Autoren erklären dies mit wahrscheinlich überwiegend sehr ähnlichen ökologischen Bedingungen, die einen Selektionsdruck in ähnliche Richtungen ausübten und daher eine gestaltliche Auseinanderentwickelung der beiden Bestände nicht erlaubten.

ALTE WOLFSARTEN, NEU ENTDECKT

Und noch eine Überraschung bieten die Kaniden in Afrika: Im selben Jahr 2015 zeigte ein Autorenteam unter Führung von Eli Rueness von der Universität Oslo, dass es in Afrika durchaus Wölfe gibt. Bei einer Reihe von Individuen, die man oft als Hybriden zwischen Goldschakalen und Hunden oder Goldschakalen und Arabischen Wölfen ansah, zeigte sich wiederum durch den Vergleich von Genorten sowohl in der Kern- als auch in der Mitochondrien-DNA ein anderes Bild: Es gibt wohl einen Afrikanischen Wolf, der eine sogenannte gute Art, also eine durchaus gegenüber verwandten Formen klar abgegrenzte Art darstellt und der derzeit mit dem neuen wissenschaftlichen Namen *Canis lupaster* bezeichnet werden sollte. *Canis lupaster* und der Äthiopische Wolf *C. simensis* haben sich möglicherweise vor ca. 1 000 000 Jahren getrennt. In dieser Zeit entwickelte sich der Äthiopische Wolf zu einem Spezialisten für Hochgebirgsnager. Vor ca. 400 000 Jahren teilten sich dann der Eurasische Grauwolf und der Haushund vom Afrikanischen Wolf, und seitdem ist *Canis lupaster* stammesgeschichtlich gesprochen allein unterwegs. Damit ist die Zahl der Arten der Gattung *Canis* auf dem afrikanischen Kontinent insgesamt auf fünf angestiegen: der Afrikanische Wolf, der Äthiopische Wolf, der Goldschakal (in der neuen Artbezeichnung *C. anthus*), der Schabrackenschakal und der Streifenschakal. Ein großes Autorenteam rund um den Kanidenforscher und -schützer Prof. Claudio Sillero-Zubiri aus der Oxforder Großbeutegreifer-Forschungsgruppe (Wild Carnivore Research Unit, WildCRU) hat sich damit beschäftigt, wie der „neugefundene" Afrikanische Wolf *(Canis lupaster)* und der Äthiopische Wolf *(Canis simensis)* in Äthiopien miteinander auskommen (Gutema et al., 2018). Bemerkenswert ist, dass die beiden Arten sich anhand zweier Nischenaspekte trennen: *C. simensis* frisst praktisch ausschließlich Nager, *C. lupaster* überwiegend größere Säuger und Insekten. Und: *C. simensis* nutzt fast ausschließlich unveränderte, naturgetreue Lebensräume, *C. lupaster* überwiegend gestörte, also vom Menschen veränderte. Das geht so weit, dass bei Begegnungen in ersteren Gebieten meist C. simensis bei Konfrontationen gewinnt, in letzteren fast immer *C. lupaster*! Eine bemerkenswerte Radiation, die nur durch die Zusammenschau von molekulargenetischen, ökologischen und anatomisch-gestaltlichen Daten verstanden werden kann. Und noch ein Gebirge hat möglicherweise seine eigene Wolfsart, ganz sicher aber seine eigene Wolfsentwicklungslinie: Als vor etwa 1 000 000 Jahre sich das Tibetische Plateau erhob und die Himalaya-Gebirge aufgefaltet wurden, wurde dort eine Wolfspopulation isoliert. Diese, vorwiegend aus Tibet, Nepal und dem östlichen Kaschmir bekannte Gruppe ist sicher mehr als 400 000 Jahre getrennt von den Wölfen des indischen Subkontinents und denjenigen anderer eurasischer Regionen. Dinsah Sharma (2004) und ein Autorenteam um Geraldine Werhahn (2017) zeigen, dass die Himalaya-Wölfe sowohl ökologisch, geografisch als auch molekulargenetisch getrennt sind. Das indische Autorenteam schlägt den Unterartnamen *Canis lupus chanco* vor, das Team um Geraldine Werhahn aus der Gruppe von David Macdonald geht einen Schritt weiter und benennt die neue Form als *Canis himalayensis*. Man lernt nie aus.

Körpergestalt, Größe und Färbung von Wildkaniden sind durch die als tiergeografische Klimaregeln bezeichneten Zusammenhänge sehr ähnlich. Gerade deshalb sind sogenannte Kryptoarten, also bisher unentdeckte eigene systematische Einheiten, dort nicht selten.

Ob tatsächlich die Himalaya-Wölfe den Status einer eigenen Art innehaben oder nicht, ist bei ihrer langjährig getrennten geografischen Isolation mit Hilfe biologischer Artbegriffe kaum mehr nachvollziehbar. Als getrennte eigene Population, getrennt vom Indischen Wolf und den weiter nördlich bzw. westlich vorkommenden Unterarten von *Canis lupus*, haben sie allemal ihre Berechtigung.

BEDEUTUNG FÜR DIE ZUKUNFT

Studien wie die hier genannten haben eine hohe Bedeutung für die zukünftige Naturschutzmanagementstrategie in den genannten Gebieten, sollten aber auch als Warnung für Naturschutzmanager in anderen Ländern und Kontinenten dienen. Oftmals verbergen sich unter äußerlich sehr ähnlich aussehenden, höchstens als Unterarten oder Farbspielarten betrachteten Populationen sogenannte Kryptoarten, also Arten, die sich äußerlich nicht erkennen lassen. Diese Kryptoarten können aber durchaus ihre eigenen genetischen Anpassungen an ihren jeweiligen Lebensraum aufweisen. Vermischt man sie dann, z. B. im Zuge von Umsiedelungs-, Wiederbesiedelungs- oder Erhaltungszuchtmaßnahmen mit Angehörigen einer zwar nahe verwandten, aber eigenständigen Art aus einer anderen Region, so können diese Anpassungen verlorengehen.

Im schlimmsten Fall zeigen sich solche Vermischungen dann auch in reduzierten Fortpflanzungsraten, geringerer Jungenzahl oder möglicherweise sogar in höherer Krankheitsanfälligkeit der entstehenden, nicht als Hybriden erkannten Nachkommen. Im günstigeren Fall gehen zumindest die speziellen Anpassungen im Erbgut verloren und sind dann für die zukünftigen als Bemühungen unwiederbringlich weg. Man kann eben, wie der leider verstorbene Säugetiersystematiker Colin Croves einmal sagte, aus einem Rührei kein Spiegelei mehr rekonstruieren (Colin Croves, 1995: „Once scrambled you can't unscramble them").

AUS DER FORSCHUNG

ERFORSCHUNG UND SCHUTZ DES HIMALAYA-WOLFES

Himalayan Wolves Project

Wölfe in den asiatischen Höhen, dem Himalaya-Gebirge und dem Tibetischen Plateau, sind bis heute wenig erforscht und kaum geschützt. Der Naturschutz dieser Regionen übersieht die Wölfe.

Um diese Situation zu verbessern, gründete Geraldine Werhahn das Himalayan Wolves Project (www.himalayanwolves-project.org). Das Projekt arbeitet gemeinsam mit regionalen Wissenschaftlern und der lokalen Bevölkerung daran, die Lage der Wölfe, ihrer Beutetiere und Lebensräume in den asiatischen Hochgebirgsgebieten zu verbessern. Weder die genetische Linie noch die Ökologie der Wölfe im Himalaya und dem Tibetischen Plateau sind bekannt. In den wenigen verfügbaren genetischen Studien mit Proben von konservierten Museumstieren und Zootieren finden sich Hinweise, dass die Wölfe im Himalaya genetisch einzigartig sind. Eine Überprüfung dessen bedarf jedoch ausgedehnter Studien mit wilden Wölfen, die in diesen abgelegenen Hochgebieten leben. Die Verifizierung der genetischen Linie stellt eines der Ziele des Projektes dar.

Ein weiteres Ziel ist das Verstehen der Ökologie dieser Wölfe, denn dies ist eine wichtige Grundlage für die Ausarbeitung von funktionierenden Schutzmaßnahmen. Damit diese Schutzmaßnahmen auch auf die Bedürfnisse der lokalen buddhistischen Bevölkerung zugeschnitten sind, ist unser drittes Ziel durch Interviews mit Einheimischen, ihr

Verhältnis zu den Wölfen und die größten Herausforderungen im Zusammenleben von Mensch und Wolf zu verstehen. Neueste Forschung belegt immer mehr die außerordentliche Wichtigkeit der Spitzenprädatoren für das Funktionieren eines intakten Ökosystems. Das Himalayan Wolves Project erarbeitet die wissenschaftlichen Datenlagen für den Schutz der Himalaya-Wölfe in den asiatischen Höhen, aufgrund deren wir Naturschutzmaßnahmen, angepasst an das Ökosystem und die Menschen, ausarbeiten und umsetzen.

Ein Himalaya-Wolfs-Welpe (Canis (lupus) himalayensis) im Himalaya von Nepal

Genetik, Ökologie und Mensch-Wolf-Verhältnis

In unserer Arbeit unternehmen wir ausgedehnte Expeditionen für die Datensammlung in abgelegene Gebiete des Himalayas, wo noch Wölfe zu finden sind. Denn in vielen Gebieten wurden Wölfe lokal aufgrund des Konflikts mit Menschen bereits ausgerottet. Auf diesen Expeditionen erheben wir Daten rund um die Genetik der Wölfe mittels Kotproben. Durch diese Kotproben können wir herausfinden, welches die wichtigsten Beutetiere der Wölfe in diesen Habitaten sind. Dafür vergleichen wir die Anteile der jeweiligen Beutetiere im Wolfskot mit den Populationen dieser Beutetiere in der Landschaft. Die genetischen Proben werden dann in einem nepalesischen Labor mit speziell für diese Forschung ausgearbeiteten Protokollen analysiert, um die Abstammungsgeschichte der Wölfe, d. h. ihre Phylogenetik, zu verstehen. Aber auch Informationen darüber, welches Individuum mit welchem Geschlecht den jeweiligen Kot hinterlassen hat, und auf welchem Gebiet wir überall Kot von diesem Wolfsindividuum finden. Durch Interviews sammeln wir Daten über das Verhältnis von Mensch und Wolf in diesen außergewöhnlichen Gebieten, in denen Buddhismus das Leben und die Kultur stark prägt. Die Kombination der Datensätze rund um die Genetik, Ökologie und das Mensch-Wolf -Verhältnis des Himalaya-Wolfes erlauben uns ein vollumfänglicheres Verstehen dieses Wolfes in seinem außergewöhnlichen Habitat.

Eine eigene genetische Linie

Unsere genetischen Analysen an mitochondrialer und nuclear DNA von Wolfskot belegen, dass der Himalaya-Wolf eine eigene genetische Linie darstellt, die in evolutionären Zeiträumen viel älter ist als der Grauwolf Canis lupus sp., der in Nordamerika und Europa zu finden ist. Unsere Daten unterstreichen das Erfordernis, den Himalaya-Wolf

Interview mit Buddhistischem Lama über das Zusammenleben von Mensch und Wolf im Nordwesten von Nepal, geführt von Naresh Kusi des Himalayan Wolves Projects

Morphologie des Himalaya-Wolfs. Oft sind die Himalaya-Wölfe hellbraun bis hellgrau. Es gibt aber auch schwarze Individuen.

als eigenes Taxon anzuerkennen, *i.e. Canis (lupus)* himalayensis. Zurzeit arbeiten wir intensiv daran, weitere Daten bereitzustellen, um die Frage zu klären, ob der Himalaya-Wolf als Art (*Canis himalayensis*) oder Unterart (*Canis lupus himalayensis*) klassifiziert werden soll. Bis jetzt können wir wissenschafltich klar belegen, dass er mindestens als Unterart klassifiziert werden soll. Des Weiteren konnten wir erste Einsichten in das Verbreitungsgebiet des Himalaya-Wolfes erlangen. Dies haben wir durch das Miteinbeziehen von genetischen Sequenzen von Wölfen rund um den Planeten und ins-

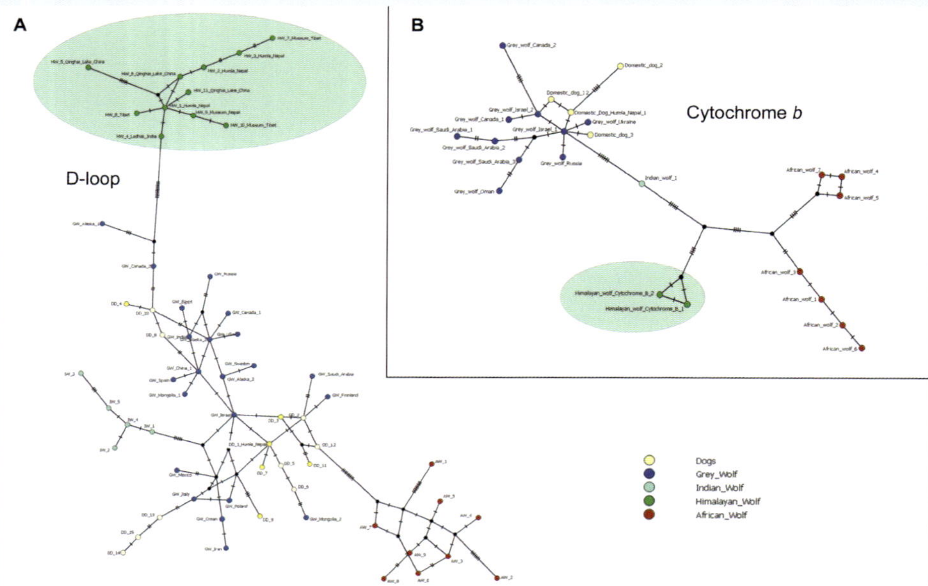

Stammbaum von kontemporären Wölfen auf Basis des D-loop-Gens (A) und des Cytochrome-b-Gens (B) der mitochondrialen DNA. In Grün der Himalaya-Wolf, die Grauwölfe von Nordamerika und Europa in Blau, mit den Haushunden in Gelb.

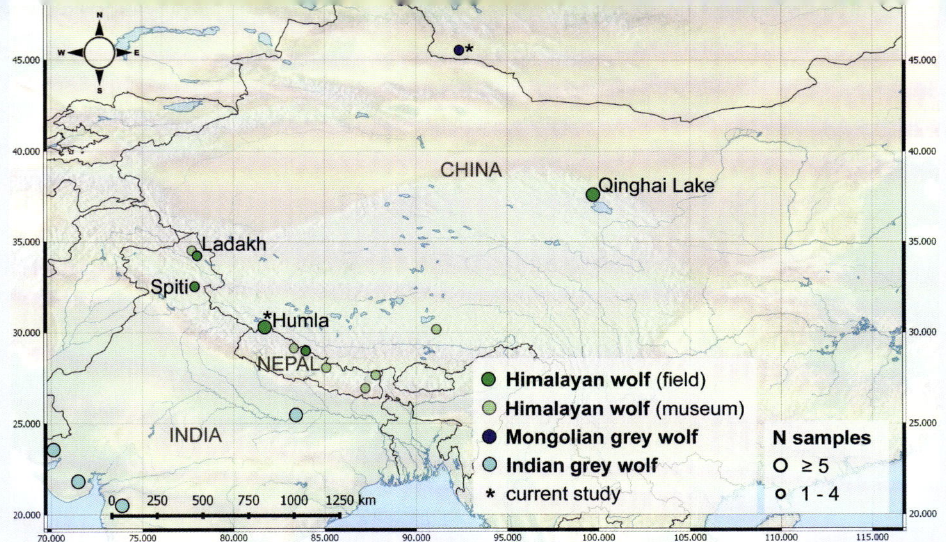

Erste Einsichten in das Verbreitungsgebiet des Himalaya-Wolfes. Grün: Gebiete, von welchen genetische Sequenzen die Präsenz des Himalaya-Wolfes suggerieren. Blaue Gebiete: bekannte Grauwolfbestände.

besondere der asiatischen Region erreicht. So fanden wir heraus, dass der Himalaya-Wolf nicht nur im Himalaya zu finden ist, wie ursprünglich angenommen und von wo er seinen Namen hat, sondern auch auf dem Tibetischen Plateau vorkommt. Unsere Forschung hat des Weiteren gezeigt, dass der Himalaya-Wolf immer wieder in Konflikt mit Menschen gerät und oft illegal abgeschossen wird (Werhahn et al., 2017b). Die legale Grundlage für einen besseren Schutz dieses Wolfes besteht in Nepal, jedoch braucht die praktische Umsetzung dieses Schutzes viel mehr Öffentlichkeitsarbeit in den betroffenen Gebieten und mehr Aufmerksamkeit der Naturschutzbehörden.

Schutz des Wolfes

Der Himalaya-Wolf repräsentiert eine eigene genetische Wolfslinie, angepasst an die speziellen Bedingungen der asiatischen Höhen. Dieser Wolf ist aus evolutionsgenetischer Sicht einzigartig und bedarf einer taxonomischen Anerkennung durch die International Union for the Conservation of Nature (IUCN). Diese taxonomische Anerkennung ist nicht nur wichtig, um diese Wölfe wissenschaftlich korrekt anzuerkennen, sondern auch, um den Schutz und die Erforschung des Himalaya-Wolfes weiter voranzutreiben.

GERALDINE WERHAHN

Geraldine Werhahn ist Wildtierbiologin am Wildlife Conservation Research Unit (WildCRU) an der Universität von Oxford. Der Schwerpunkt ihrer Arbeit liegt bei der Erforschung und dem Schutz der Kaniden in den Hochgebirgsökosystemen von Asien. Auf ausgedehnten Expeditionen im Himalaya hat Geraldine die Lage der Wildtiere vor Ort kennengelernt und wurde auf die mangelnde Erforschung und den Schutz der Wölfe dieser Gebiete aufmerksam. Daraufhin hat sie das Himalayan Wolves Project erfolgreich aufgebaut und entwickelt es stetig weiter, mit dem Ziel, den Schutz der Wildtiere und des einzigartigen Ökosystems rund um die Himalaya-Wölfe zu verbessern.

ZWISCHENARTLICHE JAGDGEMEINSCHAFTEN

HUNDEARTIGE UND VÖGEL

Jagdgemeinschaften zwischen verschiedenen wildlebenden Hundeartigen und anderen Tierarten werden in den letzten Jahren zunehmend aus sehr vielen verschiedenen Erdteilen beschrieben. Am bekanntesten ist sicherlich die Assoziation zwischen Wölfen und Raben, die letztlich auch in der Mythologie sowohl der Germanen als auch verschiedener Indianerstämme aufgegriffen wurde – „die Raben als die Augen der Wölfe". In diesem Zusammenhang werden nicht nur von dem amerikanischen Raben-Forscher Bernd Heinrich (siehe S. 26), sondern z. B. auch von Günther Bloch im Rahmen seiner Beobachtungen aus dem kanadischen Banff-Nationalpark interessante Befunde geliefert (Bloch, 2010). Wolfs- und Rabenfamilie bewohnen oftmals das gleiche Kerngebiet ihrer Streifreviere, und es ist zu vermuten, dass Wolfs- und Rabenjunge sich bereits kurz nach dem jeweiligen Verlassen des Nestes kennenlernen und auch individuell erkennen. Ebenfalls Jagdgemeinschaften zwischen Vögeln und Hundeartigen beschreibt eine Beobachtung von Leandro Silveira und Co-Autoren (1997): In der südamerikanischen Cerrado, einer Savannenlandschaft, beobachteten sie wiederholt Aplomado-Falken (*Falco femoralis*) in Jagdgemeinschaften mit Mähnenwölfen (*Chrysocyon brachyurus*). Die Aplomado-Falken leben auch außerhalb der Brutzeit in Paaren, und in mehreren von Leaondro Silveira und seinem Team beschriebenen Jagden, nutzten die beiden Angehörigen eines Falkenpaars gemeinsam den Mähnenwolf. Sie begrüßten einander zunächst durch ein ritualisiertes Berühren der Füße im Flug und nahmen dann Position links und rechts vom schnürenden Mähnenwolf ein. Wenn

Dschelada-Gruppe im typischen Lebensraum.

Mähnenwolf läuft im besonders vorteilhaften Passgang durch kniehohes Gras.

dieser dann bei seiner Futtersuche Vögel aufscheuchte, waren die Falken sehr schnell zur Stelle und in zwei der acht beobachteten Fangversuche konnten die Falken tatsächlich ein Steißhuhn oder einen Hühnervogel im Flug abfangen und erbeuten.

DSCHELADAS UND WÖLFE

Die Autorengemeinschaft rund um Vivek Venkataraman beschreibt (2015) eine Jagdgemeinschaften zwischen Dscheladas, auch Blutbrustpaviane genannt, und Äthiopischen Wölfen. Es konnte gezeigt werden, dass einzeln auftretende äthiopische Wölfe in Gegenwart oder sogar mitten in einer größeren Horde von Dscheladas einen sehr viel höheren Jagderfolg auf Nagetiere (speziell große Wühlmausverwandte) haben, als außerhalb einer solchen Dscheladahorde. Dscheladas sind sehr wehrhaft, durchaus im Umgang mit potenziellen Fressfeinden nicht zimperlich, ernähren sich aber überwiegend von Gräsern und Wurzeln. Gerade die großen, mit starken Eckzähnen bewaffneten Männchen, aber auch die gemeinsam agierenden Weibchen sind durchaus in der Lage, einen Fressfeind in die Flucht zu schlagen.

Die Äthiopischen Wölfe sind zur Vermeidung dieses Verhaltens offensichtlich in einem gezielten Habituationsprogramm unterwegs. Sie nähern sich betont in einer nicht bedrohlichen, ohne Droh- und Jagdverhalten gezeigten Art und Weise und gewöhnen die Dscheladahorde langsam an ihre Anwesenheit. Sobald sie mitten zwischen den Affen agieren können, steigt dann deutlich der Jagderfolg. Im Gegenzug verzichten sie ganz deutlich auf die Jagd auf kleine oder halbwüchsige Dscheladas, die für sie durchaus als Beutetier in Frage kämen.

Der Amerikanische Dachs ist stärker carnivor als der Europäische Dachs.

KOJOTEN UND DACHSE

Ebenfalls vielfach, auch in der Mythologie von amerikanischen Indianerstämmen berichtet, ist über Jagdgemeinschaften zwischen Kojoten und Amerikanischen Dachsen (*taxidea taxus*) berichtet worden. Elli H. Radinger (2012) konnte ebenfalls eine solche Jagdgemeinschaft im Yellowstone Nationalpark beobachten. Der Dachs grub die Höhlen kleiner Nager, z. B. Erdhörnchen auf, und der Kojote schlich aufmerksam durch die Büsche. Sobald der Dachs ein Erdhörnchen aufgescheucht hatte, das versuchte, durch einen Nebeneingang des Höhlensystems zu entkommen, landete dies mehrfach direkt in der Schnauze des Kojoten. Hatte der Dachs dann auch Jagderfolg, verschwand er mit seiner Beute in einer unterirdischen Höhle und der Kojote wartete geduldig auf die Rückkehr seines Jagdgefährten. Elli H. Radinger beschreibt, dass grabende Dachse die neugierigen Kojoten offensichtlich geradezu magisch anzögen. Dachse haben einen sehr guten Geruchssinn und ein sehr gutes Gehör, können also die unterirdisch lebenden Beutetiere sehr gut lokalisieren. Auch Peter Kappeler berichtet in seinem Lehrbuch der Verhaltensbiologie (2006) über ähnliche Vorkommnisse und zitiert eine Arbeit von Steven Minta und Co-Autoren (1992), wonach sich der Jagderfolg beider Teilnehmer einer solchen gemischten Jagdpartie um bis zu 30 % erhöht. Er führt an, dass, sobald beide Arten gemeinsam jagen, ein Hörnchen fast keine Chance hätte. Auch Dreier-Jagdgemeinschaften aus Polarfuchs, Eisbär und den zoologisch nicht ganz zutreffend als Raubmöven bezeichneten Skua (*Stercorarius skua*), einer mehr mit Albatrossen und Sturmvögeln verwandten arktischen Vogelart, werden immer wieder berichtet. Die Polarfüchse nutzen hierbei nicht nur die Jagdbeute des Eisbären bzw. dessen Beutereste, vorwiegend Robben, sondern auch den Kot des Eisbären, der durch seinen hohen Fettgehalt noch eine sehr gute Nahrungsgrundlage bietet.

GEMEINSCHAFTEN UNTER KANIDEN

Auch Assoziationen zwischen verschiedenen Kanidenarten treten bisweilen auf. Chris Barichievy und Co-Autoren (2017) beschreiben eine offensichtlich länger andauernde Gemeinschaft zwischen einem arabischen Wolf und einem Tier, das entweder ein Haushund oder ein Hund-Wolfs-Hybride gewesen war, und die in enger Assoziation miteinander durch die Gegend zogen.
In einem indischen Nationalpark beobachtet man regelmäßig, dass Wölfe, die dort die seltenere Art sind, sich Rudeln von Rothunden (*Cuon alpinus*) anschlossen und mit diesen auch gemeinsam jagten.
Auch wenn die Beschreibungen von zwischenartlichen Jagdgemeinschaften von Karnivorensäugetieren und anderen Arten, bisweilen sogar Vögeln, keineswegs auf die Hundeartigen beschränkt ist (Anne Rasa beschrieb 1984 eine Jagdgemeinschaft zwischen Zwergmangusten und Tokos, kleinen Nashornvögeln aus der ostafrikanischen Savane), so scheint doch die Tendenz, sich mit anderen Arten zu Jagdgemeinschaften zusammenzuschließen, eine weitere Voraussetzung zu sein, die möglicherweise die Hundeartigen eben zum Anschluss an den Menschen (siehe Domestikation, S. 8 ff.) prädestiniert hat.
Jedoch soll auch nicht verschwiegen werden, dass die Gemeinschaften zwischen Hundeartigen und Vögeln z. B. durchaus auch zu nachteiligen Effekten führen können: Mehrere Autorenteams beschreiben sowohl für die Assoziation von Wolf und Rabe (Vucetich et al., 2003; Kaczensky et al., 2005) als auch für die Assoziation von Polarfüchsen mit verschiedenen Mövenarten und mit Raben (Carreau et al., 2007; Stempniewicz und Iliszko, 2010) eindeutigen Kleptoparasitismus. Das bedeutet, dass die betreffende Vogelart entweder an den gerissenen Kadavern oder sogar an den Futtervorratslagern, hier z. B. der Polarfüchse, sich ausgiebig gütlich tut. Kaczensky und Co-Autoren errechneten, dass gerade kleine Wolfsrudel einen erheblichen Teil ihrer Beute an die Raben verlieren, mittelgroße und große Rudel sind offenbar leichter in der Lage, die lästigen Futterräuber zu vertreiben.
Auch die zwischenartlichen Beziehungen von Hundeartigen mit anderen Tierarten sind also keineswegs nur eindimensional vor- oder nachteilhaft, sondern können eine Vielzahl an ökologischen Verknüpfungen darstellen.

Amerikanischer Dachs und Kojote offenbar im gemeinsamen Spiel.

SERVICE
— *Wissenswertes für Hundehalter*

DANKSAGUNG

Wir danken all den Wissenschaftlern, die mit ihren oft Jahre andauernden Forschungen all die spannenden Erkenntnisse gewonnen haben, die wir in diesem Buch präsentieren können. Ihre oft kleinteilige Arbeit macht möglich, dass Hundehalter und -trainer neues Wissen an die Hand bekommen, das uns dabei hilft, Hunde besser verstehen zu können und den Umgang und das Training mit ihnen immer weiter zu optimieren. Besonderer Dank gebührt unseren Interviewpartnern und Kollegen, die eigene Wissenschafts-Kästen geschrieben, ihre Grafiken und Fotos aus der Forschung zur Verfügung gestellt und damit dieses Buch erst so umfangreich haben werden lassen. Wir wissen, dass wir manchmal genervt haben mit unseren ständigen Rückfragen nach der richtigen Bild-Auflösung oder Kürzung von Texten und sind sehr dankbar, dass sie sich die Zeit neben ihrer eigentlichen Arbeit für uns und unser Buch genommen haben!

Udo dankt außerdem seinem Recherche- und Schreibteam von ganzem Herzen für die tolle Unterstützung.

Zutiefst sind wieder einmal beeindruckt vom Nervenkostüm unserer Lektorin Hilke Heinemann. In den letzten Jahren sind mit ihr zusammen schon so viele Buchideen realisiert worden, die sie jedes Mal mit Enthusiasmus, Leidenschaft und großer Geduld begleitet hat. Wir wissen aus eigener Erfahrung, dass das nicht selbstverständlich ist und das vorliegende Buch diesen Umfang und großartige Umsetzung nur erreichen konnte, weil sie sich für uns immer wieder so stark gemacht hat. Deshalb möchten wir hier ein dickes DANKE kundtun für all deinen Fleiß, deine Zuverlässigkeit und das gute Gefühl, dich an unserer Seite zu wissen.

Kate Kitchenham & Udo Gansloßer, Frühjahr 2019

DIE AUTOREN

Dr. Udo Gansloßer ist Privatdozent für Zoologie. Seine wissenschaftliche Tätigkeit begann mit Baumkängurus, möglicherweise, weil deren recht unbeholfene Kletterversuche ihn an seine eigene sportliche Begabung erinnerten. Nach der Dissertation in Heidelberg kehrte er zum Bodenleben zurück und beschäftigte sich mit dem Sozialverhalten der Kängurus allgemein. Am Zoologischen Institut Erlangen erhielt er 1991 die Lehrbefugnis. Zurzeit ist er Privatdozent für Zoologie am Zoologischen Institut und Museum der Universität Greifswald, Lehrbeauftragter am Phylogenetischen Museum und Institut für Spezielle Zoologie der Universität Jena und führt regelmäßig Kurse in Verhaltensbiologie und Tiergartenbiologie durch, die durch einen. Biostatistikkurs an der Universität Würzburg, Sachgebiet Tierschutz, abgerundet werden. Seit einigen Jahren sind die Canidae (Hundeartige) einer der Schwerpunkte seiner Arbeitsgruppe, die sich interdisziplinär von rein zoologischen und tiermedizinischen Themen bis zu Fragen von Mensch-Hund-Beziehung, Tierschutzethik, Sozial- und Rechtswissenschaften erstreckt.
Zusätzlich liegt mit dem Angebot „Einzelfelle“ eine Beratung für individuelle Fragen rund um den Hund vor.

Kate Kitchenham hat Kulturanthropologie und Biologie mit dem Schwerpunkt Verhaltensforschung studiert und widmet sich seit 20 Jahren in unzähligen Fachartikeln, diversen Hundebüchern und für verschiedene Fernsehformate besonders der Hund-Mensch-Beziehung und der Vermittlung aktueller Forschungserkenntnisse rund um Hunde. Sie gibt ihr Fachwissen auf Seminaren und Vorträgen in ganz Deutschland und der Schweiz an Hundetrainer und interessierte Hundehalter weiter und trainiert in ihrem Heimatort Lüneburg kleine Gruppen mit dem Schwerpunkt „Mein Hund & Ich – Beziehung, Erziehung, Bindung“.
Über ihre beiden Hunde sagt sie: Erna und Knox bereichern meinen Alltag, schenken mir täglich besondere, gemeinsam erlebte Augenblicke. In fröhliche Hundegesichter zu schauen erdet mich, macht mich innerlich ruhig und ermöglicht mir den Blick auf die Welt aus einer anderen Perspektive. Dieser Hundehorizont ist wunderbar und hat mir viel über uns Menschen beigebracht.
Mehr Infos unter: www.kitchenham.de

STUDIENVERZEICHNIS

Adams, B.; A. Chan; H. Callaghan; N.W. Milgram (2000): The canine as a model of human cognitive aging: recent developments. Prog. Neuro-Psychopharmacol & Biol. Psychiat. 24: 675 – 692.

Adams, G.; K. Johnson (1993): Sleep-wake cycles and other night-time behaviours of the domestic dog Canis familiaris. Appl. Anim. Behav. Sci. 36(2 – 3): 233 – 248.

Adams, G.; K. Johnson (1994): Sleep, work, and the effects of shift work in drug detector dogs Canis familiaris. Appl. Anim. Behav. Sci. 41(1 – 2): 115 – 126.

Adams, G.; K. Johnson (1995): Guard dogs: sleep, work and the behavioural responses to people and other stimuli. Appl. Anim. Behav. Sci. 46(1 – 2): 103 – 115.

Adkins, C.A.; P. Stott (1998): Home ranges, movements and habitat associations of foxes (Vulpes vulpes) in suburban Toronto, Canada. J. Zool. 244: 335 – 346.

Affenzeller, N.; R. Palme; H. Zulch (2017): Playful activity post-learning improves training performance in Labrador Retriever dogs (Canis lupus familiaris). Physiology & Behavior 168: 62 – 73.

Aichbhaumik, N. et al. (2008): Prenatal exposure to household pets influences fetal IgE production. Clinical and Experimental Allergy 38(11): 1787 – 1794.

Ainsworth M.D.S.; M.C. Blehar; E. Waters; S. Wall (1978): Patterns of attachment: A psychological study of the Strange Situation. Hillsdale, NJ: Erlbaum.

Albuquerque N. et al. (2016): Dogs recognize dog and human emotions. Biol Lett. 12(1): 20150883.

Alexander, S.M. (2012): Koexistenz mit Kojoten in Kanada: Ergebnisse aus dem Calgary Kojoten Projekt: 55 – 70. In: Gansloßer, U. (Hrsg.): Hund, Wolf und Co. Filander Verlag, Fürth.

Alexander, M.B.; T.K. Hodges; J. Blytheway; J. A. Aitkenhead-Peterson (2015): Application of soil in Forensic Sci-ence: Residual odour and HRD dogs. Forensic Science International 249: 304 – 313.

Alexander, M.B.; T.K. Hodges; D.J. Wescott; J. A. Aitkenhead-Peterson (2016): The Effects of Soil Texture on the Ability of Human Remains Detection Dogs to Detect Buried Human Remains. Journal of Forensic Sciences 61(3): 649 – 655.

Allen, K.M.; J. Blascovich; J. Tomaka; R.M. Kelsey (1991): Presence of Human Friends and Pet Dogs as Moderators of Autonomic Responses to Stress in Women. Journal of Personality and Social Psychology 61(4): 582 – 589.

Allen, K.; B.E. Shykoff; J.L. Izzo (2001): Pet Ownership, but Not ACE Inhibitor Therapy, Blunts Home Blood Pressure Responses to Mental Stress. Hypertension 38: 815 – 820.

Amann, A. et al. (2010): „Model Based Determination of Detection Limits for Proton Transfer Reaction Mass Spectrometer“, Measurement Science Review 10 (6): 180 – 188.

Anderson, K.; M.R. Olson (2006): The value of a dog in a classroom of children with severe emotional disorders. Anthrozoös 19(1): 35 – 49. http://www.tandfonline.com/doi/abs/10.2752/089279306785593919

Anderson, T.M. et al. (2009): Molecular and evolutionary history of melanin in North American Gray wolves. Science 323(5919): 1339 – 1343.

Andics, A. et al. (2016): Neural mechanisms for lexical processing in dogs. Science 353: 1030 – 1032.

Andics, A. et al. (2014): Voice-sensitive regions in the dog and human brain are revealed by comparative fMRI. Current Biology 24: 574 – 578.

Anhalt, C.M.; T.R. van Reelen; R.N. Schultz; A.P. Wydeven (2013): Effectiveness of a simulated pack to manipulate wolf movements. Human-Wildlife Int. 8: 210 – 217.

Appleby, D.L.; J.W. Bradshaw; R.A. Casey (2008): Relationship between aggressive and avoidance behaviour in dogs and their experience in the first six months of life. Vet. Rec. 150: 434 – 438.

Araujo, J.A.; C. Studzinski; N.W. Milgram (2005): Further enhance for the cholinergic hypothesis of aging and dementia from the canine model of aging. Progr. Neuro-Psychopharm. And Biol. Psychiatr. 29: 411 – 422.

Araujo, J.A.; J. Nobrega; R. Raymond; N.W. Milgram (2011): Aged dogs demonstrate both increased sensitivity to scopolamine impairment and decreased muscarinic receptor density. Pharmacol. Biochem. Behav. 98: 203 – 209.

Araujo, J.A. et al. (2011): Cholinesterase inhibitors improve both memory and complex learning in aged beagle. J. Alzheimers dis. 26: 143 – 155.

Archer J.; M. Soraya (2011): Preferences for infant facial features in pet dogs and cats. Ethology 117: 217–226.

Arhant, C. et al. (2010): Behavior of smaller and larger dogs: Effects of training methods in consistency of owner behviour and level of engagement in activities with the dog. Appl. Anim. Behav. Sci. 123: 131 – 142.

Arlt, S.; A. Wehrend; I.M. Reichler (2017): Kastration der Hündin – neue und alte Erkenntnisse zu Vor- und Nachteilen. Tierärztliche Praxis Kleintiere 2017/4: 253 – 266.

Aron, A.R.; T.W. Robbins; R.A. Poldrack (2014): Inhibition and the right inferior frontal cortex: One decade on. Trends in Cognitive Sciences 18: 177 – 185.

Artkämper, H.; L. Artkämper; K. Baumjohann (2015): Innovative und intellektuell nicht nachvollziehbare Ermittlungsmöglichkeiten in Strafverfahren – ein juristischer Blick zurück ... und mit der (Hunde-)Nase voraus! 103 – 146. In: Schüler C., K. Püschel (Hrsg.): Faszinosum Spürhunde – Quo vadis? Verlag Dr. Kovač, Hamburg.

Artkämper, H.; M. Seydel (2014): Möglichkeiten und Grenzen der Odorologie in Strafverfahren – ein Blick aus der juristischen Sicht des Staatsanwaltes und des Verteidigers. 55 – 76. In: Schüler, C., K. Püschel (Hrsg.): Faszinosum Spürhunde. Verlag Dr. Kovač, Hamburg.

Asher, L. et al. (2013): A standardized behavior test for potential guide dog puppies: Methods and association with subsequent success in guide dog training. J. Vet. Behav.: Clinical Applications and Research 8(6): 431 – 438.

Asp, H.E.; W.F. Fiske; K.N. Nilsson; E. Strandberg (2015): Breed differences in everyday behavior of dogs. Appl. Anim. Behav. Sci. 169: 69 – 77.

Ausband, D.E. (2005): Assessing the success of Swift fox reintroductions on the Black feet Indian Reservation Montana. M Sc Thesis University of Montana-Missoula.

Ausband, D.E.; M.S. Mitchell; S.B. Bassing; C. White (2013): No trespassing: using a biofence to manipulate wolf movements. Wildl. Res. 40: 207 – 216.

Axelsson, E. et al. (2013): The genomic signature of dog domestication reveals adaptation to a starch-rich diet. Nature 495, 360 – 364.

Azkona, G. et al. (2009): Prevalence and risk factors of behavioral changes associated with age-related cognitive impairment in geriatric dogs. J Small Anim Pract 2009; 50: 87 – 91.

Baker, T.O.; Trim R.M. (1998): Management of conflicts between urban coyotes and humans in Southern California. Proc. 18th Vertebrate Pest Mgmt. Conf., Lincoln, Nebraska.

Bálint, A. et al. (2013): 'Beware, I am big and non-dangerous!'– Playfully growling dogs are perceived larger than their actual size by their canine audience. Applied Animal Behaviour Science 148: 128 – 137.

Banea, O.C. et al. (2014): Long-distance dispersal of the golden jackal across biogeographical European regions. In: First international Jackal Symposium, book of abstracts, 13 – 16th October 2014, Faculty of Biology. University of Belgrade, Serbia.

Banlaki, Z. et al. (2017): DNA methylation patterns of behavior-related gene promoter regions dissect the gray wolf from domestic dog breeds. Molecular Genetics and Genomics 292: 685 – 697.

Baranyiová, E. (2005): The influence of urbanization on the behaviour of dogs in the Czech Republic. Acta Veterinaria Brno 74(3): 401 – 409.

Barichievy, C.; S. Clugston; R. Sheldon (2017): Association between an Arabian wolf and a Domestic dog in central Saudi Arabia.Canid. Biol. Cons. 20(6): 25 – 27.

Bassette, L.A. (2011): Reading with Maggie: The effect of the presence of a classroom pet dog in a reading intervention package. Ann Arbor: ProQuest.

Bassi, A.; L. Pierantoni; S. Cannas; C. Mariti (2016): Dog's size affects owners behavior and attitude during dog walking. Dog Behavior 2: 1-8.

Bath, A.J. (2009): Working with people to achieve wolf conservation in Europe and North America: 173 – 200. In: Musiani, M., L. Boitani, P.C. Paquet (Eds.): A new era for Wolves and People. University of Calgary Press.

Batt, L.S. et al. (2008): Factors associated with success in guide dog training. J. Vet. Behav: Clinical Applications and Research 3(4): 13.151.

Batt, L.S. et al. (2009): The value of puppy raisers assessment of potential guide dogs behavioral tendencies and ability to graduate. Anthrozoös 22: 71 – 76.

Batt, L.S.; M.S. Barr; J.A. Baguley; P.D. McGreevy (2010): Relationships between puppy management practices and reported measures of success in guide dog training. Journal of Veterinary Behaviour 5: 240 – 246.

Baumjohann, K.; H. Artkämper (2017): Die 10 Fragezeichen – Fragen an die Biologin, den Juristen und Hundeführer – eine interaktive Diskussion: 117 – 136. In: Schüler C., P. Kaul (Hrsg.): Faszinosum Spürhunde: Gefahren sichtbar machen, Gefahren abwenden. Verlag Dr. Kovač, Hamburg.

Beach, F. (1970): Hormonal Effects on socio-sexual behavior in dogs: 437 – 466. In: Gibian, H., E.J. Plotz (Eds): Mammalian Reproduction. Springer Berlin-HD.

Beaver, B.V. (1995): Dogs and Cats from Birth to Six Months. Veterinary Pediatrics: 23 – 32, Saunders, Philadelphia.

Begall, S.; E.P. Malkemper; H. Burda (2014): Magnetoreception in mammals. Advances in the Study of Behavior 46: 45 – 88.

Begall, S. et al. (2013): Magnetic alignment in mammals and other animals. Mammalian Biology 78 (1): 10 – 20.

Bekoff, M. (2001): Observations of scent-marking and discriminating self from others by a domestic dog: tales of displaced yellow snow. Behav. Proc. 55: 75 – 79.

Belayev, D.; I.Z. Plyusnina; L.N. Trut (1985): Domestication in the silver fox (Vulpes fulvus): Changes in physiological boundaries oft he sensitive period of primary socialization. Applied Animal Behavior Sciene 13: 359 – 370.

Bellumori, T. et al. (2013): Prevalence of inherited disorders among mixed-breed and purebred dogs: 27254 cases (1995 – 2010). JAVMA 242: 1549 – 1555.

Ben-Aderet T.; M. Gallego-Abenza; D. Reby; N. Mathevon (2017): Dog-directed speech: why do we use it and do dogs pay attention to it? Proc R Soc Lond B Biol Sci 284 (1846): 2016 – 2429.

Bence, M. et al. (2017): Lessons from the canine OXTR gene: populations, variants and functional aspects. Genes Brain Behaviour 16: 427 – 438.

Benjamin, A.; K. Slocombe (2018): 'Who's a good boy?!' Dogs prefer naturalistic dog-directed speech. Animal Cognition 21: 353 – 364.

Berget, B.; S. Grepperud (2011): Animal-assisted interventions for psychiatric patients: Benefits in treatment effects among practitioners. Eur. J. Int. Med. 3: e91 – e96.

Berns, G. S.; A.M. Brooks; M. Spivak (2012): FunctionalMRI in awake unrestrained dogs. PLoS One 7(5): e38027.

Berns, G. S.; A.M. Brooks; M. Spivak (2015): Scent of the familiar: An fMRI study of canine brain responses to familiar and unfamiliar human and dog odors. Behavioural Processes 110: 37 – 46.

Berns, G. S.; A. Brooks; M. Spivak (2013): Replicability and heterogeneity of awake unrestrained canine fMRI responses. PLoS One 8(12): e81698.

Berns, G.S.; A.M. Brooks; M. Spivok; K. Levy (2017): Functional MRI in awake Dogs predicts suitability for assistance works. Scient Reports 7: 43704.

Bhattacharjee, D.; S. Sau; J. Das; A. Bhadra (2017): Free-ranging dogs prefer petting over food in repeated interactions with unfamiliar humans. Journal of Experimental Biology 2017, 220: 4654 – 4660.

Bingtao S.; K. Naoko; P. Martens (2018): How Japanese companion dog and cat owners' degree of attachment relates to the attribution of emotions to their animals. Journal PloS One 13, Vol 13, Issue Nr. 1.

Blackwell, E.J.; C. Twells; A. Seawright; R.A. Casey (2008): The relationship between training methods and the occurrence of behavior problems, as reported by owners, in a population of domestic dogs. J Vet Behav 2008; 3: 207 – 217.

Blackwell, E.J.; J.W.S. Bradshaw; R.A. Casey (2013): Fear responses to noises in domestic dogs: prevalence, risk factors and co-occurrence with other fear related behavior. Appl. Anim. Behav. Sci. 145: 15 – 25.

Bloch, G. (2007): Die Pizzahunde. Kosmos, Stuttgart.

Bloch, G. (2010): Wolf und Rabe: 9 – 36. In: Gansloßer, U. (Hrsg.): Mit Hunden leben. Filander Verlag, Fürth.

Bloch, G.; P. Dettling (2012): Auge in Auge mit dem Wolf: 20 Jahre unterwegs mit frei lebenden Wölfen. Kosmos, Stuttgart.

Blouin, D.D. (2013): Are dogs children, companions, or just animals? Understanding variations in people's orientations toward animals. Anthrozoös 26(2): 279 – 294.

Boenigk, K.D. (2004): Untersuchungen zur züchterischen Aussagekraft von Verhaltenstests bei Hovawart Hunden. Vet. Med. Diss., Tierärztl. Hochschule Hannover.

Boitani, L.; P. Ciucci (2009): Wolf Management across Europe: Species Conservation without Boundaries: 15 – 40. In: Musiani, M., L. Boitani, P.C. Paquet (Eds.): A new era for Wolves and People. University of Calgary Press.

Boitani, L.; F. Francisci; P. Cincci; G. Andreoli (2016): The Ecology of feral dogs: A case study from Central Italy: 342 – 368. In: Serpell, J. (Ed.): The domestic dog. Cambridge University Press 2nd ed.

Bonanni, R.; S. Cafazzo (2014): The social organization of a population of free-ranging dogs in a suburban area of Rome: a reassessment of the effects of domestication on dog behaviour. In: Kaminski J., S. Marshall-Pescini (Eds): The social dog: behaviour and cognition. New York (NY), Elsevier: 65 – 104.

Bonanni, R. et al. (2017): Age-graded dominance hierarchies and social tolerance in packs of free-ranging dogs. Behavioral Ecology 28: 1004 – 1020.

Bonanni, R.; E. Natoli; S. Cafazzo; P. Valsecchi (2011): Free-ranging dogs assess the quantity of opponents in intergroup conflicts. Anim Cogn. 14: 103 – 115.

Bosch, M. et al. (2012): Dogs with cognitive dysfunction syndrome: a natural model of Alzheimer's disease. Curr Alzheimer Res 2012; 9: 298 – 314.

Botigué, L.R. et al. (2017): Ancient European dog genomes reveal continuity since the Early Neolithic. Nature Communications 8: 16082.

Bowlby, J. (1969): Attachment and loss. Vol 1. Attachment. New York: Basic Books.

Boyko, A.R. et al. (2010): A Simple Genetic Architecture Underlies Morphological Variation in Dogs. PLoS Biol 8(8): e1000451. doi:10.1371/journal.pbio.100045.

Bradshaw, J.A.W.; J.A. McPherson; R.A. Casey; J.S. Larter (2002): Aetiology of separation-related behaviour in domestic dogs. Vet. Rec. 151: 43 – 46.

Bradshaw, J.W. (2011): Dog Sense. Basic Books. NY.

Bradshaw, J.W.; N. Rooney (2016): Dog social behavior and communication. In: Serpell, J. (Ed.): The Domestic Dog. Cambridge University Press: Cambridge, UK, 2016: 133 – 159.

Bray, E.E.; E.L. Mac Lean; B. Hare (2013): Context specificity of inhibitory control in dogs. Animal Cognition 17: 15 – 31.

Bremner-Harrison, S.; B.L. Cypher (2011): Reintroducing San Joaquin kit fox to vacant or restored lands: Identifying optimal source populations and candidate foxes. California State University, Bakersfield.

Bremner-Harrison, S.; B.L. Cypher; S.R.W. Harrison (2013): An investigation into the effect of individual pesonality on re-introduction success: examples from three North American foxes: Swift fox, California channel island fox San Joaquin kit fox: 152 – 158. In: Soorae, P.S. (Ed.): Global re-introduction Perspectives. 2013, IUCN, Gland.

Bremner-Harrison, S.; P.A. Prodohl; R.W. Elwood (2004): Behavioural trait assessment as a release criterion: boldness predicts early death in a re-introduction programme of captive-bred Swift fox (Vulpes velox). Anim. Cons. 7: 313 – 320.

Brubaker, L. et al. (2017): Differences in problem-solving between canid populations: Do domestication and lifetime experience affect persistence? Animal Cognition 20: 1744.

Brucks, D.; F. Range; S. Marshall-Pescini (2017): Dogs' reaction to inequity is affected by inhibitory control. Scientific Reports 7(1): 15802.

Brucks, D. et al. (2017): What Are the Ingredients for an Inequity Paradigm? Manipulating the Experimenter's Involvement in an Inequity Task with Dogs. Front Psychol. 8: 270.

Bryan, H.M. et al. (2014): Heavily hunted wolves have higher stress and reproductive steroids than wolves with lower hunting pressure. Function Ecology.

Bufford, J.D.; J.E. Gern (2007): Early Exposure to Pets: Good or Bad? Current Allergy and Asthma Reports 7: 375 – 382.

Bundesamt für Naturschutz (2017): Golden jackal expansion in Europe: a case of mesopredator release triggered by continent-wide wolf persecution? Hystrix.

Burgoyne, L. et al. (2014): Parents' perspectives on the value of assistance dogs for children with autism spectrum disorder: a cross-sectional study. BMJ Open 4: e004786.

Butler, J.R.A.; J.T. du Toit (2002): Diet of free-ranging domestic dogs (Canis familiaris) in rural Zimbabwe: implications for wild scavengers on the periphery of wildlife reserves. Animal Conservation 5: 29 – 37.

Byrne, M.E. et al. (2018): Evidence of long-distance dispersal of a Gray wolf from the Chernobyl Exclusion Zone. European Journal of Wildlife Research j64: 39

Caeiro, C.; K. Guo; D.S. Mills (2017): Dogs and humans respond to emotionally competent stimuli by producing different facial actions. Scientific Reports 7(1): 15525.

Cafazzo, S.; P. Valsecchi; R. Bonanni; E. Natoli (2010): Dominance in relation to age,sex, and competitive contexts in a group of free-ranging domestic dogs. Behav. Ecol. 21: 443 – 455.

Campbell, B. et al. (2017): The effects of growing up on a farm on adult lung function and allergic phenotypes: an international population-based study. Thorax 72(3): 236 – 244.

Carbyn, L.; S.H. Fritts; D.R. Scip (1995): Wolves in a Changing World. Canadian Circumpolar Institute, Edmonton.

Careau, V.; D. Réale; M.M. Humphries; D.W. Thomas (2010): The pace of life under artificial selection: Personality, energy expenditure, and longevity are correlated in Domestic dogs. Am. Nat. 175: 753 – 758.

Caron-Lormier, G.; G.C. England; M.J. Green; L. Asher (2016): Using the incidence and impact of health conditions in guide dogs to investigate healthy ageing in working dogs. Veterinary Journal 207: 124 – 130.

Carreau, V.; N. Lecomte; J.F. Giroux; D. Berteaux (2007): Common ravens raid Artic fox food cases. J. Ethol. 25: 79 – 82.

Casey, R.A. et al. (2014): Human directed aggression in domestic dogs (*Canis familiaris*): Occurrence in different contexts and risk factors. Appl. Anim. Behav. Sci. 152: 52 – 63.

Cazzolla Gatti, R. (2016): Self-consciousness: beyond the looking-glass and what dogs found there. Ethology Ecology & Evolution 28(2): 232 – 240.

Červený J. et al. (2011): Directional preference may enhance hunting accuracy in foraging foxes. Biology Letters 7: 355 – 357.

Chapagain, D. et al. (2017): Aging of attentiveness in Border collies and other pet dog breeds: The protective benefits of lifelong training. Front. Aging Neurosci. 9 (100): 1 – 14.

Charnetski, C.J.; S. Riggers; F.X. Brennan (2004): Effect of Petting a Dog on Immune System Function. Psychological Reports 95: 1087 – 1091.

Chase, K. et al. (2009): Genetic Mapping of fixed phenotypes: disease frequency as a breed characteristic. J. Hered. 100, Suppl: 537 – 541.

Chiandetti, C.; S. Avella; E. Fongaro; F. Cerri (2016): Can clicker training facilitate conditioning in dogs? Applied Animal Behaviour Science 184: 109 – 116.

Christensen, A. M.; C.M. Crowder; S.D. Ousley; M.M. Houck (2014): Error and its meaning in forensic science. Journal of Forensic Sciences 59: 123 – 126.

Cimarelli G. et al. (2016): Dog owners' interaction styles: Their components and associations with reactions of pet dogs to a social threat. Front Psychol. 7: 1 – 14.

Cimarelli, G.; B. Turcsán; F. Range; Z. Virányi (2017): The Other End of the Leash: An Experimental Test to Analyze How Owners Interact with Their Pet Dogs. Journal of Visualized Experiments 2017 (128).

Ćirović, D.; A. Penezić; M. Krofel (2016): Jackals as cleaners: Ecosystem services provided by a mesocarnivore in human-dominated landscapes. Biological Conservation 199: 51 – 55.

Clarke, T.; J. Cooper; D. Mills (2013): Acculturation-Perceptions of breed differences in behavior of the dog (Canis familiaris). Human- Anim. Int. Bull. 1: 16 – 33.

Cluff, H.D. (2006): Extension of Coyote (Canis latrans) breeding range in the Northwest Territories, Canada. Can. Field. Nat. 120: 67 – 70.

Clutton-Brock, J. (1995): Origins of the Dog: domestication and early history. In: The domestic dog: its evolution, behaviour and interactions with people. Pages 7 – 20, ed. J. Serpell. Cambridge University Press, NY.

Cohen, L. J. (1974): The operational definition of human attachment. Psychological Bulletin 81: 207 – 217.

Colle, M. et al. (2000): Vascular and parenchymal Abeta desposition in the aging dog: correlation with behaviour. Neurobiol Aging 21: 695 – 704.

Collis, G.M.; J. McNicholas (1999): A Theoretical Basis for Health Benefits of Pet Ownership. Attachment Versus Social Support. In: Wilson, C.C. , D.C. Turner (Eds.): Companion Animals and Human Health (105 – 122). Thousand Oaks, London, New Delhi: Sage Publications Ltd.

Cook, P. F.; M. Spivak; G.S. Berns (2014): One pair of hands is not like another: Caudate BOLD response in dogs depends on signal source and canine temperament. PeerJ 2: e596.

Cook, P.F.; M. Spivak; G.S. Berns (2016): Neurobehavioral evidence for individual differences in canine cognitive control: An awake fMRI study. Animal Cognition 19: 867 – 878.

Cook, P.; A. Prichard; M. Spivak; G.S. Berns (2018): Jealousy in dogs? Evidence from brain imaging. Animal Sentience 2018.117

Cook, P.F.; A. Prichard; M. Spivak; G.S. Berns (2016): Awake canine fMRI predicts dogs' preference for praise vs food. Social Cognitive and Affective Neuroscience 11: 1853 – 1862.

Cooley, D.M. et al. (2003): Exceptional longevity in pet dogs is accompanied of major diseases. J. Geront. Ser A. Biol.Sci. & Med. Sci. 58: 1078 – 1084.

Coppinger, R.; L. Coppinger; E. Skillings (1998): Observations on Assistance Dog Training and Use. Journal of Applied Anim. Welfare Sci. 1(2): 133 – 144.

Coppinger, R.; L. Coppinger (2003): Dogs. Chicago UP.

Coppinger, R.; M. Feinstein (2016): How Dogs Work. Chicago UP.

Corbett, L. (2006): Der Australische Dingo (Canis lupus dingo): 301 – 320. In: Gansloßer U., C. Sillero-Zubiri (Hrsg.): Wilde Hunde. Filander Verlag, Fürth.

Cardoni, G.; E. Palagi (2015): Being avictim or an aggressor: Different functions of triadic post-conflict interactions in wolfes (canis lupus lupus). In: Aggressive Behaviour 41: 526 – 536.

Corrieri, L.; M. Adda; Á. Miklósi; E. Kubinyi (2018): Companion and free-ranging Bali dogs: Environmental links with personality traits in an endemic dog population of SouthEast Asia. PLoS One 13(6): e0197354.

Cotman, C.; E. Head (2008): The canine model of human aging and disease. J. Alzheimers Dis. 15: 685 – 707.

Council, N.R. (2011): Reference Manual on Scientific Evidence: Third Edition, Washington, DC, The National Academies Press.

Cuaya, L.V.; R. Hernández-Pérez; L. Concha (2016): Our faces in the dog's brain: Functional imaging reveals temporal cortex activation during perception of human faces. PLoS One 11(3): e0149431.

Cullen, K.L. et al. (2013 a): Internet-based survey of the nature and perceived causes of injury to dogs participating in agility training and competition events. J Am Vet Med Assoc. 243(7): 1010 – 1018.

Cullen, K.L. et al. (2013b): Survey-based analysis of risk factors for injury among dogs participating in agility training and competition events. J Am Vet Med Assoc. 243(7): 1019 – 1024.

Cummings, B. et al. (1996): Beta-amyloid accumulation correlates with cognitive dysfunction in the aged canine. Neurobiol Learn Mem 66: 11 – 23.

Curran, A.M.; P.A. Prada; K.G. Furton (2010): Canine human scent identifications with post-blast debris collected from improvised explosive devices. Forensic Sci Int 199: 103 – 8.

Curth, S.; M.S. Fischer; K. Kupczik (2017 a): Patterns of integration in the canine skull: an inside view into the relationship of the skull modules of domestic dogs and wolves. Zoology 125: 1 – 9.

Curth, S.; M.S. Fischer; K. Kupczik (2017 b): Can skull form predict the shape of the temporomandibular joint? A study using geometric morphometrics on the skulls of wolves and domestic dogs. Annals of Anatomy 214: 53 – 62.

Custance, D.; J. Mayer (2012): Empathic-like responding by domestic dogs (Canis familiaris) to distress in humans: an exploratory study. Animal Cognition 15(8): 51 – 859. CrossRefPubMedGoogle Scholar

D`Aniello, B. et al. (2017): What's the point? Golden and Labrador retrievers living in kennels do not understand human pointing gestures. Animal Cognition 20(2).

D'Aniello, B.; A. Scandurra (2016): Ontogenetic effects on gazing behaviour: a case study of kennel dogs (Labrador Retrievers) in the impossible task paradigm. Animal Cognition 19: 565 – 570.

D'Aniello, B. et al. (2018): Interspecies transmission of emotional information via chemosignals: from humans to dogs (Canis lupus familiaris). Animal Cognition 21: 67 – 78.

Dabriel, D.J. et al. (2003): Seizure-alert dogs: a review and preliminary study. Seizure 12: 115 – 120.

Dale, R. et al. (2016): Task Differences and Prosociality; Investigating Pet Dogs' Prosocial Preferences in a Token Choice Paradigm. PLoS One 11(12): e0167750.

Dale, R. et al. (2017): The influence of social relationship on food tolerance in wolves and dogs. Behav Ecol Sociobiol 71(107).

Dalziel, D.; B.M. Uthmann; S.P. McGorray; R.L. Reep (2003): Seizure alert dogs: a review and preliminary study. Seizure 12: 115 – 120.

Davis, P.; E. Head (2014): Prevention approaches in a preclinical canine model of Alzheimer's disease: benefits and challenges. Frontiers in Pharmacology 47.

DeLeeuw, J.L. (2010.): Animal shelter dogs: factors predicting adoption versus euthanasia. Department of Psychology at Wichita State University, Wichita, KS.

De Ruiter, J.; A. Schoon; A. van Dam (2017): Sexual assault detection dogs: comparing the detection of semen by dogs, ALS and presumptive tests: 91 – 98. In: Schüler, C., P. Kaul, K. Püschel (Hrsg): Faszinosum Spürhunde. Verlag Dr Kovacs, Hamburg.

De Waal, F.; F. Aureli (Eds) (2002): Animal Conflict Reslution. Princeton UP.

Dicé, F. et al. (2017): Meeting the emotion! Application of the Federico II Model for pet therapy to an experience of Animal Assisted Education (AAE) in a primary school. Pratiques psychologiques 23: 455 – 463.

Ding, Z.-L. et al. (2011): Origins of domestic dog in Southern East Asia is supported by analysis of Y-chromosome DNA. Heredity 108(5): 507 – 14.

Diverio, S. et al. (2016): Non-invasive assessment of animal exercise stress: Real-time PCR of GLUT4, COX2, SOD1 and HSP70 in avalanche military dog saliva. Animal doi 10.1017/S1751731114002304.

Dodman, N.H.; D.C. Brown; J.A. Serpell (2018): Associations between owner personality and psychological status and the prevalence of canine behavior problems. PLOS One 13(2): e0192846.

Doncaster, C.P.; D. Macdonald (1991): Ecology and ranging behavior of Red foxes in the city of Oxford. Hystrix 3(1).

Donner, J. et al. (2018): Frequency and distribution of 152 genetic disease variants in over 100.000 mixed breed and purebred dogs. PLoS Genet 14(4): e 1007361.

Drake, A.G.; C.P. Klingenberg (2010): Large-scale diversification of skull shape in Domestic dogs: Disparity & Modularity. Am Nat 175: 289 – 301.

Dreschel, N.; K. Entendencia (2013): Stress during certification test in prison drug detection dogs and their handlers. J. Vet. Behav.: Clinical Applications and Research 8(4): e28.

Druzhkova , A.S. et al. (2013): Ancient DNA Analysis Affirms the Canid from Altai as a Primitive Dog. PLoS One 8(3): e57754.

Duffy, D.L.; Y. Hsu; J. Serpell (2008): Breed differences in canine aggression. Appl. Anim. Behav. Sci. 194: 441 – 460.

Dunn, S.L. et al. (2017): Dog ownership and dog walking. J. Cardiovasc. Nurs.

Duranton, C.; F. Gaunet (2015): Canis sensitivus: Affiliation and dogs' sensitivity to others' behavior as the basis for synchronization with humans? Journal of Veterinary Behavior Clinical Applications and Research 10(6).

Duranton, C.; T. Bedossa; F. Gaunet (2017). Pet dogs synchronise their walking pace with that of their owners in open outdoor areas. Animal Cognition, 21(2), 219 – 226

Eggermann, J.; J. Theuerkauf; B. Pirga; R. Gula (2013): Stress-hormone levels of wolves in relation to breeding season, pack size, human activity and prey density. Ann. Zool. Fenn. 50: 170 – 175.

Ehmann R. et al. (2012): Canine scent detection in the diagnosis of lung cancer: revisiting a puzzling phenomenon. Eur Respir J 39: 669 – 676.

Ellegren, H.; P. Savolainen; B. Rosén (1996): The genetical history of an isolated population of the endangered Grey wolf Canis lupus: A study of nuclear and mitochondrial polymorphisms. Phil. Trans. R. Soc. Lond. Biol. 351: 1661 – 1669.

Elmhagen, B. et al. (2017): Homage to Hersteinsson and Macdonald: Climate warming and resource subsidies cause Red fox range expansion and Arctic fox decline. Polar Res. 36, Suppl. 1.

Ensminger, J.J. (2012): Police and military dogs: criminal detection, forensic evidence, and judicial admissibility, Boca Raton, CRC Press.

European Environment Agency (2012): Climate change, impacts and vulnerability in Europe 2012. An indicator-based report. EEA Report No 12/2012.

Ewing, M.M. et al. (2016): Human DNA quantification and sample quality assessment: Developmental validation of the PowerQuant. Forensic Science International: Genetics 23: 166 – 177.

Fagundes, A.L.L. et al. (2018): Noise sensitivities in Dogs: An exploration of signs in dogs with and without qualitative content analysis. Frontiers in Veterinary Science 5: 17.

Faragó, T. et al. (2010): Dogs' expectation about signalers' body size by virtue of their growls. PLoS One 5: e15175.

Faragó, T. et al. (2010): 'The bone is mine': affective and referential aspects of dog growls. Anim. Behav. 79: 917 – 925.

Farhoody,P. et al. (2018): Aggression Toward Familiar People, Strangers, and Conspecifics in Gonadectomized and Intact Dogs. Frontiers in Veterinary Science 5: 18.

Fast, R. et al. (2013): An observational study with long-term-follow-up of canine cognitive dysfunction: Clinical characteristics, survival and risk factors. J. Vet. Intern Med. 27: 822 – 829.

Fazio, B. (2006): Der Rotwolf Canis rufus. 367 – 374. In: Ganslоßer, U., C. Sillero-Zubiri (Hrsg.): Wilde Hunde. Filander Verlag, Fürth.

Feddersen-Petersen, D.-U. (2007): Social behaviour of dogs and related canids. In: Jensen, P. (Ed.): The behavioural biology of dogs. CAB International, Wallingford, UK, 105 – 119.

Feddersen-Petersen, D.-U. (2000): Vocalization of European wolves (Canis lupus lupus L.) and various dog breeds (Canis lupus f. familiaris). Arch. Tierz. Dummerstorf 43.

Feddersen-Petersen, D.-U. (2013): Hundepsychologie. 5. Auflage, Kosmos Verlag, Stuttgart.

Feddersen-Petersen, D.-U. (2008): Ausdrucksverhalten beim Hund. Kosmos Verlag, Stuttgart.

Feng, L. C.; T.J. Howell; P.C. Bennett (2017): Comparing trainers' reports of clicker use to the use of clickers in applied research studies: methodological differences may explain conflicting results. Pet Behaviour Science (3): 1 – 18.

Feng, L.; T. Howell; P. Bennett (2017): Questioning the clicker: Perceived and actual benefits of clicker training companion dogs. Pet Behaviour Science 2017, open conference, 24.11.2017.

Fischer, M.S. (2017): Les allures, les mouvements et les parameters qui leur sont hés dans different standards de race: 173 – 191. In: Quintard, C., G. Leroy (Eds): Standards santé et genétique chez le chien. FCI-SCC-SKK, 2017.

Fischer, M.S.; K.E. Lilje (2011): Hunde in Bewegung. Kosmos Verlag, Stuttgart.

Fischer, S. (2007): Abbruchsignale der Hunde. Dipl. arb. biol. Univ. Würzburg.

Flume, J. (2017): Der Hund im Klassenzimmer. Was kann hundegestützte Pädagogik leisten? Norderstedt: Grin.

Forbes, C.C. et al. (2016): Dog ownership and physical activity among breast, prostate and colorectal cancer survivors. Psycho-Oncol. 2016.

Fox, M.W.; D. Stelzner (1966): Behavioural effects of differential early experience in the dog. Anim. Behav. 14: 273 – 281.

Fox, M.W. (1971): Integrative Development of Brain and Behaviour in the Dog. Chicago UP, Chicago.

Foyer, P.; E. Wilson; P. Jensen (2016): Levels of maternal care in dogs affect adult offspring temperament. Scient. Reports 6: 19253.

Foyer, P.; N. Bjällerhag; E. Wilsson; P. Jensen (2014): Behaviour and experiences of dogs during the first year of life predict the outcome in a later temperament test. Appl. Anim. Behav. Sci. 155: 93 – 100.

Frank, X.; X. Hasselbach; X. Littleton (1989): Motivation and insight in wolf (Canis lupus) and Alaskan malamute (Canis familiaris): visual discrimination lerarning. Bulletin of Psychonomic Soxiety 27(5): 455 – 458.

Frankham, R. et al. (2012): Introduction to Conservation Genetics. Cambridge UP.

Frantz, L.A. et al. (2016): Genomic and archaeological evidence suggest a dual origin of domestic dogs. Science 352(6290): 1228 – 1231.

Freedman, A.H. et al. (2014): Genome sequencing highlights the dynamic early history of dogs. PloS Genet 10(1): e1004016.

Friedmann, E.; S.A. Thomas (1995): Pet Ownership, Social Support, and One-Year Survival After Acute Myocardial Infarction in the Cardiac Arrythmia Suppression Trial (CAST). American Journal of Cardiology 76: 1213 – 17.

Fritz, S.A.; A. Purvis (2010): Selectivity in mammalian extinction risk and threat types: a new measure of phylogenetic signal strength in binary traits. Conservation Biology 24(4): 1042 – 1051.

Fugazza, C.; Á. Miklósi (2013): Deferred imitation and declarative memory in domestic dogs. Animal Cognition 17: 237 – 247.

Fugazza, C.; Á. Miklósi (2015): Social learning in dog training: the effectiveness of the Do as I do method compared to shaping/clicker training. Applied Animal Behaviour Science 171: 146 – 151.

Fugazza, C.; A. Moesta, Á. Pogánya, Á. Miklósi (2018): Presence and lasting effect of social referencing in dog puppies. Animal Behaviour. 141: 67 – 75.

Fugazza, C.; Á. Pogány; Á. Miklósi (2015): Do as I... Did! Long-term memory of imitative actions in dogs (Canis familiaris). Animal Cognition 1 – 7.

Gácsi, M. et al. (2009): Explaining dog wolf differences in utilizing human pointing gestures: selection for synergistic shifts in the development of some social skills. PLoS One 2009, 4: e6584.

Gácsi, M. et al. (2005): Species-specific differences and similaritites in the behavior of hand-raised dog and wolf pups in social situations with humans. Developmental Psychology 42 (2): 111 – 122.

Gácsi, M. et al. (2013): Human analogue safe haven effect of the owner: behavioural and heart rate response to stressful social stimuli in dogs. PLoS One 8: e58475

Gácsi, M.; P. McGreavy; E. Kara; Á. Miklósi (2009): Effects of selection for cooperation and attention in dogs. Behav. Brain Funct. 5: 31.

Gadbois, S.; C. Reeve (2014): Canine olfaction: Scent, Sign and Situation: 3 – 30. In: Horowitz, A. (ed): Domestic Dog Cognition and Behavior. Springer HD etc.

Galov, A. et al. (2015): First evidence of hybridization between Golden jackal (Canis aureus) and Domestic dog (Canis lupus familiaris) as revealed by genetic markers. R. Soc. Open sci. 2: 150450.

Gansloßer, U. (2012): Neue Untersuchung zum Spielverhalten Haushundes: 7 – 16. In: Gansloßer U. (Hrsg.): Hund, Wolf & Co. Filander, Fürth.

Gansloßer, U.; K. Kitchenham (2015): Beziehung-Erziehung-Bindung. Kosmos Verlag, Stuttgart.

Gansloßer, U.; M. Käufer (2017): Auszeit auf Augenhöhe. Kosmos Verlag, Stuttgart.

Gansloßer, U.; P. Krivy (2015): Ein guter Start ins Hundeleben. Müller-Rüschlikon, Stuttgart.

Gazzano, A.; C. Lauria; M. Ducci; C. Sighieri (2015): Dog attention and cooperation with the owner: preliminary results about brachycephalic dogs. Dog Behavior 1(1).

Gazzano, A. et al. (2008): Effect of early gentling and early environment on emotional development of puppies. Appl. Anim. Behav. Sci. 110: 294 – 304.

Gazzano, A.; M. Zilocchi; E. Massoni; C. Mariti (2013): Dogs' features strongly affect people's feelings and behavior towards them. J. Vet. Behav. 8: 213 – 220.

Geiger, M. et al. (2017): Neomorphosis and heterochrony of skull shape in dog domestication. Scient. Reports 7, 13443.

Geiger, M.; K. Gendron; F. Willmitrer; M.R. Sanchez-Villagrá (2016): Unaltered sequence of dental, skeletal, and sexual maturity in Domestic dogs compared to the wolf. Zool. Lett. 2(1).

German, A.J.; E. Blackwell; M. Evans; C. Westgarth (2017): Overweight dogs exercise less frequently and for shorter periods: result of a large online survey of dog owners from the UK. J. Nutr. Sci.6, e11: 1 – 4.

Germonpré, M.; M. Lázkičková-Galetová; M.V. Sablin (2012): Palaeolithic dog skulls at the Gravettian Předmostí site, the Czech Republic. Journal of Archaeological Science 39: 184 – 202.

Germonpré, M. et al. (2009): Fossil dogs and wolves from Palaeolithic sites in Belgium, the Ukraine and Russia: osteometry, ancient DNA and stable isotopes. Journal of Archaeological Science 36: 473 – 490.

Gese, E.M.; P.S. Morey; S.D. Gehrt (2012): Influence of the urban matrix on space use of coyotes in the Chicago metropolitan area. J. Ethol. 30: 413 – 425.

Ghirlanda, S.; A. Acerbi; H. Herzog; J. Serpell (2013): Fashion vs. function in cultural evolution: The case of dog breed popularity. PloS One 8(9): e74770.

Gläser, N.; R.H.H. Kröger (2017): Variation on rhinarium temperature indicates sensory specialization in placental mammals. J. Thermal Biol. 67: 30 – 34.

Glavaš, V. (2015): Romanizacija autohtonih civitates na prostoru sjevernog i srednjeg Velebita. University of Zadar, Zadar.

Glavaš, V.; M. Glavičić (2017): Naseljenost sjevernog i srednjeg Velebita u prapovijesti i antici. Senjski zbornik 44: 117 – 128.

Glenk, L. et al. (2013): Therapy dogs' salivary cortisol levels vary during animal-assisted interventions. Anim. Welfare 22(3): 369 – 378.

Gloor, S. (2002): The risk of urban foxes (Vulpes vulpes) in Switzerland and ecological and parasitological aspects of a fox population in the recently colonised city of Zürich. Dissertation, Universität Zürich.

Gloor, S.; F. Bontadina; D. Hegglin; U. Breitenmoser (2009): The rise of urban fox population in Switzerland. Mammalian Biology 23.

Goldstone, L.G.; V. Sommer; N. Nurmi; C. Stephens (2016) Food begging and sharing in wild bonobos (Papaniscus): assessing relationship quality. Primates 57: 367–376.

Gompper, M.E. (Ed.) (2014): Free ranging dogs and wildlife conservation. Oxford Uiniversity Press.

Goodwin, D.; J.W.S. Bradshaw; S. Wicken (1997): Paedomorphosis affects agonistic visual signals of Domestic dogs. Anim. Behav. 53: 297 – 304.

Grajfoner, D.; E. Harte; L.M. Potter; N. McGuigan (2017): The Effect of Dog-Assisted Intervention on Student Well-Being, Mood, and Anxiety. International Journal of Environmental Research and Public Health 14(5): 1 – 9.

Gray, M.M.; N.B. Sutter; E.A. Ostrander; R.K. Wayne (2010): The IGF1 small dog haplotype is derived from Middle Eastern grey wolves. BMC Biology 8: 16.

Grimm-Seyfarth, A. et al. (in Druck): Scat detection and discrimination among related mustelid species with identical diet: visual search versus detection dogs.

Groves, C.P. (1995): Microtaxonomy and its implications for captive breeding. 24 – 28. In: Gansloßer, U., J.K. Hodges, W. Kaumanns (Eds.): Research and captive propagation. Filander Verlag, Fürth.

Guagnin, M.; A.R. Perri; M.D. Petraglia (2017): Pre-Neolithic evidence for dog-assisted hunting strategies in Arabia. Journal of Anthropological Archaeology 2017.

Guerrero-Flores, H. et al. (2017): A non-invasive tool for detecting cervical cancer odor by trained scent dogs. BMC Cancer 17: 79.

Guest, C.M.; G.M. Colins; J. Mc Nicholls (2006): Hearing dogs: a longitudinal study of social and psychological effects on deaf and hard-of-hearing recipients. J. Deaf. Stud. Deaf Educat 11: 2.

Gutema, T.M. et al. (2018): Competition between sympatric wolf taxa: an example involving African and ethiopian wolves. Royal Society of open science 5: 172207L.

Gyori, B.; M. Gácsi; Á. Miklósi (2010): Friend or foe: context dependent sensitivity to human behaviour in dogs. Applied Animal Behaviour Science 128(1 – 4): 69 – 77.

Hackner, K. et al. (2016): Canine scent detection for the diagnosis of lung cancer in a screening-like situation. Journal of Breath Research 10, Art. 045003.

Haight, R.G.; L.D. Mech (1997): Computer simulation of Vasectomy for Wolf Control. J. Wildl. Mgmt 61.

Hall, N.J.; C.D.L. Wynne (2012): The canid genome: behavioral geneticists' best friend? Genes Brain Behav. 11: 889 – 902.

Hall, N.; K. Glenn; D.W. Smith; C.D.L. Wynne (2015): Performance of Pugs, German sheperds and Greyhounds (Canis lupus familiaris) on an odor-discrimination task. J. Comp. Psychol 129: 237 – 246.

Handlin, L. et al. (2012): Associations between the psychological characteristics of the human-dog relationship and oxytocin and cortisol levels. Antrozoös 25: 215 – 228.

Hansen-Wheat, C.; J. Fitzpatrick; I. Tapper; H. Temrin (2018): Wolf (Canis lupus) Hybrids. Highlight the Importance of Human-Directed Play Behavior During Domestication of Dogs (Canis familiaris). Journal of Comparative Psychology. Advance online publication. http://dx.doi.org/10.1037/com0000119.

Hare, B. (2017): Survival of the friendliest. Homo sapiens evolved via selection for prosociality. Annu. Rev. Psychol. 2017, 68: 155 – 86.

Hare, B. et al. (2005): Social cognitive evoulution in captive foxes is correlated by-product of experimental domestication. Current Biology 15: 226 – 230.

Hare, B.; M. Tomasello (2005): Human-like social skills in dogs? Trends Cogn. Sci., 9: 439 – 444.

Hare, B.; V. Wobber; R. Wrangham (2012): The self-domestication hypothesis: evolution of bonobo psychology is due to selection against aggression. Anim. Behav. 83: 573 – 585.

Hare, B. (2018): Domestication experiments reveal developmental link between friendliness and cognition. Journal of Bioeconomics. 20: 159 – 163.

Hare, E.; K.M. Kelsey; J.A. Serpell; C.M. Otto (2018): Behavior Differences Between Search-and-Rescue and Pet Dogs. Front. Vet. Sci. 5: 118.

Harris, S.; J.M. Rayner (1986): Urban fox (Vulpes vulpes) population estimates and habitat requirements in several British cities. J. Anim. Ecol. 55: 575 – 591.

Hart V. et al. (2013): Dogs are sensitive to small variations of the Earth's magnetic field. Frontiers in Zoology 10: 80.

Hart, B.L.; L.A. Hart; A.P.Thigpen; N.H. Willis (2014): Long-term health effects of neutering dogs: comparison of Labrador retrievers with Golden retrievers. PLoS One 9(7): e102241.

Hart, L.A.; R.L. Zasloff; A.M. Benfatto (1996): The socializing role of hearing dogs. Appl. Anim. Behav. Sci. 47: 7 – 15.

Harvey, N.D. et al. (2017): An evidence-based decision assistance model for predicting training outcome in juvenile guide dogs. PloS One 12(6).

Harvey, L.M.; J.W. Harvey (2003): Reliability of bloodhounds in criminal investigations. J Forensic Sci 48: 6.

Harvey, L.M. et al. (2006): The use of bloodhounds in determining the impact of genetics and the environment on the expression of human odortype. J Forensic Sci 51: 1109-14.

Hatlauf, J. (2015): Potenzieller Lebensraum des Goldschakals (Canis aureus) in Österreich – Status, Habitatfaktoren und Modellierungsansatz. Masterarbeit. Wien: Department für integrative Biologie und Biodiversitätsforschung Institut für Wildbiologie und Jagdwissenschaft.

Hatlauf, J.; O.C. Banea; L. Lapini (2016): Assessment of golden jackal species (Canis aureus, L.1758) records in natural areas out of their known historic range. Technical Report: GOJAGE Criteria and Guidelines. GOJAGE Golden Jackal Informal Study Group Europe.

Haubenhofer, D.; S. Kirchengast (2006): Physiological Arousal for Companion Dogs Working With Their Owners in Animal-Assisted Activities and Animal-Assisted Therapy. J. Appl. Anim. Welfare Sci. 9(2): 165 – 172.

Haubendorfer, D.; S. Kirchengast (2007): "Dog Handlers" and Dogs' Emotional and Cortisol Secretion Responses Associated with Animal-Assisted Therapy Sessions. Society & Animals 15(2): 127 – 150.

Haubendorfer, D.; E. Murtl; S. Kirchengast (2005): Cortisol concentrations in saliva of humans and their dogs during intensive training courses in animal-assisted therapy. Veterinary Medicine Austria/Wien 92: 66 – 73.

Hauer, S.; H. Ansorge; U. Zöphel (2009): Goldschakal Canis aureus Linnaeus, 1758. In: Atlas der Säugetiere Sachsens. Sächsisches Landesamt für Umwelt, Landwirtschaft und Geologie (Hrsg.). Passau: Passavia Druckservice GmbH & Co KG., S. 354.

Haug, J. (2004): Vergleichende Untersuchungen zum Verhalten von Beaglewelpen aus Hand- und Mutteraufzucht. Diss. Vet. Med. Fak. Univ. München.

Haverbeke, A. et al. (2008): Cortisol and behavioral responses of working dogs to environmental challenges. Physiology & behavior 93(1): 59 – 67.

Haverbeke, A. et al. (2009): Assessing undesired aggression in military working dogs.Aappl. Anim. Behav. Sci. 117: 55 – 62.

Haverbeke, A. et al. (2010): Assessing efficiency of a human

familiarization and training programme on fearfulness and aggressiveness of military working dogs. Appl. Anim. Behav. Sci. 123: 143 – 149.

Haynes, G. (1983): A guide for differentiating mammalian carnivore taxa responsible for gnaw damage to herbivore limb bones. Paleobiology 9: 164 – 172

Head, E. (2013): A canine model of human aging and Alzheimer's disease. Biochimica et Biophysica Acta 1832: 1384 – 1389.

Head, E. et al. (2009): Effects of age, dietary and behavioural enrichment on brain mitochondria in a canine model of human aging. Exp. Neurol. 220, 171 – 176.

Head, E.; J. Rofina; S. Zicker (2008): Oxidative stress, aging and CNS disease in the canine model of human brain aging. Vet. Clin.North. Am Small Anim Pract. 38: 167 – 178.

Heberlein, M.T.E.; M.B. Manser; D.C. Turner (2017): Deceptive-like behaviour in dogs (Canis familiaris). Animal Cognition 20: 511 – 520.

Heinrich, B. (1999): Mind of the Raven: Investigations and Adventures with Wolf-Birds.

Hejjas, K. et al. (2007): Association of polymorphisms in the dopamine D4 receptor gene and the activity/impulsivity endophenotype in dogs. Animal Genetics 38: 629 – 633.

Heltai, M. et al. (2013): Golden Jackal: Opinion versus facts – Experiences from Serbia and Hungary. 2nd International Symposium on Hunting, Novi Sad, 17. – 20. October 2013, Serbia.

Helton, W.S. (2009): Canine ergonomics: the science of working dogs. CRC Press.

Helton, W.S. (2009): Cephalic index and perceived dog trainability. Behav. Proc. 82: 355 – 358.

Helton, W.S. (2010): Does perceived trainability of dog (Canis lupus familiaris) breeds reflect differences in learning or differences in physical ability? Behav. Proc. 83: 315 – 323.

Helton, W.S.; N.D. Helton (2010): Physical size matters in the Domestic dog (Canis lupus familiaris) ability to use human pointing cues. Behav. Proc. 85: 77 – 79.

Hennessy, C.A.; J. Dubach; S.D. Gehrt (2012): Long-term pair bonding and genetic evidence for monogamy among urban coyotes (Canis latrans). J. Mammal 93: 732 – 742.

Hepper, P.; D. Wells (2015): Olfaction in the Order Carnivora: Family Canidae. In: Doty, R.L. (Ed.): Handbook of Olfaction and Gustation. Third Editon ed. Hoboken, New Jersey: John Wiley & Sons, Inc.

Hergovich, A.; B. Monshi; G. Semmler; V. Zieglmayer (2002): The effects of the presence of a dog in the classroom. Anthrozoös 15: 37 – 50.

Herre, W.; M. Röhrs (1990): Haustiere – zoologisch gesehen. G. Fischer, Stuttgart.

Hinton, J.W. et al. (2017): Using diets of Canis breeding pairs to assess resource partitioning between sympatric Red wolves and Coyotes. J. Mammal. 98: 475 – 488.

Hoopes, B.C. et al. (2012): The insulin-like growth-factor 1 receptor (IGF1R) contributes to reduced size in dogs. Mamm. Genome 23: 780 – 790.

Hoppe, N.; O. Bininda-Emonds; U. Gansloßer (2017): Correlates of ADHD-like behavior in Domestic dogs: First results from a questionnaire-based study. Vet. Med. Open J. 2(3): 95 – 131.

Hori, Y.; H. Kishi; M. Inoue-Murayama; K. Fujita (2013): Dopamine receptor D4 gene (DRD4) is associated with gazing toward humans in domestic dogs (Canis familiaris). Open J. Anim. Sci. 3: 54 – 58.

Horn, L.; L. Huber; F. Range (2013):The Importance of the Secure Base Effect for Domestic Dogs – Evidence from a Manipulative Problem-Solving Task. PLoS One 8(5): e65296.

Horn, L.; F. Range; L. Huber (2013): Dog's attention towards humans depends on their relationship, not only on social familiarity. Animal Cognition 16: 435 – 443.

Horowitz, A. (2009): Disambiguating the "guilty look": salient prompts to a familiar dog behaviour. Behavioral Processes 81(3): 447 – 52.

Horowitz, A. (2017): Being a dog. Following the dog into a world of smell. Scribner.

Horowitz, A. (2016): Smelling themselves: dogs investigate their own odours longer when modified in an olfactory mirror test. Behav. Proc. 143: 17 – 24.

Horváth, Z.; A. Dóka; Á. Miklósi (2008). Affiliative and disciplinary behavior of human handlers during play with their dog affects cortisol concentrations in opposite directions. Hormones Behavior 54 (1): 107 – 114.

Howell, T.; P. Bennett (2004): Puppy power. J Vet. Behav. 6: 195 – 204.

Howse, M.S.; R.E. Anderson; C. Walsh (2018): Social behaviour of domestic dogs (Canis familiaris) in a public off-leash dog park. Behavioural Processes, in press.

Hradecka, L.; L. Bartos; I. Svobodova; J. Sales (2015): Heritability of behavioural traits in Domestic dogs: A meta-analysis. Appl. Amin. Behav. Sci. 170: 1 – 13.

Huber, A. et al. (2017): Investigating emotional contagion in dogs (Canis familiaris) to emotional sounds of humans and conspecifics. Animal Cognition 20 (4): 704 – 715.

Hughes, J.; D.W. Macdonald (2013): A review of the interactions between free-roaming domestic dogs and wildlife. Biological Conservation, 157: 341 – 351.

Hughes, J.; D.W. Macdonald; L. Boitani (2016): Roaming free in the rural idyll: Dogs and their connection with wildlife. 369 – 384. In: Serpell, J. (Ed.): The domestic dog. Cambridge University Press 2nd ed.

Humer, A. (2006): Goldschakale in Österreich. Aktueller Status und Managementstrategien unter besonderer Berücksichtigung der Einstellung und des Wissens zum Thema Goldschakal bei österreichischen Bezirksjägermeistern. Diplomarbeit. Wien: Institut für Wildbiologie und Jagdwirtschaft Universität für Bodenkultur.

Inoue, M.; A. Hasegawa; Y. Hosoi; K. Sugiura (2015): A current life table and causes of death for insured dogs in Japan. Prevent. Vet. Med. 120: 210 – 218.

Jakovcevic, A.; A.M. Elgier; A.E. Mustaca; M. Bentosela (2010): Breed differences in dogs (Canis familiaris) gaze to the human face. Behav. Proc. 84: 602 – 607.

Janko, C. (2012): Urbanisation von Wildtieren – Veränderungen der Verhaltensbiologie des Rotfuchses (Vulpes vulpes). Treffpunkt Biologische Vielfalt 6: 131.

Jia, H. et al. (2014): Functional MRI of the olfactory system in conscious dogs. PLoS One 9 (1): e86362.

Johnen, D.; W. Heuwieser; C. Fischer-Tenhagen (2013): Canine scent detection – Fact or fiction? Applied Animal Behaviour Science 148: 201 – 208.

Johnen, D.; W. Heutweiser; C. Fischer-Tenhagen (2017): An approach to identify bias in scent detection dog testing. Appl. Anim. Behav. Sci. 189: 1 – 12.

Jones, A.C.; S.D. Gosling (2005): Temeperament and personality in dogs (Canis familiaris): A review and examination of past research. Appl. Anim. Behav. Sci. 95(1): 1 – 53.

Kaczensky, P.; R.D. Hayes; C. Promberger (2005): Effect of raven Corvus corax scavenging on the kill rates of wolf Canis lupus packs. Wildl. Biol. 11: 101 – 108.

Kaminski J.; M. Nitzschner (2013): Do dogs get the point? A review of dog–human communication ability. Learn Motiv 44: 294 – 302.

Kaminski, J.; J. Call; J. Fischer (2004): Word Learning in a Domestic Dog: Evidence for „Fast Mapping". Science 304: 1682 – 1683.

Kaminski, J.; J. Hynds; P. Morris; B.M. Waller (2017): Human attention affects facial expressions in domestic dogs. Scientific Reports 7.

Kaminski, J.; S. Marshall-Pescini (2014): The Social Dog. Behaviour and Cognition. Elsevier.

Kaminski, J.; A. Pitsch; M. Tomasello (2013): Dogs steal in the dark. Animal Cognition 16: 385 – 394.

Kappeler, P. (2006): Verhaltensbiologie. Springer Verlag, Berlin-HD.

Kaufmann, C.A. et al. (2017): The social Behaviour of Neutered male dogs compared to intact dogs (Canis lupus familiaris): Video analyses, questionnaires and case studies. Vet. Med.Open J. 2(1): 22 – 37.

Kauhala, K. (1992): Ecological characteristics of the Raccoon dog in Finland. Diss. Univ. Helsinki.

Kauhala, K. (2006): Der Marderhund. 69 – 88. In: Ganloßer, U., C. Sillero-Zubiri (Hrsg.): Wilde Hunde. Filander Verlag, Fürth.

Keiton, A. et al. (2004): Seizure-alerting and response behaviors in dogs living with epileptic children. Neurology 62: 2303 – 2305.

Kemp, T.J.; K.N. Bachus; J.A. Nairn; D.R. Carrier (2005): Functional trade-offs in the limb bones of dogs selected for running versus fighting. J. Exp. Biol. 2008: 3475 – 3482.

Kerepesi, A.; A. Doka; Á. Miklósi (2014): Dogs and their human companions: The effect of familiarity on dog - human interactions. Behav. Proc. 110: 27 – 36.

Kidd, A.H.; R.M. Kidd (1994): Benefits and liabilities of pets for the homeless. Psychological Reports 74: 715 – 722.

Kienzle, E.; R. Bergler; A. Mandernach (1998): A comparison of the feeding behaviour and the human-animal relationship in owners of normal and obese dogs. J. Nutr. 128: 27795 – 27825.

King, C.; J. Watters; S. Mungre (2011): Effect of a time-out session with working animal-assisted therapy dogs. J. Vet. Behav.: Clinical Applications and Research 6(4): 232 – 238.

Kirchhoff, S. (2014): Streuner! Straßenhunde in Europa. Kynos Verlag, Nerdlen, Daun.

Kirnan, J.; S. Siminerio; Z. Wong (2016): The impact of a Therapy Dog Program on Children`s Reading Skills and Attitudes toward Reading. Early Childhood Education Journal 44: 637 – 651.

Kis, A. (2017): Sleep macrostructure is modulated by positive and negative social experience in adult pet dogs, Proceedings of the Royal Society B: Biological Sciences.

Kis, A.; B. Turcsán; Á. Miklósi; M. Gácsi (2012): The effect of owner's personality on the behavior of owner-dog dyads. Interact Stud 13: 373 – 385.

Kis, A. et al. (2014): Oxytocin receptor gene polymorphisms are associated with Human directed social behavior in Dogs (Canis familiaris). PloS One 9(1): e83993.

Kis, A. et al. (2014): Oxytocin receptor gene polymorphisms are associated with human directed social behavior in dogs (Canis familiaris). PLoS One 9: e83993.

Kis, A. et al. (2017): Train too much and the dog won´t remember. The interrelated effect of sleep and learning in dogs, an EEG and behavioural study. Scientific Reports 7: 41873.

Knolle, F.; R.P. Goncalves; J.A. Morton (2017): Sheep recognize familiar and unfamiliar human faces from two-dimensional images. Royal Society Open Science, 2017; 4 (11): 171228.

Koepfli, K.P. et al. (2015): Genomewide Evidence Reveals that African and Eurasian Golden jackals are distinct species. Curr. Biol. 25: 2158 – 2165.

Konok, V. et al. (2015): Influence of owners' attachment style and personality on their dogs' (Canis familiaris) separation-related disorder. PLoS One 23: 10(2).

Konrad, J. et al. (1990): Acid-base equilibrium values in the blood of dogs during training and work stress. Veterinari medicina 35(8): 485 – 494.

Konrad, J. et al. (1990): Mineral metabolism in dogs during training and work stress. Veterinari medicina 35(7): 427 – 435.

Körner, V. (2015): Gesuchtes Genial auf den Punkt gebracht. Die Differenzierung als Ausbildungsmethode für den Diabetikerwarnhund. 69 – 80. In: Schüler C., K. Püschel (Hrsg.): Faszinosum Spürhunde – Quo vadis? Verlag Dr. Kovač, Hamburg.

Kotrschal, K. et al.(2009): Dyadic relationships and operational performance of male and female owners and their male dogs. Behav Process 81: 383 – 391.

Kraus, C.; S. Pavard; D.E.I. Promislow (2013): The size-life span trade-off decomposed: Why large dogs die young. Am. Nat. 181: 492 – 505.

Krivy, P.; A. Lanzerath (2015): Alte Hunde. Müller-Rüschlikon, Stuttgart.

Kröger, H.H. (2015): Der kalte Nasenspiegel der Hunde – ein Wärmedetektor? 43 – 44. In: Schüler C., K. Püschel (Hrsg.): Faszinosum Spürhunde – Quo Vadis? Verlag Dr. Kovač, Hamburg.

Kröger, R.H.H.; A.B. Goiricilaya (2017): Rhinarium temperature dynamics in the Domestic dogs. J. Thermal Biol. 70: 15 – 19.

Krystufek, B.; D. Murariu; C. Kurtonur (1997): Present distribution of the Golden Jackal Canis aureus in the Balkans and adjacent regions. Mammal Review 27: 109–114.

Kubinyi, E. et al. (2017): Oxytocin and Opioid Receptor Gene Polymorphisms Associated with Greeting Behavior in Dogs. Frontiers in Psychology 2017.

Kupczik, K.F.; M.S. Fischer (2015): Anatomie der Beißkraft. gkf-Info 41: 1 – 5.

Kupczik, K.; A. Cagan; S. Brauer; M.S. Fischer (2017): The dental phenotype of hairless dog with FOXI3 haploinsufficiency. Scient Reports 7: 5459.

Landsberg, G. (2005 a): Therapeutic agents for the treatment of cognitive dysfunction syndrome in senior dogs. Progr. Neuro-Psychopharm. Biol. Psychiatr. 29: 471 – 479.

Landsberg, G. (2005): Behavior problems in geriatric dogs, Vet. Clin. North Am. Small Anim. Pract. 35: 675 – 689.

Lapini, L. (2012): Der Goldschakal in Europa. In: Ganslоßer, U. (Hrsg.): Proceedings of the 5th International Symposium on Canids. Wolf & Co 2011. Nürnberg: Filander Verlag: 181 – 210.

Lapini, L.; U. Gansloßer (2012): Der europäische Goldschakal. Wolfmagazin 1/2012: 38 – 50.

Larranaga, A. et al. (2015): Comparing supervised learning methods for classifyning sex, age, context and individual Mudi dogs from barking, Animal Cognition 18: 405 – 421.

Larson, G. et al. (2012): Rethinking dog domestication by integrating genetics, archeology, and biogeography. Proceeding of the National Academy of Science of the United States of America, Vol. 109, No. 23.

Leonard, J.A. et al. (2002): Ancient DNA evidence for Old World origin of New World dogs. Science 298: 1613 – 1616.

Levy, I.; C. Hall; N. Trentacosta; M. Percival (2009): A preliminary retrospective survey of injuries occurring in dogs participating in canine agility. Veterinary and Comparative Orthopaedics and Traumatology 22(4): 321 – 324.

Lord, K.; R.A. Schneider; R. Coppinger (2017): Evolution of Working dogs. 42 – 66. In: Serpell, J. (Ed): The Domestic Dog, 2nd ed. Cambridge UP.

Lukasik, V.M.; S. Alexander (2008): Coyote diet and conflicts in urban parks in Calgary, Alberta. University of Calgary.

MacLean, E.L.; B. Hare (2018): Enhanced Selection of assistance and Explosive Detection Dogs Using Cognitive Measures. Front Vet Sci 5: 236.

Macpherson, K.; W.A. Roberts (2006): Do dogs (canis familiaris) seek help in an emergency? Journal of Comparative Psychologie 120 (2): 113 – 119.

Mai, I.; A. Hasegawa; Y. Hoxoi; K. Sugiura (2015): A current life table and causes of death for insured dogs in Japan. Prevent Vet Med 120: 210 – 218.

Majumder, S.; A. Chatterjee; A. Bhadra (2014): A dog's day with humans – time activity budget of free-ranging dogs in India: Curr. Sci. 106: 874 – 878.

Majumder, S. et al. (2014): To be or not be social: foraging associations of free-ranging dogs in an urban ecosystem. Acta Ethol. 17: 1 – 8.

Marinelli, L. et al. (2009): Dog assisted interventions in a specialized centre and potential concerns for animal welfare. Vet. Res. Comm. 33(S1): 93 – 95.

Mariti, Ch. et al. (2013): Dog attachment to man: a comparison between pet and working dogs. Journal of Veterinary Behavior 8: 135 – 145.

Marsden, C.D.; R.K. Wayne; B.K. Mable (2011): Inferring the ancestry of African wild dogs that returned of the Serengeti-Mara. Conserv. Genet.

Marshall-Pescini, S.; Ch. Passalacqua; P. Valsecci; A. Ferrario (2011): Social eavesdropping in the domestic dog. Animal Behaviour 81(6):1177 – 1183.

Marshall-Pescin, S.; S. Cafazzo; Z. Virányi; F. Range (2017): Integrating social ecology in explanations of wolf-dog behavioral differences. Curr Opin Behav Sci 16: 80 – 86.

Marshall-Pescini, S.; A. Rao; Z. Virányi; F. Range (2017): The role of domestication and experience in 'looking back' towards humans in an unsolvable task. Sci. Rep. 7: 46636.

Marshall-Pescini, S. et al. (2017): Importance of a species' socioecology: Wolves outperform dogs in a conspecific cooperation task. PNAS October 16, 2017.

Martin, F.; J. Farnum (2002): Animal-Assisted Therapy for Children With Pervasive Development Disorders. Western Journal of Nursing Research 24(6): 657 – 670.

Maujean, A.; C.A. Pepping; E. Kendall (2015): A systematic review of randomized controlled trials of animal-assisted therapy on psychosozial outcomes. Anthrozoös 28: 23 – 36.

Mc Greevy, P.D. et al. (2005): Prevalence of obesity in dogs examinaned by Australian veterinary practices and the risk factors involved. Vet. Rec. 156: 695 – 702.

Mc Millan, F.D.; D.L. Duffy; E. Masaoud; I.R. Dohoo (2013): Differences in behavoural characteristics between dogs obtained as puppies from pet stores and those obtained from noncommercial breeders. J Am Vet Med Ass. 242: 1359 – 1363.

Mc Millan, F.D.; D.L. Duffy; J. Serpell (2001): Mental health of dogs formerly used as „breeding stock" in commercial breeding establishments. Appl. Anim. Behav. Sci. 135: 86 – 94.

McCormick, F. (2016): Genomic and archaeological evidence suggest a dual origin of domestic dogs. Science 352(6290): 1228 – 1231.

McCulloch M. et al. (2006): Diagnostic accuracy of canine scent detection in early- and late-stage lung and breast cancers. Integr Cancer Ther. 5: 30 – 39.

McGaugh, J.L. (2015): Consolidating memories. Annual review of psychology 66: 1 – 24.

McGreevy, P. et al. (2013): Dog behaviour co-varies with height, body weight and skull shape. PloS One 8(12): e80529.

McGreevy, P.D. et al. (2004): A strong correlation exists between the distribution of retinal ganglion cells and nose length in the dog. Brain. Behav. Evol. 63: 13 – 22.

McCullough, A. et al. (2017): Physiological and behavioral effects of animal-assisted interventions in pediatric oncology settings. Appl. Anim. Behav. Sci. 200: 86 – 95.

McIntyre, C.K.; J.L. McGaugh; C.L. Williams (2012): Interacting brain systems modulate memory consolidation. Neuroscience and Biobehavioral Reviews 36: 175 – 176.

Meaney, M.J.; M. Szyl; J. Sechl (2007): Epigenetic mechanisms of perinatal programming of hypothalamic pituritary adrenal function and health. Trends. Mol. Med. 13: 269 – 277.

Mech, D. (2000): Leadership in wolf, Canis lupus, packs. Canadian Field-Natural. 114: 259 – 263.

Mehrkam, L.; C.D.L. Wynne (2014): Behavioral differences among breeds of Domestic dogs (Canis l upus familiaris): Current status of the science. Appl. Anim. Behav. Sci. 155: 12 – 27.

Mehrkam, L.; N.J. Hall; C. Haitz; C.D.L. Wynne (2017): The influence of breed and environmental factors on social and solitary play in dogs (Canis familiaris). Learn Behav.

Merola ,I.; E. Prato-Previde; M. Lazzaroni; S. Marshall-Pescini (2014): Dogs' comprehension of referential emotional expressions: familiar people and familiar emotions are easier. Anim Cogn. 17 (2): 373 – 85

Merola, I.; E. Prato-Previde; S. Marshall-Pescini (2012): Dogs' social referencing towards owners and strangers. PloS One 7(10): e47653.

Merola, I.; E. Prato-Previde; S. Marshall-Pescini (2012): Social referencing in dog-owner dyads? Animal Cognition 15: 175 – 185.

Messam, L.L.; P.H. Kass; B.B. Chomel; L.A. Hart (2013): Age-related changes in the propensity in dogs to bite. Vet. J. 179: 378 – 387.

Meyer, I.; B. Forkman (2014): Dog and owner characteristics affecting the dog-owner relationship. J Vet Behav. 9(4): 143±150.

Miklósi, Á. et al. (2003): A simple reason for a big difference: Wolves do not look back at humans, but dogs do. Current Biology 13: 763 – 766.

Miklósi, À.; J. Topal (2013): What does it take to become 'best friends'? Evolutionary changes in canine social competence. Trends Cogn. Sci. 17: 287 – 294.

Milgram, N. et al. (2002 a): Dietary enrichment counteracts age-associated cognitive dysfunction in canines. Neurobiol. Aging 23: 737 – 745.

Milgram, N. et al. (2004): Long-term treatment with anti-oxidants and a program of behavioral enrichment reduces age-dependent impairment in discrimination and reversal learning in beagle dogs. Exp. Gerontol. 39: 753 – 765.

Milgram, N.W. et al. (2002b): Landmark discrimination learning in the dog: effects of the age, and antioxidant fortified food, and cognitive strategy. Neurosci. Biobehav. Rev. 26: 679 – 695.

Mills, D.S. (2017): Perspectives on assessing the emotional behavior of animals with behavior problems. Current Opinion in Behavioral Sciences 16: 66 – 72.

Mischel, W.; Y. Shoda; M.I. Rodriguez (1989): Delay of gratification in children. In: Science 244 (4907): 933 – 938.

Murray, M.A. et al. (2015): Creater consuption of protein-poor anthropogenic food by urban relative to rural coyotes. Am. Midl. Nat. 158: 147 – 161.

Möckel, R.; M. Podany (2015): Weitere Nachweise des Goldschakals Canis aureus in Deutschland. In: Säugetierkundliche Informationen 50(10): 97 – 104.

Moehlmann, P.; H. Hofer (1997): Cooperative breeding, Reproductive Suppression and Body Mass in Canids: 76 – 128. In: Solomon N.G., J.A. French (Eds.): Cooperative Breeding in Mammals. Cambridge University Press.

Moehrenschlager, A.; M. Sovada (2016): Vulpes velox. IUCN Red List of Threatened Species 2016: e. T23059A57629306.

Mongillo, P. et al. (2013): Does the attachment system towards owners change in aged dogs? Physol. Behav. 120: 64 – 69.

Morey, D.F. (2006): Burying key evidence: the social bond between dogs and people. In: Journal of Archaeological Science. Bd. 33, Nr. 2, ISSN 0305-4403, S. 158 – 175.

Mirko, E.; E. Kubinyi; M. Gásci; Á. Miklósi (2012): Preliminary-analysis of an adjective-based dog personality questionnaire developed to measure some aspects of personality in the Domestic dog (Canis familiaris). Appl. Anim. Behav. Sci. 138: 88 – 98.

Müller, C.A.; K. Schmitt; A.L.A. Barber; L. Huber (2015): Dogs can discriminate emotional expressions of human faces. Current Biology 25: 601 – 605.

Müller, I. (2017): Konfliktmanagement bei Caniden – Vergleich der Kommunikationssignale in Konfliktsituationen bei Wildhunden in Gefangenschaft (Rothunde – Cuon alpinus) und Haushunden (Chihuahuas). Masterarbeit Freie Universität Berlin.

Murphy, J. (1998): Describing categories of temperament in potential guide dogs for the blind. Appl. Anim. Behav. Sci. 58(1 – 2): 163 – 178.

Murray, M. et al. (2005): Greater consumption of protein-poor anthropogenic food by urban relative to rural coyotes increases diet breadth and potential for human-wildlife conflict. Ecography 38: 1235 – 1242.

Nagasawa, M. et al. (2015): Oxytocin-gaze positive loop and the coevolution of human-dog bonds. Science 348: 333 – 336.

Nagasawa, M. et al. (2016): Comparison of behavioral characteristics of dogs in the United States and Japan. Journal of Veterinary Medical Science 78(2): 231 – 238.

Natanaelsson, C. et al. (2006): Dog Y chromosomal DNA sequence: identification, sequencing and SNP discovery. In: BMC genetics, Band 7, 2006, S. 45.

Neilson, J. et al. (2001): Prevalence of behavioural changes associated with age related cognitive impairement in dogs. J. Am. Vet. Assoc. 218: 1787 – 1791.

Nolte, J. (2006): Der Alters-Check. Vet. Spiegel 2016, 4: 147 – 156.

Notari, L.; D. Goodwin (2007): A survey of behavioural characterizations of pure-bred dogs in Italy. Appl. Anim. Behav. Sci. 103: 111 – 130.

O'Haier, M.E.; E. Rodriguez (2018): Preliminary efficacy of service dogs as a complementary treatment for posttraumatic stress disorders in military members and veterans. J. Cons. Clin. Psychol. 86: 174 – 188.

Odendal, J.; R. Meintjes (2003): Neurophysiological correlates of affiliative behaviour between humans and dogs. The Veterinary Journal 165(3): 296 – 301.

Oechtering, G.U. (2013): Wenn Menschen Tiere verformen. Dt. Tierärzteblatt 1/2013: 18 – 23.

Oesterhelweg, L. et al. (2008): Cadaver dogs – A study in detection of contaminated carpet squares. Forensic Sci. Int. 174: 35 – 39.

Oliva, J.L.; J.L. Rault; B. Appleton; A. Lill (2015): Oxytocin enhances the appropriate use of human social cues by the domestic dog (Canis familiaris) in an object choice task. Anim. Cogn. 18: 767 – 775.

Ollivier, M. et al. (2013): Evidence of Coat Color Variation Sheds New Light on Ancient Canids. PLoS One 10, Volume 8.

Ollivier, M. et al. (2016): Amy2B copy number variation reveals starch diet adaptations in ancient European dogs 3(11).

Olsen, U. (2008): Zusammenhänge zwischen Hundeverhalten und unterschiedlicher Einschränkung des Hundes durch die Leine. Dissertation im Fachbereich Veterinärmedizin der Freien Universität Berlin.

Olsen, C. et al. (2016): Effect of animal-assisted interventions on depression, agitation and quality of life in nursing home residents suffering from cognitive impairment or dementia: a cluster randomized controlled trial. International Journal of Geriatric Psychiatry 31(12): 1312 – 1321.

Osella, M. et al. (2007): Canine cognitive dysfunction syndrome: prevalence , clinical signs and treatment with a neuroprotective nutraceutical. Appl Anim Behav Sci. 2007, 105: 297 – 310.

Osto, M.; T.A. Lutz (2015): Translational value of animal models of obesity – Focus on dogs and cats. Eur. J. Pharmacol. 759: 240 – 252.

Ostojić, L.; M. Tkalčić; N. Clayton (2015): Are owners' reports of their dogs' 'guilty look' influenced by the dogs' action and evidence of the misdeed? Behavioral Processes 111: 97 – 100.

Otterstedt, C. (2017): Tiergestützte Intervention. Methoden und tiergerechter Einsatz in Therapie, Pädagogik und Förderung. Stuttgart: Schattauer.

Overall, K.L. (2007): Working bitches and the neutering myth: stitching to the science. Vet. J. 173: 9 – 11.

Ovodov, N.D. et al. (2011): A 3.000-Year-Old Incipient Dog from the Altai Mountains of Siberia: Evidence of the Earliest Domestication Disrupted by the Last Glacial Maximum. PLoS One 6(7): e22821.

Pal, S.K. (2010): Play behavior during early ontogeny in free-ranging dogs. Appl. Anim. Behav. Sci. 126: 140 – 153.

Palagi, E.; G. Cordoni; E.J. Demuru; M. Bekoff (2016): Fair play and its connection with social tolerance reciprocity and the ehtology of peace. Behaviour Band 153: Heft 9 – 11.

Palagi, E.; V. Nicotra; G. Cordoni (2015): Rapid mimicry and emotional contagion in domestic dogs. R.Soc.openci. 2: 150505.

Pang, J.F. et al. (2009): mtDNA data indicate a single origin for dogs south of Yangtze River, less than 16,300 years ago, from numerous wolves. In: Molecular biology and evolution. Band 26, Nr. 12: 2849 – 2864, PMC 2775109.

Panksepp, J.; E. Scott (2012): Reflections on Rough and Tumble Play, Social Development, and Attention-Deficit Hyperactivity Disorders. In: Physical Activity Across the Lifespan. 23 – 40. New York: Springer.

Parker, G.B. et al. (2010): Survival following an acute coronary syndrome: a pet theory put to the test. Acta Psychiatrica 121: 65 – 70.

Parker, H. et al. (2017): Genomic Analyses Reveal the Influence of Geographic Origin, Migration, and Hybridization on Modern Dog Breed Development. Cell Reports 19: 697 – 708.

Parker, H.G. et al. (2007): Breed relationships facilitate fine-mapping studies: a 7.8-kb deletion cosegregates with Collie eye anomaly across multiple dog breeds. Genome Research 17: 1562 – 1571.

Pasi, B.M.; D.R. Carrier (2003): Functional trade-offs in the limb muscles of dogs selected for running versus fighting. J. Evol. Biol. 16: 324 – 332.

Patronek, G. J.; D. J. Waters; L.T. Glickman (1997): Comparative longevity of pet dogs and humans: implications for gerontology research. J. Gerontol.Ser A: Biol. Sci. & Med. Sci. 263: B171 – B178.

Paul, M.; A. Bhadra (2018): Do dogs live in joint families? Understanding allo-parental care in free-ranging dogs.

Paul, M.; A. Bhadra (2017): Selfish Pups: Weaning Conflict and Milk Theft in Free-Ranging Dogs. PLoS One 12(2).

Paul, W.J.; P.S. Gipson (2005): Wolves. Internet Center for Wildlife Damage Management, Cornell University u.a.

Pedersen, N.C. et al. (2013): The effects of dog breed development in genetic diversity and the relative influences of performance and conformation breeding. J. Anim. Breed Genet. 130: 236 – 248.

Perry, E. et al. (2017): Physiological effects of stress related to helicopter travel in Federal Emergency Management Agency search-and-rescue canines. J. Nut. Sci. 6.

Persson, M.E. et al. (2015): Human-directed social behaviour in dogs shows significant heritability. Genes, Brain Behav. 14: 337 – 344.

Petrazzinia, M.E.M.; C.D.L. Wynne (2017): Quantity discrimination in canids: Dogs (Canis familiaris) and wolves (Canis lupus) compared. Behavioural Processes 144 (2017): 89 – 92.

Pilley, J.W. (2013): Border collie comprehends sentences containing a prepositional object, verb, and direct object. Learning and Motivation 44: 229 – 240.

Pirrone, F. et al. (2017): Olfactory detection of cancer by trained sniffer dogs: A systematic review of the literature. Journal of Veterinary Behavior 19: 105 – 117.

Pitulko, V.; V. Aleksey; K. Kasparov (2017): Archaeological dogs from the Early Holocene Zhokhov site in the Eastern Siberian Arctic. Journal of Archaeological Science: Reports 13: 491 – 515.

Plass, J. (2007): Dokumentation einer zweiten Einwanderungswelle des Goldschakals Canis aureus LINNAEUS 1758 in Österreich aus den Jahren 2003 – 2006. In: Naturkunde Oberösterreichs 17: 55 – 68.

Pluijmarkers, J.J.T.M.; D. Appleby; J. Bradshaw (2010): Exposure to video images between 3 and 5 weeks of age decreases neophobia in domestic dogs. Appl. Anim. Behav. Sci. 126: 51 – 58.

Pogany, A. et al. (2017): Fat dogs are pessimistic – canine subjects with overweight problems show negative cognitive bias independently of their breed. Roy. Soc. Open Science.

Poling A. et al. (2017): Active tuberculosis detection by pouched rats. In: More than 2000 new patients found in two countries (2014). J of Appl Behav Anal; 50(1): 165 – 169.

Pongrácz, P.; C. Molnár; À. Miklósi; V. Csányi (2005): Human listeners are able to classify dog (Canis familiaris) barks recorded in different situations. J.Comp. Psychol., 119: 136 – 144.

Pongrácz, P. et al. (2014): More than noise? Field investigations of intraspecific acoustic communication in dogs (Canis familiaris). Applied Animal Behaviour Science 159: 62 – 68.

Pörtl, D.; C. Jung (2017): Is Dog Domestication due to epigenetic modulation in brain? Dog Behavior 3(2).

Prouvost, C.R.; C. Harris (2014): Jealousy in dogs PLoS One 9(7): e94597.

Pruss, S.D.; P. Fargey; A. Moehrenschlager (2008): Recovery strategy for the Swift fox (Vulpes velox) in Canada. Species at Risk Recovery Strategy Series. Parks Cannada Agency, Toronto.

Pullen, A.J.; A.J.N. Merrill; J.W.S. Bradshaw (2013): The effect of familiarity on behavior of kenneled dogs during interactions with conspecifics. J. Appl. Anim. Sci. 16: 64 – 76.

Pulliam, H.R. (1988): Sources, sinks, and population regulation. American Naturalist 132(5): 652 – 661.

Putsch, A. (2013): Spurwechsel mit Hund. Soziales Lernen in der Jugendhilfe. Nerdlen: Kynos.

Quaranta, V.; M. Siniscalchi; G. Vallortigara (2007): Asymmetric tail-wagging responses by dogs to different emotive stimuli. Current biology CB 17: R199 – 201.

Quedzuweit, M. (2014): Verwertbarkeit odorologischer Spuren in der Strafverfolgung – ein Blick aus der Sicht der polizeilichen Ermittlungsarbeit: 84 – 85. In: Schüler C., K. Püschel (Hrsg.): Faszinosum Spürhunde. Verlag Dr. Kovač, Hamburg.

Quervel-Chaumette, M. et al. (2016): Investigating empathy-like responding to conspecific's distress in pet dogs. PLoS One 11: e0152920.

Rabon, D.R. (2012): Red Wolf Recovery Program. 4th Quarter Report US Federal Wildlife Service.

Radin, M.J.; L.C. Sharkey; B.J. Holycross (2009): Adipokines: a review of biological and analytical principles and an update in dogs, cats and horses. Vet. Clin. Pathol. 38: 136 – 156.

Radinger, E.H. (2012): (Über-)Lebenskünstler Kojote. Wolfmagazin 1/2012: 4 – 37.

Raffan, E. et al. (2016): A deletion in the Canine POMCgene is associated with weight and appetite in obesity-prone Labrador Retriever dogs. Cell Metabolism 23: 893 – 900.

Raffan, E.; S.P. Smith; S. O'Rahilly; J. Wardle (2005): Development, factor structure and application of the joy Obesity Risk and Appetite (DORA) questionnaire. Peer J. 3: e1278.

Range, F.; L. Horn; Z. Virányi; L. Huber (2009): The absence of reward induces inequity aversion in dogs. Proc Natl Acad Sci USA 106: 340–345.

Range, F.; J. Jenikejew; I. Schröder; Z. Virányi (2014): Difference in quantity discrimination in dogs and wolves. Front. Psychol. 5: 1299.

Range, F.; K. Leitner; Z. Virányi (2012): The Influence of the Relationship and Motivation on Inequity Aversion in Dogs. Social Justice Research 25: 170 – 194.

Range, F.; H. Möslinger; Z. Virányi (2012): Domestication has not affected the understanding of means-end connections in dogs. Animal Cognition 15(4): 597 – 607.

Range, F.; C. Ritter; Z. Virányi (2015): Testing the myth: tolerant dogs and aggressive wolves. Proc. R. Soc B 282: 20150220.

Range, F.; Z. Viranyi (2015): Tracking the evolutionary origins of dog-human cooperation: the 'Canine Cooperation Hypothesis'. Front. Psychol. 5: 1582.

Rasa, A.E. (1984): Die perfekte Familie. DVA, Stuttgart.

Rasmussen, G. (2006): Der Afrikanische Wildhund (Lycaon pictus). 391 – 402. In: Gansloßer, U., C. Sillero-Zubiri (Hrsg.): Wilde Hunde. Filander Verlag, Fürth.

Rasmussen, G. (2012): Der Schutz von Caniden in Kulturlandschaften. Eine Fallstudie des Afrikanischen Wildhundes (Lycaon pictus). 71 – 92. In: Gansloßer, U. (Hrsg.): Hund, Wolf und Co. Filander Verlag, Fürth.

Rauth-Widmann, B. (2014): Die Sinne des Hundes. Kosmos Verlag, Stuttgart.

Rehn, T.; L. Handlin; K. Uvnäs-Moberg; L. Keeling (2014): Dogs' endocrine and behavioural responses at reunion are affected by how the human initiates contact. Physiology & Behavior 124: 45 – 53.

Rehn, T.; L. Keeling (2011): The effect of time left alone at home on dog welfare. Animal Behaviour Science 129: 129 – 135

Reichling J.; M. Frater-Schröder; K. Herzog; R. Salier (2006): Reduction of behavioural disturbances in elderly dogs supplemented with a standardised Ginkgo leaf extract. Schweiz. Arch. Tierheilkunde 148: 257 – 263.

Reiss, D.; L. Marino (2001): Mirror self-recognition in the bottlenose dolphin: a case of cognitive convergence. Proc. Natl. Acad. Sci. U.S.A. 98: 5937 – 5942.

Reiter, T.; E. Jagoda; T.D. Capellini (2016): Dietary variation and evolution of gene copy number among dog breeds. PLoS One 11(2): e0148899.

Řezáč, P. et al. (2011): Factors affecting dog – dog interactions on walks with their owners. Applied Animal Behaviour Science 134: 170 – 176.

Riederer, G. (1999): Die Bedeutung des Führhundes – hat der Führhund auch noch im nächsten Jahrhundert eine Chance? Rehabilit. 38: 33 – 37.

Riemer, S. et al. (2014): The Predictive value of early behavioural assessments in pet dogs. PLoS One 9(7): e101237.

Roberts, T.; P. McGreevy; M. Valenzuela (2010): Human induced Rotation and Reorganization of the brain of Domestic dogs. PLoS One 5(7): e11946.

Rofina, J. et al. (2006): Cognitive disturbances in old dogs suffering from the canine counterpart of Alzheimer's disease. Brain Research 1069: 216 – 226.

Romero, T. et al. (2015): Intranasal administration of oxytocin promotes social play in domestic dogs. Commun. Integr. Biol. 8: e1017157.

Romero, T. et al. (2014): Oxytocin promotes social bonding in dogs. Proc. Natl. Acad. Sci. U.S.A. 111(25): 9085 – 9090.

Rooney, N.J.; S. Cowan (2011): Training methods and owner-dog interactions: Links with dog behaviour and learning ability. Appl Anim Behav Sci 2011; 132: 169 – 177.

Rooney, N. et al. (2009): A practioner's guide to working dog welfare. J. Vet. Behav. 4: 127 – 134.

Rooney, N.; J. Bradshaw (2006): Social cognition in the Domestic dog: behaviour of spectators towards participants in interspecific games. Anim Behav 72: 343 – 352.

Rooney, N.; S. Morant; C. Guest (2013): Investigation into the value of trained glycaemia alert dogs to clients with Typ I Diabetes. PLoS One 8(8): e69921.

Rossi A. et al. (2018): Hormonal Correlates of Exploratory and Play-Soliciting Behavior in Domestic Dogs. Front. Psychol. 9: 1559.

Rueness, E.K.; A. Atickem; C. Sillero-Zubiri; E. Trucchi (2015): The African wolf is a missing link in the wolf-like canid phylogeny. Research. Doi: 10.1101/017996

Russell, E.; G. Koren; M. Rieder; S. van Uum (2012): Hair cortisol as a biological marker of chronic stress: current status, future direction and unanswered questions. Psychoneuroendocrinol. 37: 589 – 601.

Russell, R.H. (2001): Hinterland Who's Who-Swift Fox. Canadian Wildlife Federation, Toronto.

Ruusila, V.; M. Pesonen (2004): Interspecific cooperation in human (Homo sapiens) hunting: The benefits of a barking dog (Canis familiaris). Ann. Zool. Fennici 41: 545 – 549.

Sablin, M.; G. Khlopachev (2001): Curr. Anthropol. 43: 795 – 799

Saey, T.H. (2017): DNA evidence is rewriting domestication origin stories. Science News 191: 20.

Saey, T.H. (2017): Dog domestication happened just once, ancient DNA study suggests. Science News Online.

Salvin, H.E. et al. (2010): Under Diagnosis of canine cognitive dysfunction: a cross-sectional survey of older companion dogs. Vet. J. 2010; 184: 277 – 281.

Salvin, H.E.; P.D. McGreevy; P.S. Sachev; M.J. Valenzuela (2012): The effect of breed on age-related changes in behavior and disease prevalence in cognitively normal older community dogs, Canis lupus familiaris. J. Vet. Behav. 7: 61 – 69.

Salvin, H.E.; P.D. McGreevy; P.S. Sachev; M.J. Valenzuela (2011): The canine cognitive dysfunction rating scale (CCDR): A data-driven and ecologically relevant assessment tool. Vet. J. 188: 331 – 336.

Sandø, P.; S. Meyer (2016): Service Dogs – ethical aspects. Abstr. C5F5, Padua Univ. Press: 101.

Saunders, G. et al. (2017): Design and challange for a randomised multi- site clinical trial comparing the use of service dogs and emotional support dogs in veterans with PTSD. Contemp. Clin. Trials 62: 105 – 113.

Savishinsky, J. (1983): Pet Ideas: The Domestication of Animals, Human Behaviour and Human Emotions. In: Beck, A.M., Katcher, A. (Hg.): New Perspectives on Our Lives with Comapnione Animals. Philadelphia: 112 – 131.

Savolainen, P. et al. (2002): Genetic evidence for an East Asian origin of domestic dogs. Science 298: 1610 – 1613.

Savolainen, P.; G.D. Wang; A. Poyarkov (2015): Out of southern East Asia: the natural history of domestic dogs across the world. Cell Research (26) 1.

Scandura, A.; A. Alterisio; M. Aria; B. D'Aniello (2017): Should I fetch one or the other? A study on dogs on the object choice in the bimodal contrasting paradigm. Animal Cognition 21: 119 – 126.

Schleidt, W.M.; M.D. Shalter (2003): Co-evolution of humans and canids. An alternative view of dog domestication: Homo Homini Lupus? Evolution and Cognition 9(1).

Schöberl, I. et al. (2016): Social factors influencing cortisol modulation in dogs during a strange situation procedure. Journal of Veterinary Behavior: Clinical Applications and Research 11: 77 – 85.

Schöberl, I. et al. (2012): Effects of Owner–Dog Relationship and Owner Personality on Cortisol Modulation in Human–Dog Dyads. Anthrozoös 25: 199 – 214.

Schöberl, I.; M. Wedl; A. Beetz; K. Kotrschal (2017): Psychobiological Factors Affecting Cortisol Variability in Human-Dog Dyads. PLoS One. DOI:10.1371/journal.pone.0170707.

Schönewald, W. (2014): Unbeirrbar auf der Fährte. 117 – 126. In: Schüler C., K. Püschel (Hrsg.): Faszinosum Spürhunde. Verlag Dr. Kovač, Hamburg.

Schretzmayer, L.; K. Kotrschal; A. Beetz (2017): Minor Immediate Effects of a Dog on Children's Reading Performance and Physiology. Frontiers in Veterinary Science 4(90): 1 – 11.

Schröder, W. (2015): Volatile S-nitrosothiols and the typical smell of cancer. Journal of Breath Research, 9 (20), Art. 016010.

Schwarz, S. (2013): Goldschakale in Europa – ein Beispiel für die Dynamik der Natur. In: Wildtier Schweiz (Hrsg.). Fauna Focus. Wildtier Schweiz (5): 1 – 12.

Schweda, A.; T. Schweda; A. Nestler (2012): Von der Basis zum erfolgreichen Mantrailing. Müller Rüschlikon Verlag.

Schweizer, A.V. et al. (2017): Size variation under Domestication: Conservatism in the inner ear shape of wolves, dogs and dingoes. Scient. Reports 7: 13330.

Scus , S. (1993): Daubert v. Merrell Dow Pharmaceuticals, Inc. 509 U.S. 579. Supreme Court of the United States.

Seidler, R.G.; E.M. Gese (2012): Territory fidelity, space use, and survival rates of wild coyotes following surgical sterilisation. J. Ethol. 30: 345 – 354.

Serpell, J.; Y. Hsu (2001): Development and validation of a novel method of evaluating behavior and temperament in guide dogs. Appl. Anim. Behav. Sci. 74(4): 347 – 364.

Serpell, S.; J.A. Jagoe (1995): Early experience and the development of behavior. 79 – 102. In: Serpell, J. (Ed): The Domestic Dog. Cambridge UP.

Serpell, J. (Ed) (2018): The Domestic Dog. Cambridge UPs.

Sharma, D.K., J.E. Maldonado; Y.V. Jhala; R.C. Fleischer (2004): Ancient Wolf lineages in India. Proc. Biol. Sci. 271 (Suppl.3): 1 – 4.

Shier, D.; J. Butler; R. Lewis (2007): Hole's Human Anatomy and Physiology, Michelle Watnick.

Shipman, P. (2015): How do you kill 86 mammoths? Taphonomic investigations of mammoth megasites. Quaternary International 359 – 360: 38 – 46.

Silveira, L.; A.T.A. Jácomo; F.H.G. Rodrigues; P.G. Crawshaw (1997): Hunting Association between the Aplomado falcon (Falco femoralis) and the Maned wolf (Chrysocyon brachyurus) in Emas National Park, Central Brazil. Condor 99: 201 – 202.

Siniscalchi, M.; A. Quaranta; G. Vallortigara; R. Lusito (2013): Seeing Left- or Right-Asymmetric Tail Wagging Produces Different Emotional Responses in Dogs. Current biology: CB 23(22).

Siniscalchi, M. et al. (2011): Sniffing with the right nostril: Lateralization of response to odour stimuli by dogs Article in Animal Behaviour 82(2): 399 – 404.

Siniscalchi, M. et al. (2010): Dog turn left to emotional stimuli. Behavioural Brain Research 208: 516 – 521.

Siniscalchi, M.; A. Quaranta; S. D`Ingeo (2018): Orienting asymmetries and physiological reactivity in dogs' response to human emotional faces. Learning and Behavior 46(4).

Sinn, D.L.; S.D. Gosling; S. Hilliard (2010): Personality and performance in military working dogs: Reliability and predictive validity of behavioral tests. Appl. Anim. Behav. Sci. 127(1): 51 – 65.

Siwak-Tapp, C.T. et al. (2008): Region-specific neuron loss in the aged canine hippocampus is reduced by enrichment. Neurobiol. Aging 29: 39 – 50.

Slotta-Bachmayr, L.; F. Schwarzenberger (2007): Faecal cortisol metabolites ans indicators of stress during training and search missions in avalanche dogs. Wiener Tierärztliche Monatsschrift 94(5 – 6): 110 – 117.

Solomon, J. et al. (2014): Attachment Classification in Pet Dogs: Application of Ainsworth's strange situation and classification procedures to dogs and their human caregivers. International Society of Antrozoology (ISAZ) Annual Meeting, Vienna, Austria.

Sommerfeld-Stur, I. (2016): Rassehundezucht. Müller-Rüschlikon, Stuttgart.

Somppi, S. et al. (2016): Dogs Evaluate Threatening Facial Expressions by Their Biological Validity-Evidence from Gazing Patterns. PloS One 11(1).

Spassov, N. (1989): The position of jackals in the Canis genus and life-history of the golden jackal (Canis aureus) in Bulgaria and on the Balkans. Historia naturalis bulgarica 1: 44 – 56.

Spotte, S. (2012): Societies of wolves and free-ranging dogs. Cambridge University Press.

Starck, M.; N. Gerth (2012): Leistungsphysiologie von Inuit-Schlittenhunden (und modernen Hunderassen). 125 – 156. In: Gansloßer, U. (Hrsg): Hund, Wolf & Co. Filander Fürth.

Starling, M.J.; N. Bransom; P.C. Thomson; P.D. McGreevy (2013): Boldness in the Domestic dog differs between breeds and breed groups. Behav. Proc. 97: 53 – 62.

Stejskal, S.M. (2012): Death, Decomposition and Detector Dogs: From Science to Scene, Taylor & Francis.

Stempniewicz, L.; L. Iliszko (2010): Glaucous gulls kleptoparatising Arctic foxes in Magdalenefjorden, NW Spitsbergen. Arctic J. 63 (1): 107 – 111.

Stockham, R.A. (2004): Survivability of human scent. Forensic Science Communications 6: 1 – 9.

Strauch M. et al. (2014): More than apples and oranges: detecting cancer with a fruit fly's antenna. Scientific Reports 4: 3576.

Studzinski, C.M. et al. (2006): Visuospatial function in the Beagle dog: An early marker of cognitive decline in a model of human aging and dementia. Neurobiol. Learn. Mem. 86: 197 – 204.

Suilleanhain, P. (2015): Human hospitalization due to dog bites in Ireland (1998–2013): Implications for current breed specific legislation. Vet. J. Doi: 10.1016/j.tvjl.2015.04.021.

Sundburg, C. et al. (2016): Gonadectomy effects on the risk of immune disoders: a retrospective study. BMC Vet.Res. 12: 278.

Sundman, A.S.; M. Johnsson; D. Wright; P. Jensen (2016): Similar recent selection criteria associated with different behavior effects in two breeds. Genes Brain Behav. 15: 750 – 756.

Sutter, N.B. et al. (2007): A single IGF1 Allel is a major determinant of small size in dogs. Science 316: 112 – 115.

Svartberg, K. (2006): Breed-typical behaviour in dogs - Historical remnants or recent construchts? Appl. Anim. Behav. Sci. 96: 293 – 313.

Svobodova, I. et al. (2008): Testing German shepherd puppies to assess their chance of certification. Appl. Anim. Behav. Sci. 113(1): 139 – 149.

Svobodova, I. et al. (2014): Cortisol and secretory immunoglobulin as a response to stress in German shepherd dogs. PLoS One 9(3): e90820.

Takeuchi, T. et al. (2002): Age-related changes in sleep-wake rhythm in dog. Bahav Brain Res. 136: 193 – 199.

Takeuchi, Y. et al. (2005): Canine Tyrosine Hydroxylase (TH) Gene and Dopamine β-Hydroxylase (DBH) Gene: their sequences, genetic polymorphisms, and diversities among five different dog breeds. J. Vet. Med. Sci 67: 861 – 867.

Tanabe, R. (2015): Olfaction. Available: http://www.newworldencyclopedia.org/p/index.php?title=Olfaction&oldid=986659 [Accessed 26 March 2016 19:54 UTC].

Tapp. P.D. et al. (2003): Size and reversal learning in the Beagle as a measure of executive function and inhibitory control in aging. Learn. Mem. 10: 64 – 73.

Taylor, K.D.; D.S. Mills (2007): The effect of the kennel environment on canine welfare: a critical review of experimental studies. Anim. Welf. 16: 435 – 447.

Thalmann O. et al. (2013): Complete mitochondrial genomes of ancient canids suggest a European origin of domestic dogs. Science 342(6160): 871 – 874.

Thodberg, K. et al. (2016): Behavioral Responses of Nursing Home Residents to Visits From a Person with a Dog, a Robot Seal or a Toy Cat. Anthrozoös 29(1): 107 – 121.

Tigas, L.A.; D.H. Van Vuren; R.M. Sauvajot (2002): Behavioural responses of bobcats and coyotes to habitat fragmentation and corridors in an urban environment. Biol. Cons. 108: 299 – 306.

Tiira, K. et al. (2012): Environmental effects on compulsive tail chasing in dogs. PLoS One 7: 1 – 14.

Tomkins, L.; P. Thomson; P. McGreevy (2011): Behavioural and physiological predictors of guide dog success. J. Vet. Behav.: Clinical Applications and Research 6(3): 178 – 187.

Topál, J. et al. (2005): Attachment to humans: a comparative study on hand-reared wolves and differently socialized dog puppies. Animal Behavior 70(6): 1367 – 1375.

Topál, J.; Á. Miklósi; V. Csányi; Á. Dóka (1998): Attachment Behavior in Dogs (Canis familiaris): A New Application of Ainsworth's (1969) Strange Situation Test. Loránd Eötvös University, Journal of Comparative Psychology 112(3): 219 – 229.

Torres de la Riva, G. et al. (2013): Neutering dogs: effects on joint disorders and cancer in Golden retrievers. PLoS One 8(2): 13.

Torres-Pereira, C. (2014): Guilt, Anger and Rage. In: Broom, D.M. (2014): Sentience and Animal Welfare (pp. 200). Wallingford: CABI., 69.

Torskte, M.O. et al. (2017): Dog ownership and all-cause mortality in a population cohort in Norway: The HUNT study. PLoS One 12(6): e0179832.

Trisko, R.K.; B. Smuts (2014): Dominance relationships in a group of domestic dogs (Canis lupus familiaris). Behaviour 152(5): 677 – 704.

Trouwborst, A.; M. Krofel; J.D. Linnell (2015): Legal implications of range expansions in a terrestrial carnivore: the case of the golden jackal (Canis aureus) in Europe. Biodiversity and conservation 24(10): 2593 – 2610.

Trumler, E. (1984): Das Jahr des Hundes. Ein Jahr im Leben einer Hundefamilie. Piper.

Trut, L., I. Oskina, A. Kharlamova (2009): Animal evolution during domestication: the domesticated fox as a model. Bio Essays 31(3).

Tsukada, H. et al. (2000): Preliminary study of the role of Red foxes in the urban area of Sapporo, Japan. Parasitology 120: 423 – 428.

Turcsan, B.; F. Szaanthoa; Á. Miklósi; E. Kubinyi (2015): Fetching what the owner prefers? Dogs recognize disgust and happiness in human behaviour. Anim Cogn. 18(1): 83±94.

Turcsan, B.; Á. Miklósi; E. Kubinyi (2017): Owner perceived differences between mixed-breed and purbred dogs. PLoS One 12(2): e0172720.

Turcsan, B.; E. Kubinyi; Á. Miklósi (2011): Trainability and boldness differ between dog breed duster based on artificial categorization and genetic relatedness. Appl. Anim. Behav. Sci. 132: 61 – 70.

Udell, M.A.R.; M. Ewald; N.R. Dorey; C.D.L. Wynne (2014): Exploring breed differences in dogs (Canis familiaris): does exaggeration or inhibition of predatory response predict performance on human-guided tasks? Anim Behav 89: 99 – 105.

Vaisse, J. et al. (2011): Identification of genomic regions associated with phenotypic variation between dog breeds using selection mapping. PLoS Genet 7 (10): 1 – 21.

Van Bommel, L. (2010): Guardian Dogs Best Practice Manual for the Use of Livestock Guardian Dogs. Invasive Animals Cooperative Research Centre, University of Canberra.

Van Bommel, L.; C.N. Johnson (2012): Good dog! Using livestock guardian dogs to protect livestock from predation in Australia's extensive gazing systems. Wildl. Res. 39: 220 – 229.

Van Bommel, L.; C.N. Johnson (2014): Where do livestock-guarding dogs go? Movement patterns of free-ranging Maremma sheep dogs. PLoS One 9(10): e111444.

Van der Waaij, E.H.; E. Wilsson; E. Strandberg (2008): Genetic analysis of Swedish behaviour test on German Sheperd Dogs and Labrador Retriever. J. Anim. Sci. 86: 2853 – 2861.

Vass, A.A. (2012): Odor mortis. Forensic Science International 222: 234 – 241.

Venkataraman, V. et al. (2015): Solitary Ethopian wolfes increase predation success in rodents when among grazing Gelada monkey. J. Mammal 96: 129 – 137.

Verlauteren, K. et al. (2014): Dogs as mediators of conservation conflicts. 211 – 238. In: Gompper , M. (Ed): Free-ranging dogs and wildlife conservation. Oxford Uiversity Press.

Viau, R. et al. (2010): Effect of service dogs on salivary cortisol secretion in autistic children. Psychoneuroendocrinol. 35: 1187 – 1193.

Vilà, C. et al. (1997): Multiple and ancient origins of the domestic dog. Science 276: 1687 – 1689.

VonHoldt, B.P. et al. (2010): Genome-wide SNP and haplotype analyses reveal a rich history underlying dog domestication. Nature 464: 898–902.

VonHoldt, B.M. et al. (2017): Structural variants in genes associated with human Williams-Beuren syndrome underlie stereotypical hypersociability in domestic dogs. Science Advances, Vol. 3, No. 7.

Vucetich, J.A.; R.O. Peterson; T.A. Waite (2003): Ravens scavenging favours group foraging in wolves. Anim. Behav. 67: 1117 – 1126.

Waller, B.M.; K. Peirce; C. Correia-Caeiro; J. Kaminski (2013): Paedomorphic Facial Expressions Give Dogs a Selective Advantage. PLoS One 8(12): e82686.

Wallis, L.J. et al. (2014): Lifespan development of attentiveness in domestic dogs: drawing parallels with humans. Front. Psychol. 5: 1 – 13.

Wan, M. et al. (2013): DRD4 and TH gene polymorphisms are associated with activity, impulsivity and inattention in Siberian Husky dogs . Animal Genetics 44(6).

Wang, G.D. et al. (2013): The genomics of selection in dogs and the parallel evolution between dogs and humans. Nat Commun. 4: 1860.

Wang, G.D. et al. (2015): Out of southern East Asia: the natural history of domestic dogs across the world. Cell Res. 26(1): 21 – 33. DOI: 10.1038/cr.2015.147.

Wang, Z. et al. (2012): Protein S-nitrosylation and cancer. Cancer Letters 320: 123 – 129.

Ward, C. (2007): Cognition and the development of social cognition in the Domestic dog. PhDDiss Univ. Michigan.

Weagle, K.; C.S. Smeeton (1995): Behavioural aspects of the Swift fox (Vulpes velox) reintroduction program: 268 – 288. Proc. 2nd Int. Conf. Env. Enrichment, Copenhagen.

Wehner, R.; W. Gehring (1995): Zoologie. Thieme Verlag, Stuttgart.

Wells, D.L.; P. Hepper (2006): Prenatal olfactory learning in the domestic dog. Anim. Behav. 72: 681 – 686.

Wells, D.L. et al. (2008): Canine Responses to hypoglycaemia in patients with Typ I Diabetes. J. Alt. Compl. Med. 14: 1235 – 1241.

Werhahn, G. et al. (2017 a): Phylogenetic evidence for the ancient Himalayan wolf: towards a clarification of its taxonomic status based on genetic sampling from western Nepal. Royal Society Open Science 4: 170 – 186.

Werhahn, G.; N. Kusi; C. Sillero-Zubiri; D. Macdonald (2017 b): Conservation implications for the Himalayan wolf Canis (lupus) himalayensis based on observations of packs and home sites in Nepal. Oryx. 1 – 7. doi:10.1017/S0030605317001077 /Kurzfilm: https://youtube/TilOuJaV1wM

Williams, S. (2006): Der Äthiopische Wolf Canis simensis. 263 – 288. In: Ganslοßer, U., C. Sillero-Zubiri (Hrsg.): Wilde Hunde. Filander Verlag, Fürth.

Williams H.; A. Pembroke (1989): Sniffer dogs in the melanoma clinic? Lancet 1: 734.

Wörner, K.; C.A. Kaufmann; U. Gansloßer (2017): Sexuelle Belästigung kastrierter Rüden – welche Rolle spielt der Kastrationsmonat? Vet.spiegel 2017/3: 100 – 105.

Woidtke, L. (2016): Mantrailing – Fakten und Fiktionen, Rothenburg/Oberlausitz, Eigenverlag der Hochschule der Sächsischen Polizei (FH).

Woidtke, L.; J. Dreßler; C. Babian (2018): Individual human scent as a forensic identifier using mantrailing. Forensic Science International 282: 111 – 121.

Woollett, D.A.; A. Hurt; N.L. Richards (2014): The current and future roles of free-ranging detection dogs in conservation effects. 239 – 264. In: Gompper, M. (Ed.): Free-ranging dogs and wildlife conservation. Oxford University Press.

Worsley, H.K.; S.J. O'Hara (2018): Cross-species referential signalling events in domestic dogs (Canis familiaris). Animal Cognition. https://doi.org/10.1007/s10071-018-1181-3

Wotschikowsky, U. (2006): Wölfe und Jagd in Sachsen: 49 – 54. In: Schmiedel, R., W. Rohe (Hrsg.): Status-Seminar: Bär, Wolf und Luchs. HAWK Göttingen.

Xie, Z.Y. et al. (2017): Association between pet ownership and coronary artery disease in a Chinese population. Medicine 96(13): e6466.

Yong, M.H.; T. Ruffman (2014): Emotional contagion: Dogs and humans show a similar physiological response to human infant crying. Behav Processes 108: 155±165.

Zahn, L.M. (2016): A dogged investigation of domestication. Science 352: 1185.

Zeugin, J.A.; J.L. Hartley (1985): Ethanol precipitation of DNA. Focus 7: 1 – 2.

Zimen, E. (1992): Der Hund. Abstammung – Verhalten – Mensch und Hund. Goldmann, München: 145 f.

Zimen, E. (1987): Ontogeny of approach and flight behavior towards humans in wolves, poodles and wolf-poodle hybrids. In: Frank, H. (Ed.): Man and wolf. 275 – 292. Dordrecht, The Netherlands: W.J. Publishers.

Zink, M.C. et al. (2014): Evaluation of the risk and age of onset of cancer and behavioural disorders in gonadectomised Vizslas. Am.Vet.Med.Ass. 244: 309 – 319.

400 Seiten

Bindung, Dominanz, Prägung und Rangordnung – was sagen diese Begriffe eigentlich aus und welche Verhaltensweisen stecken dahinter? Dr. Udo Gansloßer gibt Einblicke in die faszinierende Welt der Verhaltensforschung. Leicht verständlich erklärt er verhaltensbiologische Zusammenhänge anhand der neuesten Forschungen zu Affen, Elefanten oder Meerschweinchen und zeigt, dass viele davon auch für Hunde gelten. Trainer und Halter finden hier wertvolles Wissen, um die Hundeerziehung optimal zu gestalten.

Viele Hundehalter und -trainer fragen sich, was im Innern eines Hundes abläuft. Warum ist ein Hund hyperaktiv? Wie wirkt sich Stress auf die Persönlichkeit aus? Welche Rolle spielen Krankheiten oder hormonelle Veränderungen, z.B. durch eine Kastration? Dr. Udo Gansloßer und sein Team beschreiben die inneren Ursachen von auffälligem Hundeverhalten wissenschaftlich fundiert und gut verständlich und zeigen, wie man mit Ernährung, Stressmanagement und Therapien Wege aus der Krise findet.

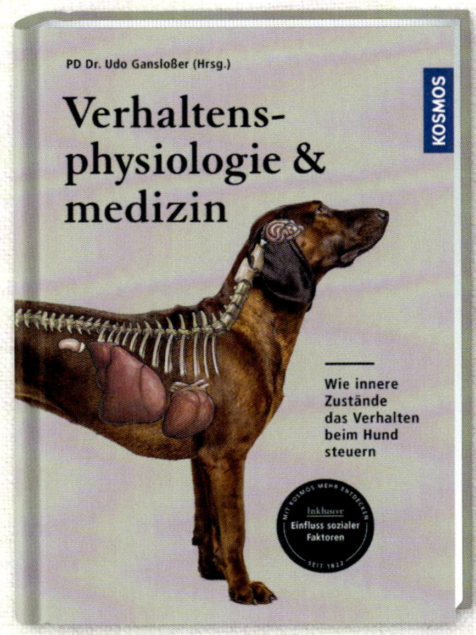

384 Seiten

REGISTER

H

I

J

K

BILDNACHWEIS

Mit 249 Farbfotos von Anna Auerbach/Kosmos (27: 30, 31, 51, 52, 56, 57, 58, 62, 63, 78, 81, 90, 91, 113, 131, 143, 153, 166, 167, 169, 231, 242, 321, 398, 409, 417, 423); Anna Auerbach (2: S.114, 428); Jutta Bauernschmitt/Kosmos (5: S. 64, 136, 199, 284, 302); Rooobert Bayer/Wolf Cooperation (2: S. 126, 127); Ulla Bergob (1: S. 400 li.); Anindita Bhadra (1: S. 121); Peter Blanché (3: S. 381, 385, 386); Roberto Bonnani (1: S. 118); Hynek Burda (6: S. 335, 337, 338); Stefan Curth (3: S. 318, 319, 320); Rainer Dittrich/ Kosmos (1: S. 334); Daniela Drews/Kosmos (1: S. 68); Charlotte Duranton (5: S. 72, 73, 74); Rainer Ehmann (1: S. 251); Martin Fischer (6: S. 322, 323, 324, 325, 326, 346 re.); Claudia Fugazza (1: S. 70); Márta Gácsi/Family Dog Project, Budapest (6: S. 49, 148, 149, 157, 159, 161); Vedrana Glavas/Andrea Pintar (4: S. 244, 245, 246);Annegret Grimm-Seyfarth (3: S. 278, 279, 280); Elisabeth Head (7: S. 223, 224, 225, 227); Laura Herale/Kosmos (7: S. 160, 172, 175, 185, 187, 188, 432); Claudia Hettwer/Kosmos (1: S. 400 re.); Benedikt Hielscher (1: S. 270); Nikolai Hoppe (1: S. 305); istock (34: S. 11u./Wlad74, 33/ Capuski, 34/Svetlanais, 44/ROMAOSLO, 67/planinasvm, 82/s-eyerkaufer, 84/Sturti, 88/WebSubstance, 116/Sayan_Moongklang, 117/User9637786_380, 119/pixelfusion3d, 120/Robbie Ross, 123/PaytonVan-Gorp, 124/Arpit Khambhata, 125/Stopboxstudio, 146/Kostyazar, 209/Dejchai Kulawong, 212/s-eyerkaufer, 220/MarieDolphin, 238/monkeybusinessimages, 267/CasarsaGuru, 268/FatCamera, 273/Sturti, 287/-oqlpo-, 291/ChristiLaLiberte, 344/onetouchspark, 367/Pitiphat Kanjanamukda, 368/AVRORRA, 371/eli77, 382/ trebuchet, 394/RobNaw, 395/Wrangel, 396/gatito33, 397/JohnPitcher); Gianna Jann (2: S. 375, 377); Kathrin Jung/Kosmos (1: S. 427); Kate Kitchenham (1: S. 135); Carina Kolkmeyer (1: S. 213); Kornelius Kupczik (3: S. 346 li., 347); Daniel Mills (1: S. 111); Ina Müller (1: S. 310); Heiner Orth/Kosmos (2: S. 165, 181); Heidi Parker (1: 39); Sarah Marshall-Pecsini (1: S. 35); Anrás Péter (3: S. 139); Michael Pramberger/ Kosmos (2: S. 340, 351); Emilie Rach (2: S. 249, 250); Nicole Schick/Kosmos (1: S. 43); Heike Schmidt-Röger/Kosmos (18: S. 8, 29, 55, 61, 77, 93, 101, 132, 176, 182, 200, 216, 301, 315, 357, 399, 404, 412); Iris Schöberl (1: S. 50); Wolfgang Schröder (3: S. 254, 255); Harald Schwammer (3: 277, 281, 282); Shutterstock (49: S. 7/Susan Schmitz, 11o./bzdurynn, 12/Designua, 15/Jeannette Katzir Photog, 17/Kjetil Kolbjornsrud, 18/Kharlamov Igor Viktorovich, 21/Priamvada Mangal, 23/Laszlo Mates, 24/Giampaolo Cianella, 26/P.Kawecki789, 36/Everett Historical, 41/Yuri Kravchenko, 96/Fotyma, 97/Sam foster, 98/Ilaszio, 102/ leungchopan, 105/Budimir Jevtic, 110/Jim Cumming, 138/Nikolina Mrakovic, 140/Sergey Lavrentev, 154/Shut Abi Warner, 179/Olha Sydorenko, 192/Crystal Alba, 219/Ryan Haines Photography, 228/deep-spacedave, 229/GEORGID, 232/SasaStock, 235/Victor Jilang, 241/Igor Normann, 274/Rawpixel.com, 288/StockphotoVideo, 292o./Anne Greenwood, 292u./Iryna Dobrovynska, 294/Sbolotova, 295/sanjagrujic, 307/Fotyma, 312/Grigorita Ko, 313/Grigorita Ko, 316/Bildagentur Zoonar GmbH, 327/Dusan Vainer, 349/Christian Mueller, 358/Volodymyr Plysiuk, 360/Wim Hoek, 363/Michael Heimlich, 364/Matt Knoth, 370/Vladimir Wrangel, 373/belizar, 378/Thomas Hulik, 389/aabeele); Leopold Slotta-Bachmayr (1: S. 258); Alexander Stoessel (2: S. 329, 331); Kerstin Stotz/Deister Fotografie (1: S. 204); Sabine Stuewer/ Kosmos (6: S.144, 150, 171, 196, 197, 420); Trio Bildarchiv (8: S. 190/Nicole Schick, 191/Nicole Schick, 215/Aleksandra Kielreuter, 297/Tina Schäfer, 298/Katharina Willerscheidt, 332/Aleksandra Kielreuter, 342/Tatjana Drewka, 352/Pia Czasch); Geraldine Werhahn (4: S. 391, 392, 393); Leif Woidtke (1: S. 265).

ILLUSTRATIONEN

Mit 21 Illustrationen von S. 40/© 2017 Parker et al/ Cell Reports; S. 71/©2018 Fugazza et al / Animal Behaviour; S. 86, 87/© Milada Krautmann/Kosmos; S. 106/© 2012 Custance & Mayer/Animal Cognition; S. 109/© 2016 Albuquerque et al/ Biology Letters; S. 128/© 2016 Dale et al./PLoS One, S. 163/© 2018 Benjamin & Slocombe/ Animal Cognition, S. 210/© Wolfgang Lang/Kosmos; S. 226/© Elisabeth Head; S. 253/© Wolfgang Schröder; S. 256, 257/© Leopold Slotta-Bachmayr; S. 261, 263/© Leif Woidtke; S. 309/ © Ina Müller; S. 345/© Kornelius Kupczik; S. 376/© Gianna Jann; S. 392, 393/© Geraldine Werhahn

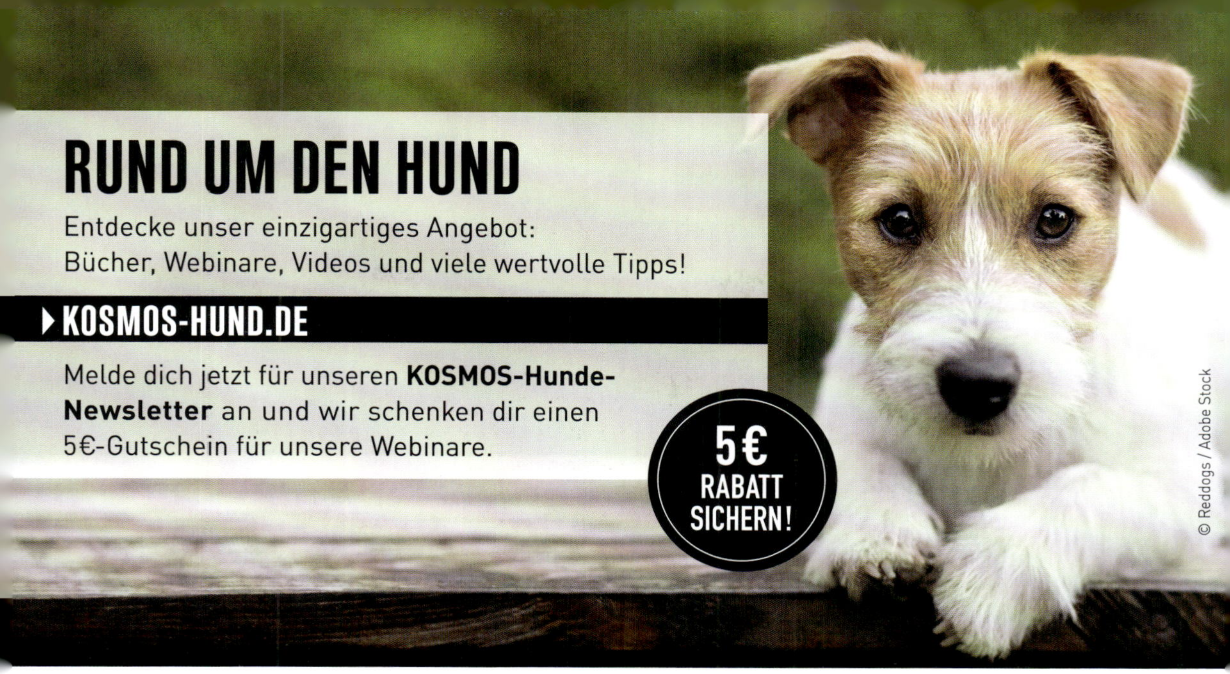

IMPRESSUM

Umschlaggestaltung von GRAMISCI Editorialdesign/München unter Verwendung von einem Farbfoto von Anna Auerbach.

Mit 249 Farbfotos und 21 Illustrationen.

Unser gesamtes Programm finden Sie unter **kosmos.de**.
Über Neuigkeiten informieren Sie regelmäßig unsere
Newsletter, einfach anmelden unter **kosmos.de/newsletter**

ISBN 978-3-440-15644-5
Redaktion: Hilke Heinemann
Gestaltungskonzept: Peter Schmidt Group GmbH, Hamburg
Gestaltung und Satz: Atelier Krohmer, Dettingen/Erms
Produktion: Nina Renz
Druck und Bindung: Westermann Druck Zwickau GmbH, Zwickau
Printed in Germany / Imprimé en Allemagne